行為

BEHAVE

人類最好和最糟行為背後的生物學

THE BIOLOGY
OF HUMANS
AT OUR BEST AND WORST

ROBERT M. SAPOLSKY

羅伯・薩波斯基——著 吳芠——譯

各界盛讚

「關於人類行為高明的跨領域科學研究：我們的腺體、基因、童年，如何解釋人類這物種，為何可以同時展現利他行為與殘忍行徑？這本書針對這一大團亂七八糟的東西，以溫和的態度進行全面考察，又因為科學數據和傻氣玩笑的比例恰到好處而增添了趣味。我要投票支持這本書獲選年度最佳科學書。」

——帕盧・薩格（Parul Sehgal），《紐約時報》

「薩波斯基創造出十分好讀還不時引人發笑的作品，帶我們在心理學、靈長類動物學、社會學的世界四處遊走，探索我們的行為為什麼會這樣。這絕對是我近幾年來讀過最棒的書，我愛這本書！」

——黛娜・天普－拉絲頓（Dina Temple-Raston），《華盛頓郵報》

「要說《行為》是我曾讀過最棒的非虛構作品，也一點都不誇張。」

——大衛・巴瑞許（David P. Barash），《華爾街日報》

「這本書以跳脫傳統、充滿主見又權威性的方式綜合心理學和神經生物學，將這個複雜的主題加以整合，達到前所未有的平易近人與完整……這趟瘋狂又大開眼界的旅行，讓人更瞭解我們的行為從哪裡來。就連達爾文都會為這本書感到興奮。」

——理查・藍翰（Richard Wrangham），《紐約時報書評》

「〔薩波斯基的〕新書是本重要傑作……為科學文獻增添一項驚人成就與

無價之寶，絕對會在未來幾年引起熱烈討論。」

——《明尼阿波利斯明星論壇報》

「這本書既深又廣，多彩多姿、令人激動又感動人心。薩波斯基發揮他深厚的專業基礎，提出身而為人最基本的問題——從展現仇恨的作為到展現愛的作為、從我們強迫性剝奪人性的行為到重拾人性的能力。」

——大衛．伊葛門（David Eagleman），博士、史丹福大學神經科學家、作家、美國公共電視 PBS《大腦》（*The Brain*）節目主持人

「為科學對人類行為的理解做出了重大貢獻，每個人的書櫃和課程大綱上都該有一本……這本書呈現出整合性思考的極致，可以和類似的權威性著作如賈德．戴蒙（Jared Diamond）的《槍砲、病菌與鋼鐵》（*Guns, Germs, and Steel*）、史蒂芬．平克（Steven Pinker）的《人性中的良善天使》（*The Better Angels of Our Nature*）相提並論。」

——麥可．薛莫（Michael Shermer），《美國學人》雜誌（*American Scholar*）

「《行為》是史上最精彩也最重要的偵探故事。只要你曾經尋思某個人為什麼做出某件事——無論那是好事或壞事、邪惡凶殘或仁慈寬容——你就需要讀這本書。若你認為自己已經知道為什麼人類會做出那些行為，你也需要讀這本書。換句話說，每個人都需要讀這本書。應該要為這本書開處方簽（副作用：笑個不停、嚴重成癮）。旅館房間裡應該要放《行為》而不是《聖經》，然後這個世界就會變成一個更好、更明智的地方。」

——凱特．福克斯（Kate Fox），《觀察英國人》（*Watching the English*）作者

「絕對是權威性著作……〔薩波斯基〕這本書是針對人類行為科學的非凡考察，帶領讀者展開一趟壯遊……他讓本書始終充滿娛樂性，在解開謎題的過程中製造出能感染讀者的興奮感……不可思議地整合了許多學術領域。」

——史蒂芬．波爾（Steven Poole），《衛報》

「很少有一本將近八百頁的書可以讓我從頭專心讀到尾，如果世上有誰能把演化生物學從 TED 演說家和科普騙子手中拯救出來，那個人可能就是薩波斯基……《行為》涵蓋廣泛，從道德哲學到社會科學、遺傳學到薩波斯基的主場——神經元和荷爾蒙，都包括在內——但全都瞄準同一個問題：為什麼人類對彼此這麼惡劣，以及現狀是否已是疾病末期？」

——《Vulture》雜誌

「羅伯・薩波斯基的學生一定很愛他。這位靈長類動物學家、神經學家與科學傳播者，在《行為》中行文如同一位老師：機智、博學、對於清楚傳播知識充滿熱忱。讀者彷彿有幸在一門步調快速的大學課程上旁聽，老師透過主題性故事和流行文化典故，照亮了這些迷人科學發現的涵義。」

——《自然》期刊

「薩波斯基的書細緻說明了文化、脈絡與學習如何塑造我們的基因、大腦、荷爾蒙和神經元所做的一切。」

——《泰晤士報文學副刊》（*The Times Literary Supplement*〔London〕）

「《行為》就像一本出色的歷史小說，加上優秀的文筆與廣博的知識。這是世界上最重要的追蹤報導。」

——愛德華・威爾森（Edward O. Wilson）

「真是包羅萬象……詳細、易懂又引人入勝。」

——《電訊報》（*The Telegraph*〔UK〕）

「《行為》是一部精雕細琢的優美作品，談的是道德背後的生物學。薩波斯基用不同的時間段與系統，對目標多次出擊。他讓你看到這些觀點與系統之間如何連結，也在這一路上讓你發笑與驚歎。薩波斯基不只是頂尖的靈長類動物學家，還是優秀的作家和超棒的人性嚮導。」

——強納森·海德特（Jonathan Haidt），紐約大學、
《好人總是自以為是》（*The Righteous Mind*）作者

「這本書是一份範圍廣泛、知識淵博的考察研究，針對所有我們賴以運作，或好或壞，定義我們身為人類的東西……這本書是科普書的楷模，富有挑戰性卻也平易近人。」

——《科克斯書評》（*Kirkus Reviews*）星級推薦

「〔薩波斯基〕帶著幽默編織出科學的故事……〔他〕對科學的高見值得被廣大群眾聽見，而且很可能在思想上造成長期影響。」

——《出版者週刊》（*Publishers Weekly*）星級推薦

「〔薩波斯基〕既清晰又幽默地將浩瀚文獻中數千個有趣的研究匯集起來，完成得非常出色……這是一本傑作。」

——《圖書館雜誌》（*Library Journal*）星級推薦

「薩波斯基沒有從道德制高點看靈魂如何選擇善惡，而是從實際的生物學著手……這是一份了不起、包含廣博知識的考察研究，討論到所有觀照人類行為的科學。」

——《書單》（*Booklist*）雜誌，星級推薦

「只要一讀羅伯·薩波斯基這本絕妙的《行為》，你就再也不會訝異我們糟糕的行為竟然這麼深奧，又牽涉這麼廣泛。我們都有潛力在潛意識中產生偏見、受到童年傷害又在自己所愛的人身上複製出同樣的傷害、形成『我群』的部落，把外來者當成次等的『他群』。但很奇妙的，閱讀這本書也能讓我們抱有希望，知道我們比原本所想的更能控制那些行為。而且《行為》帶給我們的不只是希望——也提供我們知識，關於怎麼做

可以達成這個目標、可以表現出更好的自己，並且避免展現更糟的自己，不管是在個體或社會層面皆然。這真是非常好的消息。」

——查爾斯・杜希格（Charles Duhigg），《為什麼我們這樣生活，那樣工作？》（*The Power of Habit*）、《為什麼這樣工作會快、準、好》（*Smarter Faster Better*）作者

「這是一本不可思議的書，也是目前針對暴力、攻擊和競爭分析得最好的一本書⋯⋯這本書在學術上的深度和廣度令人驚豔，奠基於薩波斯基自己的研究，以及他對神經生物學、遺傳學和行為相關文獻的豐富知識之上。譬如，《行為》就我曾涉入的複雜爭論（如與社會生物學相關的辯論）給予公正的評價，也處理了爭議性的問題，如我們的狩獵採集者祖先有沒有互相打仗。他甚至提起自由意志這個話題，而他討論自由意志時，其思路清晰的程度勝過許多哲學家。以上所述的一切，薩波斯基都以輕巧有趣的筆觸出色地辦到了，無怪乎人們公認他是今日科學界最棒的老師。」

——保羅・埃力克（Paul R. Ehrlich），《人類的演化》（*Human Natures*）作者

推薦序

行為的出現其來有自，學習用別人的角度看事情

洪蘭（中央大學認知神經科學研究所教授）

這是一本少見的內容豐富，又能深入淺出地把複雜的大腦和行為的關係解釋得很清楚的好書。假如我還沒有退休，我會選它做為我在中央大學開的「大腦與行為」這門課的教科書。多年來，我一直在尋找有關人類行為各個層面和大腦關係的書都沒有找到，現在它出來了，我卻已經退休了，失之交臂，很是可惜，現在寫這篇推薦序，希望所有的學生都享受到這本好書帶來的智慧。

這本書的原文版有七百九十頁，厚到讓許多學生不敢去碰它。其實它的文字很淺（用現在流行的語言來說，就是接地氣），讀起來並不辛苦，只是不適合躺在床上讀，因為書太重，手會酸。

這本書很適合醫學院的學生，修心理學、社會學、犯罪學、人類學，甚至商學院的學生去讀，因為它用大腦實驗的證據來解釋行為發生的原因，對想要瞭解一個行為有實質的幫助。本書作者是史丹福大學醫學院的神經內分泌學教授，也是少數人文素養，尤其在演化和宗教方面，造詣很深的神經科學家。他寫過好幾本書，其中《斑馬為什麼不會得胃潰瘍？》台灣有翻譯（遠流，2001 年出版）。

這本書醫學院的學生要去讀，因為一個好的醫生是醫人而不是醫病，要醫人，必須知道病人這個病或行為的由來，尤其精神科的學生更

要去讀。

至於心理學、社會學、犯罪學的學生要去讀它，因為行為跟環境有直接的關係，環境甚至會影響基因的展現與否（這叫表觀基因學，Epigenetics）。比如說台灣最近頻頻發生虐童案，政府的做法是加強社工人員對高危險家庭的訪視，以及暢通醫生和老師通報的管道。但是這些都是事後的補救，對孩子來說，身心的傷害已經造成了，而且這個傷害會影響孩子一輩子，代價太大。政府的重點應該放在事前防範，立法使國家的幼苗來得及長大（尤其現在少子化嚴重，好不容易生出來了，又受虐而死，對國家真是損失），所以要根絕虐童必須治本才能事先防範。但是要事先防範必須知道它發生的原因才可能對症下藥。作者在書中舉了很多大腦的實驗說明家暴跟父母或施虐者承受的壓力有關，壓力會提升動物的攻擊性，而攻擊性能減輕壓力。

譬如實驗者在電擊一隻老鼠後，發現這隻老鼠的糖皮質素濃度和血壓上升，牠會猛吃東西或啃木頭來緩解壓力（人類也會猛吃油炸的高糖分食物來抒解壓力）。但是老鼠發現最有效的抒解方式是去咬另外一隻老鼠，實驗發現越用替代性攻擊，施虐者體內的糖皮質素越低。

動物觀察者發現高階的公狒狒在打輸了以後，會去打另外一隻低階的公狒狒，這隻公狒狒又會去打在旁邊的母狒狒，母狒狒轉頭就去打小狒狒出氣。

人類也是這樣，最近有一個母親在受到丈夫的家暴後，打她的親生兒子，強迫他吃地上的食物。這件事被傳上網後，很多打抱不平的網民用人肉搜尋方式找著她後，圍攻她。研究又發現經濟衰退時，配偶和孩子受虐的比例就升高。有一個研究更發現本地足球隊無預警輸球時，家暴的比例就上升 10%（如果贏球或本來就預期會輸就不會上升），賭注越高，家暴越凶。如果輸給對頭的球隊，家暴上升 20%。所以政府應該把施政重心放在改善經濟，減少失業，並且匡正社會風氣，譴責外遇等危害家庭幸福的因素上，若不從根本去改善，只是加強訪視與通報是於事無補的。

本書有很多實驗使讀者瞭解過去看到的現象是為什麼會發生，我在念研究所時，研究指出美國的智力測驗有文化上的偏見，對偏鄉或非西方主流文化的孩子不公平。譬如把香蕉、猴子和熊三張圖片給孩子看，請他們找出誰和誰應該放在一起，結果西方的孩子會把猴子和熊放在一起，因為都是動物，但是東方的孩子會把猴子和香蕉放在一起，因為猴子吃香蕉。這實驗顯現出的是西方人注重的是類別，東方人注重的是關係。但是為什麼是這樣，不知道。在當時，對很多現象我們是知其然，而不知所以然。但是在看了這本書後，就知道原來人的觀念受到文化和環境的影響，凡是個人主義（individualism）強的社會，人們偏重理性分類，而集體（collective）主義強的社會因為要靠團體的力量才能生存下去，他們重視關係。作者舉例說一樣是中國人，有著相同的種族、語言和文化，但中國南方因為種稻，需要大量人力，必須全村人力一起插秧、一起收割，結果發展出集體文化的社會，而北方缺水，只能種小麥，小麥不像水稻需要群力群策，就發展出個人主義──我只為我的行為負責，所以中國南方人和北方人在「圍巾、手套和手」的配對上有不同：北方的孩子會把圍巾和手套放在一起，因為它們是衣物類，類似西方人；而南方的中國人把手套和手放在一起，因為手套是給手戴的，它們有關係。

作者從大腦和實驗的證據上指出了東西方文化在行為上差異的原因，這些知識讓我們學會包容，瞭解行為的出現是其來有自，從而懂得用別人的角度去看事情，而不再有像過去那種沙文主義的偏見出現。

佛里曼（Thomas Frieman）說：在世界是平的，在天涯若比鄰的現代，人必須知己知彼，才能海內存知己。這是一本值得閱讀，值得深思的好書，請好好地享受它。

推薦序

最好與最糟，硬幣的兩面

黃植懋（陽明交通大學生物科技系教授）

我手心捏著上頭不是印著我名字的護照和登機證，站在香港赤鱲角機場海關櫃臺前，等待檢查入境。印著我名字的護照和機票在另一人手裡；他在不遠處看著我，隔著重重人牆，我們彼此迅速地對望了一眼，誰也不曉得接下來會發生什麼事。

「這不是夢境裡，這是犯罪啊！」我彷彿聽到那位留著花白大鬍子的薩波斯基揮舞雙手在我耳邊大吼（伴隨揮舞的，還有他那像極了美國薩克斯風樂手 Kenny G. 的比肩捲髮）。「這無關道德，你們都會被懲罰，你不是他，他不是你，想想後果！」

但我已經，準備好了。如果身分被識破，在海關官員慌忙起身大喊「抓住他！」之前，我將會迅速跨過阻擋在前方的鐵柵欄，狂奔衝進入境大廳隱沒在人海裡。幸運的話，我還可以側身閃進即將關上門的機場快線列車離開這裡；但是如果不幸，我將會被一群穿著制服的警察撲倒壓制在入境大廳明亮的地板上，在一群國際觀光客此起彼落喀擦喀擦的手機照相與直播港產警匪片過程中，「不要動！」，像一隻被獅群活逮到的魯莽斑馬。

在這一刻，生心理的雙重壓力迫使我的體內正遭遇生物演化而來的、一連串翻天覆地的神經生物和內分泌的變化：糖皮質素加上交感神經系統啟動了經典的「戰或逃」反應，我的心跳漸次加快、血壓逐漸升高，大腦神經元的活動既快又急；血液循環中的能量開始送達肌肉，肌肉準備迎擊。而當糖皮質素抵達大腦皮質，我的注意力和決斷力提升，視聽感官變得更加敏銳。我既是恐懼緊張，但微微興奮難耐，我的前額葉和杏仁核正在玩翹翹板的無聊遊戲，誰勝誰負還很難說。

海關官員邊把我的證照文件高舉在半空中，邊直盯看著我，定格了幾秒鐘。我知道在這幾百毫秒之間，他腦中的梭狀迴臉孔區（fusiformfacearea）正劇烈活躍，來確認照片中的人的確就是我本人；然而，即使護照上的相片與機票上的姓名真的不是我本人，他大腦的背外側前額葉幫他做出代表香港律法、人類階級與政治制度最理性、最具認知能力、最效益主義也最不情緒化的決策，於是他像是患了「臉孔失認症」（prosopagnosia）一樣，無視我的確不是護照相片裡的那個人，向我微笑地擺了擺手，「歡迎來到香港！」。

出了海關，另一個拿了我的護照和登機證的人已經在等我。「還順利嗎？」他問，我沒有回應。不需要回應什麼，在過去的五分鐘裡，我和他在經歷了共同挑戰權威所遭遇的最好與最糟的人類行為，我們有默契地知道對方在想什麼、會感覺什麼、害怕什麼，又得意什麼。因為過去的幾十年裡，基因、內分泌、神經、認知、環境和文化塑造了我們兩個獨一無二、卻又如此相似的大腦與心智。

我們這一對雙胞胎。

薩波斯基在《行為》裡，鉅細靡遺地提供了我曾經不只一次在夜深人靜偶然回想起這場景的每分每秒，定格、倒轉，以及，問自己「如果我真的被逮到，會怎樣？」的生物學：文化、脈絡與學習如何從幾秒鐘到幾十年間塑造我們的基因、大腦、荷爾蒙和神經元所架構的一切。

然後呢？薩波斯基笑了，他說：「行為的脈絡和意義通常比行為背後的生物機制更加有趣而複雜」。於是，在神經生物學教科書裡，以及這本如同偵探故事般的科普書附錄中看似多餘的神經科學、內分泌學和基因的知識之外，我和薩波斯基走出太平洋兩端各自教授的生物學課堂，在我們眼前每天上演的，依舊是我群與他群的歧異與認同、服從與對立、和平與殺戮、痛恨與歡愉、愛與冷漠的世界。那是人類出走非洲十幾萬年後仍然擺脫不了的生物性箝制，但卻又如此迷人的多姿又多彩。

因為生物運作如此複雜，我們沒辦法把所有好的行為和壞的行為單獨分開來看。科學研究無法只憑某種文化因素的介入、某個腦區的活化、某種神經傳導物質的濃度、某段基因的表現、或任何一項單獨的因素就對行為提出合理解釋、做出全面結論。在為鞏固人類社會穩定而被歸類為必須被譴責與懲罰的行為，比如欺騙和屠殺，是生物機制的產物，但別忘了，同樣的科學證據也適用於我們最好的行為，善良、正義與慈悲。

從展現仇恨的作為到展現愛的作為，以及我們強迫剝奪人性到重拾人性良善：宗教虔誠歸屬與盲目依從、以和平為說詞的戰爭、性別光譜的認同和阻卻、統與獨或保守與激進的意識形態、穩定與汙染的能源選擇。人類願意為了象徵性的神聖價值而互相攻擊、反擊，又攻擊、再反擊，卻始終來自複雜卻又無比相似的、演化而來的生物運作模式，從微觀到行為，從毫秒到百萬年。

「做正確的事」永遠都視脈絡而定。

推薦序

《行為》與惡的距離，「沒有自由意志」的惡就不用懲罰？

謝伯讓（台灣大學心理系教授，腦與意識實驗室主持人）

關於自由意志的討論很多。從科學的角度來看，有許多論證、現象以及實驗結果，似乎都支持「人沒有自由意志」。（見參考文章1，2，3，4）

今天要和大家討論的，不是人到底有沒有自由意志，而是要直接假設「人沒有自由意志」，然後探討可能會產生的後續問題。而這其中最容易想到的一個問題就是：

如果沒有自由意志，那還需要法律和懲罰嗎？

關於這個問題，很多人的直覺就是，如果沒有自由意志，那我們的社會根本就不需要法律和懲罰。

因為，就像是我們不會去懲罰一個從天而降砸死人的隕石一樣，我們也沒理由去懲罰一個完全無法決定自己行為的殺人犯。

對於上面這種說法，我們今天要來予以反駁，並提供大家一種不同的看法：

即使沒有自由意志，也有理由懲罰人的犯罪行為

薩波斯基的《行為》

這個看法，和行為科學家薩波斯基（Robert Sapolsky）的見解十分類似。薩波斯基在其最新的大作《行為》中提到，即使沒有自由意志，人的犯罪行為也應該受罰，因為懲罰的目的在於「遏止再犯」。

此話怎解？

我們先來打個比方吧。試著把「毫無自由意志的行為人」，拿來和「配有自動駕駛軟體的車輛」做比較。接下來，只要試問我們會如何對待一輛出錯的車，就可以類比到人類身上。

首先請問，當一輛智慧車在路上撞死人時，該如何處置？

隔離式的懲罰

答案應該很簡單，自然是「懲罰」該車，而懲罰的最簡單方法之一，就是隔離式的懲罰，又就是禁止該車輛再度上路。同理可推至人類。當一個人殺了人，也可以隔離式地「懲罰」此人，也就是禁止該人再於社會中繼續行動，以免造成危害（至於懲罰應是監禁或死刑等則先不討論）。

學習式的懲罰

接下來，我們可以再進一步討論。如果這輛智慧車具有強大的學習能力，那我們是否會透過其他的「懲罰」方式，來改變其行為？答案同樣顯而易見：如果該智慧車能夠學習，那透過負向回饋學習等方式來進行「懲罰」，理應有效。

同理推至人類，即使人沒有自由意志，但只有學習機制正常，學習式的懲罰理應有效。

但是，如果智慧車因故沒有學習能力，那麼負向回饋學習式的「懲罰」就不會有效。此時進行隔離式的「懲罰」方式（如禁止上路）即可。

而人類也是如此。如果一個人因故沒有學習能力，那我們可以推論此人可能有生理狀態上的異常，此時的負向回饋學習式的「懲罰」（如體罰）就不會有效，但是，監禁之類的隔離式懲罰仍應實施，如此才能避免此人在社會上持續造成危害。

總而言之，懲罰有兩種作用，一是隔離行為人，使其無法再造成危害，二是透過學習機制，使其改變危險行為。即是「人類沒有自由意志」，此二方式都仍應有效。

那死刑呢？在同樣的人車類比下我們試問，如果一輛智慧車撞死人，我們會不會對這輛車充滿了憤恨與仇恨，以致想要壓碎肢解它？如果不會，那麼和智慧車本質上相同的人類犯下滔天大罪時，是不是也應該用對待智慧車的方式來對待人類？憤恨不平地想要處死犯人而後快的心態背後，真的只是比較節省成本的一種極端隔離式懲罰嗎？還是其實已經混入了原始的情感報復元素？

行為高度複雜但不神秘

你或許會覺得，把人類比喻成智慧機器，好像有些不對勁？別忘了，前提是「人類沒有自由意志」。如果人類沒有自由意志、如果不存在「機器中的鬼魂」，那把人類比喻成智慧機器，應該只是剛好而已，不是嗎？

人類的行為之所以很難預測，可能不是因為人類擁有神秘的「自由意志」，而只是因為每一個行為，都涉及橫跨時間軸多點的無數複雜因素。這種高複雜度的唯物觀點，就是薩波斯基在其新書《行為》中的行文主軸。

如果你還想知道人類行為的本質，切莫錯過《行為》這本大作。從一個行為發生前一秒的神經變化，到數分鐘前的無意識資訊影響，從幾小時前的內分泌活動，到幾天前記憶與神經可塑性，再加入青春期、胎兒時期的影響，甚至是表觀遺傳學及數百年來的演化因素。《行為》將帶你抽絲剝繭，讓你看見人類行為的過去、未來與真相。

參考文章：

1. 科學人 144 期二月號《不思議的知覺》

2. 科學人 157 期三月號《自由意志是虛幻還是真實》

3. 泛科學，《我們擁有自由意志嗎？》

4. 貓頭鷹出版社，《大腦簡史》

教導我的梅爾文・康納（Mel Konner）

啟發我的約翰・牛頓（John Newton）

拯救我的莉莎（Lisa）

目次

前言

我常有這種幻想：我的隊伍打進了他的祕密碉堡。好吧，既然這是幻想，乾脆放膽開來。**我一人**單槍匹馬打倒他的菁英護衛，衝進他的碉堡，白朗寧重機槍蓄勢待發。他拔出一把魯格手槍，被我從手中擊落。他伸手拿毒藥，想在被捕之前自殺，藥丸也被我擊落。他大聲怒吼，用超乎想像的強大力量攻擊我。我們開始扭打，我占了上風，把他固定住後，給他銬上手銬。「阿道夫・希特勒，」我宣布，「我以『危害人類』罪名逮捕你。」

這個鑲了榮譽勳章的奇幻故事就此打住，我腦中的幻想也隨之褪去。我要怎麼對付希特勒？這樣問太直接了，我必須把腦海中的聲音轉為被動式，以保持一段距離。希特勒該受到怎樣的對待呢？只要允許自己想像，這並不困難。切斷他的頸椎，讓他癱瘓但仍保有知覺；用鈍器挖出他的眼睛，戳破他的耳膜，拔掉他的舌頭；放他一條活路，但餘生只能靠插管和人工呼吸器維生；讓他動彈不得，不能說話、不能看也不能聽，只能感受；給他注射某種致癌物質，癌細胞使他身上每一個角落都化膿潰爛，惡性腫瘤不斷增長，直到每一個細胞都痛苦慘叫，他感覺每分每秒都像身在地獄之火中，如此漫長而永無止盡。這就是希特勒應得的報應。我想對希特勒這麼做。我會對希特勒這麼做。

從小，我腦中就有各種這類的幻想情節。現在偶爾還會冒出。當我沉浸其中，就會心跳加速、臉部發紅，同時雙拳緊握。我幻想出對付希特勒的計畫——去對付這個史上最壞的惡魔、最該被懲罰的靈魂。但是，有個大問題。我不相信靈魂或惡魔，我覺得「邪惡」這個詞只適合作為音樂劇的名稱，[1] 也懷疑刑事司法制度和懲罰之間的必要關係性。到頭來，這會出現一個問題——我的確覺得某人該被處死，但我反對死刑。我喜歡看很多暴力的 B 級片，但又支持嚴格的槍枝管制。而且，在我小孩的生日派對上，我違背心中各種模糊原則，玩起雷射槍戰，從暗處射擊陌生人，還覺得很好玩（直到某個臉上長雀斑的小孩擊中我一百萬次，並且嘲笑我，讓我覺得既沒安全感也盡失男子氣概）。然而，我也知道〈來到河畔〉（'Down by the Riverside'）大部分的歌詞（「不再理會戰爭」〔ain't gonna study war no more〕），[2] 還有這首歌中間何時該拍掌。

換句話說，就像大多數人一樣，我對暴力、攻擊和競爭懷有困惑的感受和混亂的想法。我就直說吧，人類一直都有暴力問題。我們有辦法製造出成千上百朵爆炸蘑菇雲；有人曾在蓮蓬頭和地鐵空調系統釋放毒氣，用信件寄送炭疽病菌，把客機變成武器；大規模性侵害被當成軍事策略；炸彈在市場中引爆，學生持槍屠殺其他小孩；在某些社區裡，從披薩外送員到消防員，每個人都對自己的安危感到憂心。還有其他比較隱微的暴力——譬如，童年時遭受虐待；或者，社會中存在著一些象徵符號，代表多數族群高調展示他們的支配地位與威脅能力，因而對少數族群造成影響。我們總是活在其他人可能傷害自己的威脅之下。

如果這是暴力唯一的樣態，從知識角度來思考暴力問題並非難事。愛滋病（毫無疑問是個壞東西）會造成毀滅，阿茲海默症同樣如此。思覺失調症、癌症、營養不良、食肉菌、地球暖化、彗星撞地球……也都如此。

不過，問題在於，暴力不在這串名單上。有時候，我們對暴力完全沒有意見。這就是這本書的核心——我們並不討厭暴力。我們討厭和恐懼的是錯誤的那種暴力，即在錯誤脈絡下出現的暴力。因為，在正確脈絡

1 譯注：百老匯音樂劇《女巫前傳》（*Wicked*，又稱《罪惡壞女巫》）劇名直譯為「邪惡」之意，故事內容為綠野仙蹤的前傳。

2 譯注：〈來到河畔〉是一首黑人靈歌，起源於美國南北戰爭之前，常用作反戰歌曲，有多個不同的版本。

下出現的暴力不一樣。我們花大把鈔票進運動場觀賞暴力，我們教導孩子學會反擊，當我們變老進入中年，在週末的籃球賽成功使出下流的臀部阻截招數，我們會為此感到驕傲。我們的對話中充滿軍事隱喻：我們在腸枯思竭之後重整旗鼓（rally thet roops）。[3] 我們的球隊名稱讚揚暴力——勇士（Warriors）、維京人（Vikings）、獅子、老虎和熊。甚至在需要動腦的事情上，我們也用這種模式思考，像是下棋——「卡斯帕洛夫（Kasparov）[4] 持續進逼，準備使出致命一擊。到了比賽尾聲，卡斯帕洛夫只能故技重施，好抵擋對方的暴力威脅。」我們打造圍繞著暴力開展的神學，選出施行暴力的領袖，還有許多女人在擇偶時偏好戰鬥中的冠軍。只要暴力是「對」的種類，我們熱愛暴力。

給我們帶來挑戰的是暴力的模糊性，當我們扣下扳機，這可能是一樁醜惡的攻擊事件，也可能是出於自我犧牲的愛的行動。結果，暴力永遠是人類經驗中極為難懂的一部分。

這本書探索了暴力、攻擊和競爭的生物學——這些行為及其背後與衝動，在個體、群體和國家層次展現出來的行動，還有以上這些在什麼時候是好事、什麼時候是壞事。這本書攸關人類彼此傷害的方式，也攸關人類如何做出和傷害相反的行為。關於合作、歸屬、和解、同理心和利他行為（altruism）等等，生物學教導了我們什麼？

這本書背後有我個人的淵源。其中之一是，很幸運地，在我的人生中很少遭遇暴力，暴力現象可把我嚇壞了。我用書呆子的思考模式，相信只要我針對某個嚇人主題寫了夠長的文字、講了夠多堂課，它就不再嚇人，會默默煙消雲散。然後，如果每個人都修了夠多堂暴力生物學課程，而且夠用功，我們就都能在打盹的獅子和小羊中間小睡片刻。這就是一位教授的妄想效能感。

另一個關於本書的個人淵源：我天生就是個極度悲觀的人。隨便給

3 譯注：原意為重整軍隊，比喻為重新集結眾人、重新振作出發之意。

4 譯注：卡斯帕洛夫（1963-）為俄羅斯西洋棋大師，前西洋棋世界冠軍。

我一個題目，我都能講出一個萬物崩解毀滅的故事。或者本來好好的，但不知怎地，結局也變得悲慘苦澀。這感覺真是如坐針氈，對那些不得不待在我身邊的人來說更是如此。當我有了小孩，我明白自己需要好好控制這個傾向，所以我試著尋找證據，證明事情不會那麼糟。我從小事開始練習——不要哭，暴龍絕不會跑來把你吃掉；當然了，尼莫[5]的爸爸最後會找到牠的。隨著我對這本書的主題瞭解得越來越多，我有了出乎意料的領悟——人類彼此傷害的行為並非普世皆然，也不是無可避免，我們正漸漸從科學的洞見裡瞭解該如何預防傷害再次發生。我體內那個悲觀的自我費了一番工夫才能承認這件事，但事情確實有些樂觀的空間。

本書的理論取向

我的工作是神經生物學家（研究大腦的人）加上靈長類動物學家（研究猴子和猩猩的人）。因此，這本書以科學，特別是生物學為基礎。從這點可以延伸出三個關鍵。首先，你不可能在沒有生物學的情況下，就開始瞭解攻擊、競爭、合作和同理心；我會提到這點，是為了某一群特定的社會科學家著想——他們認為生物學與人類的社會行為毫無關聯，而且用生物學來思考人類社會行為會有意識形態的嫌疑。第二，同樣重要的是，如果你只依賴生物學，一樣會陷入麻煩；我這麼說是為那些分子基本教義派著想，他們相信社會科學注定會被「真正的」科學消滅。第三，讀完這本書之後你會發現，區分行為的「生物」層面和所謂的「心理」或「文化」層面其實一點意義都沒有。它們完全交織在一起。

瞭解這些人類行為背後的生物學顯然十分重要。不幸的是，這種生物學複雜得不得了。如果你現在對於……譬如說，候鳥的飛行或母倉鼠排卵時的交配反射感興趣，那麼難度就沒那麼高。但我們感興趣的往往不是那些。我們感興趣的是人類行為——人類社會行為，而且，在很多狀況下是異常的人類社會行為。不只如此，這些行為絕對是一團混亂，牽涉到

5　譯注：電影《海底總動員》（*Finding Nemo*）中的角色。

腦部的化學機制、荷爾蒙（hormone）[6]、感官線索（sensory cue）、產前環境（prenatal environment）、早期經驗、基因、生物演化（biological evolution）與文化演化（cultural evolution）、以及生態壓力（ecological pressure）等等。

我們該怎麼在探究行為時，搞清楚這所有相關的因素？處理一個複雜多面的現象時，我們會傾向使用一種特定的認知策略——把現象中各個面向分類，形成一組一組的解釋。假定有隻公雞站在你旁邊，而另一隻母雞正在過馬路。那隻公雞擺出以雞的標準來說十分性感的求偶姿態，於是母雞迅速衝過來和牠交配（我不清楚雞的求偶是不是真的這樣運作，但我們先假定是這樣吧）。於是，一個關鍵性的生物學疑問浮現出來——為什麼那隻母雞要過馬路？如果你是個神經心理內分泌學家，你的答案會是：「因為循環中的雌性素作用在牠的腦部，於是牠回應了公雞發出來的求偶信息。」如果你是個生物工程學家，答案則是：「因為雞的腿中有條長骨構成了骨盆（或類似的東西）的支點，讓牠可以快速前進。」又如果你是個演化生物學家，你會說：「因為在過去數百萬年中，在生育年齡對求偶姿態有所回應的雞隻，比較容易讓基因流傳下來，因此到現在已經變成牠們的本能行為。」以此類推，人們會用不同的類別思索，用不同學科的角度來解釋事物。

本書的目標是避免這種類別化的思考。把事情擺進籃子裡頭、在清楚界定的範圍內作解釋，這麼做有其好處——譬如，可以幫助你記得更清楚，但也可能嚴重破壞你的**思考**能力。這是因為不同類別之間的界線常是隨機形成的，但只要界線存在，我們就會忘記它是隨機形成，反而過分注重界線的重要性。譬如，可見光譜包含從紫色到紅色的一連串波長，人們在光譜上隨機決定界限，再為顏色取名（譬如把界線定在顏色從「藍」轉「綠」的地方）；證據就是各種語言各有不同的顏色名稱，因為人們以不同方式任意分割可見光譜。給一個人看兩種類似的顏色，如果那人使用的語言剛好在這兩種顏色之間劃分了界線，他就會高估這兩種顏色的差異；

6　譯注：中文也稱為激素。

假如這兩種顏色落在語言的同一類別，結果則相反。換句話說，當你用類別來思考，就比較難看到事物之間的相似與相異之處。只要你花很多心力去注意邊界所在之處，就難注意事物的全貌。

因此，本書正式的學術目標，就是在思考與最複雜行為（甚至比雞過馬路還要複雜）相關的生物學時，避免用各種籃子來分類。

那要用什麼來替代呢？

一個行為出現。為什麼出現呢？你想到的第一個類別化的解釋來自神經生物學。那個行為出現的前一秒，這個人的腦中發生了什麼事？接著，再稍微擴展視野，下一個解釋的類別屬於更早一點的時間。在行為出現之前的一分鐘，這人看到什麼、聽到什麼或聞到什麼，觸發神經系統而產生了行為？數小時到數天之前，哪些荷爾蒙的作用，改變了這個人對於感官刺激的回應，然後這些刺激又觸發神經系統產生行為？到了這裡，你的視野已經擴大，用了神經生物學和環境中的感官世界，還有短期的內分泌學，來解釋發生了什麼事。

然後，你的視野繼續拓展。在過去幾週中，環境發生了哪些變化，導致那人大腦的結構和功能改變，於是又影響了他對荷爾蒙和環境刺激的反應？接著，你回到那人的童年、他的母胎環境，再到基因組成。你的視野再擴大，其中牽涉到的不再只是單一個體——在那人所屬的群體中，文化如何塑造了人們的行為？——有哪些生態因素又對塑造文化起了推波助瀾的作用——你的視野拓展再拓展，直到數千年前的事，**還有**那個行為如何演化而來。

好了，所以，上述過程展現了一點進步——看來我們將會用很多不同的學科，而不是只用單一學科解釋所有行為（譬如，所有事情都可以用〔以下任選一種〕荷爾蒙／遺傳／童年事件相關的知識來解釋）。不過，還有一些更細微的部分，那正是本書最重要的概念：當你用一種學科解釋某種行為，無形中同時借助了所有其他學科的力量——任何特定解釋，都是經過先前各層面的影響才成形的。只有這樣才行得通。如果你說：「大腦釋放神經化學物質Y，於是產生了這個行為。」你也等於在說：「因為今天早上荷爾蒙 X 大量釋放，造成神經化學物質 Y 含量上升，才產生了這個行為。」你也在說：「這個人生長的環境使得他的大腦比較容易釋放神經化學物質 Y 來回應某些刺激，因而產生了這個行為。」還有，你也在說：「……因為他的基因裡寫入了某個版本的神經化學物質 Y 的訊息。」然後，當你低聲說出「基因」這兩個字，你也同時在說：「……因為數千年來，各種不同因素塑造了那個基因的演化歷程。」以此類推。

裝著不同學科的籃子並不存在。每一種解釋都是受到先前出現的生理因素影響之後構成的最終產物，也將繼續影響後續的其他因素。因此，不可能將一項行為的起因歸結為**一個**基因、**一種**荷爾蒙、**一樁**童年創傷，因為在你借助其中一種解釋的那一秒鐘，其實就同時採用了所有其他的解釋。籃子不存在。對一項行為做出「神經生物學」或「遺傳」或「發展」上的解釋，只是暫時從某一個特定面向來靠近這個多因素（multi factorial）的整體，為求便利而採取了簡略的表達方式。

是不是大開眼界了呢？搞不好其實沒什麼了不起的。也許我只是裝腔作勢地說：「面對複雜的事情，你就要想得很複雜。」哇，還真是個天大的啟示。也許我在暗中紮了一個自我膨脹的稻草人，表達出：「噢，我們要想得很細。我們不被任何過度簡化的答案愚弄，不像那些研究雞怎麼過馬路的神經化學家、研究雞的演化生物學家和雞隻精神分析師，他們都活在充滿限制的分類籃子裡。」

科學家才不會那樣。他們很聰明。他們知道要把各種角度納入考量。科學研究可能只聚焦在狹隘的主題上，因為一個人能著迷投入的事情有限，但他們當然知道自己那個類別的籃子不能代表事情的全貌。

他們或許如此，也可能不是這樣。以下引用的幾段話來自幾位典型的科學家，請你思考一下。第一段：

> 給我十個體格良好的健康嬰兒，在我指定的環境中養育他們，我保證，我隨機挑選任何一個人，都能把他訓練成我選定的任何一種專家——醫生、律師、藝術家、商人，還有，沒錯，甚至是乞丐扒手——

> 不必管他祖先的才華、嗜好、傾向、能力、職業和種族。

行為主義創始人約翰・華生（John Watson）在1925年左右寫下這段話。行為主義認為，行為完全是可塑的，在對的環境下，可以把行為塑造成任何樣子，這種想法在20世紀中期的心理學領域蔚為主流；我們之後將再回頭探討行為主義及其重大限制。重點是華生局限在一個籃子裡到了病態的程度，這個籃子是環境對人類發展的影響。「我保證……能把他訓練成任何一種人。」但無論我們接受什麼訓練，我們並不是生來都一模一樣，擁有的潛能也不相同。[7]

下一段：

> 正常的心靈活動仰賴大腦中突觸（synapse）良好的功能運作，而心理疾患顯然是突觸功能錯亂的結果……必須改變突觸的適應和神經衝動的慣常路徑，以便修正與這些神經機制相對應的想法。強迫患者用不同的頻道思考。

改變突觸的適應。聽起來真精確。對啦，沒錯。這是葡萄牙神經學家埃加斯・莫尼茲（Egas Moniz）說的話，差不多就在他因為發展出額葉白質截斷術（frontal leucotomy）而於1949年獲頒諾貝爾獎的那個時期。這個人的想法病態地局限在一個籃子裡，裡頭是簡化的神經系統。只要用一把大大的碎冰錐稍微擰一下那些細小的突觸就好（有人曾在額葉白質截斷術——後來改名為額葉白質切除術〔frontal lobotomy〕——的過程中這麼做，結果變成標準流程的一環）。

最後一段：

7 原注：華生在做出這段聲明之後不久，就因身陷性醜聞而離開了學術圈。他最後改頭換面，成了一家廣告公司的副總裁。你可能沒辦法把人塑造成任何你所期待的樣子，但至少可以影響人們去買些沒用的便宜貨。

> 長期以來，道德低下者都有高度繁衍率……社會性次等的人類素質能夠……影響一個健康的國家，最終毀滅那個國家。挑選出堅強、英勇、對社會有效益的人……必須透過某種制度完成，以避免人類因為缺乏這些元素，受到馴化而墮落。由於我國以種族概念作為基礎，這方面已達成許多成就。我們必須——也應該——仰賴社會中最優秀的成員及其優良的情感素質並加以管控……方法就是根除人口中的殘渣。

這段話來自動物行為學家康拉德·勞倫茲（Konrad Lorenz），他是諾貝爾獎得主、動物行為學領域的開山始祖之一（之後還會再談到這個）、自然頻道電視節目的常客。穿著奧地利式吊帶短褲，身後跟著被他銘印的初生雁鵝的康拉德爺爺，也是個納粹的鼓吹者。納粹黨一獲准奧地利人加入，勞倫茲就馬上入黨，還進入黨內的種族政策部門，他的工作是用心理檢查來篩選混有波蘭和德國血統的波蘭人，以決定哪些人夠德國化，可以逃過死劫。這個人深深困在一個假想的籃子裡，裡頭的東西是對基因功能惡劣的錯誤詮釋。

他們可不是在第五等的野雞大學裡生產研究的科學家。他們都是 20 世紀最有影響力的科學家。他們形塑了我們接受的教育、影響我們看待社會問題的觀點——認定哪些社會問題可以解決、哪些不該插手。他們違反他人意志，毀了對方的大腦。他們輔助最終解決方案（finalsolution）[8]的實施，而這個方案想解決的問題根本不存在。當科學家認為人類行為可以完全由單一觀點加以解釋，牽涉的層面可能遠遠超出學術領域的範疇。

身為動物的我們，以及人類千變萬化的攻擊性

於是，我們面臨了第一個智識上的挑戰，就是要保持多學科的思考

8　譯注：指二戰期間納粹德國針對歐洲猶太人實施的種族滅絕計畫。

方式。第二個挑戰則是釐清人類身為猿類、靈長類和哺乳類動物的意義。喔，沒錯，我們是一種動物。而且，要搞清楚我們哪些時候和其他動物一樣、哪些時候和其他動物完全不同，會是一大挑戰。

某些時候，我們確實就像其他任何動物一樣，我們在感到害怕時分泌的荷爾蒙，和低階魚類遇到惡霸找麻煩時分泌的荷爾蒙一樣；我們和水豚（capybara）的腦中都有同一種與愉悅相關的化學物質；人類和豐年蝦（brine shrimp）的神經元運作方式相同；將兩隻母鼠養在一塊，經過數週，牠們的生殖週期將會同步，最後兩隻母鼠都在幾小時內排卵。在兩個女人身上做同樣的嘗試（有些研究結果顯示如此，但並非所有研究都支持這個結果），也會出現類似的效果。這稱為「衛斯理效應」（Wellesley effect），一開始出現在女校衛斯理學院同寢室的室友身上。還有，說到暴力，我們就像其他猿類一樣——我們也會揍人、拿棍棒打人、丟石頭、赤手空拳殺傷別人。

所以，有些時候，智識上的挑戰在於將人類與其他物種類比，找出我們有多麼相似。其他時候，挑戰之處則在於能對以下這一點加以欣賞：儘管人類和其他物種在生理上如此相似，我們卻能以嶄新的方式運用生物機制。我們在看恐怖片時，啟動了經典的「警覺性」生物機制；我們在想到死亡時產生壓力反應；我們看到可愛的貓熊寶寶時，釋放出與育兒及社會連結（social bonding）相關的荷爾蒙。而這絕對也可以類推到攻擊行為——當一隻公的黑猩猩在求偶競爭中襲擊對手，會用上牠的肌肉——我們也會運用同部位的肌肉傷害別人，但動機是為了反對對方的意識形態。

最後，有時候，想要瞭解人性，必須單單只考慮人類，因為我們的所作所為是獨一無二的。儘管少數物種也會規律進行不以繁殖為目的的性活動，但只有我們會在結束後談談剛才的感覺如何。我們所建立的文化，立基於對生命本質為何的信念，而且這些信念代代相傳，甚至可在相隔千年的兩人之間傳遞——想想那本長年暢銷書《聖經》，就知道了。同樣地，我們可以僅僅透過扣下扳機、點頭同意或轉過頭看向別處，沒有任何身體攻擊就造成傷害，這也是空前絕後的。我們會採取被動攻擊（passive-aggressive），用模糊的讚美來罵人、用輕蔑來傷人、以高高在上的關懷姿態表現出輕視的態度。所有物種都是獨特的，但我們獨特的方式尤為獨特。

以下兩個例子可以說明人類在互相傷害與互相照顧方面，可以多麼奇怪又多麼獨特。第一個例子關於，嗯，我太太。我們坐在休旅車上，小孩在後座，我太太在開車。然後有個混帳突然超車，差點造成車禍，而且超車的方式顯示他不是忽然分心，純粹就是自私。我太太對他按喇叭，他對我們比中指。我們被激怒了，勃然大怒。狂罵「混蛋東西！需要警察的時候，警察跑去哪裡了？」等等。突然，我太太宣布我們要跟蹤他，讓他緊張一下。我依舊很生氣，但跟蹤聽起來不像是最嚴謹的計畫。儘管如此，我太太還是開始跟蹤他，緊追在他後面。

幾分鐘之後，這傢伙開始想甩掉我們，但我太太跟定他了。終於，我們兩輛車同時停在紅燈前。我們知道那是個很長的紅燈，而且，另一輛車停在那個壞蛋前面。他哪兒也去不了。突然間，我太太從前座分隔處抓了某個東西，打開門，說：「這下他可要後悔了！」我無力地說——「呃，親愛的，你真的覺得這是個好……」但她已經下車，開始敲他的車窗。我趕快衝過去，剛好趕上聽到我太太用惡毒的語氣說：「如果你敢對別人做這麼過分的事，你大概需要這個。」然後，她把某個東西丟進車窗，得意洋洋地凱旋歸來，回到車上。

「你丟了什麼進去？」

她還沒開口，紅燈轉為綠燈，沒人在我們後面，我們就繼續坐在那兒。那個惡棍乖乖打起方向燈，慢慢轉了個彎，然後用大概時速五英哩[9]的速度朝向一條小街駛去，沒入黑暗。如果車子可以表現出羞愧的樣子，就是這副德性。

「親愛的，告訴我，你丟了什麼進去？」

她咧開嘴露出微微的、不懷好意的笑容。

「一根葡萄棒棒糖。」我為她兇猛的被動攻擊感到深深敬畏——「你

9　譯注：約等於時速八公里。

真是個卑鄙又糟糕的人，你的童年一定出了什麼大問題，也許這根棒棒糖可以幫忙修正一下。」那傢伙下次想再整我們的話，可得三思而後行。我的心中懷著滿滿的愛和驕傲。

第二個例子：1960 年代中期，一場右翼軍事政變推翻了印尼政府，由蘇哈托（Suharto）建立起稱為「新秩序」（New Order）的獨裁政權，掌權三十年。政變之後，政府肅清共產主義者、左派人士、知識份子、工會成員及華人，造成大約五十萬人死亡，包括大屠殺、虐待、對村莊放火而把村民困在裡面。奈波爾（V. S. Naipaul）於《在信徒的國度：伊斯蘭世界之旅》（*Among the Believers: An Islamic Journey*）中描述他在印尼時聽到的傳言：當準軍事部隊即將殲滅某個村莊時，很不協調地，他們會帶著傳統音樂甘美朗（gamelan）的樂隊同行。奈波爾後來終於遇到一位曾參與屠殺而毫無悔意的老兵，他問對方這個傳言是不是真的。是的，這是真的。我們帶著甘美朗音樂家、歌手、笛子、鑼，以及所有家當。為什麼？你們怎麼可能這麼做？那個人看起來很困惑，提出一個在他看來似乎不證自明的答案：「唔，讓一切更美。」

竹笛、燃燒的村莊、代表母愛的棒棒糖飛彈。我們的任務已在那裡等著我們，我們要去理解人類彼此傷害與互相照顧的技藝，以及生物學如何和這兩者緊密地交織在一起。

01

行為

我們已經準備好合適的策略了。一個行為出現——這個行為可能該受到譴責，也可能是個美好的行為，或者飄浮在兩者之間的模糊地帶。在一秒鐘之前，是什麼觸發了這個行為？這個問題屬於神經系統的領域。在前幾秒鐘到前幾分鐘內，是什麼觸發了神經系統，產生了這個行為？這屬於感官刺激的世界，其中很多是潛意識的知覺。在前幾小時到幾天內，是什麼改變了神經系統對某個刺激的敏感度？答案是荷爾蒙靈敏的活動。我們可以以此類推，一直回推到數百萬年前演化的壓力推動這顆雪球的那個時刻。

所以，我們準備好了。只不過朝這個龐大而糾結混亂的主題靠近時，你似乎有義務先把專有名詞定義清楚。想到這可不會令人感到輕鬆愉快。

以下是這本書中最重要的一些字詞：攻擊、暴力、慈悲心（compassion）、同理心（empathy）、同情心（sympathy）、競爭、合作、利他行為、嫉妒、幸災樂禍、怨恨、原諒、和解、復仇、互惠，以及（有何不可？）愛。這些讓我們深陷在為字詞定義的泥淖中。

為什麼這麼困難呢？就如我在前言中強調的，其中一個原因在於，許多專有名詞都是意識形態戰爭的主題，大家為了這些詞語的意義是否合適、又是否遭到曲解而爭辯不休。[1] 文字帶有力量，字詞的定義則承載著

---

1 原注：最近我找到一個對字詞進行非正統定義的驚人案例。梅納赫姆·比金（Menachem Begin）出乎意料地是《大衛營協議》（*Camp David Peace Accord*）的主導人之一，在 1978 年以以色列總理的身分參與簽署這份協議。他在 1940 年代中期領導伊爾貢（Irgun）

許多價值觀，還經常是頗為不同的價值觀。我舉一個例子，以下是我看待「競爭」一詞的方式：（a）「競爭」——你的實驗室和劍橋的團隊競逐一項科學發現（很振奮人心但不好意思承認）；（b）「競爭」——加入一場臨時足球賽（好吧，只要比數出現差距時，最強的球員會換到另一隊就好）；（c）「競爭」——小孩的老師宣布感恩節火雞輪廓線畫得最好的人可以得到大獎（有點傻氣，而且可能是個警訊——如果又出現同樣的狀況，或許就要跟校長申訴）；（d）「競爭」——誰的神比較值得人們為祂殺人？（盡量避免）

但下定義之所以充滿挑戰，最主要的原因我已在前言裡強調了——對於活在不同學科的科學家來說，這些術語代表不同的意思。「攻擊」指的是思想、情緒，還是肌肉造成的結果？「利他行為」指的是在不同物種（包括細菌）身上都可以用數據研究的東西，或者我們談論的其實是小孩的道德發展？而且，在這些不同的觀點中，不同學科隱含著把東西合併或拆解的傾向——有些科學家相信 X 行為可以分成兩個類型，另一些科學家認為 X 行為包含十七種口味。

讓我們從不同種類的「攻擊」來檢視這件事。動物行為學家把攻擊二分為侵略性攻擊（offensive aggression）和防禦性攻擊（defensive aggression），用來區別……譬如說，一塊領地的居民和入侵者；這兩者背後的生物學是不同的。這類科學家也區別出同種攻擊（conspecific aggression，指同一物種的成員之間的攻擊）和抵抗掠食者的行為。犯罪學家也對衝動性攻擊（impulsive aggression）和預謀性攻擊（premeditated aggression）加以區分。人類學家則關心攻擊行為背後不同層級的組織，以辨別戰爭、家族世仇和殺人之間的差異。

這個錫安主義（Zionist）的準軍事組織，意圖將英國趕出巴勒斯坦，好促成以色列建國。伊爾貢透過勒索和搶劫，籌取資金來購買武器，曾吊死兩名英軍俘虜，並用他們的遺體作餌，發動了一連串爆炸案，包括最為惡名昭彰的一起——大衛王酒店（King David Hotel）爆炸案，地點在英國於耶路撒冷設立的總部，不只造成許多英國官員死亡，也有阿拉伯及猶太平民遇害。比金對這些行動有何解釋呢？「我們在歷史上不是『恐怖份子』，嚴格說來，我們是**反恐怖份子**。」（**粗體**字就是我要強調的。）

此外，其他學科還區分了反應性的攻擊（對於挑釁的回應）與自發性攻擊，以及熱血的情緒性攻擊（emotional aggression）相對於冷血的工具性攻擊（instrumental aggression，譬如，我想在你那個位置築巢，給我滾，不然我就把你的眼睛啄出來；但這不是針對你個人喔）。另一個「這不是針對你個人」的版本則是：只因為你壓力大又感到挫折，或者很痛苦，需要釋放一些攻擊性，而某人比較弱，就以他為攻擊目標。這種涉及第三方的攻擊無所不在——電擊一隻老鼠，牠很可能去咬附近另一隻小老鼠；一隻居於次等地位的公狒狒被雄性首領（alpha male）打敗了，就去追趕地位更低的公狒狒；[2] 失業率提高時，家暴率也跟著上升。第 4 章中將會再討論這點——令人沮喪的替代性攻擊（displacement aggression），可以降低加害者的壓力荷爾蒙。讓別人得到潰瘍，有助於避免自己得到潰瘍。當然，還有一個恐怖的國度，那裡的攻擊不是反應性也不是工具性，而是為了樂趣而攻擊。

再來，有些特殊的攻擊類型——在內分泌學中，有一個專屬於「母性攻擊」（maternal aggression）的領域。攻擊和儀式性的攻擊帶來的**威脅**之間，存在著差異。舉例來說，許多靈長類動物實際攻擊的機率低於儀式性的威脅（譬如秀出牠們的犬齒）。泰國鬥魚的攻擊通常也都是儀式性的。[3]

---

2 原注：我在東非做狒狒研究時，觀察到關於這個現象一個驚人的事例。我花了三十年看著牠們，看過幾次同樣的情況，我相信有理由用「性侵」這個似乎特指人類行為的詞語來描述——公狒狒會強迫進入非處在發情期的母狒狒陰部，母狒狒表現出不接受對方，並掙扎著要避免對方的性接觸，當下的種種跡象都顯示牠感到痛苦。這每次都在雄性首領被擠下原有地位之後的幾小時內發生。

3 原注：人類的當代世界裡有一種很棒的儀式性攻擊，就是紐西蘭橄欖球隊的哈卡（haka）儀式。比賽開始前，這些奇異鳥（Kiwi，譯注：紐西蘭特有鳥類，也是紐西蘭人的自稱）在球場中央列隊， 表演這種新版本的毛利戰舞。他們有節奏地跺步，擺出威嚇對手的姿勢，低聲吼叫，佐以歷史悠久的嚇人表情。從 YouTube 遠距觀看他們的表演時，會覺得很酷（更棒的是看 YouTube 的另一段短片——羅賓．威廉斯上查理．羅斯〔Charlie Rose〕在美國公共電視台〔PBS〕的節目上表演哈卡），不過要是距離拉近一點，就會發現他們的對手通常嚇得魂飛魄散。然而，有些對手的反應好像直接來自狒狒的腳本——他們直視跳哈卡舞的人，想用目光震懾對方。其他隊伍則表現出人類獨有的儀式性反應——漠然地做暖身運動，完全忽略哈卡舞的存在，或是拿出智慧型手機拍攝表演，把戰舞貶為帶有一點觀光表演的味道，在結束時則以高傲姿態給予不太熱情的掌聲。

掌握比較正向的專有名詞定義也不簡單。包括同理心與同情心、和解與原諒、利他行為與「病理性利他」（pathological altruism）。對心理學家來說，病理性利他可能用來描述因過度同理心而助長伴侶藥物濫用的共依附（codependency）關係。對於神經科學家來說，則用於描述額葉皮質（frontal cortex）受傷之後的結果——當受過這種腦傷的傷患和其他人一起投入一場需要彈性變換策略的賽局（economic game），儘管其他玩家不斷從背後捅他一刀，而且他也能用口語描述對方採取的策略，卻無法停止利他行為、轉換為比較自私的玩法。

說到比較正向的行為，最常見的是從根本上超越語義的議題——純粹的利他行為真的存在嗎？你真的可以做好事但不求回報，不期待受到公開表揚、藉此提升自尊或保證你可以上天堂？

如同賴瑞莎．麥法庫哈（Larissa MacFarquhar）2009 年在《紐約客》的〈最慈悲的一刀〉（'The Kindest Cut'）一文報導的，這個議題展現在另一個有趣的領域中。這篇文章關切那些捐贈器官給陌生人而非捐給家人或好友的人。這看起來是純粹的利他行為，但這些撒馬利亞人播下疑心病的種子，把每個人都搞得緊張兮兮。他是不是暗自期待捐贈腎臟會得到報酬？他是不是渴望獲得關注？他會不會闖入受贈者的生活，上演一場《致命的吸引力》（*Fatal Attraction*）？[4] 他在打什麼主意？這篇文章認為，他們那意義重大的善行讓人感到緊張，就是因為這項行為疏離而不帶情感的本質。

這說到了一個貫穿本書的重點。如前所述，我們把暴力區分為熱血的和冷血的。我們比較理解熱血的暴力，看得出來這種暴力情有可原——設想那些因為小孩遭到謀殺，而在哀慟與盛怒中殺害兇手的男人。相比之下，冷漠無情的暴力似乎恐怖至極又無從理解——反社會的殺手和殺人時

其中一種反應乍看之下好像專屬人類，但只要經過翻譯，其他靈長類也能懂——一支澳洲隊伍在體育報上印了一張照片，上面是他們的死對頭紐西蘭隊跳哈卡舞，每個球員都舞動著一個合成上去的女用手提包。

4 譯注：1987 年的美國驚悚片，情節為一個男人出軌後，第三者跟蹤他及家人並做出可怕的行為。

心跳一拍都不會加速的漢尼拔（Hannibal Lecter）[5]就屬於這種。這就是為什麼我們用「**冷血**殺戮」（cold-blooded killing）來表達強烈的譴責。

與此相似，我們預期人類最好、最有利於社會的行為，總是出於一顆充滿正向情感的溫暖內心。冷血的善意似乎自相矛盾，令人不安。我有一次出席一場研討會，主角是神經科學家和在冥想方面表現特優的僧侶，這些神經科學家研究僧侶冥想時大腦在做什麼。一位科學家問其中一位僧侶，他有沒有因為盤腿之後膝蓋痛而停止靜坐。他回答：「有時候我停下來的時間比預期早了一點，但不是因為膝蓋痛，也不是我注意到什麼事，而是出於對膝蓋的仁慈之舉。」「哇，」我心想，「這些傢伙來自別的星球。」那是又酷又令人讚歎的星球，總之不是地球。對我們來說，出自激情的犯罪和善行最有道理（不過，如同我們所看到的，不帶熱情的仁慈也有許多值得讚揚之處）。

熱血的惡意、溫暖的善意，以及冷血的惡意與善意之中令人不安的不一致性，突顯出一個重點，這可以濃縮在諾貝爾獎得主兼集中營倖存者埃利．維瑟爾（Elie Wiesel）的這段話裡面：「愛的相反並不是恨；愛的相反是冷漠。」我們將會看到，強烈的愛與強烈的恨背後的生物機制有不少相似之處。

這提醒了我們，我們並不痛恨攻擊；我們痛恨的是錯誤的那種攻擊，

5　原注：關於這點有一個古怪又有趣的例子——代理孟喬森症候群（Munchausen Syndrome by Proxy）。女患者（這種疾患以女患者占大多數）因為對於別人的關注、照顧和受到醫療系統圍繞有著病態性的需求，而讓自己的孩子生病。這可不是對小兒科醫師謊稱小孩前一晚發燒，而是給小孩催吐劑來使他們嘔吐、對小孩下藥、悶住他們來引發缺氧症狀——結果經常導致孩子喪命。代理孟喬森症候群的其中一項特徵是，這些母親缺乏情感到驚人的地步。人們通常預期做出這種事的人應該是沒事就破口大罵的瘋子。但這些行為的背後是冷酷的疏離，就好像對獸醫謊稱金魚可能生病了，或跟西爾斯（Sears）公司的客服員說烤麵包機可能壞了，能讓心裡好過一點的話，她們就會選擇那麼做。想讀關於代理孟喬森症候群的長篇概述，請見薩波爾斯基的〈育兒室犯罪〉（'Nursery Crimes'），收錄於《猴子之愛：及其他關於人生為動物的文章》（*Monkeyluv: And Other Essays on Our Lives as Animals*）。

但在正確的脈絡下，我們喜愛攻擊。相反地，在錯誤的脈絡下，再怎麼受人讚賞的行為都絕對不值得讚揚。相對於瞭解我們如何運用肌肉產生行為，理解「肌肉運動背後的意義是什麼」更加重要也更困難。

有一項微妙的研究表明了這點。戴著腦部掃描裝置的研究參與者走進虛擬實境的房間，他們可能會遇到一個需要幫助的傷患，或是凶惡的外星生物；他們可以為對方包紮傷口，或是射殺對方。扣下扳機和用繃帶包紮是不同的行為，但只要包紮傷患和射殺外星人都是「對的」，在這個層次上，這兩件事就很類似。針對這兩種不同的「對的事情」進行思考時，也會啟動大腦中同一部位的迴路，就是腦中最擅於理解脈絡的前額葉皮質（prefrontal cortex）。

由於為本書定錨的關鍵詞深受脈絡影響，這些詞語是最難清楚定義的。因此，我會以能夠反映出這點的方式來將這些詞語分類。我不會把行為劃分為利社會或反社會行為——就我個人說明事物的風格而言，這太冷血了。我也不會把行為標籤為「善良」或「邪惡」——這又太熱血和模糊了。但若要簡略表達這本書中實在難以簡化的概念，我會說，這本書在談的是「我們最好與最糟的行為背後的生物學」。

02

一秒之前

幾條肌肉動了，一個行為產生。這也許是個好行為——你懷著同理心觸碰正在受苦之人的手臂。這也許是惡劣的行為——你瞄準一個無辜的人，扣下扳機。這也許是個好行為——你扣下扳機，轉移焦點好拯救別人。這也許是個惡劣的行為——你碰觸某人的手臂，為性欲而背叛愛人，一連串風波由此開始。如同我在前文強調的，行為只能在脈絡中定義。

所以，我要提出這個問題來開啟本章和接下來的八個篇章——為什麼這個行為會出現？

就像本書開頭所說的，我們知道不同的學科會有不同的答案——因為某種荷爾蒙、因為演化、因為童年經驗或基因或文化——再來，根據本書的核心前提，以上所有答案都徹底交織在一塊兒，沒有一個答案單獨存在。但我們在這一章問的問題屬於最近端的層次：在一秒鐘之前，是什麼導致了這個行為？這個問題帶我們進入神經生物學的領域，瞭解對肌肉發出命令的大腦。

本章是這本書的其中一根支柱。大腦是調節之後各章所述的末端影響因素的管道、最後的共同通道。一小時之前、十年之前、百萬年之前發生了什麼事？先前發生的事情就是那些相關因素，衝擊到大腦及其產生的行為。

本章面臨的挑戰主要有兩個。第一個是它有著令人難以忍受的長度。抱歉，我已經盡量言簡意賅又平易近人，但本章都是必須涵蓋的基本內容。第二，無論我多麼努力試著平易近人，如果讀者沒有神經科學的背景，可能還是難以負荷這些內容。為了補強這一點，請現在就翻到附錄一。

現在我們要問的是：利社會或反社會行為出現的前一秒鐘，發生了什麼重要的事？或者，翻譯成神經生物學的語言：在那一秒鐘，動作電位（action potential）、神經傳導物質（neurotransmitter）和腦中不特定區域的神經迴路，發生了什麼事？

腦的三個層次（這是隱喻，不是真的分三層）

我們先用神經科學家保羅・麥克連（Paul MacLean）在 1960 年代提出的模型，從宏觀角度來看腦部組織。他的「三腦一體」（triune brain）模型把腦看成三個功能區：

第一層：位在大腦底部，從人類到壁虎都有這個古老的部分。這個層次調節自動控管的功能。如果體溫降低，這個腦區感應到了，就會命令肌肉顫抖。如果這裡感應到血糖急速下降，就會產生飢餓感。如果受傷了，另一個迴路則會啟動壓力反應。

第二層：較近期才演化出來的區域，在哺乳動物身上擴展範圍。麥克連將這個層次想成是關於情緒的，某種程度上是到了哺乳動物階段才創始的區域。如果你看到某個令人毛骨悚然的恐怖東西，這個層次會送出命令到古老的第一層，讓你感受到情緒並顫抖。如果你覺得自己不被愛，心情沮喪，這層的部分區域會促使第一層產生渴望，超想吃些能帶來慰藉的食物。如果你是隻齧齒類動物，當你聞到貓的味道，這裡的神經元會促使第一層啟動壓力反應。

第三層：這個近期演化出來的新皮質（neocortex）坐落在大腦上層的表面。相較於其他物種，靈長類的大腦中有較高比例屬於這個區域。認知、記憶儲存、感覺處理、抽象概念、哲學、胡思亂想自己的問題。閱讀到書中描寫的嚇人段落時，第三層會發送訊號給第二層，讓你感到害怕，促使第一層啟動顫抖的動作。看到 Oreo 餅乾的廣告，感受到一股渴望——第三層會影響第二層和第一層。想到你愛的人不會永遠活著，或難民營裡的小孩，或《阿凡達》（*Avatar*）裡納美人的家園樹如何被混蛋人類給毀了（儘管實際上……等等，**納美人是虛構的！**），第三層就會向第二層和第一層傳達情況，然後你覺得很難過，產生的壓力反應和逃離獅子時相同。

我們把大腦功能分到三個籃子裡，將連續向度切割為類別，這麼做有優點也有缺點，最大的缺點是過於簡化。譬如：

a. 從解剖學看來，這三層之間有極大範圍互相重疊（譬如，皮質的某一部分被認為最像第二層；之後還會再談）。
b. 訊息和命令的流向並不限於由上往下，從第三層到第二層到第一層。第 15 章將探討一個古怪的好例子：如果有人拿著一杯冷飲（溫度在第一層受到處理），他比較容易將此時遇到的人評價為性格冷漠（第三層）。
c. 行為中的自動化面向（簡化來看，這屬於第一層的權限）、情緒（第二層）和思考（第三層）並非各自獨立存在。
d. 三腦一體的模型，讓人誤以為演化是從一層進到另一層，原本那層沒有任何變化。

雖然有這些缺點（麥克連自己也如此強調），對我們來說，在描述大腦的組織結構時，這個模型是個很好的比喻。

邊緣系統（Limbic System）

要搞懂我們最好和最糟的行為，一定要同時考慮自動化歷程、情緒和認知；我先隨意從第二層及它著重於情緒的作用開始。

20 世紀早期的神經科學家認為，第二層的功能是顯而易見的。拿一隻標準的實驗室動物——老鼠，來檢視牠的腦。就在腦的前端，有兩瓣巨大的片狀物——「嗅球」（olfactory bulbs，兩個鼻孔各一個），這是接收氣味的主要區域（見下頁圖）。

那時的神經科學家想問的是，這些老鼠的巨大嗅球在對大腦的哪個部位說話（也就是牠們的軸突投射〔axonal projection〕送往哪裡）。哪些接收嗅球

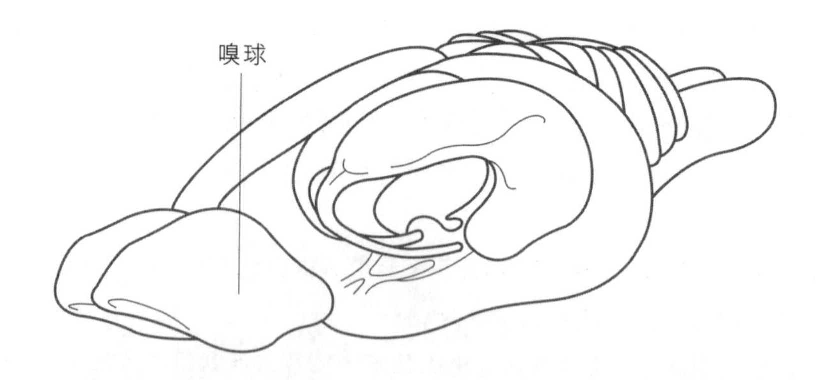

訊息的腦區和嗅球之間只有一個突觸之隔，哪些腦區又和嗅球相隔兩個突觸、三個突觸……？

答案是當嗅球發表公開聲明時，會先由第二層的構造接收。啊，大家歸納出結論，大腦的這個部分一定負責處裡嗅覺，所以就稱呼它為嗅腦（rhinencephalon）——鼻子腦。

同時間，在30和40年代，年輕的麥克連、詹姆斯·巴貝茲（James Papez）、保羅·布西（Paul Bucy）和海因里希·克魯爾（Heinrich Klüver）等神經科學家，開始搞清楚第二層構造的功能到底是什麼。譬如，如果你損害（也就是毀掉）第二層的構造，會導致「克魯爾—布西症候群」（Klüver-Bucy syndrome），特徵是社會互動方面的異常，尤其是性與攻擊行為。他們的結論是，這些構造（之後很快就命名為「邊緣系統」，名稱由來不明）和情緒有關。

這個區塊到底是嗅腦還是邊緣系統？負責處理嗅覺還是情緒？大家爭論不休，直到某人指出一項明顯的事實——對老鼠來說，情緒差不多等於嗅覺，因為幾乎所有會使嚙齒類動物產生情緒的環境刺激，都是嗅覺刺激。到了我們這個時代，大家已經停戰了。嚙齒類動物的邊緣系統主要依靠嗅覺輸入，來得知外在世界有什麼令自己激動的新聞。靈長類動物的邊緣系統則更加依賴視覺的輸入。

現在，人們普遍承認邊緣系統的功能是情緒中樞，而情緒則能引發我們最好和最糟的行為。進一步的研究則揭露了邊緣系統各個構造的功能，譬如杏仁核（amygdala）、海馬迴（hippocampus）、中隔（septum）、韁核（habenula）和乳頭狀體（mammillary body）。

大腦中其實並沒有「負責」特定行為的「中樞」。邊緣系統和情緒尤其如此。在運動皮質（motor cortex）中確實有些分區的分區，其功能類似負責讓你左手小姆指彎曲的「中樞」；也有其他負責控管呼吸或體溫的腦區，扮演與「中樞」相近的角色。但絕對沒有一個中樞負責控制討厭或欲火中燒的感覺、苦澀又甜美的鄉愁，或因為小看他人而引起的保護欲、或者「到底什麼是愛？」的感覺。那麼，不意外，連結著邊緣系統各個構造的迴路，必定非常複雜。

自主神經系統（autonomic nervous system）和腦中古老的核心區域

邊緣系統的各個分區之間有複雜的迴路，能互相引起興奮或進行抑制。想要搞懂這個部分，比較簡單的方式是去理解邊緣系統每一個構造深藏的渴望——影響下視丘（hypothalamus）的運作。

為什麼？因為這很重要。下視丘屬於邊緣系統的一部分，是第一層和第二層的交界，位在大腦的控管中心和負責情緒的區域之間。

下視丘從屬於第二層的邊緣系統構造接收大量輸入訊息，也透過投射送出特別大量的輸出訊息到第一層的區域——在演化上十分古老的中腦（midbrain）和腦幹，負責控管全身的自動反應。

就爬蟲類動物而言，這種自動控管十分簡單明瞭。如果肌肉正在用力，全身上下的神經元感應到之後，就發送訊息到第一層腦區，然後又有訊息往下送到脊椎，命令心跳和血壓上升；於是，肌肉獲得更多氧氣和葡萄糖。吃飽飯時，胃壁舒張；胃部的神經元感應到之後，將消息傳遞出去，很快地腸道的血管就會開始擴張，提高血流量並促進消化。這樣不是會導致溫度過高嗎？沒問題，血液會再被送到身體表面進行散熱。

以上過程都是自動進行的，或者說是「自主的」。因此中腦和腦幹，加上這些區域送到脊椎和身體各處的投射，就統稱為「自主神經系統」。[1]

那麼，下視丘在哪個步驟加入呢？下視丘的加入，使邊緣系統得以影響自主神經系統功能，也是第二層向第一層說話的方式。膀胱裝滿尿液時，膀胱壁的肌肉舒張，然後中腦／腦幹迴路表決通過——現在該排尿了。當一個人面對某個恐怖的東西，邊緣系統也會透過下視丘說服中腦和腦幹做出同樣的決議。從這裡可以看出情緒如何影響身體功能，以及為什麼邊緣系統這條路最終會通往下視丘。[2]

自主神經系統分成兩個部份——交感神經系統（sympathetic nervous system，簡稱 SNS）和副交感神經系統（parasympathetic nervous system，簡稱 PNS），兩者功能恰好相反。

交感神經系統負責在面對會激起反應的情況時調節身體的回應，譬如產生著名的「戰或逃」（fight or flight）壓力反應。教導醫學院一年級的學生時，常會講這個無聊的笑話：交感神經系統負責調節四個反應——恐懼（fear）、戰鬥（fight）、逃跑（flight）和性（sex）。中腦／腦幹當中的某些核區會送出很長的交感神經系統投射到脊椎，再到全身各處的前哨站，軸突末梢（axon terminal）在那裡釋放神經傳導物質「去甲腎上腺素」（norepinephrine，或稱 noradrenaline）。[3] 但有個例外讓交感神經系統的名氣更響亮。它在腎上腺釋放的不是去甲腎上腺素，而是腎上腺素（epinephrine，或較有名的稱呼是 adrenaline）。[4]

---

1 原注：自主神經系統也稱為「不隨意神經系統」（involuntary nervous system），與「隨意神經系統」（voluntary nervous system）相反。後者處理有意識、自願產生的動作，牽涉到腦中的「運動」區神經元，以及這些神經元送到脊椎、再到骨骼肌的投射。

2 原注：先警告一下接下來會變得多複雜——下視丘裡面有一大堆不同的核區，分別接收來自邊緣系統特定組合的輸入訊息，也輸出獨特的訊息組合到不同的中腦／腦幹區域。儘管下視丘裡的各個核區都具有一套不同的功能，但都落在自主神經系統控管的同一範圍內。

3 譯注：舊稱正腎上腺素。

4 原注：因為沒必要在此時把事情搞得更複雜，我只在這個注解裡偷偷解釋原因。事實上，介於交感神經系統送到脊椎那長長的投射神經元，以及與標的細胞連結的神同時，源自另一個中腦／腦幹核區的副交感神經系統投射到脊椎，再到身體各處。與交感神經系統及其處理的四個反應相反，副交感神經系統負責維持平靜而不活動的狀態。交感神經系統使心跳加速；副交感神經系統則減慢心跳。副交感神經系統促進消化；交感神經系統則抑止消化（這很合理——如果你正為了不要被別的動物吞下肚而逃命，當然不想把能量浪費在消化早餐上面）。[5] 我們將在第 14 章談到，看著別人身陷苦海會啟動你的交感神經系統，於是你很可能滿腦子都是自己的苦楚，沒辦法幫助對方；如果啟動的是副交感神經系統，結果則會相反。既然交感神經系統和副交感神經系統的功能相反，顯然兩者分泌的神經傳導物質並不相同，副交感神經系統軸突末梢分泌的是乙醯膽鹼。[6]

還有另一種情緒影響身體的方式也相當重要。具體來說，下視丘也控管許多荷爾蒙的分泌；第 4 章將說明這個部分。

所以，邊緣系統間接調控了自主神經系統的功能和荷爾蒙的分泌，這跟行為有什麼關係？大有關係——因為自主神經系統和荷爾蒙的狀態會回饋到大腦中，進而影響行為（通常在潛意識層面運作）。[7] 13 章和第 4 章還有更多相關內容，敬請期待。

經元之間，有一個突觸。在這條經過兩步驟的路線上，負責釋放去甲腎上腺素的是第二個神經元。第一個神經元釋放的是乙醯膽鹼（acetylcholine）。

5　原注：這很符合邏輯：假設你正面臨沉重的壓力，不是因為要逃離獅子，而是因為要上台演講。你感到口渴。這時候，交感神經系統採取的第一步是暫停消化，直到時機合適才會重新啟動。

6　原注：副交感神經系統和交感神經系統一樣，透過兩個步驟將大腦訊息傳到標的器官。更複雜的是，交感神經系統和副交感神經系統未必總是朝相反方向運作；有時候它們更偏向彼此合作、先後運作。譬如，勃起和射精牽涉到交感神經系統和副交感神經系統的合作，過程極其複雜，是我們任何人都難以想像出來的奇蹟。

7　原注：換句話說，第二層和第三層可以影響第一層——自主神經系統的功能，自主神經系統在全身發揮作用，最後又影響到腦部的各個部分。環環相扣。

邊緣系統與皮質（cortex）的交界

是時候加入皮質了。如同之前說的，皮質位在大腦上方的表面（名稱源自拉丁文 cortic，意思是「樹皮」），而且是腦中最新的部分。

皮質是第三層裡負責邏輯和分析、閃閃發光的皇冠之珠。大部分的感覺訊息都會送到這裡來解碼。皮質可以命令肌肉活動、理解和製造語言、儲存訊息、做出決策，也是空間能力和算術技巧所在之處。至少從笛卡爾開始，就有哲學家主張思考與情緒二元論，飄浮在邊緣系統之上的皮質支持了這種看法 。

結果，研究發現杯子的溫度——這是由下視丘來處理的東西——會在一個人衡量別人有多冷漠時有所影響，證明了思考與情緒二分法完全錯誤。情緒會過濾記憶的內容與準確度。某些皮質區因中風而受損之後，病人可能難以說話；有些病人腦內世界的語言路徑改變了，繞道經過屬於情緒的邊緣系統——他們可以唱出想說的話。皮質和邊緣系統之間有許多軸突投射相通，而非分別獨立存在。重點是這些投射是雙向的——邊緣系統並非單方面受皮質控制，它也對皮質說話。南加州大學的神經學家安東尼歐·達馬吉歐（Antonio Damasio）在《笛卡爾的錯誤》（*Descarte s' Error*）一書中，闡釋了思考與情緒二元論的錯誤所在；稍後將討論他的研究。

第一層和第二層的交界是下視丘，至於第二層和第三層之間的交界，則是有趣得不得了的額葉皮質。

關於額葉皮質的重要洞見，來自於神經科學界的偉人——麻省理工學院的瓦勒·瑙塔（Walle Nauta）[8] 在 1960 年代提出的說法。瑙塔研究哪些

8　原注：瑙塔不只是個偉大的科學家，他本身就是一股正直的力量，還是個聲譽卓著的教師，能把開在晚上、三小時長的神經解剖學講到接近好玩的程度。我大學時在他隔壁的實驗室做研究，我非常景仰他，只要看到他朝廁所方向走去，我就想盡各種與自主神經系統相關的理由，找藉口去廁所，只為了有機會在小便斗旁順道跟他說聲哈囉（後來，我得知他和家人在二次世界大戰時在荷蘭藏匿猶太人，以免他們被納粹抓走，這件事記載在華盛頓的大屠殺博物館中，發現這件事之後，我又更加尊敬他了）。

腦區送出軸突到額葉皮質，又接收哪些區域送來的軸突。結果是，額葉皮質和邊緣系統之間雙向互動，彼此糾纏在一起，所以他提出額葉皮質幾乎可算是邊緣系統的一員。很自然地，大家都覺得他很蠢。額葉皮質是最晚近才演化完成、最博學多聞的皮質——如果額葉皮質跑到邊緣系統那種地方鬼混，唯一可能的理由是要去布道，向那裡的頑皮小孩宣揚正當勞動與基督教節制的美德。

當然，瑙塔是對的。額葉皮質和邊緣系統在不同的情況下互相刺激與抑制、彼此合作和協調，或者為了相衝突的目的而運作和爭吵。額葉皮質真的是邊緣系統中的榮譽會員。而且，額葉皮質與（其他）邊緣系統構造的互動，就是這本書中許多內容的核心重點。

再談兩個細節。首先，皮質表面並不光滑而是充滿皺摺。這些皺褶構成腦部的上層結構，有四個分開的腦葉：顳葉（temporal lobe）、頂葉（parietal lobe）、枕葉（occipital lobe）和額葉，各有不同的功能（見下圖）。

其次，大腦顯然分成左右兩側，或者說兩個「半球」，大致上左右對稱。

因此，除了位在中線上相對少數的結構之外，腦區兩兩成對（分別有

皮質

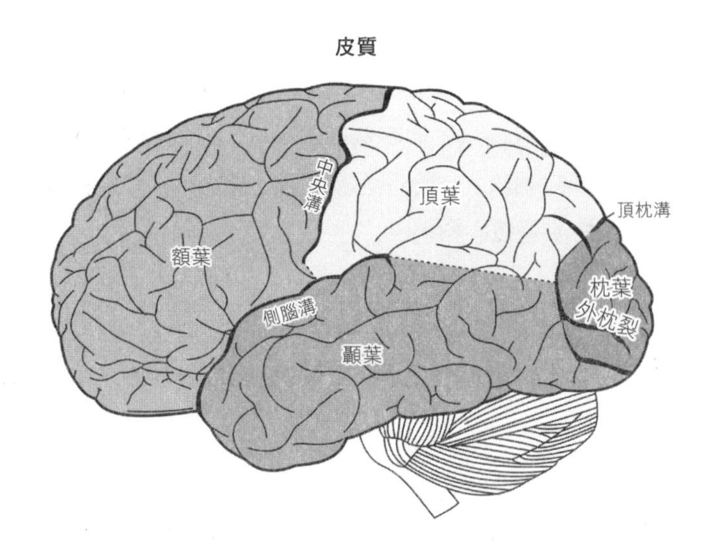

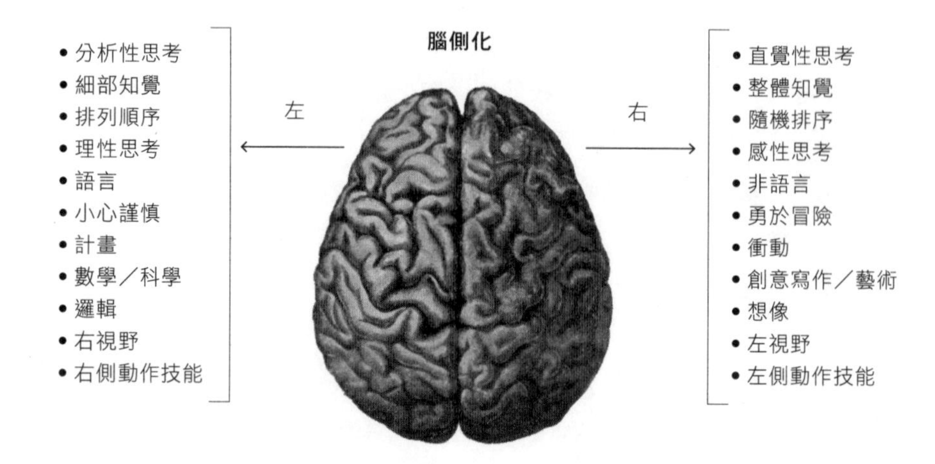

左側和右側的杏仁核、海馬迴、顳葉等等）。

腦區的功能經常是側化（lateralized，見上圖）的，譬如左側和右側的海馬迴具有不同但相關的功能。皮質的側化程度最高；左半球偏向分析，右半球則和直覺及創造力關係更緊密。左右腦的對比吸引了大眾目光，許多人把皮質側化誇大到荒謬的地步，講得好像「左腦」的能力是龜毛地數豆子，「右腦」則會繪製曼陀羅或和鯨魚一同高歌。事實上，左右半球之間的功能差異很細微，我在本書通常會忽略腦功能的側化。

現在，我們可以開始檢視與本書內容最密切相關的腦區，也就是杏仁核、額葉皮質和中腦—邊緣多巴胺系統（mesolimbic dopamine system）／中腦—皮質多巴胺系統（mesocortical dopamine system）（其他擔任小配角的腦區將一併在這三個腦區的標題下討論）。我們從這個腦區開始——照理來說，它在我們最糟的行為中扮演著核心角色。

杏仁核

杏仁核[9]是邊緣系統構造的原型，位於顳葉皮質下方，在調節攻擊行

9 原注：杏仁核（amygdala）的名稱來自希臘文 ἀμγδαλή（維基百科，謝謝你），意思是「杏仁」，與杏仁核的形狀略為相似。奇怪的是，結果這個字也有「扁桃腺」的意思，

為上占有核心地位，也調節其他有助於我們更加理解攻擊的行為。

第一步，關於杏仁核和攻擊

眾多研究結果皆顯示杏仁核在攻擊行為中扮演的角色，接下來將說明這些研究方法。

首先，有種「記錄」技術工具可以用來尋找相關性。把一根用來記錄的電極刺進各種生物的杏仁核中，[10] 看看那裡的神經元何時會產生動作電位？答案是，當動物具有攻擊性的時候。[11] 另一種統計相關的研究方法，以動物產生攻擊行為時，哪些腦區消耗特別多的氧氣或葡萄糖、或合成某種與腦區活動相關的蛋白質作為判定標準——結果發現杏仁核排行第一。

談完純粹的統計相關，再更進一步。如果你切除一隻動物的杏仁核，牠的攻擊率會下降。如果你注射奴佛卡因（Novocain）[12] 到杏仁核裡，讓它暫時平靜下來，也會出現同樣的結果。相反地，植入刺激神經元的電極，或噴灑引起興奮的神經傳導物質（別走開，之後還會再談）則會觸發攻擊行為。

給實驗參與者看令人憤怒的圖片，杏仁核會活化（顯示在神經造影上）。把電極刺進某人的杏仁核並刺激它（如同過去某些神經外科手術那樣）則會引起憤怒。

最具說服力的資料來自於一小群腦中只有杏仁核受損的人，受損原因包括罹患一種腦炎或名叫「皮膚粘膜類脂沉積症」（Urbach-Wiethe disease）的先天性疾病，又或者為了控制源自杏仁核但藥物治療無效的嚴重癲癇，而以手術破壞杏仁核。這些人偵測憤怒臉部表情的能力有所減損（但還是

古希臘人進行扁桃腺切除手術時，一定曾因這樣而引起醫療訴訟。

10 原注：杏仁核是雙側構造之一，意思是左右半球各有一個杏仁核，互相對稱。

11 原注：提醒一下，這類研究需要注意特異性（specificity）。為了確認杏仁核真的和攻擊的相關性特別高，你也必須證明它的活動程度高於其他腦區，而且在進行其他行為時，就沒有這麼強烈的活動。

12 譯注：一種局部麻醉藥。

有辦法辨認其他情緒狀態——後面還會再談）。

那麼，杏仁核在攻擊行為上到底發揮了什麼作用？有些人接受杏仁核切除術不是為了控制癲癇，而是要控制攻擊行為，科學家用他們的手術結果來研究這個問題。這類精神外科手術在 1970 年代引發強烈爭議。我不是指科學家在研討會上不願意互相打招呼，而是這類手術在公眾間掀起一陣腥風血雨。

這個議題讓生物倫理學成為眾所矚目的焦點：怎樣算得上是病態的攻擊？誰來決定？在手術之前，有試過其他介入方式但不成功嗎？是不是某種人的攻擊傾向較強，接受手術的機率特別高？療效來自何處？

接受杏仁核切除術的案例中，大多數都患有罕見的癲癇，這種癲癇的發作和無法控制的攻擊行為相關，治療目標是要控制攻擊行為（這些論文標題類似「以雙側立體定位杏仁核切除術治療頑強攻擊行為之臨床與生理效果」）。這場腥風血雨關注的是，這些從來沒有診斷出癲癇但曾出現嚴重攻擊行為的人，在非自願的情況下被切掉了杏仁核。嗯，這麼做可能大有幫助，也可能變成歐威爾筆下的世界。[13] 整個故事又長又黑暗，我改天再說。

破壞人腦中的杏仁核真的減緩了攻擊行為嗎？如果那個人的暴力行為在癲癇發作之前反射性爆發，手術顯然有所幫助。但如果手術的目的純粹是控制攻擊行為，答案是，呃，也許——由於病人具有異質性、手術方式各不相同、沒有現代神經造影技術來具體指出到底每個人的杏仁核中哪些部分遭到破壞，加上行為數據太不精確（有論文記載，手術有 33% 到 100% 的「成功」率），所以難以達成一致的結論。如今，幾乎沒有人採取這種手術程序。

我們可以在兩個惡名昭彰的暴力案件中看到杏仁核和攻擊的連結。第一個關於烏爾麗克・邁因霍夫（Ulrike Meinhof），她在 1968 年創辦紅軍派（Red Army Faction），也就是巴德爾—邁因霍夫集團（Baader-Meinhof Gang），

13 譯注：喬治・歐威爾（George Orwell，1903-1950）為英國作家，在《一九八四》等作品中描述專制政權控制下的社會。

是個在西德搶銀行和進行炸彈攻擊的恐怖份子團體。邁因霍夫變得極端暴力之前曾擔任記者，過著普通的生活。她在 1976 年接受謀殺罪審判期間，被人發現吊死在牢房中（這是自殺還是謀殺？至今真相不明）。1962 年，邁因霍夫為了摘除腦部良性腫瘤動了一次手術；1976 年驗屍時發現，她的腦中殘存腫瘤，以及術後的疤痕組織出現在杏仁核中。

第二個案例是查爾斯．惠特曼（Charles Whitman）——1966 年的「德州高塔」狙擊手，他在殺害妻子和母親後，登上德州大學奧斯汀分校的高塔開火，造成十六人死亡、三十二人受傷，是最早的校園大屠殺事件。惠特曼是個名副其實的鷹級童軍，小時候是唱詩班成員，主修工程，智商高於 99%的人，婚姻幸福。事發前一年他曾去看醫生，主訴為嚴重頭痛和暴力衝動（譬如從校塔上射擊人群）。他在妻子和母親的屍體旁留下字條，宣稱對她們的愛，以及對自己的行為感到困惑不解：「我沒辦法理性地指出〔殺害她的〕任何具體原因」，還有「你心中不必有一絲懷疑，我全心全意愛著這個女人」。他在遺書中要求解剖自己的腦，並將所有遺產捐給一個心理衛生機構。驗屍結果證明他的直覺是正確的——惠特曼的腦中有個膠質母細胞瘤（glioblastoma）壓迫到杏仁核。這個腫瘤「導致」惠特曼的暴力行為嗎？也許不能完全說「杏仁核腫瘤＝殺人兇手」，因為他身上還有其他危險因子和神經系統的問題相互影響。惠特曼在成長過程中遭受父親毆打，並目睹母親和手足承受同樣的事情。這位參加唱詩班的鷹級童軍一再以肢體暴力對待妻子，也在擔任海軍期間以暴力威脅其他士兵而上了軍事法庭。[14] 而且，他的兄弟在 24 歲時死於一場酒吧打鬥，這或許顯示出某些事情反覆在他的家庭中發生。

14　原注：等等，海軍不是希望你使用暴力威脅嗎？他們不就是這樣訓練你的？這個極佳例子可以說明本書的重要主題，也就是我們最好與最糟的行為必須依靠脈絡來定義：海軍訓練軍人暴力威脅的能力……但只在特定的脈絡下這麼做。

鏡頭移到另一個類型完全不同的杏仁核功能

所以，許多證據都把杏仁核和攻擊牽連在一起。但如果你問杏仁核專家，說到這個他們最愛的腦部結構會想到什麼行為時，「攻擊」絕不在名單之首。答案會是恐懼和焦慮。和恐懼及焦慮關係最深的這個腦區，也和攻擊行為關聯性最高，這點至關重要。

支持「杏仁核—恐懼」這條連結的證據，和為「杏仁核—攻擊」佐證的資料類似。在動物實驗中，研究者切除杏仁核、用「記錄電極」偵測神經元活動，並進行電刺激或操弄那部分的基因。所有研究結果都顯示，感知到引發恐懼的刺激和表現出害怕時，杏仁核扮演關鍵的角色。此外，在人類身上，恐懼會活化杏仁核，杏仁核的活動增多時，可以預見更多恐懼的跡象。

在一項研究中，參與者在腦部掃描儀裡玩地獄版的「小精靈」電動遊戲，[15] 他們在遊戲中的迷宮裡被一個圓點追著跑；只要被抓到，就會遭受電擊。他們逃離圓點時，杏仁核保持沉默。不過，只要那個圓點接近，他們的杏仁核就會開始活動；他們受到越強烈的電擊，杏仁核便會從圓點離得還很遠時開始活動，並且活動程度越高，而且參與者表示自己感受到的驚慌程度越強。

在另一個研究中，參與者知道將接受電擊，但不知道何時會發生。無法預測與控制的感覺太讓人難受，於是許多參與者**選擇**馬上接受更強的電擊。其他參與者承受預期性恐懼的時間越長，杏仁核活化的程度就越高。

所以，杏仁核會優先回應引發恐懼的刺激——就算那個刺激一閃即逝，意識根本偵測不到。

創傷後壓力症候群（post-traumatic stress disorder，簡稱 PTSD）為杏仁核處理恐懼扮演的角色提供了有力的證據。PTSD 患者的杏仁核對中等程度的

15 譯注：原遊戲名稱只有小精靈 Ms. Pac-Man。

恐懼刺激反應過度，而且一旦活化，就要花較長時間才能平靜下來。此外，長期 PTSD 患者的杏仁核體積會變大。第 4 章將討論壓力在這個現象中的角色。

杏仁核也和焦慮表現有關。拿一疊卡片來，其中一半是黑色、一半是紅色。你願意壓多少注賭最上面那張是紅色卡片？這個問題的關鍵在於風險。這裡又有一疊卡片，其中至少一張是黑色、一張是紅色，你願意下多少注賭最上面那張是紅色卡片？這個問題的關鍵在於模糊性。兩種情況下答對的機率相等，但人處在第二種情境中會比較焦慮，杏仁核的活動程度也較高。杏仁核對於令人不安的社交情境特別敏感。一隻高位階的公恆河猴和一隻母恆河猴建立了配對關係；在第一個情境中，母猴被放在別的房間，公猴可以看到她。第二個情境中，母猴和公猴的競爭對手一起待在另一個房間。不意外，第二個情境活化了杏仁核。這和攻擊相關，還是和焦慮相關？答案似乎是後者——杏仁核活化的程度與公猴的攻擊行為、發出的聲音、睪固酮（testosterone）的分泌量都沒有正相關，卻和公猴表現出來的焦慮（譬如牙齒打顫、搔癢）呈正相關。

杏仁核和社交情境中的不確定性還有其他關聯。在一項神經造影研究中，參與者必須投入一場遊戲，和另一個隊伍互相競爭；研究人員透過一些手段，讓參與者落在排名的中間。接著，研究人員操弄遊戲結果，讓參與者的排名可能維持穩定，也可能劇烈波動。穩定的排名會活化我們不久之後就要討論的額葉皮質；不穩定的狀況則會活化額葉皮質加上杏仁核。無法確定自己的地位，還真令人感到不安。

還有一項研究探討了「從眾」（conforming）背後的神經生物學。簡單來說，研究身在團體中（不過，其實團體中的其他成員都是研究者的同夥）的參與者；有人給他們看「X」，然後問：「你們看到什麼？」所有人都說：「Y」。結果，參與者也跟著說謊，回答「Y」嗎？結果常常如此。有些參與者堅守原則回答「X」，他們的杏仁核則顯示出活化的跡象。

最後，在老鼠的杏仁核中活化某些迴路，可以產生焦慮或消除焦慮；活化另外一些迴路的結果則是：牠們分不清哪些情況是安全的、哪些情況下該感到焦慮。[16]

杏仁核也有助於調節先天或後天習得的恐懼。天生的害怕（即恐懼症〔phobia〕）就是你不需要透過嘗試錯誤（trial and error）學習，就討厭某個東西。譬如，生於實驗室的老鼠一輩子只跟其他老鼠和研究生互動，但天生就害怕貓的味道，也會盡量避開。儘管不同的恐懼症會活化不同的大腦迴路（譬如，比起怕蛇，害怕看牙醫和皮質的關聯更緊密），但所有恐懼症都會活化杏仁核。

經由學習而來的恐懼——害怕壞鄰居或國稅局寄信來——和上述的先天恐懼相反。將恐懼二分為與生俱來和後天習得，這之間的分界其實有點模糊。大家都知道人類天生害怕蛇和蜘蛛，但有些人養蛇和蜘蛛當寵物，幫牠們取可愛的名字。[17] 我們並不是命中注定要害怕那些東西，而是會展現出「先備學習」（prepared learning）——比起貓熊或小獵犬，我們更容易害怕蛇和蜘蛛。

其他靈長類動物身上也有這種現象。譬如，實驗室的猴子從來沒有看過蛇（和人造花），經過制約後比較容易害怕蛇，但沒那麼容易受到制約而害怕人造花。我們在下一章將會看到，人類有先備學習的現象，特別容易在受到制約後害怕特定外表的人。

先天和後天恐懼之間的區別模糊，卻清楚地標定在杏仁核的構造上。在演化上較為古老的中央杏仁核（central amygdala）在先天恐懼中扮演要角。中央杏仁核的周圍是基底外側杏仁核（basolateral amygdale，簡稱 BLA），是較近期才演進出來、有點像又新又花俏的皮質。基底外側杏仁核負責習得恐懼，再將這個消息傳到中央杏仁核。

紐約大學的喬瑟夫・李竇（Joseph LeDoux）的研究顯示出基底外側杏仁

---

16 原注：順帶一提，焦慮的老鼠是什麼模樣？老鼠不喜歡明亮的光線和開放的空間——自己想想吧，對於很多動物都愛吃的夜行性動物，這是很自然的。所以，一種測量老鼠焦慮程度的方式，是看牠花多少時間才願意到明亮空間的中央去吃東西。

17 原注：我們甚至會做出拋棄對蜘蛛的恐懼這麼深奧的事，我指的是小孩子讀《夏綠蒂的網》（*Charlotte's Web*），讀到夏綠蒂死掉時出現的反應。

核如何學習恐懼。[18] 把老鼠暴露在能引發先天恐懼的刺激——電擊之下。當這個「非制約刺激」（unconditioned stimulus）出現，中央杏仁核活化，壓力荷爾蒙開始分泌，交感神經系統啟動，然後這一串現象有個明確的終點，老鼠在原地僵住不動——「這是什麼？我要怎麼辦？」。現在來加點制約。每次電擊之前，都讓老鼠接觸通常不會引發恐懼的刺激，譬如一個聲音。聲音（制約刺激）和電擊（非制約刺激）反覆搭配出現，恐懼制約便形成了——當聲音單獨出現，老鼠就僵住不動，開始出現荷爾蒙分泌等等反應。[19]

李竇等人的研究說明了聲音中的聽覺訊息如何刺激基底外側杏仁核的神經元。起初，這些神經元受到活化，但和中央杏仁核無關（中央杏仁核神經元的原始設定是在電擊後才活化）。但聲音和電擊多次搭配出現後，神經元地圖功能重劃（remapping），於是基底外側杏仁核就可以活化中央杏仁核。[20]

如果制約刺激改成光線，既然基底外側杏仁核可在制約之後對聲音產生反應，就也可以被制約為對光線有反應。換句話說，神經元回應的是刺激的意義，而不是特定的刺激形式。此外，如果你對老鼠進行電刺激，

---

18 原注：有一個重點是，每當我在本書中提到張三或李四的研究，我其實是指「張三和博士後研究員、技術員、研究生以及過去數年在各處共同合作的夥伴所組成的團隊所做的研究」。我只提張三或李四，純粹是為了方便，並不是說他們獨自完成了所有工作——科學是百分之百的團隊合作。此外，既然談到這裡，再說另一點：我在整本書中無數次提到各種研究結果，都會這麼說：「當你對某個腦區／神經傳導物質／荷爾蒙／基因等等做了某件事，就會產生X。」我的意思是平均而言會產生X，而且這個機率具有統計上的信度。但實際情況永遠充滿變異，可能有人什麼反應都沒有，或甚至產生和X相反的結果。

19 原注：這叫作「帕夫洛夫制約」（Pavlovian conditioning）以表揚伊凡．帕夫洛夫（Ivan Pavlov）的成就；帕夫洛夫的狗學會聯結鈴聲（制約刺激）和食物（非制約刺激）時也經歷了同樣的過程，最後鈴聲可以刺激狗分泌唾液。另一種比較不可靠的方法是「操作制約」（operant conditioning），藉由個體有多努力避免某個東西，來測量這個東西有多可怕。

20 原注：一如往常，科學世界裡事情並非總是那麼簡單明瞭——這種恐懼制約中的「可塑性」（plastic）變化，有時候也發生在中央杏仁核。

牠們會更容易受到恐懼制約；若你讓閾值降低，連結便會更容易形成。如果你在電擊的同時，對老鼠的聽覺輸入路徑進行電刺激（也就是說沒有真的出現聲音，只是活化平常負責將聲音訊息傳到杏仁核的那條路徑），也會形成連結聲音的恐懼制約。在你的精心安排下，老鼠可以學到錯誤的恐懼。

另外，突觸也會產生變化。對聲音的制約形成之後，連接基底外側杏仁核和中央杏仁核神經元的突觸變得更容易興奮；研究者之所以能得知此事，是因為發現這些迴路中的樹突小刺（dendritic spine）上，接收引起興奮之神經傳導物質的受體數量起了變化。[21] 此外，制約的形成使得「生長因子」（growth factor）增加，促使基底外側杏仁核和中央杏仁核神經元之間產生新的連結；科學家甚至已經發現了一些與此相關的基因。

我們已經理解了習得害怕的機制。[22] 現在，情況改變了——聲音仍然不時出現，但電擊消失。漸漸地，恐懼制約反應減弱了。這個「恐懼消除」（fear extinction）的現象是怎麼發生的？我們要怎樣才能學會這個人其實沒有那麼可怕，他和我不同，未必代表他很嚇人？回想一下，一組基底外側杏仁核神經元，如何只在制約形成之後才對聲音有所反應，另一組神經元則以相反方式運作，一旦沒有電擊作為訊號，才對聲音產生反應（照理來說，這兩組神經元會互相抑制）。這些感覺到「喔——聲音不再那麼可怕了」的神經元，從哪裡得來輸入訊號呢？答案是額葉皮質。當我們不再害怕，

---

21 原注：為了把事情複雜化，再說明一下。基底外側杏仁核的神經元可能透過一位名叫「間細胞」（intercalated cell）的中間人來對中央杏仁核說話。

22 原注：如果我在這部分沒有提一個議題，就是怠忽職守——習得新的恐懼時，記憶儲存在哪裡？位在杏仁核隔壁的海馬迴，其在針對簡單明瞭的事物（譬如別人的姓名）進行「外顯」（explicit）學習時扮演了要角。雖然與那個名字相關的短期知識轉為長期記憶的地點是海馬迴，但這個記憶本身儲存在皮質的機率更高。打個比方（等到本書問世時，這個比喻可能聽起來已很過時），海馬迴是鍵盤，是連接到皮質硬碟的管道或入口。這麼說來，杏仁核只是鍵盤（恐懼記憶儲存在其他地方），或者杏仁核本身也是硬碟？這是神經科學領域至今未能解決的爭議，李竇主張是「鍵盤＋硬碟」，成就同樣卓越的科學家——加州大學爾灣分校（University of California, Irvine）的詹姆斯・麥高（James McGaugh）則認為，杏仁核只有鍵盤的功能。

原因不是杏仁核神經元失去興奮的能力；我們並不是被動地忘掉可怕的東西，而是主動明白這東西不可怕了。[23]

杏仁核也在社會決策和情緒性決策中扮演符合邏輯的角色。在「最後通牒賽局」（Ultimatum Game）中，兩名玩家中的其中一人負責提議如何分配一筆錢給他們倆，另一位則要決定接受或拒絕。如果後者決定拒絕，兩人都將空手而歸。研究結果顯示，當玩家因對方的提案太糟糕而生氣，或是想要懲罰對方，就會決定拒絕，這是個情緒性決策。第一位玩家提議之後，第二位玩家的杏仁核活化程度越高，就越可能做出拒絕的決定。杏仁核受損的人則常常在賽局中表現得慷慨大方，就算對方提議不公平的分配方式，他們拒絕的機率也不會提高。

為什麼會這樣？這些杏仁核受損的人瞭解遊戲規則，也可以在策略上提供明智建議給其他玩家。而且，當這個賽局改成非社交情境版本——參與者相信另一位玩家是電腦，他們採取的策略和控制組並無差別。此外，他們的眼光也並非特別長遠，他們並沒有因為情緒不被杏仁核攪動，就做出只要現在表現無條件的慷慨大方，之後就能換來對方回報的推論。當研究人員詢問他們是否期待對方有所回報，他們回答的期待程度與控制組相當。

研究結果顯示，答案是杏仁核會注入內隱的不信任和警覺性到社會決策過程中。這全要歸功於學習。根據那篇研究的作者所言，「在信任賽局中，基底外側杏仁核受損的研究參與者展現出的慷慨，或許可說是病態的利他行為，由於基底外側杏仁核受到損傷，他們與生俱來的利他行為沒有因為負向的社會經驗而被『反學習』（un-learned）。」換句話說，人類的預設狀態是信任他人，但透過杏仁核學會了保持戒心。

23 原注：我們現在遇到這錯綜複雜的內容，有一個例子可以加以說明：恐懼制約和恐懼消除都需要負責抑制的神經元參與。嗯，既然最後結果是相反的，這兩件事有這個共通點似乎有點怪。事實上，在恐懼消除中，有一些神經元會抑制興奮的神經元。在恐懼制約中，則有一些神經元抑制那些投射到興奮神經元進行抑制的神經元。負負得正。

出乎意料的是，杏仁核和它在下視丘的其中一個標的區域，也與雄性的性動機有關（其他下視丘核區則對雄性的性表現非常重要）[24]，但與雌性的性動機無關。[25] 這是怎麼回事？一項神經造影研究可提供一些解釋。如果給「年輕異性戀男性」看美女照片（與之對照的控制組則看帥哥照片），被動地觀賞照片會活化剛才提到的酬賞迴路。若是透過努力（重複按下按鈕）才能看到照片，杏仁核也會同時活化。其他研究也顯示，當酬賞的價值是變動的，杏仁核對正向刺激最有反應。此外，在酬賞變動的情況下有所反應的基底外側杏仁核神經元之中，有一些神經元在遇到討厭的東西強度改變時，也會有所反應——這些神經元關注的是改變，無論往哪個方向改變。對它們來說，「酬賞增加或減少」和「懲罰增加或減少」是一樣的。這類研究作出澄清，說明與杏仁核密切相關的不是愉悅經驗帶來的愉悅感受，而是因為可能享有的愉悅而產生渴望，既不確定又不安，以及因為酬賞可能不如預期，甚至根本得不到預期中的酬賞而感到焦慮、害怕與憤怒。杏仁核所關注的，是我們愉悅的經驗以及我們追尋享樂的過程中，包含了多少有害而令人不適的毒素。[26]

把杏仁核視為大腦網絡的一部分

我們已經認識了杏仁核的分區，為了瞭解更多，現在再加入杏仁核與外部的連結——也就是哪些腦區送出投射到杏仁核，杏仁核又投射到腦中的哪些部分？

---

24 原注：如果要區辨公老鼠的性動機和性表現，你可能會用什麼方法？嗯，後者比較簡單——那傢伙和發情的母鼠在一起的頻率和持久度如何？但性動機呢？科學家測量的方式，是看公鼠多常為了與母鼠接觸而去壓桿。

25 原注：我忍不住要提一個案例，曾經有個女人患有肇因於杏仁核的癲癇。癲癇發作之前，她會產生幻覺，誤以為自己是男性，包括感覺自己擁有低沉的聲音、長滿手毛。

26 原注：相對於這種逐漸增長、不穩定的激發狀態，無論男女在達到性高潮時，杏仁核都停止活動。

杏仁核接收的輸入

感覺輸入：首先，杏仁核——具體來說，是基底外側杏仁核接受所有感覺系統的投射。不然你怎麼一聽到《大白鯊》（*Jaws*）中代表鯊魚的主題曲就感到害怕呢？各種形式的感覺訊息（來自眼睛、耳朵、皮膚……）通常會送到大腦，抵達正確的皮質區域（視覺皮質、聽覺皮質、觸覺皮質……）進行處理。譬如，視網膜接收到刺激，一層又一層的神經元在視覺皮質中，將視覺刺激中的像素轉為可辨認的畫面，才能對杏仁核大叫「有一把槍！」。重點是有些感覺訊息會抄捷徑到大腦，繞過皮質，直接跑到杏仁核。如此一來，在皮質還摸不著頭緒時，杏仁核就知道有可怕的事發生了。有些刺激對皮質而言太過短暫或微弱，根本注意不到，但這條捷徑極其容易興奮，所以杏仁核可以有所回應。此外，相較於來自感覺皮質的突觸，這些捷徑的投射在基底外側杏仁核形成的突觸強度比較高，也比較容易引起興奮；透過這條路徑，情緒激發（emotional arousal）強化了恐懼制約。從一個由中風損傷視覺皮質、導致「皮質性視盲」（cortical blindness）的案例，可以看到這條捷徑的力量。儘管這名患者已經無法處理多數的視覺訊息，他還是可以透過這條捷徑辨認帶有情緒的臉部表情。[27]

重點是，儘管感覺訊息可以透過這條捷徑快速抵達杏仁核，訊息卻不是非常準確（畢竟要靠皮質才能確保準確度）。我們將在下一章看到這會造成什麼悲劇，好比說，在皮質回報看到的東西是一支手機之前，杏仁核就率先決定那是一把槍。

關於痛的訊息：杏仁核接收關於痛的訊息，而「痛」的感覺鐵定能引發恐懼和攻擊。這之間由一個古老、核心的腦部構造——「導水管周圍灰質」（periaqueductal gray，簡稱PAG）進行調節；刺激PAG可以引發恐慌發作，而且，在長期恐慌發作的患者身上，PAG有增大的現象。回想一下杏仁

27　原注：根據李竇的研究，聽覺的這條捷徑顯示得最清楚。其他感覺則是經由推論才得到支持捷徑存在的證據。

核和警覺性、不確定性、焦慮與恐懼的關係，活化杏仁核的不是痛本身，而是不可預測的痛。講到痛（以及杏仁核對痛的反應），脈絡就是一切。

各種噁心的感受：杏仁核也從前額葉皮質裡頭頗負盛名的「腦島皮質」（insular cortex，之後的章節中會以長篇幅討論這個區域）接收極為有趣的投射。如果你（或其他哺乳動物）咬了一口餿掉的食物，腦島皮質會亮起燈，讓你把食物吐出來，產生一股噁心的感覺，露出苦瓜臉——腦島皮質處理味覺還有嗅覺上的噁心感受。

不可思議的是，當人類想到在**道德上**令人感到噁心的事情——違反社會規範、或被社會汙名化的人——也會活化腦島皮質。這時候，腦島皮質的活化也驅使杏仁核開始活動。如果有人在一場遊戲中對你使出自私又卑鄙的手段，從你的腦島和杏仁核活化的程度，可以預測你感受到多大的憤怒、或你將採取多強烈的報復。這一切都關乎社會性——假如在背後捅你一刀的是一台電腦，你的腦島和杏仁核不會活化。

當我們吃下一隻蟑螂或想像自己這麼做，腦島會活化。想像隔壁的部落像一群討厭的蟑螂，腦島和杏仁核都會活化。我們將會看到，這在大腦處理「我群和他群」的過程中，扮演了核心角色。

最後一點，杏仁核從額葉皮質接收了大量的輸入。好戲還在後頭。

來自杏仁核的輸出

雙向連結：我們即將看到，有很多腦區都對杏仁核說話，杏仁核也對其中不少腦區回話，包括額葉皮質、腦島、導水管周圍灰質和感覺投射，以調控這些腦區的敏感度。

杏仁核與海馬迴的交界：杏仁核會跟其他邊緣系統的構造說話，包括海馬迴，這很自然。如同前面提到的，杏仁核通常學習恐懼，海馬迴則學習不帶情緒的事實。但遇到極端恐懼的時候，杏仁核會把海馬迴拉進特定的一種恐懼學習中。

回來談老鼠的恐懼制約。牠被關在 A 籠子裡，聽到一個聲音之後，就會受到電擊。但當牠在 B 籠子裡，聲音出現之後沒有伴隨著電擊。這創造出情境依賴的制約（context-dependent conditioning）——只有在 A 籠子中，單單出現聲音會讓老鼠僵住不動，在 B 籠子裡則不會。杏仁核學習到關於刺激線索——聲音——的事情，海馬迴則學到 A 籠子和 B 籠子這兩個情境的差異。杏仁核與海馬迴搭配形成的記憶有明確集中的焦點——我們都記得飛機撞上第二棟世貿大樓的景象，但沒有人記得當時背景中有沒有雲。海馬迴會根據杏仁核是否因為某個訊息大為激動，來決定這個訊息值不值得儲存下來。此外，兩者的搭配可以彈性調整。假設有人在城裡鬧區的巷子裡持槍搶劫你。在那之後，根據不同的情況，大腦可能決定槍是線索、巷子屬於情境，或者巷子是線索、城裡的鬧區屬於情境。

運動輸出：還有第二條杏仁核的捷徑，特別用在傳達訊息給運動神經元（motor neuron），以命令它產生動作方面。理論上，當杏仁核想要啟動行為——譬如逃跑，會先告訴額葉皮質，獲准之後才執行。但是，如果杏仁核被激發的程度夠高，就會直接傳達訊息到皮質之下的反射運動路徑。這同樣必須付出代價——略過皮質可以增加速度，但會降低準確度。輸入訊息時抄捷徑，可能使你把手機錯看成一把槍。輸出訊息時抄捷徑，則讓你在有意識地決定開槍之前就扣下扳機。

警覺（arousal）：總歸一句話，杏仁核輸出訊號的主要作用是拉警報，讓大腦和全身都警鈴大作。如同我們先前看到的，杏仁核的核心是中央杏仁核。從那裡送出的軸突投射會通往附近一個類似杏仁核的構造，名叫「終紋床核」（the bed nucleus of the stria terminalis，簡稱 BNST）。接著，終紋床核會投射到海馬迴中某些部分，啟動壓力荷爾蒙的釋放（請見第 4 章），以及中腦和腦幹中負責啟動交感神經系統與抑制副交感神經系統的區域。當情緒受到激發，屬於第二層的邊緣系統杏仁核會發送訊號給第一層，然後心跳加快、血壓升高。[28]

28 原注：講得更具體一點，下視丘分區和自主神經系統中繼核區活化的確切模式，可能會隨著刺激的類型而不同——因此，因應掠食者而生的恐懼與攻擊行為，就與同物種成員受到威脅而產生的反應不同；齧齒類動物回應貓咪氣味的模式也不同於回應貓咪本身。

杏仁核也會活化名喚「藍斑核」（locus coeruleus）的腦幹構造，它就像是腦部本身的交感神經系統。藍斑核送出釋放去甲腎上腺素的投射到腦中各處，尤其是皮質。倘若藍斑核靜默不語、昏昏欲睡，你的感覺也會跟它一樣。只要藍斑核適度活化，你就會保持警覺。如果藍斑核接收到杏仁核受到激發後輸入的訊息，就會激動得像掃黑警察一樣，讓大腦神經元全體總動員。

說到杏仁核的投射模式，有個重點出現了。交感神經系統什麼時候會馬力全開？答案是遇到恐懼、戰鬥、逃跑和性的時候，或是當你中了樂透、快樂地在足球場上衝刺、剛解開費馬最後定理（Fermat's theorem）（如果你是那種類型的人）的時候。大約有四分之一位於下視丘核區的神經元同時和性行為及攻擊行為相關，而且，如果給予此區域較強烈的刺激，在公鼠身上就會出現攻擊行為。

這其中有兩個涵義。性和攻擊都會活化交感神經系統，進而影響行為——心臟快速跳動對比於緩慢跳動時，人對眼前事物的感受不同。意思是說，自主神經系統的激發模式會影響你感覺到**什麼**嗎？並不盡然。但自主神經系統的回饋可以影響感受的**強度**。下一章將談更多這個部分。

第二個涵義反映了本書的核心要點。在你處於要命的盛怒或達到性高潮時，心臟的反應大致相同。我們又再一次看到，愛的反面不是恨，而是冷漠。

這可以做為這一節「杏仁核概述」的結論。在一堆錯綜複雜的知識與術語中，最重要的是瞭解杏仁核在攻擊行為以及恐懼和焦慮方面，扮演了雙重角色。恐懼和攻擊未必總是糾結在一起——不是所有恐懼都會導致攻擊，也不是所有攻擊都源於恐懼。通常，只有在本來就容易攻擊的狀況下，恐懼才會增強攻擊；對於處於劣勢、如果出手攻擊就可能危及安全的一方，恐懼的效果則相反。

恐懼和攻擊不必然相連結，這點已在暴力的心理病態（他們的狀態是害怕的反面）身上獲得證實——無論在生理上或主觀感受上，他們都對痛覺比較沒有反應；和一般人比起來，他們的杏仁核比較小，遇到通常會引起恐懼的刺激也較無反應。這恰好符合心理病態的暴力；這種暴力不是被激怒之後產生的反應，而是純粹工具性的，以極怪異的冷漠無情態度，將他人視為達成目的的手段。

所以，恐懼和暴力不一定是連體嬰。但是，如果攻擊行為是在發狂或爭執之下引起的反應，兩者之間就很可能有關。如果有這麼一個世界，在那裡，杏仁核神經元可以坐在葡萄樹與無花果樹下而不需要害怕，那想必是個比較和平的地方。[29]

我們一共要仔細討論三個腦區，現在進入第二個。

額葉皮質

我花了數十年研究海馬迴，從中獲益良多，也相信我有同等的回報。但當年我可能選錯了——或許這些年來我該研究額葉皮質才對。因為額葉是大腦最有趣的部分。

額葉皮質的工作是什麼？它是工作記憶、執行功能（有策略地組織知識，然後根據執行決策發起行動）、延宕滿足（gratification postponement）、長期計畫、情緒管理和衝動控制的專家。這個作品集的內容真是包羅萬象。我要為這些不同的功能共同下個定義，這個定義關係到本書每一頁的內容：**額葉皮質讓你選擇比較困難的事去做，只要那是對的事**。

我們先從額葉皮質的重要特徵開始談起：

- 額葉皮質是最晚才演化出來的腦區，直到靈長類出現，才迎來它的光輝歲月；專屬於靈長類的基因中，有不成比例的大量基因活躍於額葉皮質。此外，這些基因的表現模式高度個別化，也就是個體之間的變異大於人類和黑猩猩平均的大腦差異。

29 原注：在此對彌迦書4章4節致歉。（譯注：「坐在葡萄樹與無花果樹下」語出《聖經》彌迦書。）

- 人類額葉皮質的網絡比其他猿類更複雜，額葉皮質與其他腦區之間的差距，就比例而言也比較大。

- 額葉皮質裡頭包含了人腦中最晚才演化完畢的分區，也是人一生中最晚才完全成熟的腦區。不可思議的是，人類要到20歲中期，額葉皮質才發育完成。你最好打賭這件事和講青春期的那章會有關聯。

- 最後，額葉皮質的細胞類型獨特。大體而言，人類的大腦之所以特別，並不是因為我們演化出獨特的神經元、神經傳導物質和酵素等等。實際上，人類和蒼蠅的神經元相似得驚人；人類的特別之處在於「量」——蒼蠅和人類的神經元數量比是一比無數、再加上數不清的神經連結。

唯一的例外是一種擁有特殊形狀與連結模式，但鮮為人知的神經元，叫作「紡錘體神經元」（von Economo neuron，或稱 spindle neuron）。起初，大家以為只有人類才有這種神經元，但後來發現在其他靈長類、鯨魚、海豚和大象身上也能找到。[30] 這幾種具有複雜社會性的動物完全可以組成一個「社會性」明星隊了。

此外，根據加州理工學院的約翰・奧爾曼（John Allman）的研究，數量不多的紡錘體神經元，只出現在額葉皮質的某些分區。其中一個是我們已經聽過的腦島，它和味覺及道德上的噁心相關。第二個區域也同樣有趣，叫作前扣帶迴（anterior cingulate），是同理心的關鍵腦區。

30 原注：由於靈長類、鯨類和大象之間的演化差距（evolutionary distance）很大（譬如，與大象血緣關係最相近的是蹄兔〔hyrax〕和海牛），科學家強烈懷疑這些神經元是在三種分隔的環境中獨立演化出來的。三條獨立的血統共同演化出紡錘體神經元，這更加顯示出這種細胞和強烈社會性之間緊密的關聯。

所以，從演化、大小、複雜度、發展、基因和神經元類型的角度看來，額葉皮質都十分特殊，人類的版本又是其中最特殊的。

額葉皮質的分區

額葉皮質解剖學複雜得要命，而且，還有人在爭論，在一些「比較簡單」的物種身上，是否存在靈長類動物的額葉皮質中的某些部分。不過，還是有許多值得瞭解的主題。

額葉皮質的最前端是前額葉皮質，也是額葉中最新的部分。如同先前提到的，額葉皮質是執行功能的中樞。套句布希總統的話，前額葉皮質是額葉皮質中的「決策者」（the decider）。我們可以概略地說，前額葉皮質在兩個相衝突的選項之中做出選擇——可口可樂或百事可樂，讓真心話脫口而出或克制自己不要多說，扣下扳機或不要扣下扳機。而且，前額葉皮質試圖解決的，通常是在「要用認知做決定，還是以情緒做決定」這兩者之間的衝突。

一旦做出決定，前額葉皮質就會透過往後送到額葉皮質其他區域的投射發送命令。那些神經元接著告訴後方的「前運動皮質」（premotor cortex），前運動皮質又傳話給「運動皮質」，運動皮質再傳話給肌肉。接著，產生了一個行為。[31]

在討論額葉皮質如何影響社會行為之前，我們先從它比較簡單的功能開始談起。

額葉皮質與認知

「選擇比較困難的事去做，只要那是對的事。」在認知領域裡是什麼意思？（普林斯頓的強納森・柯恩〔Jonathan Cohen〕，他對認知的定義是「根據

31 原注：為了讓你對這部分更有概念，請想像一下某人正在決定要不要按下按鈕。額葉皮質做出決定了；只要你瞭解那些神經元的興奮模式，你就可以在那個人意識到神經元的決定之前大約 700 毫秒，以 80%的準確率預測他的決定。

內在目標，來組織思考與行動的能力」）假設你正在查詢一支電話號碼，那個號碼位在你曾住過的城市。額葉皮質不但能暫時記住這個號碼，且時間長到足以延續至你撥號完畢，它還會運用策略來記憶。開始撥號之前，你有意識地想起這號碼的位置在另一個城市，於是從你的記憶提取出那裡的區碼。接著，你還記得撥區碼之前要先按「1」。[32、33]

額葉皮質也和專注於一項任務有關。如果你走下人行道，打算橫越馬路，你會注意交通狀況，留心周遭動靜，估量自己能否安全抵達對面。如果你走到路邊攔計程車，你會留意有沒有哪一輛車亮起空車燈示。在一項精彩的研究中，研究人員訓練猴子注視螢幕上的亮點，那些亮點有不同的顏色，並朝特定方向移動；猴子必須依據接收到的信號，分別注意亮點的顏色或移動。每次信號出現，都代表任務改變，因而觸發前額葉皮質的大量活動。而且，在此同時，不相干的訊息（顏色或移動）則會受到抑制。這就是前額葉皮質要你做的比較困難的事：記得，規則改變了，別再繼續剛才習慣的反應了。

額葉皮質也會調節「執行功能」——考量各種訊息，尋找這之中的共同模式，然後選擇行動策略。想像一下你要進行接下來這項實在很需要額葉的測驗。實驗人員告訴研究參與的被虐狂：「我要去菜市場買桃子、玉米片、洗衣粉、肉桂……」他唸了十六樣東西，然後要求研究參與者重複清單內容。他們或許可以答對前面幾項和後面幾項，再提到幾個接近但錯誤的答案——譬如，把肉桂記成肉荳蔻。接著，實驗人員再唸一次清單。這回參與者多記得幾項，不再犯肉荳蔻的錯誤了。然後重複再重複。

這不只是簡單的記憶測驗。經過一再重複，參與者注意到其中有四種水果、四種清潔用品、四種香料、四種澱粉類。這些東西可以分門別類。參與者編碼記憶的策略改變，開始根據語義把同類放在一起——「桃子、

32 原注：我明白在智慧型手機時代，我們身邊都有 Siri 的陪伴，這個段落似乎落伍得離奇。

33 譯注：美國跨區撥號須加上「1」。

蘋果、藍莓……不，我是說黑莓。還有一種水果，不記得是什麼了。好，玉米片、麵包、甜甜圈、馬芬。小茴香、肉荳蔻……啊，又來了！……我是說肉桂、奧勒岡葉……」。在整個過程中，前額葉皮質都主導執行功能的策略，以記住這十六樣東西。[34]

前額葉皮質對於類別式思維十分重要，也就是把資訊以不同的標籤加以組織並思考。前額葉皮質在概念地圖中把蘋果和桃子歸為比較相近的一群，兩者的關係比蘋果和馬桶疏通器更緊密。在一項相關研究中，研究人員訓練猴子分辨狗和貓的照片。前額葉皮質中有些神經元負責回應「狗」，另一些神經元則負責回應「貓」。接著，科學家合成兩張照片，製造出以不同比例結合的貓狗混合體。看到 80％狗加上 20％貓的混合體、或 60：40、或百分之百的狗時，負責「狗」的前額葉皮質會有所回應。但遇到 40：60 的混合體時——就輪到負責「貓」的神經元發揮作用了。

前額葉皮質會做出比較困難的決定，背後的助力來自一些想法，而這些想法受本書其他部分談到的因素所影響——住手，那不是你的餅乾、你會下地獄、自律是有益的、你瘦一點會更快樂——這些全都讓某些孤單的抑制性運動神經元有了更多發揮影響力的機會。

額葉的新陳代謝，及其隱含的脆弱性

這彰顯出一個重點，與額葉皮質的社會與認知功能都有關。額葉皮質不斷發出「如果我是你，我不會這麼做」的警告，這十分耗費能量。其他腦區針對隨機出現的情況產生回應；額葉皮質則依循規則。只要想想這個就知道了：在我們大約 3 歲時，額葉皮質是如何學會了我們遵循一輩子

34　原注：這個測驗讓我回想起一個叫作加州語言學習記憶測驗（California Verbal Learning Test，簡稱 CVLT）的東西。我的妻子在職業生涯剛開始時是個神經心理學家，她在讀研究所時會用我來練習施測；CVLT 無疑是其中最糟的。測驗過程壓力奇大無比——等她終於宣告測驗結束時，我嚎啕大哭。但另一方面，我的付出或許在未來幾十年內會值得，因為我可能在嚴重發瘋、必須接受神經心理測驗時，會依慣性作答而表現得很好……於是沒辦法獲得妥善治療。嗯……我可能得重新思考一下這件事。

的規則——你不能隨時想尿就尿——然後，額葉皮質施加影響力於控管膀胱的神經元，以執行這條規則。

此外，當你受到餅乾誘惑，額葉會響起「自律是有益的」這句口號，這句話也適用於你必須縮衣節食以多存些退休金的時候。額葉皮質神經元是個通才，有各式各樣的投射模式，因而可以做比較多的工作。

這都需要足夠的能量才行。額葉皮質在努力工作時新陳代謝率極高，與能量生成相關的基因活化率也特別高。意志**力**這個詞可不只是個比喻；保持自制的資源是有限的。額葉神經元的活動需要付出大量成本，而活動成本高的細胞特別脆弱。可以想見，額葉皮質特別容易受到神經損傷的影響。

這也和「認知負荷」（cognitive load）的概念相關。試試看，做一件額葉皮質需要賣力完成的事情——困難的工作記憶作業、調控社會行為、或在購物時做一堆決定。然後，馬上接著進行另一項高度運用額葉的任務，你在那項任務的表現將會下降。同時進行多工作業（multitasking）也會如此，因為前額葉皮質的神經元一次參與多個活化的迴路。

重點是，如果增加額葉皮質的認知負荷，在那之後，這個人的利社會程度將會降低[35]——變得不那麼仁慈、比較不願意幫助別人，也更有可能說謊。或者，在一項包含高難度情緒調節的任務中增加認知負荷，在結束之後，參與者更可能打破自己設定的飲食原則。[36]

額葉皮質非常注重喀爾文主義式的自律，被辛勤工作的超我占據。不過情況會稍加調整，我們接受如廁訓練的不久之後，膀胱肌肉就能自動化完成本來很困難的事情。其他本來十分耗費額葉力氣的任務也是如此。譬如，假設你正在學鋼琴，練到一串困難的顫音，每次快要彈到那一段，你就想著：「快要來了。記得，收起手肘，從拇指開始。」典型的工作記

35 原注：關於這點有個例外，非常重要，在討論道德的第 13 章將會談到。

36 原注：這個領域的科學家還在爭論，認知負荷究竟減損了「意志力」，抑或降低了「動機」。不過，就我們的目的，可以將兩者一視同仁。

憶任務。然後，有一天你忽然發現，自己已經過了那段顫音，還繼續彈了五個小節，一切順利，你根本不需要思考。就是這個時候，彈奏顫音從額葉皮質轉移到更擅長反射的腦區（譬如小腦）。當你逐漸熟練一項運動，也會產生這種轉變，毋須思考，你的身體就知道該怎麼做。

在談道德的那一章裡面，將探討一種更重要的自動化。抗拒說謊對你的額葉皮質來說是吃力的工作，還是毫不費力的習慣？我們將明白，誠實是比較容易的自動化反應。這有助於解釋為什麼每當有人做出英勇之舉，都會出現類似的說詞。「你跳進河裡救那個溺水的小孩時在想些什麼？」「什麼都沒想——我還沒回過神來，就已經跳下去了。」執行最困難的道德行動時，經常是自動化的神經生物機制在進行調節，至於賣力撰寫關於這個主題的學期報告，則由額葉皮質在調控一切。

額葉皮質與社會行為

當我們討論額葉皮質時，除了認知以外，再多加上社會因素，就變得更有趣。譬如，當一隻猴子在認知作業中犯了錯，或者觀察到其他猴子犯錯，牠的前額葉皮質中有一部分的神經元會活化；有些神經元則只在牠看到某一隻特定動物犯錯時才會活化。在一項神經造影研究中，參與者必須做出選擇，他會根據前一次選擇之後得到的酬賞，以及別人給的建議來做決定。結果發現，前額葉皮質中有不同的迴路，分別「根據酬賞」和「根據建議」來思考。

這類研究發現連結到額葉皮質在社會行為中的核心角色。拿不同的靈長類動物相比較，就可以看到這點。靈長類動物的社群越大，額葉皮質的相對尺寸也都越大。在「又分又合」（fission-fusion）的物種中尤其如此，這類動物有時候會分裂為小群體，各自活動一陣子，之後再次相聚。這樣的社會結構要求甚高，需要衡量怎樣的行為對子群體的大小和組成而言最合適。按照邏輯，比起其他靈長類動物（大猩猩、捲尾猴、獼猴），「又分又合」的靈長類（黑猩猩、倭黑猩猩〔bonobo〕紅毛猩猩、蜘蛛猴）額葉較擅於對行為進行抑制性控制。

至於人類，一個人的社會網絡越廣（以這個人和多少人互通訊息而定），前額葉皮質中有個特定分區就越大（之後再談）。這很酷沒錯，但我們還是無法分辨，到底是腦區較大，所以促進了社會性，或者其實相反（假設這之中有因果關係）。另一個研究解決了這個問題；把恆河猴隨機分配到不同的社群中，經過十五個月，結果顯示，待在越大的社群中的恆河猴前額葉皮質就越大——是社會複雜度擴大了額葉皮質。

我們運用額葉皮質在社會脈絡中做比較困難的事——我們吃了難吃的晚餐還讚美招待自己的主人、克制自己不要出手毆打氣人的同事、雖然對別人有性幻想但不會因此提出性要求、也不會在別人致悼辭時打嗝。想要瞭解額葉皮質，有一個很棒的方法，就是看看它受損時會發生什麼事。

第一個「額葉」病人是有名的費尼斯・蓋吉（Phineas Gage），他於1848 年在佛蒙特州得到確診。蓋吉是鐵路工人的領班，在一場意外中，爆破的塵土吹起一根十三磅、用來填塞的鐵棍，鐵棍經過他的左臉，從頭頂穿出。最終，鐵棍和不少蓋吉的左額葉皮質，一起在八英呎之外落地（見下圖）。

驚人的是，他活了下來，還日漸康復。但本來穩定而備受尊敬的蓋吉變了。追蹤他多年的醫師寫道：

> 可以這麼說，他的理智與獸性之間原本保有平衡，而今似乎遭到破壞。他變得無理又飄忽不定，不時爆出粗口（他之前沒有這個習慣），明顯對同僚比較不尊重。當別人給的限制或建議與他的心意相衝突，他就很沒耐性。他有時冥頑不靈，卻又反覆無常、優柔寡斷，他不斷發想新的工作計畫，但很快就放棄執行，轉向其他看起來更加可行的方案。

蓋吉的朋友形容他「不再是蓋吉了」，他無法順利復職，於是帶著他的鐵棍，淪為 P・T・巴納姆（P. T. Barnum）[37] 公演中的一員。真是心酸。

不可思議的是，蓋吉的狀況好轉了。受傷後幾年內，他重返職場（主要擔任公車司機），據說他的行為大致合宜。他腦中剩下的右額葉皮質接手了某些因受傷而失去的功能。第 5 章將聚焦在這種大腦的可塑性上。

從額顳葉型失智症（frontotemporal dementia，簡稱 FTD）患者身上，也可以觀察額葉皮質受損後會發生什麼事，這種失智症從損害額葉皮質開始；有趣的是，首先受害的是只有靈長類動物、大象和鯨魚身上才有的，那神祕的紡錘體神經元。額顳葉型失智症的患者會是什麼樣子？他們的行為抑制功能不佳，而且在社交上出現不適宜的行為。他們也變得冷漠無情，缺乏自發行為，反映腦中的「決策者」已被摧毀。[38]

37 譯注：P・T・巴納姆（1810-1891）是美國馬戲團經紀人及表演者。

38 原注：冷漠的表現和阿茲海默症的早期症狀相反，阿茲海默症患者如果因為記憶力出了問題，在人際互動中捅了簍子——好比說，他們忘記別人的伴侶已在幾年前過世，還詢問對方他的身體健康如何——會覺得非常丟臉。

在亨丁頓舞蹈症（Huntington's d isease）患者身上也能看到類似現象，這可怕的疾病起於十分怪異的基因突變。人腦的皮質下有些迴路負責協調傳送到肌肉的訊息，亨丁頓舞蹈症患者的這些迴路受到破壞，因此會不由自主地扭動，漸漸失能。不過，他們的額葉其實也受到了損傷，受傷時間常常比皮質下的損傷還早。大約一半的患者也有行為抑制功能不佳的狀況——偷竊、攻擊、性欲過高、強迫性且沒來由的豪賭。[39] 額葉因中風而受損的患者，也會表現出社交和行為上的抑制功能不佳——譬如，80 多歲的人對別人性騷擾。

在另一種情況下，額葉皮質功能不良也會導致類似的行為——性欲過高、情緒爆發、誇張而不合邏輯的行動。這是什麼疾病呢？不是什麼疾病，是作夢的時候。在睡眠中的快速動眼期（REM sleep），也就是我們作夢的時候，額葉皮質關機，夢中的劇情肆無忌憚地展開。如果額葉皮質在睡覺時受到刺激，作夢的人自我意識便提高，夢境變得比較不像夢。還有另外一種，同樣是在非病理性的情況下前額葉皮質沉寂下來，而創造出情緒的海嘯——就是性高潮的時候。

再談最後一種額葉損傷。賓州大學的艾德里安・雷恩（Adrian Raine）和新墨西哥大學肯特・基爾（Kent Kiehl）指出，（相較於非心理病態犯罪者與非犯罪者的控制組）心理病態犯罪者的額葉皮質活動較少，而且前額葉皮質較少與其他腦區搭配活動。此外，在因暴力犯罪而入獄的人之中，額葉皮質曾遭受重擊而受傷者，人數比例高得驚人。第 16 章還會談更多。

義務聲明：關於將認知與情緒二分化的錯誤

前額葉皮質有許多不同的部分，又再分成小區塊，然後分成更小的區塊，多到神經解剖學家不必擔心失業。其中兩個區域非常重要，第一個是前額葉皮質的背側，尤其是背外側前額葉（dorsolateral PFC，簡稱

---

39 原注：伊恩・麥可尤恩（Ian McEwan）的小說《星期六》（*Saturday*）的故事環繞在一位主角因亨丁頓舞蹈症之後行為抑制功能減損。這本書寫得非常好。

dlPFC）——別擔心「背側」或「背外側」這些名詞，那不過是些行話。[40] 背外側前額葉幫決策者做出決策，是前額葉皮質中最理性、最具認知能力、最效益主義也最不情緒化的部分。前額葉皮質中，就屬這裡最晚演化出來，也是人腦中最後才完全成熟的部位。它主要的對話對象是其他的皮質區。

和背外側前額葉相反的是前額葉的腹側，尤其是腹內側前額葉（ventromedial PFC，簡稱 vmPFC）。富有遠見的神經解剖學家瑙塔，就是在這裡發現額葉皮質和邊緣系統互相連結，使它成為邊緣系統中的榮譽會員。照理來說，腹內側前額葉只關乎情緒對決策的影響。我們最好與最糟的行為中，有很多都牽涉到腹內側前額葉與邊緣系統、背外側前額葉之間的互動。[41]

在執行比較困難的那個選項時，認知的背外側前額葉是不可或缺的。當一個人為了等待之後才會到來的更豐厚酬賞而放棄眼前立即的酬賞時，在所有前額葉皮質的分區中，背外側前額葉是最活躍的。想想經典的道德兩難情境——如果為了拯救五個人，必須殺死一個無辜的人，這是可以接受的嗎？思索這個問題時，背外側前額葉活化程度越高的人，越可能回答「是」（但我們在第 13 章會談到，也要看你怎麼問這個問題）。

---

40 原注：讓我快速提供腦內方位的入門介紹給在乎這件事的讀者。大腦中是三度空間：（1）背側（dorsal）／腹側（ventral）——背側是腦的上方（同樣地，水平方向的海豚上方的鰭叫作背鰭）；腹側是下方。（2）內側（medial）／外側（lateral）——從橫切面看來，內側靠近腦的中線；外側則是從中線出發，往左或往右，離得越遠越好。因此，「背外側」前額葉皮質就是前額葉上方靠近外側的部分。（3）前（anterior）／後（posterior）——大腦的前面或後面。側化的腦部結構都是成雙成對的——左半球一個、右半球一個，同樣位在背側或腹側、前面或後面，但就內外位置而言，方向則是相反。

41 原注：為了避免「背外側前額葉」和「腹內側前額葉」造成混淆，我接下來會一直用「認知的背外側前額葉」和「情緒的腹內側前額葉」這種錯誤二分它們功能的方法來稱呼。或者你可以用這個方法幫助記憶——認知的背外側前額葉縮寫裡面的「dl」代表「深思熟慮」（deliberative），情緒的腹內側前額葉縮寫裡面的「vm」則是「非常情緒化」（very〔e〕motional）。這方法很瞎，但救了我好幾次。

有一種實驗情境是只要猴子運用不同的策略，就可以得到不同的酬賞，這時候，背外側前額葉受損的猴子沒有辦法轉換策略——牠們持續使用最快就能得到酬賞的策略。背外側前額葉受損的人也很相似，他們做計畫或延宕滿足的能力不如以往，會持續運用可以立即得到回報的策略，而且行為的執行控制能力不佳。[42] 有一種名為經顱磁刺激（transcranial magnetic stimulation）的技術，可以暫時抑制皮質中的特定部位，就如同蘇黎世大學的恩斯特．費爾（Ernst Fehr）在他迷人的研究中所完成的。在一場賽局中，參與者一般會拒絕糟糕的提案，希望等久一點，出現比較好的提案時再接受。但當背外側前額葉被抑制，他們會不由自主地接受那個較糟的提案。很重要的是，這和社會性有關——如果參與者認為另一個玩家是一台電腦，抑制背外側前額葉就沒有影響。而且，背外側前額葉受抑制的實驗組參與者其實覺得提案不公平，就和控制組一樣；因此，論文作者總結道：「〔背外側前額葉活動受抑制的〕參與者的行為，就彷彿他們再也無法實現公平的目標。」

情緒的腹內側前額葉有什麼功能呢？既然它由邊緣系統構造接收輸入訊息，它的功能正如你所預期的：當你在運動比賽中支持的一方獲勝，或聆聽悅耳而非刺耳的音樂（尤其是你因為那音樂而渾身起雞皮疙瘩的瞬間），它就會活化。

腹內側前額葉受損又有什麼影響呢？很多能力一如往常——智力、工作記憶、進行估算。如果「比較困難的事」只涉及前額葉的認知功能，這部位就不受影響（譬如，在猜謎遊戲中，放棄馬上前進一步的機會，好在日後多走兩步）。

但只要遇到社會或情緒性決策，就可以看出差別——腹內側前額葉

---

42 原注：此外，背外側前額葉受損的病人進行需要站在別人角度思考的困難作業時表現不佳。這種能力稱為心智理論（Theory of Mind），涉及背外側前額葉和顳頂交界區（temporoparietal juncture）的互動。下一章會談更多。

受損的患者就是沒辦法做決定。[43]他們明白選項是什麼，而且可以給處在類似情境裡的人明智的建議。但當那個情境越容易引發情緒、越是觸及痛處，他們就越容易遇到困難。

達馬西奧曾提出一個關於情緒性決策、富有影響力的理論，根基於休姆（Hume）和威廉・詹姆斯（William James）的哲學；接下來很快會再談到這個。簡單來說，額葉皮質不斷運行「假如」的直覺實驗——「假如結果是那樣，我會覺得怎麼樣？」——然後根據心中的答案來做出選擇。倘若腹內側前額葉受損，前額葉皮質就失去了來自邊緣系統的輸入訊息，直覺消失，做決定變得困難。

除此之外，他們的最終決策變得非常效益主義。腹內側前額葉受損的患者不同於常人，願意犧牲一個人——甚至是家人——來救五個陌生人。他們在乎的是結果，而不是自己心中的情緒性動機，因此會選擇懲罰過失殺人者，而非蓄意謀殺卻失敗的人，因為，不管怎麼說，沒有人在後面這個案例裡喪命。

這就像是只使用背外側前額葉的史巴克先生。[44]現在，重點來了。會把思考和情緒二分的人，通常比較喜愛前者，並且老是用疑神疑鬼的眼光看待情緒。他們覺得情緒使人變得多愁善感、放聲歌唱、打扮得花枝招展、放任腋下雜草叢生，只會干擾決策。這樣看來，除掉腹內側前額葉，我們就會更理性、運作得更好。

但就像達馬西奧明確強調的，事情並不是這樣。腹內側前額葉受損的人不只很難做決定，還會做出糟糕的決定。他們在選擇朋友和伴侶時判斷力較差，而且不會根據負向回饋調整行為。譬如，在一項賭博作業中，當參與者使用不同的策略，報酬率也會隨之改變，參與者並不知情，但他們可以因應這個變化來轉換自己的策略。控制組的參與者雖然說不出報

43　原注：注意——針對特定區域腦傷的研究，如果是個好研究，不只會有一個沒有腦傷的控制組以做比較，還有另一個控制組，其成員帶有不相關腦區的腦傷。

44　譯注：電影《星艦迷航記》（*Star Trek*）當中處處小心謹慎的角色。

酬率到底怎麼變化，但他們會用最佳的方式變換策略。腹內側前額葉受損的人則不會這麼做，就算他們**可以**表達報酬率如何變化也一樣。沒了腹內側前額葉，你或許還是明白負向回饋的意義，但無法打從心底有所**感覺**，因而行為不會改變。

如同我們之前看到的，沒有了背外側前額葉，超我就不見了，留下具有高度攻擊性和旺盛性欲的本我。但沒有了腹內側前額葉，行為同樣不妥，只是以一種冷漠疏離的方式展現。這種人在遇到某個很久沒見的人時會說：「哈囉，你變胖了。」當配偶因此深感羞愧而責罵他時，他會冷靜又困惑地說：「可是我說的沒錯。」腹內側前額葉不是額葉皮質裡退化了的盲腸，情緒也不是什麼類似盲腸炎、煽動明智大腦的東西。相反地，腹內側前額葉是不可或缺的。如果我們演化成瓦肯人（Vulcan），[45] 那就無關緊要。但只要世界上還是充滿人類，我們就不可能演化成那樣。

背外側前額葉和腹內側前額葉的活化有可能呈負相關。有一項研究受此啟發，讓爵士樂手帶著電子琴到腦部掃描儀裡，當他們即興演奏時，腹內側前額葉活動提高，背外側前額葉活動減低。另一項研究則請參與者評價假設情境的傷害行為。思索罪犯應負什麼責任時，背外側前額葉活化；決定應給予多重的懲罰，則活化了腹內側前額葉。[46] 當研究參與者進行可以更改策略、且報酬率隨策略而變的賭博作業時，他們的決策牽涉兩項因素：（a）最近一次行動的後果（結果越好，腹內側前額葉活化越強），以及（b）用長期回顧的觀點來看前面每一輪的報酬率（長期酬賞越高，背外側前額葉活化越強）。這兩個腦區相對的活化程度，可以預測參與者的決策。

簡而言之，腹內側前額葉和背外側前額葉一輩子都在進行情緒與認知之爭。然而，儘管情緒和認知可以在某種程度上分開，它們卻很少是完全相反的，反而為了維持正常功能而建立起合作關係。於是，當同時需

45 譯注：電影《星艦迷航記》中的外星人，善於克制情緒。

46 原注：寫給在乎的讀者——有部分最強的反應發生在腹內側前額葉的一個分區，名為眼眶額葉皮質（orbitofrontal cortex）。

要情緒和認知的任務變得越來越困難（在越來越不公平的情境裡，做越來越複雜的經濟決策），這兩個構造的活動也越來越同步。

額葉皮質與邊緣系統的關係

現在，我們已經對於前額葉皮質各部分在做些什麼，以及認知與情緒如何在神經生物層面上交互影響，有了一些概念。現在開始，可以開始討論額葉皮質和邊緣系統之間的互動了。

哈佛大學的約書亞・格林（Joshua Greene）和普林斯頓大學的柯恩讓人們看到，腦中「情緒」和「認知」的部分如何分離開來。他們運用哲學中著名的「電車難題」，也就是火車就要撞到五個人，你必須決定自己能不能接受為了救這五個人而殺死一個人。關鍵在於問題怎麼架構。有一個版本是你可以選擇拉下控制桿，使電車轉向，駛到另一條軌道上。這能救那五個人，但電車會撞死剛好出現在另一條軌道上的人；70%到90%的人說他們會這麼做。在第二個情境裡，你必須親手推一個人到電車前使電車停下來，但那個人會喪命；70%到90%說絕不可能這麼做。付出的代價一模一樣，但決定完全不同。

格林和柯恩給參與者這兩種情境，同時記錄他們的神經影像。想像有意地親手殺害一個人，會活化背外側前額葉這位決策者，還有和情緒相關、對嫌惡刺激（aversive stimuli）有所回應的腦區（其中一個皮質區會因情緒性字眼而活化）、杏仁核以及腹內側前額葉。杏仁核的活化程度越高、以及參與者表示決策時感受到的負面情緒越強，他們決定動手推那個人的機率就越小。

那麼，當人們想像自己超然地拉下控制桿，無意之中殺死一個人，又會怎麼樣呢？只有背外側前額葉活化。就像要選哪一把扳手來修理機器一樣，是純然理智的決定。了不起的研究。[47]

47　原注：我們之後在關於道德的那章，還會回到格林後續的「電車學」研究，討論篇幅不短。概括來說，研究結果顯示不同的決定圍繞著：（a）拉控制桿和親手推人這

其他研究檢視了腦中「認知」和「情緒」相關部位的互動。以下是幾個例子：

- 第 3 章會談到一個令人不安的研究——將一個普通人固定在腦部掃描儀中，讓他看一張照片，上面是和他種族不同的人，但只看十分之一秒。由於時間太短，他來不及意識到自己看了什麼。但因為大腦構造中有那條杏仁核捷徑，杏仁核看到了……而且活化了起來。反之，如果顯示那張照片長一點的時間，杏仁核再次活化，但認知的背外側前額葉也會活化，抑制了杏仁核——這就是多數人會做的，努力控制令人不快的第一反應。

- 第 6 章將討論一些實驗，過程中，參與者和另外兩個人一起玩遊戲，研究人員操弄遊戲過程，讓參與者感覺受到冷落。這活化了杏仁核、導水管周圍灰質（那個參與處理生理疼痛的古老腦區）、前扣帶迴和腦島，這些腦部構造加起來就是一幅描繪出憤怒、焦慮、疼痛、噁心、難過的圖像。之後不久，前額葉皮質活化，理性開始運作——「這只是個蠢遊戲。我有朋友。我的狗愛我。」然後，杏仁核和其他部位平靜了下來。但如果你對某個額葉皮質功能不全的人做相同的事，會有什麼結果？杏仁核的活動越來越強，這個人感覺越來越沮喪。這和什麼神經疾病相關嗎？沒有。典型的青少年就是這樣。

- 最後，前額葉皮質會調節恐懼消除。老鼠昨天學到「聽到聲音之後，我就被電擊」，於是聲音觸發了老鼠僵住不動的反應。今天的聲音之後沒有跟著出現電擊，於是老鼠學到了更重要的另一

兩者之間的對比，也就是涉及個人或不涉及個人，（b）那個人的死亡是必須的手段，或者無心造成的副作用，（c）參與者和潛在受害者之間的心理距離。

> 課——「但今天不會這樣」。牠昨天學到的第一課依然保留在腦中；證據是如果再次將聲音和電擊搭配，聽到聲音就僵住不動的反應將「復原」，而且比剛學到時反應更快。

「但今天不會這樣」在腦中哪個區域固化（consolidate）呢？[48] 答案是海馬迴將訊息傳到前額葉之後，在前額葉固化。內側前額葉皮質活化基底外側杏仁核中的抑制迴路，老鼠聽到聲音之後就不再出現僵住不動的反應。另一個研究有些相似，但反映出人類特有的認知能力——研究人員制約參與者，讓他們將螢幕上的藍色方塊和電擊聯結在一起，看到方塊時，杏仁核就會活化——但只要參與者重新評估（reappraisal）這個情境，譬如請參與者想一想美麗的藍天，就會活化內側前額葉皮質，降低杏仁核的活動。

這就牽連到「用想法調節情緒」這個主題了。調節想法很難（試試看，現在不准想河馬），但調節情緒更難；我在史丹福的同事兼好友詹姆斯．葛洛斯（James Gross）探究了這個議題。首先，針對某件引發情緒的事情「換個方式思考」，和純粹壓抑情緒表達不同。譬如，給研究參與者看截肢手術的影片。參與者很害怕，杏仁核和交感神經系統啟動。現在，研究人員請其中一組受試者隱藏情緒（「我現在要給你們看另一段短片，希望你們不要表現出情緒反應」）。怎麼做最有效呢？葛洛斯區分出兩種策略，一種是「先行聚焦」（antecedent-focused）調節策略，另一種是「反應聚焦」（response-focused）調節策略。反應聚焦調節策略就是把情緒這匹脫韁野馬拉回大腦——你不安地看著下一段恐怖的影片，心想：「沒問題的，坐好，慢慢呼吸。」通常這會使杏仁核和交感神經系統的活動更強烈。

先行聚焦調節策略則從頭到尾把馬廄的大門緊閉，這通常比較有效。他們想著或感受其他東西（譬如某一次很棒的假期），或對於眼前看到的東西換個方式思考或感受（將影片重新評估，譬如想著「這不是真的，只是演員」）。只要方式正確，前額葉皮質——尤其是背外側前額葉就會活化，杏仁核和

48　譯注：固化也譯作「鞏固」。

交感神經系統受到抑制，參與者主觀的難受程度也下降。[49]

以重新評估進行先行聚焦的調節，就是安慰劑能夠有效的原因。想著「我的手指快被針刺了」，會使杏仁核和與痛覺反應腦區中的迴路活化，然後那根針戳痛了你。但如果先在你的手指塗上大量護手霜，並告訴你那是很厲害的止痛藥，你就會想：「我的手指快被針刺了，但護手霜會阻擋痛覺。」前額葉皮質活化，減弱了杏仁核和痛覺迴路的活動，以及疼痛的知覺。有一種心理治療特別有效，核心就是類似的思考歷程，但範圍更大也更複雜——就是認知行為治療（cognitive behavioral therapy，簡稱CBT）——用來治療情緒調節相關的疾患。想像有個人因可怕的早期創傷而患有社交焦慮症。簡單來說，認知行為治療提供了一些工具，協助重新評估引發焦慮的情境——記得，你在社交情境中的糟糕感受來自過去發生的事，而非現在的實際情況。[50]

像這樣用想法控制情緒的歷程是非常由上而下的（top down）；額葉皮質讓過於緊張的杏仁核平靜下來。但在需要用直覺進行決策時，前額葉皮質和邊緣系統的關係也可以由下而上（bottom up）。這就是達馬西奧提出的「軀體標記假說」（somatic marker hypothesis）之骨幹。在許多選項中做出選擇，需要大腦進行成本效益分析，但同時也要有「軀體標記」，也就是每一種後果可能會帶來什麼感覺，這股內在刺激在邊緣系統中運行，然後向腹內側前額葉報告。這個歷程不是思想實驗，而是情緒實驗，利用情緒記憶在不同的未來之間做出選擇。

輕微的軀體標記只會活化邊緣系統。「我該採取A行為嗎？或許不要——B結果感覺很可怕。」更加栩栩如生的軀體標記還會活化交感神經系統。「我該採取A行為嗎？絕對不要——想到可能造成B結果，我可

---

49 原注：就前額葉皮質裡的迴路來看，最有可能的順序是背外側前額葉活化，然後腹內側前額葉活化，然後杏仁核受到抑制。

50 原注：這還可以延伸到重新評估的後設層次。就像葛洛斯的研究中顯示的，用CBT來治療社交焦慮時，治療結果有一個中介變項，就是患者是否相信自己可以有效地重新評估。

以感覺到自己開始冒冷汗。」在實驗中提高交感神經系統的訊號強度，反感也更加強烈。

以上為邊緣系統和額葉皮質之間正常合作的樣子。當然，一直維持得這麼平衡是不可能的。譬如，憤怒會使人比較難做出清楚分析，在決定懲罰時更傾向反射性的反應。人們在壓力大時經常沉溺在情緒中，做出糟得可怕的決定；第 4 章將檢視壓力對杏仁核和額葉皮質的影響。[51]

已故的哈佛心理學家丹尼爾．韋格納（Daniel Wegner）在他的論文中仔細剖析壓力對額葉皮質的影響，這篇論文的標題下得很好：〈如何在任何場合以恰好最糟的方式思考、說話或做事〉（'How to Think, Say or Do Precisely the Worst Thing on Any Occasion'）。他所想的就是愛倫坡（Edgar Allan Poe）所說的「悖理的惡魔」（imp of the per verse）[52]：

> 我們騎著腳踏車，看到前方的路上有事故留下的胎痕，然後就步上了相同的軌跡。我們提醒自己，在對話中不要提到某個話題，然後就驚慌失措地發現自己脫口而出那個話題。我們小心翼翼地捧著紅酒酒杯走過大廳，全程想著「別打翻了」，然後就在主人的注視下把酒打翻，挽救不及而潑到地毯上。

韋格納說明了前額葉皮質進行調節的兩步驟歷程：（A）一條路徑辨認出 X **非常**重要；（B）另一條路徑確認結論是「**實行** X」或「**千萬不要**實行 X」。在壓力之下，或有令人分心的事物、過重的認知負荷，這兩條

51　原注：還有一些其他的情況：邊緣系統壓垮了額葉皮質、沒有一個決定可以說是真正的好決定，選擇一個比一個更糟。想一想這個大概是所有電影中對父母來說最苦惱的場景——在《蘇菲的抉擇》（*Sophie's Choice*）裡，毫無預警地，蘇菲必須選擇兩個孩子中哪一個可以活下來，哪一個必須死去。被迫做出這個難以想像的決定，她的額葉皮質神經元需要送出訊號到前額葉皮質，再到運動皮質——她終究把話說出口，並動手推其中一個孩子向前。無庸置疑，此時她的邊緣系統正痛苦地對額葉皮質吼叫，顯示出這條迴路是雙向互動的。

52　譯注：愛倫坡（1809-1849）為美國作家，《悖理的惡魔》為其所寫的短篇小說。

路徑可能分離；A 路徑運行時，沒有加進 B 路徑的決定，就直接走上其中一條岔路。當你做錯事的機率提高，不是你沒盡全力，而是你的努力被壓力搞砸了。

這可以用來總結這篇額葉皮質概論；口訣是：額葉皮質讓你選擇比較困難的事去做，只要那是對的事。最後五個重點：

- 大腦試圖有效地「做比較困難的事」，並不能用來論證情緒或認知的其中一個比較有價值。譬如，在第 11 章會討論到，當我們腦中由敏捷而內隱的情緒與直覺主導，我們在思考內團體的道德問題時，利社會的程度最高；但當認知功能勝過情緒，我們在考量外團體的道德問題時利社會程度最高。

- 我們很容易下結論，認為前額葉的功能在於預防不智之舉（「別這麼做，你會後悔」）。但並非總是如此。譬如，我們在第 17 章將談到，前額葉皮質為了扣下扳機付出多大的力氣，結果令人驚訝。

- 就如同大腦的其他層面，額葉皮質的構造和功能有極大的個別差異；譬如，前額葉皮質的靜態代謝率在不同的人身上可以相差將近三十倍之多。[53] 是什麼造成了個別差異？看下去就知道了。

---

53 原注：想一想較為「壓抑」的性格。這些人的情感和行為受到嚴格控管——他們不擅表達情緒及辨認其他人的情緒。他們喜歡有秩序、結構、可預測的生活，可以告訴你從週四開始，之後七天的晚餐要吃什麼，而且總是準時完成所有事情。他們額葉皮質的代謝率及壓力荷爾蒙較高，顯示想要打造出一個沒有壓力的世界，會帶來巨大的壓力。

- 「額葉皮質讓你選擇比較困難的事去做，只要那是對的事。」此處的「對」是指在神經生物學上和工具性的意義，而非道德層面。

- 想想說謊這件事。額葉皮質努力抗拒說謊的誘惑，顯然讓說謊變得更困難。但要把謊說得夠好，必須控制訊息中的情緒內涵，在謊話內容和實際意義之間製造出一段抽象距離，這也是額葉的主要工作，尤其是背外側前額葉。有趣的是，病態說謊者的前額葉中，白質大得不尋常，顯示其中的線路較為複雜。

不過我要再次強調，額葉皮質協助說謊時，所設定的「對的事」無關道德。演員對鬱鬱寡歡的丹麥王子角色入戲甚深，等於是在對觀眾說謊。有些謊話是特定的情境下的良心謊言——如小孩告訴祖母自己多開心見到他、隱瞞他已經有祖母送的玩具了；政治領袖公然說出赤裸裸的謊言，掀起一場戰爭；血液中流竄著龐氏騙局（Ponzi）[54]的金融家詐騙了投資者；一名農婦向身著制服的惡人撒謊，說自己不知道難民的下落，而其實他們正躲在她的閣樓裡。就像其他與額葉皮質相關的事情一樣，重點是脈絡、脈絡、脈絡。

額葉皮質選擇做困難之事的動機從哪裡來？為了回答這個問題，我們來到最後一個部分，就是腦中的多巴胺「酬賞」系統。

中腦—邊緣／中腦—皮質多巴胺系統

酬賞、愉悅和快樂很複雜，而且，許多物種都以至少一種原始的形式，充滿動力地追求著這些。神經傳導物質——多巴胺就是瞭解這個主題的核心。

54　譯注：20世紀初美國發生的投資騙局。

核區、輸入與輸出

有好幾個腦區都會合成多巴胺。其中一個腦區有助於引起動機，如果受到破壞則會造成帕金森氏症（Parkinson's disease）。另一個腦區負責調節腦下垂體荷爾蒙。但我們此刻關注的多巴胺系統源於一個靠近腦幹的腦區，這個經過漫長演化保留下來的區域叫作腹側被蓋區（ventral tegmental area）。

多巴胺神經元的其中一個關鍵目標是伏隔核（nucleus accumbens）——本章不會再介紹更多名稱中有多音節單字的腦區了。關於伏隔核到底算不算是邊緣系統的一部分，目前尚存爭議，不過至少可以說它非常類似邊緣系統。

先初步看看這個迴路的組織結構：

a. 腹側被蓋區送出投射到伏隔核和（其他）邊緣系統區域，像是杏仁核和海馬迴。這些集合在一起，稱為「中腦—邊緣路徑」。
b. 腹側被蓋區也投射到前額葉皮質（但很有意義的是，沒有到其他皮質區）。這條稱為「中腦—皮質路徑」。接下來，我會將中腦—邊緣路徑加上中腦—皮質路徑，統稱為「多巴胺系統」，先忽略它們並不總是同時活化。[55]
c. 伏隔核送出投射到與動作相關的腦區。
d. 很自然地，從腹側被蓋區和／或伏隔核接收投射的腦區，也投射回去。最有趣的是從杏仁核和前額葉來的投射。

55 原注：人類的多巴胺系統的活動通常用功能性磁振造影（fMRI）一類的技術來測量，這種技術偵測腦中不同部位的新陳代謝變化。更精確來說，儘管代謝需求提高通常是由於那個腦區的神經元產生許多（釋放多巴胺的）動作電位，這兩者之間並不完全相等。不過，為求簡便，我交替使用「多巴胺訊息增加」、「多巴胺路徑活化」、「釋放多巴胺」等說法。

酬賞

我們先從這裡開始，多巴胺系統關乎酬賞——各種愉悅的刺激活化腹側被蓋區神經元，觸發多巴胺的釋放。一些佐證如下：（a）古柯鹼、海洛因和酒精等藥物會使伏隔核釋放多巴胺；（b）假如阻斷腹側被蓋區釋放多巴胺，原本能夠帶來酬賞的刺激將變得令人厭惡；（c）慢性壓力或疼痛會使多巴胺減少，且多巴胺神經元對刺激的敏感度降低，產生用來界定憂鬱的症狀——「失樂症狀」（anhedonia），也就是無法感受到愉悅。

有些酬賞在所有物種中都能引起多巴胺釋放，譬如性。對人類來說，光是想到性就足夠了。[56] 只要在肚子餓的時候，任何物種都會因食物而釋放多巴胺，但人類又更特別一點：給剛喝完一杯奶昔的人看奶昔的照片，他的多巴胺系統不怎麼活化——因為已經飽了。但如果這個人正在節食，他的多巴胺系統會活化得**更加厲害**。如果你正努力節食，喝了一杯奶昔只會讓你更想再來一杯。

中腦—邊緣多巴胺系統也對令人愉悅的美有所反應。在一項研究中，參與者聆聽沒聽過的音樂時伏隔核活化程度越高，之後就越可能買下那首歌。多巴胺也會為人造的文化產物而活化——譬如，當典型男人看到跑車的照片時。

把社會互動也納入考量時，多巴胺分泌的模式更有趣了。有些研究十分溫暖人心。在一項研究中，參與者要和另一個人進行一場賽局，只要符合以下兩種情況，玩家就可以獲得獎勵：（a）如果兩位玩家互相合作，他們分別會得到中等的獎勵，以及（b）倘若其中一人在背後捅對方一刀，則他會獲得大獎，對方則空手而歸。儘管兩種結果都會提高多巴胺的活

---

56 原注：而且，男性看到引起性興奮的視覺刺激時，多巴胺的反應比女性更強，這個事實暗示了性別差異的存在。驚人的是這種差異不限於人類。公恆河猴願意為了看——我不太確定有沒有別的說法——母恆河猴胯下的照片，而在口渴時放棄喝水的機會（而且對其他的恆河猴照片不感興趣）。

動，但在雙方合作的情境下提升得比較多。[57]

另一項研究檢視了懲罰混蛋的經濟行為。有一個研究的參與者一起玩遊戲，B 玩家可以為了得利而惡搞 A 玩家。在不同的場次中，A 玩家可以（a）什麼也不做，（b）奪走一些 B 的錢以懲罰他（不必付出任何代價），（c）付一個單位的錢，從 B 那邊換得兩單位。懲罰對方會活化多巴胺系統，尤其是當參與者必須付錢進行懲罰的時候；在毋須付出代價就能進行懲罰時，多巴胺活動提升得越高的玩家，之後就越願意付錢懲罰對方。懲罰違反規範的人能帶來滿足。

另一個很精彩的研究來自紐約大學的伊莉莎白・費普斯（Elizabeth Phelps），該研究關於「超額競標」（overbidding），也就是在拍賣中喊出超過預期的價格。研究者解釋，超額競標的現象反映了在競標時擊敗某人，可以獲得額外的酬賞。因此，和「贏得」樂透不同，「贏得」一場拍賣在本質上具有社會競爭的意義。中樂透和得標同樣都會活化多巴胺訊號；樂透沒中獎不會產生影響，但在競標戰場中失利，會抑制多巴胺的釋放。沒中樂透只是運氣不好，拍賣沒有得標代表社會地位不如人。

到這裡，浮現出嫉妒的陰影。在一項神經造影研究中，參與者閱讀一份虛構的個人描述，包括這個人的學業成績、人緣、吸引人的特點和財富。引發參與者主觀嫉妒感受的段落，會使腦中與痛覺相關的皮質區活化。然後，參與者得知這位虛構人物正經歷倒楣的事情（譬如遭到降職）。如果參與者聽到這個人的美好際遇時痛覺路徑活化程度越高，可以預測他得知此人不幸時，多巴胺也較為活躍。由此可知，幸災樂禍的時候——因別人失勢而感到開心——多巴胺會活化。

多巴胺系統使我們更深入理解了嫉妒、怨恨、不平，這又引向另一個令人沮喪的發現。有隻猴子學到，只要牠壓桿十次，就可以得到一顆葡萄乾作為酬賞。牠這麼做了，伏隔核釋放出十個單位的多巴胺。現在——

57 原注：有一個重點是，所有參與者都是女性。

給你一個驚喜！——壓桿十次之後，竟然得到**兩顆**葡萄乾。哇，二十個單位的多巴胺釋放出來。但當猴子持續得到兩顆葡萄乾的工資，多巴胺反應下降，回到了十個單位。此時，只給猴子一顆葡萄乾作為酬賞，多巴胺繼續**下降**。

為什麼呢？這就是我們這個事事都將「習慣化」（habituation）的世界，所有事情都在第一次經歷時是最好的。

不幸的是，我們的腦必須這麼運作，因為酬賞的變化範圍很大。畢竟，酬賞的性質從解開數學問題到性高潮都有，把酬賞編碼進大腦的機制必須能夠適應所有情況。多巴胺的酬賞反應並不是絕對的，而是針對不同後果的酬賞價值相對產生。為了同時適應數學和性高潮帶來的愉悅，多巴胺系統需要因應特定刺激的強度範圍，不斷重新估量比例、調整反應。酬賞重複出現之後，多巴胺的反應必須習慣化，下次再有新的、超出之前範圍的酬賞出現時，才能予以回應。

劍橋大學的沃夫藍．舒茲（Wolfram Schultz）以很美的研究展示了這點。在實驗中的第一個情境，猴子在受訓之後知道可預期有兩個單位的酬賞，另一個情境則是二十個單位的酬賞。如果牠們得到意料之外的四個單位（情境一）或四十個單位（情境二）酬賞，會釋放同樣大量的多巴胺；得到一個單位（情境一）或十個單位（情境二），則多巴胺同等減少。儘管酬賞範圍相差十倍，但結果卻相同，重要的是意外酬賞的相對大小，而非絕對大小。

這些研究顯示出多巴胺系統是雙向的。聽到意外的好消息，多巴胺以無尺度（scale-free）的方式增加，聽到壞消息則減少。舒茲讓我們看到，多巴胺系統如何在得到酬賞之後，為酬賞與預期之間的落差進行編碼——得到你預期的，多巴胺如涓涓細流。比預期中得到更多，以及／或者更早得到酬賞，多巴胺大量湧出；比預期中更少以及／或者更晚得到酬賞，多巴胺減少。有些腹側被蓋區神經元對高於預期的情況有所回應，其他神經元則在低於預期時回應；後者剛好也在同區釋放抑制性神經傳導物質GABA。這群神經元也參與習慣化，也就是曾經引發強烈多巴胺反應的酬賞，後來變得沒那麼容易引起興奮了。[58]

照理來說，腹側被蓋區（以及伏隔核）裡的這些編碼神經元會從額葉皮質接收投射——也就是計算實際狀況與預期落差多少的地方——「好吧，我以為會得到五分，結果得到四點九分。這有多令人失望呢？」

還有一些其他的皮質區也參與其中。在一項研究裡，研究人員展示一樣商品給參與者看，從伏隔核活化的程度可以預測他們願意出價多少。接著，研究人員告訴他們實際的價格；如果低於他們願意付出的金額，情緒的腹內側前額葉活化；如果實際金額比較高，則和噁心相關的腦島皮質活化。綜合所有神經造影的資料，你就可以預測這個人會不會買下商品。

所以，在典型的哺乳類身上，多巴胺系統以無尺度的方式為廣泛的經驗編碼，這些經驗的範圍從好的驚喜到不好的意外都有，而且昨天的新消息到了今天就會習慣化，如此不斷持續下去。但人類還有另一個特點，我們創造的享樂方式比大自然所能供給的一切都更加強烈。

有一次，我去參加一場教堂管風琴音樂演奏會，我置身於海嘯般的音浪之中，渾身起雞皮疙瘩，一個想法忽然冒出來：對一位中世紀的農人來說，在他所聽過的人造聲音之中，這想必是最大聲的，他一定會以今日難以想像的心情，對這樂音心生敬畏。難怪他們願意簽約為宗教獻身。如今，我們隨時都會撞上強烈的聲響，這些聲音超出了聽覺器官原始設計的用途範圍。以前，狩獵採集者碰巧找到有著蜂蜜的蜂窩，就能短暫滿足口腹之欲。如今，我們有上百種精心設計的食品，能夠帶來的感官享受，遠超過某些低等的自然食物。以前，我們的生活匱乏，能夠享有的樂趣微小而難以獲得。如今，我們擁有能帶來狂喜的藥物，這些藥物使多巴胺釋放，比沒有藥物的古老世界中的任何刺激都多出上千倍。

非自然來源、登峰造極的酬賞，加上無可避免的習慣化，結果就是空虛；因為強烈到不自然的人造經驗、感官刺激與享樂，引發強烈到不自

58 原注：令人意外的是，在賭博的實驗情境中，若不管結果如何，參與者都會遭到電擊，經過一段時間之後，當電擊強度忽然變得比原本低，多巴胺訊號會活化。

然的習慣化。結果包括兩種。第一，很快地我們難以注意到來自秋日的紅葉、或「對的人」停駐在自己身上的目光、或者難以感受到完成困難又有價值的工作之後將得到回報，那轉瞬即逝又悄然無聲的樂趣。另一個結果則是，我們終於還是習慣了那如浪潮般強烈的人造刺激。如果我們是由工程師打造的機器，在享有更多之後，欲望應該變得更少。但人類常發生的悲劇是我們享有越多，就越難滿足，渴望得更快也更強。昨天的驚喜到了今日變得理所當然，等到明天，我們就會感到不滿足。

對酬賞的預期

所以，多巴胺和容易招人嫉妒又習慣化得很快的酬賞有關。但多巴胺的有趣之處可不只如此。回到先前提到的，受到良好訓練、懂得為了得到酬賞而賣力工作的猴子。一道光線照進牠的房間，表示酬賞試驗開始了，牠走過去壓桿十次，得到葡萄乾作為酬賞；這已經發生了很多次，所以每得到一個葡萄乾，多巴胺只會上升一點點。

不過，重要的是，當光線第一次照進來，在猴子壓桿之前提示酬賞試驗開始，這時候就有大量的多巴胺釋放。

換句話說，一旦學會準確預測酬賞何時出現，多巴胺就變成主要來自於對酬賞的「預期」，勝過直接來自酬賞。我在史丹福的同事布萊恩·努特森（Brian Knutson）的研究也有類似發現，顯示出人在預期獲得金錢酬賞時，多巴胺路徑活化。多巴胺與掌控、期待及信心相關。多巴胺代表「我知道事情怎麼做，我會成功。」換句話說，樂趣來自於預期將得到酬賞，而酬賞本身近乎是個贈品（當然，除非最後沒有得到酬賞，那時酬賞就變成世界上最重要的東西）。如果你確知口腹之欲可以獲得滿足，吃東西的樂趣主要在於口腹之欲，而非飽足感。[59] 這點至關重要。

59　原注：這個現象讓我想起，我的一位大學室友一直身陷各種吵吵嚷嚷又亂七八糟的戀愛關係，他對此有個極其諷刺的觀察：「為了期待談戀愛，你付出的代價就是談戀愛。」

預期需要經過學習。學到沃倫・G・哈定（Warren G. Harding）[60]的中間名，海馬迴的突觸變得更容易興奮。學到「只要光照進來，就是酬賞時間到了」，海馬迴、杏仁核和額葉皮質投射到多巴胺的神經元都變得更容易興奮。

這可以用來解釋成癮者在特定脈絡下才會產生對某些物質的欲望。假設一位酒癮患者在戒酒多年後，回到過去喝酒的地點（譬如某個窄小的街角、某間高級的男士俱樂部），曾經活動的突觸、經過學習而與酒精相連結的線索，會再度張牙舞爪地回歸，多巴胺因為預期而暴增，對酒精的渴望氾濫成災。

如果有可靠的線索指出酬賞即將出現，有沒有可能這個線索最後會變成酬賞呢？密西根大學的胡達・阿基爾（Huda Akil）證實了這點。一道光線從老鼠所在的籠子左方照進來，提示在壓桿之後右邊的輸送槽會出現食物作為酬賞。驚人的是，到最後，老鼠會盡量找機會待在籠子左側，只因為待在那裡感覺很好。這個訊號本身得到了來自提示對象的多巴胺力量。與此類似，當有一個線索提示了「**某種**酬賞很可能出現」，即便老鼠根本不知道酬賞是什麼或什麼時候出現，牠也會努力接觸這個線索。戀物（fetish）就是這麼一回事——不管從人類學上的意義或性的層面來說皆是如此。

舒茲的研究團隊證明，因預期而增加的多巴胺反映出兩個變項的影響。第一個是預期得到多少酬賞。如果一隻猴子學到，看到光線代表壓桿十次可以獲得一個單位的酬賞，聽到聲音代表壓桿十次後得到十個單位的酬賞。很快地，比起光線，聲音可以激發出更多因預期而來的多巴胺。這就是「快要發生好事了」和「快要發生『**真的很棒的事**』了」的差別。

第二個變項則頗為離奇。原本的規則是光線照進來、壓桿、得到酬賞。現在出現了變化。光線照進來、壓桿⋯⋯但只有一半的機會得到酬賞。令人驚訝的是，一旦猴子學會這個新腳本，釋放出來的多巴胺比原本

---

60 譯注：沃倫・哈定（1865-1923）是美國第二十九任總統，他的中間名為 Gamaliel。

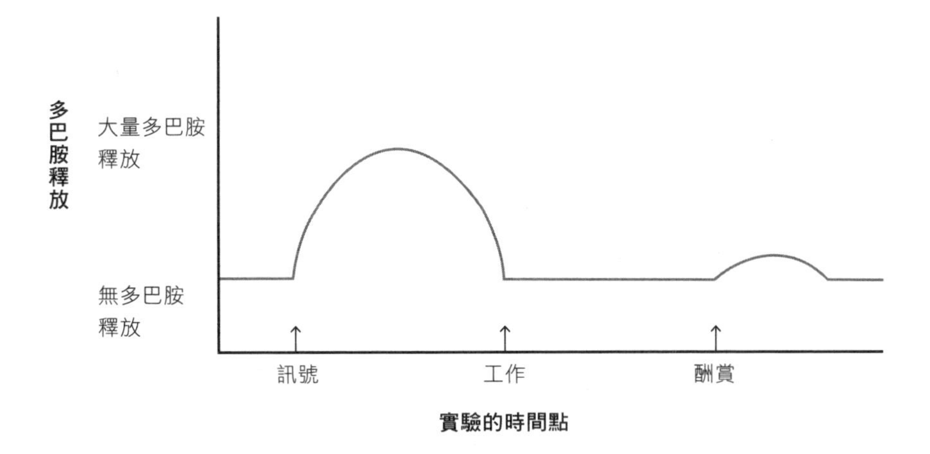

多出不少。為什麼？因為沒有什麼比「也許」造成的間歇性增強，更能刺激多巴胺的釋放了（見上圖）。

這些多出來的多巴胺在另一段時間釋放。在機率減半的情境中，光線照進來，開始壓桿之前，多巴胺照常因預期而增加。先回去看看那可預測的情況，也就是只要壓桿就能獲得酬賞，在壓桿結束後，多巴胺維持低釋放量，直到酬賞到來，才有些微波動。但在機率減半的情境中，壓桿一結束，「也許能得到酬賞、也許不能」帶來的不確定性，促使多巴胺開始上升。

現在，進一步更改情境，有25%或75%的次數會出現酬賞。從50%變成25%和從50%變成75%，酬賞出現的機率恰好相反，努特森的研究團隊發現，得到酬賞的機率越高，內側前額葉皮質也越活躍。但從50%降低到25%和從50%提高到75%，這兩種情況中，不確定性都降低了。無論在25%或75%的情境中，第二波多巴胺釋放都比50%的情境來得少。在不確定性（酬賞會不會出現）最高的情況下，多巴胺的釋放達到巔峰（見下頁圖）。[61] 有趣的是，在不確定情境下提高的預期性多巴胺是從中腦—皮

61　原注：這使得格林有一次用滑稽的語氣跟我說，哈佛的年度預算納入了對終身職人數的估算，可以預期就算他們夠努力，也只有大約一半的新進教員可以獲得終身教授資格。

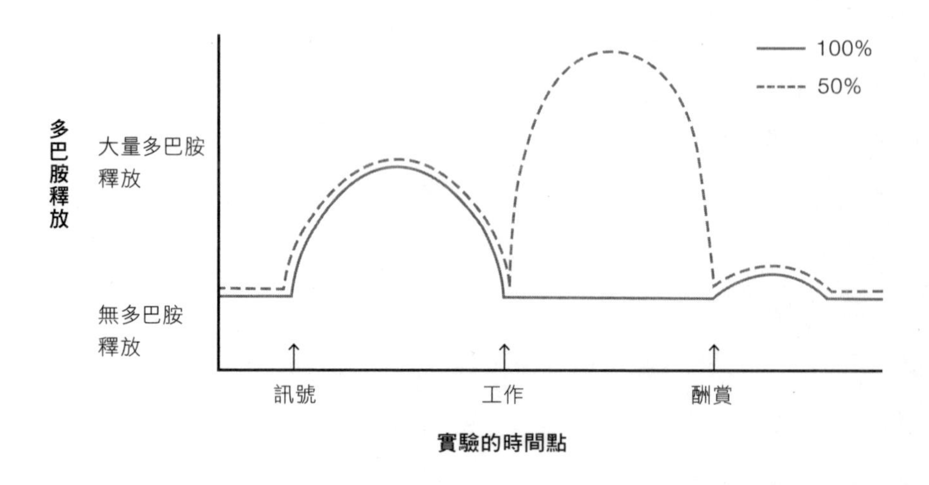

質（而非中腦—邊緣）路徑釋放，這意味著，相較於可預測酬賞的情況，面對不確定時的認知狀態更加複雜。

以上所有內容對於在拉斯維加斯經營賭場的非正式心理學家來說，都不算什麼新聞。照理來說，賭博不該引發太多預期性多巴胺的釋放，因為贏錢的機率微乎其微。但他們精心操弄了顧客行為——賭場二十四小時全年無休又不會提醒你現在幾點、前額葉皮質浸泡在廉價酒精中失去了判斷力、整個環境讓你覺得今天就是自己的幸運日——扭曲了你對勝算的知覺，多巴胺不斷湧出，然後你想：噢，再試一次吧，有何不可？

在一項關於「差點就贏了」的研究中，可以看到「也許」和嗜賭成癮相互的作用——當吃角子老虎機器上的三個圖案中出現兩個相同的圖案時，控制組的受試者無論怎麼輸，都只有最低程度的多巴胺活動；但病態賭徒（pathological gambler）遇到「差點就贏了」的情況時，多巴胺系統瘋狂活化。另一項研究探討兩種打賭情境，在這兩種情境中，獲得酬賞的機率相等，但是，關於什麼條件可能帶來酬賞，則給予詳細程度不同的資訊。資訊較少的情況下（也就是說重點在於模糊性，而不是風險），杏仁核活化，多巴胺一言不發。可以精準估測的風險令人上癮，而模糊的情境只會讓人不安。

追求

所以，相較於酬賞本身，多巴胺與對酬賞的預期關係更深。是時候加入另一塊拼圖了。想想那受過訓練的猴子，懂得用壓桿回應光線這個線索，最後得到酬賞；我們已經知道，一旦這之間建立起連結，由於預期將得到酬賞，多巴胺會在線索出現之後立即釋放。

如果在線索（光線）之後沒有釋放多巴胺，會發生什麼事？這非常重要——猴子就不壓桿了。如果你破壞老鼠的伏隔核，牠也會做出衝動的選擇，不再堅持等待更多的酬賞。回到猴子身上——如果不用光線做為線索，而是以電擊刺激腹側被蓋區釋放多巴胺，那麼猴子就會壓桿。多巴胺不只關於預期酬賞；多巴胺刺激動物展開為了獲得酬賞所必須完成的**目標導向**行為；多巴胺將酬賞的價值及其所導致的結果「結合」在一起。重點在於，為了完成比較困難的事（也就是工作），多巴胺投射到前額葉而引起的動機。

換句話說，多巴胺的意義不是酬賞所帶來的快樂，而是因為追求很可能出現的酬賞而感到快樂。[62]

想要瞭解動機的本質，以及那些動機起不了作用的時刻（譬如，憂鬱的時候，多巴胺訊號因壓力而受到抑制，或焦慮的時候，來自杏仁核的投射抑制了多巴胺），這點非常關鍵。同時，這也告訴我們，意志力背後有來自額葉皮質的力量。當一個人要在立即的酬賞和較多但較晚得到的酬賞之間做出選擇，想著立即的酬賞時，以邊緣系統為目標的多巴胺活化（也就是中腦—邊緣路徑），另一方面，想著較晚才能得到的酬賞時，以額葉皮質為目標的多巴胺活化（也就是中腦—皮質路徑）。中腦—皮質路徑活化越強，這個人越可能延宕滿足。

這些研究設計的情境都是在短暫密集的工作之後給予酬賞。如果延

62　原注：中腦—邊緣多巴胺系統在引發母鼠育兒動機上扮演關鍵角色，這可以充分說明「追求」所帶來的快樂，也就是追求的過程也能帶來與結果相當的酬賞。

長工作時間，因而酬賞大大延後，又會怎麼樣呢？若是如此，會有第二波多巴胺釋放，釋放方式為逐漸增加，好刺激工作持續進行；多巴胺上升的幅度，可由延遲時間和預期得到多少酬賞所構成的函數計算出來：

下圖顯示多巴胺如何促進延宕滿足。假設「為酬賞等待 X 長度的時間」具有 Z 這麼高的價值；按此邏輯，等待 2X 的時間，價值變成 1／2Z；但事實上會有「時間折價」（temporally discount）的情形——價值變得更小，譬如 1／4Z。我們討厭等待。

多巴胺和額葉皮質就在這個現象的風暴中心。這條折價曲線（discounting curve）（不是 1／2Z，而是打折變成 1／4Z）寫入伏隔核，延遲的時間長度則寫入背外側前額葉和腹內側前額葉的神經元中。

於是，有些複雜的交互作用產生。譬如，活化腹內側前額葉、或不讓背外側前額葉活化，對這個人來說，短時間就能得到的酬賞顯得更加誘人。努特森有個很酷的神經造影研究，有助於瞭解沒耐性的人——他們的折價曲線斜率很高；事實上，這些人的伏隔核低估了遲來的酬賞，而背外側前額葉高估了延遲的時間。

將這些研究綜合在一起，可以看到酬賞大小、延遲時間、準確度不一的機率等等，都分別寫入我們的多巴胺系統、額葉皮質、杏仁

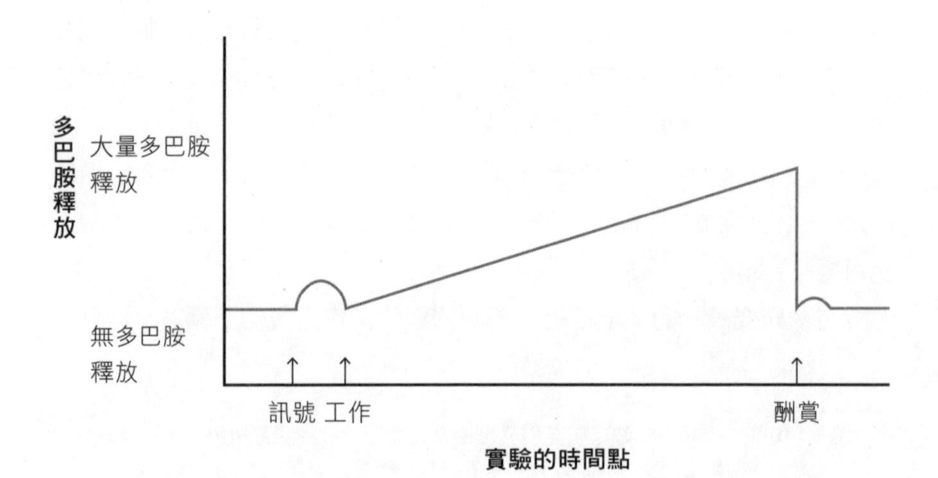

核、腦島和其他合唱團團員，而這些層面都會影響到我們能否完成那比較困難、但也比較正確的事情。

延宕滿足的能力高低，來自於神經訊號的大小。譬如，患有注意力不足過動症（attention-deficit/hyperactivity disorder，簡稱 ADHD）而行為失序衝動的人，在進行時間折價作業時，多巴胺反應的側面圖出現異常。藥癮也會使多巴胺系統變得衝動。呼！再講一件讓這更複雜化的事情：這些關於時間折價的研究，通常只涉及幾秒鐘的延遲滿足。儘管多巴胺系統在許多物種中都十分相似，在人類身上卻有全然不同的一面——我們延宕滿足的時間可以長得瘋狂。沒有一隻疣豬會為了明年夏天穿泳衣時身材窈窕而節制熱量的攝取。沒有一隻沙鼠會用功讀書，目的是在 SAT 考到高分以進入好大學以進入好研究所以找到好工作以住進好的安養院。我們甚至還能更進一步超越這本來就已是空前絕後的延宕滿足——我們運用追求幸福的多巴胺力量，激勵自己為**死後**的酬賞而努力——在不同的文化中，這份酬賞可能是：知道若在戰場上為國捐軀，你的國家將更接近勝利；因為你犧牲自我累積財富，孩子將有遺產可繼承；或是你將在天堂度過永生。某些了不起的神經迴路抵抗了時間折價的效應，使得我們（其中的一些人）在意我們將留下溫度多高的地球給子子孫孫。基本上，我們目前還不知道人類怎麼辦到這一點。我們也許只是一種動物，一種哺乳類、靈長類、猿類動物，但我們是極為獨特的一種。

最後一個小子題：血清素（serotonin）

這個漫長的章節談的是多巴胺，但還有另一種神經傳導物質——血清素，在我們所關注的某些行為中顯然占有一席之地。

讓我從 1979 年的研究開始談起，這個研究發現腦部血清素含量低下與較高程度的人類攻擊行為有關，衡量攻擊的指標，從用心理測驗測量敵意（hostility）到外顯的暴力行為都有。在其他動物身上也可以觀察到類似的「血清素—攻擊」連結，驚人的是，除了哺乳類動物，這些動物甚至包含了蟋蟀、軟體動物和甲殼類動物。

隨著研究繼續進行，逐漸可以看到血清素的特定性。低血清素可以預測的不是預謀的工具性暴力，而是**衝動的**攻擊行為，以及認知衝動性（cognitive impulsivity，也就是時間折價的曲線斜率很高，或者很難抑制習慣反應）。其他研究將低血清素與衝動型自殺（此類自殺與精神疾病的嚴重程度無關）相連結。

此外，無論在動物或人類身上，若以藥物減少血清素訊號，會提高行為和認知的衝動性（譬如，在賽局中衝動地破壞與另一位玩家之間穩定的合作關係）。重要的是，雖然在一般人身上增加血清素訊號不會減輕衝動，但對於本來傾向衝動的研究參與者——譬如青少年或品行疾患（conduct disorder）患者——確實能有所減緩。

血清素怎麼辦到的？幾乎所有血清素都在同一個腦區合成，[63] 理所當然，這個腦區送出投射到腹側被蓋區、伏隔核、前額葉皮質和杏仁核，血清素在那些地方增進多巴胺對於目標導向行為的作用。

在這個領域中，沒有什麼比以上這些研究更清楚明瞭。等我們進入第 8 章，開始看與血清素有關的基因，那時候一切都會變得互相矛盾又亂七八糟。我先預告一下，有一種基因變異被某些科學家稱為——不是開玩笑——「戰士基因」（warrior gene），而且曾被成功地用在法庭上，為衝動殺人的罪犯減輕判刑。

結論

關於神經系統及其在利社會、反社會行為上所扮演的角色，這篇導論到此告一段落。本章的結構圍繞著三個主題：位在杏仁核的恐懼、攻擊及警覺中樞；多巴胺系統的酬賞、預期和動機中樞；以及額葉皮質控管行為與自制的中樞。後續章節將介紹其他腦區及神經傳導物質。請放心，儘管這些訊息排山倒海而來，隨著本書的內容繼續進展，你會越來越熟悉

---

63 原注：腦區名稱是「中縫核」（raphe nucleus），這不重要。

這些腦區、迴路和神經傳導物質。

等等，所以這一切到底代表什麼意義？我想我們這樣開始會很有幫助——以下三點，將說明前述這些訊息「不」代表什麼：

1. 首先，大家很容易會想要用神經生物學來證實顯而易見的事情。譬如，有人宣稱所居住的地區劣質又充斥著暴力，令他感到焦慮，嚴重到影響了日常功能。假如把他送進腦部掃描儀，閃現不同街區的照片，出現他所住的街景時，他的杏仁核劇烈活動。想要不這麼下結論是很困難的：「啊！我們證明了這個人真的很害怕。」

   我們不該需要用神經科學來證實內在狀態。有個例子可以說明這項謬誤——有證據顯示罹患創傷後壓力症候群（PTSD）的退伍軍人海馬迴萎縮；這和其他基礎研究（包括我的實驗室的研究）結果一致，即壓力會損害海馬迴。PTSD 患者海馬迴萎縮的現象被華盛頓的政府機關大作文章，希望說服懷疑論者 PTSD 是器質性疾病（organic disorder），而不是神經質的詐病（malingering）。我覺得，如果需要用腦部掃描才能說服議員患有 PTSD 的退伍軍人身上有慘烈的器官損傷，那這些議員想必也有神經方面的問題吧。但實際情況的確就是需要用這個來向許多人「證明」PTSD 是器質性疾病。

   「如果神經科學家可以證實此事，我們就知道那個人的問題真的存在。」這個想法會帶來一個必然的結果——以越新潮的方式應用神經生物學，神經生物學提出的證據就越可靠。這完全不是事實；譬如，當某人出現細微但影響廣泛的記憶問題，相較於價格是天文數字的腦部掃描儀，優秀的臨床神經心理學家更能搞清楚這個人怎麼了。

   我們不該用神經科學來「證明」我們的想法與感受。

2. 以「神經……」作為名稱的領域如雨後春筍般增長。其中一些，譬如神經內分泌學和神經免疫學，如今已是陳舊的老學科。其他領域較為新穎——神經經濟學、神經行銷學、神經倫理學，還有，我沒有在跟你開玩笑——神經文學和神經存在主義。換句話說，如果有一位霸權神經科學家，他可能會說神經科學可以解釋一切。這帶來了作家亞當・高普尼克（Adam Gopnik）在《紐約客》（*New Yorker*）一篇文章中談到的危險——他用了嘲諷的標語「神經懷疑論」（neuroskepticism）——解釋了一切，就能寬恕一切。這個預設就是新興領域「神經法律學」的爭議核心。我在第 16 章會對此展開論述，說明「理解必須導向寬恕」是錯誤的——主要原因是我認為「寬恕」和其他與刑事司法相關的詞彙(如「邪惡」、「靈魂」、「意志」和「責怪」)與科學互不相容，因此應該棄之不論。

3. 最後，還有一種危險是認為神經科學暗中支持二元論。某個傢伙在衝動之下做了壞事，結果神經影像顯示他的前額葉皮質神經元竟然全都消失了。這時候，比起擁有正常前額葉的犯人，人們更容易以二元論觀點，用模糊籠統的方式，將他的行為看成「生理性」或「器質性」的。然而，無論有或沒有前額葉，這個傢伙衝動之下做出的壞事都具有同等的「生理」成分。唯一的差別只在於，對於我們簡陋的研究工具來說，瞭解沒有前額葉的大腦比較簡單。

所以，這一切到底告訴了我們什麼？

有時候，這些研究告訴我們不同的腦區在做些什麼。然後， 由於神經造影時間解析度的進步，神經科學研究越來越花俏，開始告訴我們神經迴路在做些什麼，從「這個刺激活化 A、B、C 腦區」，變成「這個刺激同時活化 A 和 B，然後活化 C，C 只在 B 活化時才會活化」。當研究越來越細緻，區辨特定腦區或特定迴路在做些什麼，就變得越來越困難。譬如，想想梭狀迴臉孔區（fusiform face area）吧。我們將在下一章討論這個人類與其他靈長類動物共有的皮質區，它對臉孔有所反應。我們靈長類絕對是社會動物。

但是，范德堡大學（Vanderbilt University）伊莎貝·高瑟爾（Isabel Gauthier）的研究卻揭露了更複雜的事實。看到各種車子的照片，梭狀迴會活化——如果研究參與者是個狂熱車迷的話。賞鳥愛好者看到鳥類的照片時也是如此。梭狀迴不是和臉有關，而是能夠辨認出對於這個人來說，具有顯著情感意義的類別。

因此，研究行為有助於理解腦的本質——啊，A行為源自X和Y腦區的互動，這不是很有趣嗎？有時候，研究大腦也有助於理解行為的本質——啊，A腦區對於X和Y行為同樣十分重要，這不是很有趣嗎？譬如，我覺得杏仁核最有趣的一點，就是它同時涉及攻擊和恐懼；不搞清楚杏仁核與恐懼的關聯，你就沒辦法瞭解攻擊。

最後一點和本書的核心概念相關：儘管神經生物學極其迷人，行為並不是從大腦「啟動」。大腦不過是一條最終的通道，本書各章中提到的所有因素共同匯聚於此，創造出行為。

03

數秒到數分鐘之前

一切都不是憑空而來。大腦不是一座孤島。

由於大腦中有各種訊息到處輸送，一道命令送往肌肉，你按下扳機或觸碰了那個人的手臂。不久之前，很可能有某個大腦以外的東西促使這件事發生，本章的關鍵問題就在這裡：（a）哪些外在刺激促成此事？這些刺激透過哪些感覺通道發揮作用、又以腦中的哪些區塊為目標？（b）你有覺察到那個環境刺激嗎？（c）你的大腦讓你對哪些刺激特別敏感？當然，還有（d）以上這些與我們最好和最糟的行為有什麼關係？

各種不同的感覺訊息都能引起大腦的活動。想要理解這點，不妨思考一下其他物種在這方面的多樣化面貌。我們對於感覺和大腦活動的關聯通常毫無頭緒，因為動物可以感覺的範圍比我們更廣，或者擁有我們所不知道的感覺形式。因此，你必須像動物一樣思考，才能理解這是怎麼回事。我們將從瞭解這個主題在動物行為學（ethology，這門科學用動物自己的語言來訪問動物）中的意義開始談起。

普世規則與突出的球形膝蓋

動物行為學於 20 世紀早期的歐洲，因應美國品牌心理學「行為主義」（behaviorism）而生。行為主義由本書前言中提到的約翰．華生所創，其中最有名的人物是史金納（B. F. Skinner）。行為主義者關注跨物種的行為普同性。他們崇敬刺激和反應之間看似普世皆然的非凡關係：為某個行為給予有機體酬賞，那個行為將更有可能重複出現，但如果沒能得到酬賞，或者更糟糕地因那個行為而受到懲罰，有機體就比較不會重複那個行為。

任何行為都可以因為「操作制約」（operant conditioning，史金納創造的用語）而變得更頻繁或更少出現，操作制約就是在有機體的環境中控制酬賞和懲罰的過程。

因此，對行為主義者而言（或「史金納學派」〔Skinnerian〕，史金納努力使這個詞等同於行為主義），任何行為都可以經過「塑造」（shaped）而增加或減少，甚至完全「消退」（extinguished）。

如果你覺得所有會產生行為的有機體都遵循這些普世規則，你的研究對象八成是很容易研究的物種。大多數的行為主義研究都以老鼠為對象，或者用史金納的最愛——鴿子。行為主義者熱愛數據，紮實的數據，沒有一句廢話；數據的來源是動物在「操作制約箱」（又稱為「史金納箱」）壓桿或啄起桿子。任何研究發現都適用於任何物種。史金納鼓吹的是，鴿子就等於老鼠就等於男孩。抱持這種觀點就像機器人一樣，毫無靈魂。[1]

行為主義者對行為的許多看法是正確的，但在一些非常重要的面向上卻錯了，因為有許多行為並沒有遵循行為主義的規則。[2]由暴虐的母親養育的幼鼠或年幼猴子，對母親的依附更加強烈。行為主義的規則也無法解釋，人類為什麼愛上會對自己施虐的錯誤對象。

同一時間，動物行為學在歐洲開始興起。不同於行為主義執意認為行為在所有物種間皆一致而普同，動物行為學熱愛行為的多樣性。動物行為學強調每個物種為了回應獨特的需求，演化出獨特的行為，而且我們必須以開放的心，在動物的自然棲地觀察牠們，才能瞭解牠們（來自動物行為學的格言：「研究籠子裡的老鼠社會行為，就好像研究浴缸裡的海豚怎麼游泳」）動物行為學家詢問：客觀而言，這個行為是什麼？什麼引發了這個行為？它

---

1 原注：有個流傳已久的都市傳說是，史金納把他的女兒養在一個巨大的史金納箱裡面，她學會以壓桿滿足所有需求。很自然地，在傳說中，她長大之後發瘋了，曾試圖自殺並控告她的父親，還嘗試謀殺他等等。與實情完全不符。

2 原注：我讀大學時，史金納有一次到我的宿舍來吃晚餐，並在餐後發表了一場非凡的教條式談話。我邊聽邊有個奇怪的想法：「哇，這傢伙真是百分之百的史金納學派。」

一定要經由學習而來嗎？這個行為如何演化出來？它有什麼適應性價值？19 世紀的牧師到大自然裡捕捉蝴蝶，為蝴蝶各種不同的翅膀色彩而著迷，驚歎上帝的技藝高超。20 世紀的動物行為學家走進大自然收集行為，為行為的多樣性而著迷，並驚歎演化的技藝如此高超。相較於躲在實驗室裡的行為主義者，動物行為學家穿著登山鞋，踩踏著田野，擁有一雙因時常鍛鍊而突出的球形膝蓋。[3]

觸發動物行為的感覺

現在，我們運用動物行為學的架構，來討論那些可以觸發動物行為的感覺。[4] 首先是聽覺通道。動物用聲音來嚇唬與引誘其他動物，還有宣告事情。鳥兒唱歌、公鹿咆哮、吼猴（howler monkey）吼叫、紅毛猩猩發聲宣告領土範圍，數英哩外都聽得到。有個例子可說明以聲音來溝通的訊息有多麼精細，母貓熊排卵時聲音會變高，公貓熊比較喜歡此時的聲音。驚人的是，人類也有相同的聲音變化與偏好。

也有些行為由視覺刺激觸發。狗會以蹲伏的姿態邀請同伴玩耍，鳥

3 原注：明顯看得出來我支持哪一邊，某種程度上，我自己就是個動物行為學家（但先別把動物行為學捧上天，別忘了動物行為學的創始人之一就是可惡的康拉德．勞倫茲）。1973 年，動物行為學的三位創始人——勞倫茲、尼可．丁伯根（Niko Tinbergen）和卡爾．馮．弗里希（Karl von Frisch）獲頒諾貝爾生理醫學獎，真是個精彩的決定。生物醫學領域聞之色變。把諾貝爾獎頒給那些有香港腳的傢伙，他們主要的研究技術就是用望遠鏡觀察——這和醫學有什麼關係？在這三人組當中，勞倫茲熱中自我推銷，是個華而不實的科普作家，我崇拜的丁伯根思考深入，是個了不起的實驗家，至於馮．弗里希，他會彈奏電貝斯，是個話不多的人。

4 原注：動物行為學家如何搞清楚一隻動物和哪些感覺訊息相關？舉譬如下：海鷗媽媽的喙上有個醒目的紅點。當母鷗帶著食物來餵雛鳥，牠們啄母親的喙，然後母親反向餵食牠們。丁伯根用這個方法證明紅點觸發了啄食行為：運用減法的研究方法——把母鷗身上的紅點覆蓋過去，雛鳥停止啄食。運用再現的研究方法——拿一塊二乘四大小的木材，上面畫一個紅點，在鳥巢上揮舞，雛鳥又開始啄食。或者使用超強刺激，在母鷗喙上畫一個巨大紅點，結果雛鳥瘋狂地啄個不停。這個研究方法現在已結合機器人，譬如，動物行為學家打造出機器蜜蜂，機器蜜蜂用跳舞表達食物來源，藉此混入蜂群，結果蜂群馬上就飛出去尋找這些實際上並不存在的食物。

兒膨脹羽毛，猴子露出犬齒、用「威脅性呵欠」展現恫嚇。可愛的嬰兒也以視覺線索（大大的眼睛、短小的口鼻、圓圓的額頭）使哺乳類動物為之瘋狂，驅使牠們好好照顧孩子。史蒂芬・傑伊・古爾德（Stephen Jay Gould）曾指出，華特・迪士尼（Walt Disney）其實是個動物行為學家，他知道更改哪些細節，能恰如其分將囓齒類動物化為米奇和米妮。[5]

動物也以我們無法偵測的方式傳送訊號，我們需要運用創造力，才能透過動物本身的語言來瞭解牠們。很多哺乳類動物以費洛蒙留下記號——這些氣味乘載了關於性、年齡、生殖狀態、健康、基因組成的訊息。有些蛇看得到紅外線、電鰻用電子訊號組成的歌曲來求偶、蝙蝠之間會干擾彼此尋找食物的回聲定位訊號、蜘蛛透過蜘蛛網的振動型態來辨別侵入者。這個才驚人：對一隻老鼠搔癢，當牠的中腦—邊緣多巴胺系統活化時，會用超音波發出嘰嘰喳喳的聲音。

回到嗅腦／邊緣系統的戰爭，以及動物行為學家早就已經知道的解答：囓齒類動物通常經由嗅覺觸發情緒。在所有物種身上，最為主導的感覺形式——無論是視覺、聽覺或其他——總是最直接通往邊緣系統。

雷達也偵測不到：
閾下線索（subliminal cuing）和潛意識線索（unconscious cuing）

看到一把刀、聽到有人叫你的名字、某個東西碰到你的手，這些事情可以快速改變你的大腦，要看出這是怎麼運作的並不困難。但關鍵在於還有成千上萬的感覺出現在潛意識層面——如此微小又稍縱即逝，我們無法在意識層面注意到，或者，有這麼一種類型，即使我們注意到了，它似乎也和接下來的行為無關。

閾下線索和潛意識促發（unconscious priming）影響著無數與本書無關的

5　原注：有個很棒的例子可以說明跨物種之間的可愛反應：當人們決定要捐多少錢來救援瀕臨絕種的動物時，那種動物的眼睛的相對大小是顯著的影響因素。又大又圓的眼睛讓人忍不住鬆開荷包。

行為。咬下洋芋片時聽到喀滋作響的聲音，吃起來會更加美味。如果在看到一個中性刺激之前，眼前閃現一張微笑臉龐的照片（時間僅二十分之一秒），我們會更喜歡那個中性刺激。吞下越昂貴的止痛藥，感覺越有效（但其實研究人員提供的是安慰劑）。研究人員詢問參與者最喜歡哪種洗衣精；如果他們剛剛閱讀完一段文章，其中包含了「海洋」一詞，他們選擇「汰漬」（Tide）[6]的機率便會提高——然後解釋「汰漬」的洗淨力有多好。

所以，幾秒鐘的感覺線索就可以在潛意識中形塑你的行為。

感覺線索也可能和種族有關，這極為令人不安。我們的大腦對膚色極為敏感，程度高得不可思議。在參與者眼前閃現一張臉，時間短於十分之一秒（100 毫秒），快到人們甚至不能確定自己有看到任何東西。讓他們猜猜看剛才看到的臉是什麼種族，答對的機率高於隨機猜測。我們或許都聲稱自己基於別人的個性而非膚色來做出評價。但我們的大腦鐵定有在**注意**膚色，而且速度還真快。

（根據神經造影資料顯示，）只要 100 毫秒，大腦的運作就會隨著照片中的種族不同而出現變化，產生的兩種反應令人感到悲哀。首先，杏仁核會活化，這已獲得廣泛驗證。此外，種族歧視越嚴重的人，在進行種族偏見的內隱測驗（之後還會再談）的過程中，杏仁核活化程度越高。

類似的研究還包括反覆給研究參與者看一張臉的照片，同時伴隨電擊，很快地，單單看到那張臉，杏仁核就會活化。如同紐約大學的伊莉莎白・菲爾普斯（Elizabeth Phelps）的研究所顯示的，在這種研究中給參與者看不同種族的臉，「恐懼制約」形成得比較快，速度勝過同種族的臉。杏仁核傾向於學習將「他們」與壞事相連結。此外，看到其他種族表情中性的臉，人們傾向認為那些臉孔比同樣中性的同種族臉孔看起來更憤怒。

所以，如果白人眼前有一張黑人臉孔以低於閾值的速度閃現，杏仁核便會活化。但如果那張臉出現的時間夠長，長到意識足以進行處理，前扣帶迴和「認知的」背外側前額葉就會接著活化，然後抑制杏仁核。額葉

6 譯注：此品牌原文「Tide」一字有潮水、浪潮之意。

皮質施展執行功能，控制了更深層而黑暗的杏仁核反應。

第二個令人沮喪的發現如下：關於種族的閾下訊號也影響到梭狀迴臉孔區，也就是特別擅於辨識臉孔的皮質區。舉例來說，當梭狀迴受到損傷，會出現選擇性的「臉盲症」（face blindness，又稱 prosopagnosia），難以辨識臉孔。麻省理工學院的約翰·加布里埃利（John Gabrieli）所做的研究顯示，看到其他種族的臉孔時，梭狀迴活化程度較低，而且在種族歧視最為內隱的人身上，此效應最為顯著。原因不在於其他種族的臉孔比較陌生——如果你給參與者看紫色皮膚的臉孔，梭狀迴的反應與看到同種族臉孔時一樣。梭狀迴沒有被騙——「這不是『他者』，只是修過圖的『正常』臉孔。」

與上述發現一致，美國白人對白人臉孔的記憶強過黑人臉孔；而且，如果將擁有混血臉孔的人描述成白人而非黑人，白人參與者對這張臉的記憶也較佳。驚人的是，如果研究人員告訴混血參與者，為了研究目的，在兩種血緣之中，他們被隨意分配到其中一個種族的組別，這時候，他們的梭狀迴對於任意分配為「他者」種族的臉孔反應較低。

另一種研究方法也顯示出我們對種族的高度敏感。播放一段別人的手被針戳的影片，研究參與者會產生「感覺動作同形」（isomorphic sensorimotor）反應——因感同身受而雙手緊繃。無論參與者為白人或黑人，看到影片中的手為其他種族時，參與者的反應都比較遲鈍；內隱的種族歧視越強，反應就越遲鈍。與此相似，當白人和黑人參與者想到厄運降臨在自己種族的成員身上時，（情緒的）內側前額葉活化程度會比想到其他種族遭遇不幸時還高。

這隱含了重大的意義。在科羅拉多大學的約書亞·科雷爾（Joshua Correll）的研究中，研究人員快速呈現有人拿著一把槍或一支手機的照片給參與者看，並告訴參與者（只在）看到有人持槍時才射擊。這令人痛苦地回想起 1999 年遭殺害的阿馬杜·迪亞洛（Amadou Diallo）。他是個住在紐約的西非移民，其特徵與一位性侵犯相同。四名白人警察盤問他時，手無寸鐵的他打算拿出皮夾，警察認為他在掏槍而開槍射擊四十一次。這背後的神經生物機制牽涉到「事件相關電位」（event-related potential，簡稱 ERP）的量測，也就是因刺激材料出現而誘發的腦電波變化（藉由腦電圖〔electroencephalography，簡稱 EEG〕）。看到帶有威脅的臉孔之後 200 毫秒內，ERP 波形會出現特殊的變化（稱為 P200 成分〔P200 component〕）。白人參與者看到黑人時，會比看到白人時引發更強波幅的 P200，無論那人是否持有武器。接著，再過幾毫秒，出現了第二種、來自額葉皮質，與抑制功能有關的波形（N200 成分〔N200 component〕）——「開槍之前，先想一想自己看到了什麼吧！」相較於看到白人，參與者在看到黑人時 N200 波形幅度較弱。P200/N200 的比率越高（也就是「我感覺受到威脅」與「先等一下」之間的比率），對手無寸鐵的黑人開槍的機率就越高。在另一個研究中，參與者必須辨別支離破碎的圖片是什麼。先以低於閾值的方式給白人參與者看黑人臉孔的圖片（而非白人臉孔的圖片），他們在辨認破碎圖片中的武器時表現較佳（勝過辨認照相機或書本）。

最後，當不同的人犯下同一罪行時，被告的臉孔特徵越符合刻板印象中的非裔人士，刑期就越長。與之相反，如果黑人男性被告（而不是白人）戴著又大又厚的眼鏡，陪審團對被告的好感就較高；有些辯護律師甚至利用這種「書呆子辯護」策略，讓被告戴上假眼鏡，結果檢察官在法庭上詢問那副笨拙的眼鏡是不是真的。換句話說，法庭本該伸張公正無私的正義，但陪審員其實在看到別人的臉孔時，就受到種族刻板印象的影響而產生偏誤。

這真是悲哀——難道我們先天就被設定為害怕其他種族的臉孔、無法把他們的臉孔當成臉孔來處理、也更難對他們產生同理心嗎？不是這樣的。首先，人與人之間的個別差異其大無比——並不是每個人的杏仁核看到其他種族的臉都會活化，而這些例外可提供許多有用的訊息。此外，只要經過小小的操弄，就能快速改變人們看到「他者」臉孔時的杏仁核反應。第 11 章將談到這些內容。

回想一下，上一章提到感覺訊息進入腦中時，有條杏仁核捷徑。多數訊息匯集到下視丘的感覺中繼站，然後抵達正確的皮質區（譬如視覺皮質或聽覺皮質），經過緩慢而辛苦的歷程，感覺訊息被解碼為像素或聲波等等，才能夠加以辨認。最後，相關資訊（「這是莫札特的曲子！」）再被送到邊緣系統。

我們已經知道，有條捷徑直接從下視丘通到杏仁核，那麼，好比說，當視覺皮質的前幾層還在拆解、把玩那幅複雜的畫面，杏仁核已經在想：「那是一把槍！」並做出反應。我們也已經知道，走捷徑是有代價的：透過捷徑，訊息比較快抵達杏仁核，但**常常不精確**。在額葉皮質踩剎車之前，杏仁核認為自己已經知道眼前看到的是什麼；一個人伸手拿皮夾，然後無辜地死去。

其他種類的閾下視覺資訊也會影響腦部。譬如，判斷一張臉孔的性別在 150 毫秒之內就能處理完畢，社會地位亦然。在各種文化之中，具有社會支配地位的人看起來都一樣——目光直視他人、身體姿態開放（譬如，身體往後傾，手放在頭後面）；而當一個人轉移目光、用手保護身體，則顯示出他的地位較低。只需短短 40 毫秒，研究參與者就可以從別人的樣子區分出他的地位高低。我們將在第 12 章中看到，當人們在穩定的社會關係中，試圖搞清楚彼此的地位高低時，額葉皮質中處理邏輯的區塊（腹內側前額葉和背外側前額葉）就會活化；但處在反覆無常的不穩定關係中，杏仁核會活化。不清楚到底誰在對誰施壓，誰又會因為壓力而得到潰瘍，這真令人不安。

還有些閾下線索與「美」相關。從很小的時候開始，長相好看的人就被評價為比較聰明、善良、誠實，在不同性別與文化中皆是如此。我們投票給長相好看的人的機率比較高，他們更容易被雇用，也比較不容易被定罪，即便真的遭到定罪，也較可能從輕發落，刑期較短。驚人的是，內側眼眶額葉皮質既評估一張臉孔有多美，也衡量某個行為好不好，而且藉由內側眼眶額葉皮質進行其中一項任務時的活動高低，可以預測進行另一項時的活動程度。想到美麗的心靈、善良的心腸和好看的顴骨時，大腦會出現類似的活動，並假定別人有好看的顴骨，就代表他也有美麗的心靈和善良的心腸。第 12 章會再談到這些。

雖然我們也從身體線索獲得閾下訊息，譬如姿勢，但帶給我們最多訊息的還是臉。不然幹嘛要演化出梭狀迴呢？女人在排卵期間長相會有微妙的變化，而男人偏好女人排卵時的相貌。研究參與者可以只憑臉孔就猜出別人的政治傾向或宗教信仰，正確機率高於隨機猜測。犯下相同的過錯，看起來難為情的人——臉紅、別開目光、臉朝下或轉向一旁——比較容易獲得原諒。

眼睛透露的訊息最為豐富。拿兩張帶有不同情緒的臉孔照片，將臉上不同的部位剪下交換、重新拼貼之後，在新的這張臉上可以辨識出什麼情緒？答案是眼睛所呈現的情緒。[7]

眼睛經常帶有內隱的監視力量。在公車站貼上有著一雙眼睛的大型照片，（相較於貼著花朵的照片，）人們比較願意隨手清理垃圾。在自行付費的辦公室茶水間裡貼上眼睛的照片，大家付費的比率上升三倍。在線上進行賽局時，如果螢幕上出現一雙眼睛，參與者會變得比較慷慨大方。

閾下聽覺線索也可以改變行為。回到先前提到的，給白人以低於閾值的速度看黑人臉孔，杏仁核會活化。德拉瓦大學（University of Delaware）查德・富比士（Chad Forbes）的研究顯示，播放大聲的饒舌音樂作為背景音樂時——這個音樂類型通常與非裔美人連結較深，較少與白人連結在一起——杏仁核活化提高。至於播放震耳欲聾的死亡金屬音樂（可以引發負面的白人刻板印象）時，效果則相反。

另一個聽覺線索的例子，可以解釋我的史丹福同事克勞德・史提爾（Claude Steele）講過的一個令人心酸的小故事（史提爾所做的刻板印象研究影響深遠）。史提爾說他有一位非裔美籍的男性研究生，因為知道年輕黑人男性走在帕羅奧圖（Palo Alto）高級地段的街道時，人們會有什麼刻板印象，

7　原注：潛意識線索未必全都與臉孔和姿勢有關。實力相當的球隊或男性運動員中，如果有一方身著紅色球衣，表現將會提升。在奧林匹克拳擊、跆拳道和摔角比賽中都曾顯示出這個現象，橄欖球、足球和格鬥電動遊戲也一樣。有人推測上述現象反映的是：許多動物（譬如山魈和寡婦鳥）展現雄性支配的方式之一，就是秀出身上紅色的部位，越紅代表雄性荷爾蒙越多。我對這種解釋感到懷疑，因為感覺很像從別的物種中挑選符合自己想法的例子來佐證。

所以他在晚上回家的路上，邊走邊用口哨吹著韋瓦第的樂曲，希望路人會想：「嘿，他吹的不是史奴比狗狗，是已故白人男作曲家的曲子〔鬆一口氣〕。」

如果忽略嗅覺不談，對於閾下感覺線索的討論就不算完整，自從有人預期未來我們能觀賞嗅覺電影（Smell-O-Vision）後，商業界就對嗅覺這個主題感到興致勃勃。人類的嗅覺系統已經衰退了；老鼠的大腦中大約40％都貢獻給嗅覺處理，但我們只有3％。不過，我們潛意識裡的嗅覺還活躍著，而且跟齧齒類動物一樣，嗅覺系統直接送到邊緣系統的投射比其他感覺系統都多。如我先前所說的，齧齒類動物的費洛蒙乘載了關於性、年齡、生殖狀態、健康、基因組成的訊息，還會影響生理運作及行為。有一部分（但並非全部）的研究也在人類身上發現了相同現象，但嗅覺對人類的影響較輕微，包括本書前言中提到的衛斯理效應，還有異性戀女性偏好睪固酮濃度較高的男性氣味。

很重要的是，費洛蒙會傳達恐懼的訊號。在一項研究中，研究人員用棉花棒從自願者身上取得腋下汗液的樣本，自願者分為兩種——其中一些人剛結束愉快的慢跑，渾身都是運動後滿足的汗水；另外一些人剛經歷人生中第一次的雙人跳傘，嚇出一身冷汗（注意——進行雙人跳傘時，你和教練綁在一起，他負責所有的體力活；所以如果你流汗了，那肯定是出於恐慌，而不是運動造成的）。研究參與者聞一聞兩種汗水，在意識層面沒辦法加以區分。然而，聞嗅出自驚恐的汗水（而非滿足的汗水）會導致杏仁核活化，驚嚇反應變大，而較容易偵測到低於閾值的憤怒臉孔，而且，看到一張模糊的臉孔時，認為臉上表情為害怕的機率也提高了。如果你旁邊的人聞起來很害怕，你的大腦傾向推論你也很害怕。

最後，費洛蒙以外的氣味也對我們有所影響。我們將在第12章看到，如果有人坐在室內，房裡堆滿散發惡臭的垃圾，他們對社會議題（如同性婚姻）的態度將變得比較保守，但對於……好比說，外交政策或經濟議題的意見維持不變。

內感受性（interoceptive）訊息

除了關於外在世界的訊息，我們的大腦也不斷接收關於身體內在狀態的「內感受性」訊息。你肚子餓了、背痛、腸道因脹氣而疼痛、大拇趾癢。內感受性訊息也影響著我們的行為。

這就連到了久負盛名的「詹郎二氏情緒論」（James-Lange theory），這個理論根據心理學史上的巨擘威廉・詹姆斯及默默無聞的丹麥醫生卡爾・郎格（Carl Lange）而命名。他們在 1880 年代分別想到同一個古怪的主意。你的感覺是怎麼和身體的自動（也就是「自主」）反應互動的？答案似乎很明顯——一隻獅子追你，你嚇壞了，因此心跳加速。詹姆斯和郎格提出的理論卻剛好相反：你在潛意識中注意到獅子，於是心跳加速，然後你的意識腦接收到這則內感受性訊息，推論出「哇，我的心臟狂跳，我一定嚇壞了」。換句話說，你根據身體的訊號來決定自己的感受是什麼。

有些證據可以支持這個想法——我最喜歡的三個如下：（a）強迫憂鬱的人微笑之後，他們覺得比較好過；（b）引導別人採取「支配者」的姿勢，他們會覺得自己比較有地位（壓力荷爾蒙下降）；以及（c）放鬆肌肉可以減輕焦慮（「一切都還是很糟糕，但既然我的肌肉可以放鬆成這樣，感覺自己好像漸漸沉入椅子裡，我想事情應該有所好轉了吧」）。不過，因為有特異性的問題，嚴格的詹郎二氏情緒論並不成立——心臟狂跳有各種可能原因，你的頭腦要怎麼決定，自己的心跳加速是針對獅子而反應，還是因為別人對你拋媚眼而興奮？此外，許多自主神經的反應太慢，沒辦法超前有意識的情緒覺察。

不過，就算內感受性訊息並非決定性因素，也還是對我們的情緒具有影響力。處理社會情緒的主要腦區——前額葉皮質、腦島皮質、前扣帶迴皮質和杏仁核——接收很多內感受性訊息。這有助於解釋為什麼痛苦——以上大部分腦區都會因痛苦而活化——總是能夠觸發攻擊。我們一而再、再而三地看到，痛苦並非直接造成攻擊，而是強化了原本就存在的攻擊傾向。換句話說，痛苦讓本來就具有攻擊性的人，攻擊性變得更強，但對於沒有攻擊性的人，造成的效果則相反。

除了痛苦與攻擊的連結，內感受性訊息可以用更隱微的方式改變行為。其中一個例子涉及額葉皮質和意志力之間的緊密關聯，這又令人回想到上一章提及的內容。許多研究，尤其是佛羅里達大學羅伊・鮑邁斯特（Roy Baumeister）的研究成果顯示，當一個人的額葉皮質費力完成一項認知作業以後，他的攻擊性馬上提高、同理心降低，而且變得不那麼仁慈與誠實。就好像額葉皮質在說：「管他的。我累了，才不要為我的人類同胞多想。」

這似乎與額葉皮質在完成比較困難的事時，產生的代謝消耗相關。進行耗費額葉皮質能量的任務時血糖會下降，這時候，給研究參與者一杯含糖飲料，額葉皮質的功能將會提升（控制組的參與者則喝下含無營養代糖的飲料）。此外，人在飢餓時會變得比較不仁慈、攻擊性也較高（譬如，為遊戲中的對手挑選比較嚴厲的處罰方式）。[8]

在這種情況下，額葉的調節功能降低，這是否代表一個人的自制力受損，或者自制的動機較低呢？這個問題還存在爭議。不過，無論答案是什麼，那比較困難也比較正確的事情是否發生，都關係到這幾秒鐘到幾分鐘之間，有多少能量抵達大腦，以及額葉皮質有沒有得到足夠的能量。

總之，感覺訊息從外在世界和你的體內流向大腦，可以快速有力又自動地改變行為。在我們當作原型的那個行為出現之前那幾分鐘內，還有更複雜的刺激也在影響著我們。

8　原注：我們不該把這類研究結果和「甜點抗辯」（Twinkie defense）背後的道理相混淆。1978 年，舊金山市長喬治・莫斯科尼（George Moscone）和市政監督委員哈維・米爾克（Harvey Milk，加州第一位公開出櫃的同性戀政治人物）被丹・懷特（Dan White，一位心懷不滿的前任監督委員）刺殺。關於懷特的審判有個普遍的誤解，以為懷特的辯護律師宣稱他因嗜食垃圾甜食成癮，判斷力與自制力下降。事實上，辯護律師的說法是懷特因憂鬱而能力受損，他本來飲食健康，後來開始攝取大量垃圾食物，這不過是他處在憂鬱狀態的證據之一。

潛意識中的語言作用

語言具有力量，足以拯救、治癒、提振，或打擊人心、摧毀或殺害。以文字進行潛意識促發，可以影響利社會和反社會行為。

囚犯的兩難（Prisoner's Dilemma）是我最喜歡的例子，在這種賽局裡，參與者要在各種情況下決定與別人合作或競爭。人在其中的行為受到「情境標籤」（situational label）影響——把遊戲命名為「華爾街遊戲」，大家比較不願互相合作；稱之為「社區遊戲」，效果則相反。遊戲開始之前，請參與者閱讀一串看似隨機的詞語，當其中包含暖呼呼的利社會字詞——「幫助」、「和諧」、「公平」、「互惠」，可以增進合作；反之，讀到「位階」、「權力」、「兇殘」、「自私」則激起競爭。提醒你一下，研究參與者讀的可不是耶穌的〈登山寶訓〉（'Sermon on the Mount'）或艾茵．蘭德（Ayn Rand）[9]的作品，只是一串無關痛癢的文字。文字在潛意識中改變了想法與感覺。一個人眼中的「恐怖份子」是另一個人眼中的「自由鬥士」；政客搶著霸占「家庭價值」一詞，然後，不知怎地，你忽然就沒辦法既支持「選擇」，也擁護「生命」了。[10]

還有很多其他的例子。丹尼爾．康納曼（Daniel Kahneman）和阿莫斯．特沃斯基（Amos Tversky）以他們贏得諾貝爾獎的著名研究，證明對文字的框架（framing）影響了決策。研究參與者必須決定是否要通過一種虛構的藥物。如果他們得知：「服用這種藥有 95%的存活率。」包括醫生在內，人們比較可能贊成通過，聽到「這種藥有 5%的死亡率」時，[11] 則贊成比

---

9 譯注：艾茵．蘭德（1905-1982）為俄裔美籍哲學家與小說家，以宣揚利己主義而聞名。

10 原注：最近有個研究，若用來舉例說明這個議題，可謂一針見血——比起使用「黑人」一詞，「非裔美國人」更能引發與高教育水準及高收入相關的聯想。

11 原注：最近一項研究顯示出語言線索可以導致攸關生死的後果。強度相同的颶風，如果隨機以女性的名字來命名，造成的傷亡大於男性名字的颶風（為颶風命名時，會輪流採用兩種性別的名字）。為什麼呢？大家在潛意識中比較認真看待有著男性名字的颶風，比較願意遵循指示疏散。而且，為颶風命名時，已經刻意選擇無害的名字了，無論是男性或女性的名字——所以這可不是把瑪麗．包萍（Mary Poppins，譯注：動畫電

例較低。在字串中藏入「粗魯無禮」或「攻擊」（另一組的字串中則有「體貼」或「有禮」），研究參與者在讀完之後更常打斷別人說話。潛意識受到「忠誠」一詞刺激之後（相較於使用「平等」一詞），研究參與者在賽局中更加偏向自己的隊伍。

語言促發也對道德決策具有強大的作用。所有律師都知道，在描述某人的行為時是否講得天花亂墜，可以左右陪審團的決定。神經造影研究已經顯示，花言巧語能讓前扣帶迴投入更多活動。此外，比起「禁止的」、「值得譴責」，當人們聽到背德的行為被描述為「錯誤」或「不當」，會以更加嚴厲的眼光進行評價。

還有更細微的潛意識線索

觸發一個行為的前幾分鐘內，還有比影像、氣味、脹氣和選擇詞語更加細微的東西，在潛意識層面影響著我們。

在一項研究中，如果研究參與者填問卷時，實驗地點掛著美國國旗，測驗結果顯示他們注重平等原則的傾向較高。有個研究以英式足球比賽的觀眾為對象，研究人員混在觀眾中，他滑倒了，看來傷了腳踝。有人上前協助他嗎？如果這位假觀眾穿著地主隊的運動衫，前來幫忙他的人會比他穿著普通上衣或敵隊運動衫來得多。另一項研究中則隱微操弄了群體成員身分——在以白人居民為主的波士頓郊區，一連幾天，有成雙成對、穿著保守的西班牙裔人士於尖峰時段站在火車站，小聲地以西班牙文交談。結果會是如何呢？通勤中的白人對西裔移民表現出更加負向排外的態度（對其他移民則不會）。

對同時屬於幾個不同群體的人來說，群體成員身分的線索十分複雜。有一項關於亞裔美籍女性參加數學測驗的著名研究。大家都知道，女性的數學比男性差（我們會在第 9 章看到，實情並不全然如此），亞裔美籍人士

影及小說《歡樂滿人間》中的仙女保姆）和弗拉德三世（Vlad the Impaler，譯注：傳說中的吸血鬼「德古拉公爵」之原型）相提並論。

的數學又比其他美國人好。如果參與者在測驗前透過促發效應而想到自己的種族身分，她們在數學測驗上的表現會優於那些被促發而想到自己性別的人。關於群體對行為迅速的影響力，有一個主題通常被大眾誤解，就是「旁觀者效應」（bystander effect，又稱「吉諾維斯症候群」〔Genovese syndrome〕）。旁觀者效應的由來是發生在1964年、惡名昭彰的凱蒂·吉諾維斯（Kitty Genovese）案，這名紐約女性在公寓大樓外遭到性侵並刺殺致死，事發的一個小時期間，有三十八人聽到她尖聲呼救，卻無人報警。《紐約時報》曾經報導此事，集體冷漠從此成為人類問題的標誌，然而，實情卻是：旁觀者不到三十八人，沒有人目擊整起事件，附近的公寓門窗在冬夜裡緊閉，多數人以為他們聽到的是情侶低聲爭執的聲音。[12]

吉諾維斯案中的虛構成分使人們產生近乎迷思的想法，認為當緊急情況發生，需要有人勇敢介入時，越多人在場，越沒有人出手幫忙——「這裡有這麼多人，總會有人站出來」。在不危急的情境中，旁觀者效應確實存在，因為站出來會給自己添麻煩。然而，在危急的情況下，越多人在場，大家**越有可能**站出來。為什麼？或許為了顧及聲譽，因為有大批群眾在場，就代表有很多人會見證你的英勇之舉。

另一種快速的社會脈絡效應，則揭露了男人處在生命中最遜的某些時刻的模樣。具體來說，當女人出現在男人面前，或者讓男人想著女人，他們會變得更勇於冒險。在做經濟決策時，時間折價的速度更快，還會花更多錢購買奢侈品（但不會增加普通消費）。[13] 此外，異性的魅力會使男人的攻擊性更高——譬如，在互相競爭的遊戲中，更會用巨大的噪音來懲罰對手。重點在於這並非無可避免——如果男人透過利社會行為獲得地位，女性出現在面前時，他們會表現出更多利社會行為。如同一篇談論這個

12 原注：有一個嚇人的旁觀者效應案例被實際地記錄了下來，在此事件中，旁觀者冷酷的程度至少相當於傳聞中的公寓居民。想瞭解更多，請Google「兩歲的王悅之死」。

13 原注：在這些研究的控制組情境中，研究參與者面前出現的是別的男人。而且，如果男人出現在女人面前，則沒有相同的效果，以上訊息提供參考。

現象的論文標題，這似乎是「慷慨大方作為男性求偶訊號」的一個例子。我們在下一章還會回到這個主題。

所以，社會環境在幾分鐘之內，從潛意識塑造了我們的行為，就和物理環境一樣。

現在，我們要進入詹姆斯．Q．威爾森（James Q. Wilson）和喬治．凱林（George Kelling）提出的「破窗理論」（broken window theory）。他們指出，城市中有些代表混亂的微小信號——地上的垃圾、塗鴉、破掉的窗戶、公然酒醉——會造成滑坡效應，導致更大的混亂信號，再導致犯罪率上升。為什麼會這樣呢？因為如果垃圾和塗鴉經常出現，代表大家不在乎或無力改變，等於邀請眾人繼續丟垃圾，或做出更糟的行為。

破窗理論塑造了魯迪．朱利安尼（Rudy Giuliani）1990 年代在紐約的市政，那時的紐約已變成耶羅尼米斯．波希（Hieronymus Bosch）[14]畫中的景象。紐約警長威廉．布拉頓（William Bratton）施行了一項對任何小罪皆零容忍的政策——包括地鐵逃票、塗鴉藝術、破壞公物、乞丐，還有市區四處流竄、讓人惱怒的擦車人。[15]結果，重大犯罪率快速下降。其他地方也有類似的結果；麻州洛威爾（Lowell）在市內的一個區域實施實驗性的零容忍政策，結果重大犯罪只在那個區域減少。有人質疑運用破窗理論的政績是不是經過灌水，因為試驗這種方法時，整個美國的犯罪率都已經開始下降（換句話說，和洛威爾這個值得稱讚的例子不同，許多研究都沒有控制組）。

為了測試破窗理論，荷蘭葛洛寧恩大學（University of Groningen）的基斯．凱瑟（Kees Keizer）提問：提供一種違反規範的線索，是不是會使人更容易違反其他規範？只要把腳踏車鎖在柵欄上（儘管有禁止標誌），大家就比較可能穿過柵欄缺口抄捷徑（儘管有禁止標誌）；牆上有塗鴉時，大家隨手亂丟的垃圾更多；附近散落著垃圾，人們更有可能偷走五元鈔票。這些實驗

14 譯注：耶羅尼米斯．波希（1452-1516）為荷蘭鬼才畫家，著名作品包括《人間樂園》等，後人認為其作品啟發了超現實主義的發展。

15 譯注：指街上強行清潔車窗以賺取小費的人

效果強烈，惡劣行為的機率高達兩倍。在意識層面，看到某項規範被打破，會增加違反**同一項**規範的機率。不過，連放鞭炮的聲音都讓人更可能丟垃圾，這就比較屬於潛意識的運作歷程了。

再加點東西，一切變得有夠複雜

我們已經看到，感覺訊息和內感受性訊息如何在幾秒鐘到幾分鐘之內影響大腦，進而產生行為。但我要再加上一個更複雜的因素，即大腦可以改變對於各種感覺形式的**敏感度**，使得某些刺激特別具有影響力。

舉個明顯的例子，狗在警戒時豎起耳朵——大腦刺激耳朵的肌肉，使耳朵更容易偵測到聲音，而聲音又會影響腦部。處在急性壓力下，我們所有的感覺系統都變得特別敏感。更具體一點，如果你肚子餓，就對食物的氣味特別敏感。這是怎麼運作的？首先要知道一個前提，所有感覺路徑似乎都通向大腦。不過，大腦也送出神經投射**到**感覺器官。譬如，低血糖可能使特定的下視丘神經元活化。結果，這些神經元又投射到鼻子裡對食物氣味有所反應的受體神經元（要確認這樣的翻譯對不對？），並加以刺激。雖然刺激強度不足以使受體神經元產生動作電位，但經過刺激，受體神經元只需較少的氣味分子，就能引發動作電位。這類運作可以解釋大腦如何改變各個感覺系統選擇性的敏感度。

本書關注的種種行為肯定與這個現象有關。還記得嗎？眼睛承載了許多關於情緒狀態的訊息，因此大腦讓我們優先注視別人的眼睛。達馬西奧在研究一位皮膚粘膜類脂沉積症病人（這種疾病只會破壞杏仁核）時證明了這點。一如預期，她難以精確偵測恐懼的臉孔。除此之外，在注視著臉孔的整段時間裡，控制組花費一半的時間看著眼睛，而她關注眼睛的時間是控制組的一半。當研究人員引導她聚焦於雙眼，她才更能夠辨認恐懼表情。所以，杏仁核不只會偵測恐懼的臉孔，也使我們偏重於收集關於恐懼臉孔的訊息。

心理病態者通常不擅於辨認恐懼的表情（儘管他們可以精確辨認其他表情）。他們也比一般人更少注視別人的眼睛，而且在有人指示他們聚焦在眼睛時，他們辨認恐懼的表現會有所改善。根據第 2 章提到心理病態者杏仁核異常的現象，這很合理。

現在舉個例子，可以預告一下第 9 章要談的主題——文化。給研究參與者看一張圖片，裡頭是一個物體在複雜的背景中。只需要幾秒鐘，來自集體主義文化（collectivist culture，譬如中國）的人，傾向多看物體周遭的「脈絡」訊息，對這些訊息的記憶也較深刻；至於來自個人主義文化（individualistic culture，譬如美國）的人則花較多時間看也比較記得那個物體。如果請研究參與者聚焦在自身文化較不著重的部分，額葉皮質就會活化——代表這是個困難的知覺作業。所以，文化塑造了「看」這個世界的方式，以及「看」向世界的哪些地方，此言一點也不假。[16]

結論

大腦不是在真空中運作，就在幾秒到幾分鐘之間，豐富的資訊湧入腦中，影響了一個人產生利社會或反社會行為的機率。如同我們已經看到的，這些相關資訊的範圍可以從簡單且單面向（譬如襯衫的顏色）到複雜又隱微（譬如關於意識形態的線索）都包含在內。此外，大腦還持續接收內感受性訊息。最重要的是，這些各種不同的訊息之中，很多都在潛意識層面運作。最後，本章最重要的一點是，對某些最重大的行為做出決定之前，我們理性和自主的程度比我們所期待的更低。

---

16 原注：有一個重點是，東亞裔美國人的表現完全符合典型美國人的模式，代表這個現象確實反映了適應文化的結果，而非不同族群的基因差異。

04

數小時到數天之前

現在，我們從時間軸上再退回一步，來討論行為出現之前幾小時到幾天發生的事。因此，我們要進入荷爾蒙的範疇。對於前兩章所談的腦和感覺系統，荷爾蒙能發揮什麼作用？荷爾蒙如何對我們最好和最糟的行為產生影響？

儘管本章會提到各種荷爾蒙，但最主要的焦點將會放在與攻擊行為形影不離的睪固酮。奇妙之處在於，睪固酮和攻擊行為的關聯性比我們以為的低上許多。本章也會談到位在另一個極端的荷爾蒙，也就是催產素（oxytocin），它創造出邪教教團一般的狀態，促進了暖呼呼的利社會性（prosociality）。我們將會看到，催產素也沒有我們想像中那麼美妙。

如果你對荷爾蒙及內分泌學所知不多，請先翻到附錄二的入門讀本。

睪固酮的冤屈

「下視丘－腦下垂體－睪丸軸」（hypothalamic/pituitary/testicular axis）的最後一步，是睪丸分泌出睪固酮；睪固酮可以影響全身細胞（當然，也包括神經元）。說到造成攻擊行為的荷爾蒙，每個人想到的頭號嫌疑犯都是睪固酮。

相關與因果

為什麼在整個動物王國和所有人類文化中，雄性都是最暴力和最具攻擊性的？嗯，會不會是因為睪固酮和其他相關的荷爾蒙呢（以上總稱為「雄性素」〔androgen〕，為求方便，接下來除非特別提及，否則當我使用雄性素時就等同於「睪固酮」）？幾乎所有物種中的雄性都有比雌性更多的睪固酮在體內循環（雌性動物由腎上腺分泌少量雄性素）。此外，睪固酮濃度最高時（如青春期、季節性繁殖動物的求偶季），雄性動物最容易出現攻擊行為。

所以，睪固酮和攻擊行為就連結在一起了。而且，杏仁核有特別多的睪固酮受體，杏仁核投射到腦中其他部分的路上經過的中繼站（終紋床核）、以及杏仁核主要標的（下視丘、中腦中央灰質〔the central gray of the midbrain〕和額葉皮質）也有較多的睪固酮受體。但這些只是統計學上的相關（correlative）數據。想要證明睪固酮**造成**攻擊行為，需要有使用「減去法」（subtraction）以及「替代法」（replacement）的實驗。減去法——將一隻雄性動物的睪丸切除，看看攻擊性有沒有減少？結果減少了（包括人類也是）。這證明來自睪丸的某種東西導致了攻擊行為。那麼，是睪固酮嗎？這時候就要採取替代法——為去勢後的動物施以替代的睪固酮，看看攻擊性是否回到先前的水平？答案也肯定的（包括人類也是）。

所以結論就是：睪固酮造成了攻擊行為。現在，再來看看這句話錯得多麼離譜。

第一個顯示事情沒那麼簡單的線索是，在去勢之後，所有動物的攻擊性平均值都驟然下降。但重點是攻擊性並沒有完全消失。嗯，也許手術沒有百分之百切除睪丸，留下了一小部分。或者也許位居第二線的腎上腺所分泌的雄性素已足以維持一定的攻擊性。但結果不是這樣——就算體內已完全沒有睪固酮和雄性素，雄性動物還是具有某種程度的攻擊性。因此，雄性動物的攻擊行為中，有一部分獨立於睪固酮。[1]

想要講清楚這點，可以借用以下議題——有些州將去勢作為處置性侵犯的合法程序。他們採取「化學去勢」（chemical castration）的方法，注射藥物以抑制睪固酮的生產，或阻斷睪固酮受體。[2] 對於那些擁有強烈強

1 原注：對宦官的粉絲來說，這一點也不意外——在帝制中國，宦官是軍隊中的中流砥柱，以身為強悍的軍人著稱。

2 原注：有個例外是德州，他們還在用刀。

迫性且病態性衝動的性侵犯，去勢可以降低性衝動。但若不是這一類人，去勢無法減低再犯率；如同一項後設分析中陳述的：「懷有敵意的性侵犯、或是性犯罪動機來自權力或憤怒的人，無法以此〔抗雄性素藥物〕治療」。

這點出了一個極為有用的訊息：男性在去勢之前，有越多攻擊的經驗，去勢之後就越可能繼續出現攻擊行為。換句話說，他在去勢之後越不需要睪固酮就能引起攻擊行為，那種攻擊行為就越偏向是社會學習而來的功能。

下一個問題，同樣可以用來反駁睪固酮的重要性：個體身上的睪固酮濃度和攻擊有什麼關係？如果一個人的睪固酮高於另一人，或者這週比上一週高，就代表比較可能出現攻擊行為嗎？

乍看之下，這個問題的答案似乎是肯定的，因為研究顯示，睪固酮濃度的個別差異與攻擊性的個別差異之間具有相關性。一個典型的研究顯示，攻擊率較高的男性囚犯，其睪固酮濃度較高。但是，高攻擊性會**刺激**睪固酮分泌，無怪乎攻擊性較高的個體，睪固酮濃度也較高。這類研究沒辦法解決雞生蛋、蛋生雞的問題。

所以，比較好的問法是：睪固酮濃度的個別差異，是否能夠**預測**誰**比較具有**攻擊性？在鳥類、魚類、哺乳類，尤其是其他靈長類動物身上，答案通常為「否」。也已經有許多研究針對人類，而且這些研究運用了各種不同的攻擊行為指標。答案非常明白。英國內分泌學家約翰．亞契（John Archer）在 2006 年發表了一篇權威性的評論論文：「睪固酮與成人攻擊行之間的相關程度既低又不一致，而且……自願接受睪固酮施用的參與者，其攻擊行為並未增加。」只要睪固酮含量還在正常範圍內，大腦根本沒有注意它的高低起伏。如果睪固酮濃度達到「超生理」（supraphysiological）——超出身體在正常狀況下製造的量，事情就不一樣了。在運動和健身領域，有些人濫用類似睪固酮的高劑量同化類固醇（anabolic steroid），結果就是如此；這種情況下，攻擊行為出現的風險確實提高了。但還有兩項複雜的因素：會**選擇**吞下這些藥的人並非隨機樣本，很多濫用這種藥物的人本來就具有較高的攻擊性；超生理濃度的雄性素會引發焦慮和妄想，攻擊性提高可能是這兩者的副作用。

因此，一般而言，攻擊和社會學習的關聯性高於睪固酮，而且睪固酮的濃度差異通常無法解釋為什麼有些人比其他人更具攻擊性。那麼，睪固酮到底對行為有什麼影響？

睪固酮的微妙之處

看到情緒強烈的的臉孔，我們容易跟著模仿做出微表情（microexpression）；睪固酮會減少這種同理性的模仿。[3] 睪固酮還使人比較難透過別人的眼睛分辨出對方的情緒，也讓人在看到陌生人的臉時，杏仁核活化程度比看到熟悉臉孔更高，而且認為陌生臉孔較不值得信任。

睪固酮還會提升自信與樂觀程度，同時降低恐懼和焦慮。這可以解釋出現在實驗動物身上的「贏家」效應（winner effect），也就是打鬥中勝利的一方更願意參與下一次打鬥，也更容易再次獲勝。勝率提高的現象可能有部分反映了勝利可以刺激睪固酮的分泌，因而有更多葡萄糖運送到肌肉、提升新陳代謝，費洛蒙聞起來也更嚇人。此外，獲勝可以增加終紋床核上的睪固酮受體數量（終紋床核就是杏仁核與腦中其他部分溝通時經過的中繼站），並加強受體對荷爾蒙的敏感度。從運動到下棋到買股票，「成功」都可以提高睪固酮濃度。

自信與樂觀。嗯，勵志書籍不停激勵我們變成那個樣子。但睪固酮把人變得**過度**自信又**過度**樂觀，結局不妙。在一項研究中，研究參與者兩人一組，他們必須在任務中自己做決定，但決策之前可以徵詢對方的意見。睪固酮使得參與者更容易覺得自己是對的，忽略了同組夥伴的訊息。睪固酮把人變得臭屁、自我中心又自戀。

睪固酮令人衝動又敢於冒險，選擇去做又簡單又蠢的事。睪固酮之所以能這麼做，靠的是減少額葉皮質的活動、降低額葉皮質和杏仁核配

---

3 原注：所有這類的研究中，參與者和從旁觀察的科學家都不知道參與者施用的是睪固酮還是安慰劑，而且睪固酮濃度上升後仍在正常範圍內。

合的功能，並增進杏仁核與視丘的連結——也就是感覺訊息進入杏仁核的捷徑起點。所以，發生在一瞬間且準確度低的輸入訊息增加，會說「我們先停下來想一想」的額葉皮質影響力則減低了。

無所畏懼、過度自信又盲目樂觀的感覺一定很棒。那麼，你絕對不會驚訝，睪固酮可以帶來愉悅感。老鼠願意為了接受睪固酮注射而賣力工作（壓桿），並表現出「受制約的地點偏好」，不斷回到籠子的某個角落，只因那是注射睪固酮的地點。「不知道為什麼，只要站在這裡，我就感覺很好。」

神經生物學可以對此做出完美的解釋。沒有多巴胺，就不會出現地點制約，而睪固酮可以增進腹側被蓋區的活動，也就是中腦—邊緣和中腦—皮質多巴胺投射的來源。此外，如果將睪固酮直接注射到伏隔核——腹側被蓋區主要的投射標的——就會引發地點制約。老鼠在打鬥中獲勝時，腹側被蓋區和伏隔核裡的睪固酮受體增加，使得這兩個區域對「感覺良好」的效果更敏感。所以，睪固酮對行為有著微妙的影響。不過，這也不代表什麼，因為每一件事情都可以用各種方式詮釋。睪固酮提高焦慮的程度—你覺得受到威脅，所以出現更多反應性攻擊行為（reactively aggressive）。睪固酮降低焦慮——你變得臭屁又過分自信，更愛先發制人、進行攻擊。睪固酮讓人不畏風險——「嘿，咱們賭一把，向別人進攻吧。」睪固酮讓人不畏風險——「嘿，咱們賭一把，跟對方簽下和平協議吧。」睪固酮使你感覺良好——「既然上一場贏得這麼漂亮，我們再打一場！」睪固酮使你感覺良好——「我們握手言和吧！」

睪固酮的效用到底為何，非常需要視脈絡而定，這是十分重要的整合概念。

睪固酮的伴隨效應（contingent effect）

睪固酮的作用無法脫離脈絡解釋，意思是睪固酮沒有造成 X，而是放大了造成 X 的某個東西的力量。

1977 年一項針對公的侏長尾猴（talapoin monkey）群體所做的研究，即為經典的一例。研究人員對群體中地位中等（譬如五隻裡面排名第三）的公猴施用睪固酮，牠們的攻擊性提高。意思是不是這些嗑了類固醇的傢伙就開始挑戰第一名和第二名了呢？不是。他們變成愛攻擊的混蛋，開始欺侮可憐的第四名和第五名。睪固酮並沒有創造新的社會模式，而是使原本已經存在的模式變得更誇張。

針對人類的研究中，睪固酮並未使杏仁核活動的基準線上升，而是在看到憤怒臉孔時，會增強杏仁核與心跳的反應（但對快樂或中性的臉孔則不會）。睪固酮也不會使賽局的參與者變得比較自私或不願合作，但如果對他們不好，他們會在懲罰別人時更加不手軟，也就是增進了「報復式反應性攻擊」。

在神經生物學的層次，也一樣需要依靠脈絡才能做出解釋。睪固酮會縮短杏仁核和下視丘中的杏仁核標的之神經元的不反應期。回想一下，不反應期就接在動作電位發生之後。此時，因為神經元的靜止電位過極化（也就是電位比靜止時的負值更低），使得神經元比較不容易興奮，而在產生動作電位之後有一段時間的靜默。所以，是睪固酮引發了這些神經元的動作電位嗎？不是。睪固酮的作用是**如果**這些神經元被其他東西刺激，會讓神經元興奮得更快。同樣地，睪固酮也增強杏仁核對憤怒臉孔的反應，但對其他臉孔則不會。杏仁核本來就對某些社會學習的結果有所回應，而睪固酮放大了杏仁核的回應。

加入一個關鍵：挑戰者假說（Challenge Hypothesis）

所以，睪固酮的作用會伴隨原本的傾向，加以放大和強化，使之朝向攻擊發展，而不是憑空創造出攻擊行為。這啟發了「挑戰者假說」，這個假說將睪固酮的作用整合得非常好。加州大學戴維斯分校的傑出行為內分泌學家約翰．溫菲爾德（John Wingfield）及其同事在 1990 年提出挑戰者假說，指出只有在個體面對挑戰時，睪固酮上升才會導致攻擊性提高。實情正是如此。

這可以解釋為什麼睪固酮的基礎濃度和之後的攻擊行為相關性不高，

還有為什麼因為青春期、性刺激或交配季開始而增加睪固酮分泌時，攻擊性也不會隨之提高。

但面臨挑戰是另一回事。在許多靈長類動物身上，當群體中首次形成支配階層（dominance hierarchy）或當階層重新排序時，睪固酮濃度會上升。人類在個人運動和團隊運動比賽進行時，包括籃球、摔角、網球、橄欖球和柔道，睪固酮都會上升；預期將要參加比賽時睪固酮通常會上升，比賽結束之後還會提高更多，尤其是贏家。[4] 驚人的是，**看著**你最愛的隊伍贏得勝利，就能提升睪固酮濃度，這點說明了睪固酮提升和肌肉活動比較沒有關係，而與支配、認同、自尊的心理更直接相關。

最重要的是，經歷挑戰之後，睪固酮提升，攻擊行為更可能出現。思考一下：睪固酮增加，接著抵達腦部， 如果這是因為有人挑戰你，就會朝向攻擊的方向發展。如果睪固酮上升程度相同，但原因是白天變長、交配季快到了，你就會決定飛到千里之外的繁殖地。若同樣現象源自於青春期開始了，你在樂團裡吹單簧管的女孩身旁時會變笨又傻笑個不停。脈絡的決定性真是不可思議。[5]

---

4 原注：眾多文獻都顯示出人類心靈有多麼微妙。如果贏家覺得自己只是運氣好，或者雖然贏了，但表現得還不夠好，睪固酮的勝利效應就不會那麼強烈。但在擁有強烈獲勝動機的比賽參加者身上，這個效應會更加顯著。若「輸家」的表現超出自己的預期很多，睪固酮濃度會猛然上升。所以在馬拉松比賽結束後，如果某個傢伙落在隊伍後段還一副得意洋洋的樣子，可能是因為他本來認為自己會死在半路上，因此他的睪固酮提高了。但比賽中得到第三名的傢伙睪固酮卻可能下降，因為他原本預期自己會獲得冠軍。我們都同時處在許多階層上的不同位置，但最有影響力的是在我們腦中根據內在標準所形成的位階。

5 原注：各種睪固酮上升的情況點出了這個問題：為什麼不省力一點，隨時都製造多一點睪固酮？一來，是雄性素對心血管系統有害。但更重要的是，雄性素會妨礙利社會行為。譬如，在單一配偶制的鳥類和齧齒類動物中，如果雌性動物生產時，雄性動物的睪固酮不下降，就不會表現得像個父親。人類身上似乎也有類似的模式：為人父者的睪固酮低於同齡、已婚無小孩的男人，而且越投入育兒的父親，睪固酮濃度會低於不那麼投入的父親。此外，故意引發男人的照顧行為時、以及男人的小孩出生時，他們的睪固酮濃度也會降低。還有，相較於高睪固酮的父親，平均睪固酮濃度較低者會被伴侶評價為較好的父親，而且，當他們看到孩子的照片時，與酬關於挑戰者假說，還有第二個部分。睪固酮在挑戰結束之後上升，並不會激起攻擊行為，而是會激起**任何維繫地位所需要的行為**。這之間可是天壤之別。

嗯，或許也沒有，因為對於……好比說，雄性靈長類動物來說，維繫地位主要就是攻擊或威脅攻擊自己的對手——方法包括砍殺你的對手，或狠狠瞪對方一眼，傳達「你可惹不起我」的訊息。

現在，來談個令人目瞪口呆的重要研究。如果你必須當個好人才能捍衛地位，那會發生什麼事？蘇黎世大學的克里斯多福．艾森內格爾（Christoph Eisenegger）和恩斯特．費爾探討了這個問題。研究參與者加入最後通牒賽局（第 2 章介紹過），要決定如何分配金錢給自己和另一位玩家。對方可以接受或拒絕分配，如果對方拒絕，則雙方一毛錢都拿不到。先前的研究顯示，提案遭到拒絕的人，會感覺自己受到冒犯並被視為次等人，如果在下一局面對其他玩家時，被對方知道此事，這種感覺會更加強烈。換句話說，在這個情境中，想要擁有地位和名聲，就得與人公平相待。

那麼，如果參與者在加入賽局之前先施用睪固酮，會發生什麼事？**他們會提出更加慷慨的分配方式**。做什麼事情可以顯得比較有男子氣概，荷爾蒙就讓你做那件事。這需要對社會學習敏感又花俏的神經元和內分泌連結才能達成。沒有什麼比這個研究更能破壞睪固酮的形象了。

這項研究還有另一個有趣的發現，使睪固酮神話進一步幻滅。依照往例，有些研究參與者拿到睪固酮，有些拿到生理食鹽水，但他們不知道自己拿到的是什麼。相信自己拿到睪固酮的人（無論實際上是不是），在提案時會比較小氣。也就是說，睪固酮未必會讓你表現惡劣，但是，**相信**睪固酮會讓你表現惡劣，而且你正浸泡在其中，才真的讓你表現惡劣。

其他研究顯示，在適當情境下，睪固酮可以促進利社會行為。其中一個研究發現，當誠實可以帶來自豪感，睪固酮就可以減少男人在遊戲中作弊的可能性。另一項研究的參與者需要決定自己保留多少錢，又公開捐

賞相關的腹側被蓋區活化程度較高。

出多少給所有參與者，結果睪固酮提高了多數參與者的利社會性。

這說明了什麼呢？睪固酮使我們更願意為了達到更高的地位與維持地位而付出代價。關鍵在於代價。預先設置好適當的社會情境，然後利用一場挑戰提升睪固酮，可以讓所有人爭相行善。我們所處的世界充斥著男性暴力，問題不在於睪固酮會提高攻擊性，而是當攻擊行為出現時，我們經常予以酬賞。

催產素與抗利尿素：一場商業界的美夢

如果上一節的重點是睪固酮的冤屈， 這一節的重點——催產素（及密切相關的抗利尿素〔vasopressin，又稱 antidiuretic hormone〕）則正處在「不沾鍋總統」[6]的任期之內。據說催產素會降低有機體的攻擊性，使人更能融入社會、容易產生信賴感又富同理心。給予個體催產素，他們會變成更忠誠的伴侶、更細心的父母。催產素讓老鼠變得慈愛又善於傾聽，讓果蠅像瓊．拜雅（Joan Baez）一樣高歌。當然，事情沒有那麼簡單，催產素有個黑暗面可提供給我們許多寶貴訊息。

基礎知識

催產素和抗利尿素的化學組成相似；構成其基因的 DNA 序列也很類似，而且這兩種基因在同一個染色體上位置相近。幾百萬年前，它倆的共同祖先意外在基因體（genome）「重複」（duplicated）了，然後，兩個基因裡的 DNA 序列漸漸獨立，發展出兩種關係緊密的基因（第 8 章將談更多，敬請期待）。這種基因重複發生於哺乳類動物開始出現時，其他脊椎動物則只有祖先版本的基因，稱為管催產素（vasotocin），結構介於催產素和抗利尿素之間。

對 20 世紀的神經生物學家來說，催產素和抗利尿素頗為無聊。它們由送出軸突到腦下垂體後葉的下視丘神經元製造。腦下垂體後葉釋放催

6 譯注：指身陷醜聞與批評，但不受影響，仍廣受歡迎。

產素和抗利尿素進入循環，從此成為荷爾蒙，和大腦再也沒有任何關聯。催產素在分娩時刺激子宮、生產後刺激泌乳。抗利尿素則調節腎臟中的水分儲留。它倆各有一點對方的功能，這點反映出其結構上的相似。故事到此結束。

神經生物學家請注意

後來，人們發現製造催產素和抗利尿素的下視丘神經元也送出投射到腦中各處，包括和多巴胺相關的腹側被蓋區與伏隔核、海馬迴、杏仁核和額葉皮質，這些腦區都有大量的催產素和抗利尿素受體，此時事情變得有趣了起來。此外，其實腦中其他區域也會合成及分泌催產素和抗利尿素。它倆自古以來被視為無聊的邊緣荷爾蒙，實際上影響著大腦功能和行為。人們開始稱之為「神經胜肽」（neuropeptide）——具有胜肽（peptide）構造又能刺激神經的傳訊者——用一種高級的方式來表達它們是小小的蛋白質（還有，為了避免不停地寫「催產素和抗利尿素」，我接下來會稱這兩者為神經胜肽；不過請注意，神經胜肽還有其他的種類）。

關於神經胜肽對行為的影響，最初的發現就頗有道理。催產素協助雌性哺乳類動物的身體準備好生產及哺乳；催產素也增進母性行為，這很符合邏輯。由於下視丘迴路在兩性之間功能差異顯著，母鼠生產時，大腦會製造更多的催產素。腹側被蓋區也會增加催產素受體，以提高對這種神經胜肽的敏感度。在處女鼠的腦中注入催產素，牠會表現得像個母親——為小鼠理毛及叼舔小鼠。阻斷齧齒類母親的催產素作用，[7] 牠會停止母性行為，包括哺乳。催產素在嗅覺系統中運作，幫助新手母親記住後代的氣味。抗利尿素也具有類似催產素的作用，但較為微弱。

不久，科學家也從其他物種身上找到相關訊息。催產素使羊記住後代的氣味，並增進母猴為後代理毛的行為。對著女性的鼻子噴灑催產素

7 原注：這類研究通常用藥物阻斷催產素的受體，或者用基因工程技術去除催產素或催產素受體的基因。

（神經胜肽可以透過這種方式通過血腦障壁〔blood-brain Barrier〕而進入腦部），她會覺得嬰兒看起來更加可愛。此外，有些女人帶有基因變異，可以製造較多的催產素或催產素受體，平均而言，她們比較會觸碰自己所生的嬰兒，也更常與嬰兒互相凝視。

所以，催產素對於雌性哺乳類動物的哺乳、**想要**為孩子哺乳和記得誰是自己的小孩，都具有關鍵的作用。至於抗利尿素，則在父性行為中扮演要角，所以接著雄性也加入這個主題了。雌性囓齒類動物生產之後，一旁父親體內的抗利尿素和抗利尿素受體就會增加。已成為父親的猴子，在其額葉中具有抗利尿素受體的神經元有較多的樹突。此外，對猴子施用抗利尿素可以增進父性行為。不過，動物行為學做出澄清說明：這個現象只出現在雄性會擔任父親的物種身上（譬如草原田鼠〔prairie vole〕和狨猴〔marmoset monkey〕）。[8]

數千萬年前，有些囓齒類和靈長類動物分別演化出單一配偶制，神經胜肽在此過程扮演關鍵角色。狨猴和伶猴（titi monkey）都是單一配偶制，催產素加強了配偶連結（pair-bond），使猴子喜歡和伴侶窩在一起，勝過和某個陌生人窩在一起。另外有個研究結果頗為符合我們對人類情侶的刻板印象，說來也令人難為情。單一配偶制的獠狨（tamarin monkey）伴侶之間，如果常有理毛行為和身體接觸，可以預測母猴有高濃度的催產素。那麼，什麼行為可以預測公猴體內有高濃度的催產素呢？頻繁的性行為。

國家精神健康研究院（the National Institute of Mental Health）的湯瑪斯・因塞爾（Thomas Insel）、埃默里大學（Emory University）的賴瑞・楊（Larry Young）和伊利諾大學的蘇・卡特（Sue Carter）以又美又具開創性的研究，讓一種田鼠搖身一變，成了可說是世界上最有名的囓齒類動物。大部分的田鼠，譬如山田鼠（montane vole）是多偶制，但**草原**田鼠（向蓋瑞森・凱勒

---

8 原注：換句話說，我們又回到了那個熟悉的議題：抗利尿素無法造成父性行為，而是在本來傾向產生父性行為的物種身上促進此行為。

〔Garrison Keillor〕致敬）[9] 終身皆為單一配偶制。當然，也不完全是這樣——儘管牠們與綁定的配偶擁有永久的社會關係，但不太能說是維持百分之百的單一性伴侶關係，因為公鼠有可能會在私下拈花惹草。不過，比起其他田鼠，草原田鼠的配偶連結較強，使得因塞爾、楊和卡特想瞭解箇中原因。

他們的第一個發現是：性行為讓公田鼠和母田鼠的伏隔核都釋放催產素和抗利尿素。其中的道理似乎顯而易見：比起多偶制的田鼠，草原田鼠在性行為中釋放較多催產素和抗利尿素，產生比較多的酬賞信號，因而鼓勵牠們忠於自己的伴侶。但草原田鼠並沒有比山田鼠釋放更多的神經胜肽，而是在伏隔核有比多偶制田鼠更多的神經胜肽受體。[10] 此外，擁有抗利尿素受體基因變異，因此在伏隔核有較多受體的公草原田鼠，與伴侶的配偶連結較強。然後，科學家完成了兩項精彩的研究。首先，他們用基因工程改變了公老鼠的大腦，使牠們大腦中的抗利尿素受體型態與草原田鼠相當，結果這些公老鼠更常為熟悉的母老鼠理毛，並和牠們窩在一起（但和陌生的老鼠一起就不會這樣）。接著，科學家再改變公山田鼠的大腦，增加伏隔核裡的抗利尿素受體，結果牠們與雌性個體有了更友好的社會互動。[11]

其他物種的抗利尿素受體基因有什麼不同呢？和黑猩猩比起來，倭

---

9 譯注：蓋瑞森・凱勒（1942-）為美國著名廣播節目主持人及作家，主持長青節目《大家來我家》（*A Prairie Home Companion*），並曾翻拍為同名電影。

10 原注：結果發現，這來自於兩個物種之間的基因差異。有趣的是，差別不在構成抗利尿素受體的 DNA 序列，而是決定那種基因開關的 DNA 序列。關於這個部分，第 8 章還會談更多。

11 原注：這在研討會上引發了各種尖銳的討論，關於這是否算得上是「基因轉移」（gene transfer，將新的基因轉移到個體上以改變功能，此過程是價值中立的）或「基因治療」（gene therapy）（轉移基因是為了治癒公山田鼠所罹患的「不忠」疾病）。我覺得很受衝擊，因為如果這項研究在 1967 年的「愛之夏」期間（Summer of Love，譯注：嬉皮青年聚集到舊金山的群眾運動）於柏克萊進行，基因治療的目的就會是把草原田鼠從美國中部中產階級的基因變成多偶制的基因。「時代在變」（The times, they are a changing）——引自一位近年的諾貝爾桂冠得主。（譯注：此句引自巴布・狄倫）

黑猩猩多了一種基因變異，因而有更多抗利尿素受體，而且雌性與雄性之間的社會連結強上許多（雖然倭黑猩猩是草原田鼠的相反，絕不是單一配偶制）。

人類的情況又是如何呢？要研究這個很難，因為我們沒辦法直接測量微觀尺度腦區中的神經胜肽，只能用比較間接的方法，檢視循環系統中的神經胜肽濃度。不過，神經胜肽似乎在人類的配偶連結中扮演了某種角色。首先，催產素濃度在情侶首次親熱時升高。而且，濃度越高，他們就有越多身體的親密互動、行為更同步、關係更長久，訪談員也認為他們是比較幸福的伴侶。

更有趣的是運用催產素鼻噴劑的研究（對控制組則給予無效噴劑）。有一個好玩的研究要求參與的情侶談談他們之間的衝突；噴了催產素之後，他們的溝通品質得到較高的評價，而且不會分泌那麼多壓力荷爾蒙。另一項研究顯示，催產素能在潛意識中強化配偶連結。無論參與研究的異性戀男性有沒有噴催產素，都要和一位有魅力的女性研究人員互動，一起完成某項無意義的作業。催產素讓處在穩定親密關係之中的男性和對方保持平均四到六英吋的距離，[12] 對單身男子則無效（為什麼催產素沒有讓他們站得更近？研究人員指出，他們已經盡可能靠到最近的距離了）。假如和參與者互動的研究人員是男性，則沒有這種效果。此外，催產素讓處在穩定關係中的男人花較少時間看美女的照片。重要的是，催產素並不會使男人覺得美女較不具吸引力，純粹就是對她們比較沒興趣。

所以，催產素和抗利尿素增進了親子與伴侶之間的連結。[13] 現在來講一個近期演化出來的東西，這才真的迷人。過去五萬年中（這段時間裡，只有不到0.1%的時間有催產素存在）的某個時刻，人和受到馴養的狗的大腦演化出一種對催產素的新反應：狗和主人（而非陌生人）互動時，會分泌催產素。狗和主人花越長的時間互相凝視，催產素上升越多。對狗施予催產

12 譯注：約10.16到16.24公分。

13 原注：請注意，我提到關於情侶的文獻全部都針對異性戀伴侶。就我所知，極少研究納入男同性戀或女同性戀參與者。

素，牠們就會注視主人越長的時間……這又提高了主人的催產素濃度。所以，本來為了母嬰連結而演化出來的荷爾蒙，用到了這古怪而前所未有的跨物種連結上頭。

與這種對連結的作用相似，催產素還會抑制中央杏仁核，壓抑恐懼和焦慮，並活化「像植物一樣冷靜」的副交感神經系統。另外，如果有人帶有使他們對育兒更加敏感的催產素受體基因變異，他們的心血管驚嚇反應會較弱。用蘇・卡特的話來說，被催產素包圍，「可說是感到『安全』顯現在生理層面的狀態」。還有，催產素可以降低囓齒類動物的攻擊性。把老鼠的催產素系統關掉（方法是去除催產素或催產素受體的基因），牠們會變得異常具有攻擊性。

其他研究顯示，給予一些人催產素，其他人會覺得他們的臉看起來更值得信賴，這些人在賽局中也更信任別人（如果他們以為自己是在跟電腦玩，催產素就無法發揮作用，說明這和社會行為有關）。提高信任感這點很有趣。一般來說，如果另一位玩家在賽局中耍詐，參與者在下一輪中會比較不信任對方；但是，接受催產素的玩家並未如此修正他們的行為。用科學的語言來說：「催產素使玩家對於害怕背叛免疫」；講得刻薄一點，催產素令人失去理性，輕易上當受騙；講得好聽一點，催產素讓人以德報怨。

研究還發現更多催產素的利社會效果。人們會因催產素而更善於偵測快速呈現的快樂臉孔（相較於憤怒、恐懼或中性臉孔），或是具有正面社會意涵的詞語（相較於負面的社會意涵）。此外，催產素使人更加仁慈。觀察者評價帶有與育兒敏感度相關之催產素受體基因變異的人時，認為他們的利社會性更高（根據他們討論一段受苦的個人經驗來判斷），對於社會認可（social approval）也更加敏感。神經胜肽也讓人對社會增強更有反應，在一項作業中，答對問題會得到微笑反應、答錯得到皺眉反應，神經胜肽增進了參與者的答題表現（但如果答題之後隨對錯出現不同顏色的燈光，就無此效果）。

所以，催產素引發利社會行為，而且，當我們經驗到利社會行為（在遊戲中被別人信任、有人給予溫暖的觸碰等等），也會釋放催產素。換句話說，這是個暖呼呼的正向回饋環路。催產素和抗利尿素顯然是宇宙中最美妙的荷爾蒙。[14] 在自來水中注入催產素，人人都將胸懷慈愛、互相信任又富有同理心。我們會變成更好的父母，相愛而不作戰（但主要是柏拉圖式的愛，因為有穩定伴侶者會遠離他人）。最棒的是，只要利用商店的空調系統噴灑催產素，我們就會相信促銷活動的標語，買下一堆沒用的廢物。

好了，是時候務實一點了。

利社會行為與社會性（sociality）

催產素及抗利尿素與利社會行為或社會能力（social competence）有關嗎？荷爾蒙是不是讓我們到處都看到笑臉，或更想要透過笑臉來取得精確的社會訊息？後者不盡然是利社會行為，畢竟取得關於情緒的精準訊息也有利於操弄情緒。

「神經胜肽好美妙學派」支持利社會行為無所不在的觀點。但神經胜肽也能促進社會興趣（social interest）和社會能力，讓人花更長的時間注視別人的眼睛、提高判讀情緒的準確度。此外，進行社會識別作業（social-recognition task）時，催產素能增進顳頂交界區的活動（這個腦區與心智理論相關）。催產素有助於衡量別人的想法，但性別是個轉折因素——女人偵測到親緣關係、男人偵測到支配關係時，才能發揮這種荷爾蒙的功效。另外，催產素還能增進臉孔及情緒表情的記憶準確度，擁有「敏感父母」催產素受體基因變異的人，尤其善於評估別人的情緒。這種荷爾蒙也幫助齧齒類動物記住其他個體的氣味，但若是與社交無關的氣味則沒有效果。

神經造影研究顯示，這些神經胜肽和社會能力、利社會行為有關。

---

14 原注：現在，挑剔的消費者可以從網路上購買「信賴液」（Liquid Trust），這項商品被吹捧為「世界上第一個催產素費洛蒙產品」。還有更糟的，就連正經八百的科學刊物都把催產素稱為「愛之藥」（love drug）或「抱抱藥」（cuddle drug）。但「抱抱」用在這裡很令人費解，因為文獻裡談的是體內含有許多催產素的草原田鼠擠成一團，不是抱抱，而且草原田鼠體內的催產素也不會讓你聯想到患了肺病又「渴望呼吸自由空氣的大眾擠在一起」舉辦狂歡派對（譯注：引號內文引自自由女神像下的詩句，原文為 huddled masses yearning to breathe free）。

譬如，與催產素訊號有關的基因變異，[15] 和注視臉孔時梭狀迴臉孔區活化的高低程度相關。

這類發現意味著，若神經胜肽出現異常，可能提高社會性受損的風險，也就是罹患自閉症類群障礙（Autism Spectrum Disorder，簡稱 ASD）（值得注意的是，自閉症類群障礙患者的梭狀迴對臉孔反應遲鈍）。驚人的是，與自閉症類群障礙相連結的，包括與催產素及抗利尿素相關的基因變異、使催產素受體基因靜默的非基因機制、以及較少的催產素受體。此外，神經胜肽可增進某些自閉症類群障礙患者的社交技巧，譬如增加眼神接觸。

所以，催產素和抗利尿素有時候能提高我們利社會的程度，有時候也讓我們更渴望社會訊息，並更精準地收集社會訊息。不過，由於前述研究在正向情緒出現時，準確度提升的幅度最大，所以也要留意笑臉偏誤（happy-face bias）的影響。

現在，該進一步加進更多複雜的因素了。

催產素和抗利尿素的伴隨效應

還記得睪固酮的伴隨效應嗎？（譬如，睪固酮使猴子更有攻擊性，但只對牠本來就已支配的對象產生攻擊行為）很自然地，這些神經胜肽的作用也伴隨原本的傾向而來。

其中一個已經提過的因素是性別。在男人和女人身上，催產素增強了不同面向的社會能力。另外，催產素讓杏仁核平靜下來的效果，在男人身上比在女人身上更穩定。不難預料，雌性素和睪固酮都會對製造神經胜肽的神經元進行調節。

催產素有一種伴隨效應實在非常有趣——它可以增進人們的慈悲心，但只對本來就心懷慈念的人有效。這和睪固酮只在具有攻擊傾向的人身上才能提高攻擊性非常相似。荷爾蒙的作用很少會超出個體及其環境的

15 原注：如果你真的很感興趣，讓你知道——這個基因為一種叫做 CD38 的蛋白質編碼，此蛋白質可以促進神經元分泌催產素。

脈絡。

最後，一項精彩的研究顯示出催產素作用在文化中的伴隨效應。相較於東亞人，美國人在面對壓力時更容易尋求情緒支持（譬如，和朋友談談自己遇到的問題）。這項研究針對具有催產素受體基因變異的美國和韓國參與者，在沒有壓力的情境下，文化背景和受體變異都不會影響求助行為。但在遇到壓力的時候，具有受體變異（這種變異提升了對社會回饋及社會認可的敏感度）的參與者之求助傾向提高——但只有美國人（包括韓裔美國人）。催產素對求助行為有什麼影響呢？這要視你的壓力大不大而定，還要看你的催產素受體有沒有基因變異，還要看你來自什麼文化。第 8 章和第 9 章會談更多。

神經胜肽的黑暗面

我們已經知道催產素（和抗利尿素）會降低雌性齧齒類動物的攻擊性。只有一個例外，就是為了保護自己的孩子而產生的攻擊行為——神經胜肽透過（與本能恐懼相關的）中央杏仁核的作用，增強了那種攻擊行為。

這很符合神經胜肽增進母性的概念，包括對著別人咆哮：「不准再靠近一步」的那種母性。抗利尿素也會助長草原田鼠爸爸的攻擊行為。這項研究發現中，包含了我們熟悉的伴隨效應。公草原田鼠的攻擊性越高，阻斷牠的抗利尿素系統之後，攻擊性下降得越少——就像睪固酮一樣，攻擊的經驗越多，攻擊行為就越靠社會學習來維持，而非由荷爾蒙或神經胜肽調控。此外，本來就具攻擊性的雄性齧齒類動物，最容易由抗利尿素提高攻擊性——又是一個隨個體和社會脈絡而變化的生理效應。

現在，我們真的要來翻轉對「感覺良好」的神經胜肽的看法了。首先，回到催產素可以在賽局中增進信任與合作這點——如果另一位玩家匿名，或在另一個房間裡，就沒有這種效果。當對手是陌生人，催產素會讓玩家比較**不願合作**，在自己運氣不好時更容易嫉妒，運氣好時更加幸災樂禍。

最後，阿姆斯特丹大學的卡斯登・迪德魯（Carsten de Dreu）用很美的研究證明了催產素可以多麼不溫馨。在第一個研究中，男性參與者分成兩隊，每個人都要決定自己願意拿多少錢出來和隊友一起分享。一如往常，催產素促進慷慨大方的行徑。接著，參與者和一位隊友一起玩「囚犯的兩難」。[16] 當賭注很高，參與者動機強烈，催產素會讓他們更可能先發制人地陷害對方。因此，催產素使你在面對和自己相近的人（譬如隊友）時，產生更多利社會行為，但遇到對自己構成威脅的人，就會變得卑鄙下流。迪德魯強調，也許催產素經過演化，目的在於提升社會能力，幫助我們區辨誰是自己人。

第二個迪德魯的研究由荷蘭學生擔任參與者，他們要做一項測量潛意識偏見的「內隱連結測驗」（Implicit Association Test）。[17] 結果催產素放大了針對兩個外團體（out-group）的偏見，這兩個群體是中東人和德國人。

再來這部分才真正發人深省。參與者必須決定自己能不能接受為了救五個人而殺掉一個人。在實驗的虛構情境中，待宰羔羊的名字可能是刻板印象中的荷蘭人（德克〔Dirk〕或彼得〔Peter〕）、德國人（馬庫斯〔Markus〕或赫爾穆特〔Helmut〕）或中東人（阿邁德〔Ahmed〕或約瑟夫〔Youssef〕）；五位處在險境中的人則沒有名字。令人吃驚的是，催產素使得參與者選擇犧牲德克或彼得這小夥子的機率，**低於**選擇犧牲赫爾穆特或阿邁德。

催產素，這個愛的荷爾蒙讓我們對自己人展現更為利社會的一面，但以更差勁的方式對待其他人。這不是普通的利社會性，而是種族中心主義與仇外。換句話說，這些神經胜肽的作用隨脈絡改變的程度高得不得了——所謂的脈絡包括你是誰、你的環境、還有，那個人是誰。我們會在第 8 章看到，同樣的道理也適用於神經胜肽相關的基因調節。

---

16 原注：在「囚犯的兩難」中，兩位玩家必須分別決定他們要不要和對方合作。如果兩人都決定合作，他們都可以得到……好比說兩單位的酬賞。如果雙方都在背後捅對方一刀，就各得一個單位的酬賞。如果一個人決定合作，另一個人決定陷害對方，那麼耍詐的那個得到三個單位，另一個可憐蟲則什麼都沒有。

17 原注：下一章還會仔細介紹內隱連結測驗，在此簡單說明，這個測驗利用這一點——我們在處理一組不一致的訊息時，會比處理一致的訊息多花幾毫秒；因此，如果你對 X 族群有偏見，要處理 X 族群加上一個正向語詞（譬如「美好」），就會比處理 X 族群加上負向語詞（譬如「危險」）花上更長的時間。

雌性攻擊行為的內分泌學

救命！這個主題把我搞得很混亂。原因如下：

- 在這個範疇中，相較於荷爾蒙的絕對含量，兩種荷爾蒙之間的比例更加重要，因為大腦對以下這兩種情況的反應相同：（a）兩單位的雌性素加上一單位的黃體素；（b）兩兆億單位的雌性素加上一兆億單位的黃體素。這其中包含非常複雜的神經生物學。

- 荷爾蒙濃度波動極大，有些荷爾蒙在幾小時之內就能產生數百倍的變化——只有某些荷爾蒙如此，因為雄性的睪丸不必經歷排卵或生產時的荷爾蒙變化。而且，要在實驗室動物身上重現這樣的內分泌起伏非常困難。

- 不同物種之間的差異之大，令人頭暈目眩。有些動物全年皆為繁殖期，其他動物則只在特定季節裡繁殖；有些動物會在哺乳時抑制排卵，其他一些動物卻反而因哺乳而刺激排卵。

- 黃體素很少以原始形態在腦中運作，而是轉化為各種「神經類固醇」（neurosteroid），在各個腦區進行不同的活動。「雌性素」其實是由許多相關荷爾蒙組成的什錦濃湯，每一種荷爾蒙的功效各不相同。

- 最後，打破「雌性動物全都溫和又親切」的迷思吧！（當然，除非她們為了保護孩子而充滿攻擊性，那樣的作為真是又酷又激勵人心）

母性攻擊

齧齒類動物在懷孕時攻擊性增高，分娩時達到巔峰。[18] 理所當然，在嬰兒最容易遭到殺害的物種和族群中，最容易看到母性攻擊。

在懷孕後期，雌性素和黃體素藉由使特定腦區釋放更多催產素，提高了母性攻擊，這讓我們回想到之前已提過的——催產素會助長母性攻擊。

這其中有兩個複雜的因素，可以說明一些內分泌系統的運行原則。[19] 雌性素有助於母性攻擊，但也會**減低**攻擊性，並增進同情心、加強情緒辨識。原來，大腦中有兩種不同雌性素受體，分別調節這兩種相反的作用。因此，只要大腦設定好要產生不同的反應，同一種類、同樣濃度的荷爾蒙，也可以造成不同的結果。

另一個複雜的因素：如同前面所說的，黃體素和雌性素共同運作，促進了母性攻擊。然而，當黃體素單獨運作時，可以降低攻擊性和焦慮。當荷爾蒙的種類和濃度不變，但出現了另一種荷爾蒙，結果就可以截然不同。

黃體素降低焦慮的路徑非常酷。黃體素進入神經元時，會轉變為另一種類固醇。[20] 它和 GABA 受體結合，使得受體對 GABA 的抑制作用更加敏感，大腦因而變得平靜。這是荷爾蒙和神經傳導物質之間直接的跨界對話。

毫不客氣的雌性攻擊

傳統上認為，除了母性攻擊，雌性動物之間的競爭是被動而隱密的。

---

18 原注：母性攻擊和杏仁核有關，這一點也不令人意外。不過（回到第 1 章及其中討論到各種攻擊的異質性），母性攻擊與其他攻擊不同，還非常仰賴一個目前還沒提過的腦區——下視丘的腹側乳頭體前核（ventral premammillary nucleus）。

19 原注：如果你的人生已經夠複雜了，可以跳過接下來兩段。

20 原注：稱為別孕烯醇酮（allopregnanolone）。

如同來自加州大學戴維斯分校的靈長類動物學先驅莎拉・布萊弗・赫迪（Sarah Blaffer Hrdy）所指出的，在1970年代以前，幾乎沒有任何人研究雌性動物的競爭。

不過，雌性動物之間的攻擊行為可不少。這點經常遭人輕忽，用精神病理的角度來解釋——好比說，如果一隻母黑猩猩行為兇殘，大家會覺得原因是：嗯，牠瘋了。或者，雌性動物的攻擊行為總是被視為荷爾蒙「過剩」的結果。雌性動物的腎上腺和卵巢會合成少量的雄性素，根據「荷爾蒙過剩」的觀點，這些雌性動物沒有認真合成「真正的」雌性類固醇荷爾蒙，反而不小心製造了雄性類固醇；因為演化的過程偷懶，沒有消除雌性動物腦中的雄性素受體，於是產生了由雄性素引發的攻擊行為。

有好幾個理由可以說明為什麼以上這些觀點是錯誤的。

雌性動物的腦部並不是因為有著與雄性動物大腦類似的藍圖，才保有雄性素受體。事實上，雄性素受體在雌性和雄性動物腦中的分布方式不同，在雌性動物的腦中，某些區域的雄性素受體特別多。雄性素在那些區域會產生活躍的作用。

更重要的是，雌性攻擊是**合理**的——透過策略性的、工具性的攻擊行為，可以增加雌性動物的演化適應度（evolutionary fitness）。在不同的物種中，雌性的一方有不同的攻擊方式，有的以非常侵略性的方式爭奪資源（譬如食物或築巢地），有的不斷侵擾在繁殖競爭中地位較低的對手，使對方因壓力而不孕 或者，有的動物會殺掉其他母親的嬰兒（譬如黑猩猩）。還有，在鳥類或（少數）靈長類這些雄性會擔任父親的物種中，雌性彼此競爭激烈，想贏得白馬王子的歡心。

驚人的是，甚至在有些物種中——靈長類（倭黑猩猩、狐猴、狨猴、獠狨）、岩蹄兔和齧齒類動物（加州鼠、敘利亞黃金倉鼠和裸鼴鼠）——雌性處在社會中的支配階層，而且比雄性更具攻擊性（肌肉常常也更發達）。具有性轉換（sex-reversal）系統的動物中，最著名的例子是斑鬣狗（spotted hyena），相關研究由加州大學柏克萊分校的勞倫斯・法蘭克（Laurence

Frank）及其同事完成。[21] 典型的社會性食肉動物（譬如獅子）大多由雌性負責狩獵，之後雄性出現並首先進食。鬣狗則由位居從屬的雄性負責狩獵，然後在進食時被雌性趕走，好讓小孩先吃。聽聽這個：對許多哺乳類動物來說，勃起——雄性展示他的傢伙，可以用來表示支配。但鬣狗相反——當母鬣狗威嚇公鬣狗，公鬣狗會勃起。（「拜託別傷害我！聽著，我不過是個沒有威脅性的男性罷了。」）

該怎麼解釋雌性的競爭性攻擊呢？（無論是性轉換的物種或「正常」的動物）[22] 雌性動物體內的雄性素顯然是頭號嫌疑犯，有些性轉換的雌性動物，雄性素濃度等於或甚至高於雄性。鬣狗就有這種現象，牠們還是胎兒時，浸泡在母親體內大量的雄性素中，造成「偽雌雄同體」（pseudohermaphrodite）現象[23]——母鬣狗有個假陰囊，沒有外陰部，還有個像陰莖一樣大、可以勃起的陰蒂。[24] 此外，多數哺乳類動物大腦都顯現的一些性別差異之中，有些並未呈現在鬣狗或裸鼴鼠腦中，反映出牠們在胎兒期受到雄性素化（androgenization）的事實。

這暗示了性轉換物種的雌性具有較高的攻擊性，是因為牠們暴露在較多的雄性素中，甚至可以說，其他物種較少出現雌性攻擊，是因為牠們

---

21 原注：鬣狗的名聲十分糟糕，這都是因為過時的動物學用嘲弄的方式形容牠們是「食腐動物」（這個稱呼刻薄得沒有道理，明明我們大多數人也都會去超市清除屍體）。除了撿獅子的殘羹剩飯來吃，鬣狗本身是優秀的獵者。其實通常是獅子想來搶食鬣狗的獵物，而非相反的情況。還有，真正的鬣狗不像《獅子王》裡演的那樣，愛唱些無聊的歌。

22 原注：思考一下這個：典型的雄性哺乳類在害怕時無法勃起。但鬣狗在害怕時勃起（所以當這些食腐的雄性動物有機會交配時，牠們八成嚇得魂飛魄散）。這意味著鬣狗的自主神經系統有著非常不一樣的線路，使得壓力得以增進（而非抑制）勃起。

23 原注：超過兩千年前，亞里斯多德解剖了一些鬣狗屍體（為什麼他要這麼做，就連世界上最博學的人也搞不清楚），並在他的論文集《動物誌》（*Historia Animalium*）第六冊第30章裡討論了這件事。他下了一個錯誤的結論，認為鬣狗是雌雄同體，同時具備兩種性別的所有構造。

24 原注：這又把我們引向另一個鬣狗世界中非常有趣的事情。如果一隻地位低下的母鬣狗受到高位階的母鬣狗威脅，居於次位的母鬣狗陰蒂會勃起——「拜託別傷害我！聽著，我不過就像那些無害又髒兮兮的男性一樣。」

的雄性素較少。

但事情沒那麼簡單。首先，有些物種（譬如巴西天竺鼠〔Brazilian guinea pig〕）的雌性有高濃度的雄性素，但攻擊性並沒有特別高，地位也不高於男性。相反地，有些性轉換的母鳥身上，雄性素沒有特別高。此外，無論是一般或性轉換的物種，雌性就像雄性一樣，無法從雄性素濃度來預測攻擊行為。而且，廣泛來說，雌性動物產生攻擊行為時，雄性素並不會上升。

這很合理。雌性攻擊大多和生殖及嬰兒的存活相關——換言之，就是母性攻擊。但雌性動物也爭奪伴侶、築巢地以及對懷孕或哺乳重要至極的食物。雄性素破壞了雌性動物生殖與母性行為的某些面向。就如赫迪強調的，雌性動物必須平衡雄性素使之具攻擊傾向所帶來的好處，及其對繁殖不利的壞處。那麼，理想上，雌性動物體內的雄性素就應該能影響大腦中與「攻擊」相關的區域，而非與「繁殖／母性」相關的區域。演化的結果確實就是這樣。[25]

經期前後的攻擊行為與易怒

無可避免，我們得開始談談經前症候群（premenstrual syndrome，簡稱PMS）[26]——在經期前後出現的症狀，包括心情不好和易怒（還有水腫、抽筋、長痘痘……）。關於經前症候群（以及經前不悅症〔premenstrual dysphoric disorder〕，簡稱 PMDD），即症狀嚴重到損害日常功能，有2%到5%的女人受此影響），人們有很多成見和誤解。

談到這個主題，就會陷入兩項爭議裡——是什麼東西造成了經前症候群／經前不悅症，還有，經前症候群／經前不悅症和攻擊有什麼關係？第一個問題並不好回答。經前症候群／經前不悅症是生理疾病還是社會建

25　原注：這是由於一種默默無聞的荷爾蒙，名叫脫氫表雄酮（dehydroepiandrosterone，簡稱DHEA），它只在某些神經元轉化為雄性素。更奇怪的是，這些神經元中，有一些會合成自己的雄性素。

26　原注：很多人認為經前症候群其實應該是經期前後症候群，這比較正確，也就是症狀通常不只出現在月經開始之前，也出現在月經結束之後幾天。

構的概念？

站在「經前症候群只是個社會建構的概念」這一端的人認為，經前症候群**完全**只與文化相關，意思是它只出現在某些社會中。瑪格麗特．米德（Margaret Mead）率先於 1928 年在《薩摩亞人的成年》（*Coming of Age in Samoa*）一書中斷言，薩摩亞女性在經期沒有心情或行為的變化。由於米德把薩摩亞人拱為最酷、最平和、在性方面最自由的靈長類（除了倭黑猩猩之外），人類學開始流行一種說法，認為在其他新潮又穿得少的文化中，也沒有經前症候群。[27] 當然，他們覺得經前症候群猖獗的文化（譬如美國靈長類）和薩摩亞正好相反，因為女性性壓抑又遭到不當對待，才會出現這些症狀。這種觀點甚至留了一些空間，可以從社經地位的角度進行批判，大聲吼出：「經前症候群是表達女性憤怒的一種模式，她們的憤怒來自於在美國資本主義社會受到的壓迫。」[28]

這個派別的其中一個看法是在這種壓抑的社會，最壓抑的女人經前症候群最嚴重。根據這篇論文，經前症候群嚴重的女人一定焦慮、憂鬱且神經質，疑心病重，性壓抑，對於宗教造成的壓抑採取逢迎附和的方式回應，或者十分順從性別刻板印象，而且面對挑戰時必定退縮不前，不會正面迎戰。換句話說，絕不是那種酷酷的薩摩亞人。

幸好這波聲浪逐漸平息。無數研究顯示，生殖週期中會出現正常的腦部和行為變化，證據是許多行為和排卵及月經呈正相關。[29] 那麼，經前

---

27 原注：米德後來被海洋人類學領域的後輩痛批，說她非常不精準地把薩摩亞文化描繪成伊甸園一般，這有一部分是因為個人偏見所導致的欲望，讓她用那種方式看待薩摩亞，另一部分則是由於薩摩亞人很享受地編造了故事，然後開心地看著這位白人女士眼神發亮，全盤接受且深信不疑。

28 原注：這份文獻還製造出這種句子：「這份象徵性分析包含了針對『跨文化精神病理學』詮釋性且以意義為中心的焦點。」我對這句話到底是什麼意思完全摸不著頭緒。

29 原注：譬如，「梭狀迴臉孔區」對於排卵中的女性臉孔的反應，強過處在經期的女性臉孔。當女人接近排卵期時，「情緒的」腹內側前額葉對男人的反應也比她們接近經期時還強；排卵期前，血液中雌性素與黃體素的比例越高，腹內側前額葉的反

症候群不過就是那種變化中破壞性較高的極端版本而已。不過，雖然經前症候群確實存在，症狀卻會隨文化而不同。譬如，中國女性在經期前後自述負面情緒少於西方女性（這也衍伸出另一個議題：到底是中國女性較少經驗到負面情緒，還是她們對負面情緒的陳述較少）。既然與經前症候群相關的症狀超過一百種，各個族群中分別盛行不同的症狀，也不令人意外。

其他靈長類動物也在經期前後出現心情和行為的變化，這可以做為經前症候群具有生理性的有力證據。母倭黑猩猩和母長尾猴（vervet monkey）都在經期之前攻擊性變高、社會性降低（據我所知，牠們不受美國資本主義影響）。有趣的是，研究顯示只有占支配地位的母倭黑猩猩於經前攻擊性升高；或許居於次位的雌性同樣有較強的攻擊性，只是無法表達出來。

這些研究結果都暗示了經期的心情與行為變化具有生理基礎。把這些變化醫療化和病理化，稱之為「症狀」、「症候群」或「疾患」，才是種社會建構。

那麼，這背後的生物機制是什麼呢？一個主流理論指出，接近經期時，黃體素含量急遽下降，無法再發揮原有的抗焦慮和鎮靜作用。根據這種觀點，經前症候群起因於黃體素下降過度。然而，沒有什麼實際證據可以支持這個想法。

另一種理論有些許證據為其背書，這個理論牽涉到 β－腦內啡（beta-endorphin）這種荷爾蒙（它最為人稱道的是會在運動時分泌，引發飄飄然的「跑者的愉悅感」〔runner's high〕）。根據這種理論模型，經前症候群的原因是 β－腦內啡的含量低於正常值。其他還有很多不同的理論，但都很難確認其真實性。

現在轉到另一個問題：經前症候群和攻擊行為有多大的關係？在 1953 年為「經前症候群」命名的凱瑟琳娜．達爾頓（Katharina Dalton），於 1960 年代進行研究，指出女性罪犯在經期前後犯下罪行的比率奇高（比起犯罪時機，這也有可能與被捕的關聯更高）。其他研究以寄宿學校為對象，顯

應就越強。最後一點，女性在排卵時，覺得看起來較具「攻擊性」的男性比較有魅力。

示學生在經期前後因違規行為遭「記過」的比例特別高。然而，那項關於犯人的研究沒有區分暴力犯罪和非暴力犯罪，針對學校的研究也沒有區分攻擊行為與遲到等違規行為。總之，沒有太多證據支持女性在經期前後有較高的攻擊性，或者有暴力傾向的女人更容易在經期前後出現具體行動。

不過，以經前症候群「減輕責任能力」為由進行辯護，在法庭上已有成功案例。在 1980 年一個著名的案子中，珊迪．柯藍多克（Sandie Craddock）謀殺了同事，而且她的犯罪紀錄已超過三十項，罪名包括竊盜、縱火、襲擊等。雖然和柯藍多克的形象不太一致，但她碰巧習慣寫非常詳細的日記，多年來，不只記錄自己的月經日期，也寫下何時在城裡為非作歹。她犯罪的日期和經期接近得不得了，因此她必須在緩刑期間接受黃體素治療。這個案子後來變得更加離奇，因為柯藍多克的醫生減輕她的黃體素劑量之後，她在下一次經期就因意圖持刀砍人而遭到逮捕。於是她又再次於緩刑期間接受黃體素治療，這次劑量稍微提高了一點。

以上這些研究暗示了有一小群女人確實表現出經期前後的異常行為，嚴重性可說是達到了精神病的程度，並應該因此在法庭上減刑。[30] 不過，一般人若在經期前後產生心情與行為的正常變化，與攻擊性提高並沒有特定關聯。

壓力與大腦功能魯莽的一面

我們執行最重要而決定性的行為之前那段時間，很可能充滿壓力。這真是糟糕，因為壓力會影響決策，而且通常是不好的影響。

基本的二分法——急性與慢性壓力反應

讓我們從九年級的生物課學過但早已遺忘的名詞開始。還記得「恆

---

30 原注：第 16 章將討論本書提供的大量資訊在刑事司法層面有何意義。感謝我的研究助理狄倫．阿萊格里亞（Dylan Alegria）在整理關於經前症候群及犯罪行為的文獻上提供了出色的協助。

定」(homeostasis)嗎?恆定的意思是體溫、心跳、血糖等等達到理想狀態。「壓力源」則是任何破壞恆定狀態的東西——譬如,假如你是斑馬,正被獅子追逐,或者你是隻飢餓的獅子,正在追一隻斑馬。壓力反應就是斑馬或獅子體內一連串神經和內分泌的變化,目的是幫助個體度過危機並重建恆定狀態。[31]

腦中有些關鍵的運作負責啟動壓力反應(警告:接下來兩段非常技術性又不重要)。獅子看到的景象活化了杏仁核,杏仁核神經元刺激腦幹神經元,腦幹接著抑制副交感神經系統,並啟動交感神經系統,於是釋放出腎上腺素和去甲腎上腺素到全身。

杏仁核也會調節另一個主要的壓力反應分支路徑,活化下視丘的旁室核(paraventr icularnucleus,簡稱 PVN)。旁室核送出投射到下視丘底部,那裡會分泌腎皮釋素(corticotropin-releasinghormone,簡稱 CRH);這觸發腦下垂體分泌促腎上腺皮質素(adrenocorticotropic hormone,簡稱 ACTH),促腎上腺皮質素又刺激腎上腺分泌糖皮質素(glucocorticoid)。

糖皮質素加上交感神經系統,可以活化經典的「戰或逃」反應,使有機體得以撐過生理上的壓力。不管你是斑馬或獅子,你的肌肉都需要能量,壓力反應迅速動員能量,從儲存能量的地方進入身體循環。你的心跳加快、血壓升高,將循環中的能量送到肌肉,加速肌肉活動。另外,在面臨壓力時,體內的長期工程——生長、組織修復、生殖——都先暫緩,直到危機過去才會恢復運作;畢竟,假如一隻獅子正在追你,比起增厚子宮壁之類的,你應該把能量用在更合適的地方。受到重傷之後,β—腦內啡分泌,免疫系統受到刺激,促進血液凝結,這些都有幫助。此外,當糖皮質素抵達大腦,也會快速增進認知功能,讓感官變得更敏銳。

---

31 原注:在此為熱愛這個主題的讀者解釋一下:「恆定」一詞的定義,在近年拓寬又變得更花俏,成為另一個新穎優雅的概念「動態恆定」(allostasis)。基本上,這個概念比恆定多納入了一個部分,就是理想的恆定狀態定點會隨著情境劇烈變化(譯注:allostasis 較常寫為 allostasis load,譯為「調適負荷」)。

這帶給斑馬和獅子絕佳的適應性，若在沒有腎上腺素和糖皮質素的情況下奔跑，你很快就會死亡。這種基本的壓力反應是古老的生物機制，在哺乳類、鳥類、魚類和爬蟲類身上都看得到，反映出它有多麼重要。

然而，在聰明、具有複雜社會性、近期才演化出來的靈長類身上，壓力反應運作的方式並不古老。對靈長類來說，壓力源不再只是因生理上受到挑戰而破壞恆定狀態，還包括想著你的恆定狀態**將會**遭到破壞。如果環境確實將會對你的身體造成挑戰，這種預期性的壓力反應是有適應性的。然而，如果你老是誤以為自己即將脫離平衡狀態，你就承受著**心理**壓力，成為一隻焦慮、神經質、疑神疑鬼或滿懷敵意的靈長類動物。而壓力反應還未演化到可以處理這種哺乳類的創新發明。

為了逃命而全速衝刺時，動員身體能量可以救你一命。但如果背負三十年的貸款壓力，長期動員全身能量，你就很有可能面臨各種新陳代謝問題，包括成人糖尿病。血壓也是一樣——為了快速跑過熱帶草原而血壓上升是件好事。但若是血壓因慢性心理壓力而上升，你就會得到壓力引發的高血壓。生長和組織修復長期受到阻礙，最終也得付出代價。長時間抑制生殖功能也是一樣，在女性身上會擾亂排卵週期，男性則會面臨勃起功能障礙及睪固酮下降。最後，儘管急性壓力反應包括增進免疫力，慢性壓力卻會抑制免疫系統，使身體更容易得到傳染性疾病。[32]

於是我們將壓力反應二分化——如果你像一隻普通的哺乳類動物面臨急性的生理危機，壓力反應可以救你一命。但如果你因為心理壓力而長期啟動壓力反應，就會對健康造成危害。人類很少因為無法在需要時啟動壓力反應而生病。然而，我們卻因為純粹出於心理因素、太頻繁又太長時間地啟動壓力反應而生病。關鍵在於衝刺中的斑馬和獅子在幾秒到幾分鐘

32 原注：再為熱愛這個主題的讀者提供多一些資訊：慢性壓力期間，對免疫系統和發炎反應的抑制來自糖皮質素。這就是為什麼糖皮質素會用來治療免疫統過度敏感的人（即自體免疫疾病）、避免器官移植時的排斥反應、或抑止過度激活的發炎反應。服用抑制免疫或消炎的「類固醇」如皮質醇（cortisone，或譯為可體松）或培尼皮質醇（prednisone）時（這兩種都是合成的糖皮質素），運作機制就是如此。

之間就結束這個有益的壓力反應。不過，一旦你承受壓力的時間長度接近閱讀本章所需的時間（指的是「持續」的壓力），就會造成反效果，包括本書不斷提及的某些行為。

暫時離題一下，談談我們喜愛的壓力

逃離一隻獅子或長年塞車都是麻煩事，正好和我們喜愛的那種壓力相反。

我們喜愛溫和而短暫、出現在友善脈絡下的壓力。乘坐雲霄飛車的壓力讓我們噁心想吐，但不會要我們的命；它只維持三分鐘，不是三天。我們很愛那種壓力，吵著想要更多，願意花錢體驗。我們用什麼方式描述最理想的那種壓力呢？全心投入、全神貫注、迎接挑戰。感受刺激。還有玩樂。心理壓力的核心是失去控制及可預測性。但在友善的情境中，我們開心地鬆手，放棄控制與預測，迎接不可預期所帶來的挑戰——雲霄飛車向下俯衝、劇情出現轉折、一顆厲害的直球朝面前飛來、棋局中對手出人意料的一步。我感到驚喜——這些竟然很好玩。

這點出了一個重點概念——壓力的倒 U 曲線（見下頁圖）。完全沒有壓力的生活無聊到令人生厭。適度而短暫的壓力則很美好——壓力促進各方面的腦部功能，在壓力之下的糖皮質素含量有助於多巴胺釋放；老鼠會為了浸泡在最適量的糖皮質素中而努力壓桿。但當壓力越來越大，時間越來越長，這些正面效果就消失了（當然，壓力多大時會變得過度刺激，有極大的個別差異；對某個人來說等同夢魘的壓力，對另一個人而言可能只是日常消遣）。[33]

我們喜愛剛剛好的壓力，若缺少適度壓力，就會衰頹憔悴。不過，現在先回頭來談持續性壓力，以及倒 U 曲線中的右半部。

---

33 原注：大腦如何實現這個倒 U 曲線，使得糖皮質素在適度增加時增進記憶（舉例來說），但繼續增加則造成反效果？一種方法是演化出兩種糖皮質素的受體系統。其中一種（MR）在糖皮質素少量上升、超過基準線時反應，調節刺激效應。另一種受體（GR）則只對大量又長時間的上升產生反應，並調節相反的效果。不難預料，這兩種受體的數量隨腦區和情境而不同，也具有個別差異。

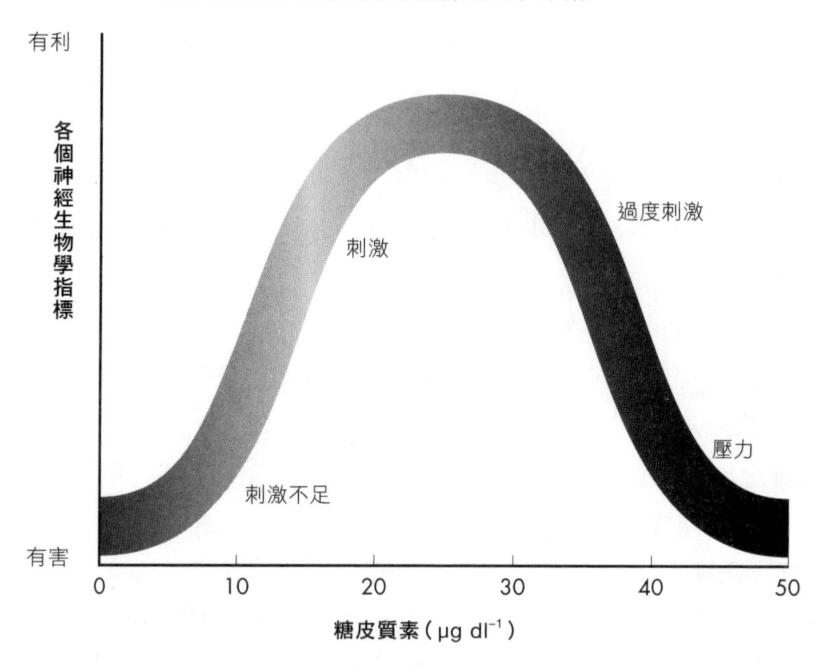

持續性壓力與恐懼的神經生物學原理

首先，持續性壓力使人內隱地（即並非有意識地）更常看憤怒的臉。此外，處在壓力狀態下，從視丘通到杏仁核的捷徑變得更加活躍，突觸更容易興奮；而我們已經知道，加快速度就要付出精準度降低的代價。更糟的是，處理帶有情緒的臉孔時，糖皮質素會使（認知的）外側前額葉活化程度降低。綜合而言，快速評估臉部表情時，壓力或施用糖皮質素會降低精準度。

處在壓力之下時，杏仁核狀況也不太妙。杏仁核對糖皮質素極為敏感，有很多糖皮質素受體；而壓力和糖皮質素使杏仁核神經元變得容易興奮，[34]

34 原注：如同剛才提到的，壓力提升杏仁核整體易興奮的程度。此過程涉及對特定神經元的抑制——也就是抑制性 GABA 中間神經元。抑制了迴路中負責抑制的神經元，造成又大又能引起興奮、釋放麩胺酸的神經元活動增加。

尤其是在恐懼學習中占有一席之地的基底外側杏仁核。這就是另一個荷爾蒙的伴隨效應——糖皮質素並沒有在杏仁核內引起動作電位，造成興奮，而是放大了本來就存在的興奮。壓力和糖皮質素也沒有增加基底外側杏仁核中的腎皮釋素含量，或是可以構成新樹突和突觸的生長因子（腦源性神經營養因子，brain-derived neurotrophic factor，簡稱 BDNF）。

還記得第 2 章曾提到，在恐懼情境中，杏仁核會徵召海馬迴來協助記住事件中的脈絡資訊（譬如，杏仁核記住歹徒手中的刀子，海馬迴則記住搶案在哪裡發生）。壓力會強化兩個腦區之間的這層關係，於是海馬迴暫時變成充滿恐懼的杏仁核附屬區域。因為有杏仁核中的這些糖皮質素活動，[35] 壓力才能使個體更容易學會恐懼連結，並經過固化，進入長期記憶。

這讓我們進入一個正向回饋環路。如同先前提到的，壓力出現之後，杏仁核間接活化糖皮質素的壓力反應。結果糖皮質素又使杏仁核更加容易興奮。

壓力也使得**反學習**恐懼變得更困難，也就是讓已制約的恐懼連結「消退」。恐懼消除需要由前額葉皮質透過抑制基底外側杏仁核來達成（第 2 章曾談及這部分）；壓力減弱了前額葉皮質對杏仁核的掌控。

我們來回顧一下恐懼消除是怎麼回事。你學會把光線和電擊連結在一起，並感到害怕，但現在光線仍然照進來，卻沒有出現電擊。恐懼消除不是被動遺忘光線等於電擊這件事，而是基底外側杏仁核主動學習到，燈光不再等於電擊了。所以，壓力促進對恐懼連結的學習，但會阻礙恐懼消除的學習。

持續性壓力、執行功能與判斷力

壓力也能損害其他額葉皮質的功能。壓力會擾亂工作記憶；在一項研

---

35 原注：還有另一個比較不知名的管道，透過交感神經系統經由釋放去甲腎上腺素的投射從藍斑核（第 2 章簡短提過的腦幹區域——藍斑核活化會導致全腦警覺）送到杏仁核，間接活化杏仁核。

究中，給予身體健康的參與者高劑量糖皮質素會損害其工作記憶，嚴重程度可相當於額葉皮質受損的患者。糖皮質素之所以能夠辦到這點，一個方式是增進前額葉皮質中的去甲腎上腺素訊號到一定的程度，結果不但沒有增進專注，反而引發如無頭蒼蠅一般的認知混亂狀態。另一個方法則是增進杏仁核傳送給前額葉皮質的干擾訊息。壓力也會使前額葉皮質中各區域的活動去同步化（desynchronize），損害了在不同作業之間轉移注意力的能力。

這些壓力對額葉功能的作用，也讓我們變得僵化——墨守成規、堅持己見、形成自動化思考、變得習慣化。我們都知道——當事情行不通，面臨巨大壓力時，我們通常會怎麼辦？繼續採取原本的方法，一次又一次，反應越來越快，也越來越強——我們無法想像老方法已經不管用了。這個時機點正適合額葉皮質讓你去做更困難但更正確的事——明白是時候做出改變了。不過也有例外的情況，就是額葉皮質也處在壓力之下或是充滿糖皮質素。在老鼠、猴子和人類身上，壓力都會減弱額葉和海馬迴之間的連結——這個連結對於整合新資訊，促使頭腦轉換新策略具有關鍵作用——同時，壓力也會增強額葉和大腦中已經形成習慣的迴路之間的連結。

最後，在壓力之下，額葉功能下降、杏仁核功能提高，這改變了冒險行為。譬如，因睡眠剝奪或公開演說而引起壓力、或施用高劑量糖皮質素會改變人們在賭博時的作為，從關注於如何避免損失，變得想要賺更多一些。不過，這其中有著有趣的性別差異——整體而言，無論男女，遇到重大壓力源都會更勇於冒險。但中度壓力源使男人傾向冒險，女人則避免冒險。沒有壓力時，男性也比女性更傾向冒險；所以我們再次看到，荷爾蒙強化了原本就存在的傾向。

無論是非理性的冒險（即便報酬率下降仍無法轉換策略）或非理性的避免風險（報酬率上升但未做出適當反應），都顯示出一個人難以整合新資訊。用最概括的話來說，持續性壓力有損風險評估的能力。

持續性壓力與利社會、反社會行為

持續承受壓力時，杏仁核在處理帶有情緒的感覺訊息速度更快、但也更不精確，它在此時壓制了海馬迴，並擾亂額葉皮質的功能；我們變得更害怕，思緒混亂，無法準確評估風險，根據習慣產生衝動的反應，而非整合新訊息並加以判斷。這終將導致迅速、反應性的攻擊；在齧齒類動物和人類身上，壓力與短期施用大量糖皮質素都會導致這種攻擊。不過，有兩個我們已經談過的條件限制：(a)壓力和糖皮質素不是直接提升攻擊性，而是使個體對引發攻擊的社會性觸發事件更加敏感；(b)在本來就具有攻擊傾向的個體身上，這更容易發生。我們在下一章將會看到，持續數週到數月的壓力比較不受此限。

壓力之所以會提高攻擊性，還有另一個悲傷的原因——攻擊能減輕壓力。電擊一隻老鼠，牠的糖皮質素濃度和血壓會升高；電擊夠多次之後，牠就有罹患「壓力性」潰瘍的風險。老鼠持續遭到電擊時，有各種方式可以緩解壓力——充滿挫折感地在滾輪上跑步、吃東西、啃咬木頭。但特別有效的方式是去咬另一隻老鼠。壓力引發的（也就是挫折引發的）替代性攻擊在眾多物種中皆可以見到。譬如，狒狒的攻擊行為有將近一半都屬於此類——高位階的雄性在打鬥中輸了，於是去追逐另一隻接近成年的公狒狒，這隻公狒狒馬上咬了母狒狒一口，而母狒狒又撲向一隻嬰兒狒狒。我的研究顯示，在同一階層中，越容易在打輸之後使用替代性攻擊的狒狒，體內的糖皮質素越低。

人類非常擅長壓力引發的替代性攻擊——想想經濟衰退時，對配偶或小孩施虐的比率往往有所提高。或者想一想這項關於家暴和職業足球的研究：如果本地的球隊無預警地輸了，男性對配偶或伴侶施暴的比率立刻上升 10%（如果該隊贏了，或本來就預測將輸掉比賽，則不會上升）。賭注越高，這個趨勢越顯著：如果球隊在季後賽輸掉，家暴率上升 13%，輸給死對頭則上升 20%。

關於替代性攻擊減輕壓力反應背後的神經生物機制，目前所知甚少。

我猜痛擊別人可以活化多巴胺酬賞路徑，這條路徑鐵定能抑制腎皮釋素的釋放。[36] 讓別人得胃潰瘍實在非常有助於避免自己得到胃潰瘍。

壞消息還不只這些——壓力使我們變得比較自私。在一項研究中，參與者必須在經歷具有社會壓力源或中性的狀況之後，回答道德決策的情境題。[37] 其中有些情境的情緒強度較低（「你在超市的肉櫃前等待，一位老人擠到前面，你會出聲抱怨嗎？」），其他則含有強烈情緒（「你遇到了真愛，但你已婚且有小孩。你會離開自己的家庭嗎？」）。在壓力之下，人們遇到高情緒強度的道德決策時，會做出比較自我中心的決定（但情緒強度低的情境則不會）；糖皮質素上升越多，決定就越自私。此外，在同一種研究模式中，如果道德決策牽涉到參與者個人，壓力使人變得沒有自己所宣稱得那麼為別人著想（但在與個人無關的情境中就沒有差異）。

於是，出現了另一種內分泌的伴隨效應：壓力使人變得更自私，但只在情緒強度最高、而且關係到個人的情境下才會如此。[38] 這和另一種額葉功能降低的情況相似——還記得第 2 章談到，額葉皮質受損的人在思考別人的問題時，可以做出合理的判斷，但議題越是涉及個人且帶有強烈的情緒意涵，判斷就越糟。

藉由虐待無辜的人來讓自己好過一點，或者關心自己的需要勝過他人，這兩件事和同理心無法共存。壓力會減低同理心嗎？看來在老鼠和人類身上皆是如此。麥基爾大學（McGill University）的傑佛瑞・莫吉爾（Jeffrey Mogil）於 2006 年在《科學》（*Science*）期刊發表了一篇了不起的論文，讓世人看到關於老鼠的同理心的基本事實——當一隻老鼠靠近另一隻感到

---

36 原注：這八成和其他因壓力而造成決策能力下降（譬如吃更多或喝更多酒）背後的神經生物機制類似。

37 原注：這在該領域是個標準測驗，名為「特里爾社會壓力測試」（the Trier Social Stress Test），在十五分鐘內進行令人挫敗的工作面試加上心算作業，而且得在一群撲克臉的評分員面前完成。

38 原注：請留意，這些研究針對參與者說他們會怎麼做，而不是他們實際的作為。第 13 章談到道德推理（moral reasoning）和道德行動（moral action）時，將討論這兩者之間的差異。

疼痛的老鼠時，牠的痛覺閾值降低，但這只有在另一隻老鼠是牠的「籠友」時才會如此。

受到這個研究的啟發，我和莫吉爾的團隊後來又用同一種模式做了後續研究。一隻陌生老鼠出現，會引發壓力反應。但只要暫時阻斷糖皮質素的分泌，老鼠在就會在面對陌生鼠時，同樣產生面對籠友時出現的「疼痛同理心」。換句話說，如果將老鼠擬人化，糖皮質素縮小了夠資格引發同情心、算得上是「我群」的範圍。人類也是一樣——除非阻斷糖皮質素的分泌（藉由施用短效藥物或請參與者和陌生人進行社交互動），人類無法因陌生人而引發對痛苦的同理心。回憶一下，第 2 章曾提到前扣帶迴與疼痛同理心有關。我敢打賭，糖皮質素一定癱瘓了前扣帶迴的神經元，造成功能失靈。

總之，持續性壓力對行為造成的影響頗不討喜。不過，在某些情況下，壓力可以在某些人身上挖掘出最棒的東西。加州大學洛杉磯分校雪莉．泰勒（Shelley Taylor）的研究顯示，「戰或逃」是雄性遇到壓力時的典型反應，很自然地，關於壓力的文獻大多是由男性來研究雄性。雌性動物則非如此。泰勒證明了她像那些老男孩一樣，善於發明簡明扼要的口號，她用「關照與友好」（tend and befriend）來描述雌性的壓力反應——照顧晚輩，並尋求社會歸屬感。這與不同性別在壓力管理風格上驚人的差異相吻合，而且「關照與友好」很可能反映出，在雌性壓力中，催產素的分泌扮演了更重要的角色。

當然，事情沒有「雄性＝戰鬥／逃跑」、「雌性＝關照／友好」這麼簡單。不管在雄性或雌性身上，都時常能夠看到反例；除了具有配偶連結的公狨猴之外，還有許多雄性動物也會因壓力而引發利社會行為；我們也已經看到，雌性動物的攻擊力也不容小覷。這世界上有聖雄甘地，也有莎拉．裴琳（Sarah Palin）。[39] 為什麼有些人會成為性別刻板印象的例外呢？這和本書接下來的部分內容相關。

---

39 原注：好吧，這一擊幼稚又低級，我只是試圖讓多一些麋鹿買下這本書（編注：前阿拉斯加州州長莎拉．裴琳，她從小學習打獵與射擊，曾凌晨三點就起床與父親一同去射麋鹿）。

壓力可以擾亂認知、衝動控制、情緒調節、決策、同理心和利社會行為。最後一點，還記得第2章談到，額葉皮質讓你做比較困難但對的事，這點為價值中立的——「對的事」在這裡是純粹工具性的。壓力也是一樣，它對決策的「不利」影響只在神經生物學的層面。急救技術員遇到壓力危機時可能變得僵化，於是救人失敗。真糟糕。一個反社會的軍閥遇到壓力危機時可能變得僵化，於是他對村莊進行種族清洗的行動失敗。這不是什麼壞事。

揭露重要真相：酒精

要談行為之前幾分鐘到幾小時的生物機制，絕對不能漏掉酒精。大家都知道，酒精減弱抑制作用，提高攻擊性。錯了，而且我們已經很熟悉這個說法錯在哪裡——酒精只在以下情況才會引發攻擊：（a）本來就有攻擊傾向的個體（譬如，額葉皮質中血清素訊號較少的老鼠，以及具有催產素受體基因變異而對催產素較無反應的男人，特別容易因酒精而提高攻擊性）；（b）**相信**酒精會提高攻擊性的人（再次印證社會學習形塑生物機制的力量）。酒精在其他人身上的運作方式完全不同——譬如，爛醉如泥之後在拉斯維加斯閃電結婚，隔天清晨發現大事不妙。

摘要及幾句結語

- 荷爾蒙很棒，輕易就打敗了神經傳導物質；就功能多樣性與作用長度而言，荷爾蒙大大超越了神經傳導物質。而這些作用包括影響了與本書主題相關的行為。

- 睪固酮和攻擊行為的關係遠比多數人以為的更低。在正常範圍內，睪固酮濃度的個別差異無法用來預測誰會產生攻擊行為。此外，個體一直以來的攻擊性越強，越不需要靠睪固酮來產生攻擊。就算睪固酮真的與攻擊有所關聯，它扮演的也是促進的角色——睪固酮不會「創造」攻擊，而是讓我們對可以觸發攻擊的東西更加敏感，在攻擊傾向最強的人身上尤其如此。並且，只有在威脅到自己的地位時，睪固酮含量上升才會促進攻擊。最後也很重要的是，在地位受到威脅時，睪固酮增加了，這不必然造成攻擊性提高，而是能夠增進任何維持地位所需的行為。如果有這麼一個世界——當我們展現最好的行為，就能獲得地位作為酬賞，那麼，睪固酮就會是現存的荷爾蒙中，最能促進利社會行為的一種。

- 催產素和抗利尿素促進母親與嬰兒建立聯結及單偶制動物的配偶連結，降低焦慮與壓力，增進信任與社會歸屬感，並使人變得更樂於合作又慷慨大方。不過，鄭重警告：只有面對「我群」，催產素和抗利尿素才增進利社會行為。和「他群」打交道時，這兩種荷爾蒙就讓我們變得既仇外又充滿種族中心主義。催產素並非隨時隨地都是愛的荷爾蒙，只限定於某些時空。

- 為了保護後代而產生的雌性攻擊通常具有適應性，雌性素、抗利尿素和催產素都助長了這種攻擊。重要的是，雌性動物在其他具有演化適應性的情況下也有攻擊行為。這類攻擊則有賴雌性體內的雄性素協助，以及透過複雜的神經內分泌伎倆，在雌性動物腦中關於「攻擊」的部分產生雄性素訊號，而非「母性」或「親和」的部分。經期前後心情和行為的變化是生物學上的事實（儘管我們目前對此所知甚少，只在枝微末節的層面）；將這些轉變病理化才是種社會建構。最後，除了少數極端案例，經前症候群和攻擊之間的關聯性微乎其微。

- 持續性壓力有種種不利的影響。杏仁核反應過度、與習慣化行為的路徑連結更深；學會恐懼比較簡單，「反學習」恐懼比較難。我們以較快的速度、較自動化地處理情緒顯著的資訊，但準確度較低。額葉功能——工作記憶、衝動控制、執行性的決策、風險評估以及在不同的作業之間轉換——在此時失靈，而且額葉皮質對杏仁核的控制減少。我們的同情心和利社會行為減少。對我們和我們周遭的人來說，減輕持續性壓力是雙贏局面。

- 「我那時喝了酒」不是攻擊行為的藉口。

- 在幾分鐘到幾小時之間，荷爾蒙的影響主要是伴隨效應和促進的作用。荷爾蒙不會決定、命令、導致或創造行為，而是讓我們對於某些社會性觸發事件(能引發帶有情緒的行為)更敏感，並在這些範疇放大原有傾向。那本來就存在的傾向從哪裡來呢？就來自後續章節將討論的內容。

05

數天到數個月之前

一個行為出現了——扣下扳機或觸碰別人的手臂，在不同的脈絡下，意義可以如此不同。為什麼會出現這個行為呢？我們已經看到，在幾秒之前，這個行為是神經系統的產物，而幾分鐘到幾小時之前的感覺線索形塑了神經系統的活動，我們也看到了大腦對感覺線索的敏感度如何在過去幾小時到幾天之間，經由荷爾蒙形塑而來。那麼，在過去幾天到幾個月，又發生了什麼事情，塑造了最後的結果？

第 2 章介紹了神經元的可塑性，也就是神經元當中的一些東西會改變——樹突輸入的強度、軸丘啟動動作電位的設定點、過極化不反應期的時間長度。前一章則說明了——舉例來說，睪固酮使杏仁核神經元更容易興奮，糖皮質素則讓額葉皮質神經元更不容易興奮。我們甚至看到黃體素如何藉由釋放 GABA 的神經元（GABA-ergic）減低其他神經元的興奮程度，來提高自己的影響力。

以上這些神經可塑性的現象發生在幾個小時內。現在，我們要來看看出現在幾天到幾個月之間、更加戲劇性的神經可塑性現象。幾個月的時間足以爆發一場「阿拉伯之春」革命運動、度過令人厭煩的漫漫冬日、或讓性病在「愛之夏」期間大肆傳播。還有，就如我們即將看到的，幾個月時間也能使大腦結構產生極大的改變。

非線性刺激

我們先從微小的部分談起。幾個月前發生的事件，要如何在此刻改變突觸的易興奮性？突觸怎麼能夠「記得」？

神經科學家在 20 世紀初期開始探究神經元的記憶謎團時，他們提出的問題比較巨觀——大腦如何記憶？顯然，一份記憶就儲存在一個神經元裡，記得一件新的事情，就需要一個新的神經元。

不過，在科學家發現成人的大腦不會生產新的神經元之後，這個想法馬上遭到拋棄。顯微鏡技術的進步，讓人們看到神經元的樹狀結構，發現樹突分支和軸突末梢複雜得令人嘆為觀止。那麼，或許記住新東西需要神經元長出新的軸突或樹突分支。

與突觸相關的知識越來越多，於是，神經傳導物質學誕生了，然後，這個想法再次受到修正——新的記憶需要新的突觸，也就是在軸突末梢和樹突小刺之間建立新的連結。

這些猜測全都因為加拿大神經生物學家唐納．海伯（Donald Hebb）的研究，而在 1949 年沒入了歷史的塵埃。海伯是個具有真知灼見的科學家，即便到了今日，將近七十年之後，許多神經科學家仍收藏著他的人像做成的搖頭娃娃。海伯在其重要著作《行為的組織》（*The Organization of Behaviour*）中提出的內容成了主流的科學典範——記憶的形成不需要新的突觸（更不用說新的樹突分支或新的神經元），只需要強化**已經存在**的突觸。

「強化」是什麼意思？借用電路的術語，假設 A 神經元經由突觸連向 B 神經元，「強化」的意思是 A 神經元的動作電位更容易使 B 神經元產生動作電位。它們的連結更緊密，它們「記住了」。翻譯成細胞的語彙，「強化」的意思是在樹突小刺中，興奮的浪潮傳得更遠，更接近遙遠的軸丘。

進一步的研究顯示，當某種經驗一次又一次造成神經元之間的訊號傳遞，就會「強化」突觸，而神經傳導物質麩胺酸在此扮演著舉足輕重的角色。

還記得第 2 章已經談過興奮性神經傳導物質如何在突觸後的樹突小刺與受體結合，促使鈉離子通道開啟，一些鈉離子漂了進來，擦出興奮的火花，這股興奮又再散布開來。

麩胺酸訊號的運作方式更花俏一些， 而且對學習具有關鍵作用。簡單來說，就是樹突小刺通常只有一種受體，但對麩胺酸有所反應的樹突小刺上有兩種受體。第一種（非 NMDA）以傳統的方式運作——每當有一點點麩胺酸和這些受體結合，就有一點點鈉離子漂進來，造成一點點興奮。第二種受體（NMDA）則以非線性的方式，設定閾值來運作。NMDA 受體通常對麩胺酸無反應。除非 NMDA 受體由於一連串麩胺酸釋放而一次又一次受到刺激，漂入的鈉離子達到足夠的數量，才會活化 NMDA 受體。突然間，它對所有麩胺酸都產生反應，通道全數打開，引爆劇烈的興奮。

這就是學習的本質。講師說了些話，從你的左耳進、右耳出。然後他又重複了幾次同樣的內容。等到重複夠多次時——啊哈！——你的腦中靈光一閃，忽然懂了。如果放到突觸的層次來看，軸突末梢反覆釋放麩胺酸，就像講師反覆單調地講述；當麩胺酸的數量超過突觸後神經元的閾值，NMDA 受體首次活化，這時候，樹突小刺終於懂了。

「啊哈！」vs. 真的記住

不過，目前為止，我們才剛跨出第一步而已。在課堂中間靈光一閃，不代表一個小時之後這些內容還在，更別說要維持到期末考了。我們如何讓忽然迸發的興奮持續下去，於是 NMDA 受體可以「記住」它，在未來更容易活化？這股受到增強的興奮如何變得長久？

這時候就要介紹「長期增益現象」（long-term potentiation，簡稱 LTP）了，這個標誌性的概念由奧斯陸大學的泰耶．勒莫（Terje Lømo）首次提出，描述 NMDA 受體首次活化之後，突觸易興奮的程度持續提高的過程。[1] 許多科學家投入整個職業生涯，就為了搞清楚長期增益現象如何運作，結果發現，關鍵是當 NMDA 受體終於活化並打開通道時，漂進來的不是鈉離子，而是鈣離子。這引發了一連串改變，以下是其中幾項：

- 鈣離子浪潮使更多麩胺酸受體嵌入樹突小刺的細胞膜，於是神經

1 原注：儘管當時對於 NMDA 和非 NMDA 受體還一無所知。

元又更容易對麩胺酸進行反應。[2]

- 鈣離子也會改變原本就位在樹突小刺前線的麩胺酸受體，使得受體對麩胺酸訊號更為敏感。[3]

- 鈣離子的加入，也導致樹突小刺中開始合成特有的神經傳導物質，這些神經傳導物質釋放出來並反向越過突觸，未來再出現動作電位時，就能使軸突末梢釋放更多麩胺酸。

換句話說，長期增益效應來自以下兩者的結合：突觸前的軸突末梢在喊「麩胺酸」時變得更大聲，以及突觸後的樹突小刺聽得更專心。

就像我之前說的，長期增益效應背後還有其他機制在運作，神經科學家對於哪一種機制在有機體學習時對神經元最為重要（當然是他們自己研究的那一種）爭論不休。大體上，爭論重點在於到底突觸前或突觸後的改變比較重要。

在長期增益效應之後，又有另一個大發現，說明了這個宇宙有多麼注重平衡。這就是長期「抑制」現象（long-term depression，簡稱 LTD）——藉由經驗造成突觸易興奮性長期的減損（而且，有趣的是，長期抑制現象背後的機制不僅僅是長期增益現象的相反）。長期抑制現象在功能上也並非長期增益現象的相反——長期抑制現象不是普通的遺忘，而是透過消除無關的訊息來加強訊號。

---

2 原注：新增的麩胺酸受體從哪裡來呢？與樹突小刺相距千里的神經元中央，也就是細胞核，裡面含有 DNA，DNA 內又有麩胺酸受體的基因編碼。細胞核只有聽到某個位在窮鄉僻壤的樹突小刺出現了一波鈣離子浪潮，才指示更多受體合成，受體運送到那個樹突小刺（神經元中上萬個樹突小刺之中的其中一個）。這太困難了吧。其實，通常是有些多出來的麩胺酸受體會封存在樹突小刺裡，鈣離子浪潮等於是個訊號，將它們拉出樹突小刺的細胞膜。

3 原注：以下訊息提供給熱愛這個主題的讀者：非 NMDA 受體經過「磷酸化」（phosphorylated），因此鈉離子通道可以打開久一點。

關於長期增益現象，再提最後一點。長期增益現象有時候維持長期，也有時候真的維持**非常長**的期間。如同先前提到的，長期增益現象背後的其中一種機制是改變麩胺酸受體，好讓受體對麩胺酸更有反應。長期增益現象發生時，突觸內的受體可能就此改變，持續一生。但更多時候，這種改變只會持續個幾天，直到累積了些許氧自由基（oxygen-radical）的傷害，然後就被新的受體取代（所有蛋白質都持續以類似的方式汰舊換新）。不過，長期增益現象引發的改變卻可以傳到下一批受體上。年屆八旬的老人要怎樣才能記得幼兒園時期發生的事呢？這背後的機制非常巧妙，但超出了本章的範圍。

學習外顯事實時（譬如記住電話號碼），長期增益和長期抑制這些很酷的現象就在海馬迴中發生。但我們感興趣的是其他種類的學習——我們怎麼樣學會了害怕、控制衝動、產生同理心或對他人冷漠無感。

整個神經系統中都有運用麩胺酸的突觸，長期增益現象不只發生在海馬迴。對許多研究長期增益現象和海馬迴的科學家來說，這個發現帶來重大打擊——畢竟，長期增益現象應該存在於正在閱讀黑格爾的叔本華的海馬迴中，不該在跳電臀舞時出現在脊椎，幫助你協調肢體。[4]

然而，長期增益現象確實出現在神經系統各處。[5]譬如，恐懼制約與基底外側杏仁核突觸的長期增益現象相關。額葉皮質學習控制杏仁核時，背後也有長期增益現象運作著。多巴胺系統透過長期增益現象，學習連結酬賞與刺激——譬如，藥物成癮者將藥物和特定地點連結在一起，每當身處同樣的環境，就渴望得到藥物。

4　原注：事實上，脊椎中的長期增益現象和「神經病變性」疼痛（neuropathic pain）關係更密切，神經病變性疼痛患者因為嚴重受傷，任何非傷害性刺激都會造成慢性疼痛——結果，你的脊椎「學會了」隨時隨地感到疼痛。有趣的是，這類長期增益現象有部分來自於當初受傷時的發炎反應。

5　原注：在神經系統其他各處，長期增益現象的運作機制常和海馬迴不同——有些涉及第三種麩胺酸受體；有些甚至與麩胺酸無關。對於長期增益現象在海馬迴之外各種有損尊嚴的作為，長期增益現象的保守派通常採取以下的因應方式——將海馬迴中的長期增益現象視為經典、標準、合乎正統又神聖的，其他的則是廉價的假貨。

我們再把荷爾蒙加進來，將某些壓力的概念轉譯為神經可塑性的語言。短暫而適度的壓力（也就是好的、帶來刺激的壓力）可以促進海馬迴的長期增益現象，而長期壓力則會破壞長期增益現象，並促進長期抑制現象——這也是認知在這種時候失靈的原因之一。如果把壓力的倒 U 曲線用突觸層次的語言重新書寫一次，就會得到以上的內容。

另外，持續性壓力及暴露在糖皮質素中可以加強杏仁核中的長期增益現象、壓抑杏仁核中的長期抑制現象，增進恐懼制約，並抑制額葉皮質中的長期增益現象。綜合以上作用——杏仁核中越多突觸容易興奮，額葉皮質中就越少——這有助於解釋壓力怎麼引起衝動，又怎麼使情緒調節變得糟糕。

從垃圾堆裡撿回來

「已存在的突觸受到強化，才能形成記憶」這個想法，成為神經科學領域中的主流。諷刺的是，之前已被大家拋下的想法——記憶需要新的突觸——又敗部復活了。計算神經元突觸數量的技術顯示，如果把老鼠養在豐富多元又充滿刺激的環境，牠們的海馬迴突觸就會增加。

還有一些非常高級的技術，讓你可以在老鼠學習時追蹤某個神經元的某個樹突有何變化。令人吃驚的是，一根新的樹突小刺可以在幾分鐘到幾小時之間出現，然後，軸突末梢就在附近徘徊了；再過個幾週，這根突觸小刺和軸突末梢就形成了新突觸，運作起固定新記憶的功能（在其他情況下，樹突小刺則會收回，於是突觸消失）。

這種「依靠活動而生的突觸新生」（synaptogenesis）和長期增益現象有所連結——突觸經歷長期增益現象時，鈣離子如海嘯般衝進樹突小刺，有可能擴散到周遭，觸發鄰近的樹突分支形成新的樹突小刺。

腦中各處都可能形成新的突觸——你在學習某個動作時，就出現在運動皮質的神經元上，或者，接收許多視覺刺激之後，視覺皮質也會生成新的突觸。大量刺激老鼠的觸鬚，「觸鬚皮質」也有突觸增生。

另外，當神經元形成夠多的突觸，樹突「樹」（dendritic tree）的長度和分支數目通常也會有所增長，於是強度提高，可以跟更多神經元溝通。

壓力和糖皮質素的作用在此也呈倒 U 曲線。適度且短暫的壓力（或接觸在與此壓力同等的糖皮質素下）會增加海馬迴中的樹突小刺；經歷持續性壓力或持續暴露在糖皮質素中，結果則相反。此外，憂鬱症或焦慮——兩種與糖皮質素上升相關的疾患——可能減少海馬迴中的樹突和樹突小刺數量。原因就是本章稍早曾提到的關鍵生長因子——腦源性神經營養因子（BDNF）下降。

持續性壓力和持續接觸糖皮質素，也會導致樹突收回、突觸消失，NCAM（穩固突觸的「神經細胞黏附分子」〔neural cell adhesion molecule〕）減少，額葉皮質也較少釋放麩胺酸。改變程度越大，注意力和決策就受損得越嚴重。

還記得第 4 章曾提到，急性壓力會強化額葉皮質和運動皮質區之間的連結，但減弱額葉和海馬迴的連結；於是，你不把新的資訊整合進來，反而開始根據習慣化的反應進行決策。慢性壓力也會增加連接額葉和運動皮質的樹突小刺，連結額葉和海馬迴的樹突小刺則減少。

繼續談談杏仁核和額葉皮質、海馬迴有何不同。持續性壓力會增加 BDNF，並使得基底外側杏仁核的樹突擴張，不斷提高焦慮並促進恐懼制約。同樣的現象也出現在杏仁核與其他腦區對話的中繼站（終紋床核）。請回憶一下，基底外側杏仁核調節恐懼制約，而中央杏仁核則和先天的懼怕關係更密切。有趣的是，壓力似乎不會增加中央杏仁核的恐懼或樹突小刺的數量。

這些作用隨著脈絡差異而有極大的不同。一隻老鼠嚇壞了，分泌出大量糖皮質素，於是海馬迴中的樹突萎縮。然而，如果是自主在滾輪上跑步的老鼠分泌出同等的糖皮質素，樹突則會擴張。杏仁核是否跟著活化，似乎決定了海馬迴最後會把糖皮質素上升詮釋為「好壓力」還是「壞壓力」。

在海馬迴和額葉皮質裡，樹突小刺的數量和分支長度也會因雌性素而有所增長。驚人的是，母鼠海馬迴神經元中的樹突樹，會隨著排卵週期擴張又收縮，就像手風琴一樣，樹突樹的大小（及認知技巧）在雌性素含量最多時達到巔峰。[6]

所以，神經元可以形成新的樹突分支和樹突小刺，擴大樹突樹，或者，在其他情況造成相反的效果；荷爾蒙則時常調節這些作用。

軸突可塑性

同時，神經元的另一端也具有可塑性，軸突也可以萌生分枝，朝新的方向發展。有一個很精彩的例子可以用來說明：當盲人對點字閱讀上手之後，在使用點字時，觸覺皮質就和其他人一樣活化；但更驚奇而獨特的是，他們的**視覺**皮質也會活化。換句話說，有些神經元原本將軸突投射送到皮質中負責處理指尖感覺的部分，現在，則大大偏離常軌，長出通往視覺皮質的投射。有個離奇的案例是一位先天失明、精通點字的女人，當她的視覺皮質發生中風，她失去了閱讀點字的能力——紙頁上的凸點摸起來變得平坦，難以精確判讀——但其他觸覺功能運作如常。在另一項研究中，失明的參與者經過訓練，將字母與不同音調的聲音連結在一起，於是，當他們聽到一連串高低不同的聲音，就可以想成是字母和單字。這些參與者「用聲音來閱讀」時，其視覺皮質活化的區域，與明眼人閱讀時活化的區域一樣。同樣地，當熟練美國手語的聾人看到別人比手語，其聽覺皮質會活化，範圍相當於聽到別人說話而活化的區域。

受損的神經系統也可以透過類似的方式進行「功能重劃」。假設在你的皮質中，接收手部觸覺訊息的區域因中風而損傷了。你手上的觸覺受體細胞功能完好，但沒有神經元可以接收它的訊息。接下來幾個月到幾年之間，這些受體細胞的軸突往新的方向生長，擠進附近的皮質，在那裡形成新的突觸。漸漸地，你的手可能又開始有了不太精確的觸覺（如果有其他身體部位送出投射，到收容這些「難民軸突末梢」的皮質區，你的這些部位也會產

6　原注：同樣驚人的是，在女人身上，胼胝體（corpus callosum，連結大腦左右半球的一大捆軸突）中的髓鞘數目，也會跟著月經週期而波動。

生較不精確的觸覺）。

假設情況變成你手上的觸覺受體細胞受損，它們不再投射到感覺皮質的神經元。神經元對於空白深惡痛絕，於是，手腕的觸覺神經元軸突可能長出旁枝，擴展領土到那片荒廢的皮質區。想像一下，如果因為視網膜退化而失明，從眼部送到視覺皮質的投射會停止活動。如前所述，點字閱讀者指尖的觸覺神經元會送出投射到視覺皮質，在那兒紮營長駐。或者，假想我們這樣模擬受傷的情況：僅僅只是矇住研究參與者的眼睛，經過五天之後，聽覺投射就開始功能重劃，進入視覺皮質（重見光明之後，這些投射馬上就又縮回去了）。

想想看，在盲人身上，指尖的觸覺神經元要怎樣才能進行功能重劃，讓帶著點字的訊息跑到視覺皮質那邊？感覺皮質和視覺皮質之間相隔那麼遙遠，觸覺神經元要怎麼「知道」：（a）視覺皮質裡有塊空地；（b）勾搭上那些未被占領的神經元，有助於將指尖的訊息轉為「閱讀」；還有（c）該怎麼把軸突投射送到那塊皮質新大陸呢？這些都是科學家目前還在研究的主題。

當一位盲人的聽覺投射神經元拓展到停止活動的視覺皮質時，又會發生什麼事呢？聽力變得更敏銳了——大腦可以用其他能力來補償缺損的部分。

所以，感覺投射神經元可以進行功能重劃。然後，好比說，在某位盲人身上，一旦視覺皮質神經元開始處理點字，**那些**神經元就需要進行功能重劃，改變它們的投射標的，於是又在下游引發進一步的功能重劃。神經重塑一波接著一波。

即便沒有受到任何損傷，整個大腦平時就會規律地進行功能重劃。我最喜歡的是音樂家的例子，在音樂家的腦中，表徵樂音的聽覺皮質區比非音樂家來得更大，尤其是自己所演奏的樂器聲，偵測語音音高的區域也是；越早成為音樂家，功能重劃的程度越高。

根據哈佛大學阿瓦洛．帕斯科—里昂（Alvaro Pascual-Leone）的美妙研究，功能重劃並不需要經過數十年的練習。研究參與者（非音樂家）首先學習鋼琴的五指練習，每天練習兩小時。幾天之內，與手指練習動作相關的運動皮質就擴大了，但是若不繼續練習，拓展的現象只能持續不到一天。這種皮質擴張的現象在本質上大概是「海伯式」的，也就是本來就存在的連結經過反覆使用之後，在短時間內強化。然而，如果參與者繼續練習，持續狂練四週，在停止練習後，功能重劃的結果還會維持數天。而且，在自願每天花兩個小時**想像**手指練習的參與者身上，竟然也會出現功能重劃的現象。

另一個功能重劃的例子則是母鼠生產之後，表徵乳頭附近皮膚觸覺的神經地圖會擴大。還有一個相當不一樣的例子——花三個月學習雜耍丟球，擴大的大腦皮質神經地圖，則關乎動作的視覺處理。[7]

所以，經驗能夠改變突觸的數量和強度、樹突生長的範圍和軸突投射的標的。現在，輪到近年來神經科學最重大的革命登場了。

更深入挖掘歷史的塵埃

回想一下「新的記憶需要新的神經元」這個原始、尼安德塔人時代的概念，早在海伯還在包尿布的時候，眾人就拋棄了這個想法。成年的腦不會製造新的神經元。在你出生前後那段時間，腦中的神經元數量就已經達到上限，然後，因為老化和種種冒失的行為，神經元數目在那之後只會走下坡而已。

你應該看得出來我們要開始談的是什麼——成年之後的腦，包括老化的人腦，都會製造新的神經元。這個發現真的非常具有革命性，實在太偉大了。

1965年，麻省理工學院一位名叫喬瑟夫・奧特曼（Joseph Altman）、未

7　原注：功能重劃不一定都符合邏輯，有些很古怪。幾年前，我有一陣子壓力非常大，發展出了非自主的動作（tic）——當我突然為某件事感到沮喪，左手的食指和中指就會有節奏地收縮幾秒鐘。那到底是怎麼一回事？我不知道，但對於大腦可以隨意進行功能重劃，邊緣系統迴路中惱人的騷動竟能莫名其妙地連到這個動作迴路，我感到非常驚奇。

獲得終身職的副教授（和他長期的合作夥伴是戈帕爾·達斯〔Gopal Das〕）運用一項當時全新的技術，首次發現可以支持成年神經新生（neurogenesis）的證據。新生的細胞裡面有新生的 DNA。所以，找一種 DNA 特有的分子，裝滿試管，在每個分子黏上微小的放射標記。將試管內容物注入成年老鼠體內，等待一陣子，再檢視牠的大腦。如果任何神經元上有放射標記，就代表那些神經元在等待期間生成，因為只有新的 DNA 才能納入放射標記。

這就是奧特曼在一系列研究中所見到的。接下來的故事，連他自己都曾明白地提過——他的研究起初廣受歡迎，刊登在好期刊上，大家都激動不已。但就在幾年內事情變了，奧特曼和他的研究發現被這個領域中的領袖人物拒於門外——他們認為那不可能是真的。他沒有得到終身職，在普度大學繼續職涯，但失去了成年神經新生研究的經費。

接著，這個主題沉寂了十年，直到新墨西哥大學的助理教授麥可·凱普蘭（Michael Kaplan）用更新的技術擴展了奧特曼的發現。同行的資深人物再次強烈否定凱普蘭的研究，包括神經科學領域最具聲望的一位——耶魯的帕斯科·拉基許（Pasko Rakic）。

拉基許公然否定凱普蘭的研究（也意味著對奧特曼的否定），說他自己也試著找過新生神經元，但找不到，所以凱普蘭一定是把其他細胞誤認為神經元了。他曾在研討會上對凱普蘭講過這段惡名昭彰的話：「那些細胞在新墨西哥可能看起來像神經元，但在紐哈芬（New Haven）[8]可不像。」不久之後，凱普蘭就不再做研究了（四分之一個世紀以後，大家為了重新發現成年的神經新生而興奮不已時，他寫下一篇記述往事的簡短文章，標題是〈環境複雜性刺激視覺皮質神經新生：一項信條與研究生涯之死〉（'Environmental Complexity Stimulates Visual Cortex Neurogenesis: Death of a Dogma and a Research Career'）。

這塊領域又蟄伏了另一個十年，直到洛克菲勒大學（Rockefeller University）費南度·諾特波姆（Fernando Nottebohm）的實驗室出現支持成年神經新生的

8 譯注：耶魯大學所在地。

意外證據。諾特波姆是一位成就很高且備受尊敬的神經科學家，典型的業界大老，專門研究鳥類唱歌的神經行為學。他用一種更具敏感度的新技術證明了一件驚人的事：每年都學會以一種新的鳴唱來宣告領域的鳥類會生成新的神經元。這項研究的高品質加上諾特波姆的威望，止住了懷疑神經新生是否存在的言論。但他們開始質疑這項研究的實質意義——噢，諾特波姆和他的小鳥們，真是美好！但在真正的動物身上——在哺乳類身上，又是如何呢？

不過，科學家很快就用更新、更高級的技術透過老鼠提出有力的證明。這項成果有一大部分來自兩位年輕科學家——普林斯頓的伊莉莎白·顧爾德（El izabeth Gould）和沙克研究所（Salk Institute）的弗瑞德·「鐵鏽」·蓋吉（Fred "Rusty" Gage）。

不久之後，其他很多人也用這些新技術找到了神經新生的現象，其中包括……哎呀，拉基許。此時，又出現由拉基許率領的新一代懷疑論者。好，成年大腦會製造新的神經元，但只有少數，那些神經元活不久，也沒有出現在重要的腦區裡（也就是皮質）；此外，我們只在齧齒類動——而沒有在靈長類動物身上看到神經新生。沒多久，神經新生也在猴子身上獲得證實。[9] 懷疑論者又說，是啦，但在人類身上還未得到證實，更何況沒有證據顯示新的神經元可以整合進原本的迴路並確實運作。

結果，以上疑問通通獲得證實——成年大腦的海馬迴中，神經新生的現象十分可觀（每個月都有大約3%的神經元被新的神經元取代），皮質則有較少量的神經新生。神經新生在人類的整個成年期都持續進行。舉例來說，學習、運動、雌性素、抗憂鬱劑、環境豐富化（environmental enrichment）和

9 原注：在《紐約客》一篇出色的文章中，諾特波姆接受採訪，回溯這段歷史，說：「帕斯科扮演著學術標準的強硬保衛者。那也無妨——甚至是必要的……儘管我討厭這麼說，但我認為帕斯科·拉基許當時自己一個人阻擋了神經新生領域的發展，至少有十年的時間。」

腦傷，[10] 都可以促進海馬迴的神經新生，各種壓力源則抑制神經新生。[11] 此外，原本的神經迴路會將新的海馬迴神經元整合進來，新的神經元生氣蓬勃，易興奮的程度就如同出生前後的腦中的年輕神經元那般。最重要的是，新生神經元對於整合新資訊進入原有的基模（schema）至關重要，這稱為「模式分離」（pattern separation），也就是你本來以為有兩樣東西是相同的，這才發現它們其實不同——海豚和鼠海豚（porpoise）、小蘇打和泡打粉、柔伊・黛絲香奈（Zooey Deschanel）[12] 和凱蒂・佩芮（Katy Perry）。

成年的神經新生是當今神經科學界最流行的話題。奧特曼在 1965 年發表那篇論文之後五年，被引用了二十九次（可觀的數字）；在最近五年內，則被引用了超過一千次。目前有研究檢視運動如何刺激神經新生的過程（可能是提高腦中某種生長因子的含量）、新的神經元怎麼知道要遷移到哪裡去、憂鬱是不是海馬迴神經新生失敗的結果、還有抗憂鬱劑是不是必須刺激神經新生才能發揮藥效？

為什麼成年神經新生過了這麼久才被接受呢？我曾和許多與這個研

10 原注：大家對於腦傷（譬如中風）可以引發神經新生感到興奮不已——哇，大腦在受傷之後有辦法自我修復，這有多酷啊！但有一點自始至終都明擺在眼前——不管神經新生有什麼補償作用，都是有限的，因為重大的神經損傷會在神經系統留下難以收拾的爛攤子。雪上加霜的是，這個領域的研究逐漸顯示，新的神經元有時候其實讓事情變得更糟，這些神經元遷移到錯誤的區域，以錯誤的方式整合進入神經迴路，使得那些迴路有癲癇發作的傾向。借用一個第 1 章出現過的概念來比喻，這似乎是神經元的病理性利他——當才剛呱呱墜地、什麼都不懂的神經元想對你伸出援手，最好小心一點。

11 原注：我在這裡列出這些「促進」或「抑制」的相關因素時，避開了許多細節。整合進神經迴路的新神經元數量反映了：（a）腦中有多少幹細胞形成新的細胞；（b）新細胞中， 有多少比例分化為神經元（而不是神經膠細胞）；以及（c）新生神經元有多高的比率存活下來並形成具有功能的突觸。文中提到的每一個操控因素——學習、運動、壓力等等——都對不同的步驟產生影響。更複雜的是，不是所有壓力源的影響都相等。如果一隻齧齒類動物認為附近有獵食者，戰或逃的警鈴大作，於是開始分泌糖皮質素，神經新生就受到抑制。但如果牠自願在滾輪上跑步時分泌糖皮質素，就會促進神經新生（換句話說，就是「好壓力」與「壞壓力」的差別）。

12 譯注：柔伊・黛絲香奈為美國演員與創作歌手。

究領域相關的關鍵人物談話，很驚訝他們對此抱持不同的觀點。其中一個極端認為，儘管拉基許等懷疑論者手法笨拙，他們卻控管了研究品質。這個領域的研究和英雄史詩中的故事不同，有時候，初步的研究結果並非全都那麼可靠。另一個極端則認為，拉基許等人自己找不到成年神經新生的證據，於是無法接受它真的存在。不過，這個心理歷史（psychohistorical）的觀點——老衛兵面對風向改變，依然堅守過去的信條——稍微弱了一點，因為奧特曼可不是什麼衝撞古代典籍的無政府主義青年；事實上，他還比拉基許及其他主要的懷疑論者更年長一些。真相究竟為何，有待歷史學家與編劇家的裁定，還有，我希望不久之後，斯德哥爾摩可以做出公道的判定。[13]

在我寫這本書時，奧特曼已經 89 歲，他在 2011 年發表了一篇記述往事的文章，其中某些部分有種既悲傷又困惑的語氣——剛開始大家都很興奮，後來發生了什麼事？他說，也許他花太多時間在實驗室、太少時間去行銷這個研究發現。奧特曼長期以來都是被小看了的先知，至少在最後得到了完全的平反，這種感覺很矛盾。面對此事，他的態度很哲學——嘿，我是個逃離納粹集中營的匈牙利猶太人，在那之後，看什麼都雲淡風輕了。[14]

其他神經可塑性的研究領域

我們已經看到成年後的經驗，如何改變突觸和樹突分支的數量、使神經迴路進行功能重劃、刺激神經新生。整體而言，這些效應確實強到可以改變腦區的大小。譬如，停經後的雌性素治療會擴大海馬迴（可能來自更多樹突分支加上更多神經元）。長期憂鬱則造成海馬迴萎縮（導致認知問題），可能反映出憂鬱的壓力，以及這個疾病通常會提高糖皮質素含量。記憶問

13 譯注：瑞典斯德哥爾摩為諾貝爾獎頒獎地。

14 譯注：另外查到的資料，關於這個議題，2018 年又出現新的爭議。見 http://pansci.asia/archives/138356

題和海馬迴體積縮小，也會出現在嚴重的慢性疼痛症候群或庫欣氏症候群（Cushing's syndrome，因腫瘤造成糖皮質素過多而導致此疾病）患者身上。此外，創傷後壓力症候群和杏仁核體積增大相關（還有，如同我們知道的，也和杏仁核過度活躍有關）。目前還不清楚，這些例子中壓力／皮質糖素的作用，有多少來自神經元數量或樹突突起總量的改變。[15]

關於腦區隨著經驗改變大小，還有一個很酷的例子涉及海馬迴後方區域，這個區域與空間地圖的記憶相關。計程車司機必須依靠認知中的空間地圖維生，一項著名研究顯示，倫敦計程車司機海馬迴中此區域比較大。此外，還有一項追蹤研究，比較在多年累人的工作及準備倫敦計程車執照考試（《紐約時報》稱之為世界上最難的考試）之前和之後，海馬迴的影像有何不同。經歷這個過程之後，海馬迴擴大了——但只有通過考試的人才會如此。

所以，經驗、健康和荷爾蒙的起伏變化，可以在短短幾個月之內改變腦區的大小。經驗也可以導致神經傳導素和荷爾蒙受體數量、離子通道數量和腦中基因開關的狀態（第 8 章將涵蓋這部分的內容）出現持久的變化。

承受慢性壓力時，伏隔核的多巴胺減少，使老鼠在社會中容易居於從屬地位，也讓人類容易憂鬱。我們在上一章已經看到，如果齧齒類動物在爭奪地盤時打贏了，伏隔核和腹側被蓋區中的睪固酮受體會增加，且長久維持，因而增進睪固酮帶來愉悅的作用。甚至有一種會感染腦部的寄生蟲，名叫**弓漿蟲**（*Toxoplasma gondii*），可以在幾週到幾個月之內，使老鼠比較不怕貓的氣味，並以微妙的方式減低人類的恐懼並提高衝動。基本上，幾乎所有神經系統中能夠測量到的指標，都可以因應持續刺激而改變。重要的是，到了不同的環境，這些改變經常是可逆的。[16]

15 原注：補充一點：神經可塑性令人沮喪的一面——極端的慢性壓力和暴露在過量的糖皮質素中，也可以殺掉海馬迴神經元。雖然應該只有嚴重得像夢魘一般的壓力才會與這個現象有關，但目前還不清楚比較常見的持續性壓力是不是也可能與此相關。

16 原注：譬如，人們過去一直認為，經驗打開或關掉一個基因之後，這個狀態就是永久的；結果實情並非如此。庫欣氏症候群造成的海馬迴萎縮也類似，可以在腫瘤移

幾句結語

成年大腦具有神經新生的能力——這是個革命性的發現；整體而言，神經可塑性這個主題（無論包裝成什麼樣子）無比重要——專家說「不可能的事」其實有可能，這是常有的事。神經可塑性也很迷人，因為其中含有修正主義的本質——神經可塑性散發出樂觀的光芒。相關書籍的書名包括《改變是大腦的天性》（*The Brain That Changes Itself*）、《大腦最強》（*Train Your Mind*）、《改變你的大腦》（*Change Your Brain*）和《大腦升級 2.0，鍛鍊更強大的自己》（*Rewire Your Brain: Think Your Way to a Better Life*），暗示了「新神經學」的誕生（也就是一旦我們完全駕馭神經可塑性，就不需要神經學了）。放眼望去，到處都充滿霍瑞修・愛爾傑（Horatio Alger）「只要有心就能成功」[17]的精神。

撇開那些不談，以下是幾個值得注意的要點：

- 還記得我在其他章節曾提出警告——大腦隨著經驗改變的能力是價值中立的。在盲人或聾人身上，軸突功能重劃很棒，知道世界上有功能重劃讓人既振奮又感動。如果你是個倫敦的計程車司機，那海馬迴能夠擴大就很酷。管弦樂團裡，演奏三角鐵的樂手聽覺皮質的大小變化及功能特化也是一樣。但另一方面，創傷讓杏仁核增大、海馬迴萎縮，創傷後壓力症候群癱瘓了這些區域，這真是悲慘。同理，如果運動皮質擴大，提高了手指的靈活度，對神經外科醫師而言是件好事，但若是用來增進撬開保險箱的鎖，對整個社會就沒什麼好處了。

除後大約一年逆轉。但有個例外令人不安，多數研究指出，長期罹患重鬱症者，在憂鬱治療成功之後，海馬迴萎縮的情況依舊存在。此外，有些作用的可逆性（譬如，壓力造成樹突突起收回）會隨年齡增長而遞減。

17 譯注：霍瑞修・愛爾傑（Horatio Alger，1832-1899）為美國作家，以寫作白手起家、艱苦奮鬥後成功改變命運的故事聞名。

- 神經的可塑程度絕對是有限的。不然，慘烈的腦傷和斷裂的脊椎都終將治癒。而且，神經可塑性的極限隨處可見。麥爾坎・葛拉威爾（Malcolm Gladwell）曾探究技藝超群的人都花了多麼漫長時間的投入練習——那個神奇數字就是「十萬個小時」。然而，反過來並不成立：練習十萬個小時，並不保證神經的變化可以讓每個人都變成馬友友或雷霸龍詹姆斯（LeBron James）。

在神經學領域中，如何操弄神經可塑性以增進功能復原，這個主題確實潛力無窮，令人振奮。但這塊離本書的關注焦點太遠。雖然人類擁有神經重塑的潛力，我們似乎永遠不太可能……譬如說，在別人的鼻子裡噴些神經生長因子，他們就變得心胸寬大又富有同理心，或是針對神經可塑性使用基因療法，以降低某人的混蛋傾向，驅走他的攻擊性。

那麼，就本書的討論範疇而言，神經可塑性可以提供什麼有用的東西？我認為主要的貢獻在心理方面。這要回顧第 2 章提到的一點，當時討論到，有些神經造影研究顯示，壓力後創傷症候群患者的海馬迴體積縮小（這絕對可用來舉例說明神經可塑性的負面效應）。我對一個現象加以抨擊——許多議員竟然需要看到腦部影像，才能相信罹患壓力後創傷症候群的退伍軍人承受著嚴重的、器質上的問題，這真是荒唐。

同樣的道理，發現神經可塑性，代表腦部功能確實可以移形易貌，「以科學驗證」了腦會改變。人會改變。在本章所考量的時間範圍內，阿拉伯世界的人民從沒有聲音到推翻暴君，羅莎・派克（Rosa Parks）從身為受害者到催化了重大變革，[18] 沙達特（Sadat）和比金（Begin）從互相為敵到共創和平，[19] 曼德拉（Mandela）由囚徒變成政治家。你可以肯定，因為經

18 譯注：羅莎・派克（Rosa Parks，1913-2005）因在公車上拒絕讓座給白人，引發民眾抵制公車，進一步促成美國人權運動。

19 譯注：1978 年，埃及總統沙達特和以色列首相比金簽署「大衛營協定」，結束兩國

歷這些變革而轉變的人，腦中一定也發生了本章描述的變化。不同的世界塑造不同的世界觀，也就是不同的腦。這些改變背後的神經生物機制看起來越是千真萬確，我們越是容易想像，改變將會再次發生。

對立，兩人因而獲頒諾貝爾和平獎。

06

青春期，或者說是「老兄，我的額葉皮質跑哪去了？」

接下來兩章將聚焦在發展。到現在，我們已經建立起一種韻律了：一個行為剛剛出現；在前一秒、前一分鐘、前一個小時……的哪些事情有助於這個行為發生？在下一章，內容將延伸到發展的領域——個體在童年和胎兒期發生的事，對這個行為有什麼貢獻？

但現在這章卻要打破上述節奏，先聚焦在青春期。前面幾章介紹的生物機制在青少年身上的運作方式，和成人有所不同嗎？沒錯。

本章內容圍繞著一個主軸展開。第 5 章打破了「成年後大腦固定不變」這項信條。還有另一項信條：大腦迴路在兒童階段就差不多連結完畢了——畢竟，2 歲的腦部體積就已經有成人大腦體積的 85%了。但發展的軌跡比那還要慢上許多。本章有個重點，就是最晚成熟的腦區（就突觸數量、髓鞘化和新陳代謝等方面而言）是額葉皮質，直到 **20 歲**中期才功能完善。

這代表兩個極其重要的意涵。首先，成人的所有腦區中，以額葉皮質受青春期形塑的程度最高。第二，若要理解青春期，不能脫離額葉皮質較晚成熟這個背景脈絡。青少年的邊緣系統、自主神經系統和內分泌系統都已馬力全開，但額葉皮質還在努力組裝零件，瞭解這點之後，我們才能解釋為什麼青少年如此讓人挫折、了不起、愚蠢、衝動、能激勵人心、破壞力強大、自我毀滅、無私又自私、難搞又能改變世界。想想看，青春期及成年早期是人類最可能殺人、被殺、永遠離家、發明全新的藝術形式、推翻獨裁者、對一個村莊進行種族清洗、奉獻自我給有需要的人、上癮、和外團體成員結婚、徹底翻轉物理學、時尚品味奇差無比、為了消遣活動玩命、將一生獻給上帝、對老太太行搶、或者堅信著「過往的歷史匯聚於此時，現在就是最重要的一刻」、存在著最大的困境與最強烈的希望，也最需要自己投入並創造改變的時期。換句話說，這是人生中最勇於冒險、尋求新奇（novelty seeking）及同儕歸屬感的時期。這全都源自於那不成熟的額葉皮質。

青春期的真實性

青春期真的存在嗎？在青春期之前和之後，是否有「質」的差異可以加以區分，還是青春期只是從童年到成年持續變化過程的一部分？也許「青春期」只是個文化建構的概念——在西方，充分的營養和良好的健康使性發育較早開始，現代的教育和經濟力量又將生育推遲，於是在這兩者之間出現一道發展的鴻溝。看吧！青春期被發明出來了。[1]

我們即將看到，神經生物學可以說明青春期真的存在，青春期的腦只是半熟的成人腦，或者脫離冷藏太久的小孩腦。此外，多數傳統文化也將青春期視為一個顯著不同的階段，青春期帶來一部分的成年權利與責任，但不是全部。不過，西方世界還是創造了最長的青春期。[2]

把青春期視為世代衝突的階段，似乎是個人主義文化建構出來的概

1 原注：西方延後法定成年年齡時，有時候連肌肉量這麼無謂的因素也考量在內。英國在 13 世紀將法定成年年齡從 15 歲提高到 21 歲——由於防護盔甲變重了，太年輕的男性通常不夠強壯，無法在戰場上披戴盔甲仍表現得宜。沒有人提到馬匹的法定成年年齡是不是也提高了，才載得動更重的盔甲。不過，科技的進步有時讓年紀較小的青少年提早加入成人的職業世界——有人指出，輕型自動武器的發展，使得世界上大約三十萬名童兵更有用武之地。

2 原注：更別說還有另一種想法：成人都應該渴望在各方面繼續停留在青春期。保留或重獲青少年對新奇事物和社交的喜好、擁有青少年的髮量，腿上沒有橘皮組織、還有跟青少年一樣的不應期（人類性行為中的一種名詞）時間長度。狩獵採集時期的人才不在乎「我看起來年輕了十歲！」，他們希望自己看起來老一點，這樣才能當老大。

念；集體主義文化中的年輕人好像比較不常因為成人有多蠢（從爸媽開始）而翻白眼。此外，就算在個人主義文化中，也未必每個人在青春期時都像靈魂長了痘痘或進入狂飆時期（Sturm and Drang），[3] 我們多數人還是能平安度過。

有關額葉皮質成熟過程的基本要點

「額葉皮質較晚成熟」似乎明顯意味著青春期的額葉皮質中，神經元、樹突分支和突觸都比成人來得少，漸漸增加直到 20 歲中期。事實上不然，神經元、樹突分支和突觸是從青春期開始漸漸**減少**。

箇中原因在於哺乳類動物的大腦演化出一種聰明絕頂的機制。胎兒的大腦製造出來的神經元數量，遠比成人腦中的數量多，這真是驚人。為什麼會這樣呢？因為當胎兒發育到了晚期，腦中許多區域出現激烈競爭，勝利的神經元可以遷移到正確位置，並竭盡所能，與其他神經元建立最多的突觸連結。那沒有成功的神經元怎麼辦呢？它們就會經歷「細胞程序性死亡」（programmed cell death）——基因活化，神經元萎縮、死去，殘骸回收再利用。伴隨神經元生產過剩而來的是競爭性的修剪（pruning，又被稱為「神經達爾文主義」〔neural Darwinism〕），演化出更多經過最佳化的神經迴路，可說是「少即是多」的一個例子。

同樣的情形也發生在青春期的額葉皮質中。打從青春期開始，灰質體積（可作為間接測量神經元和樹突分支總數的指標）和突觸數量就大於成人；接下來十年內，隨著較差的樹突小刺和連結遭到修剪，灰質也越來越薄。[4] 在額葉皮質中，在演化上最古老的分區，成熟得最早；至於嶄新的（認知的）背外側前額葉，甚至到了青春期晚期，灰質都還沒有開始減少。這個發展模式的重要性顯現在一項具有指標性的研究中——這個研究收集參與者

3　譯注：18 世紀德國文學與音樂領域的運動。

4　原注：毫不意外，女孩的額葉皮質中，灰質體積達到最高峰的時間比男孩早。除了這點之外，青春期的腦部發育曲線並沒有多大的性別差異，這才是最驚人的。

的神經造影及智力測驗資料，從參與者還是兒童時開始，持續到成年。結果發現，在青春期早期，大腦灰質厚度增長的時間越長、越晚開始修剪，參與者成年後的智力就越高。

所以，青少年額葉皮質在成熟過程中的重點不是長成更大的腦，而是發展為更有效率的腦。有一項很容易造成錯誤詮釋的神經造影研究證明了這點，研究中針對青少年和成人做了比較。神經科學研究中有個常見的主題，就是在某些作業中，成人對行為展現了比青少年更強的執行控制功能，而且在進行作業時額葉皮質活化程度較高。現在有另一種作業，青少年在進行時可以反常地展現與成人相當的執行控制能力。在這種情況下，青少年的額葉活化程度比成人**還高**——經過仔細修剪過後，成人腦在進行同等的調節工作時不再那麼費力。

還有其他方式也顯示出青少年的額葉皮質還未經過精簡、達到最佳效能。譬如，青少年偵測諷刺意味的能力不如成人，而且，當青少年試著區辨反諷時，背內側前額葉（dmPFC）的活化程度比成人高。成人則與之相對，在梭狀迴臉孔區活化較高。換句話說，對成人來說，偵測諷刺的涵義不太需要用到額葉，只要看臉就夠了。

至於額葉皮質中的白質呢？（白質大小可用來間接測量軸突髓鞘化的程度）？白質不像灰質採取先過度生產再修剪的方式；整個青春期期間，軸突都持續進行髓鞘化。如同附錄一裡面談到的，髓鞘讓神經元以更快速、更協調的方式溝通——隨著青春期的進展，額葉皮質中各個部分的活動相關性提高，更加接近一個有功能運作的整體單位。

這點很重要。學習神經科學時，很容易就會聚焦在單一腦區，彷彿它的功能和其他腦區無關（如果你將整個職涯貢獻在研究其中一個腦區，這個傾向會更嚴重）。舉例來說，有兩本高品質的生物醫學期刊，一本叫《皮質》（*Cortex*），另一本叫《海馬迴》（*Hippocampus*），分別刊載與自己最愛的腦區相關的文章。對於研究同一個默默無聞腦區的科學家而言，前去參加與會人數高達上萬人的神經科學會議具有社交的功能，他們可以在那裡大談八卦、建立關係和尋找對象。但現實是，大腦的重點在於迴路、在於腦區之間如何產生具有功能的連結。青少年腦中逐漸增長的髓鞘，說明了提高連結性有多麼重要。

有趣的是，青少年腦中的其他部分似乎會幫助還未發展完畢的額葉皮質，暫代額葉皮質扮演它還沒準備好上任的角色。譬如，青少年腦中的腹側紋狀體（ventral striatum）會幫忙調節情緒（但成人不會如此）；之後將再回來談這個主題。

另外，有些東西會讓菜鳥額葉的狀態顯得很古怪——在女性身上是雌性素和黃體素，在男性身上則是睪固酮。如同第四章討論過的，這些荷爾蒙改變腦部結構和功能，包括在額葉皮質，性腺荷爾蒙也會改變髓鞘化的比例和各種神經傳導物質的受體數量。照理來說，比起實際年齡，青少年腦部與行為的成熟度和性發育開始的時間關係更密切。

性發育可不只是性腺荷爾蒙的襲擊，重點在於性腺荷爾蒙**如何**逐漸步上軌道。卵巢內分泌功能有個決定性特徵，就是荷爾蒙的週期循環——「這個月的那個時間到了！」可以這麼說，青少女的性發育並未在初經來潮時完全成熟。事實上，初經之後的頭幾年，只有大約一半的週期中，卵巢確實排卵，且雌性素和黃體素隨時間起伏。所以，青春期前期的少女不只剛開始經歷排卵週期，也因為荷爾蒙的起伏未必總是出現，而有更高一層的波動。雖然男性青少年的荷爾蒙沒有同樣的螺旋狀起伏，也無法避免他們陽剛的血液不斷流向胯下，導致額葉皮質缺氧。

所以，青春期剛開始時，額葉皮質還有一些不合格的多餘突觸，因而減低了效率，又因為未完全髓鞘化而溝通遲緩，各個分區之間互不協調、亂成一團，運作方向背道而馳；此外，雖然紋狀體試著幫忙，這位額葉皮質的代打者能力仍然有限。最後，額葉皮質在這時候浸泡在時起時落的性腺荷爾蒙中。難怪青少年會表現得像青少年一樣。

青春期時，額葉皮質在認知方面的變化

為了瞭解額葉皮質成熟過程和我們最好及最糟的行為有什麼關係，首先要來看看在認知的範疇中額葉如何發展。

工作記憶、彈性運用規則的能力、執行組織功能和額葉抑制調節（譬如，在不同的作業間轉移注意力）在整個青春期都穩定進步。整體而言，隨著這些能力的進步，額葉在進行相關作業時也有越來越多的活動，根據增長幅度可以預測作業的準確度。

青少年在心智內化（mentalization）作業（理解別人的觀點）上表現也逐漸進步。我在這裡指的不是情緒的觀點（之後還會再談），而是比較純粹的認知挑戰，譬如理解一個物體從別人的角度看來是什麼樣子。偵測諷刺意涵的能力進步，也反映了抽象的認知觀點取替（perspective taking）能力的增長。

青春期時，額葉皮質在情緒調節方面的變化

任何經歷過青春期的人都知道，年紀較大的青少年所經驗的情緒比小孩和成人都更加強烈。譬如，青少年對於表現了強烈情緒的臉孔更有反應。[5] 成人看著「帶有情緒的臉孔」會活化杏仁核，對臉孔中的情緒內容習慣化之後，調節情緒的腹內側前額葉再接著活化。然而，青少年的腹內側前額葉反應較小，因此杏仁核的反應就不斷變強。

第 2 章曾介紹過「重新評估」，就是在遇到強烈情緒刺激時以不同的角度思考，藉此調節情緒反應。考試成績不好，情緒把你拉向「我很笨」；但如果進行重新評估，你可能就會聚焦在考試前沒有讀書或剛好感冒了，於是判斷這次的結果來自情境，不是因為你身上有什麼不可改變的素質所致。

隨著邏輯能力的神經地基逐漸打穩，重新評估的策略在青春期運用得越來越好。還記得在青春期剛開始時，腹側紋狀體試著要幫忙，便接下一些額葉的任務（由於額葉的工作超出了紋狀體的等級，它的效率頗低）。那時候，重新評估要靠紋狀體來完成；紋狀體活化程度越高，就可以預測杏仁

5　原注：一個有趣的例外是青少年對噁心的刺激反應特別強烈，無論主觀反應或腦島皮質活化的程度皆是如此。

核的活化程度越低，情緒調節也越佳。當青少年漸漸成熟，前額葉皮質接手工作，情緒又變得更加穩定。[6]

青春期的冒險行為

加利福尼亞洞穴（California Cavern）是個位在內華達山脈的山丘中的洞穴系統。探訪時，剛開始要先沿著三十英呎狹窄又曲折的山洞緩緩下行，然後，高度會驟然下降一百八十英呎（此時可以垂吊繩索通過）。州立公園管理處曾在洞穴底下找到數世紀前留下的骨骸，探險家踩錯一步就跌入深淵。而那些骨骸永遠都來自青少年。

實驗結果顯示，青少年在進行冒險的決策時，前額葉皮質的活化程度不如成人；活動越少，風險評估得越糟。根據倫敦大學學院（University College London）莎拉潔妮・布雷克摩爾（Sarah-Jayne Blakemore）的研究，青少年的風險評估還有種獨特的糟法。在研究中，參與者必須估計某件事發生的機率（中樂透、死於空難），然後研究人員告訴參與者實際的機率。回饋可能是好消息（也就是好事發生的機率高於參與者的估測，或壞事發生的機率較低），也可能是壞消息。之後請參與者再次估計同一事件的機率。結果，成人會將研究人員回饋的訊息整合進來。至於青少年，若得到的是好消息，會像成人一樣修改他們的答案，但如果回饋是壞消息，就幾乎一點影響也沒有（研究人員：「如果你酒後駕駛，發生車禍的機率是多少？」青少年：「不可能。」研究人員：「事實上，車禍的風險是50%。現在你覺得自己發生車禍的機率是多少？」青少年：「嘿，你問的可是我的情況。不可能。」）。講到這裡，就已經說明了為什麼在青少年中病態賭博的人數比例是成人的二到四倍。

所以青少年愛冒險又非常不擅長風險評估。但原因可不是青少年比較願意承擔風險。畢竟，青少年和成人渴望冒險的程度不同，成人之所以不冒險，是因為他們的前額葉皮質夠成熟。此外，在不同的年齡，對感官刺激的追求程度不同——青少年受高空彈跳吸引，成人則覺得違背低

6　原注：男性比女性更晚開始由額葉調節情緒。

鹽飲食的原則誘惑十足。除了更愛冒險，青春期的特色還包括尋求新奇的事物。[7]

對新奇事物的渴望瀰漫著整個青春期；我們通常在這個階段發展出對音樂、食物、時尚的穩定品味，接著，對新奇事物的開放度就日漸下降。這個現象不只出現在人類身上。齧齒類動物的一生中，在青春期最願意嘗試新的食物。人類以外的靈長類動物在青春期時，尋求新奇事物的傾向尤其強烈。許多群居哺乳類動物的其中一個性別會在青春期離開原生群體，遷移到另一個群體中，這是避免近親繁殖的典型方法。高角羚（impala）的群體成員包括一群具有血緣關係的母羚及其後代，加上一隻參與繁殖的公羚，其他「單身漢」公羚則群聚在一起閒混，每隻都密謀篡位。當年輕的公羚進入青春期，參與繁殖的公羚就會把牠趕走（牠父親掌權的日子早在好幾個朝代之前，當權者不可能是牠的父親，所以別提伊底帕斯情節之類的無稽之談）。

但靈長類動物不是這樣。以狒狒為例，假設兩群狒狒在某個自然邊界旁邊——好比說，一條小溪——相遇了。公狒狒們互相嚇唬了一番，終於覺得無聊，於是回去做牠們剛才做到一半的事。只除了一隻青少年狒狒，牠站在溪邊專注地看著。整整一大群沒看過的狒狒！牠朝牠們跑去，前進五步，後退四步，緊張不安。牠小心翼翼到了對岸，坐在那裡，只要另一群狒狒中有任何一隻看向牠，就趕快跑回去。

轉變慢慢發生，牠和這群陌生狒狒相處的時間每天都拉長一點，直到切斷與原生群體相連的臍帶，開始在另一邊過夜。牠並不是被趕出來的。事實上，若要牠和從出生就在一起的同一群狒狒再多相處一天，牠就會放聲大叫。至於黑猩猩，則是母黑猩猩在青春期時迫不及待地想離開鄉下老家。我們這些靈長類動物沒有在青春期被趕出家門，而是我們自己迫切渴望新鮮感。[8]

7　原注：比起男性，女性追求感官刺激的高峰期較早開始，也較早結束。

8　原注：但這並無法解釋，譬如說，為什麼是公狒狒和母黑猩猩離家，也無法解釋為什麼人類追求新鮮感的程度有這麼高的個別差異。第 10 章將間接觸碰到這個議題。

所以，青春期關乎冒險和尋求新奇。那多巴胺酬賞系統在這裡頭扮演什麼角色呢？

還記得第 2 章提到，「中腦—邊緣多巴胺」由腹側被蓋區投射到伏隔核，「中腦—皮質多巴胺」則由腹側被蓋區投射到額葉皮質。在青春期，兩條路徑的投射密度和訊號都穩定增長（不過尋求新奇的傾向達到巔峰的時間點是青春期中期，這大概反映出額葉在那之後就開始進行調節）。

目前還不清楚預期得到酬賞時會釋放多少多巴胺。有些研究顯示，青少年酬賞路徑的預期性活化程度較成人來更高。但其他研究結果則相反，發現最愛冒險的青少年多巴胺反應最低。

比起多巴胺含量的年齡差異，各個年齡釋放多巴胺的不同模式更加有趣。有一個了不起的研究分別請兒童、青少年和成人在腦部掃描儀中進行一項作業，只要答對就可以獲得不同額度的金錢作為酬賞（見下圖）。過程中，兒童和青少年的前額葉活動同樣散漫無章。不過，青少年伏隔核的活動就不同了。兒童在答對問題時，無論酬賞多少，伏隔核提高活動的程度差不多都一樣。至於成人，大、中、小的酬賞會分別引發伏隔核高、

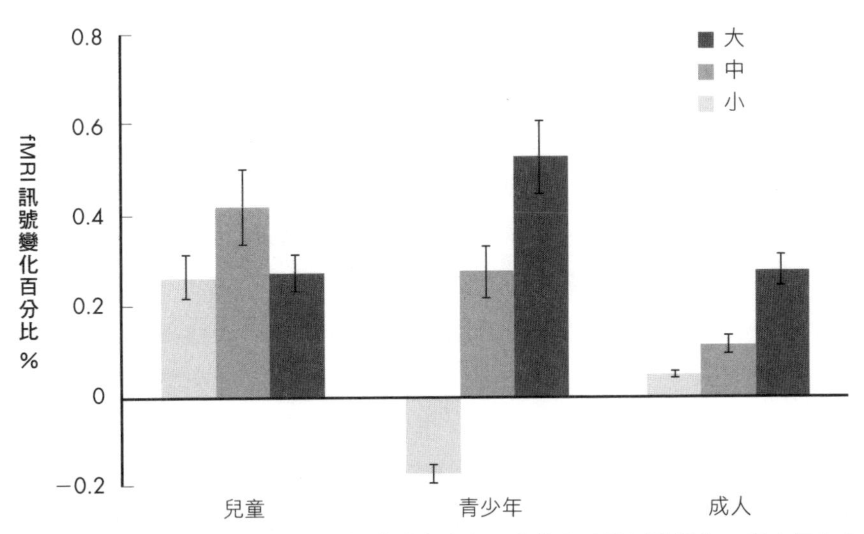

在給予不同強度的酬賞之後，腦部「酬賞中心」中的多巴胺活動變化。青少年在多巴胺活動提高時特別高，降低時也特別低。

中、低度的活動。那青少年呢？青少年得到中等酬賞的反應和小孩、成人一樣。得到高額酬賞時，反應提高許多，比成人強烈多了。至於小額酬賞呢？伏隔核活動**下降**。換句話說，對於超出預期的酬賞，青少年的經驗比成人更正向，對於比預期還少的酬賞則更加厭惡。他們就像旋轉中的陀螺那樣飛快竄動，幾乎快要失控。

這說明大量酬賞在青少年身上可以引發程度放大的多巴胺訊號，小心謹慎地行動之後只得到合理的酬賞則讓他們感覺很糟。未成熟的前額葉皮質絕對沒辦法對抗這樣的多巴胺系統。但有件事還是令人困惑。

撇開青少年那瘋狂又無拘無束的多巴胺神經元不談，青少年在知覺風險的許多面向上，擁有和成人相當的推理技巧。儘管如此，青少年卻經常拋棄邏輯和推理不用，表現得像個青少年。天普大學（Temple University）的勞倫斯．史坦堡（Laurence Steinberg）已經發現青少年特別無法三思而後行的關鍵時刻：和同儕在一起的時候。

同儕、社會接納（social acceptance）與社會排斥（social exclusion）

大家都說青少年容易受到朋友帶來的同儕壓力影響，尤其是在希望對方接納自己、把自己當朋友的時候。這可以透過實驗證明。在史坦堡的一項研究中，青少年和成人在打賽車電玩時冒險的機率相同。加入兩個同儕在旁邊搧風點火，對成人沒有影響，但青少年冒險的機率提高三倍。而且，受到同儕（透過對講機）煽動的青少年參與者，在神經造影上的腹內側前額葉活動減少，腹側紋狀體活動增加，但成人參與者就沒有這種效果。

為什麼青少年的同儕擁有這種社會力量？首先，比起小孩和成人，青少年更常社交，青少年的社交也特別複雜。譬如，2013 年的一項研究顯示，青少年在臉書上平均有超過四百個朋友，比成人多出許多。此外，青少年的社交中，情感成分特別重，也對情緒訊號反應特別強——還記得青少年在看到帶有情緒的臉孔時，邊緣系統的反應特別強、額葉皮質的反應比較弱。青少年結交四百個臉友，可不是在為社會學學位收集資料，而是因為他們瘋狂需要歸屬感。

這導致青少年特別容易受同儕壓力及情緒感染（emotional contagion）影響。此外，這種壓力通常會「訓練偏差行為」，提高暴力行為、藥物濫用、犯罪、高風險性行為或危害健康的習慣之機率（沒什麼青少年幫派會施壓要其他小孩加入刷牙活動，再一起去做些善事）。譬如，在大學宿舍裡，飲酒過量的學生比較容易影響滴酒不沾的室友，而非不喝酒的室友反過來影響對方。飲食疾患在青少年之間散布的模式，彷彿病毒感染一樣。同樣的情形也出現在青少女的憂鬱上，反映出她們傾向「共同反芻」（co-ruminate）問題，增強彼此的負面情緒。

神經造影研究的結果顯示出青少年對同儕極為敏感。請成年參與者想像別人怎麼看自己，再想著自己怎麼看自己。進行這兩種作業時，在額葉和邊緣系統分別有兩個不同但部分重疊的網絡活化。但青少年在兩項作業的腦部影像一模一樣。被問到「你怎麼看自己」時，他們的神經系統直接用「大家怎麼看我」來回答。

針對社會排斥神經生物機制進行的研究，以很美的方式展現了青少年對歸屬感的瘋狂需求。加州大學洛杉磯分校的娜歐米・艾森柏格（Naomi Eisenberger）發展出聰明又殘忍的「網路投球」（Cyberball）研究模式，來製造出備受冷落的感覺。研究參與者躺在腦部掃描儀中，相信自己正和另外兩個人一起玩線上遊戲（當然，另外兩個人其實不存在——和參與者一起玩的是電腦程式）。每位玩家在螢幕上各據一方，構成一個三角形。三位玩家在螢幕上互相投球，參與者選擇投給另外兩人之中的一位，也相信他倆會這麼做。互相投球一陣子之後，在參與者不知情的時候，實驗開始了——另外兩位玩家不再投球給參與者。他被這兩個怪胎排擠了。此時，成人的導水管周圍灰質、前扣帶迴、杏仁核和腦島皮質活化。很好——這些區域是痛覺、憤怒和噁心的中樞。[9] 過了一段時間，腹外側前額葉活化；腹

9 原注：運用「網路投球」的研究通常有個重要的控制組：參與者一樣加入三方投球的電腦遊戲，但研究人員告訴他們：「糟糕，現在有個技術問題。我們聯繫不上另外兩位玩家，要花點時間修復這個問題，請稍候。」等問題「修復」完畢，另外兩

外側前額葉的活化程度越高，前扣帶迴和腦島就越平靜，參與者之後描述的感受也不那麼沮喪。較晚開始的腹外側前額葉活動有什麼意義？「我幹嘛沮喪？這不過是個愚蠢的投球遊戲！」額葉皮質帶著不同的觀點、理性及情緒調節的功能前來救援了。

現在，換青少年參與實驗。有些青少年的神經影像和成人一樣；根據參與者的自評，這群青少年在所有參與者中對拒絕最不敏感，也最常和朋友在一起。但多數青少年在社會排斥發生時，腹外側前額葉都幾乎沒有活化；其他腦區變化則比成人強烈，參與者描述的感受也更糟糕——青少年的額葉不夠有力，沒辦法有效說服自己這為什麼不重要。遭受拒絕對青少年造成的**傷害**更大，使他們更強烈地需要融入同儕。

有一個神經造影研究檢視了從眾（conformity）行為在神經層面上的組織運作。看著一隻手移動時，前運動區（premotor regions）裡與自己手部動作相關的神經元會稍微活化——你的大腦幾乎就要模仿起對方的動作了。在這個研究裡，10 歲的參與者觀看手部動作或臉部表情的短片，其中最容易受同儕影響的人（以史坦堡發展的量表來測量），[10] 觀看時前運動區活化程度最高——但只有觀看臉部表情時才會出現這個現象。換句話說，對同儕壓力較為敏感的孩子特別容易模仿別人的情緒（根據研究參與者的年齡，研究者表示結果有預測青春期行為的潛力）。[11]

位玩家繼續投球。換句話說，參與者還是被冷落了，但原因是技術問題，無關社會因素。這時，以上提到的腦區全都沒有活化（不過呢，如果是我在比較沒有安全感的情況下，等到電腦修好，我絕對會認為另外兩個人已經組成小團體，發現沒有我在遊戲裡，他們比較開心，於是決定繼續排擠我。或者，就算他們把球丟給我，也是在屈就之下，於是我的中腦—邊緣多巴胺系統馬上就開始萎縮）。

10 原注：做這份量表時，受測者必須閱讀與社會從眾相關的不同描述，回答自己符合的程度——「有些人為了讓朋友開心，總是順著朋友」、「有些人會向朋友說些自己也不太相信的事情，因為他們相信這會讓朋友更尊敬自己」等等。

11 原注：有些讀者應該認得出來，這些模仿動作的前運動區神經元就是「鏡像神經元」（mirror neurons）。之後有一章將談到鏡像神經元系統的迷人之處——但有太多關於鏡像神經元的說法其實誇大不實。

單就這個解釋來看，或許可以預測哪些青少年比較可能會和別人一起尋釁滋事。但不太能夠說明誰會因為其他酷小孩覺得她很遜，而不被邀請參加派對。

另一項研究則顯示出更抽象的同儕從眾行為與神經生物學之間的關聯。回想一下，青少年的腹側紋狀體在社會排斥發生時，會幫忙額葉皮質進行重新評估。在這個研究中，年紀較小的青少年中最能抵抗同儕影響的人，腹側紋狀體的反應最強。這種較強的反應從哪裡來呢？讀到這裡，你應該已經知道答案了。在後面的章節裡，你就會知道詳細的答案。

同理心、同情心與道德推理（moral reasoning）

大多數人進入青春期時，都已經有不錯的觀點取替能力，可以看到別人眼中的世界。通常是在這時候，你會首次聽到這類的話：「嗯……我還是不同意，但想到他過去的經驗，我可以理解為什麼他會那麼想。」

儘管如此，青少年依然還不是成人。和成人不同，他們比較擅長第一人稱的觀點取替，而非第三人稱（這兩者的差別在於「如果你在她的處境會有什麼感覺？」對比「**她**在那種情況下會有什麼感覺？」）。儘管青少年的道德判斷日漸細緻，仍比不上成人的水準。青少年已經不再擁有兒童那種平等主義的傾向，什麼都要平均分配，他們多以功績主義（meritocratic）的方式決策（再加入一點效益主義和自由主義的觀點）；功績主義式的思考比平等主義細緻一些，因為平等主義只關注結果，而功績主義把原因也考量在內。不過，青少年的功績主義式思考沒有成人來得複雜——譬如，青少年可以像成人一樣，理解個人的處境如何影響他的行為，但還難以理解系統性的因素。

隨著青少年日漸成熟，他們越來越能區分有意和無意的傷害，並認為前者比較糟糕。想著無意的傷害時，和疼痛處理相關的三個腦區，也就是杏仁核、腦島和前運動區（前運動區的活動反映出當人聽到與受苦相關的事，身體會出現緊縮的反應）的活化程度就下降了。同時，想到刻意造成的傷害時，背外側前額葉和腹內側前額葉的活化程度提高。換句話說，瞭解別人遭到刻意傷害所造成的痛苦是額葉的工作。

當青少年成熟之後，也更加懂得區辨對人及對物品的破壞（並認為傷害人比較糟糕）；對人的傷害使杏仁核更加活化，對物品的破壞則效果相反。有趣的是，隨著青少年的年紀增長，對於有意或無意破壞物品該採取什麼方式處罰，他們的回應越來越沒有差別。也就是說，不管是意外或刻意造成的，物品遭到破壞時，最顯著的一點變成「得有人來修理那該死的東西」——雖然不再為已經發生的事感到懊悔不已，還是得收拾殘局。[12]

說到青少年，（和本書關注焦點相關的）最偉大的一點就是，他們狂亂、躁動不安、情感熾熱，能夠感受別人的痛苦、感受所有人的痛苦，試著把每件事都做對。這又該怎麼解釋呢？之後有一章將談到同情心和同理心的差別——同情心是**為**別人的痛苦**感到同情**（feeling *for*），同理心則是感覺**彷彿**（feeling *as*）自己就是對方。青少年是同理心專家，只是感覺**彷彿**像對方一樣的程度強烈到接近感覺自己**就是**（*being*）對方。

毫不意外地，這種同理心的強度是青春期許多面向交集的結果。青少年的情緒過剩，邊緣系統忙得團團轉。青少年在情緒高亢時更加高亢，低落時更加低落，對別人痛苦感同身受，強烈得可以灼傷自己，做對事情時感受到的狂喜讓他們相信，我們的存在都有特定的目的。另一個因素是對新奇事物的開放性。有開放的腦，才有開放的心，青少年對嶄新經驗的渴望，讓他們對無數人的處境都設身處地體驗。而且，青少年還很自我中心。我在青春期的尾聲常和貴格會信徒（uakers）一起打發時間，他們常講一句格言：「上帝所求即汝。」（All God has is thee.）意思是上帝方法有限，祂不僅需要人類助祂一臂之力來撥亂反正，而且需要的就是你，就只有你，以達到目的。自我中心的魅力簡直就是為青少年量身訂作的。只要擁有青少年用不完的精力，加上無所不能的感覺，你就會覺得自己似

12 原注：有時候，破壞物品會引發強烈的情緒傷害——譬如，毀壞宗教遺物就有這樣的效果——我還沒看到任何研究探討這如何隨著年齡成熟而發展得越來越細緻。之後有一章將談到這類象徵性物品的巨大力量。

乎能讓世界變得完滿，誰拒絕得了這個？

第 13 章會討論到，讓人真正做出勇敢又困難之舉的，既不是熾熱的情緒同理能力，也不是高超的道德推理。這點出了青少年同理心在細微之處的限制。

我們接下來將看到，有時候，如果我們想得夠多、可以把事情合理化，那麼，同理心反應並不必然導致行動（「這其實不成問題，是他太誇大了」或「會有別人來解決這個問題的」）。但感覺太豐富也會出現問題。感受別人的痛是很痛苦的，事實上，最能強烈感受別人痛苦、而且因此而變得明顯激動又焦慮的人，比較不會展現出利社會行為。反之，個人所感受到的苦痛會引發自我聚焦（self-focus），而使個體選擇迴避——「這太可怕了，我沒辦法再待在這裡。」同理心他人痛苦的感受越來越強時，你自己的痛苦成了優先考量。

相比之下，個體越能夠調節與同理心相關的負面情緒，就越可能做出利社會行為。如果你處在一個令人難受、可以引發同理心的情境，當你的心跳上升，展現利社會行為的機率會比心跳下降時來得更低。所以，若要知道誰會真的做出善行，預測指標就是保持超然的能力，能夠駕馭同理心的浪潮，不會淹沒其中。

那麼，該怎麼在討論上述議題時，把毫不掩飾真實感受的青少年，和他們火力全開的邊緣系統、拚命追趕的額葉皮質也納入其中呢？我想答案很明顯。過分活躍的同理心很容易搞砸行為。

對成人來說，青春期的同理狂熱可能太誇張了點。但當我看到我最好的學生處在那種狀態時，我也能感同身受——過去，要產生那樣的感受真是容易太多了。我成年的額葉皮質或許讓我保持超然，做出一些好事。當然，問題就在於那股超然也使人能夠輕易認定「那不關我的事」。

青少年暴力

不用我說，你也知道青春期的歲月不會全都花在舉辦餅乾義賣以對抗全球暖化。青春期晚期到成人早期是暴力行為的顛峰，不管暴力的種類是謀殺或衝動殺人、像維多利亞時代那樣赤手空拳互毆或使用手槍、單槍匹馬或成群結隊（穿制服或沒穿制服）、針對陌生人或親密伴侶。在那之後，暴力行為的比率驟然下降。就像有人說過，打擊犯罪最有效的工具就是 30 歲生日。

某種程度來說，青少年搶匪身上的生物機制，其實類似加入生態保育社團、捐出零用錢來拯救山地大猩猩（mountain gorilla）的青少年。共通之處還是那些——強烈的情緒、渴望同儕認可、尋求新奇，還有，噢，額葉皮質。但相同之處就到此為止。

青少年暴力行為的顛峰背後有些什麼？神經造影顯示青少年的暴力和成人的暴力沒有差異。青少年和成年心理病態者的前額葉和多巴胺系統都對負向回饋敏感度較低，他們對痛比較不敏感，進行運用道德推理或同理心的作業時，杏仁核和額葉皮質的連結程度較低。

此外，青春期的暴力顛峰並非來自睪固酮高漲；回到第四章的內容，睪固酮在青少年身上導致暴力的程度並不會高於成年男性。而且，睪固酮在青春期早期達到最高峰，但暴力行為的顛峰卻在青春期晚期。

下一章將談到青少年暴力的部分根源。現在則先把重點放在：青少年自我調節與判斷力的平均水準不如成人的平均水準。這使我們容易認為青少年罪犯比成人罪犯更不具負責的能力。另有一種觀點，認為即便青少年的判斷力和自我調節能力較差，還是應判同等罪刑。最高法院曾採取第一種觀點，做出了兩個具有標誌性意義的決定。

首先是 2005 年的羅珀訴西蒙斯案（Roper v. Simmons），最高法院以 5：4 判決，判定對犯罪時未滿 18 歲的罪犯處以死刑屬於違憲，違反了憲法第八條修正案中禁止殘酷與逾常刑罰的規定。接著是 2012 年的米勒訴阿拉巴馬州案（Miller v. Alabama），又是一次 5：4，最高法院基於類似的理由，宣告不得對少年犯判處無期徒刑且不予假釋機會。

最高法院的推論簡直像是直接出自本章所述的內容一樣。大法官安東尼・甘迺迪（Anthony Kennedy）為羅珀訴西蒙斯案中的多數意見寫道：

> 首先，〔所有人都知道，〕青少年比成人更不成熟，責任感也尚未完全發展，這種情況出現在年輕人身上也比較受到理解。這些特性往往導致衝動魯莽且未經思考的行動與決定。

我完全同意以上判決。不過，我先招認，我認為這不過是表面工夫。第 16 章的長篇大論將會談到，我認為濃縮在本書的科學成果將徹底翻轉整個刑事司法系統。

最後談幾個想法：為什麼額葉皮質就是不能依照年齡的腳步發展？

我已經說過，本章內容圍繞著額葉皮質延遲成熟這個主軸。為什麼會延遲？是不是因為打造額葉皮質是大腦裡最複雜的工程呢？

答案八成不是這樣。額葉皮質和腦中其他部分使用相同的神經傳導物質系統和基本上相同的神經元。神經元密度和神經元互相連結的複雜度也類似其他（高級的）皮質。打造額葉皮質的工程並沒有顯著地比其他皮質區更困難。

所以，事情似乎不是「假如額葉皮質生長的速度『可以』等同其他皮質區，大腦『就會這麼做』」。事實上，我認為延遲額葉皮質成熟的時間是演化的選擇。

假如額葉皮質的成熟速度就像腦中其他部分一樣，或許就不會有混亂的青春期，沒有在焦躁不安、心癢難耐狀態之下迸發的探索與創造力，也不會出現一大堆滿臉粉刺的天才少年輟學躲在車庫裡埋首研究，於是發明了火、洞穴壁畫和輪子。

也許是這樣。但這個理所當然的故事一定要符合演化過後的行為，目的不是為物種整體著想，而是要傳承個體的基因（別走開，第 10 章還會再談）。只要有一個因為青春期充滿創造力而如獲新生、大放異彩的人，就有更多青春少年因為輕率魯莽而做出非常危險的事。我不認為額葉皮質演化得較晚成熟，是為了讓青少年行為過火。

我反而認為延遲成熟是為了把它長好。嗯，廢話；大腦需要「長好」每一個部分。但額葉皮質長好的方式比較特別。上一章的重點是腦的可塑性——形成新突觸、生成新的神經元、神經迴路重新連結、腦區擴大或縮小——我們學習、變化、適應。這點在額葉皮質的重要性比其他任何腦區都高。

大家常說青春期的「情緒智能」（emotional intelligence）和「社會智能」（social intelligence），比智力或學術水準測驗考試（SAT）成績更能預測一個人在成年後是否成功又快樂。而這一切都關乎社會記憶、情緒上的觀點取替、衝動控制、同理心、與他人合作的能力，還有自我調節。我們可以和其他靈長類動物相類比，牠們也擁有又大、成熟得又慢的額葉皮質。譬如，一隻屬於支配階層的公狒狒是怎麼「成功」的？**取得**高位階的關鍵在於肌肉、尖銳的犬齒、在恰當的時機展開攻擊。不過，一旦站上高位，**維持**地位的關鍵就變成了社會層面的聰明才智——曉得該跟誰結盟、怎麼嚇唬敵人、衝動控制要夠，才能忽略大部分的挑釁，並將替代性攻擊保持在合理範圍內。如同第 2 章曾提到的，前額葉皮質較大的公恆河猴，也在社會階層占有支配地位。

成年生活的道路上到處都是關鍵的分岔路口，而正確的路一定比較難走。帶著我們安然度過這一切，是額葉皮質的職責所在，若要發展出在各個脈絡下都能做出正確選擇的能力，則深深仰賴經驗的塑造。

也許這就是答案。我們將在第 8 章看到，大腦深受基因影響。我們帶著基因展開一生，但從出生到成年早期，人類大腦中定義了我們的部分，比較不是源於生命開始時就跟著我們來到世界上的基因，而是來自人生經驗所帶給我們的東西。由於額葉皮質最晚成熟，本質上，它是腦中最不受基因限制、又最受經驗雕塑的部分。為了成為像我們這樣極其複雜的社會性物種，這是必要的方法。想不到，在經過演化之後，基因似乎設定人腦的發展過程中，要極盡所能讓額葉皮質擺脫基因的限制。

07

回到搖籃裡，回到子宮裡

結束了「青春期星球」的旅程，我們回到原本的軌道上。我們的行為出現了——不管這個行為是好是壞，又或是難以評價。為什麼呢？在尋找行為根源時，我們很晚才會想到神經元或荷爾蒙，首先探究的通常是童年。

複雜化（complexification）

很顯然，整個童年就是在提高行為、思想和情緒每一面向複雜性的歷程。但很重要的是，複雜化的過程通常以固定、普世皆然的一系列階段來呈現。大部分的兒童行為發展研究都隱含著階段導向，探討：（a）各個階段出現的順序；（b）經驗如何影響一連串發展進程的速度及確實度；以及（c）發展過程如何使小孩變成最終那個大人。我們先從發展具有「階段性」這背後的神經生物學開始。

大腦發展概覽

人腦的發展有階段性是很合理的。受孕之後幾週，一波神經元誕生潮襲來，然後各自遷移到正確位置。大約在二十週時，突觸大量形成——神經元開始彼此交談。接著，軸突裹上了髓鞘，神經膠細胞形成絕緣體（構成「白質」），加快了運作速度。

人類的神經元形成、遷移和突觸新生，主要發生在出生之前。相比之下，人在出生時沒有多少髓鞘，較晚演化出來的腦區更是如此；如同我們已經看到的，髓鞘化的過程長達四分之一個世紀。髓鞘化的各個階段及隨之發展出來的功能是固定的。譬如，語言理解的核心皮質區比語言製造區早幾個月開始髓鞘化——小孩先是能夠理解語言，接著才產生語言表達。

能夠傳送訊息到最遠處的神經元有最長的軸突，其髓鞘化的工程最重要。所以，髓鞘化特別能促進腦區**互相交談**的功能。沒有一個腦區是座孤島，在四散各地的腦區之間形成連結的迴路是不可或缺的，否則，額葉皮質要怎麼運用少數具有髓鞘的神經元，來跟腦中位在地下二樓的神經元溝通，好幫你完成如廁訓練？

我們已經知道，哺乳類動物的胎兒會製造過量的神經元和突觸，再修剪效率不佳或無用的神經元和突觸，創造出更精簡省力、也更有效率的神經迴路。再重提上一章談到的：越晚成熟的腦區，就有越高比例由環境塑造，而非受基因影響。

發展階段

兒童發展階段怎樣有助於解釋成人好／壞／界於好壞之間的行為呢？（本書的起點就是那個成人行為）所有的發展階段理論都源於 1923 年，這個領域的先驅尚．皮亞傑（Jean Piaget）以巧妙又優雅的實驗揭露了認知發展的四個階段：

- 感覺動作期（Sensorimotor stage，出生至二十四個月）：思想只關注在直接感覺與探索的對象。小孩在這個階段（通常是八個月左右）發展出「物體恆存」（object permanence）的概念，開始可以理解到，就算看不到某個物體，那個物體還是存在——嬰兒可以對不在眼前的物體產生心像（mental image）。[1]

1 原注：面對一個語前期（preverbal）的嬰兒，該怎麼證明他有物體恆存的概念呢？給還不到這個階段的嬰兒看一樣填充娃娃，然後把它放進箱子裡。對這個嬰兒來說，娃娃就不存在了。現在，再次取出來，他想：「天啊，那娃娃從哪來的？」同時心跳

- 運思前期（Preoperational stage，2 歲前至 7 歲）：不需要明確的例子在眼前，就可以對世界如何運作保有一定的概念。象徵性思考增加，經常出現想像遊戲。然而，這個階段的小孩用直覺來推理——沒有邏輯、沒有因果關係。他們還沒有「體積守恆」（conservation of volume）的概念。在一模一樣的 A 燒杯和 B 燒杯中裝入等量的水，將 B 燒杯的水倒入形狀比較細長的 C 燒杯，問小孩：「哪一杯的水比較多，A 燒杯還是 C 燒杯？」處在運思前期的小孩會用錯誤的普通直覺來判斷——C 的水位比 A 高，所以 C 燒杯的水一定比較多。

- 具體運思期（Concrete operational stage，7 至 12 歲）：邏輯思考出現，這個年紀的小孩遇到不同形狀的燒杯問題時不會再上當了。不過，在某些特定例子上要展現邏輯，他們的表現還是不太穩當。抽象思考也是如此——舉例來說，他們會從字面上來理解諺語的意思（他們覺得「Birds of afeather flock together」〔物以類聚〕意思就是「相似的鳥兒群聚在一起」）。

- 形式運思期（Formal operational stage，青春期以後）：抽象思考、推理和後設認知的水準逐漸接近成人。

認知發展的其他層面也可以分成不同的階段。在其中一個早期階段，幼兒開始發展自我界線——「世界上有個『我』，獨立於其他人存在」。

加速。一旦孩子對物體恆存的概念上手之後，從盒子裡拿出娃娃時，他想（邊打呵欠）：「我早就知道你把娃娃放在裡面了」——心跳不會加速。還有更棒的：把娃娃放進盒子，再從裡面拿出另一個東西（譬如說一顆球）。還未發展出物體恆存概念的小孩不會感到驚訝——娃娃不在了，球出現了。但具有物體恆存概念、年紀較大的小孩會想：「咦，娃娃變成球了！」——而且心跳上升。

處在「如果我看不到你（或如果我不像平常那麼輕易就能看到你），那你也看不到我」階段的小孩，玩起捉迷藏就是這個樣子。

當幼兒不太清楚自己的範圍結束在哪裡，媽咪的範圍又從哪裡開始——媽媽割到手指，孩子喊手指痛——就顯示出這個小孩還沒有自我界線。

進入下一個階段，孩子開始明白其他人知道某些不一樣的訊息。當別人的手指向某處，九個月的嬰兒望向那裡（其他猿類和狗也會），知道比出手勢的人擁有自己不知道的訊息。他們之所以跟著看，背後有動機存在：那個玩具**在**哪裡？他在看哪裡？年紀較大的小孩理解範圍更廣，知道別人擁有和自己不一樣的想法、信念和知識，這個階段的里程碑則是發展出心智理論（Theory of Mind，簡稱 TOM）。[2]

如果缺乏心智理論，會是這個樣子：一個 2 歲小孩和一個大人看著放在 A 盒子裡的餅乾。大人離開了，研究人員把餅乾換到 B 盒裡，問小孩：「那個人回來之後，如果他要找餅乾，會看哪個盒子？」B 盒子——小孩知道餅乾在 B 盒裡，所以他覺得全天下的人都知道（見上圖）。大約 3、4 歲時，這個孩子則推論：「雖然我知道餅乾在 B 盒裡，但其他人會以為還在 A 盒裡。」叮咚——心智理論出現了！

能夠通過這些「錯誤信念」（false belief）的測試，是發展過程中重大

2 譯注：TOM 在心理學中並不真的是一個理論，而是一種能力，因此是大寫。

的里程碑。心智理論繼續進步，發展出更厲害的洞察力——譬如，能夠掌握諷刺意涵、觀點取替或次級心智理論（理解 A 對 B 有什麼心智理論）。

許多不同的皮質區都參與心智理論的調節：內側前額葉的部分區域（意外吧！）加上一些新選手，包括楔前葉（precuneus）、顳上溝（superior temporal sulcus）和顳頂交界區（temporoparietal junction，簡稱 TPJ）。神經造影提供了佐證，如果這些區域受損，心智理論的能力就會出現缺失（自閉症患者的心智理論能力有限，其顳上溝的灰質與活動都較少）；如果暫時抑制某人顳頂交界區的活動，他在對別人進行道德評價時，就不會將對方的意圖納入考量。

所以，先是出現各個階段的視線追蹤，接著有了初級心智理論，然後是次級心智理論，再來是觀點取替，經驗也同時影響轉變的速度（譬如，有哥哥姐姐的小孩出現心智理論的年齡早於平均年齡）。

想當然爾，對於這種區分認知發展階段的取向，不乏批評的聲音。其中一種批評正符合本書的中心論點：皮亞傑提出的架構只屬於「認知」的籃子，忽略了社會和情緒因素的影響。

其中一個第 12 章將會討論到的例子關於語前期的嬰兒。我們可以肯定他們還無法掌握遞移性（transitivity）的道理（如果 A 大於 B，且 B 大於 C，那麼 A 大於 C）。在螢幕上播放不同圖形之間違反遞移性的互動（A 圖形應該要撞倒 C 圖形，但出現相反的情況），嬰兒對此感到不痛不癢，不會看太久。但把圖形擬人化，加上眼睛和嘴巴，嬰兒心跳上升，看得比較久——「哇，**人物 C** 應該要滾開，別擋**人物 A** 的路，而不是相反。」比起物體之間的關係，人類更早開始理解個體之間的邏輯運作。

社會和動機的狀態也可以改變認知發展階段。當黑猩猩和其他黑猩猩互動（相較於和人類互動），且有個能夠引起動機的東西，比如說食物在場，牠們更能展現出初階的心智理論。[3]

3 原注：你會怎麼對這個進行測試？兩個人站在一隻猴子面前，其中一人矇住雙眼。一份食物被藏起來了。接著，解開矇住眼睛的布，當猴子要選一個人去找食物時，情緒和情感能夠影響非常小範圍的認知發展。我在我女兒身上看到一個極佳的例子，她一口氣展現了運用心智理論**和**心智理論失靈的情況。她在幼兒園轉學之後，回去拜訪以前的班級。她跟大家描述新學校的生活：「然後，吃完午餐，我們玩盪鞦韆。我的新學校有鞦韆。然後，玩完盪鞦韆，我們進教室，卡蘿莉唸故事給我們聽。然後……」運用心智理論：「玩盪鞦韆」——等等，他們不知道我的新學校有鞦韆，我得告訴他們。心智理論失靈：「卡蘿莉唸故事給我們聽。」卡蘿莉是新學校的老師。照理來說，應該要用同樣的邏輯——告訴她們卡蘿莉是誰。但因為卡蘿莉是全世界最棒的老師，心智理論出現失誤。後來我問她：「你為什麼沒告訴大家卡蘿莉是你的老師？」「喔，大家都認識卡蘿莉。」大家怎麼可能不認識卡蘿莉呢？

感受別人的痛苦

心智理論帶我們走到下一步——其他人的**感覺**可能和我不同，包括痛苦的感覺。瞭解這點還不足以構成同理心。畢竟，反社會者（sociopath）缺乏同理心到病態的程度，但他們藉由出色的心智理論，在操弄人心和殘酷無情方面勝過眾人。這份理解對同理心而言也並非不可或缺，因為年紀小到還未展現心智理論的小孩，也能初步感受到別人的痛苦——幼兒看到有人假哭，會把自己的奶嘴給對方，試著安慰對方（這只是初階的同理心，因為他還無法想像有人可以用和自己不同的方式得到安慰）。

是的，這份同理心還非常初階。也許這個幼兒深深感同身受。或者他只是被那哭聲搞得很煩，為了自己的利益而試圖讓那個大人安靜下來。在童年期間，同理心能力從因為自己**就是**對方而感受到他們的痛苦，發展到**為**對方感到痛苦，再到**彷彿像**對方**一樣**痛苦。

小孩的同理心背後的神經生物學可以說得過去。就像第 2 章說明的，

這位宇宙無敵心智理論大師心想：「不要找剛才眼睛被矇起來的那個人，他不知道食物在哪裡。」

成人看到別人受傷時，前扣帶迴皮質會活化。杏仁核和腦島也是，特別是刻意傷害的情況——既憤怒又噁心。包括（情緒的）腹內側前額葉在內的前額葉腦區也參與其中。目睹身體上的疼痛（譬如，一根針戳進手指）會引起一種非常具體的替身模式：導水管周圍灰質（你**自己**的痛覺中樞）、感覺皮質中從**自己的**手指接收感覺的部位、還有命令你自己的手指動作的運動神經元會活化。[4] 你的手指緊縮。

芝加哥大學的尚・德賽迪（Jean Decety）的研究顯示，7 歲小孩看到別人感到痛苦，活化最強的那些腦區，和具體事實的相關性比較高——導水管周圍灰質、感覺皮質和運動皮質——導水管周圍灰質的活動搭配了極低的腹內側前額葉活化。在年紀大一點的小孩身上，腹內側前額葉則連結到越來越強的邊緣系統活動。到了青春期，變得比較強的腹內側前額葉，則連結到心智理論的相關區域。這是怎麼一回事？同理心從「他的手指一定**很痛**，以至於我忽然也感覺到自己的手指」這麼具體的世界，轉移到以類似心智理論的方式，關注手指被戳的人有什麼情緒和經驗。

年紀還小時，針對有意或無意的傷害、傷害人或破壞物體而產生的同理心沒有什麼差別。當導水管周圍灰質的同理反應減緩，腹內側前額葉和心智理論相關區域的參與度提高，才出現這些區別；而且，到了這個時候，故意的傷害會活化杏仁核和腦島——代表對惡人感到既憤怒又噁心。[5] 也是在這時候，小孩開始區分自己造成與別人施加的痛苦。

還有其他能力也發展得更細緻——大約 7 歲時，小孩開始表達同理心。10 到 12 歲時，同理的對象更廣泛，此時的同理心也更抽象——可以

4　原注：這種「感覺—運動的共振」可能讓你想到了「鏡像神經元」。第 14 章將檢視鏡像神經元在做些什麼（很多和大家猜測的鏡像神經元功能之間有明顯差異）。導水管周圍灰質的參與也令人聯想到欠缺同理心的反社會者，就像第 2 章討論過的，他們的痛覺遲鈍得超乎尋常。

5　原注：前一章提到了一篇德賽迪的論文，文中有另一個有趣的發現：當有人傷害別人，成人通常主張對故意的傷害予以重罰。如果受害的是個物體，有意或無意的傷害之間的差異就遠不如傷人那麼大。「該死的，我才不在乎他是不是故意在風扇皮帶上塗三秒膠——反正我們就是得再買一台。」

對「窮人」、而不是只對特定某人產生同理心（壞處：也就是在這個時候，小孩開始用負面的刻板印象把人分類）。

還有幾條線索可以連向正義感。學齡前兒童傾向採取平等主義（譬如，自己拿到一片餅乾時，希望朋友也有一片）。但我們先別因為年幼時慷慨的精神而過度興奮，因為，其實這之中有內團體偏誤（in-group bias）的存在；如果另一個小孩是個陌生人，平等主義的傾向就沒那麼強。

對於不正義——有人遭遇不公平對待，小孩也越來越有反應。不過，還是一樣，我們先別太興奮，因為那種反應之中也有偏誤。當遭受不公的人是**自己**，來自世界各種不同文化的 4 到 6 歲小孩都會產生負面反應。直到 8 到 10 歲，小孩才會對**別人**遭遇不公平表現出負面反應。而且，後面這個階段會不會出現，在不同文化間有很大的變異。小小孩的正義感充滿私心。

開始對於別人遭受不公產生負面反應之後，小孩開始試圖修正過去的不公平（「他之前拿比較少，所以現在應該拿多一點」）。在青春期之前，平等主義讓步，如果不公平是來自某些人因為功勞較多或較努力而獲得好處，在這時變得可以接受（「她表現比較好／比較努力／對團隊比較重要，應該比他更常上場」）。有些小孩甚至可以為了共同益處而自我犧牲（「她表現比較好，應該比我更常上場」）。[6] 到了青春期，男孩比女孩更傾向在追求功利的基礎上接受不公平的狀況。而兩種性別都默許不公平是社會的常規——「沒辦法，事情就是這樣。」

道德發展

當心智理論、觀點取替、細緻的同理心和正義感各就各位，兒童就

6　原注：和其他年齡一樣，在小孩眼中「共同的益處」是主觀的。心理學家羅伯·寇爾斯（Robert Coles）在經典著作《兒童的道德生活》（*The Moral Life of Children*）中，描述他於廢除種族隔離期間在美國南方做的田野工作。遭到隔離的雙方之中，年紀較長的兒童願意為了他們所屬意識形態群體的利益而犧牲。

開始與如何分辨對錯搏鬥。皮亞傑強調小孩子玩遊戲的重點在於搞清楚合宜行為的規則（這些規則可能和大人遵守的規則不同）[7]，以及這個過程如何分成越來越複雜的數個階段。這啟發了另一位年輕的心理學家針對這個主題進行更縝密的研究，其結果影響深遠。

1950 年代，原本是芝加哥大學研究生、後來成為哈佛大學教授的勞倫斯・柯爾伯格（Lawrence Kohlberg）開始建構他那重量級的道德發展階段論。

在研究中，小孩面臨道德難題。譬如，一位貧窮的女人命在旦夕，只有一種藥可以救她的命，而且世界上只有一份這種藥，但價錢奇高無比。她應該偷走那份藥嗎？為什麼？

柯爾伯格總結，道德判斷是個**認知**歷程，隨著小孩逐漸成熟、擁有越來越複雜的推理能力而建立起來。他提出有名的三個道德發展期，每期又分為兩個階段。

眼前有一塊誘人的餅乾，但已經有人叫你不准吃。你該吃嗎？以下呈現各發展階段要進行此決策的推理過程，但我逼不得已，必須加以簡化：

第一層次：我該吃餅乾嗎？
成規前期推理（Preconventional Reasoning）

第一階段：這要看情況。我被懲罰的可能性有多高？被罰可不是什麼開心的事。2 到 4 歲是攻擊性的高峰，過了這段時間，大人就可以用懲罰來約束小孩（「去角落罰站」），同儕的懲罰也有同樣的效力（也就是被排擠）。

第二階段：這要看情況。如果我克制自己，會有獎賞嗎？能得到獎勵是很棒的事。兩個階段都是自我取向（ego-oriented）的——順服和利己（我

7　原注：我兒子曾給我上了一課，讓我見識到 4 歲小孩如何在自己的世界裡形成規則。我們一起去公廁，並肩站在兩個尿斗前，我比他早一點上完廁所。「我真希望我們同時上完廁所，」他說。為什麼？「那樣我們就可以得比較多分。」

會從中得到什麼？）。柯爾伯格發現，兒童通常處於這個階段直到大約 8 到 10 歲。

如果到了這個年紀，攻擊性（尤其是出現鐵石心腸、冷酷無情的表現）並沒有開始降低，就會令人擔心——可以預測這樣的孩子在成年後反社會（又稱反社會人格〔antisocial personality〕）的風險較高。[8] 重點是，這些未來反社會者的行為不受負向回饋影響。如同先前提到的，反社會者的痛覺閾值很高，這有助於解釋他們為什麼缺乏同理心——如果你感受不到自己的痛苦，當然很難感受到別人的痛苦。這也有助於解釋他們為什麼不受負向回饋影響——如果你根本注意不到懲罰的存在，何必為此改變行為呢？

也大約在這個階段，孩子開始在衝突過後進行和解，並且因達成和解而感到寬慰（譬如，糖皮質素分泌及焦慮降低）。這些好處肯定代表這時候的小孩進行和解的動機，是出於自身利益。這以另一個非常「現實政治」（realpolitik）的方式顯現出來——小孩在面對重要的關係時，比較能夠欣然和解。

第二層次：我該吃餅乾嗎？

成規期推理（Conventional Reasoning）

第三階段：這要看情況。如果我吃了餅乾，誰會遭受損失？我喜歡他們嗎？其他人會怎麼做？對於我吃了餅乾，別人會怎麼想？為別人著想是件好事；我喜歡別人對我有好的看法。

第四階段：這要看情況。法律怎麼規定？法律是神聖不可侵犯的嗎？如果大家都不遵守這條法律呢？保持秩序很好。這個時期進行判斷的方式就像法官在審判一間銀行，這間銀行發放掠奪性（predatory）貸款但未違法，他想：「我為被害者感到遺憾……但我的任務是判斷銀行有沒有違法……結果沒有。」

8 原注：這種鐵石心腸的攻擊行為表現在另一種可預測成年反社會傾向的兒童行為——虐待動物。

成規期的道德推理是關係性的（關於你和別人之間的互動，以及互動的結果）；多數青少年和成人都處在這個層次。

第三層次：我該吃餅乾嗎？

成規後期推理（Postconventional Reasoning）

第五階段：這要看情況。這些餅乾是在什麼情況下才放在那裡？誰決定我不該吃餅乾？吃下餅乾可以救自己一命嗎？能夠彈性應用清楚的規則很好。這時候，法官會想：「沒錯，銀行的作為是合法的，但法律的存在終究是為了保護弱者不受強者傷害，所以不管他們有沒有簽下合約，我都必須阻止這間銀行繼續下去。」

第六階段：這要看情況。我對這件事的道德立場是不是比法律更重要，重要到我願意為了自己的立場付出最終的代價？知道我們願意為世界上的某些事情反覆高歌「我們必不動搖」（We Will Not Be Moved），這種感覺真好。這個層次所遵循的規則是自我中心的，如何運用規則取決於自己、反映個人的良知，如果違反自己的規則就得付出最終的代價——面對自己的良心。人在這個時期體認到做好事並不等於遵守法律。就像伍迪．蓋瑟瑞（Woody Guthrie）[9]在〈漂亮男孩佛洛德〉（'Pretty Boy Floyd'）中所寫的：「我愛不守法的好人，正如我痛恨守法的壞人。」[10]

第六階段也是以自我為本位的，隱含著自以為是的心態，認為自己勝過小布爾喬亞的常規、雞毛蒜皮的小事都計較的會計師、權威、盲從的大眾者等等。想到成規後期，就像愛默生（Emerson）所說的，「若要衡量任何作為是否英勇，端看其對額外的利益有多麼不屑一顧。」第六階段的道德推理可以啟發人心，但預設「做好事」和「遵守法律」相互對立也可能令人無法忍受。「若想活在法律之外，你必須保持誠實。」巴布．

9　譯注：伍迪．蓋瑟瑞（Woody Guthrie，1912-1967）為美國民謠歌手。

10　原注：我不知道這是否適用於佛洛德。這位經濟大蕭條時期的銀行搶犯（和殺人犯），竟然變成某窮人心中的平民英雄，他在奧克拉荷馬的葬禮有兩萬至四萬人參加。

狄倫寫道。

柯爾伯格發現很少有人可以持續處在第五階段或第六階段。

基本上，柯爾伯格創造出關於兒童道德發展的科學研究。他的階段論經典到這個領域的人會用「卡在柯爾伯格發展論的初始階段」來貶低別人。我們將在第 12 章看到，甚至有證據指出保守派和自由派處在柯爾伯格道德發展的不同階段。

當然，柯爾伯格的研究還是有些問題。

一如既往：對於任何階段論，都別太認真看待——永遠會有例外存在，人逐漸變得成熟的過程無法截然劃分，而且一個人處在哪個階段也可能要視脈絡而定。

視野狹窄和焦點錯誤：柯爾伯格一開始的研究對象就如同往常一般，是個毫無代表性的人類群體，也就是美國人。在之後的章節中，我們會看到道德判斷其實有跨文化的差異。而且，他的研究參與者皆為男性，1980 年代，紐約大學的卡羅爾．吉利根（Carol Gilligan）即對這點提出質疑。吉利根和柯爾伯格對於發展階段大致順序看法一致。然而，吉利根及其他人證明了在道德判斷上，女孩和女人重視對人的關懷勝過對正義的看重，正好與男孩和男人形成對比。所以，女性更傾向運用成規期的思考並重視關係，而男性則傾向使用成規後期的抽象思考。

著重認知：道德判斷主要是推理的結果，還是來自直覺與情緒呢？柯爾伯格學派傾向回答前者。但我們將在第 13 章看到，很多生物的認知技能有限，包括年幼的孩子和人類以外的靈長類動物，但他們也能展現出粗淺的公平概念和正義感。這些發現可以佐證社會直覺主義者（social intuitionist）對道德決策的觀點，而這種觀點的主要代表是心理學家馬丁．霍夫曼（Martin Hoffman）和強納森．海德特（Jonathan Haidt），兩人都來自紐約大學。那麼，問題自然就變成道德推理和道德直覺主義之間如何互動。我們將會看到：（a）道德直覺並非全靠情緒，而是出自有意識的推理、一種不同風格的認知活動；（b）反之，道德推理常常明顯不合邏輯。之後再談。

缺乏可預測性：發展階段是否確實能夠預測誰會選擇較困難的做法，只因那是對的事？柯爾伯格道德推理比賽的金牌得主就願意承擔告密的代價、制伏槍手、庇護難民嗎？哎，別談英勇之舉了，他們會不會至少在微不足道的心理實驗中表現得誠實一點呢？換句話說，道德推理可以預測道德**行動**嗎？通常沒辦法；我們將在第 13 章看到，道德上的英勇之舉甚少源於超強的額葉皮質意志力，反而通常出現在做對的事沒那麼困難的時候。

棉花糖

兒童的神經生物機制日漸複雜細緻（其中最重要的是調節情緒和行為的能力），靠的是額葉皮質的增長及其與腦中其他區域之間越來越多的連結。有個最經典例子展現了這一點，它圍繞著一個令人意想不到的東西——棉花糖。

1960 年代，史丹福的心理學家華特．米歇爾（Walter Mischel）發展出「棉花糖實驗」來研究延宕滿足。一個小孩面前放著一塊棉花糖。實驗人員說：「我要離開房間一下。我走之後你可以吃那個棉花糖。但如果你先不要吃，等我回來，我再多給你一個棉花糖。」然後他就出去了。研究人員透過單面鏡觀察，看著小孩獨自熬過 15 分鐘的挑戰，直到研究人員回來。

米歇爾研究了數百位 3 到 6 歲的小孩，看到他們之中有極大的差異——幾個小孩在實驗人員走出門外之前就把棉花糖吃了，大約三分之一堅持了 15 分鐘。其餘則介於兩者之間，平均忍耐了 11 分鐘。YouTube 上有後來重複這個實驗的影片，可以看到小孩子用各種不同的策略抗拒棉花糖的呼喚。有些小孩遮住自己的眼睛、把棉花糖藏起來、唱歌分散注意力。其他人有的扮鬼臉、坐在自己的手上。還有些小孩聞一聞棉花糖、捏下一塊小到不能再小的棉花糖來吃、小心地把棉花糖握在手裡、親吻棉花糖、輕撫它。

許多不同的變項都影響到小孩能否堅持（米歇爾的書中描述了較晚的這些

研究，不知為何，後來的實驗把棉花糖換成了蝴蝶脆餅〔pretzel〕）。對整個系統是否信任很重要——如果實驗人員之前曾經背棄承諾，小孩就不會等那麼久。刺激小孩去想蝴蝶脆餅多麼酥脆又美味（米歇爾稱之為「加溫意念」〔hot ideation〕）可以擊潰自律；刺激他們產生「降溫意念」（cold ideation）（譬如蝴蝶脆餅的形狀）或另一種「加溫意念」（譬如想著冰淇淋）有助於抗拒誘惑。

不出所料，年紀較長的孩子堅持得較久，使用了比較有效的策略。年紀較小的孩子說起他們的策略都類似「我一直想第二個棉花糖嚐起來會有多棒。」當然，問題是，這個策略距離你想著眼前的這個棉花糖只有兩個突觸的距離。年紀較大的孩子則運用分心的策略——想著玩具、寵物、自己的生日。這進展成重新評估的策略（「重點不是棉花糖，重點是我想成為哪種人」）。對米歇爾來說，意志力的成熟過程關乎能不能運用分心和重新評估的策略，而不是斯多噶主義（stoicism）。

所以，小孩在延宕滿足的表現有所進步。米歇爾的下一步使他的研究更加經典——他在那之後繼續追蹤，看看小孩等著吃棉花糖的時間能不能預測任何成年後的表現。

果真可以。5 歲時在棉花糖實驗中最有耐性的小孩，中學時學術水準測驗考試的平均成績較高（和那些迫不及待吃下棉花糖的小孩相比），取得較高的社會成就、韌性較強、攻擊性較低，[11] 也較少對立行為（oppositional behavior）。棉花糖實驗之後 **40 年**，他們的額葉功能特別突出，進行運用額葉的作業時，前額葉活化程度較高且身體質量指數（BMI）較低。無價的腦部掃描儀的預測能力比不上一塊棉花糖。每一位焦慮的中產階級家長都為這些研究發現癡迷，棉花糖成為眾所崇拜的對象。

11 原注：最近的一項研究為這個故事增添了一個重要的轉折。有些小孩有衝動控制的問題——「我絕對會堅持到底，可以吃到兩個棉花糖」——然後馬上吃掉第一個。這個特徵在統計上可以預測成年後的暴力犯罪。與之對照，有些小孩「時間折價」的曲線斜率很高——「我現在明明可以吃一個棉花糖，還要為兩個棉花糖再等十五分鐘？哪個傻瓜會等十五分鐘？」這可以預測成年後財產犯罪的機率。

後果

現在，我們對行為發展的各個範疇都有了一點概念，是時候用本書的核心問題來加以框架了。這位成人做出了美好或低劣或難以定義的行為，有哪些童年事件促成了這個行為？第一個挑戰是要真的把生物學整合進我們現在的思考。有人小時候營養不良，成年之後認知技能不佳。這要放入生物學的架構並不困難——營養不良有損腦部發展。換個情況，有個小孩被冷漠且甚少表達情感的父母養大，成年後覺得自己不被愛。要將這兩件事用生物學連結起來，而不去想「比起營養不良和認知的連結，這個現象似乎**和生物學的關聯較小**」，這比較困難。或許，對於如何用生物學上的變化來解釋冷漠家長和成年低自尊之間的關聯，比起營養不良和認知，我們所知較少。又或許用生物學來闡述前者，比不上後者**方便**。也許要**應用**一種生物學相關的療法來治療前者，比後者困難（譬如，想像有種神經生長因子的藥物可以提高自尊或可以增進認知功能）。但生物因素其實在兩種連結裡都扮演中介的角色。雲朵或許不像磚頭那樣伸手可及，但兩者都由原子經由相同規則所組成。

生物學**如何**將童年和成年後的行為連結起來呢？透過第 5 章講到的神經可塑性，只是時間更早、規模更大。發展中的大腦展現了神經可塑性的美妙，每一秒鐘的經驗都影響著大腦，雖然通常非常微小。

現在，我們要來看看各種不同的童年如何製造出各種不同的大人。

讓我們從頭開始：母親的重要性

這個小標描述的事情是每個人都知道的。大家都需要母親。甚至是齧齒類動物；把老鼠寶寶每天從母親身邊帶離幾個小時，成年之後，牠們的糖皮質素含量上升、認知技能不佳又焦慮，公鼠則變得更具攻擊性。母親很重要。只不過進入 20 世紀一陣子之後，多數專家不再這麼認為。和傳統文化相比，西方發展出的育兒方式中，小孩和母親較少身體接觸、年紀較小就獨自睡覺且哭泣時經過較長時間才被抱起來。大約在 1900 年，當時知名專家——哥倫比亞大學的路德．霍爾特（Luther Holt）警告父母不要馬上抱起哭泣的小孩或太常哄小孩，應戒除這「惡劣的習慣」。他所指的是在那種富有的家庭中，小孩由褓姆帶大，在睡前一段短暫的時間將小孩秀給父母看一下，而父母不會聽到他們的哭聲。

這段時期出現了歷史上最奇特的一夜情，也就是佛洛伊德學派和行為學派雙方鬼混在一起，試圖解釋嬰兒為什麼會對母親產生依附。對行為學派來說，答案很明顯，因為母親在小孩飢餓時提供熱量，於是增強了依附關係。佛洛伊德學派也覺得答案顯而易見，嬰兒還未出現「自我發展」（ego development），除了母親的乳房之外，沒辦法和任何東西或任何人建立關係。再結合「看到小孩而不必聽到哭聲學派」，意思就是只要滿足小孩對營養的需求、給予適當的溫度加上其他雜七雜八的要件，一切準備就緒，小孩自然就會長大。情感、溫暖、身體接觸呢？都是多餘的。

這種想法造成至小孩需要延長住院時間，他們常因「醫院病」（hospitalism）而日漸消瘦，因為與原本罹患疾病無關的不明感染及腸胃疾病而命在旦夕。在那個年代，關於細菌的理論已發展、突變到人們相信如果孩子住院，最好的做法就是把小孩原封不動地隔離在無菌的空間裡。驚人的是，使用新型保溫箱（從飼養家禽的方法改良而來）時，醫院病的比例暴增；貧窮的醫院反而最安全，因為醫療人員還需仰賴人類與嬰兒之間實際觸碰與互動等等原始行為。

1950 年代，英國精神科醫師約翰．鮑比（John Bowlby）挑戰了這種認為嬰兒只是簡單的有機體、沒有太多情感需求的觀點；他的「依附理論」（attachment theory）孕育了現代對母嬰連結的看法。[12] 鮑比在他所寫的《依附與失落》（*Attachment and Loss*）三部曲中，針對「小孩需要從母親那邊得

12 原注：和大部份佛洛伊德學派與行為學派的人不同，鮑比有實際接觸兒童的豐富經驗，包括一批 1940 年代與母親分離的小孩——在倫敦大轟炸期間被送到鄉下的兒童、趕在希特勒之前，透過「兒童輸送」（Kinder transport）計畫被救到英國的中歐猶太孩童、當然還有戰爭孤兒。順帶一提，鮑比的童年過得如何呢？他的父親是國王的私人醫生——安東尼．鮑比（Anthony Bowlby）爵士，他由褓姆養育成人。

到什麼？」這個問題，提出了在我們今日看來根本不必用腦就能回應的答案：愛、溫暖、情感、回應、刺激、一致、信賴感。如果沒有這些會造成什麼結果？焦慮、憂鬱，和／或成年後難以對他人產生依附。[13]

鮑比啟發了心理學史上最經典的實驗，由威斯康辛大學的哈利．哈洛（Harry Harlow）所完成；這個實驗徹底擊潰了佛洛伊德學派和行為學派對於母嬰連結提出的教條。哈洛讓幼小的恆河猴在兩個「代理母親」、而非真正母親的養育下長大。兩個代理母親的軀體都由細鐵絲網纏成管狀製成，上面放個長得像猴子的塑膠頭。其中一位代理母親的「軀體」上有一瓶奶。另一個代理母親的身軀外裹上了毛巾布。換句話說，一個提供熱量，另一個則提供類似母猴毛皮的觸感。假如讓佛洛伊德和史金納來選，他們一定搶著要鐵絲媽媽。但幼猴選擇了毛巾布媽媽（見上圖）。[14]

13　原注：很自然地，鮑比的後代——「依附式育兒」（attachment parenting，又譯「親密育兒法」）學派如今已站穩腳步，製造出許多錯誤觀念、流行做法、狂熱崇拜、激進份子，還讓父母要不瘋狂地產生神經質的不適任感，要不充滿自以為是的優越感。若要稍微處理這個棘手問題，只能說沒有科學證據可以支持如果女人不哺乳、哺乳沒有持續到孩子 10 歲、沒有在小孩出生之後幾秒內就成功哺乳、或甚至離開小孩超過兩秒鐘（更別提離家去工作），會對小孩造成不可挽救的傷害。也沒有任何科學相關訊息指出一個男人、一個要上班的單親媽媽、兩個媽媽或兩個爸爸沒辦法提供同樣有益的依附關係。

14　原注：這個研究經典到我曾聽過其他心理學家諷刺地引用哈洛的理論，說：「我的童年挺糟的；我爸從來不在，我媽是個鐵絲媽媽。」

哈洛寫道：「人不能只靠喝奶活下來。愛是種不需要用瓶子或湯匙餵養就會壯大的情緒。」

為「母親能滿足最基本的需求」提供證據的是個充滿爭議的群體。1990年代開始，美國各地的犯罪率驟然下降。為什麼？自由派認為是因為經濟繁榮，保守派則認為原因是警政預算提高、監獄擴張和三振出局法（three-strikes sentencing law）[15]。同時，史丹福的法學者約翰・唐納休（John Donohue）和芝加哥大學的經濟學家史帝文・李維特（Steven Levitt）也提出了部分解釋——原因是墮胎合法化。他們分析一州接著一州通過墮胎法與犯罪人口下降之間的關係，當某個區域中墮胎變得較為可行，大約二十年後，年輕人的犯罪率就會下降。驚喜吧？這有很大的爭議性，但對我來說完全合理，也合理得令人感到悲哀。什麼東西可以有效預測一個生命會犯下罪行呢？被這樣的母親所生下——如果可以選擇，她寧可你不要出生。母親可以供給什麼最基本的東西給孩子呢？讓你知道她因你的存在而感到快樂。[16]

哈洛的研究也有助於說明本書的一個論點基礎，就是母親（以及，稍晚之後變成同儕）提供了什麼來幫助孩子成長。他為此執行了心理學史上最引起群情激憤的研究，包括把幼猴養育在沒有母親、也沒有同儕的隔絕環境中；在被放入社會群體之前，這些幼猴在生命中最初幾個月、甚至幾年沒有和其他任何生物接觸。[17]

---

15 譯注：指美國法律針對三次以上的重罪累犯處以二十五年以上至無期徒刑的重罰。

16 原注：有趣的是，鮑比最早發表的論文指出，竊賊在童年時與母親長期分離的比例較高。1994年的一項研究與此相關，顯示分娩併發症加上1歲時遭母親拒絕者，十八年後暴力犯罪（而不是非暴力犯罪）的機率大幅提高。

17 原注：這些殘忍的研究促成了動物權運動的誕生。我對哈洛的研究深感矛盾，因為我在青少年時期第一次讀到他的研究時因感動而流下淚來。他極為冷酷無情，非常乾脆地承認他對那些猴子一點感覺也沒有，而這些剝奪性的研究已經做太多了。但與此同時，他的研究打下了基礎，有助於理解生命早期的失落如何使得成年後比較容易憂鬱。當時盛行的育兒智慧與現今不同，我們現在認為十分重要的育兒重點，在當時都被視為無關緊要。諷刺的是，直到哈洛的這些開創性研究出現，才清楚顯示這類研究有多麼不道德。

不難預料，牠們被毀了。有些幼猴獨自坐著，緊抓著自己，「自閉地」晃動。另外一些則在自己的階層或性行為上出現明顯不宜的舉動。

這其中有些有趣之處。這些曾經與世隔絕的猴子並沒有做出什麼錯誤的行為——牠們並未像鴕鳥般展現出攻擊性、做出壁虎求偶的姿勢。牠們的行為正常，只是出現在錯誤的時間和地點。好比說，對著比自己小一半的矮個子表現出從屬的姿態、嚇唬牠們應該要害怕的雄性首領。母親和同儕並不會教導牠們各種行為模式當中的肌肉運動，母親和同儕傳授的是這些行為該出現在何時、何地、該對誰表現，也就是行為的適當**脈絡**。關於什麼時候觸碰別人的手臂或扣下扳機是最好的行為、什麼時候又變成最糟的行為？是牠們給小猴子上了第一課。

我在肯亞研究狒狒時，看到了最驚人的例子。當一隻高地位和低地位的母狒狒在同一週生下女兒，前者的小孩比另一隻小狒狒更早達到所有的發展指標，牠們之間的競爭從一開始就不平等。兩隻小狒狒幾週大時，即將展開首次互動。母親居於從屬地位的小狒狒看到位居支配地位的小狒狒，搖搖晃晃地走過去說哈囉。當牠接近對方時，牠那低地位的母親馬上抓著牠的尾巴，把牠拉回來。

關於牠在世界上的位置，這就是牠學到的第一課。「你看到牠了嗎？牠的地位比你**高多了**，所以你不能就這樣走過去和牠一起玩。如果牠在附近，你就坐好別動，避免和牠有眼神接觸，並祈禱牠不會搶走你在吃的東西。」神奇的是，二十年之後，這兩隻小狒狒變成老太太了，當牠們一起坐在草原上，表現出來的行為依然符合不平等的地位，一如牠們那天早上所學到的。

當你身陷風暴之中，怎樣的母親都是母親

多虧了哈洛另一項令人不忍回想的研究，他又教了我們重要的一課。牠把幼猴交由鐵絲代理母親養育，母親的軀體中央有個空氣噴嘴。每當幼猴抱住母親，就有討厭的氣流朝牠噴過來。當猴子面臨這種懲罰，行為學派會怎麼預測幼猴的行為呢？答案是逃跑。但是，就像世界上所有的受虐

兒童和受暴伴侶一樣，幼猴抓得更緊。

為什麼我們經常依附一個帶來負增強的對象？當我們已經感到沮喪，為什麼還想從沮喪的源頭尋求慰藉？為什麼我們會愛上錯的人，遭受虐待，還回頭承受更多？

心理學可以提供許多洞見。原因在於低自尊，相信你永遠不可能更好。或者懷著一種共依附的信念，以為改變那個人是你的使命。也許你認同自己的壓迫者，或者認為錯在於你，施暴者的行為有正當理由，那麼他們似乎就沒那麼不理性，也變得不那麼可怕了。以上說法都站得住腳，有強大的解釋力和療癒力量。但紐約大學蕾吉娜・蘇利文（Regina Sullivan）的研究展現了這個現象中離人類精神層面十萬八千里遠的部分。

蘇利文制約小老鼠，使牠們將一種中性氣味和電擊連結在一起。如果一隻出生十天以上年紀的小鼠（「年紀稍長的小鼠」）受到制約，當牠接觸到那種氣味，出現的反應很合理——杏仁核活化，糖皮質素分泌，並避開那股氣味。但對年紀較小的小鼠做同樣的事情，以上都不會發生；非常令人驚訝，小鼠對那股氣味**形成依附**。

為什麼會這樣？因為在新生兒身上，有些與壓力相關又有趣的複雜因素。齧齒類動物的胎兒已完全具備分泌糖皮質素的能力。但在出生後幾個小時之內，腎上腺戲劇性萎縮，變得幾乎無法分泌糖皮質素。這段「壓力低反應期」（stress hyporesponsive period，簡稱 SHRP）在接下來幾週逐漸減緩。

壓力低反應期代表什麼呢？糖皮質素對大腦發展有許多不利的影響（之後還會再談），壓力低反應期代表一種賭注——「我不再分泌糖皮質素來回應壓力，那麼我就可以盡量發展到最好；如果發生了什麼壓力事件，媽媽會幫我處理。」於是，如果奪走幼鼠的母親，牠們的腎上腺會在幾小時內膨脹，恢復分泌大量糖皮質素的能力。

幼鼠在壓力低反應期似乎運用了更進一步的規則：「如果媽媽在附近（我因而不必分泌糖皮質素），我就該對任何強烈刺激形成依附。這不可能有什麼壞處，媽媽不會允許對我不利的事發生。」證據是，當研究人員在制約期間注射糖皮質素到年幼小鼠的杏仁核中，杏仁核活化，小鼠就對那股氣味感到嫌惡。如果在制約期間阻斷年紀稍長的小鼠的糖皮質素分泌，牠們就會反過來被那股氣味吸引。或者，進行制約的時候母親在場，牠們就不會分泌糖皮質素，也不會受氣味吸引。換句話說，對年幼的小鼠來說，當媽媽在場時，就連嫌惡的東西都能變成增強物，即便媽媽就是嫌惡刺激的**來源**也是如此。如同蘇利文及其同事所寫的：「〔這樣一隻幼鼠〕對照顧者的依附，已經演化成用來確保幼鼠能對照顧者形成連結，無論照顧的品質如何。」當你身陷風暴之中，不管怎樣的母親都是母親。

把這搬到人類身上，有助於解釋為什麼受虐兒童成年後容易進入伴侶施虐的親密關係。但那相反的一面呢？為什麼有大約33%的童年受虐者，長大後自己成為施暴者呢？

心理學再一次提供了許多有用的洞見，大致圍繞著受虐者認同施虐者，並將恐懼合理化：「我愛我的孩子，但當他們需要時，我會打他們。我父親曾對我這樣做，所以他可能也是愛我的。」不過，也是同樣的，有些與生物學更相關的因素浮現了出來——被母親虐待的幼猴長大後更可能成為虐兒的母親。

殊途同歸

談了這麼多關於母親的事之後，我預期接下來可以檢視……好比說，缺乏父愛、貧窮的童年、童年時遭遇暴力或天然災害，會造成什麼成年後的結果。然後，我們面臨同一個問題：這些因素在童年造成哪些生物機制上的改變，提高了成年後出現某些行為的機率？

但一切並未照著我的計畫走——因為這些不同的創傷之間的相似性高於差異性。當然，其中是有些特定的連結（譬如，在家暴中度過童年者，比小時候遭遇颶風的人更可能具有反社會的暴力傾向）。但不同創傷之間的交集大到足以將它們歸為同類，就如同這個領域中採取的做法，將之視為「童年逆境」（childhood adversity）中的不同種類。

基本上，童年逆境會提高以下各項在成年時的機率：（a）憂鬱、焦慮和／或藥物濫用；（b）認知能力受損，尤其是與額葉皮質功能相關的能力；（c）衝動控制與情緒調節能力受損；（d）反社會行為，包括暴力行為；（e）複製童年逆境中的關係（譬如和施虐的伴侶在一起）。儘管如此，有些人經歷悲慘童年之後平安無事。之後還會談更多相關內容。

現在，我們要開始檢視如何以生物學連結童年逆境及其在成年後提高的風險。

生物檔案

以上這些造成逆境的事件顯然都會帶來壓力，並造成異常的壓力生理反應。在許多物種身上，早年面臨重大壓力都會造成童年和成年後體內的糖皮質素含量較高（還有由下視丘和腦下垂體分泌的腎皮釋素和促腎上腺皮質素，兩種調節糖皮質素釋放的荷爾蒙），且交感神經系統過度活躍。糖皮質素的基礎水平提高——壓力反應總是在某種程度上啟動著——並且，當壓力源消失後，也會延遲比較久才回到基準線。麥基爾大學的麥可．敏尼（Michael Meaney）已指出，早年壓力如何減弱大腦控制糖皮質素分泌的能力，而且影響是永久的。

就如第 4 章談過的，當大腦浸泡在過量的糖皮質素中，尤其是在發展期間，會對認知、衝動控制、同理心等等產生不利的影響。成年後，需要仰賴海馬迴功能的學習也受到損害。譬如，因童年受虐而罹患壓力後創傷症候群的患者，成年後海馬迴的體積縮小。史丹福的精神科醫生維克多．卡瑞恩（Victor Carrion）證明了在受虐後幾個月內，海馬迴的成長速度減緩。背後的原因很可能是糖皮質素使得海馬迴製造出較少的生長因子——腦源性神經營養因子（BDNF）。

所以童年逆境會損害學習與記憶。重點是，童年逆境也傷害了額葉皮質的功能及阻礙其發展過程；罪魁禍首很可能也是糖皮質素對 BDNF 的抑制。

童年逆境和額葉皮質發展之間的連結，與貧窮的童年有關。賓州大學的瑪莎．法拉（Martha Farah）、加州大學舊金山分校的湯姆．博伊斯（Tom Boyce）及其他人指出了令人震驚的事實：在 5 歲時，社經地位越低的小孩，平均而言：（a）糖皮質素的基礎水平較高，而且／或者糖皮質素的壓力反應較強；（b）額葉皮質較薄，而且額葉皮質的新陳代謝較差；以及（c）額葉皮質功能如工作記憶、情緒調節、衝動控制、執行決策等較差；此外，若要發揮出與高社經地位小孩同等的額葉調節功能，低社經地位小孩必須達到更高的額葉活化程度。另外，貧窮的童年也會損害胼胝體的發展（連結兩個腦半球並整合兩者功能的一束軸突纖維）。這真是**有夠**不對勁——你傻傻地選了個窮人家來生下你，結果早在幼兒園階段，你在人生的棉花糖實驗中勝出的機率就已經和其他人不平等了。

大量研究聚焦在貧窮多麼煩人又討厭。有些機制只有人類才有——如果你很窮，你就比較可能在容易接觸環境毒素的地方、[18] 在比較危險的街區長大（賣酒的店比農產品市場還多）；你比較沒有機會上好學校，或父母沒時間讀書給你聽。你的社區中社會資本較少，而你的自尊較低。但這種連結也部分反映了在所有展現階層的物種中，居於從屬地位都會帶來腐蝕性的影響。譬如，若小狒狒擁有低位階的母親，可預測牠成年後糖皮質素含量較高。

所以，童年逆境可能使海馬迴和額葉皮質萎縮並削弱其功能。但杏仁核則相反——面對許多逆境，杏仁核就變得更大且活躍得反常。其中一個後果是提高焦慮症的風險；如果還加上額葉皮質發展不良，就可以解釋情緒與行為調節的問題，特別是衝動控制。

童年逆境以一種特定方式加速杏仁核的發展。正常情況下，額葉皮質大約在青春期時開始能夠抑制杏仁核，對它說：「如果我是你，我不會這麼做。」但經過童年逆境之後，杏仁核發展出抑制額葉皮質的能力，會對額葉皮質說：「我就是要這樣做，你阻止我看看啊！」童年逆境也會用以下兩種方式損害多巴胺系統（及其在酬賞、預期和目標導向行為上的角色）。

第一，早期的逆境使成年個體更容易藥物或酒精成癮。這種脆弱性

18　原注：譬如，童年早期暴露在含鉛量高的環境（這和生長在貧窮街區有高相關）會損害大腦發展，可預測未來認知技能及情緒調節技巧較差，且提高成年後的犯罪率。

的來源有三種可能成分：（a）童年逆境對多巴胺系統發展的影響；（b）成人暴露在過量的糖皮質素之下，提高對藥物的渴求；（c）發育不良的額葉皮質。

童年逆境也大大提高了成年憂鬱的風險。界定憂鬱症的症狀是失樂症狀——失去感受、期待或追求享樂的能力。慢性壓力耗盡了中腦—邊緣系統的多巴胺，產生失樂症狀。[19] 童年逆境和成年憂鬱之間的連結涉及中腦—邊緣系統發展時的組織性效應（organizational effect），以及成年後較高的糖皮質素含量（因而消耗多巴胺）。

童年逆境經由「第二擊」（second hit）情境提高憂鬱風險——由於承受壓力的閾值降低，遇到多數成人應付得來的壓力源時，卻觸發了憂鬱症的發作。這並不難理解。就根本上而言，憂鬱是種病態的失控感（可以解釋為什麼有種對憂鬱的經典描述是「習得的無助感」〔learned helplessness〕）。一個人在童年時經歷嚴重而失控的逆境，如果他可以在成年後得出以下結論，那是最幸運的：「過去的恐怖狀況是我完全無法控制的。」但是，當童年創傷引發憂鬱，就會導致認知扭曲而過度推論：「生命將永遠都糟得失控。」

兩個相關主題

所以，各種不同的童年逆境之間有所交集，都會在成年後製造出類似的問題。不過，有兩種逆境應獨立考量。

目睹暴力

如果兒童目睹了家暴、戰爭、幫派火拚殺人、校園大屠殺，會造成

---

19 原注：老鼠出現失樂症狀會是什麼樣子？讓一隻正常的老鼠從兩瓶水中選一瓶，其中一瓶是普通的水，另一瓶加了蔗糖。老鼠比較喜歡加了蔗糖的水。但若是由一隻壓力很大、呈現失樂症狀的老鼠來選，牠沒有特別的偏好。如果換成其他值得享受的事物，結果也是一樣。

什麼結果？在那之後幾週，專注力和衝動控制受損。目睹槍擊案讓小孩在後續兩年內出現嚴重暴力行為的機率提高兩倍。到了成年，同樣又會提高憂鬱、焦慮和攻擊的風險。和上述現象一致，小時候目擊暴力，長大後犯下暴力犯罪的機率比非暴力犯罪高。[20]

這與我們對童年逆境的大致印象相吻合。但有一個獨立的議題，就是**媒體**暴力對孩子的影響。已經有無數研究分析了在電視、電影、新聞、MV中目擊暴力，以及在打電玩時既目睹又參與暴力，對小孩有什麼影響。摘要如下：

讓兒童接觸暴力的電視節目或影片，不久後就會提高攻擊行為出現的機率。有趣的是，這個效果在女孩身上更強（不過整體而言，女孩的攻擊性較低）。在年紀較小的孩子身上、或者當影片中的暴力趨近真實，而且／或者影片中將暴力描繪成英勇作為，效果也更加強烈。接觸暴力影片可能讓小孩更接受攻擊行為——在一項研究中，觀看暴力的MV會提高青少女對約會暴力的接受度。關鍵在於暴力——純粹令人感到興奮、刺激或挫折的內容，並不會提高攻擊性。

若童年時期大量接觸媒體暴力，可預測在成年早期有較高的攻擊性，無論男女（「攻擊」的範圍從實驗情境中的行為到暴力犯罪都算在內）。即便控制了收看媒體畫面的總時間、遭受虐待或忽略、社經地位、所在街區的暴力程度、父母教育程度、精神疾病和智力等變項，依然有同樣的效果。這個研究結果的效果明顯而可信。比起暴露於含鉛環境與智力、攝取鈣質量與骨質密度、或石棉與喉癌，童年時接觸媒體暴力與成年攻擊性提高之間的連結更緊密。

有兩點要注意：（a）沒有任何證據指出極端暴力份子（譬如大規模槍擊犯）會變成那樣是因為童年時接觸了媒體暴力；（b）暴露在有媒體暴力的環境完全不代表一定會提高攻擊性。事實上，本來就有暴力傾向的小孩，受媒體暴力的影響更大。對他們來說，接觸媒體暴力使他們對自己的攻擊

20　原注：驚人的是，兒童若接觸多起暴力事件，甚至會加速染色體的老化。

性感到麻木，也正常化自己的攻擊行為。[21]

霸凌

霸凌基本上是另一種常見的童年逆境，對成年後的影響與童年時在家遭到虐待不相上下。

但這其中有個複雜的因素。我們大部分的人小時候都曾觀察、利用或經驗到這件事：霸凌者的目標通常不是隨機挑選的。有些小孩就像背上掛了個寫著「踢我」的標誌，他們很可能有個人或家庭中的精神問題，並且社會智能和情緒智能不佳。這些小孩本來就有比較高的風險會在成年之後出現不良結果，再混入霸凌這個因素，他們的未來真是雪上加霜。

關於霸凌者，也不令人意外，他們之中有很大比例來自單親家庭，或者父母較年輕、教育程度不高、工作前景不佳。霸凌者通常有兩種類型，一種比較典型，他們社交技巧不佳，焦慮又孤立，因為挫折感而霸凌別人，想藉此獲得接納。他們通常在成熟之後就停止霸凌行為。第二種小孩則充滿自信、沒有同理心、社會智能高、擁有異常冷靜的交感神經系統；他們是潛在的反社會者。

還有一個令人震撼的發現。你想看看怎樣的小孩長大之後真的很可能變得一團糟嗎？試著找個既霸凌別人**又**被霸凌的小孩，他們在學校威嚇弱者，回到家又被其他更強的人威嚇。在這三種之中（霸凌者、被霸凌者、霸凌者加上被霸凌者），第三種最有可能已經具有精神問題、課業表現與情緒適應不佳。他們比純粹的霸凌者更可能使用武器並造成嚴重傷害。長大成人之後，憂鬱、焦慮與自殺的風險也較高。

在一項研究中，研究人員請這三種小孩讀一段描述霸凌情境的文字。霸凌受害者會譴責霸凌並表現出同情。霸凌者也譴責霸凌行為，但對霸凌的情境加以合理化（譬如，這一次是被霸凌者的錯）。那麼既是霸凌者又是受

21 原注：我想感謝一位大學生狄倫．阿萊格里亞，他實在很優秀，協助我在海量文獻中涉水而行。

害者的小孩呢？他們說霸凌沒問題。難怪他們長大後狀況最糟。「弱者活該被霸凌，所以我霸凌別人沒有錯。但這麼一來，意思是我在家也活該被霸凌。但我不該被霸凌，而且霸凌我的親戚很壞。那也許我霸凌別人也很壞。可是我不壞，因為弱者活該被霸凌……」來自地獄的莫比烏斯環（Möbius strip）。[22]

關鍵問題

我們已經檢視了童年逆境在成年造成的結果，以及生物學上的中介變項。但有個關鍵的問題還沒回答。是的，童年受虐提高了長大後施虐的機率、目睹暴力增加了罹患壓力後創傷症候群的風險、父親或母親早逝代表成年後更可能罹患憂鬱症。然而，許多……也許是大多數的逆境受害者最後成了功能尚可的成人。童年陰影確實存在，惡魔始終埋伏在心底，但大致上還過得去。該怎麼解釋這種韌性呢？

我們將看到，這和基因及胎內環境有關。但最重要的是，還記得之前我們打破了創傷的類型，將它們全都歸為同類。最要緊的是一個小孩承受了多少次生命的重擊，以及他有多少保護因子。小時候受到性虐待或目睹暴力這兩者其中一種，成年的預後比同一人遭受兩者來得好。同樣是經歷過貧窮的童年，如果你的家庭穩定而充滿關愛，你未來的前景會比整個家分崩離析又衝突不斷的人更好。講白一點，一個小孩承受越多不同種類的逆境，長大之後功能良好又生活愉快的機會就越渺茫。

一記重錘

如果一**切**都偏離正軌——失去母親或家人、幾乎沒有同儕互動、感官或認知刺激不足、加上有點營養不良，會發生什麼事？

羅馬尼亞兒童安置機構中的小孩就是如此，他們的存在讓世人看到噩

22 原注：謝謝另一位超棒的大學生阿里·馬金卡爾達（Ali Maggioncalda）在這個主題上的協助。

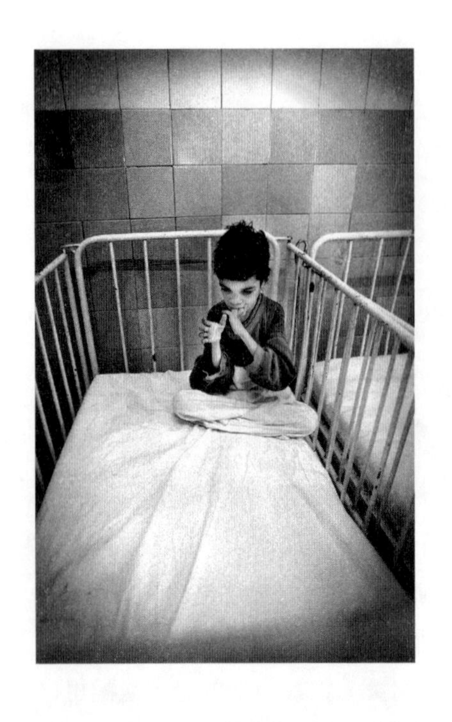

夢般的童年是什麼模樣（見左圖）。1980 年代，羅馬尼亞獨裁者尼古拉．西奧塞古（NicolaeCeausescu）下令禁止避孕和墮胎，並強制女人至少要生五個小孩。不久，安置機構中擠滿了數千名貧困家庭拋棄的嬰兒和小孩（許多家庭計畫在經濟狀況好轉後帶回自己的小孩）。[23]

孩子們被關在過於擁擠的機構中，受到嚴重忽視與剝奪。1989 年，西奧塞古的政權被推翻，終結了這個故事。許多小孩由西方人收養，國際社會的關注促使安置機構進行改善。學者從那時候開始研究被西方人收養、最後回到原生家庭、以及一直留在安置機構的小孩，主要的研究者為哈佛的查爾斯．尼爾森（Charles Nelson）。

成年之後，這些孩子大致就像你預期的那樣。低智商、認知技能不佳。難以形成依附關係，很多人處在自閉症的邊緣。嚴重焦慮和憂鬱。在機構裡待越久，預後就越差。

至於他們的大腦呢？腦部整體、灰質、白質體積都比較小，額葉皮質新陳代謝較差，腦區之間的連結較少，各個腦區也較小。只除了杏仁核。杏仁核擴大了，這差不多已經說明了一切。

特定類型的文化與一般的文化

第 9 章將探討文化對我們最好與最糟的行為有何影響。我們現在先

23 原注：這個故事中令人震驚的一個部分是：羅馬人平常就會將小孩遺棄在孤兒院，在那裡待到他們進入青春期——可以工作的時候。

預習一下那一章，聚焦在兩個重點——文化注入個體的時間點就在童年階段，而父母在這個歷程中扮演著中介的角色。

童年的經驗隨文化有巨大的差異——包括小孩多常接受哺餵、每次花多少時間、有多常接觸父母或其他成人、多常有人跟他們講話、哭多久才會有人回應、幾歲開始獨自睡覺。

討論起不同文化中的育兒方式，總是能帶出家長們最令人反感又最神經質的一面——其他文化比較擅長育兒嗎？世界上一定有種完美的育兒套餐，混合了夸夸嘉夸族（Kwakiutl）的嬰兒飲食、特羅布里恩群島（Trobriand）的睡眠計畫，以及伊圖里（Ituri）人觀賞寶寶莫札特影片的方法。不過，世界上沒有什麼來自人類學的完美育兒法。康乃爾大學的人類學家梅瑞迪．思摩（Meredith Small）強調，文化（從父母開始）養育小孩的方向，是使他們在成年之後的言行舉止符合社會的價值觀。

讓我們從教養方式（parenting style）談起——小孩與文化價值觀的首次相遇。有趣的是，最具影響力的教養方式分類（微觀），來自對文化風格的思考（巨觀）。

學者試著在二次世界大戰的廢墟中，探詢希特勒、佛朗哥、墨索里尼、東條英機和他們的走狗到底從哪裡來。法西斯主義的根源是什麼？有兩位特別有影響力的學者是逃離希特勒統治的難民——漢娜．鄂蘭（Hannah Arendt，以及她 1951 年的著作《極權主義的起源》〔*The Origins of Totalitarianism*〕）和提奧多．阿多諾（Theodor Adorno，以及他 1950 年的著作《權威性人格》〔*The Authoritarian Personality*〕，本書與埃爾斯．弗倫克爾－布倫斯威克〔Else Frenkel-Brunswik〕、丹尼爾．李文森〔Daniel Levinson〕及內維特．桑福〔Nevitt Sanford〕合著）。阿多諾特別探討了法西斯主義者的性格特徵，包括極端從眾、相信及服從權威、具有攻擊性、對唯智主義（intellectualism）及內省抱持敵意——這些特徵通常源於童年。

這影響了柏克萊的心理學家黛安娜．鮑姆林德（Diana Baumrind），她在 1960 年代區分出三種主要的教養方式（之後她的研究受到反覆驗證，並延伸到不同的文化中）。第一種是**威信型**教養（authoritative parenting）。父母的規則與期待都清楚、一致且可以理解——「我說了算」令人深惡痛絕——所以規範中保有彈性空間，而讚美與原諒優先於懲罰，父母歡迎小孩參與和貢獻，幫助小孩發揮潛能與發展自主性則是至高無上的。根據會讀本書（更別提會寫本書……）的這些高教育程度神經質人士的標準，這在成年後會造成好的結果——快樂、情緒與社交層面都十分成熟且能達到充分的實現、獨立而不依賴他人。

下一種是**專制型**教養（authoritarian parenting）。家長的規則與要求又多又專斷獨行，既僵化又需要經過辯解，他們主要透過懲罰來塑造小孩的行為，而小孩的情感需求則被擺在很不重要的順位。父母的動機通常是：這個世界嚴厲而不寬容，小孩最好做足準備。專制型父母容易養育出只在狹隘面向上成功的大人，他們順服又從眾（心中常懷著一股怨恨的暗流，隨時可能爆發），不怎麼快樂。此外，他們的社交技巧不佳，因為他們在長大過程中遵守秩序，而非依靠經驗來學習。

然後，還有**放任型**教養（permissive parenting），嬰兒潮世代能夠創造出1960 年代，應該要歸功於這種脫軌的教養方式。這類父母的要求或期待不多，不太會強制執行規則，小孩自己決定日程安排。成年後的結果：自我放縱、衝動控制差、挫折容忍度低，再加上社會技巧不佳——原因來自那不計後果的童年。

鮑姆林德的三部曲經過史丹福的心理學家愛蓮娜・麥柯畢（Eleanor Maccoby）和約翰・馬丁（John Martin）擴充，再加入**忽視型**教養（neglectful parenting）。加上第四型之後，產生了二乘二的矩陣，將教養方式分成威信型（高要求、高回應）、專制型（高要求、低回應）、放任型（低要求、高回應）、或忽視型（低要求、低回應）。

重要的是，各個文化中偏重不同的教養方式，而接受某種教養方式長大的人，通常也會用同樣的方式教養小孩。

再來是下一種傳遞文化價值觀給小孩的方法——同儕。茱蒂・哈里斯（Judith Rich Harris）在《教養的迷思》（*The Nurture Assumption*）一書中就強調了這點。哈里斯這個沒有博士學位或學術界職位的心理學家，在心理學領域掀起風暴，聲稱以教養來塑造性格的重要性被誇大了。其實，一旦到了某個年紀（實際年齡小得令人驚訝），同儕的影響力就是最大的。她的論點包含以下元素：（a）事實上，父母的影響力經常由同儕扮演中介的角色。譬如，由單親媽媽養大會提高成年後出現反社會行為的風險，但原因不是母親的教養，而是單親家庭通常收入較低，居住區域裡的同儕可能特別兇惡；（b）同儕可以影響語言發展（譬如，小孩的口音與同儕相近，而非父母）；（c）其他靈長類動物小時候多半經由同儕而社會化，而非透過母親。

這本書充滿爭議（部分原因是這個主題很容易遭到扭曲——「心理學家證明父母不重要」），招致許多批評，也有許多人大力喝采。[24] 後來，形勢逐漸明朗，目前的主流意見傾向認為同儕的影響力在過去被低估了，但父母還是頗為重要，他們的影響也包括決定了小孩會參與怎樣的同儕團體。

為什麼同儕這麼重要呢？我們在同儕互動中學習社會能力—隨脈絡而變的行為、誰是朋友或誰是敵人、你屬於哪個階層。年輕的個體利用最棒的教具——玩耍——來習得這些資訊。

什麼是年輕人的社會性遊戲呢？從巨觀的角度來看，社會性遊戲是一串訓練個體學會社會能力的行為。從中等視角來看，社會性遊戲是現實的碎片、固定行為模式的零星片斷，是在安全的環境下嘗試角色扮演和增進動作技能的機會。從微觀的內分泌的角度來看，社會性遊戲展現了適度且短暫的壓力——「刺激」——是很好的。從微觀的神經生物學的角度來看，這個工具可以用來決定，哪些多餘的突觸需要剪除。

歷史學家約翰·赫伊津哈（Johan Huizinga）以「遊戲的人」（Homo Ludens）形容人類的特性，而我們的遊戲充滿結構與規則。不過，其實遊戲在所有具備複雜社會性的物種身上都看得到，這些物種中的年幼者隨時隨地都在玩，到了青春期更達到巔峰，只要透過動物行為學稍加翻

24　原注：有件迷人又諷刺的事。那本書出版之後，德高望重的美國心理學會頒發一個重大獎項給哈里斯，這個獎項的致敬對象是……數十年前的哈佛心理系主任，他在當時因哈里斯欠缺潛力而把她踢出研究所，使她未能完成博士學位。

譯，就會發現所有的遊戲都包含類似的行為（譬如，一隻位居支配地位的狗以蹲伏、降低高度的姿態來表示親切友好，以此開啟遊戲；把這個行為轉譯為狒狒的語言——支配地位的小狒狒對著地位較低的狒狒秀出自己的背部，也是同樣的意思）。

遊戲很重要。動物為了遊戲犧牲覓食時間、消耗熱量、使自己分心，變得比較顯眼而容易遭到獵捕。年輕的動物在饑荒時把能量揮霍在玩耍上。如果剝奪一個小孩的遊戲時間、或者若一個小孩對遊戲沒有興趣，他在成年之後甚少擁有充實的社交生活。

最重要的一點是遊戲的本質就是充滿樂趣——不然，何必做出這一連串與情境無關的行為呢？多巴胺路徑在遊戲期間會活化；少年鼠在玩耍時發出的聲音，就和牠們得到食物作為酬賞時一樣；狗花費一半的能量搖尾巴，用費洛蒙宣告自己在場，隨時可以開始玩耍。國家遊戲研究院（the National Institute for Play）創辦人、精神科醫師史都特・布朗（Stuart Brown）[25]強調，遊戲的反面不是工作——而是憂鬱。我們面臨的挑戰之一在於瞭解大腦如何為各種遊戲中能帶來增強的性質加以編碼。畢竟，遊戲的範疇包羅萬象，從數學家之間比拚誰能講出最好笑的運算笑話，到小孩子比拚誰能用腋下發出最好笑的放屁聲，都包含在內。

有一種重要的遊戲類型包含了一些攻擊的成分，哈洛稱之為「打鬧」（rough and tumble）遊戲——小孩子玩摔跤、青春期的高角羚以頭上的角相頂、小狗玩鬧著互咬對方。一般而言，雄性動物比雌性更常出現這種遊戲，我們很快就會看到，原因是出生前的睪固酮。打鬧遊戲只是在為即將到來的社會地位競賽預作準備，還是其實這場競賽已經開始了？兩者皆是。

進一步擴大我們的討論範圍，小孩子很容易就透過居住街區接收到文化。這個街區是不是滿地垃圾？路上的房屋破舊嗎？以下何者隨處可

25 譯注：史都特・布朗（Stuart Brown）對「遊戲」的概念比較接近「玩耍」，不在意有無規則，有時沒有規則可以引發創意發想。

見——酒吧、教堂、圖書館或槍枝商店？這裡的公園多嗎？安全嗎？看板、廣告和保險桿貼紙上宣傳的是宗教的天堂、還是物質的天堂？歌頌殉難或仁慈而包容的舉動？

接著，我們要進入部落、民族、國家層次的文化。簡單來說，在這個層次，可以看到一些最普遍的育兒文化差異。

集體主義文化 vs. 個人主義文化

第 9 章將談到，集體主義和個人主義文化最受廣泛研究的文化對比，通常將集體主義的東亞文化和個人主義過剩的美國加以比較。集體主義文化強調相互依存（interdependence）、和諧、融入群體、團體的需求及對團體的責任；個人主義文化則相反，重視獨立、競爭、個人的需求與權利。

平均而言，和集體主義文化相比，個人主義文化的母親說話比較大聲，播音樂時比較大聲，表達也比較生動。她們將自己視為老師而非保護者，嫌棄無聊的小孩，重視高能量情感（high-energy affect）。她們玩的遊戲強調個人競爭，鼓勵小孩培養需要積極行動而非被動觀察的嗜好。小孩被教導要在口語表達上果決自信，自主而具影響力。如果卡通中出現一群小魚，其中一隻游在其他小魚前面，個人主義文化的母親會跟小孩解釋說那是魚群的領袖。[26]

相比之下，集體主義文化的母親比個人主義文化的母親花更多時間安撫小孩、持續接觸及促進小孩和其他大人之間的接觸。她們重視低激發情感（low arousal affect），與小孩一起睡覺到他們年紀較大的時候。她們玩的遊戲著重合作及融入群體。譬如，如果和小孩一起玩玩具車，重點不是探索車子的功能（可以行駛），而是分享的歷程（「謝謝你借我玩你的車，現在還給你」）。小孩被訓練得好相處、為別人著想、容易接納與適應，而不是去改變環境；道德幾乎就等於從眾。如果卡通中出現一群小魚，其中

26　原注：這些差異通常也顯示在父親身上，但針對母親所做的研究遠遠多於父親。

一隻游在其他小魚前面，那麼那隻小魚一定做了什麼壞事，所以其他小魚不跟牠玩。

理所當然，個人主義文化中的小孩會比集體主義文化中的小孩更晚習得心智理論，要達到同等的能力，也需要活化更多相關迴路。對集體主義的兒童來說，社會能力完全關乎從別人的觀點看事情。

有趣的是，（集體主義的）日本小孩比美國小孩更常打暴力電玩，但攻擊性較低。此外，日本小孩因暴露在媒體暴力下而引發的攻擊性不如美國小孩。為什麼會有這種差異？有三種可能的因素：（a）美國小孩比較常自己打電動，培養出許多獨行俠；（b）日本小孩的房間裡很少有電腦或電視，所以他們打電動時父母就在附近；（c）日本的電玩暴力比較有可能包含利社會、集體主義的主題。

第 9 章還會談更多集體主義與個人主義文化的對比。

榮譽文化（Cultures of Honor）

這種文化強調關於禮貌、禮節、待人殷勤友好的規則。如果一個人損傷了自己、家人或家族的尊嚴，理當受到報應，否則極為羞恥。這些文化中充斥著宿怨、復仇、榮譽殺人（honor killing），絕不逆來順受。其中一個經典例子是美國南方的文化，但我們會在第 9 章看到，這類文化遍及世界各地，而且有生態學上的特定關聯。有一種組合特別致命——受害文化（我們上週、過去十年、過去千年遭受了不公正的對待）加上強調報應的榮譽文化。

榮譽文化中的家長常是專制的。小孩充滿攻擊性，尤其是在尊嚴受損之後，而且堅決在有人侵害自己的尊嚴之後採取攻擊反應。

階級差異

如同前面提到的，年幼的狒狒從母親那裡學到了自己屬於哪個階層。人類的小孩學會自己處在什麼地位的課程更複雜——有內隱線索、細微的語言線索、過去記憶在認知和情緒上的負荷（「你的祖父母剛移民來這裡時，他們甚至不能⋯⋯」）以及對未來的盼望（「你長大之後將會⋯⋯」）。母狒狒教導年幼的孩子如何在不同脈絡下表現合宜；人類父母教導年幼的孩子可以追逐怎樣的夢想。

西方國家在育兒上的階級差異，類似西方國家和發展中國家之間的差異。西方父母教導並促進孩子探索世界。在發展中國家裡最難以生存的角落，父母能讓孩子活著、扮演這充滿威脅的世界與孩子之間的緩衝，就很了不起了，無法再奢望什麼。[27]

在西方文化中，育兒的階級差異與鮑姆林德提出的教養類型相符。高社經地位的父母傾向威信型或放任型教養。相對照之下，低社經地位的父母則通常是專制型，這反映出兩點。第一點關於保護。高社經地位的父母在什麼時候會變得專制？危險的時候。「甜心，我很高興你對事情保持質疑的態度，但如果你到街上，我喊『停下來』，你就給我停下來。」意思是，低社經地位小孩的童年充滿了威脅。第二點是協助孩子做好準備，將來才能在這險惡的世界生存下來——對窮人來說，成年後的人生裡，占據支配地位的人就是用專制的態度來對待他們。

聖麥可學院（St. Michael's College）的人類學家阿德里·庫瑟羅夫（Adrie Kusserow）曾在一項經典研究中探討育兒的階級差異，他的田野工作是在三個部落中觀察父母——曼哈頓上東區的富裕家庭、穩定的藍領社區，以及貧窮且犯罪率高的區域（後兩者都在皇后區）。其中的差異非常有趣。

貧窮街區的父母有「剛性防衛型個人主義」（hard defensive individualism）。毒癮、遊民、坐牢和死亡充斥著這個街區——父母的目標是保護孩子遠離街頭——無論是實體或隱喻的街頭。他們的言詞中總是隱約談著不要

27　原注：數十年前，我在肯亞做田野工作時對此有所體會，在那裡距離我最近的鄰居是馬賽（Maasai）部落中非常不西化的成員。有時候我會碰到一陣子沒見的人，他的小孩在那段期間出生了，我花了很多年才擺脫荒唐的西方人反射反應——「你生了小孩！太棒了！恭喜！他叫什麼名字？」一陣尷尬的沉默——在嬰兒平安度過人生中第一個瘧疾肆虐的雨季和乾季的饑荒之後，他們才會為他取名字（或者也許之前已經取了名字，但不願意告訴別人）。

丟失已經得到的東西——守住你的地盤、不要低頭、別讓其他人冒犯你。專制的父母讓這個目標變得更加艱難。譬如，這裡的父母嘲笑小孩的程度遠超過其他社區。

工人階級父母則有「剛性攻擊型個人主義」（hard offensive individualism）。他們的社經地位有點動盪，子女必須小心保持這搖搖擺擺的步伐。當父母談起對孩子的希望，裡頭包含了與移動、進步、運動相關的意象——取得領先、冒險嘗試、奪得金牌。只要一直努力，在數個世代的期望激勵之下，你的孩子或許可以率先抵達中產階級那一端。

這兩個街區在教養上都重視尊重權威，特別是家中的權威。此外，小孩很容易被劃分為同一類，而非獨立的個體——「小朋友到這裡來！」

再來是中上階級父母的「柔性個人主義」（soft individualism）。[28] 他們的小孩一定能達到傳統定義的成功，也會如預期那般身體健康。比起以上兩項，小孩的心理健康則脆弱多了；當小孩的未來有無窮的希望，父母的責任就是從旁協助，好讓小孩隨著這偉大旅程朝向「充分實現」的個體發展。此外，這些父母對「充分實現」的想像常常處在成規後期——「我希望我的小孩永遠不必只為了賺錢而去做他不滿意的工作。」畢竟，這個部落的人會因為聽到這種故事而開心：本來野心勃勃想成為企業執行長的人，忽然放棄一切，跑去學木工或雙簧管。這些父母的言詞中滿溢著與實現潛力相關的隱喻——綻放、盛開、成長、繁盛發展。他們採取威信型或放任型教養，但又因親子之間的權力差異而充滿矛盾。他們不說：「小朋友，把這裡打掃乾淨！」而以個別化的方式提出正當的請求：「凱特琳、柴克、達珂塔，可以請你們稍微整理一下嗎？馬拉拉要來吃晚餐。」[29]

---

28 原注：庫瑟羅夫指出，這個類別中有最多父親願意接受訪談。

29 原注：我有一次學到一個深刻的教訓，就是在我所處的學術界裡沒有特權會造成多麼全面性的後果。當時我正在為實驗室招募新成員進行面談。過程中，我問每個人他們怎麼處理人際衝突，希望新成員可以迅速處理人際間的緊張關係，不會放任情況惡化到變成被動攻擊。其中一個傢伙來自皇后區，而非上東區。被問到這個問題時，他沒有講出我期望的上東區風格答案（「對，我知道不溝通的結果有多糟；別人跟我借我們現在已經看到童年事件——從母嬰互動到文化的作用——具有持續的影響力，且生物因素在其中扮演中介的角色。加上先前各章所談的內容，針對「環境對行為的作用」——從行為出現的一秒之前到出生後一秒——的旅程已到此結束。事實上，我們已經談完「環境」，該進入下一章的主題「基因」了。

但這忽略了一件重要的事情：環境從出生之前就存在了。

漫長的九個月

子宮裡戴帽子的貓

大眾對於胎內環境的影響力充滿想像，因為有些迷人的研究指出，快要出生的胎兒聽得見聲音（子宮外發生什麼事？）、具有味覺（羊水），在出生之後還記得且特別喜歡這些刺激。

這有經過實驗證明——注射檸檬口味的生理食鹽水到懷孕母鼠的羊水中，幼鼠出生後偏愛檸檬的味道。另外，孕婦吃下的某些香料會進入羊水中，因此我們可能生來就偏好母親在懷孕時吃的東西——真是種不太正統的文化傳承。

產前的影響還包括聽覺上的，北卡羅萊納大學的安東尼·迪卡斯伯（Anthony DeCasper）以卓越的研究證實了這點。胎兒在子宮裡聽得到母親的聲音，而且新生兒能夠認得並偏愛媽媽的聲音。[30] 迪卡斯伯用動物行為學的腳本來進行證明：新生兒可以學會用兩種不同的模式來吸奶嘴——長吸和短吸，當採用其中一種方式時，新生兒就會聽到媽媽的聲音；用另一種方式，則會聽到另一個女人的聲音。結果發現新生兒想聽媽媽的聲音。語言中的元素也在子宮中就開始學習——新生兒的哭聲調子，恰恰類似母

吸量管時，我會很有技巧地請對方為我著想，麻煩對方用完還給我。」），我聽到了來自皇后區的標準答案：「沒問題，這我完全沒問題。我知道實驗室不能打架，要打就去外面打。你不必擔心，我不會在實驗室裡鬧事。」

30　原注：相比之下，新生兒認得父親的聲音，但並不特別偏好。

親說話的聲音調子。

即將出生的胎兒之認知能力甚至還有更令人吃驚的地方。譬如，胎兒可以分辨兩組無意義的音節（「嗶巴」和「巴嗶」）。這要怎麼知道呢？聽聽看這個——研究人員一邊監看胎兒的心跳，媽媽邊反覆說：「嗶巴、嗶巴、嗶巴」。「無聊！」（或者很想睡）胎兒想著，同時心跳慢了下來。然後當媽媽改說「巴嗶」——如果胎兒分不清這兩者，心跳會繼續減慢。但如果胎兒注意到差異——「哇，發生什麼事？」——他便會心跳加快。迪卡斯伯跟大家報告的就是這個結果。

接著，迪卡斯伯和他的同事梅蘭妮．史賓塞（Melanie Spence）（用偵測奶嘴吸吮模式的系統）證明，當母親分別讀《戴帽子的貓》（*The Cat in the Hat*）和《國王、老鼠和起司》（*The King, the Mice, and the Cheese*）之中一段音韻相似的文字時，新生兒通常無法分辨兩者的差別。但若母親在妊娠第三期曾朗讀《戴帽子的貓》數個小時，新生兒會比較喜歡蘇斯博士（Dr. Seuss）[31]。哇。

儘管這些研究的發現很有魅力，本書關注議題的根源並不是出生前的學習——畢竟很少嬰兒生來就偏愛……譬如說，《我的奮鬥》（*Me in Kampf*）。不過，其他胎內環境的影響就對本書相當有意義了。

男孩腦與女孩腦，管他是什麼意思

我們從這裡開始——「環境」對胎兒的腦來說是什麼意思？以下是簡化版的答案：營養、免疫傳訊者（immune messenger），以及最重要的——隨著胎兒血液循環（fetal circulation）進入腦中的荷爾蒙。

只要胎兒體內的腺體發展完畢，就完全具備分泌荷爾蒙的能力。這特別重要。我們在第 4 章首次開始談荷爾蒙時，討論焦點放在維持數小時到數天的「引發性」效應（activational effect，另譯為「啟動效果」）。另一方面，

31 譯注：《戴帽子的貓》和《國王、老鼠和起司》皆為童書，蘇斯博士是《戴帽子的貓》的作者。

胎兒體內的荷爾蒙也對大腦具有「組織性」效應，對大腦的構造與功能造成延續一生的改變。

大約在著床後八週，人類胎兒的性腺就開始分泌類固醇荷爾蒙（男性分泌睪固酮，女性分泌雌性素和黃體素）。關鍵在於，睪固酮加上「抗穆勒氏管荷爾蒙」（anti-Müllerian hormone，也來自睪丸）使大腦變得雄性化。

以下三點把事情搞得更複雜而混亂：

- 許多齧齒類動物的腦在出生時沒有性別差異，上述的荷爾蒙作用在出生後才出現。

- 另一個讓事情更混亂的複雜因素：經由與雄性素受體結合而對大腦作用的睪固酮數量少得令人驚訝。事實上，睪固酮進入細胞之後，非常怪異地會轉變成雌性素，然後與細胞內的雌性素受體結合（不過，在大腦之外，睪固酮要不以原本的型態產生作用，要不就在細胞內轉化為一種相關的雄性素——二氫睪固酮〔dihydrotestosterone〕）。所以睪固酮的雄性化效果有很大一部分是透過變成雌性素來達成。這種睪固酮變成雌性素的現象也出現在胎兒的腦中。先等一下。不管胎兒的性別為何，胎兒的體內都有大量來自母親的雌性素在循環，而且如果胎兒是雌性的，她自己也會分泌雌性素。所以，雌性胎兒完全浸泡在雌性素中。為什麼這不會讓雌性胎兒的腦變得雄性化呢？最有可能的原因是胎兒製造出一種叫作甲型胎兒蛋白（alpha-fetoprotein）的東西，它與循環中的雌性素結合，使雌性素不能運作。所以不管是媽媽的雌性素或胎兒製造的雌性素，都不會使雌性胎兒的腦變得雄性化。結果，除非附近有睪固酮或抗穆勒氏管荷爾蒙，否則哺乳類動物胎兒的腦會自動變得雌性化。

- 現在，再談一件事，這一切變得更亂七八糟。到底什麼是「雌性」或「雄性」的腦呢？講到這個，爭論就開始了。

首先，雄性的腦中只有下視丘持續流出生殖荷爾蒙，但雌性的腦必須主掌排卵週期的荷爾蒙分泌。所以雌性胎兒會製造出一個連結網絡較為複雜的下視丘。

那麼，我們感興趣的議題——行為上的性別差異呢？要問的問題是，有多少雄性攻擊行為來自於大腦在出生前變得雄性化？

如果我們在談的是齧齒類動物，答案是幾乎百分之百。1950 年代，威斯康辛大學的羅伯．戈伊（Rober Goy）證實了在天竺鼠出生前後，睪固酮有一種組織性效應，是讓腦在成年後仍對睪固酮有所反應。研究人員對即將生產的母鼠施用睪固酮。這會造成雌性的後代在成年後看似正常，但行為卻「雄性化」——比起控制組的母鼠，牠們接受睪固酮注射後，對睪固酮更敏感，攻擊行為增加更多，並且出現雄性典型的性行為（也就是對其他母鼠做出騎乘行為〔mounting〕）。此外，牠們的雌性素更難發揮引發雌性典型的性行為（也就是稱為「凹背姿」〔lordosis〕反射動作的功能）。因此，胎兒階段暴露在充滿睪固酮的環境中，產生雄性化的組織性效應，使母鼠長大後對睪固酮及雌性素之引發性效應的反應和公鼠一樣。

這對「性別認同來自社會、而非生物性影響」的信條構成了挑戰。痛恨高中生物課的社會學家……以及主流醫療界人士，就抱持這種觀點。根據這種看法，如果嬰兒出生時性徵不明（大約有 1%至 2%的機率），把他當成哪一種性別養大都可以，只要在出生後十八個月內決定——完成比較方便的那種重建手術就好。[32]

結果，戈伊提出決定成年後出現哪種典型性別行為的是胎內的荷爾蒙環境，而非社會因素。有人反駁：「但那是天竺鼠。」於是戈伊和他的團隊開始研究人類之外的靈長類動物。

快速概述一下雌雄異型（sexually dimorphic，隨性別不同）的靈長類動物

32 原注：在那之後多年，醫學界中多半還是抱持這種觀點。想看看那種取向的錯誤有多嚴重，請看約翰．科拉品托（John Colapinto）《性別天生：一個性別實驗犧牲者的真實遭遇》（*As Nature Made Him: The Boy Who Was Raised as a Girl*）書中的例子。

行為：會形成配偶連結的狨猴和獅狨等南美物種，只顯示出少數行為上的性別差異。相較之下，多數舊大陸靈長類動物的雌雄異型程度很高；雄性較具攻擊性，雌性花比較多時間在進行親和行為（affiliative behavior），譬如，具有社會功能的理毛行為、和嬰兒互動。你會怎麼看以下這種性別差異？——在一項研究中，成年的公恆河猴喜歡玩「男性化」的人類玩具（譬如玩具車）的程度，遠高於「女性化」的玩具（譬如填充玩偶），而母恆河猴稍微更偏好女性化的玩具一些（見下圖）。

再來還要講什麼，難道是母猴比較喜歡以女性為主角的青春奇幻小說？為什麼人類的玩具和猴子的性別差異有關？研究者推測，這反映了雄性高度的活動力，也顯示出玩男性化玩具時活動量比較大。

戈伊研究的是高度雌雄異型的恆河猴。本來就已經有些線索顯示睪固酮對牠們的行為具有組織性效應——出生後幾週內，公猴就比母猴活動

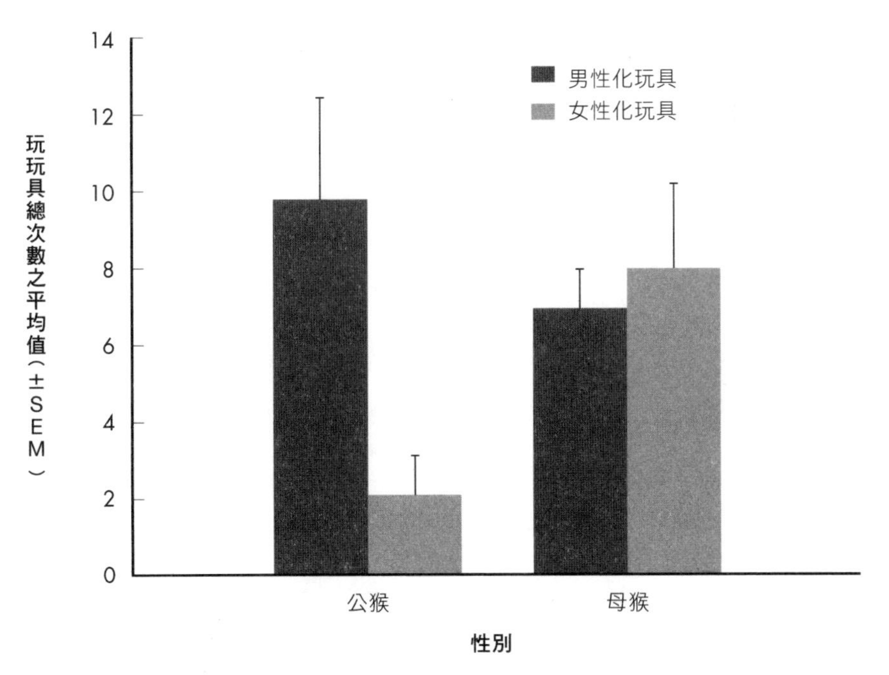

公恆河猴顯現對刻板印象中「男性化」的人類玩具有所偏好，勝過「女性化」的玩具。

量更大，花更多時間玩打鬧遊戲。這時候離青春期睪固酮大爆發的時間還很久。另外，就算在公猴出生時抑制睪固酮含量（使睪固酮降低，但還是比母猴高），公猴還是比較常玩打鬧遊戲。這說明了性別差異起於胎兒的荷爾蒙差異。

戈伊藉由給予懷孕的母猴睪固酮並檢視牠的雌性後代來證明這點。在整個孕期都暴露在睪固酮中，會使女兒變成「假雌雄同體」（pseudohermaphrodites）——外表看似公猴，但體內有母猴的性腺。與控制組的母猴相比，這些接受了雄性素的母猴較常玩打鬧遊戲、攻擊性較高，也表現出雄性典型的騎乘行為和聲音（就某些測量指標來看，程度與公猴相當）。重要的是，牠們大多數行為是雄性化的，但並非全部，而且牠們對幼猴的興趣與控制組的母猴相等。所以，睪固酮對某些行為產生組織性效應，但並未影響所有行為。

更進一步的研究中（許多出自戈伊的學生——埃默里大學的金姆·沃倫〔Kim Wallen〕之手），懷孕母鼠接受較少量的睪固酮，而且只在妊娠第三期施用。出生後的女兒有正常的性器官加上雄性化的行為。研究者指出了這與跨性別者之間的關聯——外表屬於一種性別，但大腦屬於另一種性別。[33]

輪到我們了

起初，「出生前暴露在充滿睪固酮的環境，也是造成男性攻擊行為的因素之一」似乎是個不爭的事實。這個說法奠基於針對一種罕見疾病——先天性腎上腺增生症（congenital adrenal hyperplasia，簡稱 CAH）的研究。這種疾病源於腎上腺中的一種酵素發生變異，本來該製造糖皮質素，卻從胎兒

33 原注：驚人的是，已經有研究檢視跨性別者的腦，焦點放在平均而言在大小上具有性別差異的腦區。同樣地，不管研究參與者想變性成為哪一種性別，也不管他們是否已經歷變性，在這些跨性別者身上，這些雌雄異型的腦區大小近似於他們一直認為自己所屬的性別，而非「實際的」性別。換句話說，跨性別者並不是覺得自己比較接近另一個性別勝過原本的性別；實際情況更像是，他們卡在另一個性別的身體裡，而遠離了真實的自己。

時期就製造起睪固酮和其他雄性素。

缺乏糖皮質素導致嚴重的新陳代謝問題，需要用替代荷爾蒙來解決。罹患 CAH 的女孩體內雄性素過剩，會造成什麼影響？（她們通常在出生時性徵不明，且成年後無法生育）

1950 年代，約翰霍普金斯大學的心理學家約翰・曼尼（John Money）指出，CAH 的女性患者之男性典型行為多到反常，她們缺少女性典型行為，且智力較高。

這鐵定引起了眾人的注意。但這項研究有些問題。首先，關於智力的發現並不屬實——願意為罹患 CAH 的小孩報名參加研究的家長，教育程度往往高於控制組。至於性別典型行為呢？他們判斷何謂「正常」時，採用的是 1950 年代歐茲與哈里特（Ozzie and Harriet）[34] 式的標準——認為 CAH 的女性患者想要發展職涯、對生小孩不感興趣到了病態的程度。

糟糕，又回到原點了。由劍橋大學的梅莉莎・海因斯（Melissa Hines）所執行的當代 CAH 研究則比較嚴謹。將罹患 CAH 及未罹患 CAH 的女孩相比較，CAH 患者較常玩打鬧遊戲、打架，也出現較多肢體攻擊行為。此外，她們偏好「男性化」玩具勝過娃娃。成年之後，她們在「溫柔親切」（tenderness）的指標上得分較低，「攻擊性」（aggressiveness）的指標分數較高，且自述攻擊行為較多，對嬰兒較沒興趣。另外，CAH 的女性患者是同性戀或雙性戀、或者具有跨性別之性別認同的機率較高。[35]

重點是這些女孩在出生之後已經立即接受藥物治療，使雄性素含量回到正常水平，所以她們只有在出生前才暴露在雄性素過量的環境中。出生前接觸的睪固酮顯然造成組織性效應，提高了雄性典型行為的發生率。

從 CAH 的相反，也就是雄性素不敏感症候群（androgen insensitivity

34　譯注：此為美國 1952 到 1966 年的長壽影集，全名為《歐茲與哈里特歷險記》（*The Adventures of Ozzie and Harriet*），劇中顯現出當時的性別刻板印象。

35　原注：現在已經可以在孕期篩檢胎兒是否罹患 CAH，並藉由荷爾蒙療法，在某種程度上預防胎兒雄性化。有些臨床醫師將之視為一種手段，藉此提高 CAH 女性患者為異性戀之機率，引發了生物倫理學家及 LGBTQ 社群的怒火。

syndrome，簡稱 AIS，過去稱為「睪丸女性化症」〔testicular feminization syndrome〕），也可以得到類似的結論。在男性胎兒身上——有 XY 染色體，睪丸分泌睪固酮，但雄性素受體因突變而對睪固酮不敏感。因此，睪丸可以分泌睪固酮直到天荒地老，但依然不會產生任何雄性化的效果。患者在出生時，常擁有女性的表現型，被當成女孩養大。直到青春期時，她的初經始終沒有到來，看了醫生才知道這個「女孩」其實是個「男孩」（她們的睪丸通常接近胃，另外有著長度較短、盡頭封閉的陰道）。通常患者會持續女性的性別認同，但成年後無法生育。換句話說，如果男性沒有經歷出生前暴露在睪固酮中的組織性效應，就會產生雌性典型行為及女性性別認同。

看到 CAH 和 AIS 的例子，這個議題似乎沒有爭議了——若要解釋人類攻擊行為及各種利社會親和行為上的性別差異，胎內環境的睪固酮扮演了要角。

假如讀者夠細心，就會發現這個結論有兩個很大的問題：

- 還記得患 CAH 的女孩生來就貼著一張「非常與眾不同」的便利貼——性徵不明、通常需要多次重建手術。CAH 的女性患者不僅在出生前遭致雄性素影響，父母養育她們時會覺得她們與眾不同，還有大量醫生對她們的私處感興趣，而她們也接受各種荷爾蒙的治療。我們不可能把全部的行為表現都只歸因於出生前的雄性素。

- 因為一種雄性素受體的突變，睪固酮對 AIS 患者沒有任何影響。但在胎兒腦中，睪固酮不是大多會先轉變為雌性素，和雌性素受體結合之後，才產生作用嗎？那麼，就算雄性素受體突變，那些雄性素應該仍然能造成雄性化才對。複雜之處出在於猴子身上，出生前因雄性素而造成的雄性化效果之中，有一部分不需要依靠雄性素轉化為雌性素就能達到。所以有些個體的基因和性腺都屬於雄性，而且至少一部分的腦經過雄性化，但仍能成功作為雌性個體養大。

這整幅圖像還能更加複雜——被當成女性養育長大的 AIS 患者是同性戀、自我認同「非女性」或「既非女性也非男性」的機率顯著偏高。

呃啊，我們只能說有（不完美的）證據顯示，在人類和其他靈長類動物身上，睪固酮能在出生前達到雄性化的效果。那麼，問題就變成：這種效果有**多強**？

如果你知道胎兒暴露在多少睪固酮之下，回答這個問題就不難。這可以連到一個實在很怪異的研究發現，怪到能讓讀者開始尷尬地把玩手邊的直尺。

有件怪事是產前接觸的睪固酮會影響手指的長度。確切來說，人們在 1880 年代發現，雖然所有人的食指通常都比無名指短，但男性的食指與無名指之長度差異（2D：4D ratio）比女性大。這項差異可以顯現在妊娠第三期的胎兒身上，胎兒暴露在越多睪固酮中（以羊膜穿刺術測量），兩指的長度比例更顯著。此外，CAH 女性、與雙胞胎兄弟共享胎內環境（因此也共享一些睪固酮）的女性，其兩指比例較為雄性化，而 AIS 男性的兩指比例則較為雌性化。其他靈長類動物及齧齒類動物身上在這個比例上也有性別差異。但沒人知道為什麼會有這項差異存在。而且，怪事還不只這一件。我們的內耳會產生一種幾乎無法辨別的背景噪音（「耳聲傳射」〔otoacoustic omission〕），這也有性別差異，反映出生前是否曾暴露在睪固酮中。這又該怎麼解釋呢？

食指與無名指長度比例的變異很大，性別差異卻很小，你無法從兩指比例就得知一個人的性別，但確實可以透露出生前暴露在睪固酮中的程度。

那麼，出生前暴露在睪固酮中的程度（經由兩指比例來測量）到底能預測哪些成年後的行為呢？擁有「雄性化」比例的男人傾向產生較多攻擊行為、數學分數較高、性格比較果斷、注意力不足過動症（ADHD）和自閉症比例較高（這兩種疾患的男性患者明顯較多）、憂鬱和焦慮的風險較低（這些是有大量女性患者的疾患）。這些男人的長相和字跡被評為比較「男性化」。

另外，有些報告中顯示這些人為同性戀的機率較低。

兩指比例偏向「雌性化」的女人中，為自閉症患者的機率較低、得厭食症的機率較高（此為女性患者較多的疾患）。她們之中較少人是左撇子（左撇子男性人數較多）。此外，她們的體育能力較差，比較容易受高度男性化的臉孔吸引。而且，她們是異性戀的機率較高，如果其中有同性戀，她的角色也比較有可能符合刻板印象中的女性性別角色。

這些可以是最強而有力的證據，足以證明：（a）胎兒期暴露在充滿睪固酮的環境中，對於人類及其他物種的成年行為具有組織性效應；（b）暴露在睪固酮中的程度之**個別差異**，可以預測成年行為的個別差異。[36] 出生前的荷爾蒙環境決定了你的命運。

嗯，也不完全如此。以上提及的效果不強且變異很大，只有納入大量樣本時才在統計上有顯著意義。睪固酮的組織性效應，可以決定一個人產生多少或怎麼樣的攻擊行為嗎？不能。那如果是組織性效應**加上**引發性效應呢？也不能。

擴展「環境」的範圍

所以，胎兒分泌的荷爾蒙可以對胎兒腦產生影響。但除此之外，外在世界也會改變孕婦的生物機制，進而影響到胎兒的腦。

最明顯的就是孕婦的飲食會影響到進入胎兒循環的營養成分。[37] 情況極端時，母親營養不良，會損害胎兒腦部各方面的發展。[38] 此外，母親得到的病原體也可能傳給胎兒——譬如，如果孕婦感染一種寄生性原生蟲病

---

36 原注：並沒有任何證據支持出生後數小時到數週暴露在雄性素中，可以預測任何後來的行為。

37 原注：為什麼不是「決定」，而是「影響」？因為女性的身體可以將一種營養成分轉化為另一種，再送到胎兒那裡。

38 原注：在妊娠第三期營養不良也會改變某些生理功能，於是胎兒糖尿病、肥胖和代謝症候群的終生風險將提高，稱為「荷蘭飢餓冬季效應」（Dutch Hunger Winter effect）。

「**弓漿蟲**」（通常源於接觸到感染弓漿蟲的貓屎），最終擴及胎兒的神經系統，就有可能造成重大傷害。母親因藥物濫用而生下海洛因或快克古柯鹼寶寶或患有胎兒酒精症候群（fetal alcohol syndrome）的小孩，也是如此。

重要的是，母親的壓力會影響胎兒發展。有些是間接的——譬如，壓力大的人吃得比較不健康，也較容易藥物濫用。比較直接的路徑是壓力改變了母親的血壓和免疫力，對胎兒造成衝擊。最重要的是，母親壓力大時會分泌糖皮質素，糖皮質素進入胎兒循環之後，造成的不良結果基本上和嬰兒及小孩本身壓力大一樣。

糖皮質素達到這種結果的途徑，包括對胎兒腦部構造發揮組織性效應，以及減少生長因素、神經元和突觸數量等等。出生前暴露在睪固酮中，會造成成年後的腦對於環境中引發攻擊行為的刺激較為敏感。暴露在過量的糖皮質素中，也會使成年後的大腦對於能夠引發憂鬱和焦慮的環境刺激較為敏感。

除此之外，出生前暴露於糖皮質素中還會造成一些影響，這些效應結合了古典的發育生物學（developmental biology）和分子生物學的原理。為了幫助理解，我先提供幾個概念，以下幾點關於下一章所聚焦的基因，但經過了高度的簡化：（a）每一種基因都針對特定種類蛋白質的製造；（b）「啟動」基因之後，蛋白質才會開始生產，「關閉」基因就會停止蛋白質的製造——所以，基因有開關的功能；（c）我們身體中的每個細胞裡都有一模一樣的基因庫；（d）在發展過程中，基因啟動的模式決定了哪些細胞變成鼻子、哪些變成腳趾頭，以此類推；（e）從此以後，鼻子、腳趾頭和其他細胞中，都繼續保留獨特的基因啟動模式。

第 4 章討論了某些荷爾蒙如何透過打開或關閉特定基因，而達到引發性效應（譬如，啟動睪固酮的基因與增進肌肉細胞生長有關）。「表觀遺傳學」（epigenetics）領域關注某些荷爾蒙如何在特定細胞上**永久地**開啟或關閉特定基因，藉此達到組織性效應。關於這個，下一章還會談很多。

這幫助我們解釋為什麼你的腳趾頭和鼻子有不同的功能。更重要的是，表徵遺傳學所談到的改變也出現在腦中。

敏尼及其同事在 2004 年發表了一篇具有里程碑意義的研究（這是聲譽卓著的期刊《自然－神經科學》〔*Nature Neuroscience*〕被引用最多次的文章），開啟了表觀遺傳學的這個範疇。他們之前證實了當老鼠媽媽比較「細心照料」小鼠（時常哺乳、理毛、舔拭小鼠），小鼠長大後糖皮質素含量和焦慮程度較低、學習得較好，而且腦部較晚才開始老化。這篇論文說明了這些改變具有表觀遺傳的性質——母親的照料方式，改變了與大腦壓力反應有關的基因開關。[39] 哇！母親的照料**方式**改變了小鼠腦中的基因調控。驚人的是，敏尼和加州大學分校的達琳・法蘭西斯（Darlene Francis）接著證明，這些小鼠長大之後變成比較懂得細心照料的母親——這個特質以表觀遺傳的方式傳到下一代。[40] 所以，成年動物的行為在後代的腦部造成持續的、分子層次的變化，「設定」了後代在成年時也很可能複製那個獨特的行為。

然後，更多研究發現如雨後春筍般冒出來，其中很多出自敏尼、他的同事摩西・史濟夫（Moshe Szyf，同樣來自麥基爾大學），以及哥倫比亞大學的法蘭西斯・香檳（Frances Champagne）。荷爾蒙對各種胎兒與童年經驗的反應，對於與腦源性神經營養因子、抗利尿素與催產素系統及對雌性素的敏感度相關的基因，具有表觀遺傳性的作用。這些作用和成年後的認知、性格、情緒和精神健康相關。譬如，童年受虐會導致人類海馬迴中數百種基因發生表觀遺傳性的變化。此外，國家衛生研究院（National Institutes of Health）的史蒂芬・史渥米（Stephen Suomi）和史濟夫發現，猴子母親的照料方式對超過一**千個**額葉皮質的基因具有表觀遺傳的作用。[41]

---

39 原注：提供一項資訊，那種基因為糖皮質素的受體編碼。

40 原注：下一章將討論到這個不是透過遺傳、而是透過表觀遺傳進行跨世代傳遞的特徵，與 18 世紀的科學家讓—巴蒂斯特・拉馬克（Jean-Baptiste Lamarck）所提出遺傳如何發生的概念相似，但他的想法早已被推翻。

41 原注：注意，這不代表額葉皮質中的每一個神經元都受到這大約一千個基因的變化所調控。額葉皮質裡除了神經元，還有神經膠細胞，而且神經元有很多不同的種類。所以，實際上，任意一個細胞中，基因的平均變化遠少於一千個。關於這個注意事項，再注意一點：這件事的有趣程度完全不會因此而有所減損，只是在研究上比較困難。

這真是革命性的發現。某種程度上來說。可以從這裡直接連到本章的摘要。

結論

環境透過表觀遺傳對發展中大腦造成影響，這非常令人興奮。不過，我們有必要克制一下這股激情。這些研究發現已經被過度詮釋了，相關研究傾巢而出，研究品質也隨之下降。此外，人們會忍不住想用表觀遺傳學來解釋「所有事情」，不管那是什麼事情；但童年經驗對成年後的影響通常與表觀遺傳無關，而且（之後會再談）多數表觀遺傳性的變化都是轉瞬即逝的。比起行為科學家（他們普遍熱烈擁抱這個主題），分子遺傳學家的批評尤為強烈；我猜測，有些分子遺傳學家的負面反應是因為他們必須在那個屬於基因調控的美麗世界裡，納入母鼠舔小鼠之類的事情，而感到受辱。

但我說要節制興奮，是基於更深層的理由，與這整章的內容都有所相關。刺激的環境、嚴厲的父母、優良的街區、毫無啟發性的老師、健康的飲食——全都會改變腦中的基因。哇！不久之前，所謂革命性的研究是關於環境和經驗可以改變突觸易興奮的程度、突觸的數量、神經元的迴路，甚至神經元的數量。哇！再更早之前，革命性的研究則是環境和經驗可以改變不同腦區的大小。不可思議。

但以上這些沒有什麼真的不可思議的。因為一切就是**必須**這麼運作。儘管童年中很少有什麼因素可以直接決定成年行為，童年的一切幾乎都會造成改變，使個體更可能傾向某個方向發展、出現某些行為。佛洛伊德、鮑比、哈洛、敏尼從不同的角度，談的都是同一個基本且曾經是革命性的觀點：童年**很重要**。生長因子、基因開關、髓鞘化的比率之類的事情，只是在對此一事實的內部運作提供一種洞察。

這些洞察很有用，說明了從童年的 A 點連到成年的 Z 點，需要經過哪些步驟，還有父母如何製造出和自己具有相似行為的後代。透過這類洞察，我們得以找出那條阿基里斯腱，以解釋童年逆境如何造就受傷又傷人的大人。它也透露了一些線索，讓我們知道童年造成的壞結果可能逆轉，好結果可以受到增強。

還有另一個用處。我在第 2 章描述了罹患創傷後壓力症候群的退伍軍人需要透過海馬迴體積縮小，才終於能說服許多掌權者，他們身上的疾患是「真的」。同樣的道理，我們也不該用分子遺傳學和神經內分泌學的知識來證明童年很重要，所以提供孩子健康又安全的環境、給予他們關愛、撫育和機會，將帶來深遠的影響。不過，有些時候，需要的似乎正是那類科學證據，於是這些知識就多了一些價值。

08

回到你還只是個受精卵的時候

我想起一部卡通，裡面有位穿著實驗袍的科學家對另一個人說：「有時候在電話中，對方想掛斷電話但不直說，便會說：『你大概需要去做別的事了吧？』聽起來好像你想掛斷電話，但其實是他們自己想掛電話，你知道這種情況吧？我想我找到這種行為的基因了。」

本章要談的就是關於尋找「負責那種行為的那個基因」的當前進展。

那個原型行為出現了。當組成一個人的精子和卵子也加入進來，創造出屬於它們的基因體——染色體、DNA 序列——會在未來複製到這個人體內的每一個細胞，此時發生的事，將如何影響那個行為？在那個行為的成因中，基因扮演了什麼角色？

基因和……譬如說，攻擊有關，這就是為什麼當幼童伸手拉巴吉度獵犬（basset hound）的耳朵，而不是比特犬（pitbull）時，我們不會那麼緊張。基因和本書中的一切都有關。許多神經傳導物質和荷爾蒙都由基因編碼。構成或損害那些傳訊者的分子以及那些傳訊者的受體也是。基因也為引導大腦神經可塑性運作的生長因子編碼。基因通常有不同的版本；我們每個人身上都有大約兩萬個基因，就像一支由不同版本的基因所構成的個人管弦樂團。

這個主題帶來兩種麻煩。第一，反映出許多人因為基因與行為相連結而備受困擾——在我的學術生涯早期，曾有一個由聯邦政府補助的研討會，因為暗指基因和暴力有關而遭到取消。人們之所以對基因與行為的連結存疑，是因為有人使用屬於「偽科學」的遺傳學來證明各種「主義」、偏見與歧視。這類偽科學助長了種族歧視和性別歧視，孕育優生學並強行推動絕育，使得人們利用在科學上不成立的方式，來解釋「先天」之類的詞語，藉此正當化對窮人的忽視。還有人以醜惡方式扭曲遺傳學，激起那些動用私刑、種族清洗或讓小孩列隊走入毒氣室的作為。[1]

另一方面，很多人對行為的遺傳學的熱忱過高，又帶來另一種相反的麻煩。畢竟這是個基因體的年代，我們有個人化的基因醫學，可以知道自己的基因序列。科普作家寫到遺傳學時，輕率地用上了「聖杯」和「編碼的編碼」這些詞彙。根據化約論（reductionist）的觀點，要瞭解一件複雜的事必須將之拆解為小部分；分別瞭解每個部分之後再把它們綜合在一起，你就能理解全貌。在化約論的世界裡，若要瞭解細胞、器官、身體，基因是最適合研究的單位。

對基因過分熱情，反映出人們感覺人類具有永恆不變的獨特本質（儘管本質論〔essentialism〕比基因體學更早出現）。有一種研究針對以親緣關係為基礎的「道德溢出」（moral spillover）效應。假定在上上個世代，某人傷害了其他人，這個人的孫輩有沒有義務幫助受害者的孫輩呢？研究參與者認為這個人親生的孫輩，比在出生時就被領養進入這個家族的孫子或孫女更應該承擔起這個義務；血緣承載了汙點。此外，如果一對同卵雙胞胎中的一人犯了罪，參與者比較願意把他失散多年的雙胞胎手足一起關進牢裡，而非將沒有血緣關係但外表一模一樣的兩個人一起監禁——第一種狀況中的兩人在不同的環境中長大，但因為基因相同而共享了道德上的汙點。人們覺得本質就鑲嵌在血緣中——也就是基因。[2]

1　原注：針對遺傳學提出最強烈意識型態批評的通常是具有左派傾向的人。令我訝異的是，儘管如此，我知道有個研究探討了這個主題，結果，左派和右派意識型態在將個別差異歸因於遺傳的傾向上並無差異。右翼意識型態較容易用遺傳來解釋種族或階級差異，左翼意識型態則在談到性傾向時比較會連結到遺傳。

2　原注：我有一個非常符合本質論的個人經驗：1976到1977年間，整個紐約市因為「山姆之子」（Son of Sam）連續殺人事件而陷入恐慌（1977年夏天，我因為大學放假而待在布魯克林的家中，可以證明這場殺戮對群眾造成強大的心理衝擊）。這起事件結束在1977年8月，大衛·伯克維茲（David Berkowitz）遭到逮捕，這個23歲的犯人已經有輕罪與縱本章的思路介於這兩個極端之間，得出的結論是儘管基因對於本書關注的議題有很高的重要性，但遠遠不及大家所想的那麼重要。本章會先介紹基因的功能與基因調控，說明基因力量的限制。接著，再檢視基因對整體行為的影響。最後，我們將檢視基因對我們最好和最糟的行為有何影響。

第一部分：由下而上看基因

讓我們從基因有限的力量開始談起。如果中心法則（central dogma，DNA 為 RNA 編碼，RNA 為蛋白質序列編碼）、蛋白質結構決定功能、由三個核苷酸（nucleotide）編碼而成的密碼子（condon）等等敘述會讓你感到頭痛，請先閱讀附錄三。

基因知道它們在幹嘛嗎？

環境的勝利

基因明示了蛋白質結構、形狀和功能。既然蛋白質幾乎負責做所有事情，那 DNA 就是生命的聖杯。但，事情不是這樣——基因沒有「決定」什麼時候要製造新的蛋白質。

我們所學到的標準教條是，一個染色體裡的一段 DNA 構成一個基因，後面接著一個終止密碼子（stop codon），然後馬上接著下一個基因，然後下一個……但基因並不是真的一個接一個——不是所有 DNA 都構成基因。事實上，基因之間有些一段一段的非編碼 DNA（noncoding DNA，即

火前科，他聲稱自己在一隻鄰居的狗的命令下殺害他人，而那隻狗被惡魔附身了。一個月後，我回到學校，電話響起。我的室友接起電話，然後把電話遞給我，樣子有點困惑。「是你媽，她聽起來有點興奮。」「嗨，媽，有什麼事嗎？」她用亢奮、寬慰又歡欣鼓舞的語氣說：「大衛・伯克維茲！他是被領養的，領養！他其實不是猶太人！」但我母親沒料到這個結局：伯克維茲——出生時名叫理查・大衛・法爾科（Richard David Falco）——他的生母是猶太人，他那不姓法爾科的生父也是猶太人。

俗稱的垃圾基因），它們沒有被「轉錄」（transcribe）。[3] 現在，告訴你一個會讓你目瞪口呆的數目——95%的 DNA 是非編碼 DNA。**95%**。

那 95% 的 DNA 是什麼東西？有些是垃圾——因為演化而終止活動、但殘留下來的偽基因（pseudogene）。[4] 但那背後藏著一把通往神祕王國的鑰匙、關於何時轉錄特定基因的說明指南，也就是基因轉錄的開關。基因不會自己「決定」什麼時候複印為 RNA 並製造蛋白質。事實上，在那個基因的 DNA 編碼開始之前，有一段短短的啟動子（promoter）[5]——就是「開啟」的按鈕。那麼，是什麼東西按下啟動子的按鈕呢？有個叫作轉錄因子（transcription factor，簡稱 TF）的東西與啟動子結合，召喚酵素來把基因轉錄成 RNA。同時，有些轉錄因子會關閉其他基因。

真是重大的發現。當你說一個基因可以「決定」什麼時候要轉錄，[6] 就好像在說一份食譜可以決定蛋糕什麼時候放入烤箱。

所以，轉錄因子調控著基因。那，又是什麼東西在調控轉錄因子呢？答案將摧毀基因決定論（genetic determinism）的概念——「環境」。

先從不太引人興奮的事情說起，「環境」可以指細胞內的環境。假設現在有個勤勞的神經元能量低落，此時的狀態活化了某個轉錄因子，這個轉錄因子與某個特定的啟動子結合，活化了隊伍上的下一個基因（「下游」〔downst-ream〕基因）。這個基因為葡萄糖轉運蛋白（glucose transporter）編碼；葡萄糖轉運蛋白被製造出來，並鑲嵌進細胞膜，於是神經元更有能力獲取循環中的葡萄糖。

接著，我們來討論「環境」。所謂的「環境」包括了隔壁那個神經元，

3　原注：術語說明：當有著一個基因的 DNA 序列的 RNA 模板（template）被製造出來，就是「轉錄」，這個 RNA 模板會用來製造它所編碼的蛋白質。

4　原注：請注意，「垃圾」DNA 有可能是垃圾，或者，有更高的機率是我們還沒發現它的功能。有些理由可以支持後面這個解釋。

5　原注：還有一些非編碼DNA的片段，也屬於基因開關的一部分，稱為強化子（enhancer）和操縱子（operator）。但就我們的目標而言，只需要啟動子一詞就夠了。

6　原注：或者用這個領域的行話來說，就是這個基因什麼時候「活化」或「表現」（expressed）——我會交替使用這些說法。

它會釋放血清素到我們正在討論的這個神經元。假如最近這陣子它釋放出來的血清素變少了，位在樹突小刺的轉錄因子哨兵感應到之後，跑到DNA 那兒，和血清素受體基因上游的啟動子結合。於是，更多血清素受體被製造出來並分配到樹突小刺上，樹突小刺對微弱的血清素訊號就更加敏感了。

有時候，「環境」可能是有機體裡面距離遙遠的地方。當雄性動物分泌睪固酮，睪固酮隨著血液流到其他地方，和肌肉細胞中的雄性素受體結合。轉錄因子受到活化，傾瀉而出，結果細胞內出現更多鷹架蛋白（scaffolding protein），細胞變得更大（即肌肉量增加）。

最後也是最重要的，「環境」可以指外在世界。雌性動物聞到自己初生孩子的氣味，代表氣味分子飄離小寶寶，和她鼻子裡的受體結合。那些受體活化，然後（經過下視丘運作許多步驟之後）一個轉錄因子活化，導致更多催產素被製造出來。一旦催產素分泌，就會開始溢乳。只要基因可以受小嬰兒的屁屁氣味所調控，就不是什麼決定論的聖杯。所有代表環境的東西都在調控著基因。

換句話說，**只要脫離環境的脈絡，基因就毫無意義**。啟動子和轉錄因子可以為我們說明「如果……那麼……」句型：「如果聞到你的小寶貝，那麼催產素基因就會活化。」

現在，更複雜的來了。

一個細胞裡有許多種不同的轉錄因子，分別和一個特定的啟動子（由一段特定的 DNA 序列構成）結合。

假想有個包含了一個基因的基因體。在那個想像的有機體中，只有一種轉錄圖譜（transcription profile）（也就是那一個基因被轉錄），只需要一個轉錄因子。

現在，再想像一個包含了 A 基因和 B 基因的基因體，意思是有三種不同的轉錄圖譜——A 被轉錄、B 被轉錄、A 和 B 都被轉錄——這需要三種不同的轉錄因子（假設一次只活化一個）。如果有三個基因， 就有七種轉錄圖譜：A、B、C、A+B、A+C、B+C、A+B+C。七種不同的轉錄因子。

四個基因有十五種圖譜，五個基因有三十一種圖譜。[7]

隨著基因體中的基因數量越來越多，可能的基因表現圖譜呈指數增長。製造這些圖譜所需的轉錄因子數量也是如此。

現在再談到另一個小轉折，用老一輩的話來說——會讓你大開眼界。

轉錄因子通常是蛋白質，由基因編碼而成。我們先回到 A 基因和 B 基因。若想要充分利用這兩個基因，你需要能夠活化 A 基因的轉錄因子，還有活化 B 基因的轉錄因子，以及活化 A 基因和 B 基因的轉錄因子。所以，一定還有三個基因分別為這三種轉錄因子編碼。那就需要可以活化那些基因的轉錄因子。然後為那些轉錄因子編碼的基因又有專屬的轉錄因子……

哇。不過，基因體不是無限的；事實上，轉錄因子彼此調控，解決了這個永無止境的麻煩問題。重要的是，在基因序列已經排列出來的物種中，基因體越長（大致上就代表有越多基因），就有越高比例的基因負責為轉錄因子編碼。換句話說，**有機體的基因體越複雜，其中就有越高比例投入在環境對基因的調控上**。

再回頭談基因突變。構成啟動子的 DNA 片段中可能出現突變嗎？是的，而且比基因本身出現突變的頻率還高。1970 年代，柏克萊的艾倫．威爾森（Allan Wilson）和瑪麗—克萊爾．金（Mary-Claire King）提出了正確的理論，表示基因演化的重要性，比不上在基因上游負責調控基因的 DNA 序列之演化（所以，也就是環境如何調控基因）。人類和黑猩猩在基因上的差異有極高比例就在轉錄因子的基因中，反映了這點。

該加入更多複雜的因素了。假設你有 1 號到 10 號基因，以及轉錄因子 A、B 和 C。轉錄因子 A 可以導致 1、3、5、7、9 號基因的轉錄。轉錄因子 B 引發 1、2、5、6 號基因的轉錄。轉錄因子 C 則能使 1、5、10 號基因轉錄。所以 1 號基因上游分別有不同的啟動子，負責回應轉錄因子 A、

7 原注：如果你想知道的話，n 個基因的轉錄圖譜數量為 2n-1，不包含沒有基因被轉錄的情況。所以，把人類大約兩萬個基因放進這個等式，你會得出一個龐大的數目，那就是人類可能的轉錄圖譜數量。

B、C——也就是說，基因可以受到多種轉錄因子調控。反之，轉錄因子通常可以活化不只一種的基因，意思就是通常會以網絡的方式，讓多種基因同時活化（譬如，細胞損傷會導致一種名叫 NF—B 的轉錄因子去活化發炎基因的網絡）。假設 3 號基因上游的啟動子本來對轉錄因子 A 有所反應，卻因為發生突變，變得對轉錄因子 B 才有反應。結果會是如何？現在，3 號基因在活化時參與的就是另一個網絡了。如果突變的是為某個轉錄因子編碼的基因，效果也會達到網絡層級，製造出與另一種啟動子結合的蛋白質。

想想看：人類的基因體為大約一千五百個不同的轉錄因子編碼，包含四百萬個轉錄因子結合位點（TF-binding sites），每個細胞平均使用二十萬個結合位點來產生獨特的基因表現圖譜。真是超乎想像。

表觀遺傳學

上一章介紹了環境的影響如何凍結基因開關，使之維持在開啟或關閉。這種「表觀遺傳」的改變[8]與生命中發生的事件，特別是童年事件相關，這些事件對腦部及行為產生持續性的影響。譬如，還記得那些具有配偶連結的草原田鼠嗎？母鼠與公鼠首次交配時，伏隔核（中腦一邊緣多巴胺投射的目標）中調控催產素和抗利尿素受體的基因就會發生表觀遺傳的變化。

我們來把上一章所談、想像中的「凍結基因開關」翻譯成分子生物學的語言。基因調控的表觀遺傳變化背後是什麼機制在運作著？來自環境的輸入導致某個化學物質緊緊黏上啟動子，或者黏上附近某些圍繞著 DNA 的結構蛋白（structural protein）。無論是哪種情況， 結果都是轉錄因子不再能夠觸及或與啟動子結合，因此關閉了基因的活動。

就如我在上一章中所強調的，表觀遺傳的變化可以跨越多個世代。

8　原注：「表觀遺傳」嚴格說來指的是改變對基因的調控，而不是改變基因序列。因此，一個轉錄因子活化某個基因十分鐘，也可以算是表觀遺傳上的變化。不過，當神經科學家談起「表觀遺傳學革命」，他們說的通常是這裡討論的持久的生物機制變化。

過去，大家相信所有表觀遺傳標記（epigenetic mark，即 DNA 或周遭蛋白質的變化）都會在卵子和精子中遭到移除。但結果發現，表觀遺傳標記可以透過卵子和精子傳遞下去（譬如，科學家讓公鼠得到糖尿病，透過精子中的表觀遺傳變化，可以將這個特徵遺傳到後代）。

回想一下科學史上最著名的攻擊目標——18 世紀的法國生物學家拉馬克。如今大家對這傢伙唯一知道的事情，就是他對遺傳的看法錯了。假設一隻長頸鹿習慣伸長脖子吃樹木高處的葉子，牠的脖子就會變長。根據拉馬克的說法，因為「獲得性遺傳」（acquired inheritance），當牠有了孩子，這些長頸鹿寶寶也會擁有比較長的脖子。[9] 瘋子！傻瓜！然而，表觀遺傳所調節的遺傳機制——現在常稱為「新拉馬克式遺傳」（neo-Lamarckian inheritance）——證明了拉馬克在這個狹小範圍內是對的。幾世紀後，這傢伙終於獲得了讚譽。

所以，環境不僅可以調控基因，而且它的影響力可以持續好幾天到一輩子。

組裝合成的基因：
外顯子（Exon）與內含子（Intron）

是時候來消滅另一個關於 DNA 的信條了。原來，大部分的基因並不是由一段連續的 DNA 編碼而成，中間可能會出現一段非編碼 DNA。那麼，兩段獨立的編碼 DNA 就稱為「外顯子」，中間有個「內含子」將它們區隔開來。很多基因都分割為數個外顯子（按照邏輯，這個基因的內含子數量就比外顯子少一個）。

要怎麼從一個「外顯子」基因製造出蛋白質呢？起初，這個基因的 RNA 複本同時包含了外顯子和內含子；然後一個酵素出現，移除了內含子的部分，並把外顯子剪接（splice）在一起。這方法有點笨拙，但涵義

9　原注：注意，拉馬克當時談的物種演化概念遠早於達爾文與華萊士（Wallace）。達爾文和華萊士並沒有發明演化的概念，只是搞清楚演化怎麼運作，也就是物競天擇。

重大。

回到先前談的，每一個特定的基因都為某個特定的蛋白質編碼。內含子與外顯子的存在讓這件事不再那麼簡單。想像一下，現在有個基因包含了 1、2、3 號外顯子，被 A、B 內含子分隔開來。在身體某個部位有種剪接酵素，它把內含子剪掉，也把 3 號外顯子丟掉，製造出一個由 1 號和 2 號外顯子編碼而成的蛋白質。同時，在體內另一處的另外一種剪接酵素，扔掉了 2 號外顯子和所有內含子，製造出由 1 號和 3 號外顯子編碼而成的蛋白質。在另一種細胞中，則有純粹來自 1 號外顯子的蛋白質……所以，一段相同的 DNA 可以透過「選擇性剪接」（alternative splicing）製造出多種相異的蛋白質；我們可以完全捨棄「一個基因專門用來製造一種蛋白質」的說法了——這個基因專門製造七種蛋白質（A、B、C、A—B、A—C、B—C、A—B—C）。驚人的是，具有外顯子的人類基因中，有 90％都進行選擇性剪接。此外，如果一個基因受到多種轉錄因子調控，還可以指引外顯子以不同組合進行轉錄。噢，而且，剪接酵素本身就是蛋白質，意思是它們也分別由一個基因編碼而成。循環再循環。

轉位因子（Transposable Genetic Elements）、基因體的穩定性與神經新生

該來解放另一個眾人擁護的想法了，就是「基因遺傳自你爸媽（從你變成一個受精卵時就得到了這些基因）」是永恆的定律。談到這點，可以喚起科學史上的一個重大篇章。1940 年代，能力出眾的植物遺傳學家芭芭拉．麥克林托克（Barbara McCl intock）觀察到一件令人難以置信的事。她當時正在研究玉米粒顏色的遺傳（這是遺傳學家常用的研究工具），發現了一種無法用任何已知的機制來解釋的突變模式。她最後得到的結論是——唯一的可能就是，有些 DNA 片段被複製了，然後隨機插入其他 DNA 片段之中。

對啦，最好是啦。

麥克林托克和她的「跳躍基因」（jumping genes，這個命名充滿嘲諷意味）顯然都瘋了，所以她就這麼被忽略了（事實也不全然如此，但不這樣說，戲劇

效果就大打折扣）。她孤軍奮戰。終於，隨著 1970 年代的分子生物學革命，她的（現在稱為）轉位因子或轉位子（transposons）獲得了認可。她聲名大噪，被封為聖人，獲頒諾貝爾獎（而且，非常啟迪人心的是，她在成名之後仍像被學界放逐期間一樣，對名譽不屑一顧，持續工作到 90 多歲）。

轉位事件（transpositional event）通常不會造成什麼很棒的結果。假想現在有一段 DNA 為「受精卵在子宮著床」（The fertilized egg is implanted in the uterus.）編碼。然後，發生了轉位事件，畫了底線的那段訊息被複製並隨便塞到某處，變成：「受精卵宮在子宮著床」（The fertilized eggterus is implanted in the uterus.）。

胡言亂語。

但有時候「受精卵在子宮著床」（The fertilized egg is implanted in the uterus.）會變成「受精茄子在子宮著床」（The fertilized eggplant is implanted in the uterus.）。

這種情況可不平常。

植物會利用轉位子。假如現在發生了乾旱，植物不能像動物那樣移動到水分充足的牧草地上。乾旱之類的「壓力」引發植物之中特定細胞的轉位，DNA 重新洗牌，希望能製造出某種新的救星蛋白質。

哺乳類動物的轉位子沒有植物那麼多。免疫系統是轉位子聚集的熱門地點，為數龐大的 DNA 都為抗體編碼，轉位子就在其中。當一種新的病毒入侵，把 DNA 洗牌，就有比較高的機率可以創造出針對那個入侵者的抗體。[10]

重點是，轉位子也出現在腦中。當人腦中的幹細胞要轉變成神經元時，轉位事件發生，於是大腦變成一幅馬賽克圖畫，鑲嵌著內含不同 DNA 序列的神經元。換句話說，在你製造神經元時，透過遺傳得來的無趣 DNA 序列還不夠好。驚人的是，果蠅的神經元在記憶形成時也會發生

---

10 原注：有些寄生生物每隔幾週，就用轉位子把表面蛋白的 DNA 編碼重新洗牌，這真是個高明的應對策略。換句話說，被感染的宿主正在產生抗體以辨認寄生生物的表面蛋白時，它就轉換了身分，讓宿主的免疫系統必須重頭來過。

轉位事件。就連蒼蠅都經過演化，使得牠們得以擺脫經由遺傳而來的嚴格命令。

機率

最後，因為還有隨機的機率存在，我們不能說基因決定了一切。這種機率由布朗運動（Brownianmotion）——粒子在流體中的隨機運動——決定，這對於一些微小的事情有著重大的影響力，譬如漂浮在細胞裡的分子，包括調控基因轉錄的那些分子。這影響了轉錄因子在活化後多快可以抵達 DNA、剪接酵素多快可以遇上目標 RNA，還有如果一個酵素要合成某個東西，它多快可以抓住所需的兩個前驅物（presursor）分子。我得就此打住，否則我還會繼續談好幾個小時。

用以下幾個關鍵的重點來為這個部分作結

a. 基因並不是指揮生物事件的自主代理機制（autonomous agent）。
b. 事實上，基因受環境所調控，而「環境」的範圍從細胞裡發生的事情，到整個宇宙都涵蓋在內。
c. 你的 DNA 之中，有一大部分沒有在為基因編碼，而是負責將環境的影響化為基因轉錄；此外，演化的過程有很高比例在改變對基因轉錄的調控，而非改變基因本身。
d. 表觀遺傳的作用使環境造成的效應可以延續一生，甚至跨越多個世代。
e. 因為轉位子的存在，神經元裡有著由多種不同的基因體拼湊而成的馬賽克圖像。

換句話說，基因決定的事情不多。在我們轉向來談基因對行為的影響時，還會繼續發展這個話題。

第二部分：由上而下看基因——行為遺傳學（behavior genetics）

在啟動子、外顯子和轉錄因子被發現的許久之前，如果你要研究遺傳，顯然必須由上而下，觀察親戚之間共享了哪些特質。出現在上個世紀初期的「行為遺傳學」就是關於這件事的科學。我們將會看到，這個領域常陷入爭論，通常因為在討論到智商或性傾向之類的事情時，對於基因有多大的影響力，大家看法迥異。

初步嘗試

這個領域剛開始發展時的原始想法是：如果一個家族中的每個個體都出現某種行為，那一定就來自遺傳。但這也會受家族所處的環境所混淆。

第二種方法的基礎則是：近親共享的基因比遠親多。因此，如果某個特質出現在一個家族中，而且血緣關係越近的人越常有這個特質，那就是遺傳性的。但是，近親所處的環境顯然通常也更相似——只要比較一下小孩和父母或小孩和祖父母，你就知道了。

於是，研究方法又再發展得更加細緻。假想某人有一位親生阿姨（即父母的姐妹），以及阿姨的配偶——姨丈。他和姨丈所處的環境有一定程度的相似性，阿姨也是，但他和阿姨還共享了一部分的基因。因此，他和阿姨之間比他和姨丈更相似的地方，就反映了基因的影響。但我們之後會看到，這個方法也有問題。

科學家還需要更精密的研究方法。

雙胞胎、被收養人與被收養的雙胞胎

「雙胞胎研究」的出現開啟了很大的進展。一開始，研究雙胞胎的幫助在於排除基因對某個行為的決定性。同卵雙胞胎有百分之百相同的基因。假設雙胞胎之中有一人患有思覺失調症，他的雙胞胎手足也會罹病嗎？只要有任何另一人未罹患思覺失調症的案例（即「同發率」〔concordancerate〕小於百分之百），就證明了出生時遺傳而來的基因體和表觀

遺傳圖譜並非決定思覺失調症發病率的唯一因素（實際上，思覺失調症的同發率大約為 50%）。

接著，出現了更巧妙的雙胞胎研究，這種研究方法背後的關鍵在於同卵雙胞胎（identical twins，或稱 monozygotic twins，簡稱 MZ）與異卵雙胞胎（nonidentical twins，或稱 dizygotic twins，簡稱 DZ）之間的差別，同卵雙胞胎的基因百分之百相同，但異卵雙胞胎就像其他手足一樣，共享 50%的基因。把同卵雙胞胎與同性別的異卵雙胞胎放在一起比較。每一對雙胞胎的二人年齡都相同、在同樣的環境長大、享有相同的胎內環境；唯一的差異只有他們所共享的基因比例。如果雙胞胎之一具有某個特質，看看另一個人有沒有？這背後的邏輯是：如果某個特質為同卵雙胞胎所共享的機率高於異卵雙胞胎，其中的差異就代表這個特質受遺傳影響的程度。

1960 年代出現另一項重大進展。如果有同卵雙胞胎在出生之後馬上被收養，他們和親生父母共享的只有基因，和養父母所共享的只有環境。所以，如果被收養的小孩和親生父母在某項特質上比較相像，超過了和養父母相似的程度，就顯示出遺傳的影響。這複製了一個動物研究的經典工具，即「交叉撫養」（cross-fostering）——將初生的小鼠交換給雙方的母親養育。這個方法揭露思覺失調症有很強的遺傳性，達到開創性的成就。

接著，行為遺傳學史上最妙、最了不起又令人驚歎的事情發生了，這件事由明尼蘇達大學的湯瑪斯．保查德（Thomas Bouchard）開始。1979 年，保查德發現一對同卵雙胞胎。聽好了，兩人在出生時分開，被不同家庭收養，完全不知道對方的存在，直到成年才團聚。同卵雙胞胎在出生時就分開是非常稀少而引人注目的事情，行為遺傳學家欣喜若狂，想要找到所有這種雙胞胎。保查德最後研究了超過一百對。

不難想見研究這種雙胞胎的魅力在哪裡——相同的基因、不同的環境（環境越不一樣越好）；所以，他們在行為上的相似性八成反映出基因的影響。現在，想像有這麼一對雙胞胎（如果真的存在，就是上帝給行為遺傳學家的禮物）——這對同卵雙胞胎一出生就分開了。其中一個叫施姆爾（Shmuel），在亞馬遜雨林被當作正統派猶太人養大。另一個叫沃菲（Wolfie），則在撒哈拉沙漠的納粹環境中成長。在兩人成年後，把他們聚在一起，看看他們有沒有同樣的古怪習慣，譬如在上廁所前先沖水。令人吃驚的是，有一對雙胞胎真的類似上述情況。他們在 1933 年出生在千里達，母親是德國天主教徒，父親是猶太人；兩個男孩在六個月大時，父母分開了；母親帶著其中一個兒子回到德國，另一個則和父親一起留在千里達。後者在千里達和以色列長大，名叫傑克·郁夫（Jack Yufe），他成為一位遵守教規的猶太人，母語為意第緒語。另一位叫奧斯卡·施托爾（Oskar Stohr），他在德國長大，成了年輕的希特勒狂熱份子。保查德讓他們兩人相聚並進行研究，他們有些生疏地開始認識彼此，結果發現彼此有許多共同的行為和性格特質，包括……上廁所前先沖水（我們之後會看到，這些研究其實更有系統，不只是記錄上廁所的怪癖而已。然而，只要想到這對雙胞胎，就會想到這個沖水怪癖）。

行為遺傳學家利用收養和雙胞胎研究，生產出大量成果，相關論文占滿《基因》（*Genes*）、《腦與行為》（*Brain and Behavior*）、《雙胞胎研究與人類遺傳學》（*Twin Research and Human Genetics*）等期刊。總的來說，這些研究持續證明遺傳在行為的所有面向上都扮演重要角色，包括智商及其組成成分（包含語言能力和空間能力）[11]、思覺失調症、憂鬱症、雙極性疾患（bipolar disorder）、自閉症、注意力缺失症（attention-deficit disorder）、強迫性賭博（compulsive gambling）和酗酒。

在與外向性（extroversion）、友善性（agreeableness）、嚴謹性（conscientiousness）、神經質（neuroticism）、經驗開放性（openness to experience）相關的性格指標（也稱為「五大性格」特質〔the "Big Five" personality traits〕）上，也顯示出近乎同等強度的遺傳影響。在宗教信仰的虔誠程度、對權威的態度、對同性戀的態度[12]以及在遊戲中與別人合作和冒險的傾向上，同樣可以看到遺傳的影響力。

---

11 原注：有研究指出黑猩猩的智力有遺傳性。

12 原注：我很高興看到這個研究。過去數十年已經有很多研究試圖找出性傾向的生理根源；較早期的研究全都帶有相同的政治目的，試圖找出同性戀者在生理上哪裡「出了錯」。因此，也該是時候來研究一下恐同者到底哪裡出錯了。

其他雙胞胎研究顯示，發生高風險性行為的機率與受第二性徵吸引的程度（譬如男人的肌肉或女人的乳房大小）背後也有遺傳的影響。

同時，有些社會科學家指出，遺傳也影響了政治參與的程度及精熟度（不論政治傾向為何都是如此）；就連《美國政治科學期刊》（*American Journal of Political Science*）都刊登了行為遺傳學的論文。基因，基因，到處都是基因。從青少年傳訊息的頻率到牙醫恐懼症的機率，一大堆現象都有遺傳相關的研究發現。

所以，這是不是代表有一個基因「專門負責」覺得男人的胸毛很性感、去投票的機率、或是對牙醫有什麼感覺？可能性微乎其微。事實上，基因和行為之間的關聯錯綜複雜。就拿基因怎麼影響一個人參與投票來說，這兩者之間的中介因素是控制感和效能感。會去投票的人通常覺得自己的行動很重要，這種核心的控制信念（locus of control）反映出某些性格特質（譬如比較樂觀、比較不神經質），而這些性格特質受遺傳影響。或者，要怎麼連結基因和自信呢？有些研究顯示，這兩者之間的中介變項是基因對身高的作用；大家覺得高個子比較有魅力、對高個子比較好，結果助長了高個子的自信心。可惡。[13]

也就是說，遺傳對行為的影響經常透過非常間接的路徑來運作，但當新聞快速播報行為遺傳學的消息時——「科學家發現基因會影響你怎麼玩『糖果王國』（Candyland）」——他們幾乎不會強調這一點。

關於雙胞胎與收養研究的爭論

已經有很多科學家針對雙胞胎和收養研究的前提假設提出強烈批判，指出這些研究通常高估了基因的重要性。[14] 大部分的行為遺傳學家承認這

---

13 原注：對啦，我比一般人矮。

14 原注：過去，針對行為遺傳學作為一個學科提出最高分貝批判的是不在遺傳學領域的學者，他們質疑行為遺傳學研究的動機及背後暗藏的社會政治目的。目前已經證實，行為遺傳學在歷史上的許多時間點確實另有目的；然而，我所認識的行為遺傳學家完全不是這樣。下一章將探討與此相關的「背後另有目的」爭議。

些問題存在，但辯稱高估程度並不嚴重。以下摘要這場非常技術性但很重要的爭論內容：

第一種批評：雙胞胎研究建立在「同卵雙胞胎和同性別的異卵雙胞胎共享相同的環境」的前提上（但兩者共享基因的程度不同）。這個「相等環境假設」（equal environment assumption，簡稱 EEA）是錯誤的；從父母開始，同卵雙胞胎受到的對待比異卵雙胞胎更平等，所以他們享有的環境更相似。如果不承認這點，就會把同卵雙胞胎之間較高的相似性錯誤地歸因於基因。

維吉尼亞聯邦大學（Virginia Commonwealth University）的肯尼斯．肯德勒（Kenneth Kendler，這個領域的元老級人物）等科學家，試著藉由以下方法控制這樣的錯誤：（a）將雙胞胎之中兩人童年的相似程度量化（透過一些變項，譬如兩人是否共用房間、共享衣服、有共同朋友和老師、經歷相同的童年逆境）；（b）檢視「誤認胎性」（mistaken zygosity）的案例，也就是父母搞錯小孩是同卵或異卵雙胞胎（於是，舉例來說，把異卵雙胞胎當成同卵雙胞胎來養育）；以及（c）比較曾在同一環境接受養育，但時間長短不一的親手足、同父異母或同母異父手足以及繼兄弟姊妹。這些研究大多顯示，控制了「同卵雙胞胎比異卵雙胞胎共享更多環境」這個因素，並未顯著降低基因的影響力。[15] 請先把這點放在心上。

第二種批評：同卵雙胞胎打從還是胎兒時，生命經驗就比較相近。異卵雙胞胎有「雙絨毛膜」（dichorionic），意思是有兩個分開的胎盤。相比之下，同卵雙胞胎中，則有 75% 共有一個胎盤（也就是「單絨毛膜」〔monochorionic〕）。[16] 所以，多數同卵雙胞胎的胎兒共享母體血流的程度高於異卵雙胞胎，也因為如此，他們接觸到的母體荷爾蒙和營養都比較接近。如果不承認這點，就會把同卵雙胞胎之間較高的相似性錯誤地歸因於

---

15 原注：在其他指標，如體重、身高、身體質量指數（BMI）及各種新陳代謝指標上，也可以得到大致類似的結論。

16 原注：同卵雙胞胎最後是單絨毛膜或雙絨毛膜，取決於新的胚胎在什麼時候分裂出來。

基因。

許多研究都針對單絨毛膜和雙絨毛膜的同卵雙胞胎，進行與認知、性格與精神疾病相關指標的檢驗。大多研究顯示是否共有絨毛膜確實造成小幅差異，造成對遺傳影響力的高估。高估的程度有多嚴重呢？根據一篇論文的文獻回顧，差異「很小但不容忽視」。

第三種批評：前面提到，所有收養研究都假設如果一個小孩在出生後就被收養，他和親生父母有共同的基因，但不共享環境。但胎內環境的影響呢？新生兒和媽媽共享血液循環，時間長達九個月。此外，卵子和精子可以將表觀遺傳的變化傳遞到下一代。如果忽略了這些不同的效應，母親和孩子之間因共享環境而產生的相似性，就會被錯誤地歸因於基因。

透過精子進行的表觀遺傳傳遞看起來不太重要。但胎內環境與來自母親的表觀遺傳作用有可能影響重大——譬如，從荷蘭飢餓冬季效應可以看到，如果在妊娠第三期營養不良，成年罹患某些疾病的機率會增加**十倍**以上。

這個混淆因素可以受到控制。你的基因之中，大約各有一半來自父母雙方，但胎內環境完全屬於媽媽。所以，如果某個特質比較常由生母和孩子共有，機率高於生父，就可以反駁遺傳在此的影響性。[17] 少數研究針對呈現出思覺失調症具有遺傳性的雙胞胎研究進行檢驗，結果顯示胎內環境的影響不大。

第四種批評：收養研究假設小孩和養父母之間共享環境而非基因。如果小孩被收養時，養父母是從地球上的所有人裡面隨機挑選出來的，這麼說可能幾近正確。但收養機構傾向把小孩交給與其生父母之種族或族裔背景相近的家庭（這個政策由全國黑人社會工作者協會〔National Association ofBlack Social Workers〕與兒童福利聯盟〔Child Welfare League〕所提倡）。[18] 所以，小孩和

---

17 原注：實情也不總是如此——基因傳遞的過程包含一些實在很古怪的機制，涉及了違反上述原則的「銘印基因」（imprinted genes），但我們在此忽略這點。

18 原注：感謝傑出的學生助理卡崔娜・許（Katrina Hui）在這部分的協助。

養父母共享基因的機率高於隨機；如果不承認這點，他們之間的相似性就會被錯誤地歸因於環境。

研究者承認，小孩在收養時進行了選擇性分配，但還在爭論這是否具有決定性的影響。目前爭端尚未平息。保查德用他那出生就被拆散了的雙胞胎，在控制雙方家庭於文化、物質和科技上的相似之處後，推斷由於選擇性分配而造成的家庭環境相似性是個可忽略因素。由肯德勒和另一位元老級人物——倫敦國王學院的羅伯．普羅明（Robert Plomin）所共同進行的大型研究，也做出了類似的結論。

已經有人質疑以上這些結論。其中最火爆的批評來自普林斯頓的心理學家萊昂．卡明（Leon Kamin）。他指出，若是因為錯誤詮釋結果、採用無用的分析工具或過度依賴有問題的回溯性資料，而斷定選擇性分配不重要，這是個錯誤。他寫道：「我們必須指出，這些估測遺傳率（heritability）的研究如洪水般襲來，但根本不為科學目的而服務。」

我決定先在這裡投降——如果那些超級聰明的人天天思考這個議題都沒辦法達成共識，我一定不可能知道選擇性分配到底扭曲研究結果到什麼地步。

第五種批評：收養家庭的家長通常比小孩的親生父母教育程度更高、更富有，精神上也比較健康。因此，收養家庭呈現「全距受限」（range restriction），比親生家庭的同質性更高，因而更難偵測出環境對行為的影響。不難預料，試圖控制這個因素只能平息部分的批評聲浪。

在我們辛苦爬梳完這些批判、和批判的批判之後，對於收養和雙胞胎研究，我們到底瞭解了什麼？

- 眾所同意，胎內環境、表觀遺傳、選擇性分配、全距受限及假設環境相等，容易造成混淆，這是無可避免的。

- 以上混淆因素中，大部分都會使基因的重要性看起來放大。

- 科學家已經努力控制這些混淆因素，而且結果大致顯示，這些因素的影響力沒有多數批評所說的那麼大。

- 關鍵是，這些研究多半關於精神疾患，這個主題雖然有趣，但和本書所關心的焦點不能說超級相關。換句話說，沒有人研究過，當我們談到……好比說，贊同文化中道德規範的傾向，但仍然試圖用「壓力很大，而且今天是我的生日」，來合理化「為什麼那些規範今天不適用在我身上」這件事情如何受遺傳影響時，上述混淆因素重不重要。可以研究的東西還有很多。

「遺傳率估計」的脆弱本質

現在，我們要開始談一個不討喜、困難又極其重要的主題。因為這件事非常違反直覺，每次教到這裡都要重新複習一次它的邏輯，但我在課堂上開口時，卻總是差一點就要講錯。

行為遺傳學研究通常會計算出遺傳率的數值。譬如，有研究指出，與利社會行為、遭遇心理社會壓力後能夠回復的韌性、社會回應（social responsiveness）、政治態度、攻擊行為與領導潛力相關的特質之遺傳率數值為 40%至 60%。

遺傳率是什麼？「基因的工作是什麼？」至少包含了兩個問題：一個基因如何影響一項特質的平均強度？以及，一個基因如何影響該特質的強度在人群中的**變異**？

這兩個問題是不一樣的，而且其中的差異至關重要。譬如，在叫做智力測驗的東西上，大家的平均分數是一百分，這和基因有什麼關係？再來，這個人的分數比那個人高，這和基因有什麼關係？

或者，對於為什麼人類通常喜歡吃冰淇淋，基因能解釋到什麼程度？對於大家喜歡不同的口味，基因又能解釋到什麼程度？

這個議題需要用到兩個聽起來很像但意義不同的術語。如果基因對於某項特質的平均強度有很強的影響力，那麼這個特質就是高度由遺傳而來的（inherited）。如果基因強烈影響到這個特質的變異性，它就具有高遺傳率（heritability）。[19] 這是個人口層面的概念，遺傳率的數值代表了可歸因於遺傳因素的整體變異。

遺傳而來的特質與遺傳率之間的差異造成至少兩個問題，膨脹了基因的影響力。首先，大家會搞混這兩個詞（如果遺傳率被叫作「遺傳傾向」之類的，一切都會比較簡單），而且都是把其中一個誤認成另一個。人們經常誤以為，如果一項特質高度由遺傳而來，就具有高遺傳率。這種誤解通常都是單向的，所以又特別糟，因為大家對於人類特質的變異性感興趣的程度，高於這項特質的平均強度。譬如，探究為什麼某些人比別人更聰明，比探究為什麼人類比蕪菁聰明要來得有趣多了。

第二個問題是科學研究持續膨脹遺傳率，導致大家高估了個別差異的背後的遺傳因素。

讓我們一步一步慢慢搞清楚，因為這真的很重要。

「遺傳而來的特質」與「高遺傳率」之間的差別

你可以想一些「遺傳而來的特質」與「高遺傳率」無關的例子，藉此瞭解它們的差別。

首先，哲學家內德．布拉克（Ned Block）提供了一個例子，有個特質高度來自遺傳，但遺傳率低：人類平均每隻手有五根手指頭，這和基因有什麼關係？大有關係，這是個由遺傳而得的特質。在那個平均值上下的變異又和基因有什麼關係？關係不大——如果手上不是五根手指頭，原因多半是意外。儘管平均的手指數量是個遺傳而來的特質，手指數的遺傳率卻很低——基因不怎麼能解釋這件事情上的個別差異。或者換個方式來說：如果你想要猜猜某種有機體的四肢上有五根指頭或一個蹄，瞭解這個有機體的基因組成，有助於辨認這是哪個物種。或者，你試著猜測某個人的手

19 原注：不過，這個領域的許多正統主義者會說，我們其實不會遺傳一項特質；我們遺傳的是構成那個特質所需的材料。

是不是很可能有五根手指頭，這時候，知道他能不能在矇住眼睛時使用電鋸，就比瞭解他的基因體序列來得有用多了。

接下來，請思考一下相反的情況——有個特質不太是從遺傳而來，但有高遺傳率。人類比黑猩猩更有可能戴耳環，這和基因有什麼直接關係？關係不大。現在，再想想人類的個別差異——如果要預測哪些人會在1958年的高中舞會上戴耳環，基因能幫上多少忙？很大的忙。基本上，如果你有兩個X染色體，你很可能會戴耳環，但如果你有一個Y染色體，你死都不會那麼做。因此，1958年，美國人戴耳環的盛行率是50%，儘管基因和這個機率沒什麼關係，但在決定「**哪些**美國人戴耳環」上，基因關係重大。所以，在彼時彼地，雖然戴耳環不是遺傳而來的特質，卻有高遺傳率。

遺傳率估計的信度

我們現在已經搞清楚遺傳而來的特質和遺傳率高低的差別，也明白大家通常會後者比較感興趣——把你和你的鄰居相比較，程度勝過前者——把你和一隻牛羚（wildebeest）相比較。我們已經知道，眾多行為和性格特質的遺傳率在40%至60%之間，意思是在解釋那個特質的變異時，遺傳因素占了大約一半。這個小節的重點是：科學研究的本質導致這個數值通常過於膨脹。[20]

假設一位植物遺傳學家坐在沙漠中研究特定一種植物。在這個想像的情境中，有一種基因為「3127號基因」，負責調控這種植物的生長。3127號基因有A、B、C三種版本。帶有A版本基因的植物會長1英呎高，B版本長2英呎，C版本長3英呎。[21] 針對植物高度，哪個單一因素具有

20 原注：這一節所談內容深受兩位遺傳學家——哈佛的理查．列萬廷（Richard Lewontin）與匹澤學院（Pitzer College）的大衛．摩爾（David Moore），以及科學作家麥特．瑞德里（Matt Ridley）的影響。

21 原注：遺傳學專家會發現我在這裡省略了「異合性」（heterozygosity）；沒關係，那在這裡不重要。

最強的預測效果？顯然是一棵植物具有 A、B、C 哪一種版本的基因——這可以完全解釋高度的變異，也就是說，遺傳率是百分之百。

同時，在一萬兩千英哩之外的雨林裡，第二位植物遺傳學家正在研究同一種植物由人為無性繁殖出的植株。在此環境之下，帶有 A、B、C 版本的植物分別可以長成 101、102、103 英呎高。這位遺傳學家同樣推論出，就此案例看來，這種植物的高度有百分之百的遺傳率。

接著，應情節需要，這兩位遺傳學家在一場研討會上並肩站著，一位揮舞著那 1、2、3 英呎的數據，另一位則展示了 101、102、103 英呎的資料。他們把資料結合在一起。現在，你想要預測地球上任何一棵這種植物的高度。你可以得知這棵植物有哪一種版本的 3127 號基因，或者它生長在哪種環境，哪一項資訊比較有用呢？答案是瞭解環境。當你同時研究兩種環境下的這種植物，你會發現這種植物生長高度的遺傳率極低。

叮咚叮咚！這極其重要：只在單一環境下研究一種基因，你當然就沒辦法看到這個基因在其他環境中是否以不同的方式運作（換句話說，就是其他環境以不同的方式調控基因）。所以，你不小心就膨脹了遺傳因素的重要性。你在越多不同的環境中研究一種遺傳特質，就會揭露越多原本不知道的環境作用，遺傳率的數值隨之降低。

科學家在控制嚴密的情境下進行研究，將無關因素造成的變異減到最低，因而得到比較乾淨、能夠加以詮釋的結果——譬如，確保每年都在差不多的時間測量植物的高度。這會膨脹遺傳率的數值，因為你（讓自己）不可能發現某些無關的環境因素其實並非無關。[22] 所以，遺傳率的數值告訴我們，**在科學家所研究的（那些）環境中**，基因可以解釋某個特質

22 原注：我的一位同事——巴德・盧比（Bud Ruby）曾指出一件事，可以做為一個很酷的例子。所有雙胞胎研究都算出了遺傳率的數值，以顯示基因在解釋變異時有多強的效果。但那些研究顯然都略過了一個很重要的非遺傳因素，它卻是變異的來源——出生序。

的變異到什麼程度。你在越多不同的環境中研究那項特質，遺傳率就越低。保查德承認了這件事：「〔一個行為遺傳學研究所得出的〕這些結論可以類推到其他群體，但那些群體當然只能活在與研究對象相似的環境中。」

好，我發明出一種同時生長在沙漠和雨林的植物，只為了狠狠痛批遺傳率，真是狡猾。真正的植物很少同時出現在那兩種環境中，而是會在一座雨林中，三種版本的基因分別造成高度為 1、2、3 英呎尺的植物，又在另一座雨林中長成 1.1、2.1、3.1 英呎，儘管這樣算出來的遺傳率小於百分之百，數值還是非常高。

解釋個體間的變異性時，基因的角色通常還是不容小覷，因為任何物種存活的環境都在一個有限的範圍內——水豚生長在熱帶，北極熊活在北極。只有在探討一種假設性的動物時，環境異質性降低遺傳率這件事才會顯得重要，這種動物既生活在苔原帶也存活於沙漠，住在人口密度不同的環境，有時形成四處遊牧的遊群、有時定居成為農耕聚落、有時住在都市的公寓大樓中。喔，沒錯，就是人類。在所有物種中，當我們從各種因素都受到控制的實驗情境，轉移到探討一個物種居住的所有棲地時，人類的遺傳率數值下跌的幅度最大。只要想想 1958 年之後，戴耳環的遺傳率（及其隨性別分化）下降的程度，你就知道了。

現在，來討論一個極其重要的複雜因素。

基因與環境的交互作用

回到我們之前說的那種植物。想像在 A 環境中，三種基因變異的生長模式是 1、1、1，在 B 環境中則是 10、10、10。將兩種環境中的資料結合考慮時，遺傳率為 0% ——其變異完全由這種植物生長的環境所解釋。

現在，A 環境中的生長模式則是 1、2、3，在 B 環境中也是 1、2、3。遺傳率變成 100%，高度上的變異性全都由遺傳變異來解釋。

再假設 A 環境中是 1、2、3，B 環境中是 1.5、2.5、3.5。基因率則介於 0%和 100%之間。

現在，情況不同了：A 環境為 1、2、3，B 環境則是 3、2、1。在這個情況下，只談論遺傳率的數值就很有問題，因為不同的基因變異在不同環境中造成截然相反的效果。這個例子說明了遺傳學的核心概念——基因和環境的交互作用，也就是基因的作用隨環境產生質變，而非只是量的改變。有個經驗法則可以用來辨別基因與環境的交互作用，翻譯成中文如下：你正在研究某個基因在兩種環境中對行為的影響。有人問：「那個基因對某個行為的作用是什麼？」你回答：「這要視環境而定。」然後他問：「環境對這個行為有什麼作用？」你回答：「這要視基因的版本而定。」「視情況而定」，即基因與環境的交互作用。

以下是一些行為相關的經典例子：

苯酮尿症（phenylketonuria）這種疾病源自一種基因突變；跳過細節不談，簡單來說就是體內有種酵素，可以將有神經毒性的飲食成分苯丙胺酸（phenylalanine）轉為安全的東西，但這種突變阻斷了酵素的作用。因此，如果你維持正常飲食，苯丙胺酸就會在體內累積，損害大腦。若從出生起，飲食中就沒有苯丙胺酸，那就不會造成傷害。這種突變對腦部發展會造成什麼影響呢？這要**視**你的飲食**而定**。飲食對腦部發展的影響是什麼呢？這要**視**你是否有這種（罕見的）突變**而定**。

另一個基因與環境的交互作用的例子和憂鬱症有關，憂鬱症涉及血清素的異常。有一種轉運體負責從突觸移除血清素，為這種轉運體編碼的則是名為 5HTT 的基因；如果具有特定的 5HTT 變異，會提高憂鬱的風險……但只有經歷童年創傷的人才會如此。[23] 5HTT 變異對憂鬱症的風險有什麼影響呢？這要視童年創傷而定。童年創傷對憂鬱症的風險有什麼影

23 原注：學界對於這項極其重要的觀察具有多高的可重複性（replicability）有些爭議，我一直密切注意這項爭議的發展。如果只看謹慎完成的那些研究，這些研究都有適當的樣本數、測量指標定義明確而狹隘，我相信有充分的可重複性。

響呢？這要視 5HTT 而定（和其他一堆基因，但你懂我的意思）。還有一個例子關於 FADS2 這種脂肪代謝相關基因。這種基因的一種變異和高智商有所連結，但只有在以母乳餵養的小孩身上才有此效果。如果提出同樣那個「有什麼影響」的問題，你也會得到那個「視情況而定」的答案。

現在要談的最後一個基因與環境交互作用，由 1999 年的一篇《科學》期刊論文所揭露。這項研究由三位行為遺傳學家合作完成——一位在奧勒岡健康與科學大學（Oregon Health and Science University），一位在亞伯達大學（University of Alberta），還有一位在紐約州立大學阿爾巴尼分校（State University of New York in Albany）。他們研究某些具有與特定行為（譬如上癮或焦慮）相關之基因變異的老鼠品系。他們先確保三個實驗室中，來自特定品系的老鼠，基因都一模一樣。然後，這幾位科學家用盡所有辦法來測試老鼠在相同的實驗室情境下的反應。

他們把一切都標準化。由於其中一些老鼠在實驗室裡出生，有些老鼠卻來自其他飼主，因此他們用車子載著這些由私人養大的老鼠搖搖晃晃地兜風，以模擬那些供販售的老鼠在運送途中經歷到的推撞過程，就為了預防這會是個重要因素。這些老鼠在同齡的那一天於同一地點接受測試。牠們在同年齡斷奶，住在同一個牌子的籠子裡，裡面鋪了相同厚度的木屑，而且在每週的同一天進行更換。如果要觸碰牠們，研究人員會戴著同樣品牌的手術手套，而且每一隻的次數相同。牠們吃相同的食物，所在環境的光照和溫度都一模一樣。這些老鼠所在的環境像到不能再像，只除了這三位研究者不是在出生時被拆散的同卵三胞胎。

他們觀察到什麼現象呢？有些基因變異表現出非常強烈的「基因—環境交互作用」，但在其他實驗室中，也有效果極為不同的基因變異。

他們得到的研究資料類似這樣：拿一種名為 129/SvEvTac 的品系來進行測試，以測量古柯鹼對老鼠活動的影響。在奧勒岡，老鼠活動因古柯鹼而每十五分鐘增加的移動距離為 667 公分。在阿爾巴尼增加了 701 公分的距離。這兩個數字挺接近的，很好。那在亞伯達呢？超過 5000 公分。這就像同卵三胞胎在三個不同的地方撐竿跳，他們都接受相同的訓練，有相同的設備和跑道，夜晚的休息、早上吃的早餐和內褲牌子都一模一樣。結果，前兩個跳出十八英呎和十八英呎一英吋的成績，第三個卻跳了一百零八英呎。

也許這些科學家不知道他們在幹嘛，或許那些實驗室裡面一團混亂。但這三個實驗室之間的變異性很小，環境條件穩定。關鍵在於，只有很少數基因變異不會顯示出某種基因—環境交互作用，而在三個實驗室中都效果相同。

這代表了什麼呢？多數基因變異都對環境非常敏感，就算在這些像到不行的實驗室情境中，還是會出現基因—環境的交互作用，一點點極其微小（但還是能辨別出來）的環境差異，就能讓基因的效果大為不同。

「基因—環境交互作用」已經是老生常談。每當我提到這個主題，學生總是翻起白眼。就連我提起這個主題時，**自己**都會翻白眼。多吃蔬菜，常用牙線，記得說這句話：「當基因與環境產生交互作用，想要量化評估在特定行為的背後基因和環境分別占多少因素，是很困難的。」這暗示了一個極端的結論：**探究某個基因在做些什麼是沒有意義的，只能問它在特定環境中做了什麼**。神經生物學家唐納．海伯以絕妙的方式總結了這件事：「說 A 特徵之類的東西受先天影響大於後天，這種說法不妥的程度並不小於……說長方形受長度影響大於寬度。」想要搞清楚是長度還是寬度比較能解釋一堆長方形的變異性，這是恰當的，但不能用來解釋單一一個長方形。

我們要為本章的第二個部分作結，重點如下：

a. 一個基因對某個特質之平均強度的影響（也就是這個特質是否由遺傳而來），和基因對此特質在個體間的變異性之影響（遺傳率）是兩回事。

b. 就算是由遺傳得來的特質——譬如，人類經遺傳而有五根手指——你也不能用「遺傳」一詞的典型和強硬的意義，說此特質是由遺傳決定的。這是因為一個基因的作用要獲得遺傳，不只需要把基因傳下來，還必須要有可以用那種方式調控基因的脈絡。

c. 某個特質的遺傳率數值只和那個研究中的環境相關。你在越多種環境中研究一個特質，遺傳率很可能就越低。

d. 基因和環境的交互作用無所不在，而且可能十分戲劇化。所以，你沒辦法真的說一個基因在「做」些什麼，只能說在研究那個基因的環境中它做了什麼。

現今的研究積極探討基因與環境的交互作用。看看以下這有多迷人：在高社經地位家庭的小孩身上，認知發展各面向的遺傳率非常高（譬如，智商的遺傳率大約為70%），但在低社經地位的小孩身上只有大約10%。所以，較高的社經地位讓基因得以充分發揮對認知的影響力，但低社經地位的環境限制了基因的力量。換句話說，如果你在極度貧窮的環境中長大，基因幾乎和你的認知發展無關——貧窮的不利影響打敗了遺傳。[24]同樣地，在有宗教信仰的人身上，酒精使用（alcoholuse）的遺傳率也比沒有宗教信仰的人更低——也就是說，如果你身在一個譴責飲酒的宗教環境，你的基因根本不重要。以上這些研究領域充分展現了古典行為遺傳學的潛力。

---

24 原注：以下是一個細微的重點，這要感謝匹茲堡大學的史蒂芬·馬納克（Stephen Manuck）。關於「在越多環境研究一個特質，遺傳率就越高」這項規則有個例外。如果你一開始只研究低社經地位的人，就會得出非常低的遺傳率數值（大約10%）。所以，如果有人同時研究低社經地位和高社經地位的人（後者有大約70%的高遺傳率），這個數字就會上升。

第三部分：
所以，基因和我們感興趣的那些行為到底有什麼關係？

行為遺傳學與分子遺傳學聯姻

行為遺傳學把分子遺傳學整合進來以後，出現了巨大的進展——這發生在他們檢視了雙胞胎或被收養者之間的差異和相似性，找到這些相同與不同之處背後的那些基因之後。這種強而有力的研究方法已經找出許多不同的基因，和我們感興趣的主題有關。但首先還是要警告：（a）這些研究發現受重複驗證的效果並不一致；（b）這些研究的效果量（effect size）通常很小（換句話說，某種基因也許有關，但不重要）；（c）最有趣的研究發現顯示出基因與環境的交互作用。

候選基因（candidate genes）研究

基因研究可以採取「候選」的研究方法，或全基因組關聯分析（genomewide association）方法（之後再談）。前者需要一份嫌疑犯名單——上面寫了已知和某個行為相關的基因。譬如，如果你對某個和血清素有關的行為感興趣，候選基因顯然就包括了為以下這些編碼的基因：負責製造或分解血清素的酵素、將血清素從突觸移除的幫浦、或血清素受體。挑個引起你興趣的基因，在動物身上用分子生物學工具製造出「基因剔除」鼠（knockout）（把那種基因除掉）或「基因轉殖」鼠（transgenic）（多加入那種基因的複本）。只在特定腦區或特定時間進行這種操弄，然後檢視一下行為有什麼不同。一旦你確定有某種效應存在，就可以進一步探究那種基因的變異是否有助於解釋人類那種行為上的個別差異。我先從這個領域中引起最多注意的主題談起，這些關注有的正向有的負向，但多半是「負向」的。

血清素系統

血清素相關基因跟我們最好和最糟的行為有什麼關係？關係可大了。

第 2 章已經挺清楚呈現了低血清素會助長衝動的反社會行為。那類人血液中血清素分解後的產物，以及那類動物前額葉的血清素本身，含量低於平均值。更有說服力的是，降低「血清素濃層次」（serotonergic tone），也就是降低血清素含量或對血清素的敏感度，使得衝動攻擊行為增加；提高血清素濃度的結果則相反。

一些簡單的預測隨之而生——以下這些都會導致低血清素訊號，所以應該也都可以和衝動攻擊連結在一起：

a. 低活躍度（low-activity）色胺酸羥化酶（tryptophan hydroxylase，簡稱 TH，用來製成血清素）的基因變異。
b. 高活躍度（high-activity）單胺氧化酶 A（monoamine oxidaseA，簡稱 MAO—A，會分解血清素）的基因變異。
c. 高活躍度血清素轉運體（5HTT，把血清素從突觸移除）的基因變異。
d. 對血清素較不敏感的血清素受體基因變異。

眾多文獻顯示，關於以上這些基因，研究結果並不一致，而且通常和「低血清素＝攻擊行為」的教條**相反**。呃。

關於 TH 與血清素受體的基因研究，結果反覆不定，亂成一團。相比之下，5HTT——血清素轉運體基因的研究結果則始終與預期結果相反。有兩種基因變異存在，一種造成運載體蛋白數量較少，意思是在突觸中被移除的血清素較少。[25] 和預期相反，這個使突觸中血清素增加的基因變異，

25 原注：回想一下，基因體中非編碼的調控區域，至少和為基因本身編碼的區域同等重要。5HTT 的兩種變異在基因中的 DNA 序列並沒有不同，差異在於那個基因的啟動子序列。結果，這兩種變異對於轉錄因子的敏感度有所差異，製造出的運載體蛋白數量也因此不同。

和更多的衝動攻擊相關，而不是更少的攻擊行為。所以，根據這些研究發現，「高血清素＝攻擊行為」（注意，這是簡化的速記法）。

MAO—A 的相關研究最能清楚呈現這點，也最違反直覺。這些研究崛起於 1993 年，一篇極有影響力的《科學》期刊論文描述了科學家在一個有 MAO—A 基因突變的荷蘭家庭中除去了那種蛋白。於是血清素沒有被分解，而是在突觸中累積得越來越多。與第 2 章中的預測相反，這個家庭表現出各種反社會行為和攻擊行為。

「剔除」MAO—A 基因的老鼠研究（於是產生和那個荷蘭家庭相同的基因突變）結果也相同——提高突觸中的血清素含量，會製造出具有高度攻擊性的動物，而且牠們的恐懼反應也增強了。

當然，這個發現與一種 MAO—A 的**突變**有關，這種突變造成 MAO—A 這種蛋白完全消失。後續研究很快就聚焦在使 MAO—A 活動量下降、因而提高血清素含量的基因變異。[26] 有這種基因變異的人，平均而言，攻擊行為較多，衝動性也較高，看到憤怒或恐懼的臉孔時，杏仁核和腦島的活化程度較高，前額葉皮質的活化程度較低。這意味著恐懼反應提高，而額葉抑制這份恐懼的能力降低，真是各種元素都匯聚在一起，創造出一個關於反應性攻擊的有力結果。相關研究則顯示，這類人在不同的注意力作業中，額葉皮質區活化下降；在社交情境中遭到拒絕時，前扣帶迴的活動增加。

所以，如果把焦點放在血清素分解後留在體內的產物，或用藥物操弄血清素含量，這些研究就會說：「低血清素＝攻擊行為」。至於遺傳研究，尤其是 MAO—A 的研究則會說：「高血清素＝攻擊行為」。要怎麼解釋這種分歧呢？關鍵大概在於藥物操弄只會持續數小時到數天，但基因變異對血清素的影響持續一輩子。可能的解釋包括：（a）低活躍度 MAO—A 的基因變異不會一直造成突觸中有高含量的血清素，因為 5HTT 血清素回收幫浦更努力把血清素從突觸移除來加以補償，或許甚至補償**過度**

26 原注：也是一樣，DNA 序列的變異不在 MAO—A 基因，而是在它的啟動子。

了。有證據可以支持這點，真是讓人更加頭痛。（b）這些基因變異確實在長期提高了突觸中的血清素含量，但因為突觸後神經元減少了血清素受體數量，好加以補償或過度補償，於是對血清素的敏感度降低；這也有相關證據的支持。（c）因為基因變異而造成的血清素訊號終生差異（相對於因為藥物而造成的短暫變化）會導致發展中的大腦結構改變。這也有相關證據的支持，而且，儘管在成年齧齒類動物身上用藥物暫時抑制 MAO—A 的活動會減少衝動攻擊行為，讓齧齒類動物的胎兒用藥，牠在成年後卻有較多的衝動攻擊行為。

嗯，真複雜。為什麼我們必須這麼痛苦地爬梳這些曲曲折折的解釋呢？因為神經遺傳學當中這個晦澀難懂的角落已經吸引了大眾的目光，甚至——我沒在開玩笑——科學家和媒體用「戰士基因」來稱呼低活躍度 MAO—A 的基因變異。[27] 這一套「戰士基因」的胡說還變得更糟，因為那個 MAO—A 基因有 X 染色體 [28] 的隱性遺傳（X linked），其變異在雄性身上比在雌性身上更加關鍵。令人驚訝的是，已經有至少兩起案例，法院減輕謀殺犯的刑期，只因為律師辯稱犯人有 MAO—A 的「戰士基因」變異，命中注定會暴力得失控。我的天啊。

遺傳領域中有責任感的學者，聽到這類未經證實的基因決定論滲透進法庭，一定都會嚇得退避三舍。MAO—A 基因變異的影響很小。而且 MAO—A 具有非特異性（nonspecificity），不只分解血清素，也會分解去甲腎上腺素。最重要的是，MAO—A 基因變異對行為的作用具有非特異性。譬如，雖然幾乎每個人都記得，那篇讓大家開始興奮不已的 MAO—A 里程碑論文的主題是關於攻擊（一篇權威性的論文回顧那個帶有基因突變的家庭「惡名昭彰，因為其中一些男性成員呈現出持續而極端的反應性攻擊」），但實際上，

27 原注：「戰士基因」的迷思，或許有部分可用以下這件事來解釋：在毛利人身上有高機率可以找到「攻擊」基因變異，而且傳統毛利文化時常打仗。然而，這完全不代表每個有「戰士」基因的毛利人都具高度攻擊性，或者每個具有高度攻擊性的毛利人都有戰士基因。

28 譯注：X 染色體是指第二十三對性染色體。

有基因突變的家庭成員臨界智能障礙。此外，儘管某些帶有基因突變的人挺暴力的，但其他人的反社會行為還包括縱火和暴露狂。所以，也許基因和某些家庭成員的極端反應性攻擊有關，但也跟為什麼其他家庭成員沒有攻擊性卻是暴露狂有關。換句話說，「脫褲子基因」存在的合理程度和「戰士基因」相當。

若要拒絕戰士基因決定論的胡說八道，最大的原因大概是這本書講到這裡可以預測的事情：MAO—A 對行為的影響顯現出很強的基因—環境交互作用。

這引領我們去看 2002 年一項極其重要的研究，也是我最愛的研究之一，作者為杜克大學的阿夫沙龍．卡斯比（Avshalom Caspi）及其同事。他們從出生開始追蹤一大群小孩，直到他們 26 歲，研究他們的遺傳、教養和成年行為。MAO—A 變異是否能夠預測他們在 26 歲時的反社會行為呢？（測量指標綜合了標準的心理衡鑑及暴力犯罪紀錄）沒辦法。但 MAO—A 狀態加上另一個有力的東西就可以。擁有低活躍度的 MAO—A，反社會行為上升三倍……但只有童年遭受嚴重虐待的人才會如此。如果童年未曾受虐，MAO—A 變異什麼都預測不了——這正是基因—環境交互作用的精華所在。具有特定的一種 MAO—A 基因變異，和反社會行為有什麼關係？這要視環境而定。「戰士基因」個頭啦。

這個研究的重要性，不只在於展現「基因—環境交互作用」多麼有力，還包括了那種交互作用是什麼，也就是受虐的童年環境可以與特定基因組成進行合作。引用一篇針對這個主題所寫的重要論文所說的：「在健康的環境中，當 MAOA—L〔「戰士」基因變異〕提高了個人對威脅的敏感度、使情緒控制不佳或增進恐懼記憶，這個人表現出來的氣質變化，可能只會落在『正常』或亞臨床（subclinical）的範圍。然而，在受虐的童年環境中——這種環境的特色為持續的不確定性、不可預測的威脅、沒有良好的行為範本及人際關係的參照對象、對於利社會行為的決定沒有給予持續增強——上述這些個人特徵，就可能增進成年後明顯的攻擊行為和衝動暴力的傾向。」與此相似的，研究指出，血清素轉運體基因變異與成年的攻擊性關……但只有加上童年逆境才會如此。這根本就直接得自前一章所談的內容。

在那之後，MAO—A 變異與童年受虐的交互作用已經過多次重複驗證，甚至展現在恆河猴的攻擊行為上。也有些線索顯示這種交互作用是怎麼運作的——MAO—A 基因的啟動子受壓力和糖皮質素調控。

MAO—A 變異還表現出其他重要的「基因—環境交互作用」。譬如，在一個研究中，低活躍度 MAO—A 變異預測了犯罪，但只有伴隨高睪固酮時才會如此（MAO—A 基因也有一個啟動子對雄性素有所反應，兩個研究結果一致）。在另一項研究中，當參與者在賽局中被對手剝削，帶有低活躍度 MAO—A 變異的參與者，比帶有高活躍度變異的參與者，更有可能採取具攻擊性的報復——但只有在那造成重大的利益損失時才會如此；如果損失微小，兩組參與者就沒有差異。在另一項研究中，低活躍度變異的參與者的攻擊性比其他人高——但只有在受到社會排斥的情境才會如此。所以，想要瞭解這種基因變異的作用，必須同時考慮生命中其他非遺傳的因素，譬如童年逆境或成年後的挑動。

多巴胺系統

第 2 章介紹了多巴胺在預期酬賞和目標導向行為中的角色。已經有很多研究探討了與此相關的基因，整體結果顯示，會製造出較低多巴胺訊號（較少多巴胺在突觸中、較少多巴胺受體或那些受體的反應性較低）的基因變異，與尋求感官刺激、冒險、注意力問題和外向性格有所關聯。這些人必須追求更高強度的經驗，以補償遲鈍的多巴胺訊號。

很多研究都聚焦在特定的多巴胺受體；至少有五種受體（它們位在腦中的不同部位，與多巴胺結合的強度及持續時間不一），分別由一種基因為其編碼。這些研究聚焦在 D4 多巴胺受體（它的基因稱為 DRD4），這種受體通常出現在皮質和伏隔核的神經元中。DRD4 基因超級多變，在人類身上至少有十種不同的口味。這個基因當中的一段重複出現好幾次，重複七次的版本（「7R」型）製造出的受體蛋白在皮質中數量稀少，且對多巴胺比較沒有反應。這種基因變異和許多特質相關——尋求新奇和感官刺激、外向性格、酗酒、濫交、成為較不敏感的父母、在財務方面冒險、衝動，還有，注意力不足過動症，這大概是其中結果最一致的。

這可以是一把雙面刃——你或許會因為 7R 而更可能因為一時衝動就偷走老太太的腎臟透析器，或出於衝動而把你家的地契送給遊民。再來，是基因和環境的交互作用。譬如，帶有 7R 變異的小孩慷慨的程度低於平均值，但只有對對父母產生不安全依附的小孩才是如此。擁有安全依附又帶有 7R 變異的小孩，慷慨大方的程度高於平均。所以，7R 和慷慨大方有某種關聯——但它的作用完全取決於脈絡。在另一項研究中，帶有 7R 的學生對利社會的倡議組織表現出最低的興趣，但若預先用與宗教相關的線索予以促發，[29] 他們就變成**最**利社會的那一群。還有一個——帶有 7R 的人在延宕滿足作業中表現較差，但只有成長環境貧困的人才會如此。跟我重複唸一次：不要問某種基因做了什麼，要問它在特定的脈絡下做了什麼。

有趣的是下一章將討論到，7R 變異在不同的人口族群中出現的頻率極為不同。我們將看到，這件事透漏了許多人類遷移的歷史，以及集體主義和個人主義文化的差異。

我們現在轉向多巴胺系統的其他部分。如同第 2 章介紹過的，當多巴胺和受體結合就會漂走，然後必須從突觸移除。其中一種方式是由兒茶酚-O-甲基轉移酶（catechol-O-methyltransferase，簡稱 COMT）這種酵素進行分解。在 COMT 的基因變異中，有一種和效率較高的酵素有關。「效率較高」=「分解多巴胺的效果較佳」=「較少多巴胺留在突觸中」=「較少多巴胺訊號」。高效率 COMT 變異與較高的外向性、攻擊行為、犯罪和品行疾患有關。此外，有個基因—環境交互作用與 MAO—A 的劇本如出一轍，就是 COMT 變異與憤怒特質有所連結，但只有童年遭受性虐待

29 原注：控制組的參與者必須把一串不規則的字回復成正確的片語。以宗教線索促發的參與者也要完成同一個作業，只是其中包含宗教相關的字詞。

者才會如此。奇妙的是，COMT 的基因變異似乎與額葉對行為及認知的調節有關，尤其是在壓力之下。

除了分解，神經傳導物質也可以被帶回軸突末梢進行回收。多巴胺的回收工作由多巴胺轉運體（Dopamine transporter，簡稱 DAT）完成。當然，DAT 的基因也有各種不同的變異，有些變異使得紋狀體裡突觸的多巴胺含量較高（也就是這些轉運體變異的效率較差），這些變異與比較受社會訊息引導的人有所連結——他們比一般人更受快樂的臉孔吸引、更排斥憤怒臉孔、教養方式比較正向。要怎麼把這些發現和 DRD4、COMT 的相關研究整合在一起，答案並非立即可見（譬如，找出冒險和偏好快樂臉孔之間的關聯）。

有些很酷的人帶有某些版本的多巴胺相關基因，他們會做出各式各樣的有趣行為，從很健康到很病態的行為都有。但先別太快下結論：

- 這些研究發現並不一致，無疑反映出其中有些還未發現的「基因—環境交互作用」。

- 再一次，為什麼 COMT 的世界與尋求感官刺激相關，而 DAT 卻和快樂臉孔在一起？這兩種基因都關於結束多巴胺訊號。這大概是因為有些腦區中 DAT 的角色比較重要，COMT 則在其他腦區扮演重要角色。

- COMT 的相關文獻極其混亂，麻煩在於這種酵素也分解去甲腎上腺素。因此，COMT 同時和兩種完全不同的神經傳導物質系統相關。

- 這些作用都很微小。譬如，知道某人有哪種 DRD4 變異，只能解釋尋求新奇之行為 3% 到 4% 的變異。

- 在這團混亂之中，最後一項似乎最重要，在文獻中卻最少受到考量（大概因為時機還不成熟）。假設所有研究都顯示 DRD4 可以預測尋求新奇的行為，預測效果非常明顯，一致性也高。這還是沒有告訴我們為什麼對某些人來說，尋求新奇代表在棋局剛開局時不斷改變走法，對另一些人卻代表不斷遷移到新的地方，因為在剛果當傭兵已經開始變得無聊了。目前我們已經知道的基因當中，沒有任何一種或某些基因可以提供多少相關訊息。

神經胜肽：催產素和抗利尿素

是時候來快速回顧一下第 4 章了。催產素和抗利尿素參與了利社會行為，從親子之間的連結，到單一配偶之間的連結，再到信任、同理心、慷慨和社會智能。回想一下之前我所告誡的：（a）有時候，這些神經胜肽和社會性的關係，比利社會性更高（換句話說，它們促進社會訊息的收集，但不會因為那些訊息就增進利社會的表現）；（b）在本來就具有利社會傾向的人身上，這些神經胜肽促進利社會行為的效果一致性最高（譬如，讓慷慨的人變得更慷慨，但對不慷慨的人則沒有影響）；（c）這些利社會的效果僅限於自己的群體之內，這些神經胜肽可以讓人對外來者更差勁——更加仇外、更會搶先一步發動攻擊。

第 4 章也已提及催產素和抗利尿素的遺傳學，相關研究顯示，如果個體帶有某些基因變異，導致那些荷爾蒙的含量或其受體的數量較高，將更傾向單一配偶關係、更積極參與育兒、觀點取替的技能較佳、更有同理心、梭狀迴皮質對臉孔的反應較強。以上皆有中等強度的效果，在各研究中頗為一致。

同時，也有些研究顯示，有種催產素受體的基因變異和兒童的極端攻擊行為相關，以及一種冷酷無情的風格，可以預測成年心理病態。此外，另一種變異和小孩難以建立社會連結、及成年後關係不穩定有所相關。但是很不幸地，我們無法詮釋這些研究發現，因為沒有人知道這些基因變異造成更多、更少或等量的催產素訊號。

神經胜肽當然也展現出很酷的「基因—環境交互作用」。譬如，有種特定的催產素受體基因變異可以預測較不敏感的母親育兒行為——但只有加上童年逆境才會如此。另一種基因變異與攻擊行為相關——但只有在喝酒之後才會如此。但是，還有另外一種基因變異可以連結到在壓力之下更容易尋求情緒支持——但美國人會如此（包括第一代的韓裔美籍人士），韓國人就不會（別走開，下一章還會談更多）。

類固醇荷爾蒙相關基因

讓我們從睪固酮開始。這種荷爾蒙不是蛋白質（所有類固醇荷爾蒙都不是），意思是沒有睪固酮基因。不過，建造睪固酮的酵素、把睪固酮轉為雌性素、以及睪固酮（雄性素）受體有專屬的基因。科學研究最常聚焦在受體的基因，不同的基因變異對睪固酮的反應性也不同。[30]

奇妙的是，有幾個研究顯示在罪犯之中，擁有效力較強的基因變異與暴力犯罪有關。一項相關研究關注皮質結構的性別差異，發現擁有效力較強之基因變異的青少年，其皮質的「雄性化」較為劇烈。受體變異與睪固酮濃度之間顯現出交互作用。高睪固酮基準值無法預測男性較強的攻擊情緒或杏仁核對於具有威脅性臉孔的反應——只除了有那種基因變異的人。有趣的是，同一種基因變異可以預測秋田犬的攻擊性。

這些發現有多重要呢？第 4 章有一個核心主題是，睪固酮濃度正常範圍內的個別差異，有多難用來預測行為個別差異。把對睪固酮濃度**和**受體敏感度的瞭解加在一起，能提高多少預測力呢？無法提高多少。那麼，荷爾蒙濃度**加上**受體敏感度，再**加上**受體數量呢？還是沒辦法提高多少預測性。但絕對有提高。

---

30 原注：以下訊息提供給特別喜歡這個主題的讀者。睪固酮受體包含我們稱為多麩醯胺酸重複（polyglutaminerepeat）的東西——蛋白質當中的「麩醯胺酸」（glutamine）這段胺基酸重複出現。重點在於，胺基酸會重複多少次，在所有人之中有極大的變異；重複越少，雄性素受體運作越有力。還記得睪固酮之類的類固醇荷爾蒙的受體就像轉錄因子一樣運作，有多麩胺酸重複的蛋白質常常就是轉錄因子。

睪固酮受體的遺傳也類似。舉例來說，不同的受體基因變異和女性焦慮程度較高有關（但和男性焦慮程度無關），也和男性反社會行為及品行疾患的機率較高有關（但在女性則無關）。而且，當研究者操弄老鼠的基因，有受體基因或沒有受體基因或影響母鼠的攻擊行為……但要看牠在母親的子宮裡面時，有多少兄弟跟牠窩在一起——又是「基因—環境的交互作用」。不過還是一樣，這些基因的影響非常微小。

最後，有些基因研究和糖皮質素有關，尤其是關於「基因—環境交互作用」。譬如，有一種糖皮質素受體的基因變異（提供訊息給這方面的專家：MR 受體）和童年受虐之間有交互作用，製造出對威脅過度反應的杏仁核。還有一種名叫FKBP5的蛋白質，會改變另一種糖皮質素受體（GR受體）的活動——有一種 FKBP5 的基因變異和攻擊行為、敵意、創傷後壓力症候群、杏仁核對威脅過度反應——但只有加上童年受虐才會如此。

有些研究者受到這些發現鼓舞，於是同時檢視兩種候選基因。譬如，同時擁有 5HTT 和 DRD4 的「高風險」變異，兩者相互作用，提高了小孩出現侵擾行為（disruptive behavior）的機率——在低社經地位的小孩身上更加顯著。

呼！談了這麼多頁，我們還只能同時考量兩種基因和一個環境變項。就算是這樣，結果還是不怎麼好：

- 一如往常——這些研究結果並不是非常一致。

- 一如往常——這些研究的效果量很小。知道某人有某個候選基因的哪種變異（或甚至一組基因的變異），對於預測行為沒有太大的幫助。

- 主要的原因是，就算掌握了 5HTT 和 DRD4 的交互作用，還有剩下大約一萬九千九百九十八種人類基因和數不清的環境研究。該換到另一種主要的研究方法了——一次看兩萬個基因。

撒網捕魚，不要只看有光的地方

研究結果的效果量不大，反映出以候選基因進行研究的限制；用科學界的行話來說，就是只看有光的地方。這句老套的話出自一則笑話：你在晚上發現有一個人在路燈下看著地面找東西。「怎麼了？」「我的戒指掉了，我在找戒指。」你想要幫忙，所以問他：「你的戒指掉的時候，你站在路燈的這一側還是那一側？」「噢，不是，我在走過那些樹的時候掉的。」「那你為什麼要在這裡找呢？」「因為這裡有光。」採取候選基因的研究方法，你就只看光的地方，只去檢視已知相關的基因。面對兩萬個左右的基因，可以放心假設還有一些有趣的基因存在，只是你不知道。挑戰在於要怎麼找到那些基因。

想要找到那些基因，最常見的方式是全基因組關聯分析（genomewide association studies，簡稱 GWAS）。比如說，現在要研究血紅素的基因，檢視序列中的第十一個核苷酸；在那個位置，所有人的 DNA 組成差不多都一樣。然而，這個核苷酸之中有個小小的變異性熱點。假設在所有人口中，大約有 50%的人會出現兩個不同的 DNA 字母（因為 DNA 冗餘〔redundancy〕，這通常不會改變它所編碼的那個胺基酸）。基因體中有超過一百萬個這種「單核苷酸多型性」（single-nucleotide polymorphism，簡稱 SNP）散落在各處——包括為基因、啟動子、神秘的垃圾 DNA 編碼之 DNA 片段。從一大堆人身上收集 DNA，再看看有沒有特定的 SNP 與特定的特質相連結。如果一個牽涉其中的 SNP 出現在某個基因裡面，就代表你找到一條線索，說明那個基因可能和那種特質有關。[31]

一項全基因組關聯分析可能會牽連到與一個特質相關的大量基因。

31　原注：順著這個邏輯，如果一種特質和某個基因的啟動子中特定版本的 SNP 相連，你就找到了一條線索，說明調控那個基因的機制（而非基因本身）可能和那個特質有關。就像下面這個例子：有一種血清素受體的基因包含了一個 SNP，位在第三個密碼子鹼基（base），為蛋白質中第三十四個胺基酸編碼，那個 SNP 的其中一種變異和思覺失調症患者對某種藥物的反應相關。

幸運的話，其中某些是已知和那種特質有關的候選基因。但其他被找出來的基因可能都還是一團謎。接著，就要來查清楚它們都負責做些什麼。

一種相關研究方法是假定現在有兩群人，一群得了一種肌肉退化疾病，另一群沒有。對每個人做肌肉切片，看看這兩萬個左右的基因之中，有哪些高轉錄活性的基因在肌肉細胞裡面。用這種「微陣列」（microarray）或「基因晶片」（gene chip）的方法，可以尋找只出現在生病或健康肌肉中（而不是同時出現在兩種肌肉中）的高轉錄活性基因。找出這些基因，就有新的候選基因可以好好研究。[32]

這些撒網捕魚的方法[33]顯示出我們對行為的遺傳有多麼無知。思考一下以下這個經典的全基因組關聯分析，目的在尋找與身高相關的基因。這個研究難得要命，研究者檢驗了 183,727 人的基因體。183,727 人。光是要把試管貼上標籤，就需要一大批科學家。那篇刊登在《自然》期刊上的論文有將近兩百八十位作者，恰恰反映出這點。

結果如何呢？**數百種**遺傳變異和身高牽連在一起。其中有少數基因是已知與骨骼生長相關的，但其他基因還是一片未知。在這所有的遺傳變異中，預測力最高的一個可以解釋身高變異量的 0.4％——1％的十分之四。把數百種遺傳變異全部加在一起，也只能解釋身高變異量的 10％。

還有個同樣廣受好評的全基因組關聯分析，關於身體質量指數（BMI）。這項研究一樣驚人——研究者檢視了將近二十五萬個基因，論文作者竟然比前面那個身高研究還要多。在這個研究中，最有力的遺傳變異可以解釋 BMI 變異的 0.3％。所以，身高和 BMI 都是高度「多基因遺傳」的性狀。初經年齡（女孩月經初次來潮）也是如此。此外，因為有些基因太罕見，目前的全基因組關聯分析技術沒辦法收集到，這些基因會被漏掉。

---

32 原注：寫給熱愛細節的讀者。注意，全基因組關聯分析和微陣列方法通常會提供不同的訊息。使用前者時，你在找基因要有某種變異，和你正在研究的疾病或行為相關。如果用微陣列方法，你在找的基因則要有某種表現圖譜和那個疾病或行為相關。

33 原注：這是另一句科學界的行話——在一片海上撒下漁網，看看你可以捕到什麼。

所以這些性狀很可能受數百種基因影響。

那行為呢？2013年，有一項非常傑出的全基因關聯研究，檢視了與教育程度相關的遺傳變異。這個研究一樣有誇張的數字——126,559位研究參與者，論文作者大約一百八十位。最有預測力的遺傳變異可以解釋變異量的0.02%——1%的百分之二。把所有找到的遺傳變異加在一起，大約可以解釋變異量的2%。關於這篇論文，有人輕描淡寫地評論：「簡而言之，看來教育程度是個多基因遺傳程度很高的性狀。」

教育程度——一個人讀了多少年的中學和大學——相對容易測量。至於充斥在本書頁面之中、那些比較細微又混亂的行為呢？已經有少數研究處理這些主題，結果差不多一樣——到最後，你會得到一份名單，上面列了牽涉其中的基因的數值，然後可以開始搞清楚它們做了什麼了（照理來說，應該要從統計相關最高的那些開始研究）。這真是很困難、很困難的方法，目前的發展才在嬰兒階段而已。更糟的是，全基因組關聯分析遺漏更細微的變異位置，[34] 意味著甚至還有更多的基因涉入其中。

我們用以下幾個關鍵的重點來總結這一節：

- 以上針對候選基因的回顧，連最表面內容的最表面都稱不上。如果你上PubMed（生物醫學領域主要的搜尋引擎）搜尋「MAO基因／行為」——就會跳出超過五百篇研究論文。搜尋「血清素轉運體基因／行為」——一千兩百五十篇論文。「多巴胺受體基因／行為」——將近兩千篇。

- 候選基因研究法讓我們看到，單一基因對一種行為的影響通常非常微小。換句話說，擁有MAO的「戰士基因」變異對你的行為所產生的影響，可能比你相信自己擁有那種基因變異而造成的影

34 原注：如果一個基因有個SNP，和某個東西相關的程度高得令人難以置信，但那個不同的字母只出現在一千人身上。目前的全基因組關聯分析研究就會遺漏掉它。

響還小。

- 調查全基因體的研究法顯示，這些行為受非常大量的基因影響，每種基因扮演一個小小的角色。

- 這在說的就是非特異性。譬如，血清素轉運體基因變異可以連到憂鬱的風險，但也和焦慮、強迫症、思覺失調症、雙極性疾患、妥瑞症和邊緣性人格疾患相關。也就是說，在與憂鬱相關的數百個基因所組成網絡裡，那個基因是其中的一部分，但它也屬於其他同樣廣大且部分重疊的網絡，一個網絡和焦慮相關、另一個和強迫症相關，以此類推。同時，我們還仍在埋頭苦幹，努力想要同時瞭解兩個基因之間的交互作用。

- 還有，不用我說，「基因—環境交互作用」，「基因—環境交互作用」。

結論

終於，你（和我！）走過這極度冗長但又不得不這麼長的一章，來到了終點。儘管那些基因影響很小，又有技術上的限制，也不要因為這些缺點就徹底拋棄這個遺傳學研究寶寶，這點很重要，就像過去某些社會團體為達政治目的而呼籲遺傳無法決定行為那樣（我的學術生涯始於1970年代，那是「基因和行為一點關係也沒有」的冰河期，夾在莓紅色喇叭褲和約翰·屈伏塔白色西裝的流行的時期中間）。

基因和行為大有關係。更確切地說，所有行為特徵都在某種程度上受遺傳變異性的影響。行為必定受遺傳影響，因為基因明確對應到與每一個神經傳導物質、荷爾蒙、受體等等相關的蛋白質結構。基因和行為的個別差異關係重大，因為有很大一部分的基因是多型的，有不同口味。但遺傳的作用極度仰賴脈絡。別問一種基因做了什麼，要問它在特定的環境下、在和其他基因一起組成的特定網絡中做了什麼（也就是「基因—基因—基因……—環境交互作用」）。

所以，就我們的目的而言，基因的重點不是它代表了不可避免的命運，而是它隨脈絡而變的傾向、潛力與脆弱性。而這件事也深深鑲嵌在本書提到的其他因素之中，包括生物方面及其他因素。

本章結束了，我們何不休息一下，大家去上個廁所，看看冰箱裡有什麼東西可以吃？

09

數百到數千年之前

讓我們從看起來有點離題的地方開始談起。第 4 章和第 7 章的某些部分反駁了大家本來以為在大腦、荷爾蒙和行為方面存在的性別差異。然而，有一項差異始終存在。這和本書探討的主要議題關係很遠，但請先忍耐一下。

科學研究發現，從小學開始，男生的數學就比女生好，這個研究結果的一致性極高。雖然在平均分數上，男女之間的差異很小，但就人口分布上位在最前端的數學明星而言，差異卻非常大。譬如，在 1983 年的 SAT 數學測驗百分等級最高的學生中，女生與男生的比例為 1：11。

為什麼會有這種差異？一直都有人聲稱睪固酮是核心因素。在發育過程中，睪固酮可以加強與數學思考相關的一個腦區的生長，對成人施予睪固酮，也可以增進某些數學技能。噢，好，所以這個差異是生理性的。

不過，再想想一篇 2008 年發表在《科學》期刊上的論文。研究者檢視了四十個國家中，數學分數和性別平等之間的關係（根據經濟、教育、政治方面的性別平等指數；性別平等程度最低的是土耳其，美國居於中段，當然，北歐國家最高）。想不到，性別平等程度越高的國家，數學分數的差距越小。到了北歐國家，男女之間的分數差距在統計上已經無法達到顯著。再到世界上性別平等排名第一的國家——冰島，女生的數學比男生**還要好**（見下頁圖）。[1]

1　原注：請注意，另一項認知層面上普遍的性別差異——女孩在閱讀上的表現勝過男孩，在性別平等程度較高的國家也不會消失，反而差距更大。

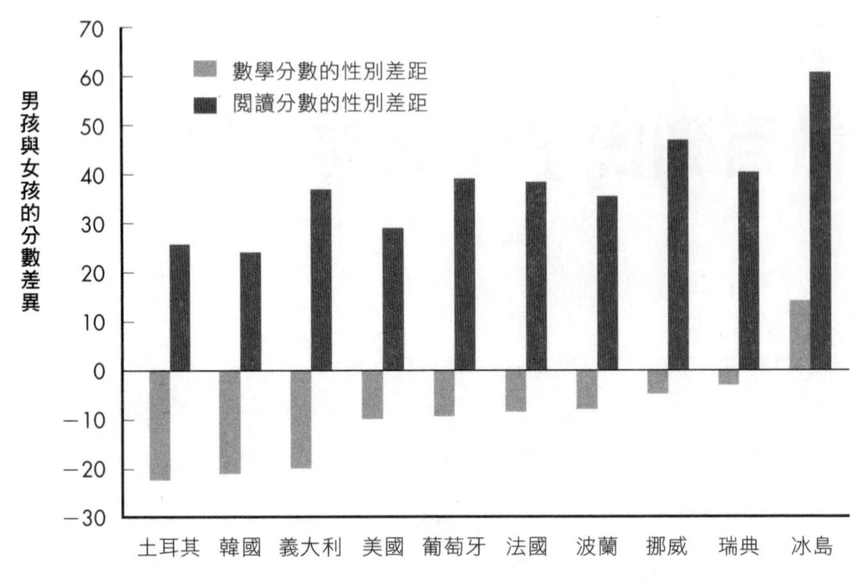

L. Guiso et al., "Culture, Gender, and Math," Sci 320(2008): 1164

換句話說，雖然你無法百分之百確定，不過，在下一頁的上圖中，坐在丈夫旁邊的阿富汗女孩，應該比下圖中的瑞典女孩更沒有機會解開圖論（graph theory）中的愛迪斯—哈伊納爾猜想（Erdös-Hajnal conjecture）。

也就是說，文化很重要。我們隨時都帶著文化同行。就像以下這個例子：聯合國外交官祖國的腐敗程度——政府以不公開透明的方式運用權力與財政——可以預測他們在曼哈頓有多少未繳交的停車罰單。文化可以留下長久不滅的痕跡——什葉派和遜尼派為了持續十四世紀之久的問題而互相殘殺；西元 1500 年時，三十三個國家的人口密度，可以顯著預測那些政府在西元 2000 年的專制程度；在千年之間，較早開始使用鋤頭取代犁耕，可以預測今日的性別平等程度。

換句話說，換句話說，再換句話說，當我們深思我們那經典之舉的緣由——扣下扳機，或觸碰手臂——而且想要用生物學的架構來解釋為什麼事情會發生，我們所列舉出的相關因素一定得包含文化。

因此，本章的目標如下：

- 看看與我們最好和最糟的行為相關的文化變異中，有哪些系統性的模式。

- 探索不同種類的腦如何製造出不同的文化，不同種類的文化又如何製造出不同的腦。也就是文化和生理如何共同演化。

- 看看生態學在塑造文化上扮演了什麼角色。

定義、相似性及差異

想當然爾，「文化」可以用許多不同的方式加以定義。其中一個很有影響力的定義，來自 19 世紀的傑出文化人類學家愛德華．泰勒（Edward Tylor）。對他來說，文化是「一個複雜的整體，包括了知識、信念、藝術、道德、法律、習俗及其他人類作為社會一員而習得的能力或習慣。」

顯然，這個定義把文化導向專屬於人類的東西。珍．古德（Jane Goodall）在 1960 年代跌破了大家的眼鏡，指出黑猩猩會使用工具，而這如今成了眾所皆知的事實。她的研究對象改造了樹枝，把樹枝上的樹葉拔掉，放入白蟻丘中；白蟻會去咬樹枝，等到黑猩猩取出樹枝時，牠們還緊抓不放，成了黑猩猩的零嘴。

這還只是個開始。接著，人們發現黑猩猩會使用不同種類的工具——牠們用木砧或石砧來敲開堅果、用一團嚼過的葉子來汲取搆不到的水，還有，真正令人震驚的是，牠們削尖木條來戳弄嬰猴（bush babies）。牠們的各個群體製作出不同的工具；創造出來的新技術還會透過社群網絡（玩在一起的黑猩猩）散布出去；小孩子看著媽媽掌握到訣竅；有黑猩猩遷移時，這些技術從一個群體散播到另一個群體；目前已經挖出黑猩猩超過四千年前用來敲開堅果的工具。我最喜歡的一個例子介於工具和裝飾品之間：尚比亞的一隻母猩猩在耳朵裡放了一片稻草般的草葉，就這樣四處遊走（見右頁圖）。這個行為沒有明顯的功能，牠顯然只是喜歡有片葉子黏在耳朵上，你能拿牠怎樣呢？牠就這樣維持了好幾年，那段時間，在猩猩群中，大家都跟著出現相同的舉動。真是個時尚潮人。

自從珍．古德提出她的發現之後，數十年間，人們觀察到猿類和猴子、大象、海獺、貓鼬也會使用工具。海豚用海綿來挖掘埋在海底的魚。鳥類用工具來築巢或取得食物——譬如，松鴉（jay）和烏鴉用樹枝來捕蟲，手法和黑猩猩差不多。頭足類動物、爬蟲類動物和魚類也會使用工具。

真令人刮目相看。不過，這類文化傳遞不會發展演變——今年黑猩猩用來敲開堅果的工具和四千年前的差不了多少。但除了少數例外（之後還

E. van Leeuwen et al., "A Group-Specific Arbitrary Tradition in Chimpanzees(Pan troglodytes)," Animal Cog 17(2014): 1421.

會談更多），非人類的文化只是物質文化（與之相反的是，比如說，社會組織）。

所以文化的古典定義不只適用於人類。多數文化人類學家並沒有因為珍・古德的革命而興奮不已——很好，接下來動物學家會跟大家報告，拉飛奇說服辛巴繼任獅子王——現在，他們經常使用的「文化」定義，強調要把黑猩猩和其他凡夫俗子排除在外。阿爾弗雷德・克魯伯（Alf redKroeber）、克萊德・克羅孔（Clyde Kluckhohn）和克利弗德・紀爾茲（Clifford Geertz）這三位受歡迎的重量級社會人類學家，都關注文化與概念和**象徵**的關係，而不只是展現概念和象徵的那些行為，或者燧石刀片或 iPhone

之類的物質產物。當代人類學家如理查・史威德（Richard Shweder）則強調更感性、但仍以人類為中心的文化觀點，認為文化關於道德以及我們對於「對與錯」的內在反應。當然，以上觀點都受到後現代主義者用超出我理解範圍的理由加以批判。

基本上，我不想離這場爭論太近。就我們的目的而言，對於文化是什麼，只要用法蘭斯・德瓦爾（Frans de Waal）曾強調的直覺式定義就好：「文化」就是我們怎麼做事和怎麼思考，透過遺傳以外的方法來傳遞。

採取這個廣泛定義時，在人類各式各樣的文化中，最吸引人的是文化之間的差異還是相似之處呢？這要看你的偏好是什麼。

如果你覺得相似性看起來最有趣，各個文化之間確實有非常多相近之處——畢竟，許多人類群體各自獨立卻都發展出農業、寫作、陶藝、防腐技術、天文和貨幣制度。文化相似性的極致是人類普同性（human universals），無數學者都已經提出人類普同性的內涵。其中一個最長也最常受到引用的，來自人類學家唐納・布朗（Donald Brown）。以下是他提出的文化普同性內涵的其中一部分：美學的存在及對美學的關注、魔術、認為男性和女性有不同天性、兒語、神、引發意識狀態的改變、婚姻、身體裝飾、謀殺、禁止特定種類的謀殺、親屬稱謂、數字、烹飪、性的私密性、名字、舞蹈、玩樂、對與錯之間的區別、裙帶關係、禁止特定種類的性行為、同理心、互惠行為、儀式、公平的概念、關於來世的神話、音樂、描述顏色的字詞、禁律、八卦、二元的性別詞彙、內團體偏私、語言、幽默、說謊、象徵、「與／和」這個語言概念、工具、買賣以及如廁訓練。這還只是其中的一部分。

就這一章的目標來說，文化之間大得嚇人的差異，關於人們如何經驗生命、可以享有的資源和特權、機會和生命的軌跡，才是最有趣的部分。讓我們從令人震撼不已、關於文化差異的人口統計數字開始：一個女孩在摩納哥出生，她的預期壽命為93歲；在安哥拉出生的話，則是39歲。拉脫維亞人有99.9%的識字率；尼日則是19%。阿富汗有超過10%的小孩在出生後不到一年死亡，冰島則為0.2%。卡達的人均GDP是137,000

美元，中非共和國則是 609 美元。南蘇丹女人因生產而喪命的機率，差不多是愛沙尼亞的 1000 倍。

遭受暴力的經驗也隨文化有很大的差異。在宏都拉斯，一個人遭到謀殺的機率，是新加坡的 450 倍。65%的中非女人曾遭受親密關係暴力，在東亞則是 16%。南非的女人遭受性侵的機率比日本的女人高 100 倍。如果你是羅馬尼亞、保加利亞和烏克蘭的小孩，在學校長期霸凌的機率比瑞典、冰島或丹麥的小孩高大約 10 倍（別走開，之後會更詳細探討這件事）。當然，大家都知道有性別相關的文化差異。北歐國家正邁向完全的性別平等，盧安達的下議院中，女性占有 63%的席位，相比之下，沙烏地阿拉伯的女性不准離開家裡，除非有男性護衛在側。葉門、卡達和東加王國則完全沒有女性議員（美國的女性議員比例大約為 20%）。

93%的菲律賓人說他們感到快樂而且被愛，亞美尼亞人只有 29%如此。希臘人和阿曼人在賽局中比較可能願意為了懲罰過分慷慨的玩家而付出較多資源，多過用來懲罰作弊的人，但澳洲人則沒有這種「反社會的懲罰行為」。而且，各地的利社會行為標準天差地遠。有項研究針對一間跨國銀行遍布世界各地的雇員，詢問若決定要幫助別人，最重要的理由是什麼？美國人認為是對方先幫助過自己；華人認為是對方比自己的位階高；西班牙人則說對方是朋友或認識的人。

假如送子鳥把你放到不同的文化中，你的人生就會完全不同。有些相關的模式、對比和二分法，可以幫助我們瞭解這種變異性。

集體主義文化 vs. 個人主義文化

就如第 7 章提過的，跨文化心理學之中，有很大一部分研究將集體主義和個人主義文化相比較。幾乎所有這類研究比較的都是來自集體主義東亞文化和美國（最標準的個人主義文化）[2] 的研究參與者。根據定義，集

2　原注：當你在閱讀這一節關於美國人和東亞人的比較、以及後面章節中關於美國和其他文化的比較時，你會發現，某種程度上這就是美國人（和西歐人）跟世界其

體主義文化注重和諧、相互依存、從眾、以團體的需求來引導行為；相較之下，個人主義文化注重自主、個人成就、獨特性、個人的需求和權利。雖然有點苛薄，但個人主義文化可以用經典的美國概念「獨善其身」（looking out for number one）來表示；而集體主義文化則符合美國和平工作團（Peace Corps）前往那類國家的典型經驗——詢問學生一道數學題目，沒有人願意回答正確答案，因為他們不願意表現突出而讓同學感到羞愧。

個人主義和集體主義的對比之大，令人震驚。個人主義文化的人尋求獨特性和個人成就，較常使用第一人稱代名詞，採用個人性（「我是承包商」）而非關係性（「我是家長」）詞語來定義自己。他們把成功歸因於內在屬性（「我很擅長X」），而非情境特性（「我遇到了天時地利」）。他們在回憶過去時，較常以事件為重心（「我學會游泳的那個夏天」），而非社會互動（「我們成為朋友的那個夏天」）。他們從自己的努力而非團隊的努力獲得動機及滿足感（反映出美國個人主義的重點是不相互合作，而非不從眾）。競爭的動力來自想贏過其他人。若請他們畫出「社會關係圖」（sociogram）——用圓圈代表自己和朋友，圓圈之間以線條連結，以此表示自己的社群網絡——美國人傾向把代表自己的圓圈畫在紙張中央，而且是所有圓圈中最大的。

相對地，集體主義文化的人顯示出較高的社會理解力（social comprehension）；有些研究報告指出他們的心智理論能力較佳，能夠比較準確地理解別人的觀點——這裡的「觀點」從別人的抽象思考，到知道從別人角度看到的東西是什麼樣子都包括在內。當有人因為同儕壓力而違反規範時，他們認為比較應該責怪整個團體，也更傾向以情境因素來解釋行為。他們的競爭動力來自不要落後他人。請他們畫出社會關係圖，代表「你自己」的圓圈會離中央很遠，也遠遠小於其他圓圈。

他地方在各種文化向度上的對比。這些美國人真是很「怪異」（WEIRD）——西化（westernized）、高教育程度（educated）、工業化（industrialized）、富有（rich）而民主（democratic）。

當然，這些文化差異和生理因素之間有著相關性。譬如，來自個人主義文化的研究參與者在看到自己的照片時，（情緒的）內側前額葉活化程度，比看到一位親戚或朋友的照片強烈許多；相較之下，來自東亞的參與者活化程度則遠低於個人主義文化的參與者。[3] 另一個例子展現了我最愛的心理壓力跨文化差異——當研究人員請研究參與者進行自由回想，美國人比東亞人更可能想起自己影響別人的時刻；東亞人則相反，比較可能想到別人影響自己的時刻。如果強迫美國人長時間談論別人如何影響自己，或要求東亞人詳述他們影響別人的過程，兩者都會因為必須敘述不自在的事件而產生壓力，分泌糖皮質素。我在史丹福的同事兼好友珍妮·蔡（Jeanne Tsai）和布萊恩·努特森證明了歐裔美國人在看到興奮的臉部表情時，中腦—邊緣多巴胺系統會活化；華人則是在看到平靜的表情時才會活化。

我們將在第 13 章看到，這些文化差異造成不同的道德體系。在最傳統的集體主義社會中，從眾幾乎就等於道德，而且維護執行規範的重點在於羞恥（「如果我那麼做，別人會怎麼看我？」），與罪惡感關係則較小（「我該怎麼面對自己？」）。集體注意文化容易促進效益主義和結果論（consequentialist）的道德立場（譬如，比較願意把一個無辜的人關進牢裡以避免動亂）。集體主義文化極端強調群體，使得內團體偏誤的程度高於個人主義文化的成員。譬如，一項研究中請韓裔和歐裔美籍的參與者，觀看內團體或外團體成員受苦的圖片。所有參與者在看內團體成員的圖片時，都表示有較強的主觀同理心感受，而且心智理論相關腦區的活化程度較高（也就是顳頂交界區）；但韓裔參與者的偏誤顯著高於歐裔參與者。來自個人主義

3 原注：這些研究要成功很不容易，因為神經造影除了是科學之外，還有一點藝術性在其中，要從地球兩端的兩台掃描儀、經過兩套掃描程序收集資料，再量化比較，實在很有挑戰性。另一種做法——用同一台機器掃描來自兩種文化的參與者——也一樣困難；這些參與者代表性不足，因為他們之中大概有一半是國際學生——他們有足夠的人際連結和冒險性，也有錢到可以來到美國大學城，主動選修普通心理學課程。

文化和集體主義文化的參與者都會貶低外團體成員，但只有前者誇大了對自己群體的評估。換句話說，東亞人不像美國人，不會靠膨脹自己的群體來視其他人為較低劣的群體。

最吸引人的是關於這些文化差異與什麼有關，就如這個領域中的巨頭——密西根大學的理查・尼茲彼（Richard Nisbett）開創的研究方法所展現出來的，西方人在解決問題時採取比較線性的方式，較依靠語言而非空間訊息。如果請來自東亞的研究參與者解釋一顆球的運動，他們比較可能援用關係性的解釋，以這顆球和環境的*互動*——摩擦——為基礎，而西方人則聚焦在內在性質，如重量或密度。西方人在估計長度時比較精準，使用絕對性的語彙（「那條線有多長？」），而東亞人則較擅長用關係性的方式估計（「這條線比那條線長多少？」）。或者，聽聽看這個：想像有一隻猴子、一隻熊和一根香蕉。哪兩個該放在一起？西方人用類別來思考，選擇猴子和熊——兩者都是動物。東亞人用關係來思考，把猴子和香蕉連結在一起——想到猴子，就會想到牠的食物。

令人驚訝的是，文化差異可以延伸到感覺處理的層面。西方人處理訊息的方式較為聚焦，東亞人則偏向整體。給研究參與者看圖片，裡面有一個人站在複雜的場景中央；東亞人對於場景、脈絡的記憶較為精確，但西方人記得的是站在中央的那個人。驚人的是，這甚至能在眼動追蹤的層次就觀察到——西方人的眼睛通常先看圖片的中央，東亞人則掃描整個場景。此外，強迫西方人關注圖片的整體脈絡，或要東亞人注意中央的主角，則他們的前額葉得更費力工作，活化程度較高。

就如第 7 章曾提到的，文化價值觀從非常早期就注入了我們的生命。所以，我們毋須訝異，文化塑造了我們對成功、道德、幸福、愛等等的態度。但讓我震驚的是，這些文化差異也塑造了眼睛聚焦在圖片上的哪個地方，或你怎麼思考猴子和香蕉，或球體運動軌跡的物理學。文化的影響極大。

當然，關於集體主義和個人主義之間的比較，有不少的限制：

- 最明顯的一點，是那永遠的「平均而言」——舉個例子，很多西方人集體主義的程度比很多東亞人還高。大體上，在各種性格指標上顯示個人主義程度最高者，在神經造影的資料上也會顯示出最高的個人主義傾向。

- 文化隨時間改變。譬如，東亞文化的從眾程度正在下降中（有一項研究顯示日本為嬰兒取獨特名字的比率有所提升）。此外，一個人被灌輸自身文化的程度可以在短時間內發生變化。譬如，在看圖片之前，先以個人主義或集體主義文化的線索進行促發，可以改變他處理圖片訊息的全面程度。對於具有雙文化身分的人來說，尤其如此。

- 我們很快就會看到，集體主義和個人主義文化有些遺傳上的差異。但這完全無法證明基因決定命運——這個結論的最佳證據來自這些研究之中常見的控制組，也就是東亞裔美國人。總的來說，東亞人移民到美國之後，需要經過大約一代，後代的個人主義程度才能和歐裔美國人相等。

- 很明顯的，「東亞人」和「西方人」不是什麼內部統一的實體。只要問問來自北京和來自西藏大草原的人就知道了。或者，把來自柏克萊、布魯克林和比洛克西（Biloxi）的三個人一起困在窄小的電梯裡，看看會發生什麼事。我們將看到，文化內的變異程度才大得嚇人。

為什麼在地球這端的人會發展出集體主義文化，而其他人則發展出個人主義文化呢？美國是個人主義文化代表的理由至少有兩個：首先是移民。目前美國人口中有 12%是移民，另外 12%是移民的小孩（譬如我），至於其他人，除了 0.9%的人是百分之百的美國原住民，所有人的祖先都是過去五百年的移民。這些移民是什麼人呢？這些人在原本定居的國度是怪人、心懷不滿、無法安定下來、異教徒、異類、過動、輕度躁狂、孤僻遁世、充滿盼望、不服傳統，渴望自由、渴望變得有錢、渴望離開他們那無聊又壓抑的該死小村莊，極度渴望。再加上第二個原因——美國歷史（包括殖民時期和獨立後）上多半時間都不斷向西拓展疆界。沿著邊境居住的美國人是一些極度樂天的人，樂天到覺得買船票去新大陸還不夠新奇刺激——結果就是美國的個人主義文化。

為什麼東亞會被教科書當作集體主義的例子呢？關鍵是文化如何受到傳統的維生方式影響，而這又受生態環境塑造。在東亞，最重要的就是稻米。大約一萬年前，稻米在當地受到馴化，這種作物需要大量的集體勞動。除了極度累人的種植和收穫工作之外（他們會輪流到各個農家耕作，因為收成一家的米需要整村的勞動力）[4]，對於集體勞動力的需求首先在於要轉化生態系統——將山丘改造為梯田（見下圖），建立並維持灌溉系統以控制稻田的水位。另外，還有公平分配用水的問題——在峇里島，水資源由宗教權威管控，並以神聖的水神廟作為象徵。以下這個才不可思議——都江堰灌溉中國成都附近超過五千平方公里的農田，而且歷史已超過**兩千年**。集體主

4 原注：美國史上並非從來沒有勞力密集的農業。但美國不是用集體主義來解決勞力的問題，而是用奴隸。

義就像稻米一樣，根深柢固地長在東亞的土地上。[5]

2014年的《科學》期刊有一篇引人入勝的論文，強化了稻米和集體主義之間的連結，所用的方法是去探討一個例外。中國北部的某些區域很難種植稻米，數千年來，那裡的居民都種小麥維生；種麥需要的是個別而非集體的農耕。從個人主義和集體主義文化的標準化測驗結果看來（譬如，畫出自己的社會關係圖、「兔子／狗／紅蘿蔔」之中，哪兩者最相似？）——他們就像西方人一樣。這個區域還展現出另外兩種個人主義的特徵，就是比起種米的區域，他們的離婚率和創新性（專利申請數量）都比較高。個人主義就像小麥一樣，根深柢固地長在中國北部的土地上。

在一篇少見的集體主義／個人主義論文中，作者比較的不是亞洲人和西方人，但也展現出生態環境、生產模式和文化之間的連結。研究者探究土耳其國土內部，位在黑海邊、群山環繞海岸線的一塊區域。在十分相近的距離之內，有的居民捕魚為生，有些居民在山海之間的狹長土地上種田，也有人在山上牧羊。這三群人都使用相同的語言，有相同的宗教和祖先。

放牧是孤獨的；雖然土耳其的農夫、漁夫和中國種稻的農夫不同，他們至少還是成群結隊在田裡或漁船上工作。牧羊人的思考方式不如農夫或漁夫那麼注重整體——他們較善於判斷線條的絕對長度，而農夫和漁夫則較善於判斷相對關係；給參與者看手套、圍巾和一隻手，牧羊人把手套和圍巾分類在一起，其他兩類人則根據物品之間的關係，將手套和手配對為一組。根據作者的說法，「社會上的互相依存促進了整體性的思考」。

這個主題也出現在另一項研究，研究者比較來自兩種家庭的猶太男孩，一種是嚴守教規的正統派猶太家庭（特徵是有無數關於信念與行為的規範），以及來自相比之下非常個人主義、無宗教信仰的家庭。來自正統派猶太家庭的男孩，眼動歷程較為整體化，來自無宗教信仰家庭的男孩則比較聚焦。

5　原注：我完全不知道稻米是不是深根植物，但這個比喻逼我把它寫下來。

東亞集體主義與西方個人主義的二分法，和遺傳之間也有著非常迷人的關聯。還記得上一章曾提到多巴胺和DRD4，也就是D4受體的基因。這種基因的變異性特別高，在人類身上至少有二十五種變異（在其他靈長類動物身上，變異性則沒有這麼高）。而且，這些變異可不是隨機無謂、DNA序列任意更動而已；實際上，這些變異經過了高強度的正向選擇（positive selection）才保留下來。其中，4R變異是最普遍的，大約一半的東亞人和歐裔美國人都有這種變異。另外還有7R變異，會在皮質中生產對多巴胺反應較低的受體，這和尋求新奇、外向性及衝動性都有所關聯。早在現代人類出現之前，7R變異就已經存在，但在一萬到兩萬年前，忽然變得普遍許多。23%的亞洲人和歐裔美國人都有7R變異。至於東亞人呢？只

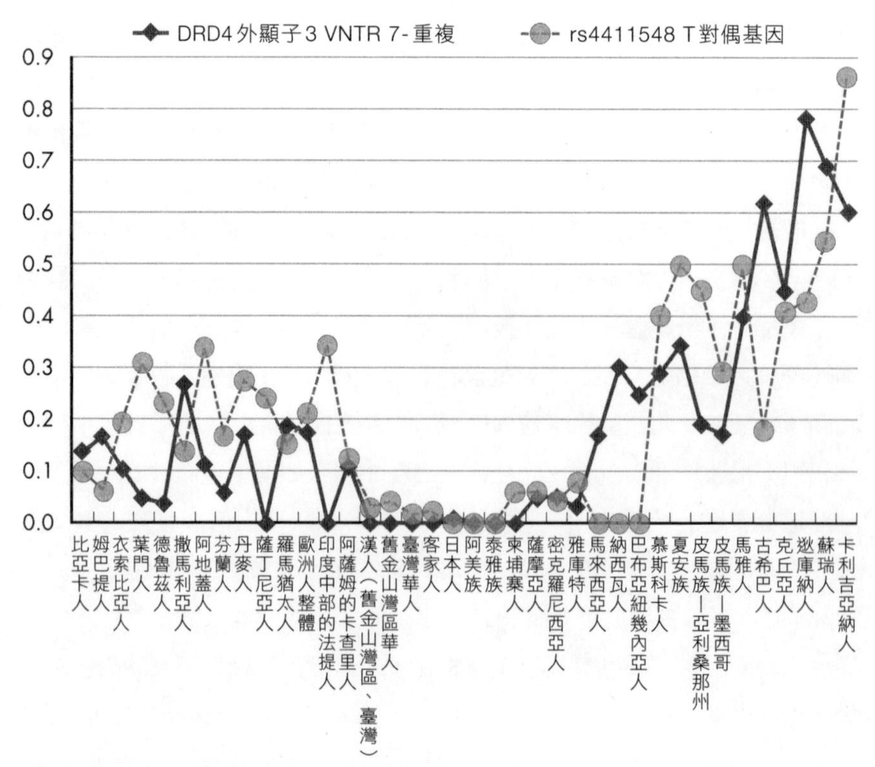

Y. Ding et al., "Evidence of Positive Selection Acting at the Human Dopamine Receptor D4 Gene Locus," PNAS 99(2002): 309.

有 1%。

那麼，到底哪一個比較早？ 7R 變異出現的頻率，還是這兩個群體的文化風格？ 4R 和 7R 變異，還有一種 2R 變異的蹤跡都遍布世界各地，意味著人類在六萬到十三萬年前從非洲往四面八方遷徙時，這些變異已經存在。耶魯的肯尼斯·基德（Kenneth Kidd）在他經典的研究中檢視了 7R 變異的分布，結果有了驚人的發現（見左頁圖）。

從左頁圖的左邊開始，在各個美洲、歐洲和中東族群中，7R 的的發生率大約為 10% 到 25%。跳到整張圖的右邊，這些人的祖先在島嶼之間遷徙，從亞洲大陸到馬來西亞，再到紐幾內亞，在他們身上，7R 的發生率就稍微高了一點。另一些人也是如此，他們的祖先大約在一萬五千年前經過白令陸橋遷移到北美洲——包括慕斯科卡人（Muskoke）、夏安族（Cheyenne）、皮馬族（Pima）等美洲原住民部落。再來是中美洲的馬雅人——機率提高到 40%。然後，在南美洲北部的古希巴人（Guihiba）和克丘亞人（uechua）身上大約是 55%。[6] 最後，有些人的祖先一路跑到亞馬遜盆地——逖庫納人（Ticuna）、蘇瑞人（Surui）和卡利吉亞納人（Ka r itiana）——7R 出現在他們身上的發生率大約為 70%，位居世界之冠。換句話說，這些人的祖先等於已經走到了未來的安克拉治（Anchorage，為美國北部阿拉斯加州最大的城市）市區，還決定要繼續走上六千英哩。[7] 高 7R 發生率（和衝動性及尋求新奇相關）寫下了人類史上最偉大的遷徙紀錄。

然後，在圖表的中央是中國、柬埔寨、日本和臺灣（只有阿美族和泰雅族），7R 發生率幾乎為零。東亞居民馴化稻米並創造出集體主義社會時，對 7R 變異進行了大規模的篩選；用基德的說法，在這些群體中，7R「幾乎失蹤了」。[8] 也許帶有 7R 的人為了發明滑翔翼而拚掉老命，或在感到坐

6 譯注：Guihiba 為南美的原住民族。

7 原注：很顯然的，實際上沒有任何一個人曾經遷徙那麼遠的距離——西半球的人們緩慢南遷的過程花了數千年的時間。

8 原注：如果你是個遺傳學粉絲，已經曉得比第 8 章還多的背景知識，以下提供給你：7R 發生率幾乎為零的意思是，在這些文化裡，有異型（heteozygous）的 7R 變異並沒有

立不安時嘗試徒步走到阿拉斯加，結果因為那裡沒有白令陸橋而淹死了。也許他們不是很理想的伴侶。不管原因是什麼，總之在東亞文化集體主義的演化過程中，就是同時篩選了 7R 變異。[9]

所以，從這兩種學者最常研究的文化對比，我們看到了一堆生態因素、生產模式、文化差異，還有內分泌、神經生物機制及基因出現頻率上的差異。[10] 這兩種文化之間的差異有時候在預料之中——譬如，在道德、同理心、育兒方式、競爭、合作、對幸福的定義——但也有出乎意料的時候——譬如，你的眼睛在幾毫秒之內看一張圖片的方式，或你對兔子和紅蘿蔔的思索。

畜牧者與南方人

在一個乾燥貧瘠、一望無際、根本無法進行農耕的環境中，也可以看到生態、生產模式和文化之間的重要連結。這就是遊牧的世界——人們帶著牧群，在沙漠、草原或苔原上遊走。

阿拉伯的貝都因人（Bedouins）、北非的圖瓦雷克人（Tuareg）、東非的索馬利人（Somalis）和馬賽人（Maasai）、斯堪地那維亞半島北部的薩米人（Sami）、印度的古遮人（Gujjars）、土耳其的尤路克（Yoruk）、蒙古的圖瓦人（Tuvans）和安地斯山脈的艾馬拉族（Aymara）都是遊牧民族。他們有

任何好處。

9 原注：前面已經提到，東亞裔美國人通常在移民後的幾代之內，個人主義的程度就等同於歐裔美國人了。這讓人想問，選擇移民的東亞人出現 7R 變異的頻率是否高於一般東亞人（這也可能讓人思考，不知道中國種麥的區域中，7R 的發生率有沒有比種米的區域高）。可惜，根據肯尼斯．基德的說法，這兩個問題都還沒有答案。

10 原注：關於基因變異出現的頻率，還有另外一項驚人的差異，發生在為血清素轉運體編碼的基因，血清素轉運體會把血清素從突觸移走。而且，就如我們在上一章看到的，它和衝動攻擊行為相關，兩者之間的關係撲朔迷離。這種基因的其中一種變異和負向情緒有關，如果出現壓力風險因子，就會因為注意力偏誤而過分留意負面刺激、並有較高的焦慮和憂鬱風險。這種基因變異的發生率在全世界小於 50%，但東亞居民卻有 70% 到 80%。

一群又一群的綿羊、山羊、牛、駱馬、駱駝、犛牛、馬或馴鹿，畜牧者依靠動物的肉、奶和血維生，並買賣毛皮。

人類學家從很久以前就觀察到生根於艱苦環境的畜牧文化之間的相似之處，以及他們的中央政府和法律往往只有很小的影響力。畜牧生活的孤苦環境說明了一項事實：小偷沒辦法從農田偷走作物、或從狩獵採集者手中偷走可食用的植物，但可以偷走牧民的牲口。這正是畜牧生活的弱點所在，到處都是強盜和偷家畜的賊。

這導致許多與畜牧生活相關的特點：

- 軍國主義盛行。畜牧者，尤其是沙漠中的畜牧者，以及他們分布在廣大土地上、照顧著牲口的成員，是孕育鬥士階級的溫床。隨之而來的常是：（a）打贏勝仗就是通往較高社會地位的墊腳石；（b）戰死沙場代表將迎來光榮輝煌的來世；（c）多偶制和虐待女人的現象十分常見；以及（d）專制的教養方式。畜牧者（pastoralists）的生活很少像貝多芬的第六號「田園」交響曲那樣，充滿鄉村風情（pastoral）。

- 無論在世界各地，一神論都相對比較罕見；如果有什麼地方出現一神論，八成都是沙漠裡的畜牧者（而雨林中的居民則有特別高的機率是多神論）。這並不難理解。沙漠教導人們艱難又單一的課題，在這種環境裡，凡事都經由徹底的宿命論被化約為簡單、乾枯無趣、熾熱燃燒的根本事實。「我就是你的主，你的上帝」、「世界上只有一個神，祂的名字是阿拉」、「沒有任何其他的神先於我而存在」——這類支配性的命令大量出現。最後一句話意味著，沙漠中的一神論並不總是只承認唯一的超自然存在——一神論宗教中充滿天使、神靈和惡魔，但彼此之間一定有階層關係，比較不重要的神靈在萬能的神面前相形失色，而祂往往是個高度的干預主義者，對天上和凡間的事務皆然。反之，想想在熱帶雨林，到處都擠滿了生物，你在一棵樹上可以找到的螞蟻種類比整個英國還多。讓一百位神明同時存在，百花齊放、和平共處，似乎再自然不過了。

- 畜牧助長了榮譽文化。如同第 7 章所介紹的，這種文化強調禮貌、禮節、待人殷勤友好的規則，特別是對待疲倦的旅人更要如此，畢竟，所有牧人不都是疲倦的旅人嗎？不只如此，榮譽文化注重當個人、家族或氏族受到冒犯之後，必須予以報復，若不能做到這一點就有損聲譽。如果今天別人搶走你的駱駝，而你默不作聲，明天他們就會奪走你其他的牲口，還有老婆和小孩。[11]

人性的低點或高點很少源自於以那種文化為根基的行為，比如說帶著馴鹿在芬蘭北部遊蕩的薩米人，或者塞倫蓋提（Serengeti）裡牧牛的馬賽人。最引起注意的榮譽文化反而展現在西化程度較高的環境中。「榮譽文化」過去用來描述西西里島的黑手黨、19 世紀愛爾蘭農村的暴力模式、以及內城幫派報復殺人的肇因與結果。這些都出現在資源高度競爭的環境中（包括爭取在互相報復的宿怨之中當最後出擊的那一方），這種地方的法律效力不彰，造成權力真空，如果不回應這些挑戰，聲望就會受損，而回應的方式通常就是暴力。西方的榮譽文化中，最有名的例子就是美國南方，已經成為書籍、學術期刊、研討會的主題，還有人在大學主修「南方研究」

11　原注：我曾有一陣子的機會體驗到這個，當時我正和一群索馬利人一起旅行，他們開著空的油罐車，要從蘇丹回到肯亞的印度洋海邊重新把油添滿。每當開車穿越沙漠的一天結束，我們就圍坐在卡車間的營火邊，煮一鍋義大利麵和駱駝奶（為什麼會是這個特別的組合？那又是另一個故事了……）。這六個索馬利人之中，總免不了會有某個人做了某事，讓另一個人覺得受到冒犯。然後就開始互相咆哮咒罵、從靴子拔出刀來，兩個男人相對繞圈，突然一個箭步撲向對方，直到其他人都起來安撫他們。接著，他們文化中殷勤好客的那一面又展露出來，大家連忙確定我吃到了駱駝奶義大利麵中最好吃的部分。「快吃，快吃。你是我們的兄弟。」他們這麼說，包括剛才互砍的那兩個人。

來探討這個主題。尼茲彼是其中很多研究的先驅。

長久以來，南方社會就和殷勤好客、對女人展現騎士風度、強調社交禮數等連結在一起。此外，南方也有重視歷史遺產、漫長文化記憶與家族延續性的傳統——譬如，在 1940 年代的肯塔基州鄉下，70%的男人名字都和父親一樣，比例遠高於北方。再加上南方的人口流動性較低，他們需要為了防禦而維護聲譽，而且這很容易延伸到家人、氏族和土地上。譬如，在哈特菲爾德和麥考伊家族（Hatfields and McCoys）於 1863 年開始他們那將近三十年的世仇之前，[12] 他們已經在維吉尼亞州西部和肯塔基州之間的邊界住了快要一世紀。從李將軍（Robert E. Lee）的身上，也可以看到南方人對土地的榮譽感；他反對南方脫離聯邦，甚至發表了意義模糊的聲明，要將之解讀為反對奴隸都可以。但當林肯給他指揮北方聯邦軍的機會，李將軍寫道：「我不希望活在其他政府的統治之下，為了保留聯邦，我願意犧牲一切，只除了我的榮譽。」當維吉尼亞州選擇脫離，他為了對家鄉的榮譽感，懷著遺憾擔任北維吉尼亞的南方邦聯軍指揮。

在南方，捍衛榮譽感最能代表獨立自主。安德魯・傑克森（Andrew Jackson）出身南方，他的母親在臨終前曾告誡他千萬不要為任何委屈而求取法律的補償，要像個男人，自己解決事情。他確實辦到了，過程中伴隨著一連串的決鬥（有時甚至幾乎致命）與鬥爭；在總統任期的最後一段時間裡，他表示自己帶著兩個遺憾離開總統職位——「我未能射殺亨利・克雷（Henry Clay）、吊死約翰・考宏（John C. Calhoun）」。缺乏有效的法律體系時，私自行使正義是必要的。在 19 世紀的南方，法律正義和私人正義頂多只能達到不穩定的平衡；根據南方歷史學家伯特倫・懷亞特—布朗（Ber tram Wyatt-Brown）所說：「普通法律和私刑在倫理上是可以共存的。前者讓法

12 原注：嗯，這場世仇是否真的結束在 1890 年代，還有待商榷。儘管這兩個家族在 1891 年宣告停戰並停止殺戮，他們的後代於 1979 年在電視遊戲節目《家庭問答》（*Family Feud*）上互鬥了一週。結果麥考伊家族在五場遊戲中贏了三場，但哈特菲爾德贏得較高的獎金。

律專業人士可以維護傳統的秩序，後者則授予平凡百姓一種特權，確保社群所重視的價值觀享有終極主權。」

當然，為了榮譽受到侵犯而進行報復，這件事的核心就是暴力。棍棒和石頭可以打斷你的骨頭，但名譽受辱卻會讓你打斷對方的骨頭。[13] 決鬥很常見，重點不是你要殺了對方，而是你願意為了自己的榮譽而死。在南方邦聯軍的男孩上戰場之前，母親常告誡他們，寧可被裝在棺材裡帶回來，也不要當個懦夫逃回家。

這一切的結果，就是南方的暴力行為率特別高，這已經有漫長的歷史，至今仍持續如此（見右頁圖）。不過，關鍵在於那只限於一種特定的暴力。我曾聽過一位南方研究的學者描述他離開南方鄉村，到陌生的麻州劍橋讀研究所時感覺有多怪異，因為在麻州，家人會在 7 月 4 號聚在一起野餐，而且**沒有人互相開槍**。尼茲彼和多夫・柯恩（Dov Cohen）已經證明，南方男性的高暴力行為率，特別是謀殺，並不是大城市的特徵，或他們試圖得到什麼物質利益——我們在談的可不是持槍搶劫酒類商店。實際上，這些暴力行為大多發生在鄉村，雙方彼此認識，而且其中涉及到輕視某一方的名譽（你那下流的堂兄弟以為可以在家族聚會上和你太太調情，所以你對他開槍）。而且，南方的法官對這類行為異常寬容。

一項史上最酷的心理學研究探索了南方的暴力行為，研究者為尼茲彼和柯恩，就有一個科學期刊很少用到的詞語牽連在其中。研究人員採集了每一位男大學生參與者的血液樣本。接著，他們填寫一份問卷，並需要經過一條走廊去繳交這份問卷。就在這條狹窄、堆滿檔案櫃的走道上，實驗開始了。其中一半的參與者平安無事地穿越了走廊。但對另外一半的參與者，研究人員派出心理學家中的邦聯軍（你懂吧？哈哈），也就是一個身型壯碩的傢伙，從走廊另一頭走過來。當參與者和這位臥底人員擁擠著錯

13 譯注：典故來自英文俚語：「Sticks and stones may break my bones, but names can never hurt me.」，原意為「棍棒和石頭可以打斷骨頭，但言語侮辱傷不了人。」常用來教導小孩不要受到別人的辱罵影響。

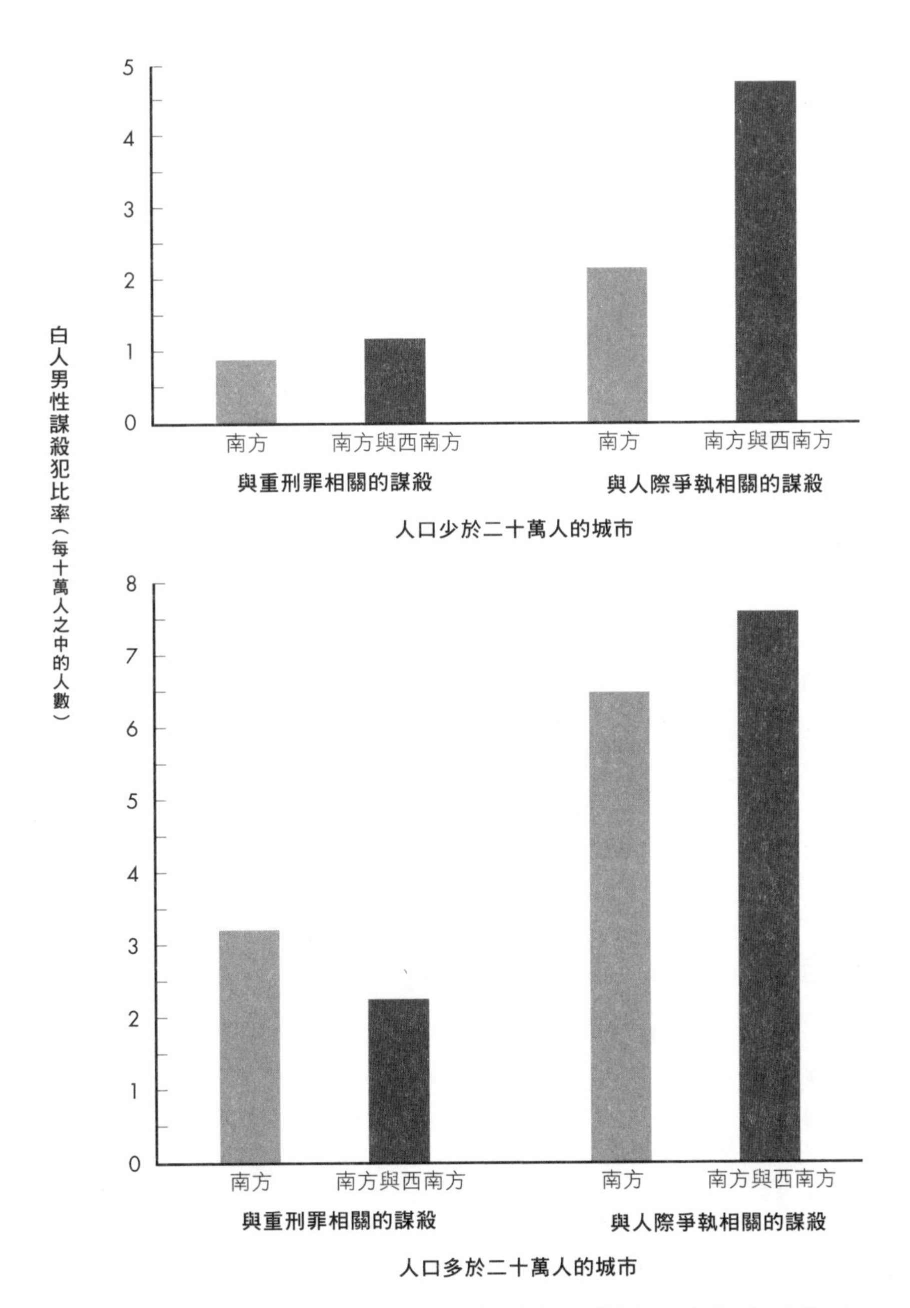

R. Nisbett and D. Cohen, Culture of Honor: The Psychology of Violence in the South(Boulder, CO: Westview Press, 1996).

身而過，臥底人員會推擠參與者，並用氣惱的聲音說出那個神奇的詞——「混蛋！」——再繼續往前走。參與者則繼續穿過走廊去交問卷。

參與者對於遭到辱罵有何反應呢？不一定。來自南方的參與者，睪固酮和糖皮質素急遽上升（來自其他地方的參與者則不會）——這代表了生氣、暴怒和壓力（見下圖）。接著，研究人員告訴參與者一個情節，當一個男人看到另一個認識的男性在挑逗自己的未婚妻——接下來故事會怎麼發展？控制組中的南方參與者想像會發生暴力事件的機率比北方人稍高一點。那被辱罵之後呢？北方的參與者沒什麼差別，但南方人想像出暴力場面的可能性激增。

西方的榮譽文化從哪裡來呢？我們不太可能追溯洛杉磯黑道幫派的源頭，結果發現這種驍勇善戰的思維模式來自從小放牧犛牛。不過，有人指出南方榮譽文化的根源確實是畜牧。這個理論首先由歷史學家大衛・哈克特・費雪（David Hackett Fischer）於 1989 年提出：美國早期的區域主義，源於從不同地方來到美國各地的殖民者，包括從東安格利亞（New Anglia）到新英格蘭區的朝聖者（the Pilgrims）、從英格蘭北中區（North Midlands）跑到賓州和德拉瓦州的貴格會教徒、以及從英格蘭南部遷移到維吉尼亞的契

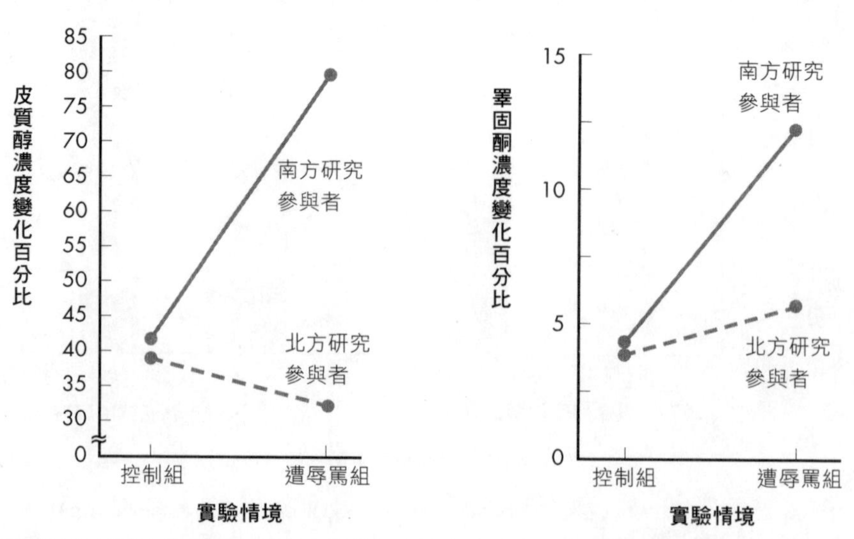

對於社交情境中的挑釁，南方大學的研究顯示出比北方大學更強的生理反應。

約勞工。那剩下的南部人呢？大多都是來自蘇格蘭、愛爾蘭和英格蘭北部的牧人。

當然，這個想法有些問題。不列顛群島的畜牧者多半定居在南部的丘陵地，但榮譽文化卻在南部的低地上更加強盛。也有其他人指出，南方人會有復仇暴力精神，是因為南方白人夢魘般的奴隸起義情景。但多數歷史學家覺得費雪的想法頗為可信。

對內的暴力

榮譽文化不只針對外在威脅——隔壁部落那個偷走駱駝的賊、在公路旅店調戲別人女友的混帳。當榮譽受到內部的威脅時，也同樣成立。第 11 章會討論到，當你自己的群體內部有人違反規範，在什麼時候大家會幫忙掩護、找藉口或寬容以待，又在什麼時候會進行嚴厲的公開懲罰。後者發生在「你在所有人面前讓我們蒙羞」的時候，這是榮譽文化裡特有的東西，也連向榮譽殺人的議題。

何謂榮譽殺人？某人做了被視為傷害家族名譽的事。於是家族成員為了重新贏回面子，（經常是公開地）殺了這個害群之馬。這真是令人難以想像。

榮譽殺人有以下特性：

- 儘管榮譽殺人曾出現在許多地方，當代的榮譽殺人大多局限在傳統的穆斯林、印度教和錫克教（Sikh）社群。

- 受害者通常為女性。

- 最常見的罪行是什麼？拒絕指定婚約。想要和施虐的配偶離婚，或者／並且他們是在小時候被迫與對方結婚的。企圖接受教育。抗拒壓抑束縛的教規，譬如必須蒙住頭部。和未經許可的男性結婚、同居、約會、互動或談話。外遇。改變宗教信仰。換句話說，就是女人拒絕成為男性親屬的財產。還有，令人震驚不已的是，榮譽殺人的其中一個常見原因是遭到性侵。

- 在少數情況下，男性為榮譽殺人的對象，通常因為他們是同性戀。

一直都有人在爭論榮譽殺人是否「只是」家暴，以及西方社會如此癡迷於榮譽殺人，是不是因為反穆斯林而造成的偏誤？如果阿拉巴馬州的某個浸信會教徒因為妻子想離婚而殺了對方，沒有人會把它定義為「基督教榮譽殺人」，認為這反映出該宗教極其野蠻的行徑。但榮譽殺人通常在許多方面與一般的家暴有所差異：（a）家暴通常由男性伴侶施暴；榮譽殺人則由一位男性血親施暴，通常經過家族中的女性親屬許可並促成此事發生。（b）榮譽殺人不是出於突發的情緒，而是在家族成員的許可下，經過計畫才產生的行動。（c）榮譽殺人常以宗教上的理由合理化，沒有人會因此而感到懊悔，而且還經過宗教領袖的准許。（d）榮譽殺人公開進行——不然這個家庭要怎麼重獲「榮譽」呢？——而且常選擇一位未成年的親屬（譬如弟弟）行兇，好讓犯人所受的刑罰減至最輕。

就某些標準看來（而且是挺有道理的標準），這可不「只」是家暴。根據聯合國和倡議團體的估計，每年都有五千到兩萬起榮譽殺人事件。而且這些事件可不限於遙遠隔絕的地域，而是出現在整個西方世界。男性家長把女兒帶到西方世界，預期她們不會受外界影響，但女兒成功融入西方世界，宣告了男性家長的無足輕重（見右頁圖）。

分層文化（stratified cultures）vs. 平等文化（egalitarian cultures）

思索文化間的變異時，另一個有意思的角度是去看資源（譬如土地、食物、物資、權力或聲望）分配得多不平均。我們很快就會看到，在人類歷史上，狩獵採集社會通常是平等的。當人類開始馴養動物和發展農業之後，「物質」——可以擁有和累積的東西——被發明出來，不平等才開始出現。物

從左至右、由最上列開始：英國的夏菲莉亞．艾哈邁德（Shafilea Ahmed），她因為拒絕接受指定婚約而被父母殺害，得年 17 歲。挪威的阿努什．賽蒂克．古拉姆（Anooshe Sediq Ghulam）於 13 歲結婚，因要求離婚遭丈夫殺死，得年 22 歲。美國的巴勒斯蒂納．伊薩（Palestina Isa），因為和不同信仰的人約會、聽美國音樂和偷偷打工而被父母殺害，得年 16 歲。加拿大的阿克莎．帕維茲（Aqsa Parvez）因拒絕戴頭巾而遭父親及兄弟殺害，得年 16 歲。丹麥的加扎拉．汗（Ghazala Khan）因拒絕指定婚約而被九個家庭成員殺害，得年 19 歲。瑞典的法蒂瑪．沙欣德勒（Fadime Sahindal）因拒絕指定婚約而被父親殺害，得年 27 歲。德國的哈通．蘇魯促（Hatun Surucu Kird）在 16 歲時被迫與表兄弟結婚，離婚後遭兄弟殺害，得年 23 歲。義大利的希娜．薩利姆（Hina Salem）因拒絕指定婚約而被父親殺害，得年 20 歲。美國的阿米娜．薩伊德（Amina Said）和莎拉．薩伊德（Sarah Said）兩姐妹，都因父母認為她們變得太過西化而遭殺害，得年 18 歲和 17 歲。

質越多，就代表有越多剩餘、工作越來越專門化、科技越來越發達，那麼不平等的可能性就越高。此外，當人類的文化創造出家族之中的繼承，不平等的差距更嚴重擴大。繼承制一經發明，不平等的情況就變得隨處可見。傳統的畜牧或小規模農業社會中，財富不平等的程度相當於最不平等的工業化社會，或更勝一籌。

為什麼分層文化占據了地球，普遍取代了較為平等的文化呢？在族群生物學家彼得・圖爾金（Peter Turchin）眼中看來，答案是分層文化特別適合征服其他文化——因為這種文化具備指揮鏈（chains of command）。此外，實證與理論方面的研究都指出，在不穩定的環境中，分層社會「（跟平等文化相比，）藉由將死亡人口控制在較低階層，比較容易於資源短缺的情況中存活下來。」換句話說，在艱苦的日子裡，財富不均轉變而成悲慘命運與死亡的分配不均。不過，值得注意的是，分層化並非對付這種不穩定的唯一方法——正因為狩獵採集者可以隨時整裝上路，他們總能從不穩定的環境中獲益。

不平等被創造出來的數千年之後，許多西方社會同樣都極端不平等，彼此之間卻存在巨大的差異。

其中一項差異是「社會資本」（social capital）。整個社會中，商品、服務和財政資源的總量是經濟資本；社會資本則是信任、互惠和合作之類的資源之總量。只要問兩個簡單的問題，你就能知道一個社區有多少社會資本。第一個：「其他人值得信任嗎？」如果一個社區中的多數人的答案都是肯定的，那麼在這個社區裡，大家比較不常上鎖，願意互相照看小孩，在可以假裝視而不見的情況下仍然出手相助。第二個問題是：社區成員參與多少個組織——從純消遣性質（譬如保齡球聯盟）到重要團體（譬如工會、住戶團體、合作銀行）都算在內。如果社區成員高度參與組織活動，就代表大家感覺自己是有效能的，而且這些組織的透明度夠高，眾人才相信自己能造成改變。無助的人不會加入這些組織。

簡單來說，貧富差距越大，社會資本就越少。人要互助互惠才能產生信任，而互助互惠又以平等為前提，但階層制度由支配和不對等所構成。而且，當一個文化中的物質資源高度不平等，人們可以動用關係、具備效能、被眾人看見的能力一定也不平等（譬如，貧富差距越大，願意投票的人通常越少）。你幾乎完全不可能找到一個貧富差距極大、卻擁有豐富社會資本的社會。或者，從社會科學的語言翻譯過來，顯著的不平等使人對彼此更加惡劣。

許多方式都可以證明這一點，包括從國家、州、省分、城市和城鎮的層次，針對西化地區所進行的研究。貧富差距越大，人們就越不願意幫助別人（在實驗情境中），在賽局中也越小氣、不願意合作。在本章稍早，我曾談過不同文化中霸凌和「反社會懲罰」（人們在賽局中遇到過於慷慨的玩家時，給予的懲罰比對作弊的人還嚴厲）高低不同的機率。[14] 針對這些現象所進行的研究顯示出，一個國家如果高度不平等和／或社會資本低，可以預測有很高機率會出現霸凌及反社會懲罰的現象。

第 11 章將探討我們對不同社經地位看法背後的心理學；毫不意外，在不平等的社會中，處在高層的人通常會為自己的地位找尋正當的理由。一個社會越不平等，「位居劣勢的人有他們自己隱微的益處」這個迷思就越強——「他們或許很窮，但至少他們很快樂／很誠實／是被愛的」。一篇論文的作者寫道：「不平等的社會可能需要利用矛盾的心理來維持系統穩定：貧富差距用片面的正向社會形象來補償某些群體。」所以，不平等的文化讓人比較不仁慈。不平等也使人變得不健康，這有助於解釋公共衛生領域中一個極其重要的現象，也就是「社經地位／健康梯度」（socioeconomic status〔SES〕/health gradient）——如前所述，不管在哪個文化中，你越貧窮就越不健康，越容易得到各種不同的疾病，生病時受到的衝擊越高，預期壽命也越短。

關於社經地位／健康梯度，已經有非常全面的研究。我先快速排除四種可能：（a）這個梯度之所以存在，並不是因為健康不良會拉低社經

14　原注：反社會懲罰代表了什麼？一般的詮釋是：太慷慨的人被懲罰，是因為他們讓別人看起來很壞，並提高了其他人對慷慨大方的期待。

地位。事實上，小時候社經地位低，可以預測長大後健康不佳。（b）這個現象並非窮人的健康很糟，然後其他人都一樣健康。實際上，在社經地位的階梯上，從最高處開始，每下降一階，平均健康就變差一點。（c）這個梯度之所以存在，並不是因為窮人難以獲得醫療保健服務；即便在提供全民醫療保健的國家，無關人民對保健系統的使用，梯度依然存在，而且，在與醫療保健可取得程度無關的疾病上，也可見此梯度（譬如，青少年糖尿病，就算你五天檢查一次，也不會改變疾病的發生率）。（d）較低的社經地位代表有較多的危險因子（譬如，水中有鉛、附近的有毒廢棄物、吸菸或飲酒的機率較高）和較少的保護因子（譬如，從過勞的腰背能躺在高品質的床墊上，到加入健身房會員都算在內），對於這個梯度只能提供三分之一的解釋力。

那麼，造成這個梯度的主要原因到底是什麼？加州大學舊金山分校南西．阿德勒（Nancy Adler）的關鍵研究顯示，預測健康不良的比較不是**貧窮**，而是**感覺**貧窮——主觀的社經地位（譬如，被問到「和其他人比起來，你覺得自己的財務狀況怎麼樣？」時的回答）可以用來預測健康狀況的程度，至少和客觀的社經地位相當。

諾丁漢大學（University of Nottingham）的社會流行病學家理查．威爾金森（Richard Wilkinson）做了重要研究，使這幅圖像更加豐富：能預測健康不良的比較不是貧窮，而是在眾人之中身為一個窮人——貧富差距。如果你想讓別人覺得自己擁有的十分不足，不斷提起他所沒有的東西，鐵定能達到效果。

為什麼嚴重的貧富差距（獨立於絕對的貧窮程度）會造成健康不良？有兩條解釋路徑，其中有些許重疊：

- 哈佛大學的河內一郎（Ichiro Kawachi）提倡從心理社會（psychosocial）觀點加以解釋。當社會資本減少（原因是不平等），心理壓力隨之提高。無數文獻探討這種壓力——缺乏控制感、可預測性、宣洩挫折的管道和社會支持——使得壓力反應長期啟動，就像我們在第 4 章看到的，在各方面都會侵害健康。

- 英屬哥倫比亞大學的羅伯・伊凡斯（Robert Evans）和密西根大學的喬治・凱普蘭（George Kaplan）則從新唯物主義（neomaterialist）觀點提供解釋。如果你想增進社會中一般人的健康水準和生活品質，就得花錢在公共財上——提升公共運輸、街道安全、水質和公立學校的品質、提供全面的醫療保健。但當貧富差距越大，有錢人和普通人之間的經濟水準相距越遠，有錢人就越難直接受惠於公共財的提升，反而更能從逃稅並把錢花在私有財上來獲益——私人司機、門禁社區、瓶裝水、私立學校、私人健康保險。就像伊凡斯所寫的：「社會中的貧富差距越大，公共支出對富人所產生的壞處就越顯著，而他們也有越多的資源可以在政治上提出有效的反對」（譬如進行遊說）。伊凡斯注意到這些「分離出來的富人」，促進了「私有財的富足和公共財的貧瘠」。意思就是讓窮人的健康惡化。

不平等和健康之間的連結幫我們鋪了一條路，有助於理解為什麼不平等也會提高犯罪率和增加暴力行為。我可以把前面那段文字複製貼上，只要把「健康不良」改為「高犯罪率」就好了。貧窮對犯罪的預測力，比不上在眾人之中身為一名窮人的效果。舉例來說，在美國各州和各個工業化國家中，貧富差距都可以作為暴力犯罪率的預測指標。

為什麼貧富差距會導致犯罪率提高呢？同樣地，首先可以從心理社會的角度來看——不平等代表較少社會資本，還有較難信任、合作、互相照應。也可以從新唯物主義的角度來看——不平等代表有錢人更加脫離為公共財貢獻的行列。凱普蘭已經證明，譬如，貧富差距較大的那些州，就比例而言花比較少的錢在重要的打擊犯罪工具——教育上面。就像不平等和健康的關係一樣，心理社會和新唯物主義的解釋也可以統合在一起。

關於不平等與暴力還有最後一點，說來令人沮喪。我們已經知道，當老鼠遭電擊時會啟動壓力反應。但被電擊的老鼠如果狠咬一口旁邊的老鼠，壓力反應就會減輕。狒狒也是一樣——如果你地位低下，有個有效方法可以降低糖皮質素分泌，就是對那些位階比你還低的傢伙進行替代性攻擊。這裡也是類似的——儘管階級戰爭是保守派的噩夢，保守派也害怕窮人有一天起義把富人給宰了，但在不平等激起暴力時，通常都是窮人在折磨窮人。

有一個很棒的隱喻可以用來描述這點，說明社會不平等的結果。「空中暴怒」（air rage）事件——飛機乘客對別人大發脾氣，造成危險和混亂——的頻率一直持續增加。結果發現有個因素很可以預測此事：如果那架飛機設有頭等艙，經濟艙乘客出現空中暴怒的機率提高將近四倍。強迫經濟艙乘客在登機時走過頭等艙，機率還會再提高兩倍以上。在起飛前提醒你屬於哪個艙等階級，再沒有什麼事能比得上這個了。再回到暴力犯罪的類比，當經濟艙乘客被提醒了不平等的事時而激起空中暴怒，結果並不是乘客發狂後衝到頭等艙大吼馬克思主義的標語，而是用惡劣的方式對待坐他旁邊的老太太或空服員。[15]

人口數量、人口密度、人口異質性

2008 年是人類的一個里程碑、經過九千年才到達的轉捩點：自人類出現以來頭一遭，多數的人類住在城市裡。

從半定居發展到大都會，人類從中獲益不少。在已開發國家中，比起鄉村人口，城市居民通常更健康也更有錢，廣大的社會網絡促進了創新，由於經濟規模的緣故，城市居民的平均生態足跡（ecological footprint）也較少。

城市生活創造出另一種大腦。一項 2011 年的研究證明了這一點，其研究對象包括來自城市、小鎮和鄉村的參與者，他們都在實驗情境中經驗某個社會壓力源，同時接受腦部掃描。這項研究的關鍵發現是：居住地區

15 原注：諷刺的注腳：如果經濟艙乘客在登機時經過頭等艙，甚至頭等艙乘客出現空中暴怒的機率（和「感覺這是應有的權利」相關）也會提高。

的人口越多，杏仁核在面對壓力源時反應就越大。[16]

就本書目的而言，最重要的是，都市化的人類在做一件對靈長類動物來說前所未有的事，即不斷與陌生人相遇，然後再也不見，匿名行為由此孕育而生。畢竟，犯罪小說到 19 世紀都市化之後才被創造出來，故事通常發生在都市——在傳統環境中，大家都知道其他人做了什麼，所以不會出現偵探小說。

成長中的文化必須發明一些機制，以對陌生人施行規範。舉例而言，在許多傳統文化中，群體中的人口越多，違反規範的懲罰就越重，文化中也越強調要公正對待陌生人。此外，比較大的群體會發展出「第三方懲罰」（third-party punishment）（下一章還會談更多）——懲罰違規者時，並不是由受害者、而是由客觀的第三方，譬如警察或法院來執行。講得極端一點，犯罪不只傷害了受害者，也冒犯了全體人口——可以說是「人民訴張三案」。[17]

最後，生活在人口眾多的環境，會助長極端的第三方懲罰。英屬哥倫比亞大學的阿蘭．諾倫薩揚（Ara Norenzayan）證明，當社會的規模持續壯大，人們不斷遇到陌生人，「強大的神」（Big Gods）才會出現——這些神明主管人類道德，對我們所犯的罪過進行懲罰。如果人們在社會中經常需要匿名互動，大家就會傾向把懲罰外包給神明。[18] 相較之下，狩獵採集者的神比較不在乎我們表現得乖巧還是頑皮。此外，諾倫薩揚進一步研究許多不同的傳統文化，結果發現在分配金錢的賽局中，參與者越是認為自己的道德神是全知的，而且會懲罰人，他們對於和自己信奉同一宗教的陌生人就越慷慨。

16 原注：這篇論文發表之後，一般媒體上出現多到令人難以置信的相關文章，標題都是「壓力與城市」的各種變形版本。

17 網路世界現在正掀起一場文化革命，試圖處理某些人在匿名屏障下做出惡毒行為的問題。心理學家甚至用龐大的資料庫來做實驗，以瞭解怎樣透過由上而下的措施（譬如，由官方禁止）和同儕介入的方式（也就是透過其他玩家），可以最有效約束這種行為。

18 原注：這些道德化的宗教相似程度高得驚人。

除了人口數量之外，人口密度又有什麼影響呢？有一項研究調查了三十三個已開發國家，並歸納各個國家的「嚴厲程度」（tightness）——政府專制、壓制異議、監控行為、懲罰違規、由教規管控生活、人民容易認為某些行為不合宜（譬如，在電梯裡唱歌、在工作面試中說髒話）的程度。人口密度越高，可以預測該文化也越嚴厲——此處的人口密度包括當下的人口密度，以及驚人的是——回溯到歷史上 1500 年的人口密度。

人口密度對行為造成的影響，導致一個知名現象，不過，多數人知道的不是正確版本。1950 年代，美國的城市不斷發展擴大，促使國家心理衛生研究院的約翰·邦帕斯·卡爾宏（John Bumpass Calhoun）開始探究老鼠在高密度的環境下會有什麼行為改變。無論在科學論文或為一般大眾所寫的文章中，卡爾宏都提出了明確的答案：高密度生活造成「偏差」行為和「社會病理」現象。老鼠變得暴力，成年老鼠互相殘殺並吃對方的肉，母鼠對幼鼠充滿攻擊性，公鼠表現出過高而不分對象的性欲（譬如，想和非發情中的母鼠交配）。

從卡爾宏開始，大家把這個現象描寫得精彩萬分。「擁擠」一詞取代了冷冰冰的「高密度生活」，用「狂怒」形容高攻擊性的公鼠，把高攻擊性的母鼠比喻為「亞馬遜女戰士」（Amazons），住在「老鼠貧民窟」裡的老鼠「逃避社會」，變得「自閉」或成了「少年犯」。一位老鼠行為學專家帕克斯（A. S. Parkes）將卡爾宏的老鼠描述成「沒有母性的母親、同性戀和殭屍」（這真是在 1950 年代不太敢邀請共進晚餐的三人組）。

他的研究影響力很大，被寫入心理學家、建築師和都市計畫人員的教材；卡爾宏發表在《科學人雜誌》（*Scientific American*）的原始文章被大量索取超過一百萬份；社會學家、記者和政治家毫不掩飾地將特定住宅區的居民和卡爾宏的老鼠相類比。城市中心的貧民區培養出暴力、病態和社會偏差行為——在混亂的 60 年代，這個關鍵訊息注定在美國的心臟地帶掀起漣漪。

卡爾宏的老鼠比這要複雜多了（他在寫給一般大眾的文章裡不夠強調這部分）。高密度生活並沒有提高老鼠的攻擊性，而是使本來就具有攻擊性的老鼠變得更有攻擊性（這呼應了其他研究發現——無論睪固酮或酒精或媒體暴力，都沒有一視同仁地增加暴力行為，而是讓具有暴力傾向的個體對於引發暴力的社會線索更加敏感）。人口擁擠卻使不具攻擊性的個體變得更加膽怯。換言之，人口密度放大了原本的社會傾向。

卡爾宏對老鼠所下的錯誤結論甚至根本不適用於人類。在某些城市中，譬如 1970 年左右的芝加哥，高人口密度的街區確實可以預測較多的暴力行為。然而，地球上人口密度最高的某些地方——香港、新加坡和東京，暴力行為率極低。無論在老鼠或人類身上，高密度生活都不等同於攻擊行為。

前面幾節檢視了和很多人一起生活以及近距離生活的影響。那麼，和不同**種類**的人一起生活又有什麼影響呢？多元化。異質性。混合體。馬賽克文化（Mosaicism）。

首先浮上心頭的是兩種相反的敘事：

- 一個是羅傑斯先生所住的街區。不同族裔、種族或宗教信仰的人住在一起，他們發現彼此的共同點比差異更多，視彼此為獨立個體，因而能超脫刻板印象。貿易往來促進彼此公平對待與相互關係。無可避免地，通婚消融了對立，你在不久之後就開心地看著孫子在城上屬於「他們」那邊的學校裡表演話劇。想像一下那幅世界和平的景象吧。[19]

- 第二個是鯊魚幫和噴射幫[20]。不同類的人住在鄰近的地方，不時摩擦衝突。其中一方表現出他們驕傲的文化認同，在另一方看來像是帶有敵意的嘲弄，公共空間成了爭搶地盤的實驗場所，公有

19 譯注：此處原文為 whirled peas，意思是豆子攪拌在一起，音同「世界和平」（world peace），作者取其諧音。

20 譯注：典故來自美國戲劇《西城故事》（*West Side Story*），描述紐約不同族裔的幫派衝突。

物衍生出悲劇。[21]

驚喜來了：這兩種結果都會發生；本書最後一章會探討在哪些情況中，不同群體的接觸會導致第一種或第二種結果。在這個岔路口最有趣的一點是，異質群體所在的空間具有哪種特性非常重要。假設有個地區住滿了艾爾巴尼亞人和克普拉基斯坦人，[22] 兩個群體互相敵對，人口各占一半。在一種極端情況下，土地被分成兩半，雙方各據一方，彼此之間由一條界線隔開。另一種極端情況則是以棋盤式的方格劃分土地，每個方格都提供給一個人的空間，兩個群體互相交錯，於是艾爾巴尼亞人和克普拉基斯坦人之間就有許許多多條界線。

根據直覺，兩種情境應該都能減少衝突。在兩個群體分隔得最徹底的情況中，雙方在地方上傾向獨立自主，而且邊界的總長度最短，所以群體間衝突可以降到最低。在雙方混合得最徹底的情況下，沒有任何一小塊地方的同質性高到足以發展出可以占據公共空間的自我認同——若有人在雙腳之間豎起一道旗幟，宣稱那一平方公尺的空間是艾爾巴尼亞王國或克普拉基斯坦共和國，事情可就大條了。

但在真實世界中，情況永遠介於兩個極端之間，而且各個「族群占據的一塊地」的平均大小還不一樣。各族群的占地大小，及由此導出的界線數量，會不會影響族群間的關係呢？

名稱很貼切的新英格蘭複雜系統研究所（New England Complex Systems Institute）位在麻省理工學院所在的那個街段，他們發表的一篇精彩論文探索了這個主題。論文作者首先建構了一個艾爾巴尼亞／克普拉基斯坦人混合體，個體如像素般隨機分布在棋盤格上。研究人員讓所有像素具有一定程度的可動性，而且同種像素會傾向靠在一起。當自動分類開始發展，

21 譯注：公地悲劇（Tragedy of the commons）指個體為了擴大使用的資源，而過度消耗公共資源。

22 譯注：兩者皆為虛構國家。

就可以看出端倪——艾爾巴尼亞的島嶼或半島，被克普拉基斯坦的海洋環繞，令人直覺這裡似乎有發生群體間暴力的危險。隨著自動分類持續進行，這種受孤立的島嶼和半島數量下降。在那之前，當島嶼和半島的數量達到最高，住在被包圍的領地中的人數也最多。[23]

接著，研究者討論一個割據分裂的區域——1990 年的巴爾幹半島，也就是前南斯拉夫。當時，塞爾維亞、波士尼亞、克羅埃西亞和阿爾巴尼亞還沒開戰，那場戰爭是歐洲二次世界大戰後最慘烈的戰爭，我們也經由那場戰爭才學到斯雷布雷尼察（Srebrenica）之類的地名，以及斯洛波丹．米洛塞維奇（Slobodan Miloševic）之類的人名。研究者用類似的分析方式，發現每個族群的領土大小從直徑大約二十公里到六十公里不等，藉此區辨出理論上最可能出現暴力行為之處。驚人的是，他們預測出那場戰爭中主要的戰場和屠殺地點。

根據作者的說法，暴力的發生可以「來自群體之間的界線，而非群體本身固有的衝突」。他們接著證明，邊界的**清楚**程度也很重要。堅固而明確的藩籬，譬如群體之間的山脈或河流，可以造就出好鄰居。「所有人融為一體、共存一處，並不會帶來和平，維持和平的條件是以地形或政治上清楚明確的界線分隔群體，容許單一國家內存在部分的自主」。作者如此作結。

所以，若要解釋群體之間的暴力，有用的不只是人口數量、人口密度和人口異質性，還包括區隔群體的模式及其清楚的程度。我們在最後一章還會再次回到這個議題。

文化危機的殘餘

在危機發生的時刻——倫敦大轟炸、九一一事件後的紐約、1989 年

23 原注：研究者使用來自化學的數學，原本用來分析不同溶液混合時的狀態，再加上一些來自物理學的數學，通常用來釐清重疊波分別的影響力。我對這些一竅不通，決定相信這本期刊的審查流程——也就是《科學》期刊，美國最嚴格的科學期刊。

舊金山的洛馬普里塔（Loma Prieta）地震之後——人會振作起來。[24] 這很酷。但面對長期、普遍而腐蝕性的威脅，人或文化的反應就未必相同。

人類的頭號威脅——飢餓，曾在歷史上留下印記。回到關於不同國家之「嚴厲程度」的那個研究（「嚴厲」國家的特色是專制、壓制異議、對行為的規範強制且無所不在）。哪種國家比較「嚴厲」呢？[25] 除了前文提到的高人口密度，其他相關因素還包括歷史上食糧短缺、攝食量較少、飲食中較缺乏蛋白質和油脂。換句話說，這些文化長期飽受餓肚子的威脅。

環境惡化的程度也可以預測嚴厲文化——農田與乾淨的水越來越少、汙染越來愈嚴重。同樣地，棲地劣化及動物數量減少，也會使以叢林肉（bush meat）維生的文化衝突加劇。賈德．戴蒙（Jared Diamond）的權威性著作《大崩壞：人類社會的明天？》（*Collapse: How Societ ies Choose to Fail or Succeed*）當中的主要議題是，如何用環境劣化來解釋許多文明的猛烈崩壞。

再來，還有疾病。我們將在第15章提到「行為免疫力」（behavioral immunity），許多物種都擁有這種能力，可以偵測其他個體身上與疾病相關的線索；我們將會看到，關於傳染病的內隱線索把人變得更加仇外。在歷史上，傳染病的盛行率，也可以預測一個文化對外來者的開放度。其他可以預測嚴厲文化的因子還包括：歷史上瘟疫的高發生率、嬰兒和小孩的高死亡率、因傳染病而失去較高的總壽命年數。

很明顯地，天氣會影響組織化暴力（organized violence）——想一想，歐洲幾世紀以來的戰爭都未發生在冬天和生長季中最艱難的時期。天氣和氣候還具有更廣泛的影響力，可以形塑文化。肯亞歷史學家阿里．馬茲瑞（Ali

24 原注：那場地震發生時，我人在舊金山，很多人都說當時市中心的時髦旅館都打開大門，收容需要住所的人。值得注意的是，這份慷慨只限給因地震而失去家園的人，而非本來就無家可歸的人。對他們來說，大地震那天不過是又一個掙扎求生的日子。那些旅館八成需要檢查大家的信用卡，不是為了收錢，而是要證明他們是不是無家可歸的那種人。這個故事也有可能是有人杜撰出來的，很難想像飯店櫃檯的工作人員必須要靠一片塑膠才能辨別這兩種人的差異。

25 原注：哪些國家最「嚴厲」？巴基斯坦、馬來西亞、印度、新加坡和南韓。最不「嚴厲」的呢？烏克蘭、愛沙尼亞、匈牙利、以色列和荷蘭。

Mazrui）曾指出，歐洲比非洲在歷史上更加成功的原因之一就是天氣——由於冬天每一年都會到來，西方文化習於預先計畫。[26] 我們也已經知道，大規模的天氣變化影響重大。關於嚴厲文化的研究發現，洪水、乾旱與氣旋的歷史也可以預測嚴厲文化。另一個相關的天氣因素是「南方震盪」（Southern Oscillation），也稱為聖嬰現象，即赤道附近的太平洋平均水溫每隔幾年就會出現的波動。聖嬰現象大約每十二年發生一次，在這期間氣溫升高、天氣乾燥（出現反聖嬰現象的年分則相反），許多發展中國家的旱災和食糧短缺與此相關。過去五十年來，聖嬰現象使內戰機率提高了大約兩倍，大多是對原有衝突火上加油。

旱災與暴力之間的關係十分微妙。上一段提到的內戰，包含官方與非官方武力造成的死傷（也就是內戰或暴動）。那可不是在爭奪一個水坑或一片放牧的草地，而是在為現代給權力帶來的好處而戰。但在傳統的環境中，乾旱可能代表必須花更多時間搜食或為作物引水灌溉。搶奪其他群體的女人並不是生命中最優先要做的事，而且，當你連自己的牛都餵不飽了，幹嘛還要偷走別人的牛呢？於是衝突就減少了。

有趣的是，類似的事情也發生在狒狒身上。狒狒通常都在塞倫蓋提之類的地方生活，有富饒的生態系統，一天只需要花幾個小時搜食就好。靈長類動物學家之所以這麼喜歡狒狒，部分原因就是牠們每天都花剩下大約九小時的時間在社交的詭計上——幽會、打鬥、在背後說壞話。1984年，東非發生了嚴重旱災。在食物還足夠時，狒狒把清醒的每分每秒都用在吃進足夠的熱量上，這時候，牠們的攻擊行為減少了。

所以，生態環境中的威脅可以增加、也可以減少攻擊行為。這就連到了一個關鍵的議題——全球暖化對我們最好和最糟的行為產生了什麼影響？全球暖化鐵定有些好處。有些區域的生長季變長了，食物的供給量提高，舒緩了緊張。有些人忙著拯救家園免於海水的侵蝕或在北極種鳳

26 原注：不過，相對地，住在熱帶的人也需要預測天氣的變化，而且瑞典人可不需要為雨季預做準備。

梨，因而避開了衝突。對於這個預測模式的細節，科學家爭論不休，不過大家一致同意的是，全球暖化對於全球衝突沒有好處。首先，高溫讓人變得暴躁——在城市裡，夏天的氣溫每上升三度，人際暴力就提高 4%，群體暴力則提高 14%。但全球暖化還有更全面的壞處——沙漠化、因為海平面上升而喪失耕地、旱災越來越常發生。有一項深具影響力的後設研究預測，在某些區域，到了 2050 年，人際暴力和群體暴力將分別提高 16% 和 50%。

噢，有何不可呢？談談宗教

在最後一章談宗教之前，現在先快速打個游擊。

已經有各種理論討論人類為什麼不斷發明宗教。宗教不只關於人類受到超自然的吸引；如同一篇論文中所寫的：「米老鼠也有超自然力量，但沒有人會信奉他或為他戰鬥——或殺戮。我們擁有社會腦（social brains），這或許有助於解釋為什麼全世界的小孩都喜歡會說話的茶杯，但宗教可沒有這麼簡單。」宗教為什麼會出現？因為宗教使內團體更能合作和持續運作下去（下一章還會談更多）。因為人類在面對未知時，需要人格化並看到行動背後的起因和具體的因果關係。或者，也許創造神明是我們社會腦構造的一種新興副產品。

除了以上的猜測，更令人難以想像的是，我們竟然創造了數千種不同的宗教。這些宗教的不同之處，包括神明的數量到神明的性別；人死後是否有另一個世界、那是什麼樣子、要怎樣才能進入那裡；神明會不會評價或干涉人類；我們生來有罪或者是純潔的，「性」會不會改變這種初始狀態；在神話中，宗教創始人從一開始就是聖人（神聖到智者在創始人還是嬰兒時就前來拜訪），或者在經歷奢侈享樂的生活之後發起改革（譬如悉達多原本過著宮殿生活，後來轉變成佛）；宗教的目標是吸引更多信徒加入（譬如因為信徒帶來好消息——如有天使在紐約曼徹斯特造訪我，把金頁片〔golden Plates〕[27]

27 譯注：摩門教的經典來源。

交給我），或留住現有成員（我們和上帝立了約，祂會跟著我們）。我還可以繼續列舉下去。

這些差異之中有固定的模式。如前所述，沙漠文化傾向一神宗教，雨林居民則偏多神教。遊牧民族的神明賦予戰爭很高的價值，英勇戰鬥是進入好的後世的一種途徑。農民創造出可以影響天氣的神。就像前面提到的，一旦文化發展到夠大的規模，人們開始匿名行動，就會創造出具有道德約束力的神。如果經常面臨威脅（戰爭、天災）、不平等及嬰兒死亡率高，文化中的神與教規就占據較強勢的地位。

在最後一章繼續談這個主題之前，再提三個明確的重點：（a）宗教信仰反映出一個文化所創造與採納的價值觀，而且宗教可以非常有效地傳遞這些價值觀；（b）宗教助長了我們最好與最糟的行為；（c）宗教很複雜。

我們已經檢視了一些不同的文化元素——集體主義和個人主義、平等分配或以階層分配資源等等。儘管還有很多東西可以談，我們還是該跳到本章最後一個主題。這個主題引發了亂七八糟的論戰，研究和平的科學家為此吵個不停，這場論戰已經持續許久，古老得像奧杜威峽谷（Olduvai Gorge）的風化層：它還在激烈進行中，也還很新，像新生兒的臀部一樣。

霍布斯或盧梭

沒錯，就是那兩個傢伙。

先引用一些估計數字。解剖學意義上的現代人出現在大約二十萬年前，具有現代人行為特徵的人類出現在大約四萬到五萬年前，人類在一萬到兩萬年前馴化動物，農業則出現在一萬兩千年前左右。人類馴化植物之後，還要再經過大概五千多年，「歷史」才開始，產生埃及、中東、中國和新大陸等地的文明。在這條歷史的軌跡之中，戰爭從哪一點開始被創造出來呢？物質文化到底減緩還是促進了戰爭的發生呢？英勇戰士的基因是不是更有機會流傳下來？文明帶來的權力集中真的讓我們變得更文明，並以社會契約提供表面的約束嗎？經過歷史的洗禮，人類對彼此更好還是更糟呢？沒錯，這些問題就是在討論「短暫、汙穢又野蠻」（short/nasty/

brutish）或「高貴的野蠻人」（noble savage），哪一個才是正確的呢？[28]

相對於過去幾世紀以來哲學家之間無謂的論戰，當代霍布斯派和盧梭派的爭論可是以真實資料為基礎。有些資料來自考古學，研究者試圖從考古學所發現的紀錄來確認戰爭有多古老，以及戰爭的盛行率。

不難想見，相關的研討會中，有半數時間都在為定義而吵來吵去。所謂的「戰爭」純粹是群體之間有組織且持續的暴力嗎？戰爭一定需要武器嗎？一定要設有常備軍嗎（就算只是季節性的）？軍隊必須有階層和指揮鏈嗎？如果打鬥的參與者之間有特定的關聯，會不會這就不是戰爭，算是宿怨或世仇？

骨折

對多數考古學家來說，戰爭的操作型定義可以簡化為大量的人在同一時間因暴力而死亡。伊利諾大學的考古學家勞倫斯．基利（Lawrence Keeley）在他極具影響力的著作《文明之前的戰爭：和平野蠻人迷思》（*War Before Civilization: The Myth of the Peaceful Savage*）綜合了現有文獻，表面上證明考古學發現了關於戰爭分布廣泛又歷史長久的證據。

2011 年出版的《人性中的良善天使：暴力如何從我們的世界中逐漸消失》（*The Better Angelsof Our Nature: Why Violence Has Declined*，作者為哈佛的史蒂芬．平克〔Steven Pinker〕）一書中的結論也類似。雖然老套，但你不得不說這本書是本「不朽的」著作。在這本不朽的著作中，平克提出的論點如下：（a）由於文明的約束力，暴力及其他最恐怖而泯滅人性的作為，在過去五百年內已有所減少；以及（b）在這個轉變出現之前，從人類這個物種出現以來，就有戰爭和暴行的存在。

基利和平克描寫了眾多史前部落社會的野蠻行徑——大型墳墓裡滿是帶有多處骨折的骨骸，包括頭骨凹陷、「閃避」骨折（“parrying” fractures，原因是舉手擋開別人的襲擊）、投石嵌進骨頭裡。有些遺址透露出戰鬥的痕

28 譯注：前者為霍布斯的觀點，後者為盧梭的觀點。

跡——多數是年輕男性的骨骸。有些顯示為無差別大屠殺——不同性別和各種年齡的人都遭到屠殺，留下骨骸。還有戰敗者互相吞食的痕跡。

基利和平克分別收集文獻，列舉出許多地方在前國家（prestate）狀態下存在部落暴力的證據，從烏克蘭、法國、瑞典、尼日、印度到外來者抵達之前的美洲都包含在內。其中包括這類大屠殺中最古老的——位在北蘇丹、尼羅河旁的傑貝爾·薩哈巴（Jebel Sahaba，距今一萬兩千年到一萬四千年）墳場，埋葬了五十九名男人、女人及孩童，其中將近一半的人有投石嵌進骨骸的痕跡。也包括了最大的屠殺地點——位在南達科塔州、七百年前的烏鴉溪（Crow Creek），這個大型墳場裡有超過四百具骨骸，其中60%都顯示出因暴力而死亡的證據。在他們考察的二十一處遺址中，可以證明大約有15%的骨骸「死於戰爭」。當然，很可能有人也是死於戰爭，但沒有骨折或留下嵌在骨頭中的投石，意思是因戰爭而死亡的實際比例應該更高。

基利與平克也記述了史前聚落經常以防禦用的柵欄和堡壘來自我保護。當然還有史前暴力的標誌人物——奧茨（Otzi）——這位五千三百年前的蒂羅爾（Tyrolean）「冰人」，於1991年在義大利和奧地利邊界的融化冰河被找到。他的肩膀上有個剛剛才嵌入的箭頭（見下頁圖）。

所以，基利與平克報導了文明出現之前大量的戰爭受害者。而且同樣重要的是（從基利的書名開始就可以看出來），他們倆都暗示考古學家有個未明言的意圖，就是要忽略這些證據。借用基利的措辭來說，為什麼會有人「將過去和平化」呢？我們在第7章看到，二次世界大戰後，有一代的社會科學家試圖理解法西斯主義的根源。根據基利的觀點，戰後世代的考古學家因為戰爭的創傷而退縮了，他們對於人類早已為二次世界大戰預備許久的相關證據退避三舍。平克從年輕一代的觀點出發進行書寫，認為對史前暴力採取粉飾太平的做法，有種老一代考古學家的懷舊味道——他們還在緬懷中學抽大麻、聽約翰·藍儂的〈想像〉（'Imagine'）的時光。

基利和平克引起許多知名考古學家的強烈反彈，指控他們「將過去戰爭化」。主要的反對聲浪來自羅格斯大學（Rutgers University）的R·布萊

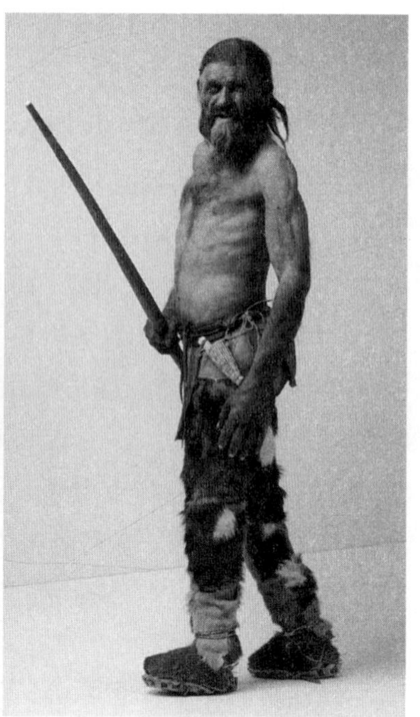

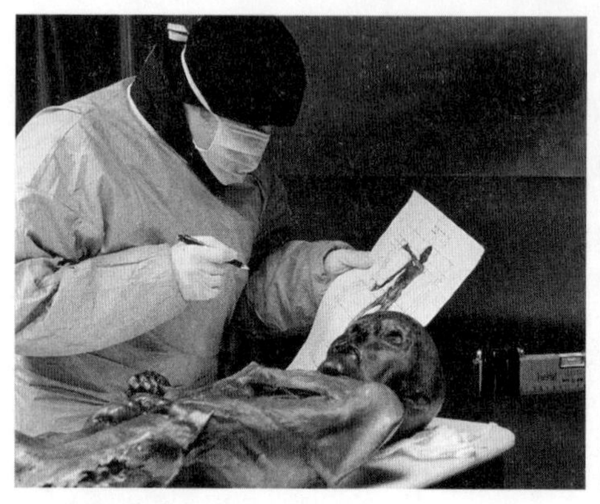

奧茨的現狀（左圖）及一位藝術家為他重構的模樣（右圖）。
請注意：殺害他的兇手仍然在逃，嫌犯的模樣應該跟他差不多。

恩・佛格森（R. BrianFerguson），他發表標題諸如〈平克的名單：對於史前戰爭死亡人數的誇大〉（'Pinker's List: Exaggerating Prehistoric War Mortality'）的文章。基利和平克基於以下理由而飽受批評：

a. 有些遺跡號稱可以證明戰爭發生過，但實際上只有一人因暴力而死，代表死因是他殺而非戰爭。

b. 將死因推論為暴力的標準之一，是骨骸與箭頭之間的距離非常接近。然而，這類工藝品其實常是具有其他用途的工具，或純粹是些碎片。譬如，挖掘出傑貝爾・薩哈巴的弗雷德・溫道夫（Fred Wendorf）認為，骨骸上的投石多數只是殘骸碎片。

c. 很多骨折處其實已經癒合了。比起戰爭，這些骨折更可能反映出以棍棒打鬥的儀式，這在許多部落社會都可以見到。

d. 想要證明某具人類骨骸曾被他的同胞而不是肉食動物啃咬，這很困難。有篇傑出的論文論證一個普韋布洛（Pueblo）村莊在1100年左右發生食人的事件——那裡的人類糞便中有人類獨有的肌紅蛋白。也就是說，這些人吃了人肉。不過——就算有食人的明確證據，也無法確定這是族外食人（exocannibalism）或族內食人（endocannibalism），也就是吃下戰敗的敵人，或是像某些部落文化那樣吃下死去的親屬。

e. 最重要的是，基利和平克被指責只挑選對自己有利的資料，只討論那些假定有人因戰爭而死亡的遺址，而不去看所有文獻。[29] 如果你全盤瞭解全世界數百個遺址裡留下來的數千具史前骨骸，你會發現，死於暴力的比率遠遠不及15%。此外，有些地區和某些時期完全沒有任何證據顯示曾出現類似戰爭的暴力。他們顯然十分樂在駁斥基利和平克的概括性結論（譬如，佛格森在我前面引用的那篇文章中寫道：「在一萬年內，黎凡特〔Levant〕地區部，**沒有任何一個案例可以讓人肯定地說：『這裡發生過戰爭。』**〔強調字體由他標記〕我錯了嗎？那就舉出地名來反駁我吧。」）所以，這些批評者的總結是，在人類文明出現之前，戰爭鮮少發生。基利和平克的支持者繼續回嘴說，你不能略過烏鴉溪或傑貝爾．薩哈巴的大屠殺不談，而且（這麼多遺址都曾

29 原注：對於有人指控平克只挑有利資料，他的回應如下：「《良善天使》一書提供了我可以找到的考古學和人類學文獻之中，所有針對平均暴力死亡率已發表的估計數據。」（出自史蒂芬．平克之〈暴力：澄清說明〉）。如果我沒有誤會他在說什麼，感覺這個說法有點輕率。開個玩笑，這就好像在暴力研究中排除貴格會信徒，因為沒有任何研究貴格會信徒的人曾發表類似這樣的東西：「貴格會社區中因在夜店遭黑幫行兇的死亡率估計為零；遭無人機擊中而死亡的機率為零；被竊取而來的鈽製成的放射性炸彈所炸死的機率為零⋯⋯。」

在早期發生戰爭的）證據不足，並不能證明戰爭沒發生過。

這暗示人們還必須採用第二種當代霍布斯派與盧梭派論戰的策略，也就是去研究當代的前國家部落社會有多常打仗？

活生生的史前人類

嗯……如果對於這個一萬年前留下來的骨頭到底被誰或什麼東西咬了，學者都可以無止境地爭論下去，你可以想像他們對實際活著的人類看法會有多麼歧異。

基利和平克，以及聖塔菲研究所（Santa Fe Institute）的山謬爾．鮑爾斯（Samuel Bowles）認為，戰爭在當代非國家的社會中是近乎普遍的存在。這裡指的是會獵取人頭的紐幾內亞和婆羅洲人、非洲的馬賽和祖魯（Zulu）戰士、在雨林裡組成突擊隊的亞馬遜人（見右頁圖）。基利估計，在沒有外力（譬如政府）強行維持和平的情況下，有90%至95%的部落社會都會發生戰爭，許多部落爭戰不休，而且無論在哪個時期，處於戰爭的比率都高於國家化社會。對基利來說，少數部落社會可以保持和平，是因為他們已經被隔壁部落打敗並受到統治。基利控訴當代人類學家為了把代表過去的活體遺跡和平化，而有系統地低估暴力的存在。

有一種觀點認為部落暴力通常是儀式性的，基利也試著對此提出反駁——射箭到大腿上、戰棍擊中一、兩個人的頭部，然後就可以收工囉。實情不是這樣，在非國家的文化中，暴力是致命的。基利似乎對此引以為傲，引證不同文化如何運用為戰爭而設計的武器，目的就是要造成嚴重的傷害。他經常用一種近乎惱怒且受到冒犯的語調，談論那些想要和平化過去的人類學家，他們認為原住民群體缺乏組織、自律及清教徒的工作倫理，不可能造成大屠殺。他描寫部落戰士在面對西方軍隊時表現得多麼優越，譬如，他描述祖魯人在祖魯戰爭（Anglo-Zulu War）中，投擲長矛的準確度更勝19世紀英軍的槍，英軍最後勝利的原因不是他們在打鬥方面比較優秀，而是因為他們善用精細的邏輯來長期抗戰。

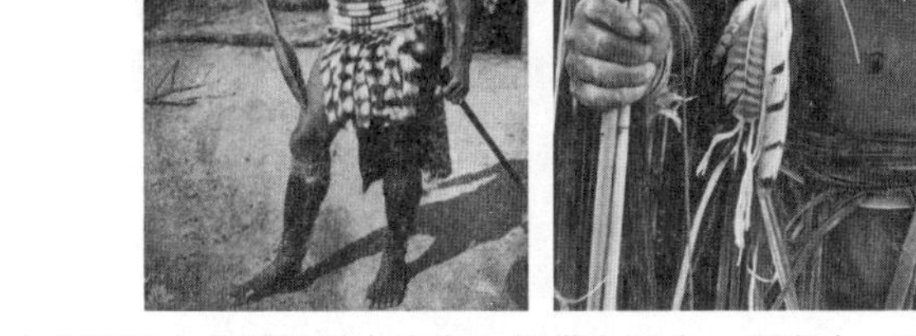

從左上方開始，依順時針方向為：紐幾內亞人、馬賽人、亞馬遜人、祖魯人

平克和基利一樣，也說戰爭在傳統文化中無所不在，在蓋布希（Gebusi）和梅恩加（Mae Enga）等紐幾內亞部落中，10％到 30％的死因是戰爭；亞馬遜的瓦拉尼（Waorani）和吉瓦洛（Jivaro）部落則為 35％到 60％。平克估算了暴力致死的比率。現在的歐洲在 100,000 人中，每年平均有 1 人死於暴力。美國在 1970 年代和 1980 年代的犯罪浪潮中，這個數字接近 10 人；底特律則在 45 人左右。德國和俄國在 20 世紀的戰爭期間，分別為 144 和 135 人。相對地，平克調查的 27 個非國家社會則平均為 524 人。紐幾內亞的大山谷丹尼族（Grand Valley Dani）、北美大平原的皮根黑腳人（Piegan Blackfoot）和蘇丹的丁卡人（Dinka），在他們的全盛時期都接近 1000 人。加州的卡托族（Kato）在 1840 年代衝過終點線、奪得冠軍，當時平均每年在 100,000 萬人中有將近 1500 人死於暴力。

進行原住民文化的暴力巡禮時，不可能錯過住在巴西和委內瑞拉邊境亞馬遜雨林的亞諾馬莫人（Yanomamö）。根據這個領域的慣用說法，亞諾馬莫族的村莊幾乎隨時都在互相襲擊；成年男性之中，有 30％都死於暴力；將近 70％的成人曾有一位近親被以暴力手段殺死；44％的男人曾殺過人。真是些「有趣」的人。

亞諾馬莫人之所以會聲名大噪，是因為拿破崙．夏農（Napoleon Chagnon）。他是最有名也最具爭議性的人類學家，也是強悍、好鬥、無所顧忌的學術格鬥家，在 1960 年代首次開始研究亞諾馬莫人，他用 1967 年的專著——人類學經典《亞諾馬莫人：兇暴一族》（*Yanomamo: The Fierce People*）為亞諾馬莫人樹立了威信。由於他發表了關於亞諾馬莫人暴力行為的著作及拍了相關的民族誌影片，他和亞諾馬莫人的強悍兇暴成了人類學領域中人人皆知的符號。[30]

---

30 原注：我念大學時，夏農在我修的一門人類學課程擔任客座講師，課堂上，學生打扮成亞諾馬莫人來向他致敬（老天，我沒有——我很拘謹）；顯然，對於人類學學生來說，這樣擾亂他的公路旅行講座是個標準流程，他八成覺得非常惱人，過了一會兒才不得不假裝驚喜，並和學生一起擺姿勢合照。記者派翠克．提爾尼（Patrick Tierney）於 2000 年在其著作《黃金國的黑暗面：科學家和記者如何摧毀亞馬遜》（*Darkness*

下一章要談的一個核心概念是，演化的重點在於把你的基因傳到下一代去。夏農在 1988 年發表了一篇關於亞諾馬莫人的了不起的報告，說到亞諾馬莫人當中的殺人者擁有妻子和後代數量高於平均——因此有更多基因傳了下來。這暗示了如果你很擅長發動戰爭，戰爭可以為你的基因遺產帶來極大的益處。

所以，這些從史前時期就存在的非國家部落文化，幾乎全部都有致命戰爭的歷史，有些部落幾乎打個沒完，而且善於殺戮的人取得了演化上的成功。真令人沮喪。

許多人類學家嚴正而全面地反對這種觀點：

- 同樣地，又是他們只挑對自己有利的講。平克對於狩獵粗耕者（hunter-horticulturalist）及其他部落的暴力分析，除了一個例子之外，全都來自亞馬遜雨林或紐幾內亞高地。如果分析範圍擴及全球，戰爭和暴力行為的比率將低上許多。

- 平克已經預見會招致這些批評，所以他和基利一樣，使出那張「其他人想將過去和平化」的牌，對於較低的暴力死亡率數據表示質疑。而且，當其他人類學家指出馬來西亞的閃邁人（Semai）極少暴力行為，他的指控更加強烈（他帶著貶意稱呼他們為「主張和平的人類學家」，說他們等於「相信復活節兔」）。於是，這群人類學家憤怒地投書到《科學》期刊，除了說他們是「研究和平的

in ElDorado:How Scientists and Journalists Devastated the Amazon）使夏農深陷爭議風暴，他在書中指控夏農及其夥伴造成使亞諾馬莫族滅族的麻疹疫情，還有以亞諾馬莫人作為研究對象時，以不符倫理的方式的對待他們。美國人類學學會（The American Anthropological Association）起初對夏農表示譴責，大家普遍認為這表示已經證明了他就是個粗暴而反主流的壞男孩，而且書中的指控屬實。後來，美國人類學學會及獨立調查員都證明夏農完全無罪，提爾尼的控訴輕率不實。夏農最新的一本書是回憶錄，書名為《高貴的野蠻人：我在亞諾馬莫人與人類學家——這兩個危險部落度過的人生》（*Noble Savages: My Life Among Two Dangerous Tribes-the Yanomamö and the Anthropologists*）。

人類學家」（peace anthropologists）而不是「主張和平的人類學家」（anthropologists of peace）[31]，還說明他們不是一群嬉皮（他們甚至覺得有必要聲明，他們多數人都不是和平主義者），而是客觀的科學家，沒有帶著先入為主的偏見研究閃邁人。平克的回應是：「『主張和平的人類學家』現在覺得他們的學科是實證研究，而非意識型態，這真是鼓舞人心，當年許多人類學家都簽下聲明，保證他們對暴力的立場是『正確』的，還對反對他們的同事進行審查、排擠或散布對對方不利的流言，相較之下，我樂見現在的轉變。」哇，控訴學術界的對手曾簽下聲明，真是狠招。

- 其他人類學家也曾研究亞諾馬莫人，沒有任何人提到夏農描述的暴力。此外，他指出越兇殘的亞諾馬莫人生殖成就（reproductive success）越高，這點已經遭到阿拉巴馬大學伯明翰分校（University of Alabama at Birmingham）的人類學家道格拉斯・弗萊（Douglas Fry）推翻，他證明夏農的發現是資料分析不良所導致的結果：夏農比較了年紀較長的男人之中曾在戰場上殺人及未曾殺人的後代數量，前者的小孩數量顯著大於後者。然而：(a) 夏農沒有控制年齡差異——曾殺人者的平均年齡剛好比未曾殺人者大了超過十歲，意思是他們多了超過十年的時間來累積後代。(b) 更重要的是，針對他所提出的問題，用這個分析來回答根本就是錯誤的——問題不是一個人在年輕時殺過人，到年老時有較高的生殖成就。應該要考慮的是所有殺人者的生殖成就，包括有些戰士自己也在年輕時被殺死，大大限縮了他們成功繁衍後代的機會。如果不這麼做，就好像只憑著關於退伍軍人的研究，就說戰爭並不致命。

---

31 原注：這個區別讓我想起小時候的電視廣告中的鮪魚查理（Charlie the Tuna），星琪（Starkist）鮪魚罐頭公司告訴牠，他們要的是好吃的鮪魚（tuna that taste good），而不是有品味的鮪魚（tuna with good taste）。

- 此外，夏農的發現無法進一步概化——還有至少三個關於其他文化的研究無法找到暴力和生殖成就之間的連結。譬如，哈佛的盧克・葛洛瓦基（Luke Glowacki）和理查・藍翰（Richard Wrangham）研究了一個遊牧部落——南衣索匹亞的年加頓（Nyangatom）。和那個區域的其他畜牧者一樣，年加頓會為了牲口而互相襲擊。他們發現，就算常常參與大規模襲擊，也不能預測終生的生殖成就較高。參與「偷襲」的頻率反而可以預測生殖成就，也就是一小群人在夜裡偷偷摸摸地從敵人那裡把牛偷走。換句話說，在這個文化裡，類固醇荷爾蒙激增，並無法充分預測你的基因能否傳遞下去，但如果你是個投機取巧、鬼鬼祟祟、偷走別人牲口的無賴，則可以把基因傳下去。

- 這些原住民群體不能代表史前時代。一方面，很多原住民手上的武器比史前時代的人所擁有的更加致命（夏農常被譴責的一點是他經常提供斧頭、彎刀和獵槍給亞諾馬莫人，以換取他們在研究中合作）。另一方面，因為他們越來越被外界包圍，居住在劣化的棲地中，資源競爭越發激烈。而且，接觸外界很可能是場災難。平克引用了一些研究，顯示亞馬遜的亞契（Aché）和奇威（Hiwi）部落有高暴力行為率。然而，弗萊檢視原始報告之後，發現亞契和奇威部落的全部死因，全都是邊境農場意圖把他們從自己的土地趕走。這和史前時代一點關係都沒有。

在這場論戰之中，雙方都看到了這些議題的重要性。在基利的著作尾聲，他說出頗為怪異的擔憂：「主張和平化過去的學說，明確表示『戰爭的巨大苦難』的唯一解答就是回歸部落狀態，並毀滅一切文明。」換句話說，如果考古學家和平化過去的鬧劇不停歇，大家就會丟掉他們的抗生素和微波爐，舉辦刻痕儀式（scarification ritual），並換上纏腰布——結果將會怎麼樣呢？

這場論戰中的另一方則有更深的憂慮。一方面，譬如說，描繪出亞馬遜部落的不實形象，說他們爭戰不斷，已經被用作竊取他們土地的藉口。根據國際生存組織（Survival International，這個人權組織為全球的原住民部落進行倡議）史蒂芬・科里（Stephen Corry）的說法：「平克在倡導落後的『殘忍野蠻人』形象，既虛假又帶有殖民主義色彩，讓這場論戰倒退到超過一世紀以前的狀態，而且仍舊被用來摧毀部落。」

在吵吵鬧鬧之中，我們要保持清晰的頭腦，看清楚我們怎麼走到現在這一步。一個行為出現了，這可能是好的行為、壞的行為或者難以定義。文化因素可以帶我們回溯到人類起源之時，這些因素與這個行為有何關聯？在月黑風高的夜裡偷走牲口，或先擱下木薯園、忙著去襲擊你的亞馬遜鄰居，或建造堡壘，或屠殺某個村子裡的每一個男人、女人和小孩，以上這些全都和上述問題無關。因為這些研究的對象都是畜牧者、農民或粗耕者，這幾種生活型態在一萬到四千年前人類馴化植物和動物之後才出現。從人類歷史脈絡看來，在數百到數千年前當一個放牧駱駝的人或一名農夫，在當時的新潮程度就像在今日成為一個為機器人倡議法律權益的說客一樣。人類在歷史上大部分的時間都是狩獵採集者，這和前面所談的完全是另一回事。

戰爭與狩獵採集者，過去和現在

人類史上大約95%到99%的時間，都組成小型的遊群，互相合作以搜尋可食用的植物及打獵。對於狩獵採集時期的暴力，目前已知的資訊有哪些呢？

由於狩獵採集者在史前時代並沒有太多可以保存數萬年的東西，所以沒有留下多少考古紀錄。我們對他們的心靈與生活方式的瞭解，都來自可回溯到差不多四萬年前的洞穴壁畫。全世界的壁畫都顯示當時的人類會打獵，但幾乎沒有任何壁畫明確描繪人與人之間以暴力相待。

古生物學中的相關紀錄就更稀少了。至今，只發現了一處狩獵採集者大屠殺的遺跡，位在肯亞北部，時間為一萬年前；晚一點會再討論這個。

在這麼欠缺資訊的情況下，我們能怎麼辦？其中一種方法是進行比較，把我們遙遠的祖先和現存的其他靈長類動物相比，藉此推論古早人類的本質。早期應用這種方式的紀錄，出現在康拉德．勞倫茲和羅伯．阿德里（Robert Ardrey）的書寫中。阿德里在 1966 年的暢銷書《領域法則》（*The Territorial Imperative*）中提出人類的起源深植在暴力的領域性中。當代可以代表這種取向的人，則以理查．藍翰（Richard Wrangham）最具影響力，尤其是他在 1997 年出版的書《雄性暴力：人類社會的亂源》（*Demonic Males : Apes and the Origins of Human Violence*，與戴爾．彼德森〔Dale Peterson〕合著）。藍翰認為黑猩猩能為人類最早期的行為提供最清楚的指引，而且讓我們看到活生生的圖像。他根本完全跳過狩獵採集者：「所以我們回到亞諾馬莫人。亞諾馬莫人的行為是否說明了黑猩猩的暴力和人類的戰爭有所連結？顯然如此。」藍翰簡述了他的立場：

> 在歷史開始之前的歷史還是一團迷霧，關於我們自己，我們對於耶利哥城（Jericho）[32] 出現以前的時期一無所知，這使我們產生無限想像，讓某些人想像原始人類的世界就如伊甸園，另一些人則創造出已被遺忘的母系社會。能作夢很好，但如果我們擁有清晰而明智的理性，就該知道，如果我們起源於類似黑猩猩那樣的祖先，最後變成會築牆和建造防禦平台的現代人。這五百萬年來的路途必定深受雄性暴力的影響，雄性暴力構築了我們祖先的社會生活和科技和心靈，直到我們發展成為現代人類。

從頭到尾都是霍布斯派，再加上一點基利的風格，對於試圖和平化過去的夢想家表示輕蔑。

---

32 譯注：巴勒斯坦的古城，有可能是至今持續有人居住的最古老城市。

這個觀點遭到強烈批判：（a）我們既不是黑猩猩，也不是黑猩猩的後代；我們的祖先開始分別演化之後，黑猩猩演化的步調和我們幾乎相等。（b）藍翰在跨物種連結中挑挑揀揀，譬如，他說人類經由演化所留下的暴力遺產不只來自我們的近親黑猩猩，也來自差不多同樣親近的大猩猩，而大猩猩會為競爭而殺嬰。問題在於，整體而言，大猩猩極少出現攻擊行為，但藍翰在連結人類暴力和大猩猩時忽略了這點。（c）藍翰在挑選對自己有利的物種來談時，最明顯的一點是忽略了倭黑猩猩，牠們出現暴力行為的機率遠低於黑猩猩，母猩猩占支配地位，而且沒有敵對的領域性。關鍵在於，人類和倭黑猩猩共享的基因和黑猩猩一樣多，這點在《雄性暴力》一書出版時還不知道（而且值得注意的是，藍翰的態度在那之後就軟化了）。

這個領域的多數學者則透過研究當代的狩獵採集者，來瞭解我們的狩獵採集者祖先有哪些行為。

過去，這個世界上的人曾經全部都是狩獵採集者；如今，只剩下少部分的人還過著純粹的狩獵採集生活。這些人包括坦尚尼亞北部的哈扎人（Hadza）、剛果的姆巴提（Mbuti）「俾格米人」（Pygmies）、盧安達的貝特瓦人（Batwa）、澳洲內陸的康溫格族（Gunwinggu）、印度的安達曼群島人（AndamanIslanders）、菲律賓的巴塔克人（Batak）、馬來西亞的塞芒人（Semang），還有加拿大北部的各種因紐特（Inuit）文化（見右圖）。

首先，大家曾經假設，狩獵採集者之中的女性負責採集，男性則負責打獵，提供大部分的食物。但其實多數食物都經搜集而來，男人花費大把時間談論自己上次打獵有多神勇，而且下一次還會更厲害——在某些哈扎人群體中，外婆對覓食的貢獻比《狩獵者其人》（*Man the Hunter*）[33] 這些男人還高。

人類的歷史軌跡很容易就等同於進步的軌跡，而進步的關鍵就是把農業視為人類創造出最棒的東西；關於這個主題，我之後還有不少碎碎唸。

33 譯注：此為 1960 年代出版的書。

從上方開始依順時針方向為哈扎人、姆巴提人、安達曼人、塞芒人。

美國農業說客在遊說時，背後有個重要概念：原始的狩獵採集者填不飽肚子。然而，比起傳統的農夫，狩獵採集者每天為覓食所花費的時間其實比較少，活得比較久，也比較健康。根據人類學家馬歇爾・薩林斯（Marshall Sahlins）的說法，狩獵採集社會是最早的富裕社會。

當代的狩獵採集者還有些人口上的共同特點。人們過去以為狩獵採集遊群的成員穩固，團體內關係緊密。晚近研究則指出，他們的關係不如大家所想的緊密，四處移動的狩獵採集者呈現出流動的、又分又合的群體關係。在哈扎人身上，就可以看到這種流動性帶來的結果，有些特別樂於合作的獵人找到彼此之後就一起打獵。關於這部分，下一章還會談更多。

那在現代狩獵採集者身上，又展現出什麼我們最好和最糟的行為呢？到了 1970 年代，答案已經十分清楚，狩獵採集者和平、樂於合作且具有平等主義精神。群體之間的流動性成了一個安全閥，可防止人際間的暴力（當兩個人互相槓上，其中一方離開，加入其他遊群就好），四處遷徙的生活是另一個安全閥，防止了群體間的暴力（與其和隔壁的遊群開戰，不如到另一個山谷打獵就好）。

喀拉哈里沙漠的 !Kung 人是這種狩獵採集快活狀態的標準代表（見右頁圖）。[34] 早期有一本關於他們的專著——伊莉沙白・馬歇爾・湯瑪士（Elizabeth Marshall Thomas）1959 年的《無害的人》（*The Harmless People*），書名就說明了一切。[35] !Kung 人和亞諾馬莫人之間的對比，就相當於瓊・拜雅對比於席德・維瑟斯（Sid Vicious）[36] 和性手槍（Sex Pistols）樂團。

當然，這幅描繪 !Kung 人和狩獵採集者整體的圖像，也到了要面對修正主義的時候了。當學者進行田野研究的時間夠長，足以記錄狩獵採集者互相殘殺的行為時，便開始修正對他們的看法，就像耶魯的卡羅爾・恩貝爾（Carol Ember）在 1978 年所發表的富有影響力的內容那樣。基本上，如果你要觀察一共三十個人的遊群，需要花很長一段時間才能看清，就個人

---

34 原注：!Kung 人的語言中有咋舌音（cl ick），名稱前面的驚嘆號就用來表示咋舌音。他們也被非正式地稱為「布希曼人」（Bushmen，意為「叢林人」），屬於波札那、納米比亞、安哥拉和南非都可見到的文化群體科伊桑（Khoisan）桑人（San）。如果想要初步瞭解他們，可以參考《上帝也瘋狂》（*The Gods Must Be Crazy*）電影中描寫的 !Kung 人。值得注意的是，雖然「!Kung」最常用來稱呼他們，也最為人所熟悉，他們和當代的人類學家用的卻是「Ju/'hoansi」。

35 原注：孕育我長大的人類學系是 !Kung 粉絲的主要據點，而且還將這份熱愛擴大到非洲狩獵採集者的一切（部分原因可能是他們都很矮）。有一個殘存下來的小小的狩獵採集者部落，被稱為多羅布（Ndorobo）或奧基克（Okiek），在肯亞塞倫蓋提北部的森林裡。他們和鄰近的馬賽人有著很奇怪的共生關係，會從森林裡跑出來交換東西，或在某些馬賽人的儀式中扮演巫師角色。他們身高不高又很安靜，身穿獸皮，我曾看過他們如何讓高大又背著長矛的馬賽人緊張不安，我覺得非常有趣。我的馬賽朋友會拿我癡迷於多羅布人這件事來開玩笑。

36 譯注：席德・維瑟斯為性手槍樂團的貝斯手。

喀拉哈里沙漠的狩獵採集者：!Kung 人

平均而言，他們的謀殺率接近底特律（這是標準的比較對象）。承認狩獵採集者其實很暴力，相當於對60年代人類學家的浪漫主義進行整肅，給這些為了與狼共舞而拋棄客觀性的人類學家一記當頭棒喝。

在平克提出他的整合性分析時，學界已經很清楚狩獵採集者極暴力的事實，而且他們的死因中平均有大約15%來自戰爭，比例遠大於現代西方社會。當代狩獵採集者的暴力行為，等於投了重要的一票給霍布斯派的觀點，也就是認為人類歷史從頭到尾都充斥著戰爭和暴力。

又該談談對這種觀點的批評了：

- 錯誤標籤化——平克、基利和包爾斯所引用的狩獵採集者資料之中，有些其實是狩獵粗耕者。
- 許多例子初看像是狩獵採集者的戰爭，但更仔細檢視之後，就會發現其實是單一的謀殺事件。
- 有些位在大平原上的狩獵採集文化會使用一種重要方法，而這在更新世還未出現——騎著馴養的馬上戰場。
- 和非西方的農民或畜牧者一樣，當代的狩獵採集者不等於我們的祖先。過去一萬年發明出來的武器，已經透過貿易傳入了這些文化；數千年來，從事農業和畜牧的人迫使多數狩獵採集不斷遷移，被逼到生存更加艱難、資源更稀少的生態系統中。
- 又是同一點——只挑對自己有利的講，譬如沒有引用和平的狩獵採集者的相關文獻。
- 最重要的是，狩獵採集者不只一種。四處遷徙的狩獵採集者是原創品牌，從數十萬年前就已經出現在世界上。但除了2.0版的騎

> 馬狩獵採集者，還有「複雜狩獵採集者」，他們和別人不同——暴力、不特別注重平等、不常移動，通常是因為他們的所在位置有豐富的食物，必須抵禦外來的威脅。換句話說，這是從純粹的狩獵採集到另一個階段的過渡形式。然而，恩貝爾、基利和平克所描述的，經常是複雜狩獵採集者的文化。這之間的差別和納塔如克（Nataruk）有關——肯亞北部一萬年前大屠殺的遺跡所在之處——現場有二十七具未獲安葬的骨骸，他們被棍棒打死、遭到刺死或被投石砸死。這些受害者是久不遷移的狩獵採集者，他們沿著圖爾卡納湖畔（Lake Turkana）的淺灣居住，相當於住在湖濱的黃金地段，輕輕鬆鬆就能釣到魚，還有許多野生動物會跑來喝水。根本就是大家趨之若鶩的那種房地產。

南卡羅來納大學的弗萊和克里斯多夫·伯姆（Christopher Boehm）對狩獵採集者的暴力行為進行了最深思熟慮且富有洞見的分析。他們描繪出一幅複雜的圖像。

弗萊對這類文化中的戰爭所進行的評估，是我覺得最不受汙染的。他和芬蘭的人類學家派翠克·索德柏（Patrik Söderberg）在2013年《科學》期刊上一篇引人注目的論文裡回顧了民族誌文獻中，所有純粹地過著流浪生活的狩獵採集者（也就是在與外界密集接觸並住在穩定的生態系統之前，就已經受到完整研究）之致命暴力行為（見下頁圖）。這些樣本來自世界各地，包含二十一個群體。弗萊和索德柏發現，其中只有少數文化能找到或許可稱之為戰爭的東西（根據不太嚴格的標準來定義：造成許多傷亡的衝突）。戰爭並不隨處可見。針對我們狩獵採集者祖先是不是常常打仗，這八成是到目前為止最精準的推測了。不過，這些純狩獵採集者可不是穿著紮染服飾的和平主義者；這些文化之中有86%曾出現致命的暴力行為。原因是什麼呢？

伯姆在2012年出版的書《道德的起源：美德、利他與羞恥的演化》（*Moral Origins: The Evolution of Virtue, Altruism, and Shame*）中也考察相關文獻，使

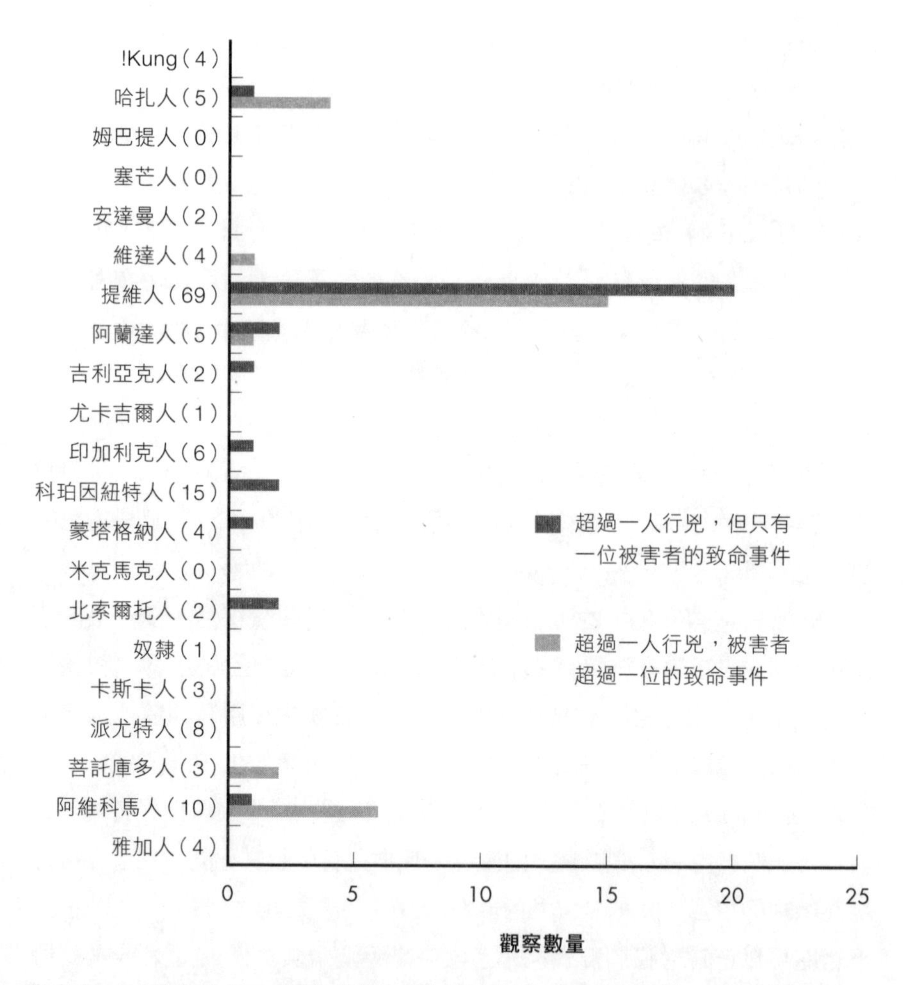

D. P. Fry and P. Söderberg, "Lethal Aggression in Mobile Forager Bands and Implications for the Origins of War," Sci 341(2013): 270.

用比弗萊再稍微寬鬆一些的標準，得出大約五十個比較「純粹」的四處遷移的狩獵採集文化（其中大部分是北極圈的因紐特族群）。如同預期中一般，暴力行為通常出現在男人身上。最常見的是因為和女人相關的原因而殺戮——兩個男人爭奪一位女性，或者試圖從隔壁群體中綁架一個女人。當然，有男人殺害自己的妻子，原因通常是指控對方通姦。也有女性殺嬰或因為被控使用巫術而遭殺害。偶爾有人因為偷食物或拒絕分享食物等原因被殺害。還有很多人被殺之後，被害者的親戚為此復仇而再度殺人。

弗萊和伯姆都提到這些文化中有因為嚴重違反規範而判處類似死刑的現象。四處遷移的狩獵採集者最重視那些規範呢？公平、間接互惠和避免專制。

公平：如前所述，狩獵採集者是人類合作打獵及在非親屬間進行共享的先驅。和肉有關的事情最能顯現這一點的驚人之處。捕獲獵物的人通常會和失敗的獵人（及其家人）分享成果；在打獵行動中扮演要角的人，最後得到的肉未必比其他人多多少；重點是最厲害的獵人很少負責決定肉要怎麼分——通常由第三方來決定。有些有趣線索顯示這從古代就開始了。人類從四十萬年前就有大型獵物狩獵的紀錄；當時遭屠殺的動物骨骸上，刻痕亂七八糟、角度不一且互相重疊，顯示這些獵物開放給大家各自取用。但到了二十萬前年，出現當代狩獵採集者使用的模式——刻痕之間等距而平行，代表由一個人負責宰殺並分配了那些肉。

不過，這並不表示對純狩獵採集者來說，分享毫不費力。譬如，伯姆注意到，!Kung人因為自己受到虧待、沒有得到足夠的肉而抱怨個沒完。這是在社會管制時，背景不斷出現的嗡嗡雜音。

間接互惠：下一章將討論成對個體間的互惠利他行為。伯姆強調的則是四處遷移的狩獵採集者特別善於間接的互惠。A對B展現利他行為，B的社會義務未必是也對A展現利他行為，而是把這份利他行為再傳給C。C接著傳給D，以此類推……這種穩固的合作關係對於大型獵物的獵人來說非常理想，因為這背後有兩條定律：（a）你狩獵時通常不會成功；還有（b）如果成功捕獲獵物，你和家人吃不下所有的肉，所以你可能也需要四處分送。如前所述，若想預防未來的飢餓，狩獵採集者就該現在先用肉餵飽別人的肚子，這是一項最棒的投資。

避免專制：下一章也會談到，人類有強大的演化壓力，必須偵測其他人的欺騙行為（在互惠關係中的另一方違背誠信）。對四處遷移的狩獵採集者而言，監督暗地裡背信沒那麼重要，公然恐嚇或有人恣意擴張權力才令人擔憂。狩獵採集者一直小心戒備，不讓惡霸作威作福。

狩獵採集社會**集體**付出大量的努力在確保公平、間接互惠及避免專制。之所以能達到這一點，靠的是一種絕佳的規範機制——八卦。根據猶他大學寶莉．韋斯納（Polly Wiessner）的研究，狩獵採集者八卦個不停，主要的內容十分常見：地位比較高的人違反社會規範。這可說是營火邊的《時人》（*People*）雜誌。[37] 八卦有好幾種功能：可以用來確認真實情況（「到底是我很差勁，還是其實他是個大混蛋？」）、傳遞訊息（「猜猜看，誰這麼剛好，在今天打獵過程中最驚險的時刻腳抽筋」）、及達成共識（「這傢伙該嘗點教訓」）。八卦是執行規範的武器。

狩獵採集文化在這方面都很類似——他們以集體的力量壓制違規者，方法包括批評、羞辱和嘲笑、排擠和迴避、不分肉給違規者、不致命的體罰、將之驅逐出群體，或者採用最後手段，殺了那個人（全體一起執行，或指派一位行刑者）。

根據伯姆的記載，將近一半的純狩獵採集文化都有這種行刑式殺人的行為。什麼樣的滔天大罪需要用到這種懲罰？謀殺、企圖奪權、使用巫術惡意傷人、偷竊、拒絕分享、背叛群體並投靠外來者、當然還有觸犯性方面的禁忌。通常在用其他介入方式數次仍然失敗之後，才會用這種方式

37 原注：伯姆強調，除非人類學家獲得了八卦資訊，否則他們無法真正知道研究對象到底發生了什麼事。我在研究狒狒時，有好幾季和比較熟識的馬賽人一起住在營地裡，因而有機會聽到社區裡發生了什麼大事。後來，我的未婚妻加入田野研究，因為她和其中的一些女性變成朋友，直到那個時候，我們才得以聽到真正精彩的內容——很老套的誰和誰上床或沒有上床。

來懲罰。

所以，到底霍布斯對還是盧梭對呢？嗯，答案是兩者混合，我這麼說一點幫助也沒有。這麼長的一節內容已經清楚說明，你必須小心區分以下幾者：（a）狩獵採集及其他傳統謀生方式；（b）四處遷移及定居一處的狩獵採集者；（c）涵蓋所有文獻或只集中在極端案例的資料；（d）傳統社會中的成員互相殺戮，或傳統社會成員被持槍搶奪土地的外來者殺害；（e）把黑猩猩視為我們的表親，或誤以為黑猩猩是我們的祖先；（f）只有黑猩猩是我們最親近的祖先，或者黑猩猩和倭黑猩猩都是我們最親近的祖先；（g）戰爭與殺人，時常發生戰爭的話，可以因為團體內的團結合作減少殺人事件；（h）居住在穩定而資源豐富之棲地，與外界只有最低限度接觸的當代狩獵採集者，以及被逼到棲地邊緣、並與非狩獵採集者維持互動的當代狩獵採集者。只要你清楚區分以上各項，我想，就會有挺清楚的答案浮現出來。狩獵採集者已經出現在地球上數十萬年，他們不是什麼天使，完全具備殺人的能力。然而，「戰爭」——不管是現代社會無法消滅的那種戰爭，還是我們祖先無法消滅的那種樸素戰爭——在多數人拋棄四處遷移的狩獵採集生活之前，似乎很少發生。人類這個物種的歷史並非一直處在越發激烈的衝突中。諷刺的是，基利默默做出了相同的結論——他估計 90%到 95%的社會都會打仗。那他發現的例外是誰呢？四處遷移的狩獵採集者。

這就連到了農業。我必須直言不諱——我認為農業的發明是人類史上的錯誤，其他的例子還有失敗的「新可樂」[38] 和 Edsel 車款。[39] 農業讓人依賴少數幾種馴化的植物和動物，而非數百種野生的食物來源，使人容易受到旱災、植物和動物的疫病影響。農業使人定居下來，開始做一件任

38 譯注：1980 年代，可口可樂公司替換可樂成分，結果招致市場的反彈。

39 譯注：Edsel 為福特汽車公司推出的車款，推出後銷售不如預期，成為著名的商業失敗案例。

何顧慮個人衛生和公共衛生的靈長類動物都不會做的事，也就是住在距離排泄物很近的地方。農業造成生產過剩，幾乎無可避免地，剩餘的部分分配不均，於是人類產生社經地位的差距。相比之下，其他任何靈長類的階層都不算什麼了。再多走幾步，我們就會跳到麥奎格先生迫害彼得兔、大家不停唱著《奧克拉荷馬！》[40]的境界了。

也許這麼說有點過頭了。不過，我確實覺得這個事實已經夠清楚了——人類因為馴化了玉蜀黍和野生塊莖、原牛和單粒小麥、當然，還有狼，而開啟了重大轉變，在那之後，戰爭才變得可能。

幾個結論

本章的前半部探討了我們現在的樣子，第二部分則是「我們怎麼變成今日這樣」最有可能的解釋。

「我們現在的樣子」淹沒在各式各樣的文化差異之中。就生物學的觀點而言，最迷人的是大腦塑造了文化，而文化又形塑了大腦，大腦又塑造了……這就是為什麼我們會說它們「共同演化」（coevolution）。我們已經看到在技術層面上，共同演化有哪些證據——不同文化之中，與行為相關的基因變異之分布有著顯著的差異。但這樣的影響很微小。最具決定性的其實是童年，文化在童年時期注入了個體，好讓個體在未來繼續宣揚這個文化。就這點來說，與遺傳和文化相關而且最重要的一個事實，大概是額葉皮質延遲成熟——根據基因的設定，年幼的額葉皮質比其他腦區更能擺脫基因的控制，接受環境的雕塑，吸收文化規範。回到本書開頭幾頁談的一個主題，想要學會揮拳的動作，並不需要什麼高級功能的大腦。但想要學會特定文化中的規則，知道什麼時候可以揮拳，就需要一個具有高級功能和環境可塑性的大腦了。

本章前半部談到的另一個主題，是文化差異以極其重要又可預期的方式展現出來——譬如，什麼人是可以殺害的（敵軍的軍人、出軌的配偶、生

---

40 譯注：《奧克拉荷馬！》（*Oklahoma!*）為一齣美國音樂劇。

「錯」性別的新生兒、老到無法打獵的父母、受生活環境的文化〔而非父母家鄉的文化〕所影響的青少女）。但這些文化差異卻可能出現在意想不到的地方——譬如，面對一張圖片，你的眼睛在幾毫秒內看向哪裡，或想到一隻兔子會讓你想到其他動物，還是兔子都吃些什麼。

另外一個關鍵主題，則是生態環境的影響力是矛盾的。文化有很大一部分受到生態系統所形塑——但再來，文化可以向外傳播，在極為不同的環境中持續留存數千年。用最直白的方式來說，地球上多數人類對於生死的本質、生死之間、死亡之後的信念，或多或少都傳承自史前的中東畜牧者。

本章的第二部分，就如前面總結的，重點是「我們怎麼變成今日這樣」——關於過去數十萬年的歷史，到底霍布斯說的比較正確，還是盧梭比較正確？你怎麼回答這個問題，將大大決定了你會如何看待我們在最後一章將要談到的議題——儘管還有不少爭論，但過去五百年來，人類已經大幅改善彼此的對待。

10

行為的演化

我們終於要來談些根本的問題了。基因促進演化。轉錄因子、轉位酶（transposase）和剪接酵素（splicing enzyme）也是。還有所有受遺傳影響的特質（也就是所有的一切）。套句遺傳學家狄奧多西·多布贊斯基（Theodosius Dobzhansky）的話：「失去演化觀點的生物學，就毫無道理可言。」包括這本書也是如此。

演化入門課程

演化以下列三個步驟為基礎：（a）某生物特性（biological traits）經遺傳而來；（b）基因突變和基因重組使這些生物特性產生變異；（c）有一些基因變異的「適應度」（f itness）比較高。根據以上條件，隨著時間過去，比較能夠「適應」的基因變異在特定人口中出現的頻率就會提高。

讓我們先丟掉一些常見的誤解。

第一個是，演化喜歡讓最能適應者**生存**下來。事實上，演化的重點在於繁殖把基因傳下來。活了好幾個世紀但沒有繁殖的有機體，在演化上形同不存在。[1] 我們可以透過「拮抗基因多效性」（antagonistic pleiotropy）看到生存和繁殖之間的差異，拮抗基因多效性指的是有些特質可以在生命初期提高生殖適應度，卻縮短壽命。譬如，靈長類動物的前列腺之新陳代謝率高，可以增進精子的活動力。好處是提升生殖力；壞處則是，罹患前列腺癌的風險提高。拮抗基因多效性以非常戲劇性的方式呈現在鮭魚身上，

1　原注：我們很快會看到這點的例外，有些個體不繁殖，但協助親戚繁殖。

牠們壯烈地游到產卵場繁殖，然後死去。如果演化的目的在於生存而非傳遞基因，就不會有拮抗基因多效性的存在。

另一種誤解是，演化會做出「預先適應」（preadaptation）的選擇——本來中性的特質，在未來才證明是有用的。預先適應並不會發生，因為演化只選擇當下需要的特質。另一個誤解和這點有關，就是現在還活著的物種，比已經絕種的物種更具適應性。實際上，已經絕種的物種在過去一樣適應得很好，直到環境條件改變，嚴重到取走了他們的性命；同樣的事情也在等著我們。最後，有些人誤以為演化特別朝著越來越複雜的方向進行選擇。是的，過去只有單細胞生物，現在有多細胞生物，平均而言複雜度上升了。不過，演化不必然選擇複雜度較高的特質——只要想想在瘟疫時期，細菌可以造成人類大量死亡就知道了。

最後一種誤解，在於演化「只是個理論」。我大膽假設，讀到這裡的讀者必定相信演化。我們的敵人一定會提起那些惱人的謠言，說演化論未經證實，因為（根據這個領域中一個無用的慣例）它只是個「理論」（就好像細菌論〔germ theory〕一樣）。以下可以證明演化屬實：

- 已經有很多例子顯示，只要改變選擇壓力（selective pressure），基因出現在群體中的頻率就會在幾代之內改變（譬如細菌發展出對抗生素的抗藥性）。此外，也有一些例子（多半是昆蟲，因為牠們一個世代的時間很短）顯示，某些物種在此過程中分裂為兩種物種。

- 有無數的化石證據顯示，在不同類別的生物之間，曾經有介於兩者的物種存在。

- 有些證據來自分子生物學。我們和其他猿類共享大約98%的基因，和猴子共享大約96%，和狗共享大約75%，和果蠅共享大約20%。這表示我們和其他猿類最後的共同祖先存活的年代，比我們和猴子最後的共同祖先還要來得近，以此類推。

- 地理上的證據。理查・道金斯（Richard Dawkins）建議，對付那些堅持「所有物種的現有形式都在諾亞方舟上就出現了」的基本教義派，要用以下方法——三十七種狐猴在亞美尼亞高原上的亞拉拉特山（Mt. Ararat）被創造出來，怎麼有辦法徒步走到馬達加斯加，沒有一種在路途中死掉或留下化石？

- 生物的有些設計不太聰明——這些怪異之處只有演化可以解釋。為什麼鯨魚和海豚有腿骨的痕跡呢？因為牠們從四條腿的陸域哺乳類演變而來。為什麼我們有豎毛肌，用來製造完全沒用的雞皮疙瘩呢？因為我們在物種形成的過程中由其他猿類演化而來，那些猿類的豎毛肌和毛髮連在一起，牠們在情緒受到激發時毛髮會豎起來。

夠了，再說下去會沒完沒了。

演化以兩種方式塑造有機體的特質。「性擇」（sexual selection）選擇的是可以吸引異性的特質，「天擇」（natural selection）則選取有助於透過任何其他路徑把基因傳遞下去的特質——譬如健康、搜食技巧、躲避獵食者的能力。

這兩道程序可以以相反的方式運作。舉例來說，野生綿羊有個基因會影響公羊角的大小。其中一種基因變異會讓公羊長出很大的羊角而提高社會階層，這對性擇具有加分作用。另一種變異則導致羊角較小，因此新陳代謝率比較低，讓公羊可以活比較久，也有較長的時間可交配（儘管成功機率比較低）。哪一種方式會勝利呢？——時間短暫但容易繁殖成功，或者活得長久但繁殖成功機率較低？答案是介於兩者之間。[2] 或者，想想公

2 原注：也就是異型接合狀態。我經過一番掙扎之後，決定為初學者著想，在正文中保持簡單，略過同型接合性（homozygosity）和異型接合性（heterozygosity），把這個主題放逐到注腳中。以下為簡短的入門介紹：我在基因那章直接省略了一點，就是多數

孔雀為了換來色彩絢爛奪目的羽毛，而在天擇方面付出代價——牠們犧牲了用來生長的大量能量，行動受限，而且很容被獵食者發現。但這絕對提高了性擇上的適應度。

重要的是，無論性擇或天擇都未必選擇「最」具適應性的特質，使之取代所有其他的版本。實際情況有可能是「頻率依賴選擇」（frequency-dependent selection），偏好選擇兩種特質當中比較少見的那種，或者可能是「平衡選擇」（balanced selection），使各種特質保持均衡。

演化可以塑造行為

有機體的適應能力好得不可思議。沙漠中的齧齒類動物擁有善於儲存水分的腎臟；長頸鹿的巨大心臟可以把血液向上輸送到腦部；大象的腿骨強壯得足以支撐一頭大象。嗯，沒錯——這是**理所當然**的：沙漠中的齧齒類動物如果沒有善於儲存水分的腎臟，就無法把基因傳下來。所以演化有其邏輯，天擇雕塑生物的特質，使其得以適應環境。

重點是，天擇不只在解剖學和生理學層面運作，也展現在行為上——換句話說，行為會演化，可以透過選擇達到最佳的適應程度。

生物學中有好幾個分支都聚焦在行為的演化。最有名的大概是社會生物學，這個學科建立在一個前提上——社會行為透過演化形塑而達到最

的物種，包括人類在內，都是「二倍體」（diploid），意思是每個細胞中其實有兩套染色體，裡面有相同的基因。卵子和精子是特殊的單倍體（haploid）細胞（裡面只有一套染色體）。當卵子和精子放在一起，最後會變成你的這個卵就受精了（變成了二倍體）。所以，其實你的每個基因都有兩個複本，分別來自父親和母親（注腳中的注腳：有一個例外是粒線體，粒線體當中有一組特殊基因，幾乎完全來自母親）。如果兩個複本的基因序列都可以編碼出相同的蛋白質，這個基因就是「同型接合性」的。如果有兩種不同版本，則為「異型接合性」。異型接合的基因會直接指向哪種特質？有時候，產生的特質介於兩種可能的同型接合的形式之間。更多時候，異型接合的基因製造出的特質與同型接合的兩種形式之一相同。換句話說，其中一種版本「贏」了另一種，稱為「顯性」（dominant）基因。相對地，有些基因只在同質接合形式製造出某種特質，就是「隱性」（recessive）基因。如果這很令人混淆，也沒有關係，我保證你還是可以順利讀完本書其他部分。

佳化，就像長頸鹿的心臟大小在生物力學的層面達到最佳化一樣。社會生物學出現在 1970 年代，最後發展出一個分支——演化心理學——專門研究心理特質在演化上的演進；我們將會看到，這兩個領域都有不少爭議。為求簡便，我會用「社會生物學家」來稱呼所有研究社會行為演化的學者。

群體選擇（group selection）落敗

首先，讓我們要先進行一場搏鬥，對手是關於行為演化的一個根深蒂固的誤解。這個誤解起源於 1960 年代的電視節目《奧馬哈互惠人壽的野生動物王國》（*Mutual of Omaha's Wild Kingdom*）。美國人都在節目主持人馬蘭・柏金斯（Marlin Perkins）的教導下學習行為演化的相關知識。

這個節目很棒。柏金斯主持，他的助手吉姆（Jim）與蛇進行驚險接觸。節目內容總是可以無縫接軌到奧馬哈互惠人壽的廣告——「獅子的交配時間長達數小時，長到你想幫家裡買火災保險。」

不幸的是，柏金斯擁護的演化觀點大錯特錯。觀眾在節目上看到的演化就像這樣：黎明時分，在一片大草原上，一群牛羚站在河邊。河對岸的草地比這裡更加青翠鮮嫩，大家都想嚐一嚐，但那裡有很多等著捕食的鱷魚。這些牛羚緊張不安又猶豫不決，突然，其中一隻老牛羚跑到前頭，說：「孩子，我要為你們犧牲自己。」然後一躍而過。趁著鱷魚忙著吃這隻老牛羚，其他牛羚趕快過河。

為什麼老牛羚願意這麼做呢？馬蘭・柏金斯會用一種貴族的權威口吻回答：因為動物基於**整個物種的利益**而產生這個行為。

是的，行為經由「群體選擇」，根據整個物種的利益而演化。這個概念因為韋恩—愛德華茲（V. C. Wynne-Edwards）而稱霸了 1960 年代，這個錯誤使他成了現代演化生物學界的拉馬克。[3]

3　原注：可憐的韋恩—愛德華茲其實是演化與行為領域的大人物，但因為大眾太膚淺，後人只記得他在群體選擇這件事上搞砸了。譬如，我對於這傢伙還做了什麼事動物行為的基礎並不是整個物種的利益。但要怎麼解釋那隻牛羚的行為呢？看仔細一點，你就會明白真相是什麼。為什麼牠最後出來拯救大家？因為牠又老又虛弱。「**整個物種的利益**」個大頭啦，其實是其他牛羚把老頭子推到了前頭。

當理論性和實證性的研究都證明，生物的行為模式並不符合群體選擇，群體選擇就走到了盡頭。其中的關鍵研究由兩位演化生物學界的創世主——紐約州立大學石溪分校（SUNY Stony Brook）的喬治・威廉斯（George Williams）和牛津的比爾・漢彌爾頓（Bill〔"W.D."〕Hamilton）所完成。先拿「真社會性昆蟲」（eusocial insect）來舉例說明，這種昆蟲群體中的大部分個體都是不繁殖的工兵。為什麼牠們要放棄繁殖去協助女王呢？答案顯然是群體選擇。漢彌爾頓證明了真社會性昆蟲具有獨特的遺傳系統，使一群螞蟻、蜜蜂或白蟻形成一個單一的超級有機體；詢問工蟻為什麼放棄繁殖，就好像在問你鼻子的細胞為什麼放棄繁殖一樣。換句話說，真社會性昆蟲構成了一種特殊的「群體」。威廉斯接著闡述，在比較標準的遺傳系統中，也就是從非真社會性昆蟲到我們這些物種，為什麼不符合群體選擇。動物並不是都根據整個物種的利益來行動，實際的行為目標是使基因傳到下一代的數量最大化。[4]

這就是社會生物學的基石，道金斯那句有名的標語也總結了這一點：演化的重點在於「自私的基因」。現在，我們再繼續看看組成這塊基石的磚頭。

就一點印象也沒有。他的全名是維羅・科普納・韋恩—愛德華茲（Vero Copner Wynne-Edwards），這大概可以解釋為什麼大家一直叫他「V・C・韋恩—愛德華茲」，想必大家從他嬰兒時期就這麼稱呼他了。

4 原注：真社會性昆蟲遺傳系統的獨特之處在於，如果工兵不生育而幫忙女王繁殖，牠可以傳遞下去的基因數量比自己進行繁殖還要多。不過，真社會性昆蟲的世界也開始有些擾動，因為科學家發現有些物種（譬如白蟻）其實保有比較正規的遺傳系統。目前大家還在試圖搞清楚這件事。

個體選擇（individual selection）

想要將很多基因傳下去，最直接的方法就是擴大繁殖。有句格言說：「一隻雞不過是一顆蛋製造另一顆蛋的方法」，這句話道盡了一切——行為只是一種附帶現象，只是把基因傳到下一代的手段。

在解釋基本行為方面，個體選擇比群體選擇強一點。當鬣狗追捕一隻斑馬，如果這隻斑馬是個群體選擇主義者，牠會怎麼做？待在原地，為了大家犧牲自己。反之，如果牠是個體選擇主義者，則會死命逃跑。結果是斑馬死命逃跑。或者，想像現在鬣狗剛殺了一隻斑馬。根據群體選擇的思路——大家冷靜地輪流享用。個體選擇的思路——所有鬣狗一擁而上，狼吞虎嚥。實際情況會是後者。

「等等，」群體選擇主義者說，「但是，如果跑得最快的斑馬活了下來，傳下快跑基因，這不也對斑馬全體有好處嗎？鬣狗也是一樣，如果最兇悍的鬣狗吃最多，整個群體獲益最高。」

當我們觀察到越來越多的細微行為，如果還想堅守群體選擇的立場的話，就會辯論得越來越辛苦。科學家最後觀察到一件事，徹底擊潰了群體選擇的觀點。

1977 年，哈佛的靈長類動物學家莎拉・布萊弗・赫迪發現一件驚人的事——印度阿布山（Mount Abu）區域的葉猴（langur monkey）自相殘殺。大家本來就知道某些雄性靈長類動物會互相殺害、爭奪地位——好，這很合理，男生就是這樣嘛。但赫迪報告的不是這麼一回事；而是公葉猴殺害嬰兒。

大家被赫迪詳細的紀錄說服之後，就開始提出簡單的答案——葉猴寶寶那麼可愛，可以抑制攻擊行為，那一定也會有些病態的事情發生。也許阿布山的葉猴密度過高，大家都在捱餓，雄性的攻擊性高到不受控制了，或殺嬰的公猴其實是殭屍。總之這一定不正常。

赫迪反駁了以上解釋，並證明了殺嬰行為的實際模式。母葉猴平常群居在一起，只有一隻負責繁殖的公猴與牠們長期同住。其他公猴則形成一個個群體，並不時驅趕常駐在母猴群的那隻公猴；內鬥過後，其中一隻趕走了其他公猴。這是牠的新地盤，裡面有許多母猴和前一隻公猴生下的寶寶。關鍵在於負責繁殖的公猴之平均任期（大約二十七個月）比平均的生育間隔還要短。母猴還在哺乳時不會排卵；所以，在任何母猴的孩子斷奶、母猴恢復排卵之前，新任種馬就會被趕出去。努力半天換來一場空，牠的基因完全沒有傳下去。

照理來說，牠該怎麼做？殺了那些嬰兒。這有損於前一任公猴的生殖成就，而且當母猴停止哺乳，就會開始排卵。[5]

以上是公猴的觀點。那母猴的觀點呢？牠們也想盡可能把基因傳下去。牠們攻擊新的公猴，想要保護自己的孩子。母猴也演化出「假發情」（pseudoestrus）的策略——假裝表現出發情狀態。牠們和公猴交配。由於公猴對母葉猴的生物機制一竅不通，牠們信以為真——「嘿，我今早和牠交配，現在牠有個寶寶；我是一匹大種馬。」牠們常常就此停止殺嬰的攻擊行為。

儘管一開始遭受懷疑，但科學家發現競爭性殺嬰出現在其他類似情境下，有 119 種物種都有此行為的紀錄，包括獅子、河馬和黑猩猩。

在倉鼠身上，則可以看到這種行為的另一個版本；因為公倉鼠到處移居，如果牠遇到倉鼠寶寶，通常都不可能是自己的小孩，所以牠會試圖殺掉這個嬰兒（還記得那個守則嗎？絕不要把公倉鼠和倉鼠寶寶放在同一個籠子裡？）。還有一種殺嬰行為的版本來自是野馬和獅尾狒（gelada baboon）；初來乍到的公野馬或公獅尾狒會一直騷擾懷孕的雌性，使牠們流產。或者，假設你是隻懷孕的母鼠，一隻會殺嬰的公鼠剛加入這裡。等到你一生產，

5 原注：注意，沒有任何人宣稱葉猴會認真思考如何讓基因流傳下去，就好像豐年蝦這麼簡單的生物也不會認真思考哪些行為可以構成最佳的繁殖策略。一隻動物有個「目標」，「想要」把自己的基因傳下去，所以「決定」做某事，這只是簡化了「經過數千年的時間，做了某事的個體有較高的機率把基因傳下去，於是變成了這個物種共通的行為特徵」之類的句子而已。動物不瞭解演化生物學，就像風洞當中的機翼模型不懂空氣動力學。

你的小孩就會被殺掉，懷孕的力氣全都白費了。你要怎麼反應才合乎邏輯呢？以「布魯斯效應」（Bruce effect）避免損失，也就是懷孕的雌性只要一聞到新來的雄性，就馬上流產。

所以，競爭性殺嬰出現在很多物種身上（包括母黑猩猩，牠們有時候會殺死無親緣關係的雌性所生的寶寶）。如果跳脫以遺傳為基礎的個體選擇，就無法解釋這一切。

在我最愛的靈長類動物——山地大猩猩身上，也可以看到個體選擇，清楚得令人心碎。山地大猩猩已瀕臨絕種，只存活在烏干達、盧安達和剛果民主共和國邊界的高海拔雨林。由於棲地劣化、被鄰近的人類傳染疾病、盜獵以及席捲國家邊界的戰爭，世界上只剩下大約一千隻山地大猩猩。另一個原因是山地大猩猩有競爭性殺嬰的行為。當個體想要盡可能把自己的基因傳到下一代，殺嬰行為是合理的，但同時也將這種神奇的動物推向滅絕。這可不是以整個物種的利益為出發點的行動。

親屬選擇（kin selection）

想要理解下一個基本概念，請先思考一下，和某人有親緣關係、以及把「你的」基因傳下去是什麼意思。

假設你有個同卵雙胞胎，他的基因體和你一模一樣。令人震驚卻也無可辯駁的事實是，純粹就把基因傳到下一代而言，由你來繁衍下一代，或將你犧牲掉，好讓你的雙胞胎繁衍下一代，其實沒有差別。

那如果是同父同母、但非同卵雙胞胎的手足呢？還記得第 8 章曾談到，你和他共享了 50%的基因。[6] 所以，你自己繁殖一次，和你為了手足能夠繁殖兩次而犧牲自己的性命，這兩個選項在演化上的意義是相同的。同父異母或同母異父的手足共有 25%的基因，可以以此類推計算……

遺傳學家霍爾丹（J. B. S. Haldane）被問到他是否願意為一位兄弟犧牲生命時，就是這樣開玩笑：「我很樂意為兩個兄弟或八位同輩表親奉獻我

6　原注：或者，更確切來說，你和他的每一個基因，都有 50%的機率是同一種基因變異。

的生命。」你可以透過繁殖把基因流傳到下一代，但藉由幫助親屬繁殖也可以達到同樣的目的，尤其是幫助近親。漢彌爾頓寫了一個公式，將幫助別人的代價和好處放入等式，再乘上對方和你親近的程度。這就是親屬選擇的本質。[7]這可以解釋一個關鍵——在數不清的物種之中，你和誰合作、競爭或進行交配，都根據彼此的親近程度來做決定。

哺乳類動物在出生後不久就會遇到親屬選擇，具體呈現在一個極為明顯的事實上：母的哺乳類動物很少為其他寶寶哺乳。再來，許多靈長類動物的新生兒母親和正處在青春期的母靈長類動物，會形成一種有利有弊的關係——母親偶爾會讓少女幫忙照看小孩。對靈長類媽媽來說，好處是自己有多一點時間覓食，而且覓食的時候不必背著小孩；壞處則是保姆的能力可能不足。對年輕的母靈長類動物來說，好處是獲得育兒經驗；壞處則是要付出力氣照顧小孩。加州大學洛杉磯分校的琳恩．費爾班克斯（Lynn Fairbanks）計算了這種「擬母親行為」（allomothering）的利與弊（包括年輕母靈長類動物如果曾經練習育兒，牠們自己的小孩存活率較高）。猜猜看誰最常擔任「擬母親」？答案是母親的小妹。

從擬母親行為延伸出去，以談到新大陸的猴子（如狨猴）的合作生殖（cooperative breeding）行為。牠們的社會群體中，只有一隻母猴負責生殖，其他成員——通常是較年輕的親屬——則會幫忙一起育兒。

從公靈長類動物參與育兒的程度，可以得知牠有多確定自己是父親。狨猴有穩定的配偶連結，公猴負責大部分的育兒工作。相對地，母狒狒在動情週期會和數隻公狒狒交配，只有很可能是父親的那些公狒狒（也就是在母狒狒最容易受孕、性器因發情而腫大得最明顯的那天交配），會為小孩的安適投資一點力氣，在牠打架時幫牠一把。[8]

---

7 原注：這又叫作「總括適存性」（inclusive fitness），因為遺傳不只關注直接的生殖成就（達爾文學說中的適應度），還包括為親戚成功所付出的代價，再根據親近程度進行加權。

8 原注：留意這裡所用的說法——「投資」，透露出這個領域中，有些分析採取類似經濟學的取向。

許多靈長類動物為某一隻同伴理毛的頻率，取決於雙方有多親近。母狒狒一生都待在原生群體中（公狒狒則在青春期移居到新的群體），結果，成年母狒狒和親屬形成了複雜的合作關係，並從母親那裡繼承了支配位階。黑猩猩則相反；母黑猩猩在青春期離開家，只有公黑猩猩才在成年時建立以親屬為基礎的合作關係（譬如，一群具有親緣關係的公黑猩猩一起攻擊來自隔壁群體、落單的公黑猩猩）。至於葉猴，當新來的公葉猴要攻擊葉猴寶寶，母葉猴挺身抵抗時，通常年長的母葉猴親屬會出手相助。

此外，靈長類動物知道什麼是親緣關係。賓州大學的桃樂絲．錢尼（Dorothy Cheney）和羅伯．賽法斯（Rober t Seyfarth）研究野生長尾猴，證實了如果動物 A 對動物 B 很糟糕，在那之後，B 比較有可能對 A 的**親屬**很糟糕。然後，如果 A 對 B 很差勁，B 的**親屬**就更可能對 A 很糟糕。再進一步，如果 A 對 B 很差勁，B 的**親屬**就更可能對 A 的**親屬**很糟糕。

錢尼和賽法斯在他們漂亮的「錄音播放」實驗中，首先錄下一個群體中每一隻長尾猴的聲音。他們在灌木叢中放置一些喇叭，當長尾猴在附近時，播放一隻小猴子遇難的喊叫。母猴全都看向那隻小猴子的母親——「嘿，是瑪琪的孩子。牠要怎麼辦？」（請注意，這也顯示猴子可以認得彼此的聲音。）

在一項野生狒狒的研究中，錢尼和賽法斯待在灌木叢中，等到兩隻沒有親緣關係的母狒狒跑到鄰近的位置時，播放以下三種聲音的其中一種：（a）這兩隻母狒狒的親屬打架的聲音；（b）其中一隻的親屬和第三方打架的聲音；（c）另外兩隻不相干的母狒狒打架的聲音。如果有其中一方的親屬涉入打鬥，牠望向喇叭的時間比沒有親屬涉入的時間更長。如果打架的雙方是牠們的親屬，位階較高的那隻會把對方擠出現在的位置，藉此提醒對方記得自己的從屬地位。

另一個錄音播放研究創造出一種狒狒虛擬實境。研究中的狒狒 A 位階比狒狒 B 高。研究人員剪接了錄音，放出 A 表現出支配位階、B 表現出從屬位階的聲音。這時候，沒有一隻狒狒看向灌木叢——A 大於 B，現狀就是這樣，無聊。但如果聽到 B 表達支配者的聲音之後，A 發出表達從屬者的聲音——地位顛倒了——所有狒狒都轉向灌木叢（「你有聽到我剛才聽到的聲音嗎？」）接著是第三個情境——同屬於一個家族的兩個成員位階顛倒。沒有狒狒轉頭看，因為這沒什麼有趣的（「家人嘛，總是會發生很多瘋狂的事。你該看看我家——我們之間的位階才剛大大翻轉，一個小時後又互相擁抱了」）。狒狒「同時根據個體位階及親緣關係來分類他者」。

所以，人類以外的靈長類動物對於親緣關係的思索細緻到不可思議，根據親緣關係來決定合作和競爭的模式。

非靈長類動物也有親屬選擇。譬如這個——在雌性動物的陰道中，精子聚集在一起可以游得快一點。有一種鹿鼠（deer mouse）的母鼠會和多隻公鼠交配，但只有來自同一隻公鼠、或來自近親的精子，才會聚集在一起。

至於行為方面，松鼠和草原犬鼠（prairie dog）都會在發現獵食者時，發出警告的聲音。這麼做的風險很高，因為自己會引起注意，當親屬在附近時，這種利他行為更常出現。許多物種都有由雌性動物組成的社會群體（譬如具有親緣關係的母獅會為彼此的幼獅哺乳）。此外，雖然獅群中通常只有一隻負責繁殖的公獅，但在某些情況中會出現兩隻公獅，這時候，牠們很可能是兄弟。人類也有驚人相似的現象。多數文化在歷史上都曾允許一夫多妻制，一夫一妻制則為少數。更稀有的是一妻多夫制——數個男人和一個女人結婚。印度北部、西藏和尼泊爾的一妻多夫制是「兄弟的」（adelphic，或 fraternal）——女人和一個家庭中的所有兄弟結婚，從高大魁梧的年輕人到還是嬰兒的弟弟都包括在內。[9]

不過，關於親屬選擇，還有一個更複雜的現象。

9　原注：這種兄弟的一妻多夫制出現在資源缺乏的地區，基本上作為減少人口成長的手段，並避免家庭中的兒子分家與繼承之後，家族的農地被分割得太小，無法支撐一個家庭所需。所有兒子都和同一個女人結婚，她和他們每一個人進行性接觸的權利都是同等的；這些兄弟「相信」，對於這個女人所生的小孩，他們每一個人都是生理上的父親，包括還是嬰兒的弟弟在內。

性感的同輩表親。如果幫助親屬傳遞基因可以增進適應度，為什麼不直接透過和他們交配來幫助他們？呃，歐洲貴族近親繁殖曾造成生育能力降低，並帶來不良的遺傳後果。[10] 所以，近親繁殖的危險抵掉了親屬選擇的益處。根據理論模型，與第三代同輩表親（third-cousin）[11] 配對，可以達到最佳平衡。確實，很多物種偏好與第一代到第三代同輩表親交配。

這種現象出現在昆蟲、蜥蜴、魚的身上，而且，同輩表親的配對，對於養育後代投入的程度高於沒有親緣關係的父母。鵪鶉、軍艦鳥（frigate bird）和斑胸草雀（zebra finch）都偏好與同輩表親配對，擁有配偶連結的家燕和地山雀（ground tit）的母鳥也會背著伴侶，溜出去和同輩表親交配。有些齧齒類動物也有類似的偏好（包括馬達加斯加大跳鼠〔Malagasy giant jumping rat〕，這種動物就算沒有和同輩表親同居，光牠的名稱聽起來就令人不舒服）。

那人類又是如何呢？和上述的差不多。女人偏好有中等血緣關係的男人氣味，勝過沒有的男人。有一項研究收集了冰島一百六十年來所有伴侶的資料（因為冰島的基因及社經地位同質性高，這裡簡直就是人類遺傳學家的聖地），生殖成就最高的是第三代和第四代同輩表親結合的婚姻。

辨認親屬？

以上發現關於動物的親屬選擇，這代表牠們必須懂得辨認彼此的關係有多親近。牠們是怎麼辦到的？

有些物種先天就有辨認能力。譬如，把一隻老鼠放到空地上；一端站著沒有親緣關係的母鼠，另一端則是和牠不同胎出生、素未謀面的親生姐妹。這隻老鼠花比較長的時間和牠的姐妹在一起，說明牠可以辨認基因相近的親屬。

10　原注：有力證據顯示，哈布斯堡王朝西班牙分支垮臺的主要原因是近親繁殖。請看 G. Alvarez 等人所寫的〈近親繁殖在一個歐洲皇家王朝消亡的過程中所扮演的角色〉（'The Role of Inbreeding in the Extinction of a European Royal Dynasty'），*PLoS ONE*, 4（2009）: e5174

11　譯注：指兩人最接近的共同祖先為曾曾祖父母。

這是怎麼運作的？齧齒類動物製造出帶有個別特徵的費洛蒙氣味，來自名為主要組織相容性複合體（the major histocompatibility complex，簡稱 MHC）的基因。MHC 是個變異很大的基因簇（genecluster），會製造出獨特的蛋白，形成個體的識別特徵。首先研究 MHC 的是免疫學家。免疫系統的工作是什麼？區分你和入侵者——誰是「自己」，誰「不是自己」——然後攻擊後者。你的所有細胞都帶著來自 MHC 的獨特蛋白，負責監控的免疫細胞遇到任何沒有這種蛋白密碼的細胞，就予以攻擊。來自 MHC 的蛋白也會出現在費洛蒙上，產生獨一無二的嗅覺標誌。

這個識別系統可以告訴你，這隻老鼠是張三。那它又怎麼有辦法告訴你，這是你那素未謀面的兄弟呢？當親屬間的血緣越接近，MHC 基因就越相似，嗅覺標誌也越相像。老鼠嗅覺神經元當中的受體對自己的 MHC 蛋白反應最為強烈。所以，如果嗅覺受體受到最強烈的刺激，代表這隻老鼠正在聞嗅自己的腋下。如果牠受到的刺激程度接近最大值，則是聞到近親的味道。中等強度的刺激是遠親。完全不受刺激（儘管其他嗅覺受體確實有偵測到那個 MHC 蛋白），那就是聞到河馬的腋下了。[12]

用嗅覺辨認親屬在一個迷人的現象中扮演了重要角色。回想一下，第 5 章曾談到大腦可以製造新的神經元。老鼠懷孕時會刺激嗅覺系統中的神經新生。為什麼這樣呢？因為這麼一來，當你需要辨認新生兒時，你的嗅覺辨認能力就能處在最佳狀態；如果懷孕時沒有這種神經新生，母性行為就有所減損。

再來，動物也可以根據銘印的感覺線索來辨認親屬。我要怎麼知道現在該為哪個新生兒哺乳呢？看誰聞起來像我陰道內的體液。我該挨近哪

12 原注：注意：並非所有根據嗅覺來辨認親屬的方法都利用 MHC 蛋白達成；還有許多其他來源的個別嗅覺標誌。也請注意，這可以用來解釋稍早提到的親屬選擇現象——來自同一個個體或近親的精子會聚在一起游泳。這是怎麼辦到的呢？把 MHC 蛋白放在精子表面，像魔鬼氈一樣——如果兩個精子有相同的蛋白（也就是它們來自同一個人），就會黏得很牢；遇到近親黏得沒那麼牢，但還是很牢；更遠的親戚則黏得更加不緊密，以此類推。

一個孩子呢？聞起來像母乳的那個。很多有蹄類動物都會應用這類規則，許多鳥類也是。我的媽媽是哪一隻鳥呢？誰會唱我被孵出來之前就學會的那首歌，牠就是我媽媽。

還有些物種透過推理來搞清楚親疏遠近；我猜測公狒狒在辨認誰可能是自己的後代時，使用了統計推論：「這位媽媽在發情期的巔峰有多少時間和我在一起？所有時間。OK，這是我的小孩；那就表現得像個爸爸吧。」講到這就得來談談世界上最善於運用認知策略的物種了，就是我們人類。我們怎麼辨認親屬呢？我們的方式非常不精確，往往造成有趣的結果。

讓我們從擬親屬（pseudo-kin）辨認開始談起，學者從很久以前就開始為這個現象建立理論。如果你遵守那個規則——誰和你共有某些明顯的特徵，你就和誰合作（就像你是對方的親屬一樣）——會發生什麼事？如果你有一個（或多個）基因具有以下三種性質，這就有助於把基因傳遞下去：(a)這個基因會製造出那個明顯的信號；(b)你可以在其他人身上認出那個信號；以及(c)讓你和擁有那個信號的人合作。這是一種原始而素樸的親屬選擇。

漢彌爾頓推測有一種「綠鬍鬚效應」(green-beard effect)；如果某個有機體有個基因同時替「長出綠鬍鬚」和「跟其他有綠鬍鬚的個體合作」編碼，當有綠鬍鬚和沒有綠鬍鬚的人共處在一起時，有綠鬍鬚的那群人就會更蓬勃發展。因此，「利他行為的重要條件，是這個利他行為的核心〔只是一個比較複雜的綠鬍鬚基因〕在遺傳上的親近程度，而不是整個基因體在系譜關係上有多接近。」

綠鬍鬚基因確實存在。聚在一起合作的酵母未必是一樣的、甚至不是近親。只要任何酵母有基因可以為一種細胞表面的黏附蛋白（這種蛋白會黏上其他細胞上的相同分子）編碼，它們就會黏在一起。

人類也展現出綠鬍鬚效應。不過，什麼特徵相當於綠鬍鬚，對我們每個人來說都不同。狹義而言，我們稱之為本位主義(parochialism)。如果再加上對沒有綠鬍鬚的人抱持敵意，那就是仇外了。如果你把「與你同屬一個物種」當作綠鬍鬚，等於表現了深刻的人道精神。

互惠利他行為

所以，有時候一隻雞不過是一顆蛋要製造出另一顆蛋的方法，基因可能很自私，還有，有時候我們很樂意為兩位兄弟或八位同輩表親犧牲生命。但，難道所有事情都必須圍繞著競爭、圍繞著個體或群體比別人留下更多的基因、適應度更佳、生殖成就更高？[13] 行為演化的動力難道永遠都是要征服別人？

事實完全不是這樣。有一個屬於特殊範圍的巧妙例外。還記得「剪刀、石頭、布」嗎？布可以包住石頭，石頭擊壞剪刀，剪刀剪破布。石頭希望撞壞所有剪刀，讓剪刀完全消失嗎？才不會呢。因為如此一來，所有的布就會包圍石頭，最後石頭也滅絕了。所有成員都有理由克制自己，因而達成平衡。

驚人的是，這種平衡出現在生命系統中，一項關於大腸桿菌的研究就證明了這點。研究者製造出三個大腸桿菌的菌落，分別有一個強項和一個弱點。簡而言之：一號菌株會分泌一種毒素。優點是可以殺死與它相競爭的細胞，缺點則是製造毒素要花費很多能量。二號菌株遇到那種毒素會受傷害，它有個可以吸收營養的膜轉運蛋白（membrane transporter），毒

13 原注：2008 年刊登在《華爾街日報》的文章中提到一個現象，對我來說是動物王國裡面「以親屬選擇之名進行反社會行為」登峰造極的表現。全國哪一家連鎖快餐店最常發生客人打架的事件？你猜的沒錯——是「出奇老鼠」（Chuck E. Cheese），打架的是小孩的家長，任何可能減損小孩生日派對完美程度的事情都能讓他們緊張兮兮。有一種特別常見的狀況是，某個家長對一個巴著電動不放的小孩不滿，強迫他讓出來給自己的小孩玩，結果大人開始爭吵——就算是錢尼和賽法斯的猴子也知道這不是什麼好事。另一篇報導則揭發，有人在這類事件中攻擊出奇老鼠的吉祥物，其中一次是一位父親指控出奇老鼠把他的兒子按在牆上，但這隻老鼠說他只是被一大群過度興奮的小孩擠來擠去：「這個男人把老鼠的頭扯下來，在那群吵鬧的小孩面前對他大吼，這個嚇壞了的 19 歲小子的頭從巨大的老鼠脖子中伸了出來，這幅景象大概會對這群小孩造成永遠難以平復的創傷。」

素能透過轉運蛋白溜進去。因此，它的優點是善於獲取食物，缺點則是容易被毒素傷害。三號菌株沒有那個轉運蛋白，所以不受毒素影響，而且它也不製造毒素。它的優點是不必付出製造毒素的成本，也對毒素不敏感，缺點則是無法吸收太多營養。所以，如果一號菌株去攻打二號菌株，最後會因為三號菌株的存在，造成一號菌株也跟著落敗。這個研究顯示這些菌株會維持平衡，限制自己的發展。

酷。但這不太符合我們對合作的直覺。拿「剪刀、石頭、布」跟合作相類比，就等於把「為了確保核武不會毀掉彼此而維持和平」類比為伊甸園。

這就連到了與個體選擇和群體選擇並列的第三個基本議題：互惠利他行為。「如果幫我抓背，我就幫你抓背。但我其實想盡量躲過，不必真的幫你抓背。因為你可能也在動這個歪腦筋，所以我要好好看著你。」

你可能只預期親屬間會合作，但沒有親緣關係的動物其實也常常合作。魚兒成群游泳，鳥兒列隊飛翔。狐獴（meerkat）冒險發出警告聲來幫助大家，吸血蝙蝠（vampire bat）形成公共聚落，餵養彼此的小孩。[14] 不同的靈長類動物會為沒有親緣關係的同伴理毛、圍攻獵食者或一起享用肉。

為什麼沒有親緣關係的個體要互相合作呢？因為團結力量大。和其他魚聚在一起，比較不容易被吃掉（但要競爭最安全的地點——魚群的中央——這就是漢彌爾頓所說的「自私獸群幾何學」〔geometry of the selfish herd〕）。鳥類排成V字型飛翔，可以藉由最前方那隻鳥帶來的上升氣流而省下力氣（問題就是誰要排在那個位置）。黑猩猩彼此理毛，可以減少寄生蟲。

在1971年的一篇重要論文中，羅伯特・崔弗斯（Robert Trivers）說明了無親緣關係的生物進行「互惠利他行為」背後的演化邏輯與相關因素——因為預期對方有所回報，所以犧牲自己的適應度去增進非親屬的適應度。

演化出互惠利他行為並不需要意識的參與；就像我前面提過的那個

---

14 原注：這有點爭議性，因為這種蝙蝠聚落經常由有親緣關係的母蝙蝠組成，所以也可能用親屬選擇來解釋。

比喻——風洞中的機翼。但還是有些其他的必要條件。顯然，有互惠利他行為的生物必須要有社會性。此外，社會互動必須頻繁到做善事和接受好意的雙方未來還有機會再次相遇。而且個體一定要能夠認得彼此。

這些具有利他行為的物種常常試圖作弊（不回報對方），也監控對方，以免對方作弊。我們這就來到了充滿作弊和應對策略的現實政治世界，隨著這場軍備競賽越演越烈，作弊和應對的方式也持續共同演化。這叫作「紅皇后」（Red Queen）情境，出自《愛麗絲鏡中奇遇》（*Through the Looking-Glass*），紅皇后必須跑得越來越快，才能維持原本的位置。

兩個相關問題隨之浮現了出來：

- 根據冷冰冰的演化適應度計算，到底什麼時候是合作的最佳時機，什麼時候適合作弊？

- 如果在這個世界上，其他人都不合作，首先展現利他行為的人就很吃虧。那整個合作系統到底怎麼開始的？[15]

大哉問之一：怎樣是最佳的合作策略？

當生物學家還在試著釐清這些問題時，其他領域的科學家已經開始提出解答了。1940 年代，資訊科學的創始人之一——博學的約翰・馮紐曼（John von Neumann）建立了「賽局理論」（gametheory）。賽局理論研究的

15 原注：為了控制本章的長度，我只好逼自己把關於單細胞變形蟲「盤基網柄菌」（*Dictyostelium discoideum*，也就是黏菌）之互惠利他系統的內容貶到注腳中。這種細胞為了繁殖會組成有結構的菌落，其中大約 80％的細胞會進行繁殖，另外 20％則不繁殖，扮演支持性的角色。如果這個菌落中有兩種遺傳系譜的變形蟲，就會分別貢獻出 20％作為無趣的支持角色，顯現出它們會互相合作。但有時候也會出現例外，譬如有些遺傳分支經過演化之後會試圖作弊，想要將所有細胞都偷渡去進行繁殖，另外有些分支則演化成懂得辨別誰在作弊，於是拒絕跟作弊者互動。譬如，有些變形蟲的細胞表面有「黏附分子」蛋白，可以讓不同細胞黏在一起形成菌落；反作弊者的黏附分子則不認得（也就不會黏上）作弊者的黏附分子蛋白。

是有策略的決策。稍微換個說法，就是關於什麼時候要合作、什麼時候要作弊的數學研究。經濟、外交和軍事領域都探討過這個主題之後，就只剩下生物學家還沒和研究賽局理論的學者進行對話了。1980 年代，「囚犯的兩難」開啟了這兩個領域的對話，第 3 章已經介紹過，是時候更詳細地拆解這個概念了。

假定有兩名幫派成員——A 和 B——被逮捕了。檢察官還無法證明他們犯下重罪，但已經可以給他們冠上一個較輕的罪名，為此需要服刑一年。A 和 B 不能交談。檢察官分別和兩人談條件——只要你告發對方，就幫你減刑。因此可能的結果有四種：

- A 和 B 都拒絕告發對方：兩人都服刑一年。
- A 和 B 都告發對方：兩人都服刑兩年。
- A 告發 B，B 保持沉默：A 獲釋，B 服刑三年。
- B 告發 A，A 保持沉默：B 獲釋，A 服刑三年。

所以，囚犯的兩難就是要忠於你的夥伴（「合作」）還是背叛他（「叛逃」）。他們的思緒可能像這樣：「最好還是合作。他可是我的夥伴，他也會跟我合作，我們就都只需要服刑一年。但如果我合作了，結果他在背後捅我一刀怎麼辦？這樣他被釋放，我得坐牢三年。還是叛逃好了。但如果我倆都叛逃——就得坐牢兩年。可是也許還是叛逃比較好，免得合作之後……」沒完沒了。[16]

16　原注：幾年前英國有個遊戲節目叫做《金球》（*Golden Balls*）。在一連串的競賽之後，參賽者的最後一步是要面對面，玩一場改編版的囚犯的兩難。節目獎金有一大筆錢（可能有一萬英鎊）；玩家必須分別選擇「分錢」或「偷錢」。如果兩人都選擇分錢，就可以分到錢。如果一個人選擇分錢，另一個選擇偷錢，那個倒楣鬼就一毛都拿不到，叛逃者則能把錢全部抱回家。如果他倆都選擇偷錢，則兩人都空手而歸。YouTube 上有許多不同集的片段，說起來丟臉，但這些影片令人上癮。也可以參考 Radiolab 對這個節目的分析：https://www.youtube.com/watch?v=OeYObQg-LJM

如果你有機會玩一場囚犯的兩難，提供一個理智的解答給你。假設你是囚犯 A，當你選擇叛逃，可能的刑期平均是一年（如果 B 合作是零年，如果 B 叛逃則是兩年）；當你選擇合作，可能的刑期則是平均兩年（如果 B 合作是一年，如果 B 叛逃則是三年）。所以你應該叛逃。倘若遊戲只有一回合，最佳解永遠都是叛逃。就這世界的現狀而言，這不是什麼振奮人心的好消息。

假定現在要連玩兩回合，第二回合的最佳策略和玩單一回合的時候一模一樣——都要選擇叛逃。因為第一回合的設定就像單一回合的遊戲一樣——所以也要選擇叛逃。

那三回合的遊戲又該怎麼辦呢？在第三回合叛逃，意思是前兩回合就等於是兩回合的遊戲。在兩回合的遊戲中，你會在第二回合叛逃，意思就是第一回合也叛逃。

在有 Z 個回合的遊戲中，最佳解一定是在最後一回合叛逃。所以在第 Z-1 回合中，最佳解也是叛逃，在第 Z-2 回合也是如此……換句話說，當兩個人**知道**一共會玩幾回合時，最佳策略永遠都是排除合作。

但如果玩家不知道一共玩幾回（也就是「重複的」囚犯的兩難）呢？那事情就變得有趣了。賽局理論學者和生物學家也就在此相遇。

促成這場相遇的是密西根大學的政治學家羅伯．艾瑟羅（Robert Axelrod）。他向同事解釋囚犯的兩難怎麼運作，並問他們如果不知道有幾回合，他們會採取什麼策略。結果同事的回答差異很大，其中有些複雜得毛骨悚然。於是，艾瑟羅將不同的策略寫入電腦程式，並讓這些策略在一場虛擬的大型循環賽中互相比拚。結果，哪一種策略贏了，哪一種是最佳解呢？

多倫多大學的一位數學家——阿納托．拉普伯特（Anatol Rapoport）提出了最佳解；就像英雄神話的情節一樣，答案是最簡單的策略。第一回合先合作。接著，對方在上一回合怎麼做，你就怎麼做。這叫作「以牙還牙」（Tit for Tat）。更詳細的說明如下：你在第一回合中合作（cooperate，簡寫為 C），如果對手一直合作，你們就合作下去，從此過著幸福快樂的日子：

例一：

你：CCCCCCCCCC……

他：CCCCCCCCCC……

假定對方開始時先合作，但接著被惡魔誘惑，在第十回合叛逃（defect，簡寫為D）。你選擇了合作，所以中了一招：

例二：

你：CCCCCCCCCC

他：CCCCCCCCCD

接著，你「以牙還牙」，在下一回合懲罰他：

例三：

你：CCCCCCCCCCD

他：CCCCCCCCCD ？

如果他那時候決定繼續合作，你也照著做；世界又回復和平：

例四：

你：CCCCCCCCCCDCCC……

他：CCCCCCCCCDCCCC……

如果他繼續叛逃，你同樣照做：

例五：

你：CCCCCCCCCCDDDDD……

他：CCCCCCCCCDDDDDD……

假定你的對手一直都叛逃，看起來就會是這樣：

例六：

你：CDDDDDDDDD……

他：DDDDDDDDDD……

這就是「以牙還牙」的策略。請注意，使用這個策略永遠贏不了，頂多是如果對方也用「以牙還牙」，或者他用「永遠合作」的策略，你們可以打成平手。不然採取這個策略會小輸一些。任何其他策略遇上「以牙還牙」，永遠都能稍贏一點。不過，如果其他任何兩種策略互相對決，都會損失慘重。把所有輸贏加總起來，「以牙還牙」是最佳策略。「以牙還牙」讓你輸掉幾乎每一場戰役，但在最終成為戰勝國，或者贏得和平。換句話說，「以牙還牙」可以消滅其他策略。

「以牙還牙」有四個優點：這個策略傾向合作（在第一回合從合作開始），但你不會因此淪為倒楣鬼，也不去懲罰叛逃者。這個策略很寬容——只要叛逃者願意重新合作，「以牙還牙」的做法也是繼續合作。而且這個策略還十分簡單。

艾瑟羅發表了無數篇將「以牙還牙」策略使用在囚犯的兩難和相關賽局（之後還會談更多）中的論文。接著有個重要事件發生了——艾瑟羅和漢彌爾頓開始合作。研究行為演化的生物學家，一向渴望像那些研究沙漠鼠（desert rat）的腎臟如何演化的人一樣用量化的方法做研究。雖然他們當時還不知道，但他們在研究的其實是社會科學家研究的主題。囚犯的兩難提供了一個架構，可以用來思考合作與競爭的策略演化，這正是艾瑟羅和漢彌爾頓在 1981 年的一篇論文中探討的內容（這篇論文有名到變成流行語——譬如，「你今天課上得怎麼樣？」「很糟糕，我的進度遠遠落後，甚至還沒講到艾瑟羅和漢彌爾頓。」）

當演化生物學家開始和政治學家做朋友，賽局情境中開始增添了幾分真實世界的可能性。其中之一是去探討「以牙還牙」策略的一個瑕疵。

先介紹一下誤差訊號（signal error）——一個訊息遭到誤解、某人忘記告訴另一個人某事、或系統中有隨機的雜訊。就像真實世界裡的狀況。

假設現在的情境是第五回合出現了誤差訊號，而且兩位玩家用的都是「以牙還牙」策略。那麼，如果大家本來的意思是這樣：

例七：
你：CCCCC
他：CCCCC

因為出現了誤差訊號，所以你以為情況是這樣：

例八：
你：CCCCC
他：CCCCD

你心想：「這個怪胎，竟然這樣背叛我！」於是你在下一回合選擇叛逃。那麼，你以為情況是這樣：

例九：
你：CCCCCD
他：CCCCDC

他沒注意到訊號誤差，所以以為情況是這樣：

例十：
你：CCCCCD
他：CCCCCC

他想：「這個怪胎，竟然這樣背叛我！」於是在下一回合選擇叛逃。「喔，你還來？誰怕誰啊！」你想，然後叛逃。「喔，你還來？誰怕誰啊！」他也這樣想，結果可能造成：

例十一：

你：CCCCCDCDCDCDCDCD……

他：CCCCDCDCDCDCDCDC……

只要誤差訊號有出現的可能，兩個使用「以牙還牙」的玩家就很容易永遠被困在這個互相背叛的蹺蹺板上。[17]

因為「以牙還牙」策略很容易受誤差訊號影響，哈佛的馬丁．諾瓦克（Martin Nowak）、維也納大學的卡爾．西格蒙德（Karl Sigmund）和加州大學洛杉磯分校的羅伯．博伊德（Robert Boyd）等演化生物學家提出兩種解決方案。「悔恨的以牙還牙」（Contrite Tit for Tat）只在對方連續叛逃兩次時才予以反擊。「寬容的以牙還牙」（Forgiving Tit for Tat）則自動原諒三分之一的叛逃。這兩種策略都可以避免讓誤差訊號毀掉一切，但使用這些策略很容易遭對方利用。[18]

---

17 原注：尤金．伯德瑞克（Eugene Burdick）和哈維．惠勒（Harvey Wheeler）在1962年出版的地緣政治驚悚小說《安全機制》（*Fail-Safe*）中，故事背景就設定用「以牙還牙」策略為誤差訊號進行解套。一項電子機械的小故障，使一組空軍轟炸機誤以為蘇聯對美國展開核武攻擊，於是要去攻擊莫斯科。美國和蘇聯都發現這是怎麼一回事，美軍企圖讓飛機返回，卻失敗了；蘇聯以為美國使出詭計，假裝表現出「糟糕，抱歉喔」的樣子，準備全力反擊。美國總統（這個角色以甘迺迪為範本）試著展現誠意，派出戰鬥機幫助蘇聯把轟炸機射下來以阻止攻擊。幾架轟炸機被擊落，但也有些閃過了，而且大部分的蘇聯高階軍官還是相信這是一場陰謀。終於，為了避免全面核戰，總統只能使出「以牙還牙」，命令一架轟炸機在紐約市投下同等強度的炸彈。這個誤差訊號的結果真是糟糕。我小時候被這本書嚇得半死。我一直掃視家鄉——紐約——的天空，害怕那架轟炸機會出現。

18 原注：就像這樣：「哎呀，抱歉囉，我們不小心拿下了聖彼得堡。我以為在那場莫斯科大混亂之後，我們已經搞定那個漏洞了。」

想彌補這項缺點，一種方法是根據誤差訊號的機率調整原諒的頻率（「抱歉，因為火車誤點，我又遲到了」，貌似比「抱歉，因為有顆隕石再次砸到我的車道，我又遲到了」更可信而值得原諒）。

另一個解決「以牙還牙」策略易受訊號誤差影響的方法是不斷改變策略。剛開始，在各式各樣的策略中，很多人會大大偏向叛逃，這時候先採取「以牙還牙」。等到他們開始消失，則換到「寬容的以牙還牙」，假如出現誤差訊號，「寬容的以牙還牙」就可以打敗「以牙還牙」。從強硬而帶有懲罰性的「以牙還牙」，轉換到整合了原諒的「以牙還牙」，這中間的轉變是怎麼一回事呢？答案是建立信任。

還有人藉由模擬生命系統來闡述這個問題。密西根大學的資訊科學家約翰・霍蘭德（John Holland）採用「遺傳演算法」（genetic algorithms）——隨時間突變的策略。

也有人把另一個真實世界的因素考量進來，就是特定策略的「成本」——譬如，使用「以牙還牙」策略，就要監控和懲罰作弊——高成本的警報系統、警察的薪水和建造監獄。如果世界上沒有誤差訊號，且所有人都使用「以牙還牙」，那會付出過高的成本，「永遠合作」的策略成本比較低，可以取代「以牙還牙」。

所以，如果誤差訊號存在，採取不同策略就要付出不同的成本，再加上一些突變策略，形成一種循環：有一堆五花八門的策略，包括利用別人、不合作的策略，這種策略會被「以牙還牙」取代，「以牙還牙」又被「寬容的以牙還牙」取代，接著「永遠合作」再度取而代之——直到突變出現，引入一種利用別人的策略，像野火一般蔓延開來，就像一匹狼闖入「永遠合作」的羊群，於是這個循環再度開始……[19] 經過多次修正，這個模型越

19 原注：有一種利用型策略特別聰明，稱為「帕夫洛夫」。如果你正參與一場「囚犯的兩難」，對你而言最佳的結果依序為：（a）你在對方合作時叛逃，對方成了倒楣鬼；（b）你們雙方都選擇合作；（c）你們雙方都選擇叛逃；（d）你選擇合作時對方叛逃，你成了倒楣鬼。帕夫洛夫策略的基本精神是要合作，但不時叛逃，叛逃的時間點是隨機的，根據它的規則，除了那些偶爾的隨機叛逃，只要你遇到以上四種結果中比

來越接近真實世界。很快地，這個電腦模擬測驗中的策略就會開始交歡，對參與其中的數學家來說，這一定是他們遇過最刺激的事了。

演化生物學家很高興能和理論經濟學家、理論外交官和理論戰略專家一起發展出日益精細的模型。但真正的問題是，動物的行為到底有沒有合乎這些模型呢？

動物界有一種古怪系統，顯示動物可以用「以牙還牙」來確立合作關係，其中的主角是有穩定配偶連結的橫帶低紋鮨（black hamlet fish）。這種魚可以轉換性別，目前為止還很正常（有些種類的魚會這樣）。和其他動物一樣，雌魚在繁殖上需要付出比雄魚更高的代謝成本。所以，一對魚當中的兩隻輪流扮演成本較高的雌魚。假設兩隻魚——A 和 B 正在跳這支性別轉換的探戈，最近的一輪，A 是要付出高成本的雌魚，B 是低成本的雄魚。如果 B 作弊，繼續當雄魚，逼迫 A 繼續當雌魚；那麼 A 就轉換成雄魚並保持不變，直到 B 的社會良心忽然被喚醒，願意變成雌魚。

另一個受到廣泛引用的研究指出，刺魚（stickleback fish）會使用「以牙還牙」策略。把這種魚放在魚缸裡，玻璃隔板的另一端是個恐怖的東西——一隻巨大的慈鯛（cichlid fish）。刺魚來回快速游動以探查狀況。現在，在魚缸中放一面鏡子，平行於兩條魚連成的直線。換句話說，從鏡中看來，會有**第二條**慈鯛在原本那條的隔壁。這真可怕，不過，又有一條神秘的刺魚忽然冒了出來，每次我們的英雄刺魚探查第一條慈鯛，這第二條刺魚就去探查第二條慈鯛——「我不知道這傢伙是誰，但我們組成了合作無間的團隊。」

現在，我們來讓那隻刺魚覺得牠的夥伴背叛了牠。轉動鏡子的角度，刺魚的倒影就會轉向後方。當刺魚往前游動，牠的倒影也會游動，但

較好的那兩種，下一回合你就以同樣的方式回報；如果遇到比較糟的那兩種結果，你就在下一次改變行為。意思就是，如果你的對手採取「永遠合作」或特別寬容的「寬容的以牙還牙」，那麼你偶爾叛逃的行為就幾乎不會、或很少遭到處罰，讓你可以盡情利用其他玩家。

是——**混蛋！**——牠好像很安全地待在後面（就算只落後半個魚身長的距離，都會減低後面那條魚被吃掉的機率）。當這隻刺魚相信自己被夥伴背叛，牠就不再往前游動。

有些動物在社群中具有多重角色，展現出更複雜的「以牙還牙」行為。先前提過「錄音播放」的研究技術，當研究人員將之應用在獅子身上，從灌木叢中（或一個與真實獅子大小相等的模型中）的喇叭播放出陌生公獅的吼聲。獅子會試探性地上前探查，這個舉動十分冒險。有些獅子始終躊躇不前。獅群願意容忍這些膽小鬼，似乎違反了牠們彼此互惠的需求，不過後來發現，這些看似膽小的獅子，會在其他時候（譬如追捕獵物）率先出擊。達馬拉蘭鼴鼠（Damaraland mole rat）也和上述現象有異曲同工之妙。達馬拉蘭鼴鼠和牠的親戚—裸鼴鼠的社群和社會性昆蟲相似，有些成員是不繁殖的工兵，還有一隻負責繁殖的女王。[20] 學者發現有些工兵從來不工作，比起其他工兵可說胖得不得了。原來，牠們有兩項專門工作——在下雨的時候鑽過淹水、坍塌的地道，還有，在必要時擔下一項冒險工作，獨自出征開闢疆土。

我不認為現有證據已經清楚說明其他物種有「以牙還牙」的互惠行為。不過，如果來自火星的動物學家要在人類身上尋找狹義「以牙還牙」的行為證據，也會非常困難——畢竟，成雙成對的人類中，常常有一方一肩扛起所有工作，另一個人除了偶爾交出幾張綠色鈔票之外什麼都不做。重點在於動物有一套互惠系統，而且這個系統可以偵測作弊。

大哉問之二：合作到底怎麼開始的？

所以，幾個採取「以牙還牙」策略的人可以打敗其他策略，包括嚴重

20　原注：這還遠遠不足以描述裸鼴鼠有多怪。牠們住在地下，有巨大的門牙但沒有毛，所以看起來像長了獠牙的香腸，牠們只需要極少的氧氣就能存活，皮膚上沒有痛覺受體，壽命比其他囓齒類動物長超過十倍（大約長達三十年），而且超級抗癌。正因如此，聲譽卓著的科學期刊《自然》在幾年前將裸鼴鼠封為年度脊椎動物，這可比登上《時人》雜誌「全球最美的五十人」名單還要更酷也更令人讚歎。

利用他人而不願合作的方式，「以牙還牙」讓你輸掉各場戰役，但贏得整場戰爭。但是，如果在九十九個「永遠叛逃」的人之中，只有一個採取「以牙還牙」策略的人，會發生什麼事？「以牙還牙」一點勝算也沒有。如果互相採取「永遠叛逃」策略，最後的結果則對雙方來說都是第二糟糕的。但「以牙還牙」對上「永遠叛逃」更糟，在變成貨真價實的「永遠叛逃」策略家之前，得先當第一回合的倒楣鬼。這點出了互惠利他行為的第二個大難題：先別管哪種策略最能促進合作——你到底要怎麼開始使用其中任何一種呢？在一堆「永遠叛逃」的人之中當第一隻橫帶低紋鮨、第一隻鼴鼠、或第一個盤基網柄菌變形蟲，在讀完甘地、曼德拉、艾瑟羅和漢彌爾頓之後，決定踏出第一步，率先展現利他行為，然後就此搞砸一切，永遠落後大家。你幾乎可以聽到選擇「永遠叛逃」的變形蟲放聲嘲笑的聲音。

我們稍微把「以牙還牙」講得簡單一點，先找到一個立足點。想像在九十八個「永遠叛逃」的人中有兩個採取「以牙還牙」的人。他們注定遭遇慘敗……但如果他們找到彼此，形成穩固的合作關係，「永遠叛逃」的人不是必須換成「以牙還牙」策略，就是會消失不見。只要有一個合作的核心，合作關係就會往外發展，像形成結晶一樣，擴散到整個群體。

綠鬍鬚效應在這裡可以幫得上忙，明顯的特徵有助於合作者彼此辨認。另外還有一種是空間上的機制，使得合作的特徵本身就有助於合作者找到彼此。

另一條路線則是借力使力。地球上偶爾會發生一些地理事件（譬如陸橋消失），使得群體中的部分個體被孤立幾個世代。這種「奠基者族群」（founder population）內會發生什麼事？近親繁殖、透過親屬選擇促進合作。後來，陸橋又出現了，這個近親繁殖、互相合作的奠基者族群再次加入主要群體，於是合作關係開始向外擴張。[21]

---

21 原注：演化生物學的巨人——哈佛的恩斯特．麥爾（Ernst Mayr）指出了奠基者族群的重要性為何。在他看來，這些小小的奠基者族群是形成新物種的驅動力；從他的想法延伸，我們可以將短暫存在的奠基者族群，視為較大群體建立合作關係的手段。

我們在最後一章會再回到「開始合作」這個主題。

用三條腿站立

我們已經談了行為演化背後的三種思考基礎——個體選擇、親屬選擇和互惠利他行為。而且我們也看到這三種概念如何解釋一些令人困惑的行為。有些行為和個體選擇有關，其中又以競爭性的殺嬰行為為最典型的例子。其他行為多半可以用親屬選擇來解釋——為什麼只有某些靈長類動物的群體之間會出現雄性對雄性的攻擊行為；為什麼許多物種有世代相傳的分級系統（ranking system）；為什麼同輩表親之間的配對比想像中更常出現。另外還有一些，則完全屬於互惠利他行為。為什麼吸血蝙蝠明明知道群體選擇具有征服他族的力量，還願意將自己吸來的血反芻餵食其他蝙蝠的小孩？

讓我們來多看幾個例子。

具有配偶連結的物種與比武式（tournament）物種

假設你發現了兩種新的靈長類動物。雖然你已經觀察這兩種動物好幾年，你對牠們的瞭解卻只有：A 物種的雄性和雌性的體型、外觀顏色和肌肉組織都很相近；而 B 物種的雄性遠比雌性高大、有更多肌肉、臉部有引人注目的鮮艷顏色（行話：B 物種的「雌雄異型」〔sexually dimorphic〕程度很高）。我們現在就要來看看，這種對比可以為什麼可以讓你精準地預測出一大堆事情（見下頁圖）。

首先，哪一種動物的雄性會為了爭奪高支配位階，而爆發激烈又有高攻擊性的衝突呢？答案是 B 物種，經過演化的選擇，B 物種中的雄性有打鬥的技能，也會表現出打鬥行為。A 物種的雄性則相反，牠們的攻擊性

麥爾驚人地在超過 90 歲時出版了四本廣受好評的著作，最後一本《為什麼生物學如此獨特？》（*What Makes Biology Unique?*）在 2004 年、他離世前不久出版，當時他已經 100 歲。從各種方面來看，他的故事都非常鼓舞人心。

極低——正因如此，演化沒有使牠們肌肉發達。

那雄性的生殖成就變異性呢？牠們的其中一種由 5%的雄性完成將近所有的交配；另一種則是所有雄性都各繁殖幾次。B 是前者——這就是為什麼要競爭位階——A 則是後者。

再來，有一個物種的雄性若和雌性交配，雌性受孕了，雄性會負責大量的育兒工作。相反地，另一個物種的雄性則沒有這種「親代投資」

一公一母成對的獠狨（上）及山魈（下）

（parental investment）。不用說，A 是前者；在 B 物種中，大多小孩的父親都是少數幾個雄性，牠們鐵定不太照顧小孩。

其中一種的伴侶傾向生活在一起，另一種則不會。這也很簡單——A 物種會生活在一起，兩個家長一起合作。

這兩個物種的雄性對於交配對象有多挑剔呢？B 物種的雄性會在任何時間地點、跟任何對象交配——反正代價只是一些精子。但 A 物種遵守「你讓她懷孕了，你要照顧小孩」的規則，較謹慎地挑選伴侶。同樣地，哪一種會建立穩定的配偶連結呢？當然是 A。

在控制體型因素之後比較雙方雄性，哪一方的睪丸較大、精子數量較多？答案是 B，牠們隨時都要準備好交配。

雙方雌性在尋找潛在對象時，又考量些什麼呢？B 物種的雌性從雄性那裡得到的只有基因，所以希望那是好基因。這可以解釋牠們的雄性為什麼有花枝招展的第二性徵——「如果我可以浪費能量來長出肌肉和荒唐的霓虹色鹿角，我的身體一定很好，你會希望小孩也有像我這樣的基因。」反之，A 物種的雌性尋覓穩定、有親和行為與良好育兒技巧的對象。某些鳥類身上可以看到這種模式，雄鳥在求愛期會表現得像個育兒專家——象徵性地餵食雌鳥蟲子，證明牠有養家的能力。同樣地，若有 A 版本和 B 版本的鳥類，哪一種較有可能拋棄後代，藉由和另一隻雄鳥繁殖，來使更多自己的基因流傳下去呢？答案是 A——A 物種會出現「戴綠帽」的現象——因為雄性會留下來照顧小孩。

A 物種的雌性也會為了和特別理想（也就是適合當爸爸）的雄性形成配偶連結而激烈競爭。反之，B 物種的雌性不需要競爭，因為牠們從雄性那裡得來的只有精子，而且理想雄性的精子足夠分給大家。

驚人的是，我們在這裡描述的是處處可見且確實可信的兩種社會系統，A 是「配偶連結」，B 是「比武式」物種（見下頁表格）。[22]

22　原注：有兩個關於專門術語的提醒。具有配偶連結的物種行社會性的單一配偶制，這並不總是代表牠們在性方面也行單一配偶制。「比武式物種」有時候專指具有一

	有配偶連結的物種	比武式物種
雄性育兒行為	多	少
雄性對交配對象的挑剔程度	高	低
雄性生殖成就的變異性	低	高
睪丸大小、精子數量	小／少	大／多
雄性間的攻擊行為	少	多
體重、生理機能、外觀顏色和壽命上的雌雄異型程度	低	高
雌性以何者作為擇偶的優先考量	育兒技能	好基因
外遇的機率	高	低

具有配偶連結的靈長類動物，包括狨猴、獠狨和夜猴（owl monkey）等南美洲的猴子，還有猿類、長臂猿（非靈長類的例子則包括天鵝、豺狼、河狸，當然還有第4章的草原田鼠）。典型的比武式物種，包括狒狒、山魈、恆河猴、長尾猴和黑猩猩（非靈長類的例子則包括羚羊、獅子、綿羊、孔雀和象海豹〔elephant seal〕）。並非所有物種都能完全符合這兩種極端之一（之後再談）。不過，重點在於哪些演化原則影響了這些物種特徵在分類上的內在邏輯。

親子衝突

另一種行為特徵和親屬選擇完全相反。到目前為止，我們都在強調親屬之間共享了許多基因和演化目標。不過，除了同卵雙胞胎之外，一般的親屬間，基因或目標並非全部相同，這點也很重要。親屬間可能因此而發生衝突。

親子衝突是存在的。其中一個經典的例子是母親該不該供給小孩豐富的營養，保證他能活下來，但會犧牲掉給其他小孩的營養（無論是現在已經出生或未來可能出生的小孩）。這就是斷奶衝突（weaning conflict）。

種雄性競爭形式的物種，所有雄性會聚在一起進行競爭性的表演，譬如艾草松雞（sage grouse）和某些有蹄類動物，但很多時候（就像在這裡）也用來廣泛形容許多雄性與許多雌性混雜的配對系統。

靈長類動物會為此發脾氣發個不停。母狒狒有時候看起來精疲力竭又暴躁易怒。如果倒帶回去，就會看到牠那還走不太穩的孩子正在用世界上最可憐的聲音發出嗚咽哀鳴。每隔幾分鐘，這個孩子就想要喝奶；媽媽生氣地把牠推開，甚至賞牠一巴掌。然後小孩哀號得更厲害。這是親子之間的斷奶衝突；只要媽媽繼續哺乳，就不太可能排卵，限縮了牠未來的生殖潛能。經過演化，狒狒媽媽會在孩子可以餵飽自己時斷奶，同樣經過演化之後，小狒狒則盡可能延遲斷奶的那一天。有趣的是，當母親年老，未來再生小孩的機率下降，就不再那麼堅持斷奶。[23]

除此之外，母親和胎兒之間也有衝突。假設你是個帶著演化目標的胎兒。你現在想要什麼？從媽媽那兒得到最多營養，誰在乎那會不會影響她未來的生殖潛能呀？另一方面，媽媽卻想要平衡當下的需求和未來的繁殖前景。驚人的是，胰島素（血糖上升時從胰臟分泌出來的荷爾蒙，使血糖進入標的細胞）也參與了胎兒和媽媽的新陳代謝拔河。胎兒會分泌一種荷爾蒙，使媽媽的細胞對胰島素不再反應（也就是「胰島素阻抗」〔insulin resistant〕），還有一種酵素可以分解媽媽的胰島素。所以媽媽從血液中吸收到的葡萄糖減少，就可以多留一些給胎兒。[24]

性別間遺傳衝突

某些物種的胎兒在與母親的衝突中擁有一位盟友——父親。假設某個物種的雄性四處遊走，和不同的雌性交配之後就離開，再也看不到牠，這位雄性對母親與胎兒的衝突會有什麼看法？一定要確保胎兒（也就是牠

23 原注：珍．古德在黑猩猩的田野工作中看到了佛林特（Flint）的案例，牠是年老的佛洛（Flo）最小的一個孩子；佛林特一直沒有完全斷奶，還是非常依賴母親佛洛，甚至到青春期依然如此。當佛洛年老死去，佛林特出現的狀態只能用「反應性憂鬱」來形容，牠無法覓食或進行社會互動，在一個月後就過世。

24 原注：若是這種胰島素阻抗非常嚴重，醫生會怎麼稱呼呢？妊娠糖尿病（Gestational diabetes）。也就是說，這可以連回到之前提過的那些學科籃子——如果你是婦產科醫生，這就變成一種疾病。如果你是演化生物學家，我們在談的則是媽媽和胎兒間的激烈拔河。

的小孩）盡可能得到最多營養，就算限縮媽媽未來的生殖潛能也無妨——牠才不在乎呢，反正之後的小孩不會是牠的。牠絕對站在自己的小孩這邊。

這可以解釋一個神祕又古怪的遺傳特殊現象。通常，不管一個來自雙親的哪一方，都會以相同的方式運作。但少數特定基因受到「銘印」，其運作方式及是否活化，會根據來源是父親或母親而有所不同。哈佛的演化生物學家大衛・海格（David Haig）以很有創意的整合性研究發掘了這背後的目的。父源性銘印基因偏重胎兒的成長，母源性銘印基因則與之對抗。譬如，有些父源性基因為強效的生長因子編碼，母源性基因則為比較沒有反應的生長因子受體編碼。源自父親的基因在腦中表現出來，使得新生兒的大腦渴望哺乳者；源自母親的基因則與之抗衡。就像腕力比賽一樣，爸爸藉由遺傳鼓勵後代盡量生長，犧牲母親未來的生殖計畫也在所不惜，媽媽則以更平衡的繁殖策略，透過遺傳來抵抗爸爸的作為。[25]

比武式物種的雄性對雌性未來的生殖成就只以少之又少的投入，牠們有許多銘印基因，但具有配偶連結的物種則沒有。人類又是如何呢？別走開，之後還會再談。

多層次選擇（multilevel selection）

所以，我們已經談了個體選擇、親屬選擇和互惠利他行為。近幾年發生了什麼事呢？群體選擇又出現了，悄悄從後門溜進來。

「新群體選擇」打亂了學者對於演化「選擇單位」為何的長期辯論。

25 原注：這場腕力比賽表現在兩種疾病上。如果發展正常，促進生長的父源性基因和功能相反的母源性基因可以維持平衡。假如父源性銘印基因發生突變，從天秤上消失，會發生什麼事呢？沒有東西可以和母源性基因相抗衡，於是胎兒發育受到嚴重抑制，胚胎無法著床。假如情況相反，來自雌性的基因發生突變而失去功能，只留下促進生長的父源性基因，沒有東西與之抗衡，又會發生什麼事呢？胎盤失控發育，演變成侵略性的絨毛膜癌（choriocarcinoma）。

基因型（Genotype）vs. 表現型（Phenotype），以及最有意義的選擇層次

為了理解這個主題，我們要先比較一下**基因型**和**表現型**。基因型＝某個人的基因組成。表現型＝由基因型所製造出來的特質，可以從外在世界觀察到。[26]

假定有個基因可以決定你有兩道眉毛還是一道連續的一字眉。你注意到在某個群體中，一字眉的盛行率正在下降。若要瞭解為何發生這個現象，以下哪一個比較重要——是從基因變異的層次理解，還是從眉毛表現型的層面切入（見下圖）？經過第 8 章的討論，我們已經知道基因型不等於表現型，因為基因—環境會產生交互作用。也許胎內環境的影響可以關閉某個基因，卻不會影響另一個基因。也許這個群體中的部分人口信仰某種宗教，他們在異性面前必須把眉毛遮起來，所以眉毛表現型沒有經過性擇。

如果你是個專攻一字眉人口下滑的研究生，你必須決定自己的研究要從基因型還是表現型層次著手。從基因型方面展開研究，就要為眉毛的基因變異定序，並試著理解這些基因如何進行調

26　原注：神經科學家經常使用「內表現型」（endophenotype）這個名詞，意思基本上是「以前我們在表現型層次無法偵測到這個特徵，但因為有些新東西被發明出來，現在可以了，所以我們稱它為內表現型，代表這是個新觀察到的特徵，可以說是藏在你裡面。」你的血型就是一種內表現型，可以透過血液樣本化驗出來；杏仁核的大小也是內表現型，透過腦部掃描儀就可以知道。

控。若從表現型的角度切入，就要譬如說，檢視眉毛外觀和伴侶選擇之間的關係，或一字眉是不是會從陽光吸收特別多的熱能，因此傷害了額葉皮質，造成不適切的社會行為，並減損了生殖成就。

這就是前面所說的辯論——想要透徹瞭解演化，應該要聚焦在基因型、抑或表現型呢？

道金斯長期都是最引人注目的基因中心觀點支持者，他提出經典的「自私的基因」，造成了大流行——被傳到下一代的東西是基因，隨時間散播或減少的也是基因變異。此外，一個基因就是一串明確而獨特的基因序列，簡單明瞭又無可辯駁，相比之下，表現型特徵比較模糊，也不那麼獨特。

這就是「一隻雞不過是一顆蛋製造另一顆蛋的方法」這種概念的核心——有機體只負責運載基因型，好讓基因型複製到下一代，行為也不過是為了幫助基因複製而產生的一串偶然現象。

基因中心觀點可以分成兩種。一種是認為從基因型（也就是基因、調控因子等等的集合）的層次來思考這些事情，最為合適。道金斯所持的觀點則比較極端，認為最合適的是從個體基因的層次——是「自私的基因」，不是「自私的基因型」。

雖然有些證據支持單一基因選擇（這個晦澀難懂的現象稱為基因組內部衝突〔intragenomic conflict〕，不過我們不會談到那裡去），大部分贊成基因比表現型重要的人，都覺得自私單一基因的觀點有點在作秀，因而贊同基因型層次的選擇是最重要的。

另一方面，也有人認為表現型的重要性勝過基因型，這種觀點受恩斯特．麥爾、史蒂芬．傑伊．古爾德等人所擁護。他們的論述核心在於，演化選擇的是表現型而不是基因型。就像古爾德所寫的：「不管道金斯想讓基因擁有多大的力量，有一個東西是基因絕對無法得到的——能夠直接見到天擇的運作。」根據這種觀點，基因和基因變異出現的頻率，不過記錄了對表現型進行選擇之後的結果。

道金斯採用一個很棒的比喻：基因型就像蛋糕食譜，表現型則是蛋糕的味道。[27] 基因型沙文主義強調可以流傳下去的是食譜，有這些文字排序，才可以穩定複製出同一個蛋糕。但表現型主義者說，大家選擇蛋糕時看重的是味道而非食譜，而且味道所反映出來的不只是食譜而已——畢竟，食譜和環境會產生交互作用，譬如烘焙師的技術高低不等、在不同的海拔高度烘烤蛋糕也會造成影響等等。我們可以從實務面來看這個「食譜還是味道」的問題：你的蛋糕公司目前銷量不佳。你要換掉食譜還是換掉烘焙師？

難道大家就不能好好相處嗎？答案顯而易見，而且充滿自由派色彩，那就是，在演化多元性的彩虹上，我們可以為各種觀點與機制都保留一些空間。在不同的環境下，不同層次的選擇會跑到最重要的位置。有時候單一基因的觀點可以提供最多訊息，有時候是基因型，有時候是一個表現型特徵，有時候是所有有機體的表現型特徵的集合。我們現在談的正是有道理的「多層次選擇」。

群體選擇敗部復活

呀呼，走到這裡，真是大有進展。總之，有時候關注食譜是最合理的，有時候則要注意烘焙的過程；食譜是被複製的東西，味道則是選擇的對象。

但別忘了還有一個層次。有時候改變食譜和味道之外的另一個東西可以最有力地影響蛋糕銷量，也就是廣告、包裝，能讓蛋糕看起來像個普通商品或奢侈品。有時候，針對特定群眾進行銷售就可以改變銷量——想想那些主打公平貿易的產品、伊斯蘭民族（Nation of Islam）的黑人穆斯林麵包店（Your Black Muslim Bakery）、福來雞（Chick-filA）速食餐廳的基督教基本教義派意識型態。從例子可以看到，意識型態可以打敗食譜或味道，影

27 原注：講到現在，你應該可以清楚看到，探討演化時善用隱喻和類比是多麼有幫助。正因如此，出現了一個很棒的後設類比，大家都說這出自倫敦大學學院的生物學家史蒂芬・瓊斯：「演化之於類比，就像雕像之於鳥屎。」

響消費者的購買決策。

新群體選擇在多層次選擇中的位置就在這裡——有些遺傳特質無法增進個人適應，但可以增進群體適應。合作和利社會性顯然就是這類特質，彷彿直接出自前面的分析——採取「以牙還牙」的人在「永遠叛逃」的茫茫人海中找尋彼此。用更正式一點的說法，就是 A 比 B 強，但一**群** B 比一群 A 強。

以下這個例子可以充分說明新群體選擇主義者：假設你是個家禽飼養場的主人，你希望你的雞群生越多蛋越好。所以，你從每一群雞裡面挑出最會生蛋的那一隻，組成母雞明星隊，根據推測，牠們會超有生產力。然而，雞蛋生產量卻變得非常少。

為什麼母雞明星要在自己原本的群體中才能成為雞蛋天后？因為牠們用啄攻擊位居從屬地位的雞隻，讓牠們的生育力降低。如果把這些惡毒的母雞都放在一起，本來位居從屬地位的雞群生產力就可以超過牠們。

這和「動物基於整個物種的利益而產生行為」相距甚遠，正好相反，在這個情況下，受遺傳影響的特質在個體層次上具適應性，但當整個群體都具有這個特質，而且群體之間存在競爭關係時（譬如，為了競爭生態棲位〔ecological niche〕），就不具適應性了。

新群體選擇主義遭受強大的抵抗。有些人的反應很情緒化，這個領域中的資深前輩會說這類的話——「太棒了，我們終於沒收所有《野生動物王國》的影片，現在又可以來玩滿溢著群體選擇式感性的打地鼠遊戲了？」但比較根本的抗拒，來自於有一群人將過去的壞群體選擇，與現在所說的新群體選擇區分開來，他們接受新群體選擇可能存在，但非常稀少。

在動物王國裡，或許如此吧。但新群體選擇常出現在人類身上，也造成重大影響。人類群體為了狩獵場、牧場、水資源而互相競爭。文化使群體間的選擇越演越烈，並以種族中心主義（ethnocentrism）、宗教不容忍（religious intolerance）、以種族為基礎的政治等等，來減緩群體內的選擇。聖塔菲研究所的經濟學家山謬爾・鮑爾斯強調戰爭之類的群體間衝突，是群體內合作的動力（「偏狹式利他」〔parochial altruism〕）；他稱呼群體間衝突為「利他行為助產士」。

目前，這個領域的學者一邊接受多層次選擇，也同時留下一些空間給新群體選擇，尤其是在人類身上。群體選擇可以再次出現，很大一部分要歸功於兩位科學家的研究。第一位是紐約州立大學賓漢頓分校（the State Universit y of New York at Binghamton）的大衛・斯隆・威爾森（David Sloan Wilson），他花費數十年推動新群體選擇（儘管他不完全將之視為「新」群體選擇，而是覺得老式的群體選擇終於獲得足夠的科學嚴謹性），但大家基本上不理不睬，所以他用自己的研究（研究範圍從魚的社會性到宗教的演化都包含在內）提出論證。後來，他逐漸說服一些人，其中最重要的是第二位科學家——哈佛的愛德華・威爾森（Edward O. Wilson，他們倆沒有血緣關係）。愛德華・威爾森是可能是 20 世紀下半葉最重要的自然歷史學家，他是社會生物學加上許多其他領域的建築師，是生物學界的神。愛德華・威爾森長期以來都把大衛・斯隆・威爾森的想法排除在外。幾年前，80 多歲的愛德華・威爾森做了一件了不起的事——他發現自己錯了。接著，他和另一位威爾森發表了一篇關鍵論文——〈重新思考社會生物學的理論性基礎〉（'Rethinking the Theoretical Foundation of Sociobiology'）。我要在此向他們倆表達敬意，無論作為一個人或作為科學家，他們都非常偉大。

於是，提倡各種不同層次的選擇很重要的聲浪似乎緩和了下來。我們這把由個體選擇、親屬選擇和互惠利他行為構成的三腳椅，好像比四隻腳還要穩定。

接著要談談我們

人類在這一切之中又是什麼角色呢？乍看之下，我們的行為相當吻合這些演化模式的預測。但如果你再看更仔細一點，就發現不是這麼回事。

讓我們先從澄清誤解開始。首先，我們不是黑猩猩的後代，或其他任何現存動物的後代。我們和黑猩猩的共同祖先出現在大約五百萬年前（從基因體可以看出來，黑猩猩在那之後不斷演化，就像我們一樣）。

也有些人誤以為猿類和我們的「血緣關係最近」。根據我的經驗，喜歡獵鴨和鄉村音樂的人通常投給黑猩猩，但如果你喜歡吃有機食物，還知道催產素，則支持倭黑猩猩。實情是，我們和兩者的關係同樣相近，都共享大約98%到99%的DNA。德國馬克思·普朗克研究所（Max Planck Institutes）的斯萬·帕波（Svante Pääbo）證明人類基因體中，有1.6%和倭黑猩猩的關聯大於黑猩猩；1.7%和黑猩猩的關聯大於倭黑猩猩。[28] 儘管這其中參雜了一些我們最熱切的心願，也想藉此為自己的行為找到藉口，但我們既不是倭黑猩猩也不是黑猩猩。

再來，主題轉向要怎麼在概念上將行為演化應用到人類身上。

多偶制的比武式物種或單偶制的配偶連結？

我不得不從這個令人難以抗拒的問題開始——所以，我們到底是具有配偶連結的物種，還是比武式物種？

西方文明並沒有提供明確解答。我們讚揚穩定而忠誠的關係，但有很高的機率受到挑逗、誘惑或屈服於其他對象。離婚合法之後，馬上就有很大比例的婚姻以離婚收場，但只有少部分的人離婚——也就是說，高離婚率的來源是有些人多次離婚。

人類學也沒幫上什麼忙。大部分的文化都允許一夫多妻制。但在這種文化中，多數人還是執行（社會上的）單一配偶制。不過，如果這些男人可以買到更多妻子，他們可能就會變成一夫多妻。

那雌雄異型呢？男人大約比女人高10%、重20%，比女人需要多20%的熱量，壽命短6%——這樣的差異大於單一配偶制的物種，但小於多偶制的物種。細微的第二性徵也是如此，譬如男人的犬齒長度平均比女人稍長一點。此外，譬如說，和單一配偶制的長臂猿相比，人類男性的睪丸在比例上較大，精子數量也較多……但和多偶制的黑猩猩相比起來就相

28 原注：帕波是個好得不得了的科學家，他開拓了古代DNA序列的領域，是第一個為長毛象和尼安德塔人的基因體定序的人。

形失色了。再回到銘印基因（可以反映性別間的基因競爭），比武式物種有許多銘印基因，具有配偶連結的物種則完全沒有。至於人類呢？有一些這種基因，但不算太多。

一項又一項的指標都是同樣的結果。我們不是典型的單一配偶制或多偶制物種。從詩人到離婚律師，所有人都可以證明，我們天生就極其混亂——稍微的一夫多妻制，飄浮在兩端之間。[29]

個體選擇

表面上，我們看起來像是那種以提高生殖成就作為行為動力的物種，也就是「當一個人」是一顆蛋變成另一顆蛋的方法，也就是說自私的基因勝利了。只要想想傳統上有權有勢的男人可以獲得什麼特殊待遇就知道了——可以擁有多位配偶。拉美西斯二世（Pharaoh Ramses II，現在這個名字和保險套品牌連在一起，真不協調）有一百六十個小孩，而且八成分不清楚他們任何一個和摩西有什麼差別。他在 1953 年過世，之後過不到半世紀，紹德王朝（Saudi dynasty）的創始者伊本．紹德（Ibn Saud）有了超過三千位子孫。遺傳學研究顯示，現今有大約一千六百萬人都是成吉思汗的後代。近幾十年來，史瓦帝尼的索布扎二世（King Sobhuza II）、伊本．紹德的兒子紹德國王、中非共和國的獨裁者博卡薩（Jean-Bédel Bokassa），還有許多摩門基本教義派領袖都有超過一百個小孩。

有一個關鍵可以證明人類男性以提高生殖成就為動力——個人之間的暴力行為最常見的原因是男性間的競爭，目的為了繁殖爭取直接或間接接觸女性的機會。還有，男性常常為了強迫女性性交或在遇到女性拒絕時，做出各種暴力行為。

所以，人類很多行為在狒狒和象海豹的世界中是很合理的。但故事才

---

29 原注：在《單一配偶制的迷思》（*The Myth of Monogamy*）中有很棒的分析，作者是華盛頓大學的心理學家大衛．巴拉許（David Barash）和精神科醫師茱迪絲．李普敦（Judith Lipton）。

說到一半而已。雖然這世界上有拉美西斯、伊本・紹德和博卡薩這種人，但也有很多人放棄繁殖，原因常常是神學或意識型態。有一個教派——基督再現信徒聯合會（United Society of Believers in Christ 's Second Appearing），也就是震教徒（Shakers），即將因為信徒皆保持獨身而消失。最後，驅使個體選擇的所謂的「自私的人類基因」，照理來說，必須能夠同時解釋為什麼某些人願意為了陌生人犧牲自己。

在本章稍早，我說明了競爭性殺嬰是突顯出個體選擇有多重要的有力證據。人類有類似的現象嗎？加拿大麥馬斯特大學（McMaster University）心理學家馬丁・戴利（Martin Daly）和已逝的馬戈・威爾森（Margo Wilson）檢視了虐童的行為模式之後，有了驚人的發現——小孩被繼父母虐待或殺害的機率遠高於親生父母。這很容易就被拿來和競爭性殺嬰相類比。

雖然人類社會生物學家十分擁護這個被稱為「灰姑娘效應」（Cinderella effect）的發現，它也遭到強烈批評。有些人指控這個研究並未完全控制社經地位這個變項（只有一位繼父母而非親生雙親的家庭，收入通常較少，經濟壓力較大，這些都是替代性攻擊的已知原因）。其他人則認為這項研究有偵測性偏誤——受虐程度相當的案件中，如果施虐者為繼父母，比較容易被官方單位發現。而且，某些獨立研究複製出了同樣的研究結果，但並非所有研究皆如此。我想對於這個主題目前還沒辦法下定論。

親屬選擇

那麼，人類符合親屬選擇嗎？我們已經看過一些例子，說明人類非常符合——譬如，西藏有兄弟的一妻多夫制且丈夫為兄弟、女人很怪異地喜歡堂表兄弟的味道、以及普遍存在的裙帶關係。

此外，在各個不同的文化中，都可以看到人類執迷於親緣關係，發明出複雜又詳細的親屬稱謂（隨便走進一家店，看看賀曼公司〔Hallmark〕依照親屬分類的卡片——給姐妹、兄弟、叔叔伯伯等等）。其他靈長類動物在青春期就離開原生群體，相比之下，傳統社會中的人類會和其他群體的對象結婚，並與對方住在一起，但仍和原生家庭保持聯繫。

而且，從紐幾內亞高地人到哈特菲爾德和麥考伊家族的例子都可以看到，世仇和宿怨發生在具有親緣關係的氏族之內。我們通常把金錢和土地等遺產留給後代而非陌生人。從古埃及到北韓到甘迺迪和布希家族，都顯示人類社會很容易出現朝代。且讓我用以下這件事來說明人類的親屬選擇：研究人員提供參與者一個虛構情境——一輛奔馳中的巴士撞上一個人和一隻普通的狗，參與者只能拯救其中一個。他們會選誰呢？這要視兩者和參與者的關係而定，依序為手足（只有1%的人在狗和手足之間選擇了狗）、祖父母（2%）、同輩的遠方表親（16%）、陌生人（26%）。

從另一個指標可以看出親緣關係在人類互動中的重要性，在許多國家和美國的許多州，都禁止強迫任何人上法庭提供對一等親不利的證詞。當人腦中（情緒的）腹內側前額葉受損，這個人會變成沒有情緒的效益主義者，可以為了拯救陌生人而傷害家庭成員。

從歷史上一個很有趣的案例，可以看出如果有人把陌生人放在親屬前面，感覺有多麼不對勁。故事的主角是一個生在史達林統治蘇聯期間的男孩帕夫利克·莫羅佐夫（Pavlik Morozov）。根據官方說法，小帕夫利克是個模範國民和狂熱的愛國者。他在 1932 年選擇把國家放在親屬之前，告發了自己的父親（說他進行黑市交易），結果父親立即遭到逮捕和處決。在那之後不久，這個男孩被殺了，據說兇手是比他更在乎親屬選擇的親戚。

蘇聯當局大肆宣傳這個故事。這位年輕革命烈士有了自己的銅像，還出現了為他所寫的詩歌、以他為名的學校，有一齣歌劇為他而作，還有一部電影拍出了美化後的傳記。

男孩的故事流傳開來之後，史達林也聽說了。他是從這個故事中獲益最多的人，那他對這份忠貞愛國的情操有何反應呢？是不是「倘若我的國民全都如此正直，我就能對未來充滿希望」呢？不是。根據田納西大學歷史學家維加斯·柳勒維修（Vejas Liulevicius）的說法，史達林聽到帕夫利克的故事時，嘲弄地「哼」了一聲，說：「兔崽子，竟然對自己的家人做這種事！」然後放任其他人繼續宣傳。

所以，就連史達林都和多數哺乳類動物觀點一致：那個小孩有點不對勁。人類的社會行為深受親屬選擇所牽動；除了帕夫利克．莫羅佐夫這種少見的例外，多數人總是血濃於水。

當然，如果你再看更仔細一點，又會發現事情沒那麼簡單。

首先，沒錯，跨越各個文化，人類都執迷於親屬稱謂，但稱謂未必完全代表實際的血緣關係。

人類確實有家族世仇，但在有些戰爭中，雙方鬥士的血源關係比同一陣線的戰士還要更親。蓋茨堡之役（the Battle of Gettysburg）就有兄弟在敵對陣營中攻打對方。

有些親戚為了王室繼承權而率軍作戰；英國的喬治五世（George V）、俄羅斯的尼古拉二世（Nicholas II）和德國的威廉二世（Wilhelm II）開心地監管和贊助一次世界大戰。家內的個人暴力行為也存在（儘管在校正相處時間之後，家內暴力的比率極低）。人類也有弒父（通常為長期受虐之後的復仇行動）和手足相殘的行為。手足相殘的行為很少源於重大的經濟或繁殖問題——長子繼承權被奪走，如《聖經》裡的故事那麼嚴重，或是和手足的配偶發生性行為。更常由於長期不合，偶然失控，爆發了致命事件（譬如，2016年5月初，佛羅里達州的一個男人因殺害兄弟被控犯下二級謀殺罪——事發於他倆為一個起司漢堡起了爭執）。然後，就像我們已經看到的，在這世界上的某些地方，榮譽殺人普遍得嚇人。

談到親屬選擇，最令人不解的家內暴力是父母殺害子女的事件，這種現象發生時，最常結合了殺人與自殺、嚴重精神疾病或在施虐時意外奪走性命。[30] 也有一些案例是母親殺死非預期中的小孩，把小孩視為自己生命的阻礙——這是染上了瘋狂色彩的親子衝突。

30 原注：我最近在《肯亞國家日報》（*Kenya Daily Nation*）讀到一個令人喘不過氣的案子，它不只挑戰了親屬選擇的思考模式，也質問我們：越過哪一條界線就叫作泯滅人性，是我們絕對不可跨越的？坦尚尼亞有部分地區普遍相信白化症病人的器官有療癒力量，為此而被殺害的白化症病人人數高得令人震驚。這則報導描述鄰國肯亞一位五歲的白化症病人被密謀走私到坦尚尼亞，要把她賣給一位想要獲得器官的巫師。策劃這場陰謀的是誰？女孩的繼父和父親。

雖然我們把遺產留給後代，但我們也會捐錢給為在地球另一端的陌生人（謝謝比爾·蓋茲和梅琳達·蓋茲夫婦〔Bill and Melinda Gates〕）及收養來自另一塊大陸的孤兒（當然，我們會在後面一章看到，做慈善有點自利的味道，而且多數收養小孩的人之所以會這麼做，是因為他們自己無法生育——不過，以上兩件事還是違反了嚴格的親屬選擇）。而且，以長嗣繼承制決定土地繼承時，出生序打敗了親疏遠近。

所以，人類行為包含教科書上列舉出來的親屬選擇範例，但也有充滿戲劇性的例外。

為什麼人類會有顯著偏離親屬選擇的行為？我認為這經常反映了人類怎麼辨認親屬。我們不像齧齒類動物那樣，用天生內建來自 MHC 的費洛蒙、以高準確度辨認親屬（雖然我們確實可以在某種程度上用氣味區分親疏遠近）。我們也不用感官線索的銘印來決定「我母親是這個人，因為我記得在我還是個胎兒時，她的聲音最大」。

我們運用認知，藉由思考來辨認親屬。但關鍵在於我們的認知未必理性——一般來說，只要別人**感覺**像是我們的親人，我們就待之如親。

韋斯特馬克效應（Westermarck effect）是個有趣的例子，在以色列基布茲（kibbutz）集體農場體系長大的人，其婚姻模式就呈現出這種效應。基布茲的共同農業傳統十分重視集體育兒。小孩知道父母是誰，每天和父母互動幾個小時。但除此之外，他們和一群同齡的孩子於護士和老師的帶領下，在共有區域一起生活、學習、玩耍、吃飯和睡覺。

1970 年代，人類學家喬瑟夫·薛佛（Joseph Shepher）檢視了來自同一所基布茲的人之間所有的婚姻紀錄。在將近三千筆紀錄中，沒有人跟出生後頭六年內曾待在同齡團體的人結婚。噢，來自同一個同儕團體的人通常會建立友愛、親近、相伴一生的關係，但彼此之間沒有性吸引力。「我愛死他／她了，但我被他／她吸引？好噁——他／她就像我的兄弟／姐妹一樣。」誰讓你感覺像個親人（所以不像潛在的配偶）？小時候經常一起洗澡的人。

這和非理性有什麼關係？回到人類怎麼決定要救人還是救狗。這個決定不只基於那個人是誰（手足、同輩表親、陌生人），也要看那隻狗是什麼狗——陌生狗還是你養的狗。驚人的是，如果將自己的狗和一位外國遊客相比較，46％的女人會選擇救狗。假如理性的狒狒、鼠兔（pika）或獅子知道此事，會下什麼結論呢？那些女人相信幼態延續（neotenized）的狼[31]和自己的親近程度勝過另一個人類。不然還有什麼原因可以讓她們那麼做？「我很樂意為八位同輩表親或我那隻超讚的拉布拉多貴賓狗『莎蒂』奉獻我的生命。」

明白了人類在辨別誰是親人、誰不是親人時是非理性的之後，我們就能進入人類最好與最糟行為的核心。原因在於一個關鍵——我們可能**受到操弄**，感覺自己和另一個人親近的程度，比實際上來得更近或更遠。如果感覺自己和他人更近，美好的事就發生了——我們收養、捐獻、倡議、具同理心。我們看著和自己非常不同的人，卻能看到相似之處。這稱為偽親屬（pseudokinship）。那相反情況呢？這就是意識型態的宣傳者或擁護者使用的一種工具，他們鼓吹大家對外團體產生仇恨——黑人、猶太人、穆斯林、圖西族（Tutsis）、亞美尼亞人、羅馬人——把他們描繪成動物、害蟲、蟑螂、病原體。把他們形容得和我們如此不同，幾乎稱不上是人類。這稱為偽種族差異（pseudospeciation），我們將在第 15 章看到，偽種族差異構成了人類許多最糟的時刻。

互惠利他行為和新群體選擇主義

不必多說，這個部分是本章最有趣的部分。艾瑟羅開始他的大型循環賽之後，他並沒有去問，假如讓魚來玩囚犯的兩難，牠們會用什麼策略。他問的是人類。

我們是可以在無血緣個體之間建立合作關係的物種，甚至徹底陌生的兩個人也可以，這是史無前例的；盤基網柄菌一定對人類可以在美式足

---

31 譯注：幼態延續指物種保持幼年的特徵，狗的身上即保留了狼的幼年特徵。

球場上完成波浪舞非常眼紅。無論是狩獵採集者或資訊業的高階主管，都會一起工作。當我們上戰場或在千里之外幫助災難的受難者時也是如此。我們在劫機和駕著飛機衝向建築物時團體行動，也藉團體合作獲頒諾貝爾和平獎。

規則、法律、條約、處罰、社會良知、內心的聲音、道德、倫理、上天的報應、教導我們要分享的兒歌——這些全都由行為演化的第三條腿所驅動，也就是說，某些時候，非親屬間的合作有演化上的益處。

人類學家在近期試圖理解這種強烈的人類傾向。對於狩獵採集者，標準的看法是在他們樂於合作、平等主義的性格背後，其實群體內有很親近的親緣關係——這就是指親屬選擇。從《狩獵者其人》的觀點來看狩獵採集者，就會認為這源自於從夫居（patrilocality，女人在婚後搬去和新婚丈夫的群體同住），但是，認為狩獵採集者和平又美妙的人，就會把這個現象和從母居（matrilocality，從父居的相反）連結在一起。然而，有一項研究調查了來自世界各地的三十二個狩獵採集社會、超過五千位採集狩獵者，[32] 結果顯示同一遊群中，只有大約 40%的人是血親。換句話說，狩獵採集者的合作行為，也就是人類歷史 99%的社會基石，來自非親屬之間的互惠利他行為的程度，至少和來自親屬選擇的程度一樣高（不過，要注意第 9 章曾經警告，這麼說代表我們假設當代的狩獵採集者，可以有效代表我們的狩獵採集者祖先）。

所以，人類善於在非親屬之間建立合作關係。我們已經討論過哪些情境有利於互惠利他行為；最後一章還會再回到這點。此外，這不只是一群善良的雞打敗了惡毒的雞（牠們復興了群體選擇）。這是人類群體和文化之間，互相合作與互相競爭的核心所在。

所以，人類偏離了我們對行為演化的嚴格預測。而這在談到對社會生物學的三個主要批判時關係密切。

---

32 原注：譬如，波札那的喀拉哈里沙漠的 !Kung 布希曼人、澳洲原住民族、剛果姆巴提俾格米人、加拿大北部的因紐特人及亞馬遜居民。

還是那個老問題：基因在幹嘛？

我在稍早之前點出了新群體選擇的一個必要條件，就是當一個特質在群體間的差異大於群體內，基因一定涉入其中。這也可以套用到本章所談的一切。一個特質要能演化，首要條件就是它是可以遺傳的。但因為演化模型都暗自假定遺傳影響力的存在，所以這點在討論過程中常常被遺忘。第 8 章已經說明過，認定有「那個基因」存在，甚至是「負責」攻擊行為、智力、同理心等等的基因，這個想法有多麼脆弱。因此，認為有基因負責藉由「不挑對象，和任何可交配的雌性交配」或「拋棄你的小孩，再找一個新對象，反正小孩的爸爸會養大他們」來讓你達到最高的生殖成就，這種想法就更加脆弱了。

於是，批評者經常提出要求：「你預設有個基因存在，給我看看證據。」而社會生物學家則回應：「那你先提出比這個預設更簡潔的解釋啊！」

下一個挑戰：演化是連續而漸進的嗎？

「演化」這個詞背負了隨脈絡而變化的包袱。如果你位在「聖經地帶」，[33] 演化就是左派用來玷汙上帝、道德和人類例外主義（human exceptionalism）的東西。但對極端左派來說，「演化」是個反動的詞彙，這種緩慢的變化阻礙了真正的改變──「小小的改善削弱了巨大的變革」。下一個挑戰著重於演化到底是快速的變革，還是緩慢的改善？

社會生物學有一個基本的前提，假定演化的改變是平緩漸進的。隨著演化選擇的壓力改變，在一個群體的基因庫中，有用的基因變異會越來越普遍。當改變日漸累積，甚至可能構成新物種（此為「親緣漸變論」〔phyletic gradualism〕）。恐龍在數百萬年間逐漸變成雞、腺體分泌出來的東西慢慢

33 譯注：「聖經地帶」（Bible belt）是美國的基督教福音派在社會文化中占主導地位的地區。俗稱保守派的根據地，多指美國南部。

演化成奶並出現了可以稱為哺乳類動物的生物、原始靈長類動物的大拇指越來越能夠與其他手指對握。演化是漸進而連續的。

1972 年，史蒂芬・傑伊・古爾德和美國自然史博物館（American Museum of Natural History）的古生物學家奈爾斯・艾垂奇（Niles Eldredge）提出了一個想法，這個想法慢慢醞釀，到了 1980 年代燃起了熊熊烈火。他們認為演化不是漸進發展的；事實上，多數時候沒什麼事情發生，但演化造成的轉變間歇發生，出現時既快速又激烈。

間斷平衡（Punctuated Equilibrium）

他們稱為間斷平衡的這個概念，其根基來自古生物學。我們都知道，化石紀錄證明了漸變論——人類祖先的頭顱漸漸變大，姿勢漸漸直立等等。如果兩個先後出現的化石有很大的差異，在漸變的過程中突然出現大躍進，那麼，在這兩個化石出現的中間，必定有個「缺失的環節」。當我們找到很多來自同種系的化石，就會覺得看起來像是有個漸變的過程。

艾垂奇和古爾德的關注焦點在於，有很多化石紀錄在時間序上相繼出現（譬如愛垂奇和古爾德各自的專長——三葉蟲和蝸牛），卻沒有顯示出漸進的變化。反而是在長期的停滯、出現的化石都不變之後，在一段在古生物學上只有一眨眼的時間，快速轉變得非常不同。他們主張，也許演化大部分像是這樣。那是什麼觸發了這種突然的轉變，造成停滯期中斷呢？一定有個突如其來、重大的選擇因素，導致一個物種中大部分的個體死亡，唯一倖存下來的特體身上有些很稀有的遺傳特質，結果起了關鍵作用——這就是「演化瓶頸效應」（evolutionary bottleneck）。

為什麼間斷平衡會挑戰社會生物學的思考方式？社會生物學的漸變論意味著，任何一點適應度上的差異都很重要，只要在留下基因到後代上，這個個體比那個個體多出任何一點優勢，都會轉譯為演化上的改變。競爭力的最佳化、合作、攻擊、父母對後代的投資，這一切隨時隨地都對演化產生決定性的作用。如果在大部分的時間裡，演化都保持停滯，那麼本章所談的大部分內容就變得無關緊要了。[34]

社會生物學家可不怎麼開心。他們說提倡間斷平衡的人是「混蛋」（jerks）（間斷平衡派則稱他們為「怪胎」〔creeps〕——懂嗎？間斷平衡＝一連串突然的改變〔jerks〕構成了演化；社會生物學＝演化是個漸漸發生、緩慢前進〔creeping〕的過程）。[35] 主張漸變論的社會生物學家強烈反駁間斷平衡說，理由包括以下幾種：

那只不過是些蝸牛殼。首先，目前已經找到非常完整的漸變化石。「而且別忘了，」漸變論者說，「間斷平衡派的這些傢伙在說的是三葉蟲和蝸牛化石」。我們感興趣的是靈長類和人類的化石紀錄，但這些化石品質參差不齊，還無法判斷符合漸變論或間斷平衡。

他們的一眨眼是多長的時間？再來，漸變論者說，請記得間斷平衡論的粉絲都是古生物學家。他們在化石紀錄中看到有一段很長的停滯期，然後一轉眼間出現極端而快速的變化。但對化石來說一眨眼、無法透過化石紀錄確知長度的一段短時間，可能是五萬到十萬年。若要透過演化進行血腥殘酷的選擇，這樣的時間長度十分充裕。不過，這只能部分反駁間斷平衡說，因為如果古生物學家的一眨眼代表很長的時間，那他們所說的停滯期就更是長得不得了。

他們遺漏了某些重點。一種有力的反駁方式是提醒大家，古生物學家研究的是化石。骨頭、殼、琥珀裡的蟲，不是器官——腦、腦下垂體、卵巢。不是細胞——神經元、內分泌細胞、卵子、精子。也不是分子——神經傳導物質、荷爾蒙、酵素。也就是說，都是些無趣的東西。間斷平衡

---

34 原注：有個概念與此相關，行為的演化大多不是在處理同類物種的社會複雜性，而是在對付非生物性（abiotic）的壓力。換句話說，行為演化出來是為了對付環境，而非與其他個體競爭。還是一樣，就我們的目的而言，這件事的主要意涵在於又有另外一個例子可以說明，漸變論在個體競爭上的重要性，不如社會生物學家所想的那麼高。很多蘇聯的演化生物學家都強調非生物性選擇壓力的重要性，除了反映馬克思主義意識型態之外，八成也因為他們的冬天十分嚴寒吧。

35 原注：誰說科學家沒有幽默感的？

派這些無趣的傢伙用整個職涯測量無數個蝸牛殼，然後竟然據此宣稱我們對行為演化的看法是錯誤的？

於是這之間有了一些妥協的空間。也許人類骨盆的演化確實是間歇性的，在漫長的停滯期之後忽然爆發快速的轉變。又或許腦下垂體演化也是間歇性的，只是發生的時間點不同。還有，可能類固醇荷爾蒙受體、前額葉皮質神經元的組織構成、催產素和抗利尿素的出現，全都透過間歇性的方式演化出來，但各自在不同時期經歷那種突然的變化。把所有間歇出現的突發演化重疊起來，平均之後就等於漸變論。但這也只能解釋到這裡，因為間斷平衡論假定有許多演化瓶頸存在。

分子生物學在哪裡？漸變論者最強而有力的反駁與分子有關。微突變（micromutation）是在已經存在的蛋白質上造成細微的功能改變，包括點突變、插入突變和缺失突變，這些微小的改變都是漸進的。但有哪些分子演化的機制可以解釋快速而戲劇性的改變及漫長的停滯期呢？

如同我們在第 8 章所看到的，近幾十年來，科學家已經提供了好幾種分子機制快速變化的可能性。這就來到了大突變（macromutation）的領域，大突變可能以下列方式出現：（a）有些基因發生了傳統的點突變、插入突變和缺失突變，這些基因的蛋白質在某個外顯子中有放大的網絡效應（轉錄因子、剪接酵素、轉位子），而上述外顯子出現在多數蛋白質中，這些蛋白質則出現在為表觀遺傳學相關酵素編碼的基因裡；（b）啟動子發生傳統突變，改變基因在何時何地表現、表現多少（還記得嗎？啟動子的改變讓多偶制的田鼠變成了單一配偶制）；（c）非傳統性的突變，譬如複製或刪除整段基因。這些方式會造成重大、快速改變。

但演化停滯期背後的分子機制又是什麼呢？隨機讓某個轉錄因子基因發生突變，就會創造出一組過去從未同時表現出來的新基因。這有多高的機率不會演變成大災難？隨機讓某個調節表觀遺傳變化的酵素基因產生突變，於是基因靜默的模式產生了隨機的變化。這怎麼可能成功啊。當一個轉位因子空降到某個基因中間，改變剪接酵素，於是它把不同蛋白質中的外顯子混合配對。兩者都會造成大麻煩。在這之中隱藏著停滯期，

它對演化持保守主義——遭遇非常特殊的環境挑戰時，需要非常特殊的重大改變，才能得到好的結果。

證明給我們看看——真的有快速的改變存在嗎？最後，漸變論者要求間斷平衡派提出證據，證明在過去的某些時間點真的有快速的演化改變。結果證據還不少。其中之一來自俄國遺傳學家狄米崔．畢勒耶夫（Dmitry Belyaev），他在 1950 年代做過一個精彩的研究，對象是已經馴化的西伯利亞銀狐。他獵捕到一些銀狐，挑選與人親近的來進行育種，在三十五個世代之內就馴服了牠們，讓牠們願意依偎在你的臂彎中（見上圖）。我得說，這挺符合間斷平衡的。問題在於這是人為而非天擇的結果。

有趣的是在莫斯科出現了相反的情形，那裡有三萬隻野狗，牠們的歷史可以回溯到 19 世紀（當代莫斯科的野狗以懂得搭乘地鐵系統而聞名）。莫斯科現在大部分的狗已經有好幾代都是野狗，從那時候到現在，牠們演化出特殊的群體組織，開始迴避人類，也不再搖尾巴了。換句話說，牠們演化成類似狼的動物。這些野狗的第一代很可能經過激烈的篩選而留下這些特質，然後現今這群野狗就由牠們的後代組成（見下圖）。[36]

隨著乳糖酶續存性（lactase-persistence）的散布，人類基因庫也起了快速變化——乳糖酶續存性是乳糖酶這種酵素所起的一種變化，乳糖酶負責消化乳糖，當它留存到成年，成人就可以持續攝取乳製品。這種新的基因變異在依靠乳製品維生的人口中十分普遍——譬如蒙古遊牧民族或東非從事畜牧的馬賽人——而在斷奶後不再攝取乳製品的人口中則幾乎不存在——譬如華人和東南亞人。乳糖酶續存性在地質學上的一眨眼間就演化出來並廣為散播——就在過去一萬年左右，與生產乳製品的動物的馴化共同演化。

莫斯科野狗

人類甚至還有其他散播得更快的基因。譬如，有一種基因變異稱為ASPM，它參與了腦部發展過程中的細胞分裂，在過去五千八百年散布到大約20%的人類身上。還有基因使人得以抵抗瘧疾（代價是患上其他疾病，譬如鐮刀型紅血球疾病或地中海

36　原注：關於這些狐狸和莫斯科的狗，還有一件非常有趣的事。這兩種動物在演化過程中都優先選擇或只選擇行為特徵。但伴隨著行為特徵，出現了外觀的改變：這些狐狸很可愛——口鼻部位短短的、耳朵和額頭圓圓的、尾巴捲捲的，外表的色彩比一般狐狸更豐富。莫斯科的狗則恰好相反。如果你想馴化某個物種，就要用阻礙發展的方式養育牠——狗基本上就等於幼狼，牠們和人類的互動就像把人當成媽咪一樣，而牠們也都具有可愛的嬰兒特徵。狐狸也是一樣，正好和莫斯科的狗相反。已經有證據顯示，動物受到馴化對基因的影響，絕大部分都和腦部發展有關。

型貧血），這些基因的歷史甚至更短。

還是一樣，只有著迷於蝸牛殼的人會覺得幾千年的時間很短。然而我們確實可以即時觀察到演化的進展。普林斯頓的演化生物學家彼得·葛蘭特與蘿絲瑪莉·葛蘭特夫婦（Peter and Rosemary Grant）的研究就是個經典的例子，他們花費數十年研究加拉巴哥群島（Galapagos），指出達爾文雀（Darwin's finches）有可觀的演化轉變。人類的演化出現在與新陳代謝相關的基因上，當人們從傳統飲食轉向西化飲食（譬如太平洋島國諾魯〔Nauru〕的居民、美國亞利桑那州的原住民皮馬族），開始攝取西方飲食的第一代居民的肥胖、高血壓、成人糖尿病和早逝的機率高得可怕，這是因為「節約」（thrifty）基因型經過數千年簡單飲食的磨練，變得非常擅長儲存營養。但就在幾代之間，糖尿病的盛行率趨於平緩，因為比較「懶散馬虎」的新陳代謝基因型在人口中增加了。

所以，有些例子顯示，基因出現的頻率確實正在發生快速變化。那有任何漸變論的案例嗎？這很困難，因為漸進的變化是……呃，漸進的。不過，密西根大學的理查·倫斯基（Richard Lenski）用數十年的研究提供了一個絕佳的例子。他培養出五萬八千年來都在穩定不變條件下生長的大腸桿菌，這大略等於人類演化一百萬年。經過了這麼長的時間，不同的菌落**逐漸**以各種方式演化，變得越來越適應。

所以，漸變論和間斷平衡都出現在演化中，至於出現哪一種，大概取決於哪些基因涉入其中——譬如，表現在某些腦區中的基因，演化得比其他腦區更快。並且，無論演化得多快，都還是有一定程度的漸變——沒有任何一個雌性可以直接生下一個新的物種。

最後一個（添加了政治元素的）挑戰：所有的一切都具適應性嗎？

我們已經看到，隨著時間過去，能夠增進有機體適應的基因變異會越來越常出現。但是，如果情況相反——如果某個特質在群體中十分盛行，就代表這個特質在過去會演化出來，是因為它具有適應性嗎？

「適應論」（adaptationism）斷定這個問題的答案是肯定的；採取適應

論的取向，就是去判斷一個特質是否確實具有適應性，若是如此，又是怎樣的選擇力量實現了這種適應性呢？社會生物學的思考方式經常偏向適應論。

史蒂芬・傑伊・古爾德和哈佛的遺傳學家理查・列萬廷對此提出嚴厲批判，他們嘲笑這種取向為「理所當然」的故事，這個典故來自吉卜林（Kipling）[37]對於生物特質從何而來的荒誕幻想——大象為什麼會有長鼻子（因為和鱷魚拔河而來）、班馬為什麼有條紋、長頸鹿為什麼有長脖子。他們提出的批評彷彿在問社會生物學家：何不也解釋一下，為什麼公狒狒的睪丸很大，但大猩猩的睪丸很小呢？只要觀察行為，從適應的角度講一個理所當然的故事，講得最好的那個人就贏了，演化生物學家就這樣獲得了終身職。在他們看來，社會生物學家的標準欠缺科學嚴謹性。其中一位批評者——安德魯・布朗（Andrew Brown）表示：「問題在於社會生物學解釋了太多，但可以預測的太少。」

根據古爾德的說法，生物經常先為了某個理由演化出一種特質，之後又擴增新的用途（比較高級的行話是「擴展適應」〔exaptation〕）；譬如，羽毛早在鳥類演化得可以飛翔之前就已經存在，一開始的功能是絕緣，後來羽毛才開始發揮空氣動力學上的用途。同樣地，類固醇荷爾蒙受體的基因會重複（在好幾章之前提過這件事），使得一個複本可以在DNA序列中隨機漂浮，製造出沒用的「孤兒」受體——直到有新的類固醇荷爾蒙被合成出來，剛好可以跟這種受體結合。由於演化具有這種偶然和即興發揮的性質，於是出現一句格言：「演化是個小工匠，而非發明家。」只要選擇壓力改變，演化就拿出手邊可用的工具，也許結果不是最具適應性的，但就它原有的素材而言也夠好了。和旗魚比起來，烏賊不算最強的游泳選手（旗魚最快時速可達六十八英哩）[38]，但烏賊已經比曾曾祖父母是軟體動物

37 譯注：指英國作家約瑟夫・魯德亞德・吉卜林（Joseph Rudyard Kipling，1865-1936），著有兒童小說《叢林奇譚》（*The Jungle Book*），為諾貝爾文學獎得主。

38 譯注：約等於109.4公里。

的東西好多了。

也有人批評，有些特質的存在不是因為具有適應性，也不是先為了適應某種條件，之後又擴增了用途，而是因為連帶著其他被選擇的特質而留了下來。古爾德和列萬廷在 1979 年的論文〈聖馬可教堂的拱肩與樂觀主義典範：對適應論立場的批判〉（'The Spandrels of San Marco and the Panglossian Paradigm: A Critique of the Adaptationist Programme'）當中提出的「拱肩」（spandrels），就是針對這一點。「拱肩」是個建築術語，用來描述兩個拱形結構中間的空間，古爾德和列萬廷所想的是威尼斯聖馬可教堂上的拱肩藝術（見下圖）。[39]

如果古爾德和列萬廷眼中的典型適應論者看到這些拱肩，會認定之所以需要拱肩，是因為要在這個藝術品中製造出一些空間。換句話說，

拱肩因為具有適應性價值，可以為藝術提供空間而演化了出來。但事實上，拱肩的演化沒有任何目的——如果你要打造好幾個相連的拱形（這就絕對有適應性目的了，拱形的存在是為了支撐圓頂），無可避免會附帶產生一些空間。和適應無關。具有適應性的拱形結構在演化選擇過程中把這些空間一起打包帶走，既然有了空間，可能也會在上面作畫。就這種觀點看來，雄性的乳頭就是拱肩——雌性的乳頭扮演適應性的角色，因為沒有特殊理由選擇雄性身上

39 原注：因為聖馬可教堂的拱形其實不完全符合建築技術上對拱肩的定義，之前引起一片嘩然。不過管他的。

不要有乳頭，雄性乳頭也搭便車留了下來。[40] 古爾德和列萬廷論述，在適應論者理所當然的故事中出現的許多特質，其實只是拱肩。

為了回應拱肩主義，社會生物學家指出，斷言某個東西是拱肩，其科學嚴謹性在本質上並不比說某種特質具有適應性好到哪裡去。也就是說，拱肩的說法也只是「理所不當然的故事」。心理學家大衛．巴拉許和精神科醫師茱迪絲．李普敦把拱肩和《湯姆叔叔的小屋》中的角色托普西（Topsy）相比，托普西在書中說她「就這樣長出來了」——只要遇到證明生物特質具有適應性的證據，他們就斷定那只是隨其他特質演化而連帶產生的東西，沒有適應上的目的，提供一些什麼也無法解釋的解釋——「就這樣長出來的故事」。

社會生物學家進一步論述，適應論比古爾德派的誇飾畫更具科學嚴謹性；社會生物學方法並非解釋太多又什麼都不預測，其實預測了不少事情。好比說，競爭性殺嬰是理所當然的故事嗎？如果你可以根據某個物種的社會結構、以一定的精準度來預測牠們會不會出現競爭性殺嬰，那就不是。當你可以透過瞭解雌雄異型的程度，來預測動物王國中許多物種的行為、生理和遺傳特徵，那麼，配偶連結或比武式物種這兩種相對比的特質，也不是理所當然的故事。還有，有時候可以找到「特殊設計」的證據——在同一種複雜有益的功能上匯聚了許多特質——就像演化在篩選具適應性特質時留下了回音。

以上這些對你來說都是基礎而有趣的學術論戰，不過針對適應論、漸變論和社會生物學所提出的批判背後，其實暗藏著政治議題。那篇拱肩論文的標題就透露出這點：「樂觀主義典範」指的是伏爾泰筆下的邦葛羅斯博士（Dr. Pangloss）和他的荒謬信念——生活雖然悲慘，但這已經是「世界的所有可能性中最佳的一種」。他們批判適應論者散發出自然主義謬論的

40 原注：關於女性高潮是不是拱肩、隨著男性演化一起打包而來，已經有非常大量的辯論與臆測。不必多說，只有傻子才會衝進去……。

惡臭，也就是認為任何大自然創造出來的東西都是好的。更進一步來說，「好」在這裡指的是，譬如，解決在沙漠中儲水的問題，但也是無法清楚定義的道德上的「好」。那麼，假如螞蟻蓄奴、公紅毛猩猩經常強暴母紅毛猩猩、數十萬年來人類男性都喜歡嘴對著牛奶瓶口直接喝，都是「注定」如此。

在這個脈絡下，拿自然主義謬論作為批評的著力點是非常尖銳的。人類社會生物學在早期引起很大的爭議，曾經發生有人到研討會上找麻煩或打斷談話，動物學家發表演講時需要警察護衛等等古怪的事蹟。很有名的是愛德華．威爾森有一次在發表談話的途中遭到身體攻擊。[41] 人類學系分成兩派，毀了本來融洽的同事關係。這在哈佛尤為嚴重，那裡出了很多主要人物——威爾森、古爾德、列萬廷、崔弗斯、赫迪、靈長類動物學家爾灣．德佛（Irven DeVore）、遺傳學家強納森．貝克韋斯（Jonathan Beckwith）。

整件事變得很情緒化，因為社會生物學遭控利用生物學來為現狀辯護——也就是保守的社會達爾文主義，暗示如果社會上充斥著暴力行為、資源不平等、資本分層化、男性支配和仇外等等，都是我們的本性，而且大概有些好理由才會演化出來。批評者用「實然／應然」的對比，說：「社會生物學家暗示生命中如果**發生**任何不公平的事情，都因為那是**應該**的。」社會生物學家則把實然／應然倒過來回應：「我們同意生命**應該**要公平，然而，這**就是**現實。只因為我們如實呈現某事，就說我們在提倡這件事，就好像在說腫瘤科醫生提倡癌症一樣。」

這起衝突變得有點個人化。原因是美國第一代社會生物學家碰巧（或不是碰巧，端看你的觀點為何）全都是南方白人——威爾森、崔弗斯、[42] 德佛、赫迪；相反地，首先批評得最大聲的全都是東北人、都市人、猶太左派——

41 原注：嗯，可能沒有那麼戲劇化——有人往他頭上潑水。不過還是身體攻擊沒錯。

42 原注：崔弗斯是黑豹黨（Black Panther Party）創辦人休伊．紐頓（Huey Newton）的朋友並一起寫書，讓這整件事又更為複雜。

哈佛的古爾德、列萬廷、貝克韋斯、露絲·哈伯德（Ruth Hubbard）、普林斯頓的萊昂·卡明和麻省理工學院的諾姆·喬姆斯基（Noam Chomsky，或譯杭士基）。你可以看到雙方都提出「這背後另有隱情」的指控。[43]

不難發現，間斷平衡說也會引起類似的意識型態角力，因為它的前提是演化的重點在於短期的動盪不安打斷了長期的停滯。古爾德和艾垂奇在他們最初發表的論文中斷言，自然定律「決定了每當改變緩慢累積，就會一躍而產生質的變化，而這是穩定系統長期抗拒的，終於最後還是逼迫系統快速從一個狀態轉換到另一個狀態。」這樣斷言十分大膽，因為這不只將辯證唯物論的思想架構延伸，使之在經濟世界之外，更進一步應用到自然世界；而且這種說法的根基是經濟和自然這兩個世界在本體論的層次上有著根本的共通點，兩個世界在解決無法解決的矛盾時都產生了某種動力。[44] 他們的立場就像是馬克斯和恩格斯的「三葉蟲和蝸牛」版本。[45]

最終，適應論與拱肩、漸變論與間斷平衡、以及「人類社會生物學作為一種科學學科」這個概念所引起的混亂逐漸平息了下來。政治作秀日漸乏力，雙方陣營的人口組成不再截然二分，研究品質整體大為提升，

43 原注：極其幸運地，我大一進入哈佛開始讀生物和人類學雙主修那個季節，正好就是威爾森出版了《社會生物學》（*Sociobiology*）、開始天翻地覆的時候。雖然看著漫天火光對我來說趣味十足，但這些針對個人的攻擊，顯然對其中一些重要人物造成重大傷害——譬如，有些人持續在威爾森發表談話的場合抗議，並呼喊荒唐的口號，說他是造成種族滅絕的歧視者。我在那幾年有機會近距離觀察部分人物，甚至稍微認識幾位，其中有了不起而值得敬佩的模範人物，也有傲慢討厭的自大狂，且這兩種人的比例在雙方陣營中差不多一樣。我在這個時期最愛的一個故事：很多社會生物學家都喜歡呈現出陽剛的男子漢形象。有一天，我衝進其中一位社會生物學家——X 教授的辦公室，手上拿著一篇我剛讀完的新論文。這個教授以某種行為的社會生物模型聞名，而這篇論文的作者 Z 教授用一頁又一頁的統計分析粉碎了他的模型。「哇，你讀過這篇論文了嗎？你覺得怎麼樣？」我問了很蠢的問題。X 教授倒著翻那篇論文，不時瞄一下裡面的方程式，最後不屑地把論文往桌上一扔，並用社會生物學的角度進行無敵的羞辱：「Z 教授只有計算尺，沒有陽具。」

44 原注：我不知道我在寫什麼⋯⋯。

45 原注：同前一注。

而且大家都長了些白頭髮，比以前冷靜一點。

因此，這個領域開始進入理智溫和的中年階段。漸變論和間斷平衡都有明確實證研究證據的支持，背後也都有各自的分子機制。因為具有適應性而留下的特質比極端適應論者所宣稱的少，但演化中的拱肩也沒有像拱肩派所鼓吹的那麼多。雖然社會生物學可能解釋太多、預測太少，但它確實預測了許多行為特徵，以及跨越各物種的社會系統。此外，儘管群體層次的選擇已經從犧牲自己的老牛羚墳中起死回生，但很可能只是少數情形；雖然如此，最可能出現新群體選擇的物種，就是本書的焦點。最後，以上所談的都奠基在「演化為事實」之上，就算演化是非常複雜的。

我們談完了本書的第一部分，真是太驚人了。一個行為出現了；瞭解從一秒到一百萬年前發生了什麼事情，有助於解釋為什麼這個行為會出現。已經有些主題反覆出現：

- 行為的脈絡和意義通常比行為背後的機制更加有趣而複雜。

- 若想理解一切，你必須整合神經元和荷爾蒙和早期發展和基因等等、等等相關因素。

- 我們沒辦法把每個類別單獨分開來看——除了很少數的明確原因之外，別想只憑某個腦區、某種神經傳導物質、某個基因、某種文化因素或任何一個單獨的東西就對行為作出解釋。

- 生物學的重點不是原因，而是傾向、潛力、弱點、稟性、癖性、交互作用、調節、偶然性、「如果……那就……」的條件句、隨脈絡而變、強化或減弱原本的傾向。這些東西反覆繞圈循環，就像莫比烏斯環那樣。

- 沒人說這很簡單。但這個課題很重要。

所以，我們接著要進入第二部分，把以上素材整合起來，去看看與這些關係最密切的行為。

11

我群 vs. 他群

我在小時候看了《決戰猩球》（*Planet of the Apes*）1986年的原版電影。未來將會成為靈長類動物學家的我被這部電影迷住了，反覆看了好幾遍，而且超愛裡面的劣質戲服。

多年之後，我挖掘出那部電影拍攝時的趣聞，和電影中的明星卻爾登·希斯頓（Charlton Heston）及金·杭特（Kim Hunter）都有關：扮演黑猩猩和扮演大猩猩的人，在午餐時間會分別聚在一起吃飯。

據說（這些消息最常來自羅伯·班奇利〔Robert Benchley〕）「世界上有兩種人：一種人把世界上的人都分成兩種，另一種人則不會這樣」。當人們把人分成我群和他群、內團體和外團體、「人民」（the People，也就是我們這種人）和他者（the Others）時，會造成非常重大的影響。

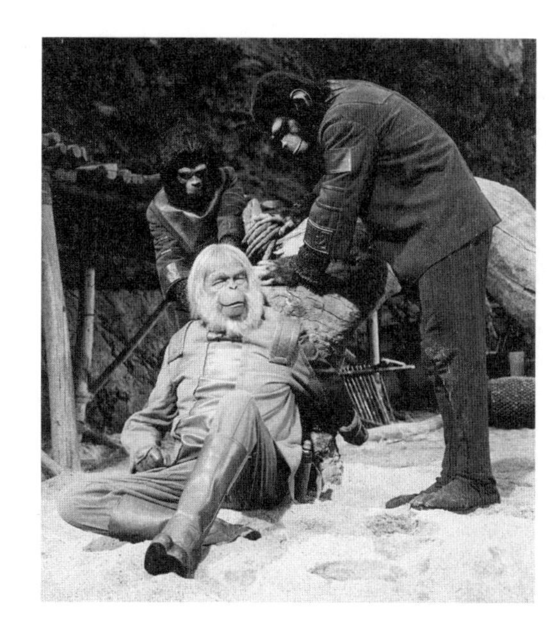

本章探討的是我們把人二分為我群和他群、並偏愛前者的這種傾向。這種心態是普世皆然的嗎？「我群」和「他群」這兩個類別有多強的可塑性？我們能不能抱持希望，相信可以消滅人類喜歡結黨營私和仇外的心態，然後在好萊塢扮演黑猩猩和大猩猩的臨時演員可以共進午餐（見上頁圖）？

我群／他群的力量

我們的大腦用驚人的速度把人二分為我群和他群（所以，在此用「區分異己」〔Us/Them-ing〕簡稱這個現象）。就如第 2 章曾談過的，只要接觸其他種族的人臉 50 毫秒，就足以活化杏仁核，但梭狀迴臉孔區無法因此活化到看到同種族臉孔的程度——這都只發生在幾百毫秒內。大腦根據性別和社會地位把臉劃分為不同群體時，速度也差不多一樣。

藉由一種極其巧妙的內隱聯結測驗，可以呈現出針對他群而產生的快速又自動的偏誤。

先假設你在潛意識中對北歐神話中的巨魔（troll）抱有偏見。把這個內隱聯結測驗簡化很多之後，測驗過程如下：電腦螢幕上可能閃現人類或巨魔、正向（譬如「誠實的」）或負向（譬如「會騙人的」）的詞語。有時候，測驗規則是「如果你看到一個人或一個正向詞語，就按下紅色按鈕；如果看到巨魔或負向詞語，就按下藍色按鈕。」有時候規則變成「看到人類或負向詞語就按藍色按鈕；看到巨魔或正向詞語就按藍色按鈕。」因為你有對巨魔的負面偏見，要把巨魔和正向詞語配對、或把人類和負向詞語配對時，會比較不協調，且稍微容易受到干擾，所以在按下按鈕前停頓了數毫秒。

這是自動化的——你並非正為了巨魔的家族企業結夥營私，或為一場 1523 年發生在某處的殘忍戰役而火冒三丈。你的大腦在處理文字和圖片，但你無意識地停頓了，因為在連結巨魔和「可愛」或人類和「惡臭」時感到不和諧。經過好幾輪測驗，就會浮現出這種延遲反應的模式，反映出你的偏誤。

第 4 章討論催產素時，就已經顯示出「大腦會區分我群和他群」這個隱憂。回想一下，催產素這種荷爾蒙可以激發對我群的信任、慷慨與合作，但使我們對他群表現出更加糟糕的行為——在賽局中更常先發制人地攻擊對方、更愛提倡為了更高的利益而犧牲他群（而非我群）。催產素提高了區分異己的程度。

這真是非常有趣。如果你喜歡綠花椰菜、討厭白花椰菜，沒有任何荷爾蒙可以使你的偏好變得更強烈。如果你喜歡西洋棋但不屑玩十五子棋（backgammon），那也一樣。催產素在遇到我群和他群時作用相反，顯現出這種二分化的獨特意義。

另一個驚人事實可以支持區分異己深植在我們之中——其他物種也會這麼做。乍看之下，這件事沒有什麼深遠意義。畢竟黑猩猩殺掉其他群體的公猩猩，狒狒部隊在彼此相遇時豎起了毛，各種各樣的動物在面對陌生的其他動物時都會變得緊繃。

這不過反映出動物不喜歡之前沒接觸過的他群。但對有些物種來說，我群和他群的定義比較廣泛。譬如，如果黑猩猩群內數量增加，就有可能分裂成不同的群體；本來還在同一群的夥伴之間馬上萌生致命的敵意。驚人的是，透過猴子版本的內隱聯結測驗，可以顯示人類之外的靈長類動物也有自動化的區分異己反應。在一項研究中，研究人員展示來自自己所屬群體或隔壁群體的成員照片，中間夾雜正向（譬如水果）或負向（譬如蜘蛛）的東西。結果猴子遇到不一致的配對時（譬如自己群體的成員和蜘蛛）看得比較久。這些猴子不只和鄰居爭奪資源，還對鄰居有負面的聯想——「那些傢伙就像噁心的蜘蛛，而我們、**我們**，我們則像是甜美的熱帶水果。」[1]

已經有無數實驗證實，大腦在數毫秒之內，就能根據微小的種族或性別線索，以不同的流程處理看到的影像。類似的還有 1970 年代由布里斯托大學（University of Bristol）的亨利・泰弗爾（Henri Tajfel）所開創的「最小團體」（minimal group）典範。他證明了就算以薄弱的差異來劃分群體（譬如，

1　原注：兩個重點。只有公猴子可以呈現出這種團體間偏誤，母猴子不行，而且當公猴子看到其他公猴子照片時效果最明顯。第二，這篇論文發表之後不久，作者就將之撤回，因為有些資料編碼上的錯誤，使其中一些研究發現遭到質疑；然而，上述內容不受這個錯誤影響，而且我認為上述研究發現完全有效。論文作者和所有主要研究人員都是頂尖的研究者，他們出於謹慎撤回了論文，十分值得稱讚。

一個人高估或低估了圖片中的圓點數量），內團體偏誤（譬如與內團體合作的意願較高）還是馬上就會發展出來。這種利社會行為與團體認同有關——人類偏好把資源分配給不知名的內團體成員。

僅僅只是把人分類就可以引發狹隘的偏見，不管分類的基礎多麼單薄脆弱都一樣。大體上而言，最小團體典範可以增強我們對我群的看法，而非減緩我們對他群的看法。我想這勉強稱得上是好消息——至少我們不願相信，在丟銅板時剛好擲出正面的人（而我們丟出了了不起的反面）真的會吃了他們同伴的屍體。

以微小的差異、隨機的標準來分類，就可以讓人開始區分異己，這種力量令人回想起第 10 章談過的「綠鬍鬚效應」。還記得嗎？綠鬍鬚效應介於兩種利社會性之間，一種來自親屬選擇，另一種因為互惠利他而生——透過隨機而醒目、以遺傳為基礎的特質（譬如綠鬍鬚），可以指示個體對其他有綠鬍鬚者展現利他行為——於是，擁有綠鬍鬚者將蓬勃發展。

和遺傳上的綠鬍鬚效應不同，根據微小的共同特質進行的區分異己，就像是心理上的綠鬍鬚效應。我們會因為別人和我們共享了最無意義的特質，而對他們產生正向的聯想。

有個很好的例子可以用來說明——在一項研究中，當參與者和研究人員交談時，在參與者不知情的狀況下，研究人員面對某些參與者會模仿對方的動作（譬如翹二郎腿），面對其他參與者則不這麼做。自己的動作受到模仿不但令人愉快，可以活化中腦—邊緣多巴胺系統，也提高了參與者幫助研究人員的機率，更可能撿起研究人員掉到地上的筆。因為別人坐在椅子上的懶散模樣和你相同，就可以形成潛意識中的我群。

這麼說來，有一種無形的策略和隨機的綠鬍鬚記號連結了起來。什麼東西可以用來定義特定一種文化？價值觀、信念、歸因方式、意識型態。這些都是無形的，直到與隨機的記號連結在一起，譬如衣著、飾品或地方口音。思考一下以下兩種對待牛的方式，分別承載了不同的價值觀：（A）吃掉牠；（B）崇敬牠。兩個贊成 A 的人或兩個贊成 B 的人一起，會比贊成 A 和 B 的兩個人更能和平決定該採取哪一種做法。有什麼記號可以有效代表採取 A 做法的人呢？也許是史特森（Stetson）牛仔帽和牛仔靴。那採取 B 的人呢？或許是紗麗或尼赫魯夾克（Nehru jacket）。起初，這些記號是隨機的一名為紗麗的物品在本質上無法顯示「因為神祇特別眷顧牛，牛很神聖」的信念。吃肉和史特森牛仔帽的形狀之間也沒有任何絕對的連結——牛仔帽讓你的眼睛和脖子不會照到陽光，在你照料牛隻時很有用，而你照料牛隻的原因可能是你喜歡吃牛排，也可能是因為克里希納神（Lord Krishna）[2]眷顧牛隻。最小團體的研究證明了我們很容易因隨機的差異而產生具有偏誤的我群／他群。接著，我們就會把隨機的記號和在價值觀、信念上有意義的差異連結在一起。

接著，那些隨機的記號又起了一些變化。我們（譬如靈長類動物、老鼠、帕夫洛夫的狗）可以受到制約，隨機產生聯結，比如將鈴聲和酬賞連在一塊兒。當這種聯結穩固下來，鈴聲依然「只是」個記號，象徵著即將到來的愉悅嗎？或者鈴聲本身就變得令人愉悅了呢？一些與中腦—邊緣多巴胺系統相關的研究，很巧妙地證明在為數眾多的老鼠身上，隨機信號本身就變成了酬賞。同樣地，一個乘載了我群的核心價值觀的隨機象徵物，也可以逐漸發展出自己的生命、長出自己的力量，成為所指（signified）而不再是能指（signifier）。所以，譬如說，人們就變得願意為國旗上顏色和形狀的分布而殺人或犧牲生命。[3]

人類從小就懂得區分異己，由此可以看出其力量有多強。小孩在 3 到 4 歲就已經會根據種族和性別把人分類，對於如此分類而來的他群有較

2　譯注：印度教的神明之一。

3　原注：1857 年第一次印度獨立戰爭—又稱為印度士兵兵變（Sepoy Mutiny），是個有力的例子。當時，在英國東印度公司服役的印度軍人（士兵）展開叛變，起因是大家知道了他們分配到的子彈塗抹了牛脂或豬油—對於印度和穆斯林軍人來說這是極大的冒犯。提醒一下，這可不是英國殖民霸主做了什麼冒犯這兩個群體的核心價值觀的事情—譬如，宣稱阿拉是為假先知，或禁止多神信仰。幾乎所有文化之中都有飲食禁忌，原本經常只是隨機的，用來表示核心價值觀（譬如正統派猶太教的飲食規定，都依照一些深奧的動物特徵而定，譬如動物有沒有偶蹄），但最後卻產生強大的力量。最後，超過十萬個印度人死於印度士兵兵變。

負面的看法，而且覺得其他種族的臉看起來比自己種族的臉更憤怒。

區分異己甚至其實開始得更早。比起其他種族的臉，嬰兒更容易學會分辨自己種族的臉（怎樣能夠得知呢？反覆給嬰兒看某人的照片，每重複一次，他看照片的時間就會縮短。接著，再換另一張臉——如果他看不出兩張臉的差別，就幾乎不會多看一眼。但如果他發現這是一張新的臉，令人興奮，就會看久一點）。

關於小孩如何區分異己，有四個重點要考慮：

- 這些偏見是從父母身上學來的嗎？未必。小孩生長的環境中，有些非隨機的刺激悄悄助長了二分化。如果嬰兒平常都只看到一種膚色的臉，當他第一次看到不同膚色的臉，最顯著的差異就是膚色。
- 種族二分化形成於某個關鍵的發展時期。證據就是，8 歲以前被不同種族收養的小孩，會發展出專門的能力，特別善於辨認養父母所屬種族的臉孔。
- 小孩學習二分化時沒有任何惡意。當幼兒園的老師說：「各位小男生和小女生，早安！」就是在教導孩子用這種方式對這個世界做出區分，比說「各位掉了一顆牙和還沒掉牙的小朋友，早安！」來得更有意義。這種區分無所不在，包括「她」和「他」代表不同的意義，還有，有一些語言強調性別二分，賦予無生命的物體象徵性的性腺。[4]
- 致力於避免小孩產生種族上區分異己的父母，經常招致失敗，顯示這種二分似乎根深蒂固、不可磨滅。研究顯示，自由派的父母通常對於和孩子討論種族議題感到不自在，於是他們用一些在小孩耳中毫無意義的抽象說法來對抗這種二分——「大家都是好朋

4 原注：有生命的詞語也是，雖然從歷史的角度看來無疑有它的道理，但還是一樣。譬如，法文中的「腎臟」是陽性名詞，但「膀胱」是陰性名詞；氣管是陰性的，食道是陽性的。

友，這樣多棒啊！」或「小恐龍邦尼（Barney）是紫色的，我們都喜歡邦尼。」

所以，區分異己的力量有以下證據的支持：（a）大腦只需要很短的時間和極少的感官刺激就能處理群體差異；（b）這種歷程為自動化地發生在潛意識中；（c）在其他靈長類動物和非常幼小的人類身上也能見到；（d）人有根據隨機差異劃分群體的傾向，而且會讓那些記號越來越有力量。

我群

區分異己的過程中，通常會膨脹與我群的核心價值觀相關的優點——我們比較正確、有智慧、有道德，比較有資格瞭解神明想要什麼、主掌經濟、撫養小孩、打這場戰爭。形成我群時也會放大隨機記號的優點，這需要花點力氣——合理化為什麼我們的食物比較好吃、我們的音樂比較感人、我們的語言比較符合邏輯又富含詩意。

我群的感覺也許甚至超出優越感，以共同義務、願意及期待相互關係為中心。我群心態的本質是以非隨機的方式分群，創造出特別頻繁的正向互動。就如我們在第 10 章看到的，進行「囚犯的兩難」賽局時，第一輪最合理的策略是叛逃。如果不確定整個賽局總共有幾回合，而且其他玩家有辦法知道我們在賽局中的名聲，我們就特別願意採取合作的策略。現實世界的人類的群體互動不只一個回合，而且有辦法把「誰是混蛋」的消息傳播出去。

從賽局中可以看到我群中的義務感與互惠行為，玩家在面對內團體成員時，比面對來自外團體的人更容易產生信賴感、更慷慨大方、也更樂於合作（就算是用最小團體典範，而且玩家明白分組方式是隨機的，結果也一樣）。甚至連黑猩猩都展現出這種信任，當牠們必須在以下兩者進行選擇時：（a）保證可以吃到平淡無奇的食物；（b）只要和另一隻黑猩猩分享食物，就有特別美味的東西吃——只有在另一隻黑猩猩是互相理毛的夥伴，牠們才選擇後者，顯示選（b）的條件是信任。

另外，如果促發研究參與者去想暴力事件的受害者是我群的成員（而非他群之中的成員），可以提高他們介入的機率。回想一下，第 3 章提到在足球賽中，如果戴著主場球隊徽章的觀眾受傷了，其他球迷比較有可能伸出援手。

甚至，內團體成員根本不需要當面互動，就能增進彼此的利社會性。有一項研究針對族裔兩極化的街區，研究人員在郵筒附近的人行道上放了未封口的回郵信封，裡面是一份問卷，居民可以自行填寫。假如問卷內容支持自己族群的價值觀，寄回問卷的機率比較高。

當有人犯下針對我群而非他群的過錯，人們覺得更需要予以補償，由此可以看到內團體義務的展現。如果是針對我群的過錯，大家通常會自己給遭到錯待的人道歉補償，並對整個群體展現出更高的利社會性。但大家經常用反社會的方式對待別的群體，藉此補償內團體。此外，在這種情況下，當冒犯內團體那個人罪惡感越重，就對他群越糟糕。

所以，有時候你透過直接幫助我群來幫助我群，有時候，卻透過傷害他群來幫助我群。說到這個，就必須提到一個常見的內團體本位主義議題：你的目標是讓自己的群體過得好，還是只要比他群好就好？如果答案是前者、目標是使內團體過上最幸福美滿的生活，那他群享有什麼就無關緊要；但假如是後者，目標就變成盡可能拉大我群和他群的差距了。

這兩種情形都會出現。在零和賽局（zero-sum game）中，只有一方可贏得最後勝利，比數是 1：10、10：0 或 10：9，都是一樣的，所以，不必管自己多好，只要比對方好就好，這是合理的。此外，當主場球隊獲勝或痛恨的敵手輸給別隊時，有門戶之見的運動迷身上會出現中腦—邊緣多巴胺系統活化，也是類似的。[5] 這就是幸災樂禍，把自己的快樂建立在別人

5　原注：這個研究的對象是洋基隊和紅襪隊的狂熱球迷，研究結果顯示，那些自述在面對敵隊球迷時最容易感受到攻擊性的人，他們的這種活化模式也最強（此結果已控制了這個人一般狀況下的攻擊性）。

的痛苦上。

把非零和賽局視為零和賽局（贏家通吃）會產生問題。如果在第三次世界大戰之後，我群剩下兩間泥屋和三根火把，他群只有一間泥屋和一根火把，於是我們就覺得自己打贏了，這種勝利可不怎麼偉大。[6] 一次世界大戰後期就有類似的例子，但更恐怖，當時協約國知道自己擁有的資源（也就是軍人）比德國多。所以英軍元帥道格拉斯・黑格（Douglas Haig）宣告採取「消耗戰」策略，不管犧牲多少軍人，都持續進攻——只要德軍損失更多就好。

所以，內團體本位主義的焦點經常不是我群要很好，而是我群要打敗他群。「以忠誠之名容忍不平等」的本質就是如此。也有研究發現，對研究參與者促發忠誠心，可以強化內團體偏私及認同，促發平等的效果則相反，與上述內容一致。

還有一個東西與內團體忠誠及內團體偏私糾結在一起，那就是較強的同理能力。譬如，杏仁核在看到恐懼臉孔時會活化，但只有當那張臉屬於自己的群體時才會如此；如果那張臉為外團體成員，那「他群感到害怕」甚至可能是好事——有東西嚇到他群了，儘管來吧！還有，還記得第 3 章提過「感覺動作同形」反應，就是看到別人的手被針戳，自己的手就會緊繃；如果那隻手的主人和你同種族，這種反射比較強。

我們已經看到，比起對他群造成損傷的過錯，大家比較可能要求別人為針對我群的過錯進行補償。那當內團體成員違反規範，大家又有什麼反應呢？

6　原注：我在幾年前聽過一個諷刺得殘酷的笑話，這個笑話的基礎是一個零和概念：任何對他群有害的東西，都對我群有好處。上帝出現在地球上的領袖面前，宣布祂要摧毀世界，因為人類太罪惡了。美國總統把內閣召集起來，說：「我有好消息和壞消息要宣布。上帝存在，但祂要摧毀地球。」蘇聯總理（這是蘇聯為無神論的時期）集合他的幕僚，說：「我有壞消息和更壞的消息要說。上帝存在，而且要摧毀地球。」然後以色列首相告訴他的內閣：「我有好消息和更棒的消息。上帝存在，而且要幫我們消滅巴勒斯坦。」

最常見的是，原諒我群比原諒他群容易。我們即將看到，這經常受到合理化——我們會搞砸是有特殊的原因；他們搞砸了，因為他群就是那種人。

如果某人犯的錯揭露了內團體不堪的一面，而且還吻合別人對這個群體的負面刻板印象，結果就有趣了。由於內團體感到羞愧，他們會嚴厲懲罰這個人，展現給外人看。

美國對於族裔議題常常予以合理化，又充滿了矛盾，所以可以提供很多例子。比如魯迪．朱利安尼（Rudy Giuliani），他在布魯克林長大，周遭都是進行組織犯罪的義大利裔美國人（朱利安尼的父親曾因持械搶劫而入獄服刑，之後為一位姻親工作，他是放高利貸的黑手黨成員）。1985 年，朱利安尼作為檢察官，在黑手黨委員會的審判中起訴了「五大家族」，有效擊潰犯罪勢力，因而名震全國。他十分刻意地對抗「義裔美國人等於組織犯罪」這個刻板印象。談起自己的成就時，他說：「如果這還不足以消除大眾的黑手黨偏見，那大概沒有什麼其他辦法了。」如果你希望有人孜孜不倦地起訴黑手黨，就試著用源自黑手黨的刻板印象來激怒為自己族裔而驕傲的義裔美國人吧。

克里斯．達登（Chris Darden）的行為也可以歸咎於類似的動機，這位非裔美國人是辛普森（O. J. Simpson）案審判時的檢察官。朱利葉斯與艾塞爾．羅森堡夫婦（Julius and Ethel Rosenberg）及莫頓．索貝爾（Morton Sobell）審判也是，他們都是被指控為蘇聯擔任間諜的猶太人。這兩起非常公開的審判由羅伊．柯恩（Roy Cohn）和歐文．塞波爾（Irving Saypol）提起公訴，再加上負責的法官歐文．考夫曼（Irving Kaufman），他們都渴望對抗世人對猶太人的刻板印象，證明猶太人並非不忠誠的「國際主義者」。考夫曼對他們判處死刑後，受到美國猶太委員會（American Jewish Committee）、反誹謗聯盟（Anti-Defamation League）及猶太退伍軍人會（Jewish War Veterans）表揚。[7]

---

7 原注：來自特定族裔、宗教或種族群體的成員，渴望公開懲罰令群體蒙羞的成員，這有好的一面、也可能出現相反的結果——哪些行為是羞恥的？ 1969 年的芝加哥七

朱利安尼、達登、柯恩、塞波爾和考夫曼證明了：身在一個群體中，別人的行為可以讓你感到難堪。[8]

這衍伸出另一個更大的議題，也就是我們對我群作為一個整體，所產生的義務與忠誠。一方面，這可以是一種契約。所謂的契約，有時候是字面上的意思，就像團隊運動的職業選手。大家都預期運動員只要簽下合約，就會盡最大的努力，比起賣弄自己，更在乎整個團隊。但這種義務是有限度的—沒有人期待他們為團隊犧牲生命。而且，當運動員交易到其他隊伍，他們也不需要穿著新制服卻裡應外合、偷偷放水來幫忙老隊友。這種契約關係的核心是雇主和雇員雙方都具有可替代性。

當然，另一種極端，就是我群的成員不可替代，沒得商量。沒有人會從什葉派換到遜尼派，或從伊拉克的庫德族換到芬蘭的薩米牧群中。假如有庫德人想變成薩米人，那真是非常稀奇，當他輕撫人生中的第一頭馴鹿，大概連他的祖先都會從墳墓裡跳起來。有些人則因為改變信仰而遭到原本的群體嚴厲懲罰——2014 年，蘇丹的梅里亞姆．易卜拉欣（Meriam Ibrahim）因為改信基督教而遭判死刑——而且新群體也會對改變宗教加入我方的人感到懷疑。感覺到自己的命運將永久維持下去，是我群的獨特元素。你不會在沒有明確薪資保證時，就以信仰為基礎簽下棒球合約。但我群以神聖的價值觀為基礎，我群的整體大於各個部分的總和，非強迫性的義務跨越數個世代、跨越幾千年，甚至可以延續到死後世界，無論我群是對是錯都一樣——這種以信仰為基礎的關係，其本質就是如此。

當然，事情可沒那麼簡單。有時候，運動員選擇換到別的隊伍，也

君子審判（Chicago Seven trial）由猶太人朱利葉斯．霍夫曼（Julius Hoffman）擔任法官，辯護律師中最猛力挑釁的是同為猶太人的艾比．霍夫曼（Abbie Hoffman，兩人沒有關係），他會羞辱和嘲諷法官，對法官大吼：「你是 shanda fur die goyim〔意第緒語，意思是「你在非猶太人面前是個恥辱」〕。你最適合幫希特勒工作。」

8 原注：這一點顯現在目前許多美國穆斯林社群懷著很深的怨恨，他們覺得自己有特別強烈的義務要譴責伊斯蘭基本教義派恐怖主義，而且如果不這麼做就會遭到懷疑。「我拒絕去譴責，不是因為我不想譴責，而是……這麼做，就表示我同意我本來就該被這麼要求。」阿拉伯裔美國作家阿默．扎赫爾（Amer Zahr）如此聲明。

被認為背叛了神聖的信任。雷霸龍詹姆斯離開家鄉克里夫蘭騎士隊時，人們覺得那是背信忘義，他回歸時則好像耶穌再臨一樣。另一種群體成員的性質則與上述相反，人們可以轉換群體、移民、同化，還有，特別在美國，最後變成一群非典型的我群——前路易斯安納州長鮑比・金達爾（Bobby Jindal）有著濃厚的南方口音，篤信基督教，但他出生時名叫皮尤什・金達爾（Piyush Jindal），父母是信仰印度教的印度移民。再納入一個更複雜的因素，為此必須要用到一個可怕的詞彙——單向的可替代性（the unidirectionality of fungibility），穆斯林基本教義派在處死梅里亞姆・易卜拉欣的同時，也提倡以武力逼迫異教徒**皈依**伊斯蘭教。

如果考慮到人民與國家的關係，群體的本質有可能非常具有爭議性。群體的本質是契約嗎？人民繳稅、遵守法律、服兵役；政府提供社會服務、鋪路、在颶風過後協助人們重建家園。或者其基礎為神聖的價值觀？人民絕對服從，國家則提供祖國的神話。來自這種國家的人很難想像，如果送子鳥隨機將他們扔在別的地方，他們就會為另一種例外主義（exceptionalism）感受到與生俱來的強烈正當性，隨著另一種軍樂踢正步。

那些他群

我們用標準化的方式看待我群，同樣地，我們看待他群時也有某些固定模式。一種固定不變的模式是，我們認為他群具有威脅、憤怒且不值得信任。舉個有趣的例子，就拿電影中的外星人好了。有人針對將近一百部與外星人相關的電影進行分析，從 1902 年喬治・梅里葉（Georges Méliès）開創性的《月球之旅》（*A Trip to the Moon*）開始，將近八成的電影都把外星人描繪得很邪惡，其他則是十分仁慈或為中性角色。[9] 人們在賽局

9　原注：「好外星人」電影包括《地球末日記》（*The Day the Earth Stood Still*, 1951）、《第三類接觸》（*Close Encounters of the Third Kind*, 1977）、《魔繭》（*Cocoon*, 1985）、《阿凡達》（*Avatar*, 2009），當然還有《E. T. 外星人》（*E.T. the Extra-Terrestrial*， 1982 年）。為數眾多的「壞外星人」電影，則包括《幽浮魔點》（*The Blob*, 1958）、《澄清天空》（*Liquid Sky*, 1982）、《火星女魔》（*Devil Girl from Mars*, 1954），當然還有《異形》（*Alien*,

中會以內隱的方式，把其他種族的玩家當成比較不可靠的人，或比較不願回報對方。白人將非裔美國人的臉評估得比較憤怒，看不出種族的臉如果帶著憤怒的表情，則比較可能被歸類為其他種族。如果白人參與者被研究人員促發去想黑人罪犯，（比起被促發想白人罪犯，）他們更支持以成人的法律程序處理少年犯罪。潛意識中「把他群視為威脅」的感覺有可能抽象得驚人——棒球球迷容易低估敵隊球場的距離，對墨西哥裔移民抱持敵意的美國人則低估了到墨西哥城的距離。

但他群不僅僅使人感覺受到威脅，有時候還會引發厭惡感。回到之前提過的腦島皮質，多數動物的腦島與味覺上的厭惡有關——咬到腐壞的食物——但人類的厭惡還包括道德和美學上的。看到吸毒成癮的人或遊民時，通常活化的是腦島而非杏仁核。

因為其他群體的抽象信念而感到厭惡，並非腦島的原始角色，腦島演化的目的是對味道和氣味產生厭惡感。我群／他群的記號則提供了一個墊腳石。因為他們會吃討厭／神聖／可愛的東西、在身上塗滿腐臭的香水、穿著打扮不體面——這些可以讓腦島卯足全力工作，產生厭惡感。借用賓州大學的心理學家保羅．羅津（Paul Rozin）所說的話：「厭惡感可以作為族裔或外團體的標記。」如果能證明他群會吃噁心的東西，就有助於判定他群也有噁心的想法，譬如義務倫理學（deontological ethics）。

厭惡感可以解釋人們在區分他者上的個別差異。具體來說，對於移民、外國人和社會邊緣群體越負面的人，因為閾值較低而容易產生人際上的厭惡感（譬如不願穿陌生人的衣服，或坐在留有別人體溫的椅子上）。我們在第 15 章還會再回來談這個發現。有些他群荒唐可笑，成為嘲笑戲弄、用幽默來表達敵意的對象。在內團體裡面嘲弄外團體，是弱者的武器，可以

1979）。好外星人與壞外星人的比例在數十年間都維持不變（換句話說，並不是導演在 1950 年代拚命拍嚇人的外星人電影，以免被眾議院非美活動調查委員會（the House UnAmerican Activities Committee）找上門，然後 1960 年代又有一堆剛從加德滿都回來、吸毒後飄飄欲仙的導演努力拍出好外星人電影）。謝謝學生研究助理卡崔娜．許（Katrina Hui）做了以上分析。

用來傷害力量強大的人，並減輕位居從屬地位的痛楚。當內團體的人嘲弄外團體成員，目的是穩固負面刻板印象，並使階層具象化。還有一點與此相似，具有高「社會支配傾向」（social dominance orientation）的人（容易接受階層和群體不平等的存在），最有可能覺得開外團體的玩笑很好笑。

我們很容易把他群看得比較簡單，比我群的同質性更高，覺得他群的情緒比較單純，對痛苦沒那麼敏感。大衛．貝羅比（David Berreby）在他傑出的著作《我群與他群：認同的科學》（*Us and Them: The Science of dentity*）中，提供了驚人的例子——不管是在古羅馬、中世紀的英格蘭、帝制中國或美國內戰前的南方，菁英階級都對奴隸存有簡單、幼稚、無法獨立的刻板印象，以此正當化（system-justifying）社會制度的存在。

本質論（essentialism）認為他群有高同質性，成員可以互相替換，也就是覺得我們是由許多個體組成，而他們則有單一不變、令人不悅的本質。如果我群和他群之間有長期關係不良，更容易加強本質論——「他們就是那個樣子，也不可能改變。」如果和他群很少有個人之間的互動也會如此——畢竟，彼此的互動越多，可以累積越多打破本質論刻板印象的例外經驗。不過，互動經驗不多也並非必要條件，譬如，和異性頻繁互動並無法減少本質論思考。所以，他群有各種不同的口味——憤怒而充滿威脅性、噁心又令人厭惡、原始且未分化。

關於「他群」的想法與感受

我們對於他群的想法有多少是為了合理化我們對他群的感受呢？這就要回到認知和情緒的交互作用了。

我們很容易用認知來框架對我群和他群的二分。紐約大學的約翰．喬斯特（JohnJost）曾探討其中一個面向，瞭解處在優勢地位的人如何運用認知來正當化現存系統中不平等的現狀。每當眼前出現充滿魅力但屬於他群的名人、遇到來自他群的鄰居、或有他群救了我們一命，我們對於他們負面又同質性的觀點必須隨之調適，這時候認知發揮作用——「啊，這個他群成員跟別人不同」（毫無疑問，這背後必定包含著一種因為自己心態開放而得意洋洋的感覺）。

將他群視為威脅也可能需要細微的認知運作。如果你害怕他群靠近你時會對你行搶，這種感覺充滿情緒反應與排他主義。但害怕他群會搶走我們的工作、操弄銀行、稀釋我們的血統、把我們的小孩變成同志等等，則需要與經濟學、社會學、政治科學和偽科學相關、未來導向的認知思考。

所以，對異己的區分源於認知能力，才能進行歸納與想像、推論背後的動機、並運用語言跟其他我群成員比對這些想法。我們已經看到，人類之外的靈長類動物不只會殺掉屬於他群的個體，也對他群有負面聯想。不過，除了人類，沒有任何靈長類動物會為意識型態、神學或美學而展開殺戮。

儘管區分異己背後的認知運作很重要，核心還是情緒與自動化反應。貝羅比在他的書中說：「刻板印象的產生，並不是為了偷懶而走一條認知捷徑。刻板印象根本不是有意識的認知歷程。」這種自動化反應會製造出類似這種聲明：「我沒辦法確切說明為什麼，但**他們**那樣做就是不對。」紐約大學的強納森．海德特證明了在這種情況下，認知思考是為了在事後對感受和直覺進行正當化而形成的產物，目的是說服自己：你確實已經理性地指出原因了。

從杏仁核和腦島在區分異己時的反應速度，可以看出這種二分的自動化——在產生有意識的覺察之前，大腦先啟動情緒，或者，有時候刺激低於閾值，根本就沒有意識覺察存在。在有些情況下，沒有人知道某些偏見為何存在，這也可以顯示情緒反應為區分異己的核心。法國的少數族群 Cagots 從 11 世紀開始遭到迫害，並一直持續到上世紀。[10] Cagots 必須住在村莊外，穿不同的衣服，在教堂中和其他人的座位分開，並從事粗重低賤的工作。然而，他們在外表、宗教、口音或名字上和其他人沒有任何差異，沒有人知道為什麼社會要排斥他們。也許他們是伊斯蘭入侵西班牙時的摩

10　譯注：因無 Cagots 的中文譯名，此處採原文。

爾軍人之後裔，所以遭基督徒歧視。或者他們早期是基督徒，是非基督徒先開始歧視他們的。沒有人知道 Cagots 的祖先到底有什麼罪，或在社區的共同認知之外要如何辨認出誰是 Cagots。Cagots 在法國大革命期間，燒掉了政府中的出生證明，於是不再有東西可以證明他們的地位。

用另一種方法也可以看出這種自動化。假想有一個人對一堆外團體都充滿恨意。有兩種方式可以對此加以解釋。第一種選項是，他審慎推論 A 群體的貿易政策會傷害經濟，**而且**剛好也相信 B 群體的祖先褻瀆神明，**又**認為 C 群體的成員對於祖父母那輩開啟的戰爭沒有表現出足夠的悔意，**還**覺得 D 群體太過強勢，**然後** E 群體破壞了家庭價值。好多認知層面的「巧合」。第二種選項是，這個傢伙有專制的習性，對於新奇事物或模糊的階層感到不安；這兩種認知無法和諧共存。就像我們在第 7 章看到的，提奧多・阿多諾試著解釋法西斯主義的根源時，具體描述這種專制習性。對某個外團體存有偏見的人，通常也對其他外團體充滿偏見，而且背後的理由十分情緒化。關於這個，下一章還會再談更多。[11]

支持「粗暴的異己區分源自情緒和自動化的歷程」的最強證據是，關於他群的想法如果來自理性認知，就不應該可以受到潛意識操弄，但實際情況卻相反。在前面引用過的例子中，在潛意識中被促發「忠誠」的研究參與者坐得離我群比較近，離他群比較遠，那些被促發「平等」的人則剛好相反。[12] 在另一個研究中，研究人員給參與者看一段投影片，針對一個他們完全不瞭解的國家（「有個國家叫作『摩爾多瓦』〔Moldova〕？」），提供一些基本而無聊的資訊。其中一半的參與者看投影片時，在一張一張

---

11 原注：有趣的是，研究顯示陰謀論者也呈現類似模式。相信外星人降落在新墨西哥的人，也顯著較可能相信黛安娜王妃遭其他皇室成員謀殺。再來講的只是要顯示這一切有多不理性——只要你隔一段時間再詢問，相信黛安娜王妃遭到謀殺的人……也……有顯著較高的機率相信她假裝死亡，而且，好比說，現在正用假名在威斯康辛州生活。

12 原注：研究人員怎麼進行促發呢？他們給研究參與者一串打亂的單字，請他們還原成一個句子。其中一組句子討論的內容都與忠誠相關（「隊友、幫助、珍、她的」），另一組的句子則關於平等（「公平、主張、克里斯」）。

的投影片之間有帶著正向表情的臉孔，以低於閾值的速度閃現；另一組閃現的則是負向表情的臉孔。結果，前者對那個國家的看法比後者更正面。

在現實世界中，在意識層面對他群的評價，也在無意識間受到操弄。第 3 章曾討論到一個重要的實驗，就是在早上於白人居民占多數的郊區火車站請通勤者填寫關於政治觀點的問卷。然後，有一對年輕且穿著保守的墨西哥人連續兩週、每天早上都出現在其中一半的車站，他們在上車前以西班牙文小聲交談。接著，通勤的人再填寫第二份問卷。

驚人的是，這對墨西哥人的出現，讓他們更支持減少來自墨西哥的**合法**移民、把英文定為官方語言，並更加反對赦免非法移民。這種操弄的結果是選擇性的，沒有改變參與者對亞裔美國人、非裔美國人或中東人的態度。

還有一個非常有趣的東西會影響我群和他群的二分化，而且遠遠不在意識覺察的範圍之內：第 4 章提過，女人排卵時，梭狀迴臉孔區對臉孔的反應更強，特別是（情緒的）腹內側前額葉對男性臉孔的反應。密西根州立大學的卡洛斯．納瓦雷特（Carlos Navarrete）證實了白人女性在排卵時對非裔美籍男性的態度更加負面。[13] 所以，區分異己的強度受到荷爾蒙的調節。我們對他群的感覺可以受我們完全不知曉的潛意識動力所塑造。

區分異己的自動化特性也涉及到一種神奇的傳染性，也就是相信人的本質可以轉移到物體或其他有機體上。這可能有加分作用，也可能造成扣分——一項研究顯示，如果甘迺迪穿過的毛衣已經經過清洗，在拍賣會上的價錢會變低；至於伯尼．馬多夫（Bernie Madoff）[14] 穿過的毛衣若遭到消毒，則能提升價值。這完全是非理性的——事實上，甘迺迪的毛衣就算

---

13 原注：很不搭軋地，我參與了一項追蹤研究，這項研究檢視了一個類似的議題，但針對一位目標人物——巴拉克．歐巴馬（Barack Obama）——時間點是 2008 年選舉期間。研究者先讓參與者看到不同深淺的棕色，再問哪一種最符合歐巴馬的膚色。覺得歐巴馬偏白的女性在排卵期間表示較有可能投給他；覺得他較黑的女性則相反。請注意，這些效果很小。選民眼裡和荷爾蒙裡出總統。

14 譯注：美國的金融界經紀人，曾設計龐氏騙局進行金融詐騙。

沒洗過，也不會留有神奇的腋下成分，或沒洗過的馬多夫毛衣上聚集了道德敗壞的蝨子。這種神奇的傳染性也出現在別處——納粹曾殺害他們認定遭到汙染的「猶太狗」及其主人。[15]

認知在情緒反應之後才出現，其核心當然就是合理化。有一個很清楚的例子發生在 2000 年，當時所有人都因為高爾（Al Gore）勝選但最高法院判小布希（George W. Bush）勝訴，而學到「懸空票」（hanging chads）一詞。[16] 如果你錯過了這場好戲，在此說明一下，「chad」就是打洞機在選票上打洞後掉下來的那個紙片， 懸空票的意思則是紙片沒有完全脫落；因為這樣就判定選票無效（雖然可以明顯看出選民投給誰）是合理的嗎？而且，如果在那張紙片搖搖欲墜前的一毫秒，你詢問專家，投下懸空票，代表選民對雷根的政黨和下滲經濟學（trickle-down economics，又名涓滴經濟學）、以及羅斯福的政黨和大社會計畫（the Great Society）表達了什麼樣的立場？他們一定毫無頭緒。然而，我們卻在懸空票投下之後的那一刻起，馬上開始熱切解釋為什麼與我們敵對的他群的看法會威脅到我們的媽咪、我們的蘋果派、和阿拉莫（Alamo）的歷史遺產。[17]

這種「確認偏誤」（confirmation biases）被用來合理化和正當化自動區分異己的狀態，相關例子不勝枚舉——人比較容易記得支持自己想法、而非與自己觀點相左的證據；在檢驗事實時，喜歡採取可以證明自己的假設、而非否定假設的方式；你很容易對自己不喜歡的結果特別懷疑，但不會以同樣的態度追究你贊成的結論。

此外，操弄內隱的異己區分可以改變正當化的過程。在一項研究中，研究人員請蘇格蘭學生閱讀一份敘述，有些內容是蘇格蘭參與者在賽局中對英格蘭參與者不公，有些內容則沒有不公平的部分。當學生讀了蘇

---

15 原注：有個歷史上的奇聞是德國納粹在人道對待動物及對動物進行安樂死方面，遵守世界上最嚴格的法律。這些猶太狗所受的苦遠遠不及牠們的主人。

16 原注：我稍微暗示了一下我對這團混亂的看法。

17 譯注：阿拉莫位於美國德州，19 世紀的阿拉莫之戰為德州從墨西哥獨立之關鍵戰役。

格蘭人以偏見對待他人的故事，他們對蘇格蘭人的刻板印象變得更正面，並對英格蘭人的看法更負面——他們想要正當化故事中的蘇格蘭參與者表現出來的偏誤。

我們的認知一直在追趕情緒，尋找任何一絲證據或似是而非的謊言，來解釋我們為什麼痛恨他群。

團體間的個人互動 vs. 團體間的群體互動

所以，我們傾向認為我群高尚、忠誠、由獨特的個體組成，如果我群失敗了，那都是因為條件不利。他群則看起來令人厭惡、荒唐可笑、簡單、同質性高、未分化，而且可以互相替代。這些想法的背後，常常是在合理化我們的直覺。

以上所說的是當個體在心中描繪我群和他群時出現的圖像。比起我群和他群中個別成員的互動，群體之間的互動通常更有競爭性和攻擊性。萊茵霍爾德·尼布爾（Reinhold Niebuhr）在二次世界大戰期間寫道：「群體比個體在追求目標時更加傲慢、虛偽、自我中心而冷酷無情。」

團體內與團體間的攻擊行為強度常存在著逆關係。換句話說，與鄰居嚴重敵對的群體，少有內部衝突。或者，換一種方式來說，如果一個群體忙著處理嚴重的內部衝突，根本無暇與他者為敵。

關鍵在於，這種逆關係中，何者為因、何者為果？難道想維持社會的內部和平，就一定要傾盡全力、團結合作來與其他群體為敵嗎？難道說，為了抑制自相殘殺，一個社會就必須對其他群體展開大屠殺嗎？或者，我們倒轉因果關係，來自他群的威脅，是不是讓社會內部更團結合作呢？聖塔菲研究所的經濟學家山謬爾·鮑爾斯提倡這種觀點，並稱之為「衝突：利他行為助產士」。之後還會再談。

專屬人類的異己區分

儘管人類以外的靈長類動物也會展現粗淺的異己區分，但只有人類的異己區分具有某些獨一無二的特性。本節就要探討這是怎麼一回事：

- 我們都同時屬於各種不同類別的我群，而且這些類別的相對重要性可以在短時間內改變；
- 所有他群都不是一樣的，我們用複雜的方法來區分各種不同的他群、以及不同的他群所引發的反應；
- 我們有可能因為自己區分異己而充滿罪惡感，並試著掩蓋這個事實。
- 文化機制可以使我們的二分更加明確，也可以模糊我群和他群之間的邊界。

多重的「我群」

我是脊椎動物、哺乳類動物、靈長類動物、猿類、人類、男性、科學家、左派、看到陽光會打噴嚏的人、《絕命毒師》（*Breaking Bad*）沉迷者，以及綠灣包裝工隊（Green Bay Packers）的球迷。[18] 以上都可以用來劃分我群

---

18 原注：這令我非常困惑。我小時候以為只要我瞭解很多關於美式足球的事情，霸凌者就會對我好一點。那是文森・隆巴迪（Vince Lombardi）擔任教練、包裝工隊最輝煌的年代；所以我決定要支持他們。我搜尋關於他們的所有不重要瑣事，把這些事情背下來、沒事就掛在嘴上，我看了人生中第一場（差不多也是唯一一場）美式足球賽，結果那場就是包裝工打敗牛仔隊，奪得 1967 年冠軍的傳奇球賽，在華氏零下十五度的天氣，於剩下 16 秒時從一碼線第四次進攻達陣。然後就到此為止了。自從我認定懂棒球的好處更多，我對美式足球的癡迷逐漸褪去（這完全是偶然，當時我住在布魯克林——剛好是 1969 年，倒楣的大都會隊奇蹟般打贏冠軍的那個球季之後不久）。我後來沒再看過職業美式足球賽，無法告訴你包裝工隊後來怎麼樣（我甚至不知道巴特・斯塔爾〔Bart Starr〕還是不是他們的四分衛，但如果他已經退休了，我一點也不會驚訝），基本上完全忽略了美式足球。但在將近五十年後，每當我隔幾年聽說包裝工隊這個球季打得好或不好，我的心情就會短暫受這個消息影響；如果我看到一張有人打美式足球的照片，而且包裝工隊也在其中，我很確定我看照片時會優先看到包裝工而非另一隊，還會因為看到他們在照片上而在瞬間感到快樂；有一次我很興奮，因為遇到來自綠灣的人，我不得要領地和他們聊 60 年代的包裝工隊聊了 30 秒之後，感覺和他們有了近乎靈性上的連結。只能說這一切很怪異。而且肯定展現出「歸屬感」有多麼不可思議的力量。

和他群。關鍵在於「哪一種我群對我最重要」是不斷改變的——如果隔壁搬進一隻章魚，我會感受到一種帶有敵意的優越感，因為我有脊椎而牠沒有，但假如我發現那隻章魚和我一樣，小時候喜歡玩扭扭樂（Twister）遊戲，這股敵意馬上就會化為親情。

我們都同時屬於許多不同的我群。有時候，某種二分可以代替另一種——譬如，把人分成很瞭解或不瞭解魚子醬兩種，可以用來代表不同社會經濟地位的人。

如前所述，關於多重的我群身分，最重要的一點就是這些我群／他群的優先順序有多麼容易改變。第 3 章談過一個有名的例子，關於亞裔美國女性的數學表現，這個研究立基於人們對亞裔人士的刻板印象是擅長數學，但認為女性不擅長數學。研究中有一半的參與者在數學考試之前被促發想到他們的亞裔身分，然後他們的成績進步了。另一半則被促發想到自己的性別，然後分數下降了。此外，他們的皮質區中，與數學技能相關的活動程度也相應改變。[19]

---

19 原注：我有一次被牽扯進一個傻氣又有趣的投機活動。史丹福附近有一家名叫「巴克」（Buck's）的小餐館，最有名的就是許多初創企業在那裡開早餐會報並談成交易；傳奇的矽谷就是在這家餐館的桌上誕生的。有一家矽谷報社說服我，以靈長類動物學家的身分尾隨一位記者，在初創企業的自然棲地——巴克餐館，用動物行為學的角度，觀察他們的社會階層互動。我們跑去監控一張餐桌，有四個男人，分別來自兩家企業，正在那兒談判。雙方各有一個皮膚曬成棕色、身材結實的雄性首領，想必就是老闆；另外，兩方各有一個諂媚的下屬，被資料夾和試算表搞得焦頭爛額。兩個馬屁精不停互動，把文件推給對方、比手畫腳、扮鬼臉。兩位老闆則充滿距離感，他們椅子的角度讓他們可以明顯忽略對方，如奇蹟一般，他們的手機都剛好在對方每次想說話時響起——他們用傲慢輕視的態度向對方揮揮手，然後接起電話。馬屁精偶爾悄悄問老闆某件事，然後老闆展現出中式極簡主義，稍微點點頭，就此改變歷史。談判完結，大家似乎都很滿意，互相握手，沒有人動早餐一口，彷彿這是某種特定的儀式，然後大家離開了。我和那位記者趕快跑到窗邊去觀察他們在停車場的狀況。互動完全相反，我群／他群改變了——兩位下屬趕忙跑向他們省油 Prius 小車，而兩位世界老大則繼續聊天，從他們的越野休旅車拿出網球拍，親切地互相比較，並用對方的球拍試揮一、兩下。在那一瞬間，忠心耿耿的馬屁精臉孔大

我們也明白其他人同時屬於多重類別，而哪個類別在我們看他群時最有意義，也會隨時改變。毫無意外，很多這類文獻談的都是種族，核心問題則是「種族」這種分類我群／他群的方法是不是打敗了所有其他的分類。

「種族是首要分類」很符合庶民直覺，因此充滿吸引力。首先，種族是一種生物屬性、一種明顯固定的認同，輕易就能引發本質論思考。這也可以激起與演化相關的直覺——人類演化過程中，不同的膚色可以最清楚顯示誰是與自己關係疏遠的他群。而且種族的重要性似乎跨越文化——許多文化在歷史上都曾根據膚色區分地位，比例高得驚人，包括未與西方接觸的傳統文化，除了少數例外（譬如日本的少數族群阿伊努族〔Ainu〕），膚色較淺的人通常在群體內或群體間都擁有較高的地位。

這兩種出於直覺的看法都非常薄弱。首先，雖然種族差異背後有明顯的生物因素，「種族」是生物學上的連續體，並不是獨立的類別—譬如，除非你特意挑出有利於自己的數據，否則種族內的遺傳變異通常和種族間的差異一樣大。如果你去看某個種族指標的變異範圍，就會發現真的沒什麼好意外的——譬如，比較一下西西里島人和瑞典人、或塞內加爾的農夫和衣索比亞的畜牧者。[20]

演化的論點同樣無法成立。種族差異是相對晚近才出現的東西，在區分我群／他群上沒有很大的意義。對於過去的狩獵採集者來說，人生中可以遇到最不一樣的人大概來自幾十英哩之外，但最靠近你的其他種族卻住在離你數千英哩的地方——人類在過去未曾遇到膚色顯著不同的人，所以這並未影響演化。

概根本無法活化老闆的梭狀迴臉孔區；此時最重要的我群另有其人，這個令人愉悅的存在可以憐憫自己為了第三任前妻贍養費問題而面臨到的種種麻煩。

20 原注：在美國很難理解這種異質性，因為多數非裔美國人的祖先來自少數西非部落，這些部落的基因變異只占整個非洲變異性的1%到2%。結果之一就是目前高血壓的藥多以非裔美國人為治療目標，看似體現了生物學上的種族概念，但其實主要透露的是一小部分西非後代的生物機制，而非整個種族的狀態。

還有，我們也不能將種族的概念視為固定、以生物學為基礎的分類系統。在美國歷史上，有好幾次人口普查把「墨西哥人」和「亞美尼亞人」劃分為兩種獨立的種族、把義大利南方人當成與歐洲北方不同的種族；如果有一個人的曾祖父母之一是黑人，其他七人都是白人，那麼他在奧勒岡的分類是白人，在佛羅里達卻不是。由此可見種族是個文化構念而非生物學概念。

儘管如此，在區分我群／他群時，其他分類方式還是經常打敗種族，這並不令人驚訝。最常打敗種族的是性別。回想一下，有個研究發現，想要「消退」與其他種族臉孔相連結的恐懼制約，比同種族臉孔更困難。納瓦雷特則證明了只有當恐懼制約連結的臉孔屬於男性時才會如此；在這個案例中，性別在自動化分類時超越了種族。[21] 年齡也很容易在分類時打敗種族。甚至連職業也可以——譬如，在一個研究中，當白人參與者被促發想到種族，他們會自動化地偏好白人警察（勝過黑人運動員），但如果促發他們想到職業，結果就會相反。

只要經過微妙地重新分類，種族在我群／他群的劃分中就可以被擱在一旁。有一項研究請參與者看不同的照片，每一張照片裡都是黑人或白人，並搭配一句聲明的話語，然後再請他們回想哪一張臉搭配哪一句話。結果發現參與者有自動化的種族分類——如果參與者搞錯了配對，他們挑選出來的臉孔常和正確答案屬於同一個種族。再來，所有照片中，有一半的黑人和一半的白人都穿同一件獨特的黃色襯衫，另一半則穿灰色的衣服。這時候，最容易使參與者搞混配對的因素則變成了衣服的顏色。

普林斯頓大學的瑪麗・惠勒（Mary Wheeler）和蘇珊・費斯克（Susan Fiske）以精彩的研究展現了分類如何改變，她們研究的是杏仁核如何受其

21 原注：不過，情況並非總是一樣。有很多人針對辛普森無罪獲釋進行分析，他的陪審團中包含八位非裔美籍女性。她們最重要的群體認同是性別——所以對辛普森的家暴史特別敏感。或者是種族——卻面臨又一個非裔美籍男性可能會被刑事司法系統定型？眾所皆知後來發生了什麼事。

他種族臉孔的照片活化。其中一組受試者必須試著在每一張照片中找到一個圓點。這時候，就算照片是其他種族的臉孔，也不會活化杏仁核，因為大腦根本沒有處理臉孔。第二組受試者則要判斷照片中的臉是否高於某個年齡。此時，杏仁核對其他種族的臉孔反應較強——思考年齡的時候會進行分類，於是強化了關於種族的類別化思考。第三組則會看到每張臉前面都有一種蔬菜，參與者必須判斷這個人喜不喜歡那種蔬菜，結果杏仁核對其他種族的臉孔沒有反應。

最後這個研究結果至少有兩種詮釋的可能：

a. 分心。參與者忙著想紅蘿蔔，沒空進行種族的自動化分類。這和搜尋圓點的效果類似。
b. 重新分類。你看著一張屬於他群的臉，腦中想著他們會喜歡什麼食物。你想像這個人去購物、在餐廳點東西吃、回家坐下吃晚餐、享用某種食物……換句話說，你把對方當成一個人。這個詮釋相對容易接受。

但在現實世界中，重新分類也可以在最殘酷且不可思議的情況下發生。以下是我找到的動人案例：

- 在蓋茨堡之役中，邦聯軍將領路易斯・亞米斯德（Lewis Armistead）在帶頭衝鋒陷陣時身受重傷。他躺在戰場上，比出共濟會的秘密手勢，希望有共濟會同胞看到。結果是聯邦軍的長官海勒姆・賓漢（Hiram Bingham）保護他，帶他到聯邦軍的戰地醫院，並看守他的私人物品。就在一瞬間，聯邦軍或邦聯軍的界線的重要性，忽然不及對方是否屬於共濟會。

- 另一個他群改變的例子同樣發生在美國南北戰爭。當時，交戰雙方的軍人都有不少是愛爾蘭移民；愛爾蘭人通常都隨意選邊站，加入他們認為不會打仗太久的那一方，目的是接受軍事訓練——預備之後返鄉為愛爾蘭獨立而戰。愛爾蘭軍人在上戰場之前，在帽子上別上用來辨別自己人的綠色小枝條，那麼，假如他們戰死或生命垂危，就可以馬上放下因美國戰爭而隨意形成的界線，回歸最重要的我群——能被愛爾蘭同胞認出並獲得協助。綠色枝條就是一種綠鬍鬚。

- 二次世界大戰中可以看到你我之分快速轉移的例子。當時，英軍突擊隊在克里特島綁架了德國的海因里希．克萊普（Heinrich Kreipe）將軍，之後冒險行軍十八天到海岸與一艘英國軍船相會。有一天，他們看到克里特島的最高峰下雪了。克萊普喃喃自語地（用拉丁文）唸出賀拉斯（Horace）所寫的一首頌詩之第一句，內容關於覆蓋著雪的山頂。此時，英軍指揮官派翠克．弗莫（Patrick Leigh Fermor）吟頌出後面的詩句。這兩個人忽然明白——按照弗莫的說法——他們「曾飲下相同的泉水」。重新分類發生了。弗莫好好照料了克萊普的傷口，並在之後的行軍路程中親自護衛克萊普。他們於戰後依然保持聯繫，數十年後在希臘的電視節目上重聚。「我沒有放在心上，」克萊普這麼說，並稱讚弗莫，「那是很大膽的做法。」

- 最後是一次世界大戰期間的聖誕節休戰，我在最後一章還會花長篇幅討論這件事。這個事件很有名，當時雙方的軍人整天唱歌、祈禱、一起開派對、踢足球、交換禮物，整條戰線的軍人都拚命想要延長休戰。在短短一天內，英國與德國的敵對關係就輸給更重要的分類——一邊是**我們**這些在壕溝裡的人，另一邊是後方的長官，他們希望我們趕快回去互相殘殺。

所以，我群和他群的分界可以逐漸消失，變成歷史上不重要的問題，就像 Cagots 那樣，人們也可以在人口普查時，因為一時衝動而改變分類的界線。最重要的是，我們的腦中有各種二分化的方法，有些區分本來似乎無可避免又非常重要，但在適當的清況下，這麼分類的重要性卻可以瞬間煙消雲散。

冷漠又／或能力不佳

一位是嘰哩咕嚕說個不停、患有思覺失調症的遊民，另一位是成功商人，但來自受憎惡的民族，這兩個人可以屬於同一種他群，這說明了一個關鍵——不同種類的他群可能會引發我們心中不同的感受，取決於恐懼和厭惡之神經生物機制的差異。其中一個例子是當眼前出現引發恐懼的臉孔，我們會充滿警覺地看，並活化視覺皮質；引發厭惡感的臉孔則會造成相反的效果。

根據我們和不同**他者**的關係，我們的頭腦中有各種分類法。想像某些他群比較簡單。有些人可以輕易啟動我們對他人的評價——好比說，一位無家可歸的癮君子，因為對妻子施虐而被趕出家門，現在則在路上搶劫老人。讓電車輾過他吧——如果犧牲一個人可以救五個人，當那五個人是內團體成員、而那一人屬於這種極端的外團體時，人們最容易同意將他犧牲。[22]

可是，有些他群會引發比較複雜的感覺，這又該怎麼說？費斯克運用她的「刻板印象內容模型」（stereotype content model）完成了極具影響力的研究。接下來整節都將探討這個研究。

我們傾向沿著兩條軸線分類他群：「溫暖度」（warmth）（這個人或這個群體是敵是友，抱持善意或惡意？）和「能力」（competence）（這個人或這個群

22 原注：這件事的妙處在於這些人多難像我們一樣被當成人對待—我們將會看到，神經造影研究對此提供了證據。最近有一項研究突顯出相反的一面，美國有個奇怪的法律概念叫作「企業人格」（corporate personhood）—人在思考企業作為是否符合道德時，心智理論網絡活化，就像思考人類同胞的行為是否符合道德一樣。

體能否有效實現自己的意圖？）

這兩個軸線是互相獨立的。如果你請研究參與者評估一個他們所知甚少的對象，先提供暗示此人地位高低的線索，這麼一來，可以改變他們對「能力」的評估，但不會影響「溫暖度」的分數。若是先暗示此人的好勝心有多強，結果則相反。這兩條軸線交叉可以形成四個象限。我們把有些群體評為高溫暖度、能力強——這當然就是我群。美國人通常把好基督徒、非裔美籍專業人士和中產階級劃入這類群體。

另一個極端則是低溫暖度、能力差——就是那個無家可歸、吸毒成癮的搶匪。研究參與者通常將遊民、接受社會福利救濟和任何種族的窮人評為低溫暖度、能力差。

再來，還有高溫暖度、能力差這類——身心障礙者和老人。[23] 另外還有一類是低溫暖度、能力強。曾被歐洲統治的發展中國家就是這樣看待歐洲文化的，[24] 這也是許多美國少數民族對白人的看法。美國白人對亞裔美人充滿敵意的刻板印象就是如此，歐洲對猶太人、東非對印巴裔人、西非對黎巴嫩人、還有印尼對華人的看法也是一樣（其實世界各地的窮人都是這樣看有錢人，只是程度沒那麼嚴重）。而且他們的眼光同樣貶抑——覺得這些人冷酷、貪婪、心機重、黨派心強、不願融入當地環境，[25] 忠於其他地方——但是呢，可惡，他們就是很會賺錢，而且如果你生了重病，八成得求助於來自這些群體的醫生。

這幾種類型常會在我們心中引發某些固定的感受。高溫暖度、能力強的群體（也就是我群）會引發自豪感。低溫暖度、能力強——嫉妒。高溫

23　原注：在此提醒一下，這裡的「能力」並非日常生活中的用法，「能力差」在此不帶貶義，只是一種生活能力的測量指標。

24　原注：這裡的「能力」不是成為火箭科學家的技能，而是當那些人出現……好比說，偷走你祖先土地這種念頭時，可以發揮多高的效能去實現它。

25　原注：根據我在東非的經驗，非洲人指控「印地人」（Hindis）（就是印巴裔人，他們的家族大多已在東非生活了好幾代）不是「真正的非洲人」，意思經常是「他們不和我們睡在一起」。

暖度、能力差——憐憫。低溫暖度、能力差——厭惡。如果你把一個人固定在腦部掃描儀上，給他看低溫暖度、能力差的人，杏仁核和腦島活化，但梭狀迴臉孔區和（情緒的）腹內側前額葉不會活化——這個組合和看到噁心的東西一樣（不過，再次強調，如果讓參與者將對方個別化〔individuate〕，請他們思考遊民可能喜歡什麼食物，而非「他們可以從垃圾桶找到什麼」，上述腦部活動模式就會改變）。[26]反之，看著低溫暖度、能力強或高溫暖度、能力差的人，可以活化腹內側前額葉。

如果有人介於這些極端之間，引發的反應則各有特點。介於憐憫與驕傲之間的反應，會使我們想要幫助對方。漂浮在憐憫與厭惡之間的，是想要排除和貶低對方的欲望。介於驕傲與嫉妒之間的，是想要與對方連結、從對方身上獲取利益的欲望。介於嫉妒與厭惡之間的，則是一股強烈而帶有敵意的衝動，使人攻擊對方。

我覺得最迷人的是分類改變的時候。最直接可見的就是從高溫暖度、能力強開始，產生地位的轉變。

從「高溫暖度、能力強」變成「高溫暖度、能力差」——看著父母衰退、罹患失智症就是這種狀態，可以引發懷著心酸而生的保護欲。

從「高溫暖度、能力強」變成「低溫暖度、能力強」的狀況可能是，當你發現生意夥伴其實已經挪用公款數十年。這就是背叛。

還有從「高溫暖度、能力強」變成「低溫暖度、能力差」的狀況——有個兄弟本來是你法律事務所的合夥人，後來「發生了某些事」，現在他無家可歸。感覺在厭惡中混雜著困惑——到底出了什麼差錯才會變成

---

26 原注：我舉個例子說明……想當然爾，事實真相比這個簡單的矩陣要複雜多了。只要我們把溫暖度低、能力差的人視為無人性的東西，我們就物化了他們。但「物化」更常用來表示對女人的性化。有一項研究顯示，惡意性別歧視程度高的男人，在看到女人的照片時，內側前額葉活化較低（其他與心智理論及觀點取替相關的腦區也是如此）。但只有在照片的性化程度特別高時才會如此。而且，一個嚴重性別歧視的男人看待挑逗的女性照片和遊民照片的方式可謂天壤之別。這項研究的作者說，這顯示「人類不只在面對傾向避免的對象時，會出現減損的心智狀態。」

這樣？

其他類別的變化也同樣有趣。以下是當你知覺某人從「高溫暖度、能力差」變成「低溫暖度、能力差」的時候——你每天都向同一位管理員故作親切地打招呼，結果發現他其實覺得你是個混蛋。忘恩負義。

還有時候會從「低溫暖度、能力差」變成「低溫暖度、能力強」。在我小時候，也就是 60 年代，目光狹隘的美國人認為日本「低溫暖度、能力差」——二次世界大戰造成美國人不喜歡日本人，也輕視他們——「日本製造」的都是些塑膠便宜貨。然後，突然間，「日本製造」打敗了美國生產的汽車和鋼鐵製造業。哇。瞬間充滿危機感，彷彿被逮到在工作時打瞌睡。再來是從「低溫暖度、能力差」變成「高溫暖度、能力差」。當一位遊民在撿到別人的皮夾之後，費盡千辛萬苦歸還回去——你忽然發現他比你一半的朋友還要正派。

對我來說最有趣的是從「低溫暖度、能力強」變成「低溫暖度、能力差」，會引發幸災樂禍的歡樂感。我記得一個很符合這種狀況的例子，奈及利亞在 1970 年代將石油工業國有化，人們相信這會帶領國家走向富裕與穩定（後來發現只是個幻象）。我還記得奈及利亞的播報員誇口說，在未來十年內，奈及利亞就會向過去殖民他們的霸主——英國——提供國際援助（意思是英國將從「低溫暖度、能力強」變成「低溫暖度、能力差」）。

這種歡樂感可以解釋人類在迫害「低溫暖度、能力強」外團體時的一種特性，就是會先羞辱他們，把他們貶低為「低溫暖度、能力差」。中國文化大革命期間，遭批鬥的菁英在送到勞改營之前，會先戴高帽遊街。納粹除掉精神病患的方式是隨便殺掉他們，因為他們已經是「低溫暖度、能力差」的人；相反地，在殺害「低溫暖度、能力強」的猶太人之前，要先強迫他們戴上帶有貶義的黃色徽章，逼他們剃掉彼此的鬍子，要他們當著嘲弄的群眾用牙刷洗刷人行道。伊迪・阿敏（Idi Amin）從烏干達驅逐數萬名「低溫暖度、能力強」的印巴裔公民前，先要軍隊搶劫、鞭打和強暴他們。把「低溫暖度、能力強」變成「低溫暖度、能力差」可說是人類最兇殘的行徑之一。

以上各種現象鐵定比黑猩猩將敵人和蜘蛛相連結來得複雜多了。

人類的其中一個怪異之處，就是會心不甘情不願地尊敬敵人，甚至發展出一種同志情誼。傳說（八成是虛構故事）一次世界大戰時，敵對的王牌飛行員惺惺相惜：「啊，這位先生，如果在不同的時空，我會非常樂意與你一起伴著美酒討論航空學。」「男爵，若能被你擊落，那是我的榮幸。」

這並不難理解——他們是可以為了戰鬥英勇赴死的騎士，他們共享了一種我群，其中的內涵，包括了他們同樣精通空中戰鬥的最新技術、翱翔在渺小的人群之上。

不過，令人驚訝的是，一般的軍人並未翱翔在天際，他們是戰場上的砲灰、國家戰爭機器中沒有名字的齒輪，卻也產生相同的情誼。參與了一次世界大戰的壕溝戰大屠殺的英國步兵說：「在家鄉，我們辱罵敵方，用諷刺漫畫侮辱他們。我多麼厭倦諷刺畫裡的荒誕帝王。但在這裡，我們可以因為敵人英勇、武力高超且足智多謀而尊敬他們。他們也有所愛的人在家鄉，也必須忍受泥土、雨水和鋼鐵。」對著試圖殺害你的人，悄聲說出我們同屬一個我群。

還有更奇怪的，人類甚至對於經濟與文化上的敵人、比較近期與古老的敵人、或遙遠且相異於己和隔壁的敵人（他們和我們的差異微乎其微卻遭到誇大）懷有不同的感受。大英帝國征服隔壁的愛爾蘭和迫害澳洲原住民是兩回事。或者胡志明在越戰期間拒絕中國地面部隊的支援，他發表了一分聲明，大意是：「美國會在一年或十年內離開，但我們如果讓中國進來，他們會待上一千年。」再來，以下哪一個最能體現拜占庭式的伊朗地緣政治——波斯人千年來對隔壁的美索不達米亞人表示反感、什葉派和遜尼派長達數世紀的衝突、或伊斯蘭教對他們口中的「大撒旦」（Great Satan）——西方國家——數十年來的仇恨？[27]

27 原注：在我寫這段時，什葉派和遜尼派的衝突白熱化，於是發生了一件很不協調的事情，就是伊朗和美國的軍力都在伊拉克攻打伊斯蘭國。敵人的敵人就是我的朋友。

當我們討論人類的對我群和他群的區分有多古怪時，不能不提到——（隨便選一個外團體）的自我憎惡現象，也就是外團體接受了別人對他們的負面刻板印象，反而對內團體產生偏私的心態。心理學家肯尼斯與瑪米·克拉克夫婦（Kenneth and Mamie Clark）從 1940 年代開始了著名的「娃娃實驗」，就證明了這個現象。他們讓世人看到，非裔的美國小孩和白人小孩都偏好玩白人娃娃勝過黑人娃娃，並把白人娃娃描述得比較正向（譬如和善、漂亮），實驗結果清楚得嚇人。布朗訴托皮卡教育局案（Brown v. Board of Education）的判決書中引用了這個研究，指出上種族隔離學校的黑人小孩身上，這個效應最為明顯。[28] 大約 40%到 50%的非裔美國人、同志和女性在內隱聯結測驗中都顯示出自動化的偏誤，分別偏好白人、異性戀和男性。

我最好的朋友之中，有一些是……

「可敬的敵手」現象又可以連到人類另一個怪異的特性。假如黑猩猩有能力表達，牠絕對不會否認隔壁的黑猩猩鄰居讓牠想到蜘蛛。沒有一隻黑猩猩會對此感到難受，因而敦促其他黑猩猩克服這種傾向，並教導孩子千萬別叫隔壁的黑猩猩「蜘蛛」。沒有一隻黑猩猩會聲稱牠分不清我群的黑猩猩和他群的黑猩猩。但這些在進步的西方文化中隨處可見。

人類年紀還小時，就像黑猩猩一樣——6 歲小孩只喜歡跟和自己相像的小孩在一起（不管相像的標準是什麼），而且很容易就直接說出來。一直到 10 歲左右，小孩才學到，有些關於他群的感受和想法只能在家裡表達，要談我群／他群得視脈絡而定，而且很容易使氣氛充滿火藥味。

所以，關於我群／他群的關係，人們所宣稱的和他們的實際作為之間存在驚人的差距——只要想想選舉民調和投票結果的差異就知道了。這也已經經過實驗證實——在一個令人沮喪的研究當中，參與者表示假

28 原注：只要看看 17 歲導演卡里·戴維斯（Kiri Davis）2005 年的紀錄片《像我這樣一個女孩》（*A Girl Like Me*），就會知道現在的狀況也差不了多少。

如遇到有人表現出種族歧視的看法，他們很可能會主動提出質疑；然而，當他們真的在不知道那是實驗的狀況下面臨這種處境，會這麼做的機率遠低於他們原本說的（注意，這不代表參與者有種族歧視，比較可能說明了社會規範抑制〔social-norm inhibitions〕的力量比參與者本身的原則還強大）。

控制與壓抑對我群／他群的反感，需要額葉皮質的參與。我們已經知道，只要在接觸他者的臉孔50毫秒（意識無法察覺），就可以活化杏仁核，如果接觸時間夠長，意識足以偵測到（大約500毫秒以上），杏仁核先活化之後，前額葉皮質就會接著活化，然後杏仁核活動減低；前額葉活化越強，尤其是「認知的」背外側前額葉，杏仁核就越沉寂。前額葉調節了不舒服的感受。

行為相關的研究資料也有額葉皮質參與的證據。譬如，（根據內隱聯結測驗顯示）內隱種族偏見程度相當的人之中，額葉執行控制功能不佳的人（經由抽象認知作業顯示）更容易透過行為表現出他們的偏見。

我在第2章介紹過「認知負荷」的概念，就是結束一項耗費額葉執行功能的作業之後，再接著進行需要額葉功能的作業，表現就會變差。區分異己也有同樣的情形。當研究中進行行為測試的研究人員是白人而非黑人，白人受試者表現得比較好；參與者在測試人員為黑人時表現劇烈下降，顯示看著其他種族的臉孔使背外側前額葉活化較高。

額葉在與不同種族互動時，因為執行控制功能而造成的認知負荷，其實是可以調節的。假如在白人參與者在接受黑人測試人員的施測前，先告訴他們「多數人的偏見都比他們自以為的更強」，測試表現會比告訴他們「多數人在前額葉認知測試的表現都比他們想像的更差」暴跌更多。此外，如果先用一道命令促發參與者的額葉調節功能（在與不同種族互動時要「避免偏見」），測試表現會比告訴他們「祝你有正向的跨文化交流」下降更多。

當少數的他群面對主流文化（dominant culture）中的人，則會出現另一種執行控制——一定要用正向的態度和對方互動，對抗他們對你的偏見。在一項怵目驚心的研究中，非裔美籍的參與者被促發想到關於種族或年齡的偏見，再接著和一個白人互動。當暗示的是種族，參與者變得比較多話，更常徵求對方的意見，更常微笑，身體更常前傾；如果和參與者互動的是非裔美國人就不會這樣。回想一下，第 3 章曾提到那位非裔研究生故意在每天晚上走路回家時用口哨吹韋瓦第的曲子。

以上這些關於執行控制及與他群互動的研究中，有兩點值得一提：

- 跨種族互動時的額葉皮質活化可能反映出來的是：（a）有偏見並試圖掩飾；（b）有偏見並為此感到很糟糕；（c）沒有偏見並努力傳達這點；（d）說不定還有其他可能。額葉活化只意味著進行跨種族的互動帶給參與者很大的負擔（可能是內隱的，也可能不是），促使大腦發揮執行控制功能。

- 就像其他研究一樣，這些研究的參與者多半為修習普通心理學課程的學生，因為課程要求才參與研究。換句話說，他們正處於對新奇事物保持開放的年紀，所在之處沒有那麼強的區分異己，彼此在經濟地位上的差距也沒有整體社會那麼大，大學裡不但有制度地頌揚多元化，而且實際上也比較多元（多元的程度超過大學網站首頁必備的照片，上面永遠有來自各個種族和族裔、面帶微笑、外表符合傳統審美觀的學生，群聚在一起看顯微鏡，再加上一個啦啦隊類型的學生對著坐在輪椅上的書呆子表現出過分討好的模樣）。就連這個族群都在潛意識中對他群懷有反感，而且是他們不願意承認的強烈程度，真是悲哀。

對區分異己的程度進行操弄

哪些情境會減輕對我群和他群的二分化，或使之加劇呢？（我對「減輕」的定義是減低對他群的反感，以及／或者不再覺得我群和他群之間的對比那麼大或那麼重要。）以下為簡短的摘要，可以為最後兩章進行一下暖身：

線索與促發的潛意識力量

先以意識無法覺察的速度閃現一張照片，上面是一張充滿敵意而且／或者帶有攻擊性的臉孔，接著，再讓參與者看一張來自他群的臉孔，參與者會覺得這張臉也同樣充滿敵意或攻擊性（內團體成員的臉孔則沒有這種效果）。以低於閾值的刺激促發關於他群的負面刻板印象，可以提高區分異己的程度。如第 3 章所述，白人參與者在看到黑人臉孔時，如果背景播放饒舌音樂，杏仁核活化程度[29]會提高，如果播放可以連結負面白人刻板印象的重金屬音樂，活化程度則降低。此外，在低於閾值的狀況下接觸到反刻板印象（counterstereotype）的線索——那個種族中受歡迎的名人臉孔，內隱的種族偏見也會減輕。

這種潛意識線索的促發可以在幾秒到幾分鐘內就發揮作用，而且效果可以持續；譬如，反刻板印象的效果維持了至少二十四小時。促發效果也可能是極其抽象與隱微的。有個例子是看到同種族或不同種族臉孔時的腦電波圖（EGG）反應差異。在這個研究中，如果參與者在潛意識中感覺在把另一個種族的人拉向自己——把一根搖桿往自己的方向拉（而非推開），面對這個來自其他種族的人，腦電波圖中的反應就會變弱。

最後，並非所有的異己區分受到促發後都會造成相同的改變；低於閾值的線索比較容易操弄溫暖度，比較難改變對能力的評價。

這些效果的力量有可能很強大。而且，這些自動化反應（譬如杏仁核）具有可塑性，顯示「自動化」並不等於「無可避免」，這可不只是語言遊戲，而是實際狀況。

意識與認知層次

目前已經發現，有好幾種可以有意識運用的策略可以減低內隱偏見。其中一個經典策略是觀點取替，可以增進對他群的認同。譬如，一項針對

29　原注：我認為在這種情境下，杏仁核活化可以作為負面的異己區分的記號。

年齡偏見的研究請參與者從年長者的角度來看事情，這種方式比純粹引導參與者抑制刻板印象更能有效消除偏見。另一種策略是有意識地聚焦在反刻板印象。在使用這種策略的研究中，研究人員引導男人想像具有正向特質的強勢女性，比請參與者壓抑刻板印象更能減少自動化的性別偏見。還有一個策略是讓內隱偏見變得外顯——證明給別人看，他們真的有一些自動化的偏見。關於這些策略，之後還會再談更多。

改變我群／他群類別的排名

這裡指的是我們都同時屬於許多種相對於他群的我群，而這些分界的優先順序很容易就產生改變——從自動化地用種族分類，改為用襯衫顏色分類，或者透過強調性別或族裔身分可以操弄數學成績。排在最前面的類別改變了，這未必總是好事，結果可能半斤八兩——譬如，當歐裔美國男性看到亞裔女性上了妝的照片，他們在性別上的自動化刻板印象會強過族裔，如果看到同一位女性使用筷子的照片則相反。比起只是把別人從一種他群變成另一種他群，更有效的方式當然是將他群視為我群——強調彼此的共通點。說到這個，我們就要來談……

接觸

1950年代，心理學家戈登·奧爾波特（Gordon Allport）提出「接觸理論」（contact theory）。粗略內容如下：如果你讓我群和他群待在一起（譬如，來自兩個敵對國家的青少年一起參加夏令營），仇恨就會消失，彼此的共同點勝過了差異，所有人都成了我群。比較精確的版本是，我群和他群在具有嚴格條件限制的情況下待在一起，有些事情發生，顯現出彼此的相像之處，但你也有可能把事情搞砸，弄得更糟。

更嚴格的條件限制可以增進接觸的效果：雙方人數差不多相等，所有人平等而坦白地對待彼此；在中性、友善的場域進行長時間接觸；設立「崇高的」目標，使大家為共同關注的事情一起努力（譬如，夏令營成員一起把生長過盛的草地改造為足球場）。

本質論 vs. 個別化

這裡要回到稍早之前談過的兩個重點。首先，他群常被視為同質性高、簡單且具有不可改變（與負向的）本質。其次，強迫一個人把他群想成獨立的個體，可以使他們看起來更像我群。透過個別化削弱本質化思考，是個有力的工具。

有一項研究巧妙地證明了這一點。研究人員給白人參與者一份問卷，測量他們對種族不平等的接受程度，在那之前，他們可能受到以下兩種線索之一的促發，第一種強化了認為種族固定不變且具有同質性的本質論思考——「科學家已明確指出種族具有遺傳基礎」。另一種則站在反對本質論的角度——「科學家表示種族並無遺傳基礎」。受本質論線索促發的參與者，對種族不平等的接受度較高。

階層制度

不難預料，提高階層差異、使階層制度顯得更重要或更明顯，會讓區分異己的情形變得更嚴重；上層階級為了正當化自己的所作所為，將「高溫暖度、能力差」（這算最好的了）或「低溫暖度、能力差」（這比較糟）的刻板印象強加於苦苦掙扎的底層族群；下層階級的回報方式，則是醞釀一股暗流，將統治階級視為「低溫暖度、能力強」的群體。費斯克曾經探討上層階級如何透過把下層階級視為「高溫暖度、能力差」來穩定現狀；有權有勢的人因為自己心懷仁慈而沾沾自喜，位居從屬的群體則因為這一點點尊重就受到安撫。還有一個證據也可提供支持，經統計，三十七個國家中，貧富差距越大，針對具有「高溫暖度、能力差」形象的群體，就越會出現居高臨下的態度。喬斯特用一種相關方式探討了這個議題，他檢視「人不可能擁有一切」的迷思如何強化了現狀。譬如，人們常說「雖然貧窮但快樂」——窮人比較沒煩惱，可以時常接觸生命中的簡單事物並享受其中。還有大家迷信有錢人都不快樂、壓力大、責任沉重（同時想到悲慘、小氣的史古基〔Scrooge〕，和溫暖又有愛心的克瑞奇〔Cratchit〕[30]），這些迷思有助於讓現狀維持不變。人們常說「貧窮但誠實」，賦予他群光彩的形象，也是合理化整個體系的高明手法。[31]

人們對階層制度的感受具有個別差異，這有助於解釋大家在區分異己上的程度差異。關於社會支配傾向（一個人看重聲望和權力的程度）及右翼威權主義（right-wing authoritarianism，一個人有多重視中央集權、法治與傳統風俗）的研究提供了證明。社會支配傾向高的人在感覺受到威脅時，自動化偏見增加最多、更接受針對低地位外團體的偏見、且其中的男性變得更能容忍性別歧視。如同之前談過的，社會支配傾向高（以及／或者右翼威權主義強）的人，比較不會因為針對外團體的惡意玩笑而感到不舒服。

我們同時身處在多重的我群／他群二分之中，同樣地，我們也同時在許多不同的階層制度中都有自己的位置。毫無意外，人們喜歡強調他們排名在前的那種階層制度比較重要——身為公司假日壘球隊的隊長，比週間那又糟糕又卑微、朝九晚五的工作要來得有意義多了。當階層剛好符合我群／他群的類別時（譬如種族、族裔類別與社經地位上的差距有很大的重疊），情況特別有趣。在這種狀況下，上層階級喜歡強調不同階層的一致之處，以及所有人都受到核心階層價值觀同化的重要性（「為什麼他們就不能稱自己是『美國人』，卻要說自己是『某種族裔的美國人』？」）有趣的是，這個現象只出現在局部人口——白人偏好社會同化、共同嚴守國家價值觀，非裔美人則支持價值觀的多元主義；然而，在傳統上以黑人為主的大學談到校園生活與政策，白人及非裔美籍學生的偏好則恰好相反。只要對我們有益，我們的腦中就可以容下矛盾對立的東西。

---

30 譯注：兩人皆為狄更斯小說《小氣財神》（*A Christmas Carol in Prose, Being a Ghost-Story of Christmas*，又名《聖誕頌歌》）中的人物。

31 原注：大量健康心理學的文獻指出，「貧窮但快樂」通常是胡說八道—貧窮提高憂鬱症和焦慮疾患、自殺和罹患壓力相關疾病的機率。我們在之後的某一章裡會看到，「貧窮但誠實」比較接近真實狀況。

總之，為了減輕區分異己的副作用，解決方法列表應包括強調個別化與共通點、觀點取替、採取更無害的二分法、減緩階層間的差異、讓人用平等的方式互相接觸並追求共同目標。以上各項之後都還會再談。

結論

借用一個關於健康的類比：壓力可能是有害的。我們不再死於天花或瘟疫，卻可能因為隨時間慢慢累積而來的傷害，死於與壓力相關的生活型態疾病（diseases of life style，譬如心臟病或糖尿病）。我們已經知道壓力可以引發疾病或使疾病惡化，或讓你更容易受到風險因子影響。甚至，關於這些事情如何在分子層次運作，我們也已經有不少的瞭解。壓力甚至可以讓你的免疫系統失常到攻擊毛囊，導致你長出白頭髮。

以上皆屬事實。然而，研究壓力的學者並未把目標放在消除、「治癒」我們的壓力。這是不可能的，就算可能，我們也不想要——我們熱愛對的那種壓力，我們稱之為「刺激」。

這個類比非常清楚。我群和他群的對立造成的結果，從大規模、驚人的殘酷暴行，到細小的微歧視（microaggression），都帶來了大量痛苦。但我們的一般性目標不是要「治癒」區分異己。這是不可能的，除非你的杏仁核毀掉了，世界上所有人在你眼中都變成了我群。但就算我們辦得到，我們也不會想讓我群／他群的分界消失。

我是個挺孤獨的人——畢竟我曾自己住在非洲帳篷裡，這一生花費大把時間、獨自研究另一個物種。然而，我人生中最美好的一些時刻，來自感覺屬於我群，受到接納，不是孤單一人，安全又被人理解；感覺我被某種大於自我的東西所包圍，而我是那其中的一部分；感覺我站在對的那一邊，有做一些好事，也可以溫飽。甚至連我——一個書呆子、溫順且不屬於特定組織的和平主義者——都願意為了某些我群／他群而展開殺戮或犧牲生命。

如果我們接受人永遠都會選邊站，要永遠都站在天使這邊並不簡單，起碼得把握以下要點。不要相信本質論。記住，看起來很理性的事情常常都經過了合理化、操弄著潛意識的力量，而我們從來不疑有他。請把焦點放在更大、為眾人所共享的目標。練習觀點取替。將群體個別化、個別化、個別化。謹記歷史教訓：最邪惡的他群經常躲起來，讓別人當他們的替死鬼。

同時，看到保險桿上貼了「壞人最爛了」（Mean people suck）的車子要記得讓路，並互相提醒我們要團結一致，共同對抗佛地魔和史萊哲林學院。

12

階層制度、服從與反抗

乍看之下，本章好像只是用來補充前一章的內容。區分異己的重點在於群體間的關係，以及我們偏愛內團體勝過外團體的自動化傾向。階層制度也是一種群體內的關係，我們有一種自動化傾向，會偏愛位階相近的人，更勝於位階與我們相距甚遠者。還有一些階層制度的相關議題也和上一章有所重複——這種傾向在生命早期就出現了、其他物種也有同樣的傾向，還有，階層制度的背後，同樣有錯綜複雜的認知與情緒運作著。

除此之外，我群／他群的分類和階層位置之間有著互動關係。有一項研究請參與者看著種族不明的人的照片，辨別他們的種族為何；結果，穿著打扮得像低階級的人，比較容易被分類為黑人，打扮得像上層階級則被分類為白人。所以，在這些美國參與者身上，根據種族區分異己、以及社經地位的階層之間，是有所重疊的。

但我們將會看到，階層制度在很多方面超越了異己區分，也以獨一無二的方式展現於人類：就像其他劃分階層的物種，我們的群體中有人是首領，但我們又和其他物種不同，有時候，我們可以自己選擇首領。此外，人類的首領不只地位最高，還是「領導者」，企圖最大化所謂的共同利益。還有，爭取成為領導者的個人，對於怎樣達到共同利益有不同的看法——這就是政治意識型態。最後，我們對於權威、以及權威這個概念，都會表現出服從。

階層制度的本質和種類

首先，階層制度是一種分級系統，以固定的體系讓個體無法平等使用有限的資源，而資源的範圍從肉到「聲望」這種模糊的東西，都可能包括在內。讓我們先從檢視其他物種的階層制度開始（有個但書：並非所有具社會性的物種都有階層制度）。

在 1960 年代，科學界對其他物種的階層制度有著很簡單明瞭的標準答案。群體會形成穩定、線性的階層制度，首領（alpha）支配著大家，第二名（beta）支配除了首領之外的其他人，第三名（gamma）則支配除了首領和第二名之外的其他人，以此類推。[1]

階層制度藉由將不平等儀式化來鞏固現狀。假設兩隻狒狒看到某個好東西——譬如，可以遮蔭的地點。如果沒有穩定的支配關係，牠們就可能因為打鬥而受傷。如果牠們再遇到其他好東西，譬如在一個小時後看到結實纍纍的無花果樹，或有機會被另一隻狒狒理毛，也是一樣的。但實際上，打鬥很少發生，如果從屬者忘了自己的地位，雄性支配者會打一個「威脅哈欠」（threat yawn）——儀式性地展示獠牙——這麼做通常就已足夠（見左圖）。[2][3]

狒狒正在打一個嚇人的（希望如此）呵欠

1 譯注：alpha、beta、gamma 為希臘字母，動物行為學用以描述動物的在階層中的地位排序。

2 原注：接下來幾頁都用狒狒來舉例，我要為此致歉；這反映出我和牠們相處了三十多年的經驗。

3 原注：以下是一些不錯的證據，可以證明我們並不是總像其他動物一樣：佛教是反階層制度的，佛教的一份文本——「律藏」（Vinaya Pitaka），指導僧侶不要依據資歷為什麼要有分級系統呢？在 1960 年代左右，人們認為標準答案是馬蘭・柏金斯的群體選擇，也就是在穩定的社會系統中，大家認清自己的地位並安分守己，這對整個物種有利。靈長動物學家相信階層中的首領（遇到任何好事都能優先享用的那一個）在某種程度上是「領導者」，會做一些有助於整個群體的事情，這種想法又再強化了群體選擇的觀點。哈佛的靈長動物學家爾灣・德佛同樣強調這點，他指出草原狒狒（savanna baboon）雄性首領每天帶隊搜食、率領大家一起打獵、抵禦獅子對大家的攻擊、訓練小孩、換燈泡等等。結果這其實不成立。由於雄性首領青春期才進入這個群體，牠們並不知道該帶隊去哪裡。而且根本也沒有狒狒要跟著牠們，大家都跟著真正知道方向的年長雌性。牠們打獵時毫無組織，放任在場者自由取用獵物。雄性首領有可能為了保護小孩抵抗獅子的攻擊——如果那是牠的小孩的話。不然，牠只會趕緊躲到最安全的地方。

如果你戴上了柏金斯的有色眼鏡，會覺得階層制度帶來的好處很個人化。維持階層互動的現狀顯然有利於上層階級。同時，對從屬者來說，與其遭到利牙咬傷，不如放棄遮蔭的地點。在一個靜態、遺傳而來的分級系統中，這是合理的。但在分級變動的系統中，這種謹慎小心的態度必須偶爾受到挑戰，才能維持平衡——因為雄性首領可能已經過了牠的巔峰時期，現在只虛有其表。這是一種典型的「啄食順序」（pecking order）（這個詞源自母雞的階層制度）。我們要開始談階層順序的變異了。首先要考量的是，真的有漸進排序的階層存在嗎？事實上，有些物種（譬如南美的狨猴）除了雄性首領之外，其他個體地位之間的關係還挺平等的。

至於具有漸進階層的物種，則有一個值得討論的議題：「位階」到底是什麼意思？如果你在階層中排名第六，在你心中，是不是你面對第一名到第五名都一樣卑躬屈膝，而第七名以後到排名最後的人一點差別也沒有？若是如此，那第二名和第三名、或第九名和第十名之間關係緊張，就與你無關；只有靈長類動物學家眼中才有漸進分級，靈長類動物本身根

決定去廁所排便的順序，應該要根據抵達廁所的先後次序。這個世界還有希望。

本看不到。

不過，在靈長類動物的腦中，分級其實是漸進的。譬如，狒狒跟群體中比自己高一級者互動的方式，與高五級者通常不同。此外，靈長類動物會注意到和自己沒有直接相關的漸進階層。回想一下，第 10 章曾經提到有研究者錄下群體中某個體的聲音，再運用剪接創造出不存在的社交情境。播放第十名發出支配者的叫聲，然後第一名以從屬者的叫聲回應，可以吸引所有群體成員的注意：哇，比爾．蓋茲向一個遊民乞討！

這還可以更抽象一點，就像我們在聰明得嚇人的渡鴉（raven）身上可以看到的。渡鴉和狒狒一樣，比起符合現狀的同伴叫聲，更注意透露出支配地位反轉的叫聲。驚人的是，牠們甚至會注意到**隔壁**鳥群的地位反轉了。渡鴉只透過聆聽就能分辨支配關係，而且對隔壁群體的階層八卦很感興趣。

下一個議題，「當你屬於特定位階，你的人生會變成**什麼樣子**？」這件事情在物種之間、或同一物種內有怎樣的差異？難道位居高位只代表大家一直留意你的心情好不好，或者，位居低位就永遠吃不飽，無法排卵、泌乳或存活下去？從屬者有多常挑戰支配者？支配者有多容易把挫折感發洩在從屬者身上？從屬者有因應的出口嗎（譬如理毛的夥伴）？

再來，還有一個問題是個體如何爬到高位。很多情況下（譬如之前提到的母狒狒），地位由遺傳而來，親屬選擇系統已經說明了一切。但在其他物種或性別身上（譬如公狒狒），個體的地位隨時變動，改變的方式包括打架、搏鬥、莎士比亞通俗劇般的過程。在階層中地位上升，代表你有發達的肌肉、尖利的牙齒，選擇對的戰場並贏得勝利。[4]

你在像資本主義一般令人汗流浹背、充滿零和賽局與男子氣概的階層制度中爬到頂端了，萬歲。但還有一個更有趣的問題，站上高位以後，要如何保持下去呢？我們即將看到，在這方面，社交技巧比肌肉還更重要。

4　原注：這背後的代表的是雄性和雌性有分開的階層。大體上，等級最高的家族之中的雌性，可以任意欺壓排名在最後四分之一的雄性，但其他雄性卻可以支配雌性。

這點出了一個關鍵——擁有高社會能力並不容易，而且這可以從大腦中看出來。英國人類學家羅賓・鄧巴（Robin Dunbar）證實，跨越各個分類群（taxa，譬如「鳥類」、「有蹄類」、「靈長類」），一個物種的社會群體平均越大：（a）大腦占身體的比例越大，以及（b）新皮質占整個大腦的比例越大。鄧巴提出的很有影響力的「社會化大腦假說」（social brain hypothesis），認為社會複雜性和演化擴展了相關的新皮質。在同一物種內也可以看到這種連結。有些靈長類動物的群體大小可以相差十倍（視所在的生態系統有多豐富而定）。一項有趣的神經造影研究對此加以模擬，將捕獲的獼猴養在不同大小的群體中；結果，群體越大，猴子的前額葉皮質和顳上迴（superior temporal gyrus，與心智理論相關的大腦皮質區域）就增厚越多，兩者在活動時也配合得越密切。[5]

所以，靈長類動物的社會複雜性和很大的頭腦是一對好搭檔。當科學家考察「又分又合」的物種時，又進一步證明了這點，「又分又合」物種的社會群體一直劇烈變化。譬如，狒狒在一天開始和結束時置身於又大又緊密的群體中，但在一天的中間卻會組成搜食小組。鬣狗則相反，成群結隊獵食，但獨自食用腐肉。狼又經常和鬣狗相反。

「又分又合」物種的社會性比較複雜。如果某人在子群體中的地位和在整個群體中不同，你一定會對此有所記憶。要是整天沒見到對方，你也會很想看看支配關係在早餐之後是不是發生了什麼變化。

有一項研究比較了「又分又合」的靈長類動物（黑猩猩、倭黑猩猩、紅毛猩猩、蜘蛛猴）和不是「又分又合」的靈長類動物（大猩猩、捲尾猴、長尾獼猴〔long-tailed macaque〕）。[6]在這些捕捉而來的靈長類動物中，「又分又合」的物種比較擅長需要運用前額葉的作業，新皮質占整個大腦的比例較高。

5 原注：注意，跨越各靈長類物種，新皮質大小和群體大小之間的相關（correlation），或許反映出這兩個特質互相影響，也就是兩個特質共同演化。這項神經造影研究證明了社會群體較大，會造成相關腦區擴大（擴大的方式與第5章提過的神經可塑性關係較大，遠大於基因和演化）。

6 譯注：long-tailed macaque，又名食蟹獼猴、馬來獼猴。

針對鴉科鳥類（烏鴉、渡鴉、鵲、寒鴉）的研究結果也一樣。

因此，其他動物的「位階」和「階層」一點也不簡單，而且隨物種、性別和社會群體有極大的差異。

人類的位階與階層制度

人類的階層制度和許多方面和其他物種很相似。譬如，人類也有穩定或不穩定的階層制度——沙皇統治長達數世紀的俄國對比俄國大革命之後的新局面。我們將在下面看到，這些不同的情境可以引發大腦不同的反應模式。

群體大小也很重要——社會群體越大，靈長類動物的皮質相對於整個大腦的比例也越大（人類在這兩項指標都拔得頭籌）。如果你將所有靈長類動物的「新皮質大小比上社會群體平均大小」繪製成圖，就可以得出「鄧巴數字」（Dunbar's number），用來預測傳統人類文化的平均群體大小。答案是 150 人，而且有很多證據可以支持這項預測。

這也在西方世界上演，一個人的社交網路越大（經常用與這個人互通電子郵件或傳訊息的人數來計算），腹內側前額葉、眼眶前額葉和杏仁核越大，心智理論相關技能也越好。

是不是當一個人的社交網路比較廣，這些腦區會跟著擴張，或者，這些腦區比較大的人會形成較大的社交網路？答案當然是兩者都有一點。

就像其他物種一樣，人類的生活品質會因為位階不平等的結果為何而有所不同——有權有勢的人在餐廳裡能夠比你先入座，以及有權有勢的人只要想要就可以把你斬首，這兩者之間有很大的差異。回想一下之前提到的那個研究——綜合三十七個國家的結果顯示，貧富差距越大的地方，青春期前學校的霸凌越嚴重。也就是說，一個國家中社經地位分層分得越粗暴，小孩會用越粗暴的方式貫徹他們之中的階層地位。

儘管有這些跨物種的相似之處，人類還有一些獨一無二的地方，包括以下這些。

多重階層中的身分

我們同時置身在許多不同階層中，而且在各個階層中的位階高低可能相距甚遠。[7] 當然，這很容易導致合理化和對現有體系的正當化——我們會擅自決定，讓我們苦苦掙扎的是爛階層制度，而我們在其中呼風喚雨的那種階層制度才真的算數。

多重的階層制度有可能彼此重疊。就拿社經地位來說，它同時包含了小範圍和大範圍的階層。我的社經地位很高——我的車比你高級。我的社經地位很糟——我沒有比爾・蓋茲那麼有錢。

專門化（specialization）的分級系統

高位階的黑猩猩在各方面的能力都很不錯。但人類卻棲身於專門化程度高得不可思議的階層之中。舉譬如下：有個名叫喬伊・切斯納（Joey Chestnut）的傢伙在一種次文化中是如上帝一般的存在——他是史上最強的熱狗大胃王比賽冠軍。然而，切斯納的大胃王天賦是否能夠延伸到其他領域，就是個問號了。

內部標準

有些情況下，階層制度具有獨立於外在世界的內部標準。譬如，在團隊運動中贏得勝利或輸掉比賽，通常會分別提高或降低男人的睪固酮含量。但這其中還有更細微的變化——睪固酮更在意靠技能贏得比賽（而非靠運氣得勝），（比起團隊表現）也更在意個人表現。

---

7 原注：有一個令我非常難受的例子可以用來說明這點：我在史丹福時都會加入臨時湊對的足球賽。我踢得很爛，所有人都知道也都很包容。有一個來自瓜地馬拉的傢伙球技最好也最受大家敬重，他剛好在我工作的大樓擔任管理員。在球場上，他叫我羅伯（他只有在我偶爾做出對比賽有重大影響的事情時才會叫我）；但他來清理我辦公室和實驗室的垃圾桶時，不管我多努力阻止，他都叫我「薩波斯基博士」。

因此，就如其他方面，我們既像動物，但又和其他動物完全不同。現在來談談個體位階背後的生物機制。

上層階級看到的風景、下層階級看到的風景

偵測位階

就像我們擁有偵測他群的能力，我們也對位階差異非常感興趣並善於偵測。譬如，我們只需要 40 毫秒就能有效區辨支配者的臉（眼神直視）和從屬者的臉（迴避視線、眉毛下垂）。從肢體動作也可以偵測到地位訊號，雖然準確度較低——支配者張開雙臂、展露軀幹，從屬者則彎著身軀，以手臂遮擋，意圖讓自己隱形。我們也只需要極短的時間，就能自動化辨認這些線索。

有一項研究用實在很巧妙的方式，證明人類嬰兒也會分辨地位。給嬰兒看電腦螢幕，上面有一個大方塊和一個小方塊，都有眼睛和嘴巴。兩個方塊從螢幕兩端反覆往另一端移動，途中與對方擦身而過。接著，再播放另一個版本，兩個方塊會撞向對方——衝突發生了。兩個方塊不停撞對方，直到其中之一躺下「投降」，讓對方通過。如果大方塊向小方塊投降，嬰兒注視它們互動的時間比較長，小方塊投降則比較短。大方塊投降的情境比較有趣，因為與預期不符——「嘿！我還以為大方塊比小方塊更具優勢。」他們的反應和猴子、鴉科鳥類一樣。

但是，等等，他們可能沒有感應到階層，只是對物理學常識有所反應——大東西應該撞倒小東西，反過來就沒道理。但這個混淆變項已經遭到排除。首先，其中一個方塊投降時，兩個方塊之間沒有接觸。第二，如果依照物理學進行預測，從屬者應該要倒向反方向——但從屬者沒有被往後撞，反而俯臥在支配者前方。

伴隨著偵測位階的這項專門技術，人類對於階層懷有極高的興趣——如同第 9 章強調的，人與人之間八卦的內容通常關於地位的狀態：是不是

有強權倒下了？溫柔的人最近承受了什麼嗎？[8] 比起兩個方塊和平擦身而過，嬰兒看衝突情境的時間較久，不管贏的是哪一個方塊。

這麼做很符合自身的利益。瞭解階層中當前的形勢，能幫助你過得比較順利。但這麼做不只為了自利。那些猴子和鴉科鳥類不只注意到自己群體中的位階反轉，當牠們竊聽到隔壁鄰居位階反轉時也會如此。我們也是一樣。

當我們想著位階，腦中會發生什麼事？想當然爾，前額葉一定積極參與。額葉傷害有損於辨認支配關係的技能（以及透過臉孔區辨親緣關係、欺騙與親近程度的能力）。當我們搞清楚支配關係或看著支配者的臉，腹外側前額葉和背外側前額葉活化，並互相搭配活動，反映出這個歷程結合了情緒與認知的元素。當你想到的是異性，這些反應最為明顯（這和繁殖目標的關聯性可能大於你對階層制度的學術興趣）。

看到支配者的臉也會活化顳上迴（在觀點取替中占有一席之地的腦區），並增進顳上迴和前額葉的搭配活動——我們對於支配者在想些什麼比較感興趣。此外，猴子身上有個別的「社會地位」（social status）神經元。如同第 2 章提過的，想及不穩定的階層，上述各項都會發生，還再加上杏仁核活化，顯示不穩定會令人感到不安。不過，當然，以上所述全都無法告訴我們，那些時候我們到底在想些**什麼**。

你的大腦和你的地位

你的位階會對大腦產生合乎邏輯的影響。獼猴的位階上升時，中腦—邊緣多巴胺系統的訊號增加。回頭來談那個證明恆河猴在較大社會群體中，造成顳上迴和前額葉擴大且增進兩者搭配活動的研究。同一個研究也證明了在各個群體中達到越高的位階，那些腦區擴大及增進搭配的程度也越高。同樣地，另一項研究證明了位階較高的老鼠腦中，輸入等同於人類

8 譯注：語出《聖經》馬太福音 5 章 5 節：「溫柔的人有福了！因為他們必承受地土。」（Blessed are the meek, for they will inherit the earth.）

（認知的）背外側前額葉之腦區的興奮訊號比較強。

我真喜愛這些研究。就像我之前說的，對許多具有社會性的物種而言，能夠取得高位代表你有尖利的牙齒和高超的打鬥技巧。但**維持**高位階的重點是社會智能和衝動控制：知道要忽略哪些挑釁、和誰結盟，並理解別人的行動。

到底是那隻猴子創造了歷史，還是歷史造就了那隻猴子？一旦群體形成，站上支配者位置的個體腦中那些區域就擴張得比其他個體都多嗎？或者，在團體形成之前，注定成為支配者的個體本來就已經有那樣的大腦呢？

可惜的是，這個研究並未提供群體形成前和形成後的動物神經造影。然而，後續研究顯示，群體越大，支配者和那些腦部變化的連結就越強，暗示了取得高位驅動了腦區擴大。[9] 相反地，前面提到的那個老鼠研究顯示，當背外側前額葉的突觸興奮增加或減少，老鼠位階分別上升或下降，顯示腦區擴大驅動了位階的爬升。大腦塑造了行為塑造了大腦塑造了……

你的身體和你的地位

除了大腦之外，還有哪些生物機制受到階層影響而出現差異？舉例來說，位階高和位階低的雄性測量到的睪固酮有所不同，那麼，如果差異存在，這樣的差異到底是位階差異的原因、結果，或純粹只是相關呢？

常民內分泌學總是認為，（在任何物種中）高位階和睪固酮上升密切相關，而睪固酮的力量又大於位階的影響。但是，就如同第 4 章花長篇幅討論過的，在靈長類身上，以上所言皆非。提醒一下：

- 在穩定的階層中，高地位雄性之睪固酮濃度通常不是最高的。濃度最高的通常是低位階的青少年，常常引起打鬥卻贏不了。如果

9 原注：原因在於那些有著最大的前額葉／顳上迴、即將上任的支配者，又剛好分配在最大的群體中，機率實在太小了。

高位階和高睪固酮之間存在連結，通常反映出支配者有高頻率的性行為，驅動了荷爾蒙分泌。

- 上述現象有個例外，就是不穩定的時期。譬如，許多靈長類動物的高位階雄性在群體形成的第一個月，睪固酮濃度最高，但多年之後就不再如此。在不穩定的時期，高睪固酮——高位階的連結關係，比較是高位階的個體之間時常打鬥的結果，而非來自高位階本身。

- 重申一下「挑戰者假說」：「因為打鬥而提升睪固酮」和打鬥的關係比較小，和挑戰的關係比較大。如果攻擊別人可以維持地位，睪固酮就會促進攻擊；如果書寫優美精巧的俳句可以維持地位，睪固酮就會促進俳句寫作。

接下來，我們來討論位階和壓力之間的關係。位階高低是不是和壓力荷爾蒙、因應方式、以及壓力相關疾病有所連結？支配者的壓力比較大，還是從屬者的壓力比較大？

大量文獻顯示控制感和可預測性可以減輕壓力。但喬瑟夫・布雷迪（Joseph Brady）在1958年做的猴子研究創造出另一種觀點。在他的研究中，一半的猴子可以透過壓桿延遲電擊（牠們是「執行」猴〔“executive”monkeys〕）；另一半猴子則在執行猴被電擊時，也被動接受電擊。結果執行猴所在情境雖能控制與預測，卻比較容易得到潰瘍。這孕育出「執行壓力症候群」（executivestressyndrome）——身在高位者背負著控制、領導和責任所構成的壓力源。

執行壓力症候群瞬間爆紅。但有個很大的問題是那些猴子並非隨機分派到「執行」或「非執行」組。事實上，壓桿最快的執行猴在前導研究中就已經是執行者了。[10] 後來證實這些猴子情緒反應比較強，所以布雷迪

10 原注：可能也是為了加快研究速度，才採用可以最快學會電擊—壓桿的動物。

在無意間把這些容易潰瘍的神經質都分到執行組。

關於潰瘍的執行者就先談到這裡；當代研究顯示，受壓力影響健康的情況最嚴重的是中階主管，他們的負擔是超值組合——工作要求高、自主性低——有責任但沒掌控權。到了 1970 年代，教條變成：從屬者是壓力最大又最不健康的。實驗室中的齧齒類動物首先證實，從屬者的糖皮質素在**靜止**時濃度較高。也就是說，就算在沒有壓力的情況下，牠們都出現長期啟動壓力反應的跡象。在靈長類動物身上（從恆河猴到狐猴）也可以觀察到相同的現象。倉鼠、天竺鼠、狼、兔子和豬也是。甚至連魚類都是。甚至連蜜袋鼯（sugar glider）都是，雖然我不知道蜜袋鼯到底是什麼。有兩個研究出現異曲同工之妙，都研究被捕捉而來、基本上一輩子都是從屬者的猴子，牠們的海馬迴嚴重受損，而海馬迴這個腦區對於糖皮質素過量造成的損害非常敏感。

我自己在非洲做的狒狒研究也顯示出同樣的結果（是這類研究中首次以野生靈長類動物為對象的研究）。大致上，低位階的公狒狒之糖皮質素基礎濃度較高。發生壓力事件時，牠們的糖皮質素壓力反應相對遲緩。壓力源消失後，糖皮質素也比較慢才回復原本那比較高的基線。換句話說，在你不需要的時候，血液裡有太多糖皮質素，你真正需要的時候卻不夠用。驚人的是，在腦中實質而基礎的層次、腦下垂體和腎上腺，從屬者糖皮質素基礎濃度上升的理由，就和得到重鬱症的人類上升的理由一樣。狒狒處在社會從屬位階的狀態，類似憂鬱症的習得性無助感。

過量的糖皮質素可能以各種方式帶給你不少麻煩，這有助於解釋為什麼慢性壓力讓你生病。位居從屬的狒狒在其他方面也付出了代價。牠們：（a）血壓較高，心血管對壓力源的反應較遲緩；（b）「好」膽固醇——高密度脂蛋白膽固醇（HDL cholesterol）較低；（c）在隱微之處顯示出免疫系統受損，較常生病、傷口癒合較慢；（d）生殖系統比支配位階的公狒狒更容易受壓力干擾；以及（e）有一種關鍵生長因子在血液中的含量較低。小心，盡量別變成從屬位階的狒狒。

雞和蛋的問題又出現了——是不是有某個生理屬性特別負責處理位

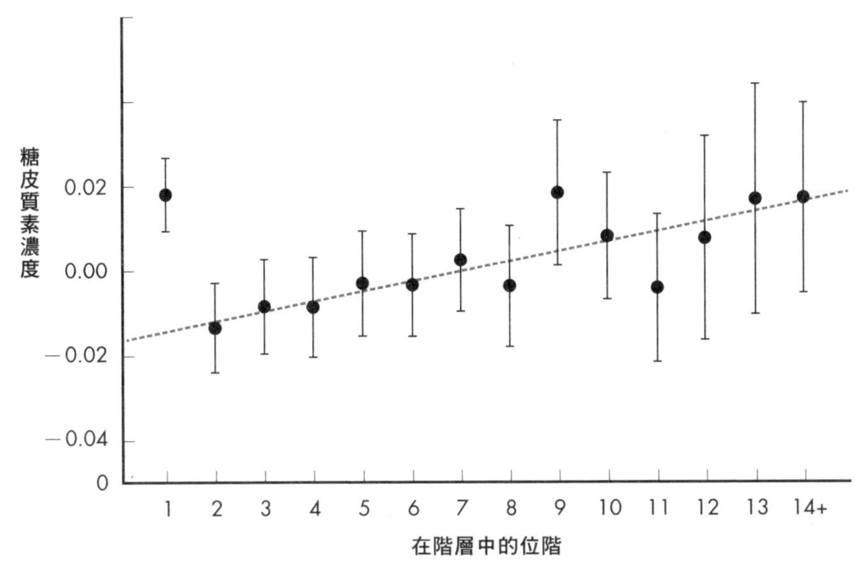

改自薩波斯基，〈對執行長抱以同情〉（*Sympathy for the CEO*）*Sci 333*（*2011*）：*293*

階，還是其實相反？我們無法透過野生動物來回答這個問題，但捕捉而來的靈長類動物之中，通常在確立位階之後，才出現屬於該位階的生理特徵，而非這些生理特徵原本就存在。

講到這裡，我很想開心宣告這些研究發現反映出階層的本質（階層〔Hierarchy〕的 H 要大寫），還有在群體中位居從屬的壓力多大。但結果發現完全是個錯誤。

第一個線索來自普林斯頓大學的珍妮・奧特曼（Jeanne Altmann）和杜克大學的蘇珊・艾伯茲（Susan Alberts），她們針對階層穩定的野生狒狒進行研究。她們的發現與上述相似，從屬位階與糖皮質素基礎濃度較高相連結。然而，出人意料的是，首領階級的糖皮質素濃度上升到與位階最低的公狒狒相同的範圍。（見上圖）為什麼首領的生活比第二名的雄性壓力更大？這兩個位階遭受低階雄性挑戰（壓力的來源之一）以及被雌性理毛（因應的方式之一）的機率相當。但是，雄性首領較常打架，而且花比較多時間在與雌性在性方面的配對關係上（壓力很大，因為必須抵禦其他來騷擾的雄性，以捍衛自己的配對關係）。真是諷刺，身為雄性首領的最大好處——享有性配對關係——竟然變成主要壓力源。平常許願時要小心一點。

好，所以除了首領的命運遭到詛咒，從屬者也普遍壓力很大。但這也錯了。重點不是只有位階，而是位階的**意義**。

目前已知有些靈長類動物的位階和糖皮質素濃度有所關聯。這些物種的從屬者之糖皮質素基礎濃度比較高，前提是符合以下條件：（a）支配者心情不好時經常對從屬者施以替代性攻擊；（b）從屬者缺乏因應的出口（譬如理毛的夥伴）；以及／或者（c）在該物種的社會結構中，從屬者身邊沒有親屬。倘若從屬者所處的條件都和上述相反，那個群體中糖皮質素濃度最高的就變成支配者。

位階的「意義」及位階與生理的相關性，在同一物種中的不同群體間也會有所差異。譬如，儘管在雄性支配者經常出現替代性攻擊的狒狒群體中，從屬者特別不健康，但當階層頂端處在不穩定的時期，雄性支配者的健康狀況也會不佳。

還有一個因素疊加在這一切之上——性格塑造了你對實際位階的知覺。過去，把「性格」一詞用在人類之外的物種上可以讓你丟掉終身職，但這在今天已經成為靈長類動物學裡的熱門話題。人類以外的物種之氣質有穩定的個別差異——挫折時多常展現替代性攻擊、多常表現友好的社會互動、多容易因為新奇事物而感到緊張……等等。面對一個水坑，有的靈長類動物覺得空了一半，有的認為水位半滿；在階層之中，有的第二名只在乎自己不是第一名，有的第九名因為自己至少不是第十名而感到欣慰。

毫無意外，性格會影響位階和健康的關係。處在同樣的位階高度，如果符合以下條件，會比較不健康：（a）對新奇事物反應特別大；（b）在無害的情境中也感覺受到威脅（譬如，競爭者出現，但只是在附近打個盹）；（c）沒有善用社會控制（譬如，讓競爭者決定如何決一勝負）；（d）無法區分好消息和壞消息（譬如，無法從牠的行為區分出牠打贏還是打輸了）；（e）挫折時沒有社交的出口。靠著給狒狒開一堂以上述元素為核心的「如何打造成功事業」專題討論會，你可以大賺一筆。

另一方面，如果符合以下條件，同樣低位階的個體比較健康：（a）

有很多互相理毛的社會關係；以及／或者（b）有其他狒狒位階比牠還要更低，可以作為替代性攻擊的對象。

所以，在其他物種身上，位階如何影響身體？這要看在那個物種和社會群體中，處在特定位階是什麼情形，以及這個個體有哪些性格特質，如何透過知覺過濾那些變項。那人類呢？

還有我們

目前只有非常少數的神經生物學研究探討人對階層有什麼感覺。回到上一章談過的概念——「社會支配傾向」——表示人多重視權力和威望的指標。有一項研究請參與者看情緒上感到痛苦的人。第 2 章談過，這會活化前扣帶迴和腦島皮質——產生同理心，並對引發痛苦的情境感到厭惡。一個人的社會支配傾向分數越高，這兩個區域的活化程度越低。對於威望和權力最感興趣的人，最不會對不幸的人感同身受。

特定位階與生理之間的連結是不是也出現在人類身上呢？就某些方面而言，我們的這種連結比其他靈長類動物來的細微；但就另外一些方面而言，則遠比其他靈長類動物還要明顯。

有兩項研究檢視了政府和軍隊中的高階人員（軍隊的研究對象最高到上校層級）。和低地位的控制組相比，這些人糖皮質素的基礎濃度較低，自陳焦慮程度較低，控制感則較高（然而，這完全無法告訴我們，位階或顯示出壓力較低的數字組合，哪一個先出現）。

這可說是《狒狒：重製版》，不過其中還有更細微之處。作者用三個問題解構了高位階：（a）在參與者的組織中，有多少人位階比他更低？（b）他有多高的自主性（譬如雇用與開除下屬）？（c）他直接監督多少人？結果，只有當他的職位在前兩個變項上狀態為有很多從屬者、以及有很高的權威，高位階的人才會呈現低糖皮質素和低焦慮。相比之下，「必須直接監督很多從屬者」與良好健康無統計相關。

這可以證明執行長們的牢騷是真的，他們不是在監督一大堆人，而是有一大堆老闆。如果想要盡量提升身處高位對身體的好處，就別負責監督太多人；而是要像太空超人一般溜進辦公的地方，讓你從未直接互動過的小小兵對你諂媚逢迎地微笑。相關的不只是位階，而是位階的意義與內涵。

人類的地位與健康的關係怎麼會比其他靈長類動物還要明顯呢？因為它反映出社經地位——在所有靈長類動物曾創造出的地位型態之中，社經地位是最普遍滲透各處的一種。已經有很多研究探討了「健康／社經地位」梯度，也就是窮人的預期壽命較短、許多疾病的發生率和罹病率（morbidity）較高。

以下摘要第 9 章整理過的、這個雜亂又廣泛的議題：

- 哪一個比較早發生——貧窮或是疾病？答案一面倒，是前者。回想一下這件事：在低社經地位母親的子宮中發育，比較容易造成成年後健康不佳。

- 並不是只有窮人不健康，而其餘所有人都一樣健康。事實上，在社經地位的階梯上每下降一階，健康狀況就差一些。

- 問題不在於窮人較難得到健康照護。即便在有公費醫療和全民醫療保健的國家，以及在發生率獨立於健康照護的疾病上，同樣呈現出這個梯度。

- 只有三分之一的變異可以透過窮人較常接觸危險因子（譬如汙染）和較少保護因子（譬如加入健身房）來解釋。

- 這個梯度的重點似乎是社經地位帶來的心理負擔：(a) 主觀社經地位預測健康的準確度，至少相當於客觀社經地位，意思是這不只和貧窮有關，而是感覺貧窮。(b) 獨立於絕對收入之外，社區中貧富差距越大——也就是窮人越常被揭開他們地位較低的瘡

> 疤——健康梯度就越陡。(c) 社區中越不平等，社會資本（信任與效能感）就越少，這是造成健康不佳最直接的原因。綜合這些研究，顯示出低社經地位的心理壓力使健康惡化。同樣地，對壓力最敏感的疾病（如心血管疾病、腸胃疾病和精神疾患）呈現出最陡的健康／社經地位梯度。

健康／社經地位梯度無所不在，無論性別、年齡或種族為何、有沒有全民健保、在族裔同質性高或充斥族群衝突的社會中、在以資本主義信條「好好活著就是最棒的復仇」，或以社會主義頌歌「各盡所能、各取所需」為中心思想的社會中都一樣。人類創造出物質不平等，也同時想出一個辦法來壓制低位階的人，這在其他靈長類動物的世界裡從未發生過。

我們偶爾會做一件真的很怪的事情

在人類階層獨一無二的特徵之中，有一個最為獨特。而且，近來呈現的方式是人們不但擁有領導人，還自己挑選領導人。

如同前面談過的，過去落伍的靈長類動物學傻傻地混淆了高位階和「領導者」。狒狒的雄性首領不是領導者，只是能嚐到最多甜頭。同時，雖然大家都跟著見多識廣的年長雌性搜食，看牠在早上選擇哪條路徑，但所有證據都顯示牠只是自己「前進」，並未「帶領」大家。

但是，人類的領導者奠基在獨特的概念「共同利益」之上。什麼算是共同利益？領導者在提升共同利益上扮演了什麼角色？這兩個問題顯然有各種不同的答案，從率領眾人圍城到帶領賞鳥者散步，都可能包含在內。

更新奇的是，人類會選擇自己的領導人，不管方法是圍繞在營火旁，歡呼選出氏族首領，或經過三年漫長的總統選戰，再透過怪異的選舉人團（the Electoral College）制度爬上頂端。那我們到底如何選擇領導人呢？

在選擇領導人的決策過程中，有一個常見而有意識的元素是投給有經驗或能力的人，而不管他在特定議題的立場為何。這非常普遍，甚至有一項研究指出，被評價為能力比較強的臉孔，贏得選舉的機率為68%。人類也會根據單一且可能無關的議題，有意識地選擇要投給誰（譬如，根據候選人對於在巴基斯坦進行無人機空襲的立場，來選出縣內的助理捕狗員）。再來，美國人在決策時還有足以令其他民主政體公民困惑不解的一面，就是會為「好感度」（likability）投票。想一想2004年小布希對凱瑞的那場選戰，共和黨的名嘴表示，人民在選擇世界上最有權力的位置該由誰來擔任時，應該選擇你願意和他共飲啤酒的那個傢伙。

還有一個有趣程度至少與上述相當，就是決策中自動化與無意識的部分。在政治立場相同的候選人中，人們比較常投給長相好看的人，這有可能是影響力最大的因素。由於候選人和當選人大多為男性，基本上等於大家投給了男性化特質——身材高　、外表健康、外型特徵對稱、高額頭、突出的眉脊和下顎。

就像第3章先提過的，人們通常把有魅力的人評價為性格較好、道德標準較高，比較仁慈、誠實、友善、值得信任，這和上述影響投票的因素相符。而且，有魅力的人可以得到較佳的對待——用同一份履歷，他們比較容易被雇用；做同一份工作時，他們的薪水比較高；犯一樣的罪，他們比較不容易被定罪。1882年弗里德里希．席勒（Friedrich Sciller）寫下的文字就概述了這種「美即是善」（beauty-is-good）的刻板印象：「身體的美代表了內在的美、靈性與道德的美。」這種觀點的另一面，就是認為殘缺、疾病和受傷都是罪孽的報應。還有，就如我們在第3章看到的，我們在評估行為是否符合道德上的良善、以及一張臉是否美麗時，使用的是同一個眼眶額葉皮質的迴路。

其他內隱元素也陸續上場。有一項研究檢視了澳洲史上每一次澳洲總理選戰中候選人的演說，80%的選舉贏家是使用最多集合代名詞（「我們」）的候選人，意味著當候選人自居所有人的代言人，大眾便受到吸引。

也有一些偶然的自動化偏好。譬如，面對牽涉到戰爭的情境，無論西方或東亞的參與者都偏好年紀較長、臉孔較男性化的候選人；在和平時期則喜歡較年輕而女性化的面孔。此外，在促進群體間合作的情境中，大家偏好看起來聰明的臉；其他時候則覺得聰明的臉比較不男性化或不吸引人。

這些自動化偏誤在生命早期就已經各就各位。有項研究給 5 到 13 歲的小孩看一對對來自不知名選舉的候選人照片，並問他們在一趟虛構的航行上，要選誰當船長。71％的小孩選中那場選舉的實際當選人。

做這些研究的科學家常試著推測為什麼會演化出這些偏好；老實說，很多感覺都像是「理所當然」的故事。譬如，有論文分析為什麼人們在戰爭時偏好男性化的領導人，作者指出，高睪固酮濃度同時造成男性化的臉部特徵（大致屬實）和攻擊行為增加（不屬實，請見第 4 章），而攻擊性正是大家希望戰時領導人所擁有的特質（我個人不太確定這是不是真的）。所以，偏好男性化的臉，可以提高贏得高攻擊性領導人的機率，而那正是打贏戰爭所需要的。然後大家就可以把更多自己的基因流傳下去。看吧。

不管原因是什麼，重點是這背後的力量——5 歲小孩有 71％的準確率，顯示這些偏誤非常普遍且根深蒂固。然後，我們有意識的認知再趕快追上，讓我們的決定看起來小心謹慎又富含智慧。

噢，何不挑戰一下呢？政治與政治傾向

這樣看來，人類越來越怪了——多重階層**加上**擁有領導人**加上**有時候可以選擇領導人**加上**用某些傻氣又內隱的標準來選擇。現在，讓我們跳入政治。

法蘭斯・德瓦爾在他的經典著作《黑猩猩政治學》（*Chimpanzee Politics*）中把「政治」一詞引入靈長類動物學裡，他在使用政治一詞時指的是「馬基維利智商」（Machiavellian Intelligence）——人類以外的靈長類動物以複雜的社會互動，努力掌控資源。這本書描述了黑猩猩在使用這種策略上有多天才。

傳統意義上的人類「政治」也是如此。但我要採取更嚴格又天真爛漫的意義——政治是有權力者為不同版本的「共同利益」進行鬥爭。先忘掉自由派指控保守派對窮人開戰，也忘掉保守派指控墮落的自由派破壞家

庭價值。在這些裝腔作勢的姿態背後，我們都假定所有人同樣渴望人民能過得好，只是對於怎麼實現有不同的看法。本節將聚焦在三個議題上：

a. 政治傾向具有內部一致性（internally consistent）嗎？（譬如，對於鎮上的亂丟垃圾處罰辦法或某某斯坦的軍事行動，人們的意見來自同一個意識型態套裝組合）簡單回答：通常有。
b. 這種一致的傾向是不是受深層、內隱的因素影響，和具體的政治議題關係小得不得了？沒錯。
c. 我們可以逐漸知道這些因素之下有哪些生物機制在運作嗎？當然可以。

政治傾向的內部一致性

上一章談過了區分我群／他群時，一致性可以高得多麼驚人——會因為經濟因素而討厭某個外團體的人，也比較容易因為歷史因素而討厭另一個外團體，還有因為文化因素而討厭的外團體……等等。談到政治時也大致相同——社會、經濟、環境和國際方面的政治傾向通常是一個套裝組合。這種一致性可以解釋一則《紐約客》漫畫的幽默之處（這是政治心理學家約翰．喬斯特提出來的）：一個女人穿著一件洋裝，展示給丈夫看，並問：「我穿這樣看起來像共和黨人嗎？」另一個例子關於生物倫理學家萊昂．卡斯（Leon Kass），他不但對複製人採取非常具有影響力的保守立場，覺得複製人的可能性「令人反感」，而且覺得別人在公共場合「像貓一樣」舔甜筒冰淇淋也令人反感。之後還會談更多和他相關的議題，包括舔甜筒冰淇淋。這種內部一致性代表的是，政治意識型態不過展現了更廣的潛在意識型態——我們將會看到，這可以解釋為什麼保守派比自由派更可能在臥室裡放清潔用品。

很自然地，政治意識型態未必總有嚴格的一致性。自由意志主義者（libertarian）混合了社會自由主義（social liberalism）和經濟保守主義（economic conservatism）；黑人浸信會教堂傳統上在經濟層面是自由派，但在社會層面是保守派（譬如反對同志權利，並否認同志權利是公民權利的一種）。此外，不管政治意識型態的哪一端，都不是整體統一的（我會忽略這一點，為了簡化，混用「自由派」和「左翼」、「保守派」和「右翼」）。

儘管如此，政治傾向的構成還是偏向穩定與一致。穿得像個共和黨人或像民主黨人一樣舔冰淇淋，這麼說在大多時候是可以成立的。

政治傾向背後的內隱因素

如果政治傾向不過展現了更大的內在力量，與此力量相關的事情，從臥房裡的清潔用品到吃冰淇淋的方法都包括在內，那麼，左派和右派是不是還在其他心理、情緒、認知和內心深處的層面有所差異呢？這個問題引發許多非常有趣的研究發現；我試著將這些發現分為幾類。

智力

噢，管他的，有什麼好不能談的？我們先從沒那麼容易讓人發火的部分開始談起。從 1950 年代的提奧多．阿多諾開始，陸續有人指出低智商的人較有可能奉行保守派意識型態。從那時開始，部分但並非所有研究支持這個結論。低智商和特定一種保守主義之間的連結一致性更高——右翼威權主義（right-wing authoritarianism，簡稱 RWA，他們喜歡階層）。有一項十分全面的研究呈現出這點，研究對象來自英國和美國，人數超過一萬五千人；重要的是，在控制了教育程度和社經地位之後，這個研究顯示出智力、右翼威權主義和群體間偏見之間的連結。針對這個連結，標準而有說服力的解釋是：右翼威權主義提供簡單的答案，十分適合欠缺抽象推理技巧的人。

智能風格（intellectual style）

這方面的文獻包含兩個範圍廣泛的主題。其中之一是右派對於思考模糊的事物感到比較不自在；這部分接下來會再談。另一個主題是左派**比較努力**思考，在賓州大學政治學家菲利浦．泰洛克（Philip Tetlock）所說的

「整合複雜度」（integrative complexity，或稱複雜整合力）上的能力比較強。

有一項研究詢問保守派和自由派「是什麼造成貧窮」，兩者都傾向歸因於個人（「因為他們懶惰，所以很窮」）。但只有在研究人員要求他們快速下判斷時才會如此。給他們多一點時間之後，自由派轉向以情境來解釋（「等一下，情勢總是對窮人不利」）。換句話說，保守派自始至終都憑直覺；自由派從直覺轉向思考。

這種歸因方式的差異出現的範圍遠遠超出政治之外。跟自由派或保守派講說有一個人在學跳舞時被別人的腳絆倒了，請他們快速評估，所有人都歸因於個人——他太笨手笨腳了。評估時間拉長，自由派朝向以情境解釋——也許那支舞真的很難。

如此二分顯然並不完美。右派將陸文斯基（Lewinsky）門歸因於個人（比爾．柯林頓〔Bill Clinton〕真糟糕），但左派則歸因於情境（這起事件是右翼的陰謀）；但換成尼克森（Nixon）的水門案就相反過來。不過，這種二分法還是挺可靠的。

為什麼會有這樣的差異？其實，自由派和保守派有同等的能力，都可以超越直覺性的個人歸因，達到比較細微的情境歸因——被要求這麼做時，雙方都可以沉著冷靜地呈現相反陣營的觀點。但自由派的動機較強，願意推自己一把，再朝情境的方向解釋。

為什麼呢？有些人指出自由派比較敬重思考，但這種說法很容易就變成沒有幫助的套套邏輯。伊利諾大學的琳達．斯基特卡（Linda Skitka）強調，自由派很容易因為在快速評價時歸因於個人而感覺失調，違反了他們的原則，所以會受此驅動，繼續想出更一致的觀點。相對地，就算有更多時間，保守派也不會更傾向歸因於情境，因為他們並沒有感覺不協調。

雖然合乎邏輯，但這只讓我們想要換個角度問：造成失調的自由派意識型態最初從哪裡來？我們將會看到，相關因素和認知風格（cognitive style）有一點關係。

以上研究發現意味著，讓自由派像保守派那樣思考，比反過來容易。

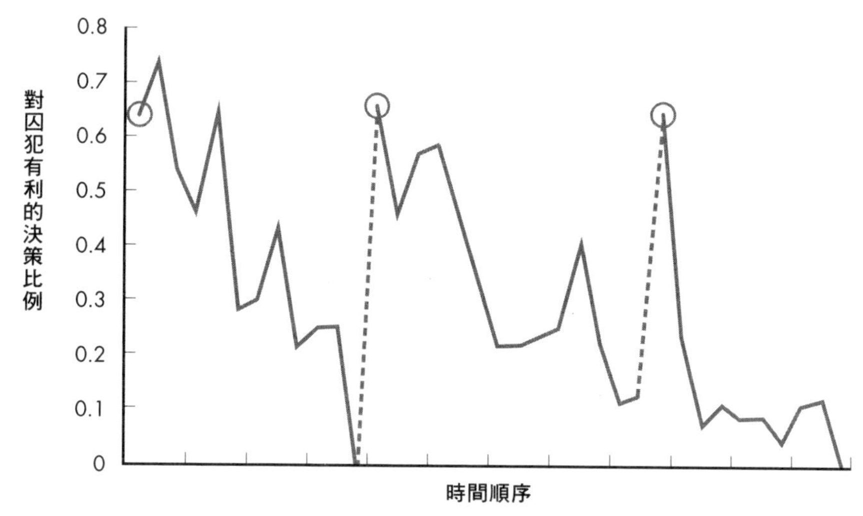

上圖依時間順序，呈現出各時間點對囚犯有利的裁決比例。圓圈表示三段時間中的首次決策；X軸上的每一個刻度表示經過三個案件；虛線則代表吃飯時間。因為三段時間的長度不等，一段時間中最後某些時間點的案件數量特別少，所以圖中只根據每段時間前95%的資料來呈現。

或者，用我們熟悉的方式來說，增加認知負荷[11]會讓人變得更保守。上述研究就是這樣。快速評價的時間壓力正是增加認知負荷的一種方法。人在疲倦、痛苦、因為認知作業而分心、或血液中的酒精濃度提高時，也會變得比較保守。

還記得第 3 章曾提到，意志力需要新陳代謝的力量，因為額葉皮質需要葡萄糖。正是因為如此，飢餓的人在賽局中變得比較不慷慨。現實世界中，有一個與此相關、令人吃驚的例子（見上圖）——有個研究針對超過一千一百項司法裁決，發現如果法官在不久前吃過飯，囚犯有 60%的機率獲得假釋；在法官吃飯前獲得假釋的機率，則是確確實實的零（請注意，經過累人的一天之後，假釋機率也全面下降）。正義也許盲目，[12]但對肚子

---

11 原注：這可以應用到更全面受威脅的時期；儘管一般印象中，在這種時期，人們特別兩極化，但事實上左派傾向很少變得更加強烈（之後再談）。

12 譯注：此句典故出自英文俗語「正義是盲目的」（Justice is blind），指司法不會因人的身分而存有偏見。

咕嚕叫的聲音絕對很敏銳。

道德認知

現在來到另一個地雷區。所以，驚訝吧，處在政治光譜上兩端的人都互相指控另一方道德思考貧乏。其中一個解釋方向似乎可以用第 7 章的柯爾伯格道德發展階段來支持。滿懷公民不服從精神的自由派，比起喜歡法律和秩序的保守派，在柯爾伯格的發展階段上處在「較高」的階段。那麼，到底右派是在智能方面**無法**用柯爾伯格發展階段上較高階的層次進行推理，還是**動機不足**？答案似乎是後者——右派和左派其實都有能力表達對方的觀點。

紐約大學的強納森・海德特提供了一個非常不一樣的觀點。他區分出道德的六個基礎——關懷／傷害（care／harm）、公平／欺騙（fairness／cheating）、自由／壓迫（liberty／oppression）、忠誠／背叛（loyalty／betrayal）、權威／顛覆（authority／subversion）、聖潔／墮落（sanctity／degradation）。不管是實驗或現實世界的資料都顯示，自由派較為重視前三個目標，也就是關懷、公平和自由（而且，與柯爾伯格發展階段有所重疊——較不重視忠誠、權威和聖潔這點，在很多方面等同於成規後期的狀態）。相較之下，保守派非常重視忠誠、權威和聖潔。這顯然是很大的差異。對外批評自己的群體是可以接受的行為嗎？右派會說不可以，這樣不忠誠。左派則會回答，如果有正當理由就可以。可以在某些情況下不遵守法律嗎？右派說不行，這有損於權威。左派則說，如果是惡法，當然可以。可以燒國旗嗎？右派說絕對不行，國旗是神聖的。左派說，拜託，不過就是一塊布。

這些雙方著重層面的差異，可以解釋很多東西——譬如，自由派的經典觀點之一是每個人都有同等的權利享有幸福；右派則認為可以為了權威而忽略公平，以此作為一種權宜之計，於是產生了經典的保守派觀點，認為社經地位的不平等是讓事情順利運作的代價。

保守派有六個道德基礎，而自由派只有三個。根據海德特的觀點，這代表什麼意思呢？自相殘殺的狙擊戰就此展開。保守派大力擁抱海德特對自由派的描述，也就是說自由派道德貧乏，有一半的道德基礎萎縮了。[13] 另一種相反的詮釋則受喬斯特和哈佛大學的約書亞·格林所擁護，認為自由派的道德基礎較為精煉，剔除了比較不重要、在歷史上造成傷害而保守派仍繼續保留的道德基礎——實際上，自由派重視前三個道德基礎，而保守派真正在乎的只有第四到第六個道德基礎。

為什麼保守派比較在意忠誠、權威和聖潔這類常常做為右翼威權主義和社會支配傾向之墊腳石的「連結性道德基礎」（binding-foundations）呢？讓我們繼續看下一節。

情緒上的心理差異

科學研究持續顯示，左派和右派在某些相同類別的情緒組成有所差異。相關發現摘要如下：平均而言，右派較容易因模糊性而焦慮，對解答的需求較強，不喜歡新奇的事物，有結構和階層時感覺比較自在，更容易覺得環境充滿威脅，而且同理的對象較為有限。

保守派在許多與政治無關的情境中，也展現出不喜歡模糊性的特質（譬如對視幻覺的反應、對娛樂的品味），而且這與保守派對新奇事物的感覺關係密切，因為顧名思義，新奇事物就會引發模糊與不確定性。另一種看待新奇事物的方式是認為，只要我們朝著正確的方向改革，最美好的日子就在新的未來裡等著我們，這絕對可以用來說明自由派對新奇事物的看法。然而，保守派認為最美好的日子已經過去，就在我們所熟悉的情境中，因此我們應該回到過去，讓一切再次偉大。這些心理組成上的差異，又再一次表現在政治以外的領域裡——自由派收藏旅遊書的機率比保守派更高。

保守派對可預測性和具體結構的需求，顯然使得他們對忠誠、服從、法律與秩序更加注重。我們也可以透過這一點，對政治場景中令人困惑不

13　原注：有趣的是，海德特並未把自己歸類為保守派，儘管最近的訪談顯示可能有些轉變正在發生。

解的現象有所洞察：共和黨如何在過去五十年間，持續說服貧困的美國白人為違反自己經濟利益的理由投票？他們真的相信自己即將中樂透，可以成為美國貧富不均社會中享有特權的那一方嗎？才不是呢。貧窮的白人在心理上需要有結構的熟悉情境，顯示投給共和黨是一種實現制度正當化（system justification）及避免風險的內隱行動。最好盡可能抗拒變化，只要跟你已知的惡魔打交道就好。回到上一章，保守派中的同性戀比自由派中的同性戀顯示出更多**反**同的偏誤。如果痛恨你自己的身分有助於強化體制，而體制越穩定、越可預測，就越令你感到舒適的話，就這麼做吧。

還有一個東西和這些變項交織在一起，就是左派和右派容易感到威脅的程度有所差異，特別是以威權主義為支柱的保守派容易感覺受到威脅。生命充滿了模糊性，最模糊的是全新的未來，如果這些讓你焦慮，許多事情看起來都會充滿威脅。「威脅」可能是抽象的，譬如威脅到你的自尊；政治立場相左的人在知覺抽象威脅上的差異不大。比較大的差異在於對你銀行戶頭的具體威脅上。

這有助於解釋政治立場——「我手裡有一份名單，裡頭是在國務院裡工作的兩百名共產間諜⋯⋯」，就挺適合用來說明想像中的威脅。[14] 對威脅的知覺差異也可以展現在與政治無關的層面。在一項研究中，參與者必須在一個單字閃過螢幕時完成某個作業。比起無威脅性的字眼（譬如「望遠鏡」、「樹」、「食堂」），威權主義保守派看到威脅性的單字（如「癌症」、「蛇」、或「搶犯」）時反應比較快（但自由派不會）。此外，比起自由派，這類保守派更容易將「arms」和「武器」、而非「手臂」連結在一起，覺得模糊臉孔帶有威脅性的機率較高，也更輕易受到制約，將負向刺激（但正向刺激不會）和中性刺激相連結。共和黨人作噩夢的次數是民主黨人的三倍，尤其是與失去個人權力有關的噩夢。就像有句話說，保守派就是被搶劫的自由派。

---

14 原注：麥卡錫（McCarthy）有沒有真的感到威脅（或甚至相信他口中吐出的任何一個字），還有待商榷，但他鐵定知道怎麼運用這種傾向來利用別人。

與此相關的「恐懼管理理論」（terror-management theory）暗示，保守派在心理上的根源是特別強烈的死亡恐懼；支持這個論點的證據是有研究發現，如果被促發想到必死性，人就變得更保守。

對於威脅的知覺差異，有助於解釋人們對於「政府角色是什麼」抱持著不同的觀點——為人民服務／供給人民生活所需（左派觀點，譬如提供社會服務、教育等等），或者保護人民（右派觀點，譬如法律與秩序、軍力等等）。[15]

恐懼、焦慮、害怕死亡——當個右派想必是苦差事吧。不過，儘管如此，一個多國研究發現，右派比左派更快樂。為什麼？也許因為有比較簡單的答案，沒有去修正的動機，所以負擔較輕。或者，像論文作者支持的說法，制度正當化使得保守派可以將現狀合理化，比較不會因為不平等而感到不安。經濟上越不平等，右派和左派快樂的程度差距也越大。

如同先前強調的，政治意識型態只是智能與情緒風格的一種表現。一個很好的例子是**4歲**小孩對新玩具的開放性可以預測……好比說，對於美國要和伊朗或古巴建交的態度。

當然，還有背後的生物機制

我們已經看到，政治傾向通常穩定、在不同議題上具有內部一致性，而且政治傾向通常只是認知和情緒風格套裝組合的一種表現。再談更深入一點，有哪些生物機制和不同的政治傾向相關？

回到腦島皮質，還有腦島在調節哺乳類動物味覺和嗅覺厭惡、以及人類在道德上的厭惡等方面的角色。還記得上一章提到，藉由讓他群的形體看起來噁心，可以有效引發你對他群的憎惡。只要能讓人們在想到他群時腦島活化，你的種族滅絕計畫就前進了一步。

這令人想起一個驚人的研究發現——把一個人關在放了發臭垃圾桶

---

15 原注：重要的是，儘管保守派可能對於威脅更敏感，對於別人受到威脅，他們未必更有同理心——保守派更容易懷疑其他人的身體疼痛是否屬實，比較可能認為對方在裝病，或想依賴自己而進行操弄。

的房間裡，他在社會層面變得比較保守。如果你的腦島正因為死魚的氣味而作嘔，當你看到他群與你不同的社會實踐，雖然只是有所差異，你卻比較容易認為那是錯誤的。

這又連向另一個非常迷人的研究發現——社會層面的保守派比自由派更容易感到厭惡。有一項研究讓參與者接觸可能引發正向或負向情緒的圖像，[16] 同時測量皮膚電抗（galvanic skin resistance，簡稱 GSR，副交感神經系統興奮的間接指標）。看到負面情緒圖像時自主神經系統反應最強的人（但看到正面圖像不會如此），是反對同性婚姻或婚前性行為的保守派（不過皮膚電抗與非社會議題如自由貿易或槍枝管制沒有關聯）。在意衛生和純潔的人，肯定也十分注重聖潔。

同樣相關的是，如果面對某個令人打從內心深處感到不適的東西，保守派比較不會使用重新評估策略（譬如，看到血淋淋的東西，就試著想：「那不是真的，是演出來的」）。此外，引導保守派使用重新評估技巧時（譬如，「試著用超然、不帶情緒的眼光看這張圖」），他們不再表現出那麼強的保守派政治立場，但自由派不會如此。反之，如果引導保守派使用壓抑策略（「看著圖片時，不要表現出你的感受」）則無此效果。就像我們已經看到的，讓自由派處在疲倦、飢餓、匆忙、分心或感到厭惡的狀態，他就變得比較保守；而讓保守派對他打從內心深處感到不適的東西保持超然態度，他就比較靠近自由派。

所以，社會議題相關的政治傾向，反映出一個人對於深層厭惡感的敏感度，以及針對這種厭惡感的因應策略為何。此外，保守派比較可能認為這種厭惡感很適合用來衡量道德。這又令人想起生物倫理學家萊昂．卡斯所說的舔冰淇淋。卡斯率領小布希的生物倫理委員會（bioethicspanel），然而由於他反墮胎的意識型態，大大限制了胚胎幹細胞的研究。卡斯提出他所謂的「憎惡的智慧」（the wisdom of repugnance），表示對於複製人之類

16 原注：負面的圖像包括有人在吃蟲、漂浮在馬桶上的糞便、染血的傷口、生滿蛆的爛瘡。好玩吧。

的事情感到噁心，可能是「將深層智慧表現在情緒上，超越了可以完整陳述此事的智慧力量。」如果你想分辨對錯，唯一需要的就是這種內心層次的感受，無論有沒有經過事後的合理化都一樣。任何東西令你嘔吐，你就對它大力斥責。

這種觀點有著明顯而重大的瑕疵。不同的人會對不同的東西感到厭惡，我們要怎麼評判誰的嘔吐反射勝出呢？此外，有一些過去令人厭惡的事物，如今已被另眼相待（在 1800 年左右，「奴隸和白人享有同等權利」的想法對多數白種美國人來說，大概不但在經濟上無法運作，也令他們感到厭惡）。也有一些東西，人們在過去並不感到厭惡，如今卻令人厭惡。厭惡的對象並不是固定的。

所以，以腦島為基地的議題有助於解釋政治傾向上的差異；第 17 章還會再回到這一點。科學研究也已經指出其他神經生物學上的差異。較多的扣帶迴灰質和自由主義有高度關聯（扣帶迴皮質與同理心有關），保守主義則和較大的杏仁核有關（當然，杏仁核是知覺威脅的要角）。此外，看到令人反感的圖像或進行冒險的作業時，保守派杏仁核的活化程度比自由派高。

但並非所有研究發現都符合上述解釋。譬如，保守派看到令人反感的圖像時，另外一堆腦區的大雜燴也有較強的活動——基底核（basal ganglia）、視丘（thalamus）、導水管周圍灰質、（認知的）背外側前額葉、顳上迴和顳中迴（middle temporal gyrus）、前運動輔助區（pre-supplementary motorarea）、梭狀迴和額下迴（inferior frontal gyrus）。該怎麼用這一切拼湊出合理的解釋，目前還不清楚。

很自然地，你一定會問：行為遺傳學有沒有發現遺傳對政治傾向有所影響呢？雙胞胎研究顯示，政治傾向有大約 50%的遺傳率。全基因組關聯分析取向也已經發現，有一些基因的多型性變異與政治傾向相連結。我們目前對這些基因的功能多半還一無所知，或者先前以為和大腦無關，至於其中已知和大腦功能相關的（譬如有一種基因替神經傳導物質麩胺酸的受體編碼），則無法提供太多關於政治傾向的訊息。D4 多巴胺受體基因的「冒險」版，則顯現出有趣的「基因—環境交互作用」，就和自由派有關——但只有朋友很多的那些自由派。此外，有些研究顯示，無論政治傾向為何，投票率和遺傳有些連結。

很有趣。不過，提到這種研究方法，就要提到第 8 章的警告——多數研究發現尚未經過重複驗證，這些研究結果的效果量很小，而且都發表在政治學期刊而非遺傳學期刊。最後，就算基因和政治傾向有所連結，它們之間也有中介因素的存在，譬如焦慮傾向。

服從與從眾，不服從與不從眾

所以人類同時屬於許多階層，而階層建立在抽象的概念之上，偶爾會選出努力提升共同利益的領導人。現在，再加上對領導者的服從——這和某隻蠢蛋狒狒在雄性首領逼近時順從地讓出遮蔭地點完全是兩回事。人類服從的權威不只包含占有王位的人（吾王駕崩，吾王萬歲），也包括權威這個概念本身。服從的元素從忠誠、欽佩、仿效，到阿諛奉承、諂媚、和工具性的自利。可以只是純粹的順從（也就是並非真的同意，只是附和大家而公開從眾），或是喝下 Kool-Aid 飲料（也就是認同權威，內化並擴大權威的信念）。[17]

服從和從眾密切地交織在一起，從眾這個概念是前一章的核心，但在此也納入討論範圍。服從和從眾都包含了附和他人，前者附和權威，後者附和群體。對我們來說，重點在與共通性。此外，這兩者的相反——不服從和不從眾——也交織在一起，而且其範圍可以從標新立異的獨立性，到有意和被決定的反從眾。

重要的是，這些都是價值中立的字眼。從眾可以很棒——如果一個文化中的所有人都同意上下搖動你的頭代表「是」或「否」，對眾人大有

17 譯注：美國瓊斯鎮（Jonestown）於 1978 年發生宗教信徒喝下含毒飲料而集體死亡的事件，之後「drinking the Kool-Aid」成為固定說法，常用來形容有人盲目相信他人或從眾。

幫助。就群眾的智慧所帶來的好處而言，從眾是必要的。而且從眾可以真的很令人感到安適。但從眾顯然也可以變得駭人——加入霸凌、壓迫、迴避、驅逐、殺戮的行列，只因為其他人都在行列中。

服從也可能很好，從所有人都停在寫了「停」的標誌前，到我的小孩在我和太太說「該睡覺囉」時乖乖聽話（對比我青春期的偽無政府主義行徑，還真是難為情）。有害的服從顯然就藏在「只是服從命令」之下——從踢正步，到瓊斯鎮那些可憐的人遵從命令殺了自己的小孩都是。

根源

從眾和服從都出現在人類以外的物種及年紀很小的人類身上，可以證明這兩者有很深的根源。

動物的從眾是社會學習的一種——一隻位居從屬的靈長類動物不需要被彪形大漢鞭打，只要其他同伴都對彪形大漢表現從屬，就足以讓牠知道要怎麼做了。[18] 動物的從眾有一絲我們熟悉的人類色彩。譬如，一隻黑猩猩看到另外三隻黑猩猩都做出同一個動作，會比牠看到另一隻黑猩猩重複一個動作三次，更可能模仿這個動作。[19] 此外，學習可能包含了「文化傳遞」——黑猩猩的這種學習就包括，譬如，打造工具在內。從眾和社會傳染與情緒感染相關，比如一隻靈長類動物針對某個個體很有攻擊性，只因為其他同類也都這麼做。這種感染性甚至運作在群體之間。譬如，如果聽到隔壁群體傳來攻擊的聲音，猕猴群體內更可能出現攻擊行為。其他靈長類動物甚至在打呵欠時會社會傳染。

在非人類的從眾行為之中，我最愛的一個例子令人感到很熟悉，簡

18 原注：目前甚至已經證明，這牽涉到正式的遞移邏輯。A 動物輸給 B 動物，不再於互動中占據支配地位。接著，A 動物觀察到 B 動物又輸給了 C 動物，同樣失去支配地位。然後，A 動物在第一次遇到 C 動物時，發出從屬者的訊號。許多靈長類動物、老鼠、鳥類，甚至魚類都表現出這種行為。

19 原注：這個研究也證明——非常符合動物行為學邏輯——紅毛猩猩沒有這種從眾行為，牠們是獨居的靈長類動物。

直就像高中校園裡會上演的劇碼。一隻公松雞向一隻母松雞獻殷勤，但是，哎呀，母松雞覺得沒有火花而回絕了對方。接著，研究人員讓那隻公松雞看起來像是草原上最性感的種馬——在牠身邊圍滿興高采烈的母松雞娃娃。本來不情不願的母松雞馬上就推開那些雕像情敵，撲到牠身上。

法蘭斯·德瓦爾優美的黑猩猩研究，更清楚地呈現出動物的從眾行為。兩個群體中的雌性首領被單獨帶開，研究人員向牠們分別展示怎麼打開一個裝了食物的謎題箱。關鍵點在於，牠們兩個看到的是難度相當的不同開法。當雌性首領學會了打開的方法，兩個群體中的黑猩猩就可以看到雌性首領一直趾高氣昂地帶著從謎題箱拿出來的東西。最後，當所有黑猩猩都可以靠近謎題箱時，牠們馬上做出首領曾展現出來的技術。

所以，從這個很酷的例子已經可以看到文化訊息的散播。但是，竟然還有更有趣的事情發生在後面。群體中的一隻黑猩猩不經意跌跌撞撞用上了另一種方法——然後又放棄，回去用原本「正常」的方式，只因為其他同伴都這麼做。[20] 在捲尾猴和野鳥身上也發現同樣的現象。

動物展現出某種行為，不是因為那種行為比較好，只因為其他動物都這麼做。更驚人的是，動物的從眾行為可能是有害的。聖安德魯斯大學（The University of St Andrews）的安德魯·懷頓（Andrew Whiten）2013 年研究中的主角是野生長尾猴和兩箱染成粉紅色和藍色的玉米。其中一種顏色嚐起來沒問題，另一種添加了苦味。長尾猴學到要避開後面那種，結果幾個月後，依然只吃「安全」的那種玉米——甚至當玉米中不再添加苦味，也還是如此。

當群體中有嬰兒出生，或者在其他地方長大的成年長尾猴移入這個群體，牠們也跟著大家選擇食物，學會只吃大家吃的那種顏色。也就是說，牠們放棄了一半的食物，只因為需要融入大家——當猴子加入牧群，牠們的一舉一動都變得像綿羊一樣，還會像旅鼠（lemming）般跳過懸崖。

---

20 原注：我很想知道黑猩猩放棄另一種方法時，腦袋裡在想什麼。牠們的杏仁核活化，引發了壓力反應嗎？「擔心自己看起來像個白癡」在黑猩猩身上是怎麼一回事？

有一個例子赤裸裸地呈現出人類也有同樣的現象：在威脅到生命的緊急情況下（譬如餐廳失火），大家經常跟著人群逃生，就算知道那是錯誤的方向。

由從眾和服從出現在人類身上的年齡，可以看出這是人類根深蒂固的本性。第 7 章已經花費無數頁細談從眾和小孩的同儕壓力。有一個研究充分展現我們和其他物種在從眾方面的連貫性。前面提到，黑猩猩比較可能重複三隻同類分別做一次的行為，勝過一隻同類做同一個行為三次。這個研究證明兩歲的人類小孩也是一樣。

透過人類的從眾和服從行為出現的速度，能夠證明其根源有多深——你的大腦只需要不到 200 毫秒，就能意識到你的作為不同於群體的選擇，然後只需要不到 380 毫秒，就可以活化一組區域，而這些活動預測了你將改變心意。我們的大腦為了與群體和睦相處而從眾的傾向，可以在不到一秒之內就展現出來。

神經基礎

上一個研究令人想問，在這些情況下，大腦到底發生了什麼事？這時候，我們熟悉的腦區老班底就要跳出來，提供一些有用的訊息。

十分具有影響力的「社會認同理論」（social identity theory）認為，我們對於「自己是誰」的概念深受社會脈絡所塑造——受到我們認同或不認同的群體所塑造。[21] 由此看來，儘管從眾與服從絕對跟避免懲罰相關，但也至少以同等程度與融入群體的好處有關。當我們模仿別人的舉動，中腦—邊緣多巴胺系統就會活化。[22] 當我們在一項作業中選錯答案，但我們的決定和整個群體一致，那麼多巴胺下降的程度會比我們獨自做出錯誤的決定來得更低。歸屬就等於安全。

---

21 原注：與社會認同理論連結最深的是波蘭／法國／英國心理學家亨利．泰弗爾（Henri Tajfel）。我們將看到，泰弗爾深思人類為何會加入行徑惡劣的人群，他和這個領域的許多科學家一樣，深受猶太人大屠殺所影響。

22 原注：第 14 章將會討論這種模仿和「鏡像神經元」之間是否有關，以及鏡像神經元是否和同理心有關。

在無數研究中，當一個參與者回答了某個問題，然後發現——糟糕！——其他人都不同意，而研究人員允許他改變答案。不意外，發現自己和大家步調不一致會活化杏仁核和腦島皮質；活化程度越高，改變心意的可能性越高，同時也越堅持改變後的答案（與隨波逐流公開從眾的短暫變化相反）。如果你給人們看一張照片，裡面是反對他們的人，他們就比較可能改變自己的答案——這個現象與人類社會性有很深的關聯。

當你得知其他人都不同意你，（情緒的）腹內側前額葉、前扣帶迴皮質和伏隔核也會活化。這個網絡在增強學習（reinforcement learning）（你學到當期待與實際情形不符時要修正行為）中也會動員起來。發現大家都不同意你時，這個網絡就啟動。它基本上在告訴你什麼呢？不只是你和大家**不一樣**，你根本就**錯了**。「不一樣＝錯誤」。這個迴路活化越強，改變答案、選擇從眾的機率就越高。

和多數神經造影的文獻一樣，這些研究只呈現出統計上的相關而已。所以，有一個 2011 年的研究特別重要，研究者運用經顱磁刺激技術（transcranial magnetic stimulation techniques）暫時抑制腹內側前額葉的活動，於是參與者比較不會為了從眾而改變答案。

回到那兩種相反的從眾形式。第一種是「你知道嗎？如果大家都說他們看到 B，我想我看到的也是 B，管他的。」和「我仔細想了想，我看到的其實不是 A，我想我看到了 B，我很肯定。」後者和海馬迴活化相連結，而海馬迴是學習和記憶的關鍵腦區——你在修改答案時，也真的修改了自己的記憶。驚人的是，在另一項研究中，這個從眾歷程也和枕葉皮質活化相關，而枕葉是處理視覺的主要腦區——你幾乎可以聽到大腦中的額葉和邊緣系統在說服枕葉，要它相信自己看到了與實際所見不同的東西。如同先前說的，贏家（在此則是大眾意見）才能寫下歷史，然後眾人最好也跟著改寫自己手上的歷史書。戰爭就是和平。自由就是奴役。你看到的其實是藍點，不是紅點。

所以，從眾的神經生物機制之中，首先出現一波焦慮，原因來自把差異當成錯誤，接著再進行改變想法所需要的認知運作。以上提到的研究發現顯然只來自於人造的心理學實驗情境。因此，當你和陪審團中的其他人意見相左、當有人慫恿你加入動用私刑的暴民、當你必須在從眾和孤獨之間做出抉擇，針對這些時候發生了什麼事，這些研究只能提供些微模糊的訊息。

當有人命令你去做一件不對的事情，服從權威背後又有什麼樣的神經生物機制呢？和從眾的組合很類似——腹內側前額葉和背外側前額葉打泥巴戰，焦慮和糖皮質素壓力荷爾蒙冒出來，使你偏向臣服。這又引領我們接著討論關於「只是服從命令」的經典研究。

阿希、米爾格蘭與津巴多

到目前為止，與從眾和服從相關的神經生物學，大概很難在短時間內針對這個領域的核心問題提出解答：在適當條件下，是不是每一個人都能做出同樣駭人聽聞的事，只因為受到命令、只因為其他人都這麼做？

心理史上有三個最有影響力、大膽、令人不安又極富爭議的研究，如果不談簡直犯法，那就是所羅門．阿希（Soloman Asch）的從眾實驗、史丹利．米爾格蘭（Stanley Milgram）的電擊與服從研究、以及菲利普．津巴多（Philip Zimbardo）的史丹福監獄實驗。

阿希是這個三人組之中的爺爺，他於 1950 年代早期在史瓦茲摩爾學院（Swarthmore College）工作。他的研究設計很簡單。研究參與者以為這是一個關於知覺的研究，在實驗開始時拿到一組卡片，其中一張卡片上有一條線，另一張卡片上則有三條長短不一的線，而三條線當中有一條和第一張卡片中的那條長度相等。三條線之中，哪一條和單獨的那條線等長？這很簡單，當參與者獨自坐在一個房間裡回答時，眾人累積下來只有 1% 的錯誤率。

同時，分配到實驗組的參與者在另一個房間接受測驗，房間裡還有另外七個人，每個人都要說出自己的答案。參與者不知道的是，那七個人其實受雇於這個研究。參與者「剛好」排在最後一個回答，而前面七個人都一致選了明顯錯誤的答案。令人震驚的是，參與者此時有三分之一的機率也同意那個錯誤的答案是正確的。阿希的研究啟發了許多類似研究，也一再得到重複的結果。不管原因是他真的改變心意，或只是決定附和大家，都驚人地呈現出從眾的現象。

接著來談米爾格蘭的服從實驗，這個研究首次出現是在 1960 年代的耶魯大學。一對研究參與者出現在「記憶」心理研究現場，其中一人被隨機分配為「老師」，另一個是「學習者」。學習者和老師分別待在不同的房間，聽得到但看不到對方。老師所在的那個房間有一位穿著實驗袍的科學家監看整個實驗。

在實驗過程中，老師複誦兩個一組的單字（單字列表由科學家提供）；學習者必須記住單字的配對。經過一連串的複誦，老師接著測試學習者對單字配對的記憶。每當學習者犯了錯，老師就要電擊對方；每多錯一次，電擊增強一些，直到足以威脅生命的四百五十伏特，實驗才告一段落。

研究人員告知老師電擊是真的——研究開始時，老師會先接受最輕懲罰等級的電擊，確實感到疼痛。實際上，學習者沒有遭電擊懲罰——「學習者」其實受雇於研究者。當虛構的電極強度提高，老師會聽到學習者痛苦大叫，並哀求老師停下來[23]（在一個變形版本中，有一位扮演學習者的「研究參與者」提到自己有一點心臟的毛病。當電擊強度提高，這位學習者會高喊胸痛，然後忽然沉默，假裝自己昏倒）。

聽到學習者高聲喊痛，老師通常會開始猶豫，此時，旁邊那位科學家會命令他們提高電擊強度：「請繼續。」「請你繼續，實驗才能完成。」「你絕對必須繼續下去。」「你沒有其他選擇，你一定要繼續。」而且，科學家還向他們保證，他們不需要負任何責任，學習者都已經知道實驗的

23　原注：實驗中有個靈巧的設計，隔壁房間裡並沒有演員在誇張地哭喊。事實上，按下每一個電擊鈕，就會播放一段與電擊強度相稱的錄音。如此一來，可以將不同學習者之間假定的痛苦程度標準化。

風險了。

實驗結果很有名，就是多數參與者會遵從命令，反覆電擊學習者。過程中，這些老師通常試圖停止實驗，會跟科學家爭論，甚至煩亂到哭泣——但最終還是順從。在最初的研究中，非常恐怖地，有 65% 執行了最強的四百五十伏特的電擊。

再來，還有津巴多 1971 年執行的史丹福監獄實驗。這個研究中有二十四位年輕的男性研究參與者，大部分是大學生，被隨機分成十二位「囚犯」和十二位「警衛」。囚犯被關在史丹福心理系大樓地下室的虛擬監獄中，一共七到十四天。警衛要負責維持秩序。

研究者為了讓史丹福監獄實驗顯得逼真，付出了很大的努力。即將變成囚犯的學生本來以為他們在研究開始的那一天，要在排定的時間出現在大樓。然而，帕羅奧圖警察協助津巴多，在那天稍早來到每一位囚犯的家中，逮捕他們，並把他們帶到警局並記錄在案——壓指紋、拍照、完成所有規定程序。接著，囚犯被帶到「監獄」，脫光衣服搜身，拿到囚服，還戴上毛帽模仿遭到剃頭，然後三人一組關進牢房。

警衛則穿著卡其軍服，持有警棍，戴著反光墨鏡，統治著監獄。他們接到的訊息是雖然不准使用暴力，但他們可以讓囚犯感到無聊、害怕、無助、羞辱，沒有隱私或失去個體性。

結果就像米爾格蘭的實驗一樣可怕地出名。警衛要囚犯進行毫無道理、倍受羞辱的服從儀式，逼迫他們做痛苦的運動，剝奪他們的睡眠和食物，強迫他們在牢房中沒有清理的桶子如廁（不押送他們去廁所），孤立囚犯，引起他們之間的對立，用號碼而非名字稱呼他們。另一方面，囚犯出現不同的反應。有一個牢房的人在第二天造反，拒絕順從警衛，並堵住牢房入口；警衛用滅火器制伏了他們。其他囚犯則以比較個別的方式反抗，多數人最終陷入消極和絕望。

這個實驗的結局也很有名。六天之後，殘忍和惡劣的行徑越演越烈，研究生克莉絲汀娜．馬斯拉赫（Christina Maslach）說服津巴多中止研究。他們後來結婚了。

情境力量以及隱匿在我們所有人心中的東西

這些研究很有名，啟發了電影和小說的創作，進入常民文化（而且如預期中一般，許多描述嚴重錯誤）。[24] 這些研究帶給阿希、米爾格蘭和津巴多好名聲和壞名聲，[25] 而且在科學界造成很大的影響——根據 Google 學術搜尋，阿希的研究在文獻中被引用了超過四千次，米爾格蘭的超過兩萬七千次，史丹福監獄實驗則超過五萬八千次。[26] 科學論文平均被引用的數目用一隻手就能算出來，而且裡面大部分還是作者的母親引用的。這三人構成了社會心理學的基石。根據哈佛心理學家瑪札琳．貝納基（Mahzarin Banaji）所說的：「史丹福監獄實驗（以及可以延伸到阿希和米爾格蘭）帶給我們首要的簡單教訓就是**情境很重要**。」（強調字體由她所加）。

這些研究顯示出什麼？根據阿希的研究，一般人會以從眾之名，附和荒謬錯誤的斷言。根據另外兩個研究，一般人會以服從和從眾之名，做出震驚世人的壞事。

這背後還有更廣且更重大的涵義。在阿希和米爾格蘭（前者是猶太東歐移民，後者是猶太東歐移民的兒子）工作的年代，學術界面臨的挑戰是想搞清楚德國人「只是服從命令」是怎麼一回事。米爾格蘭的研究起因於幾個月

---

24 原注：譬如，「所以，科學家發現有 65%的參與者願意電擊學習者致死，然後吃掉對方的心臟。在監獄研究中，聽好了，65%的警衛後來也變成食人族。同樣的數字，真是詭異。」

25 原注：現實生活中，有個很酷的、不是巧合的巧合——米爾格蘭和津巴多早就彼此認識，他們在布朗克斯（the Bronx）是中學同學。

26 原注：受米爾格蘭啟發的其中一個研究，是赫夫林醫院實驗（Hofling hospital experiment），在研究中，護士不知道他們被當成實驗受試者，被一位陌生醫師命令給病人施用危險的高劑量藥物。儘管他們明白有多危險，在二十二個護士中，有二十一個服從了命令。

前，阿道夫・艾希曼（Adolf Eichmann）的戰爭罪審判開始，由於艾希曼外表看似一般人，成為「邪惡的平庸性」（banality of evil）之縮影而有名。津巴多的研究因為越戰期間美萊村（My Lai）屠殺一類的事件而知名度大增。另外，史丹福監獄實驗則在三十年後，與完全正常的美國軍人在阿布格萊布監獄（Abu Ghraib Prison）對伊拉克人的虐待與折磨互相呼應。[27]

對於這些研究發現的意義，津巴多的立場尤為極端，他提出了「壞桶子」（badbarrel）理論——問題不是少數爛蘋果毀了整個桶子，而是壞桶子讓所有蘋果都爛掉了。還有另一個很中肯的隱喻——不要一次只聚焦在一個邪惡的人身上，也就是津巴多所說的「醫療」取向，而是要用他所謂的「公共衛生」取向，瞭解某些環境為何造成邪惡蔓延。如他所言：「任何作為，無論良善或邪惡，任何人類曾做過的事，你我也都可能做得出來——只要在相同的情境力量之下就會發生。」任何人都有可能變成米爾格蘭研究中施虐的老師、津巴多實驗中的警衛、或是踢正步的納粹。同樣地，米爾格蘭也說：「如果在美國設立我們在納粹德國看過的那種死亡集中營，在任何中等大小的美國城鎮上，一定都可以找到足夠多的人數來為集中營工作。」又如亞歷山大・索忍尼辛（Aleksandr Solzhenitsyn）在《古拉格群島》（*The Gulag Archipelago*）中所寫的——這句話不斷被引用到這些文獻中：「分割善與惡的那條線劃過每一個人類的心。有誰願意毀掉自己心中的一部分呢？」

不同的回應

想不到吧——這些研究及其衍伸出來的結論，尤其是米爾格蘭和津巴多的研究，一直充滿爭議。這兩人的研究之所以會引來爭議風暴，是因為研究本身違反倫理；有些老師和警衛在實驗中看到他們竟能做出那些事，

27　原注：史丹福監獄實驗的諷刺開端——這個實驗受美國軍方資助，當時，軍隊想瞭解怎麼改進軍事監獄的運作。

因而心理受創；[28]這當然改變了許多人的生命。[29]到了今天，沒有任何一個人體受試者委員會有可能核可米爾格蘭的研究；若在當代進行類似的研究，參與者會接到命令要……比如說，對學習者講出越來越冒犯的話，或者在虛擬人物身上執行虛擬電擊、引發虛擬的疼痛（之後再談）。

關於米爾格蘭和津巴多的研究，更重要的是關於科學方法的爭議。米爾格蘭的研究方法在三方面遭到質疑，最尖銳的質疑來自心理學家吉娜．裴瑞（Gina Perry）：

- 米爾格蘭似乎在他的研究上有些含糊其辭。裴瑞分析了米爾格蘭未發表的論文和實驗的錄音，發現老師拒絕電擊的比例高於他所報告的。不過，儘管研究結果好像經過誇大，重複驗證的結果依然有大約60%的順從機率。

- 重複驗證的研究之中，只有少數是傳統的學術研究、發表在有同儕審查的期刊上。事實上，其中大多數都是娛樂用途的影片或電視節目。

- 最重要的也許是，根據裴瑞的分析，知道學習者是演員、且知道其實沒有真正電擊的老師人數，遠遠超出米爾格蘭所說的。這個問題大概也發生在重複驗證的實驗中。

---

28 原注：請記得，這些人大多是心理健全的大學生。在史丹福監獄實驗開始時，幾乎所有人都表示他們比較不想當警衛，寧可當囚犯，也有一些人預期自己未來可能因為爭取民權或反戰活動入獄，因此自願參加，想瞭解監獄裡是什麼樣子。談到史丹福監獄實驗時，大家經常忽略了，其實囚犯在實驗結束後也深受困擾，因為見證了自己多麼容易就崩潰，陷入消極的狀態。

29 原注：譬如，有一個老師在這個研究中因為自己的行為而深感驚恐，在越戰期間拒絕從軍。

史丹福監獄實驗可說引起了最大的爭議。

- 津巴多自己在研究中的角色招致最多批評。津巴多並沒有擔任疏離的觀察者，而是監獄的「典獄長」。他訂立了基本規則（譬如，告訴警衛，他們可以讓囚犯感到害怕與無助），而且一直固定與警衛會面。他顯然對於從這個研究中可以看到什麼感到萬分興奮。津巴多本來就是一個個性很強的人，是你會很想討他歡心的那種人。所以警衛壓力很大，不只要配合同夥，還要順從與取悅津巴多；不管他有沒有意識去扮演那個角色，都絕對使警衛的行為變得更極端。津巴多是一個仁慈而正派的人，也是我的朋友和同事，他已經針對自己對這個研究造成的扭曲影響寫了很多文章。

- 在這個研究開始時，參與者被隨機分配為警衛或囚犯，因此兩個群體在各個性格指標上並無差異。雖然這點很好，但這些參與者整體來說屬於同一個獨特的群體，這點就不太令人讚賞。2007年有一項研究測試了這點，研究人員透過兩則報紙廣告招募自願參與者。第一種廣告的敘述是「關於監獄生活的心理研究」——與史丹福監獄實驗的廣告使用一樣的文字——另一種廣告刪掉了「監獄」一詞。接著，這兩組參與者接受性格測驗。結果，很重要地，參加「監獄」研究的人在攻擊性、威權主義和社會支配的指標上分數較高，同理心和利他行為的分數較低。史丹福監獄實驗中，警衛和囚犯的性格組成可能都是如此，但是目前還不清楚，為什麼這會導致這個實驗著名的殘忍結果。

- 最後，科學有一把標準的尺規——獨立的重複驗證。如果你重複史丹福監獄實驗，程度精細到警衛穿的襪子品牌都一模一樣，你會得到相同的結果嗎？任何這麼龐大、怪異獨特又代價高昂的研究，都很難完全重複試驗。此外，津巴多實際發表在專業期刊上的史丹福監獄實驗資料其實少得驚人，他所寫的相關內容大多針對一般大眾（這個研究引來這麼多關注，很難抗拒不去這麼做）。所以真正的重複驗證研究只有一個。

2001 年的「BBC 監獄研究」（BBC Prison Study）由兩位備受敬重的英國心理學家主導——聖安德魯斯大學的史蒂芬・雷徹（Stephen Reicher）與艾克斯特大學（University of Exeter）的艾力克斯・哈斯蘭（Alex Haslam）。正如研究名稱所顯示的，這個研究由 BBC 執行（也就是包含出資等等），並拍成紀錄片。整個研究設計複製了許多史丹福監獄實驗的特徵。

事情往往是這樣——這個研究的結果完全不同。在此，把複雜到值得用一本書來談的經過摘要如下：

- 囚犯組織起來抵抗警衛施虐。
- 囚犯士氣高昂，與此同時，警衛士氣低落並開始分裂。
- 這導致警衛和囚犯的權力分化崩潰，形成互相合作、共享權力的公社。
- 但這只維持了一段短暫的時間，接著，三個前囚犯和一個前警衛就推翻了這個烏托邦並建立起苛政；精彩的是，這四個人在研究開始前所做的測驗中，威權主義的分數最高。當這個新政體開始成為穩定的壓制性權威，研究就終止了。

所以，與其說這個研究在重複史丹福監獄實驗，不如說更像是複製了法國大革命和俄國革命：一個階層嚴密的政體被熟悉《悲慘世界》每一首歌的理想主義者推翻，之後他們又被布爾什維克派（Bolsheviks）或恐怖統治者吞噬。重點在於，最後掌權的軍政府是進入研究時威權主義傾向最強的人，這絕對顯示弄壞蘋果的是爛蘋果而非壞桶子。

然後，甚至還有更令人驚訝的——插播最新消息——津巴多對這個研究提出批評，認為其研究架構使它不能算是史丹福監獄實驗的重複試驗，警衛和囚犯不可能真的隨機分配，還有，因為過程中都在拍攝，所以這是電視節目而非科學研究；他也問道，當囚犯接掌了監獄，這怎麼還能被當成模型呢？

想當然爾，雷徹和哈斯蘭並不同意津巴多的反對意見，他們指出，現實中確實曾有囚犯接掌了監獄，譬如北愛爾蘭的梅茲（Maze），英國人在那裡面關滿了愛爾蘭共和軍的政治犯，還有尼爾森．曼德拉（Nelson Mandela）度過無數個年月的羅本島（Robben Island）監獄。

津巴多說雷徹和哈斯蘭「沒有科學責任感」，稱他們為「騙子」。他們則使出渾身解數，引用傅柯所說的話回覆：「哪裡有（強制的）權力，哪裡就有反抗。」

我們先冷靜下來。在米爾格蘭和史丹福監獄實驗的這些爭議之中，有兩件極其重要又不容置疑之事：

- 當完全正常的人被迫從眾和順從時，會屈服和做出糟糕事情的人數比例絕對遠超過大部分人的預期。當代研究用改編版的米爾格蘭研究典範，來具體呈現「只是服從命令」的過程，當人類出於意志或因為服從而做出同一個行動，神經生物機制活化的模式是不一樣的。

- 儘管如此，永遠都有反抗的人存在。

第二個發現並不令人訝異，因為我們已經知道，有胡圖人（Hutus）保護他們的圖西（Tutsi）鄰居不被胡圖暗殺隊發現；有些德國人明明有機會見死不救，卻願意冒極大風險把人從納粹手中救出；還有那些揭露阿布格萊布監獄實際狀況的告密者。有些蘋果就算在最壞的桶子裡，也不會爛掉。[30]

30　原注：津巴多近期的研究探討對不正義權威的反抗，正反映出這點。

所以，重要的是去瞭解怎樣的情境會把我們推向我們以為自己絕對做不出來的壞事，又在什麼條件下，我們會展現出自己也意想不到的力量。

從眾與順從的調節因子

上一章的結尾檢視了減輕異己區分的因素，包括警覺內隱而自動化的偏誤；覺察自己對厭惡、怨恨與嫉妒的敏感度；認清我們身在多重的我群／他群劃分之中，並著重在可以把他群化為我群的那些分類方式；在對的情境下接觸他群的成員；拒絕本質論；觀點取替；還有，最重要的，將他群個體化。

也有一些類似的因素，可以降低人類以從眾和服從之名行惡劣之事的機率。包括：

權威或群體的本質：為從眾而施壓

權威本身是不是就會使人畢恭畢敬，讓人嚇得尿褲子呢？權威是不是就在我們身邊呢？米爾格蘭的後續研究顯示，當權威（也就是科學家）在另一個房間內，順從的程度下降了。權威是不是掩蓋在聲望之下？如果實驗地點不是耶魯大學校園，而是紐哈芬的普通倉庫，順從的程度也會下降。而且，就像泰弗爾強調的，要看人們有沒有覺得這個權威是正當且穩定的？如果達賴喇嘛和博科聖地（Boko Haram）同時提出關於生活型態的建議，我遵從達賴喇嘛建議的意願絕對高多了。

這些關於聲望、接近程度、正當性和穩定性的議題，也影響到人是否在群體中從眾。不用多說也知道，我群比他群更能引發從眾。康拉德．勞倫茲在辯解自己為何變成納粹時，就試圖引發我群的感受：「我幾乎所有的朋友和老師都這麼做，包括我自己的父親，他絕對是仁慈高尚的人。」

談到群體，數字就成了一個議題——有多少聲音要你加入比較酷的那群小孩？請記得，不管是黑猩猩還是 2 歲小孩，一個個體重複做同一件事情三次，比不上三個個體都做一次同一件事來得容易引發從眾。阿希的後續研究可以與之呼應，他的研究顯示，從眾行為首次出現時，至少要有三個人一致否定研究參與者的意見，大約六個反對者則可以引發最強的從眾行為。但這是受試者在人造情境中判斷線段（判斷線段？）長度——在現實世界中，六個動用私刑的暴民引發從眾行為的力量，並不會接近一群上千人的暴民。

在怎樣的脈絡下、被要求做些什麼

有兩個議題特別突顯出來。第一個是漸進的說服力。「你都可以用二百二十五伏特電擊他了，為什麼二百二十六伏特不行？真沒道理。」「拜託，我們都在抵制他們的生意。我們來讓他們關門；反正本來就沒有人要光顧他們的店啊。拜託，我們已經讓他們關門了，再把他們洗劫一空吧；開著店對他們似乎沒有任何好處啊。」當我們直覺地知道自己跨越了連續向度上的一條線，我們很難給出一個理性的解釋。漸進主義在做的就是把反抗者逼到防守位置，使殘忍暴行看起來像個理性的選擇，無關道德。這恰好與我們喜歡用分類思考、非理性地誇大類別間隨機界線的傾向相反。人類可以依靠毫無根據的界線分類，以漸進的方式逐漸沉淪、加入暴行，就像那句俗語——溫水煮青蛙。當你終於良心發現，決定劃清界線，而我們知道，那條界線也很可能只是來自內隱的潛意識力量、出自沒什麼道理的隨機界線——雖然你努力製造出偽種族差異，受害者的臉還是讓你想到自己所愛的人；一陣氣味飄來，將你帶回童年，想起自己曾經天真無邪的人生；你的前扣帶迴神經元剛剛吃過早餐。在這些時候，終於劃下的那條界線，一定比它背後任意的理由還要重要。

第二個議題則關於責任。在實驗結束之後的訪談中，在實驗中表現順從的老師常常提到，研究人員告訴他們學習者已經得知風險並表示同意，這個資訊非常具有說服力。「別擔心，你不需要負責。」米爾格蘭實驗中發生的現象，也證明了可以藉由誤導責任來施壓，藉此要求老師順從；也就是研究者強調老師只需對這個研究計畫負責，不需要對學習者負責——「我記得你說你想幫我們。」「你是團隊的一員。」「你在破壞我們的研

究。」「你已經簽表格了。」此時光是回答：「我報名的實驗不是這種內容。」就已經很困難了。當你發現表格之中的附屬細則中確實載明這**就是**你報名的東西，反抗便更困難了。

當罪惡感分散，順從的程度又更高了——就算我不做，結果也不會不同。這就是統計學上的罪惡感。這也是為什麼在歷史上，當人們要處決別人時，不會從同一把槍發射五發子彈，而是五個人同時開槍——組成一個行刑隊。傳統行刑隊還更進一步分散責任，隨機分配空包彈到其中一人的槍裡，取代真正的子彈。這麼一來，槍手用來安慰自己的非理性想法，就從「我只是殺他的五人之一」，轉移到「殺他的人可能根本不是我」。這個傳統也轉譯到現代的行刑科技上。監獄中使用的毒劑注射機器有雙重控制系統——兩個注射器都裝滿了劑量足以致命的毒物，且各自有分開的輸送系統，並由兩個不同的人同時按下兩個不同的按鈕——此時，一個隨機的二進制產生器會偷偷決定哪一個注射器中的毒物流入桶子，哪一個會注射到人體內。然後紀錄將被銷毀，所以那兩個人都可以想：「嘿，藥物可能根本不是我注射的。」

最後，匿名也可以分散責任。如果群體夠大，這確實會發生，較大的群體也會促使個人達成匿名——在 1968 年的芝加哥暴動期間，有一件惡名昭彰的事蹟，許多警察在攻擊手無寸鐵的反戰示威者之前把自己的名牌蓋住。群體也可以透過匿名制促進從眾，相關例子從三 K 黨到《星際大戰》中的帝國風暴兵，再到有些傳統人類社會中，戰士在打鬥前會換上標準的戰鬥裝扮，而他們比沒有這種文化的戰士更可能虐待敵人直至傷殘（見左圖）。以上這些都使用去個人化（deindividuate）的手段，目的可能比較不是為了確保受害的他群之後認不出你，反而是為了促進道德疏離（moral disengagement），讓**你**在之後認不出自己。

受害者的本質

毋須驚訝，如果受害者是抽象的，順從比較容易——譬如，將來繼承這個星球的未來世代。在米爾格蘭的後續研究中，當學習者和老師待在同一個房間裡，順從程度會下降。倘若兩人還先握了手，順從程度更會跌到谷底。透過觀點取替縮短心理距離也有相同的效果——如果你是對方，會有什麼感覺？

不難預料，受害者經過個別化之後，順從程度也會下降。不過，千萬別讓權威替你對受害者進行個別化。在一項經典的米爾格蘭式研究中，科學家讓老師「不小心」聽到學習者的想法。「他似乎是個不錯的傢伙」對比於「那個傢伙像動物一樣」。猜猜看，哪一種學習者被電擊得比較多？

權威很少要求我們對他們標籤為好人者執行電擊。權威要我們電擊的都是禽獸。當我們採取後面這種分類而引發較強的順從時，我們就把自己的權利讓渡給創造出這種敘事的權威或群體了。奪回敘事的權力，是最能有效促成反抗的泉源之一。從「特殊兒童」到殘障奧運會，從同志遊行到「不再重演」（Never Again）運動，從拉美裔傳統月（Hispanic Heritage

Month）到詹姆斯・布朗（James Brown）唱著：「大聲說出來，我是黑人，我很驕傲」（Say It Loud, I'm Black and I'm Proud），受害者若是能取得定義自己的權力，就是朝反抗的方向邁進一大步。

遭施壓者的貢獻

有些性格特質可以預測哪些人在面對順從的壓力時得以反抗，包括：不重視嚴謹性或友善性、神經質程度低、右翼威權主義的分數低（如果你本來就對「威權」這個概念感到質疑，你更有可能質疑任何特定的威權）、高社會智能，這點可能受到一個因素中介——有較強的能力可以理解代罪羔羊或別有用心之類的事情。當然，這些個別差異大多是本書前面各章所談的大部分因素造成的最終產物。

那麼性別呢？類似米爾格蘭的研究顯示，女性被要求服從時，比起男性，出聲反抗的機率較高……然而，徹底順從的機率也比較高。其他研究則顯示，女性比男性有更高的機率公開從眾，但私下從眾的機率較低。不過，整體而言，性別不能算是個預測因子。有趣的是，類似阿希的研究中，混合不同性別的群體從眾率較高。或許，當異性在場時，比起害怕自己看起來很蠢，人們更不想讓自己像個難搞的個人主義者。

最後，我們當然是文化的產物。在米爾格蘭和其他人所做的大範圍文化調查中，來自集體主義文化者比來自個人主義文化更加順從。

壓力

和區分異己一模一樣，人在壓力大時比較容易從眾和服從，從時間壓力到真實或想像中的外在威脅，再到陌生的情境。在有壓力的情境中，規定的影響力更大。

替代選項

最後，有一個關鍵是，你能不能在別人要求你的行動之外看到還有其他選項。重新框架（reframe）或重新評估一個情境、讓內隱的東西變得外顯、善用觀點取替、保持質疑，這些事情可能很孤單。但去想像反抗並非無效的。

如果可以證明你並不孤單，這會大有幫助。從阿希和米爾格蘭之後，已經可以清楚看到，任何人在場反擊都有助自己起身反抗。在評審團中，十個人對上兩個人、和十一個人對上一個人，是兩個完全不同的世界。獨自在荒野叫喊的人是個怪胎。兩個人共同發聲就孕育了反抗，開啟了與多數人相反的社會認同。

知道你不是孤單一人、有其他人願意反抗，而且過去已經有人這麼做了，這絕對有幫助。但還是常有一些原因使我們卻步。因為漢娜·鄂蘭，我們看到艾希曼以看似普通的外表，提供了邪惡的平庸性這個概念。津巴多在近期的書寫中，強調「英雄主義的平庸性」（banality of heroism）。就如本書當中好幾章都談到的，有些人英勇地拒絕視而不見，願意為了做對的事付出極大的代價——而這些人經常平凡得令人驚訝。他們出生時沒有神蹟出現，和平之鴿也並沒有為他們鋪路。他們就像我們一樣，穿褲子時一次穿一條褲管。這應該可以帶給我們很大的力量。

摘要與結論

- 我們就像其他無數種具有社會性的物種一樣，個體之間有明確的地位差異，也根據這些差異形成階層。就如同許多其他物種，我們對地位差異敏感得不可思議，對地位差異深深著迷，甚至監測著與我們無關的個體之間的地位關係，並可以在一瞬間知覺到地位差異。而且，當地位關係模糊易變時，我們感到深深不安，杏仁核的運作在此時打頭陣且扮演要角。

- 我們也像其他許多物種一樣，我們的大腦，尤其是新皮質，又特別是新皮質中的額葉皮質，都和地位差異相關的社會複雜性共同演化。要搞清楚支配關係之中的細微之處，必須花費很多腦力。這沒什麼好驚訝的，因為「認清你的地位」必須視脈絡而定。在不同地位之間移動時，最具挑戰的是達到並維持高位，此時需要充分掌握心智理論與觀點取替的認知技能，還有操弄、恐嚇、欺騙以及衝動控制與情緒調節。如同許多其他的靈長類動物，在階層制度中最成功的人物，其生命故事的主軸就是額葉皮質保持冷靜，知道哪些挑釁不必理會。

- 我們的身體和頭腦就像其他具有社會性的物種一樣有社會地位的銘印，處在「錯誤」的位階可能帶來極其不利的傷害。此外，位階背後的生理學反映的比較不是位階本身，而是位階在你的物種、尤其是在你的群體中所代表的社會意義、在行為層面的優勢與劣勢、以及特定位階帶來的心理負擔。

- 再來，和世界上任何其他物種都不一樣的是，我們同時屬於多重階層，當我們在某些階層中勝過他人，我們的心理非常擅長高估這些階層的重要性，並在心中設立一套關於這些階層影響力的內在標準，以忽略客觀上的位階。

- 當人類創造出社經地位，我們開始走上一條獨特的軌道。社經地位所造成的影響，深深刻印在人類的身體與心靈上，動物的歷史中沒有什麼因地位差異而惡劣對待彼此的事蹟，和創造出貧窮的人類差了十萬八千里。

- 我們真的是很特殊的物種——地位高的人類有時候不會只顧著掠奪他人，有些人確實會領導，確實嘗試促進共同的利益。我們甚至發展出由下而上、偶爾能夠集體選擇出這種領導人的機制。多麼了不起的成就。但接著，我們馬上就讓內隱而自動化的因素來決定我們對領導人的選擇，而這些影響因子似乎更適合用於讓 5 歲小孩決定誰來擔任船長，帶領他們和天線寶寶一起航向糖果樂園。

- 撇開理想主義的核心，我們在政治層面的差異，主要在於對如何達到共同利益抱持不同看法。我們通常有一組具內部一致性的政治立場，其範圍從又小又狹隘的事情，到龐大而全面的事情都包含在內。而且，我們的政治立場以驚人的規律性反映出我們內隱的情緒組成，認知運作則努力追趕在情緒之後。如果你真的想瞭解某人的政治立場，你要搞清楚的是他們的認知負荷有多少、他們有多容易快速下判斷、他們進行重新評估以及解決認知失調（cognitive dissonance）的方法。甚至，更重要的是去瞭解他們對新奇事物、模糊性、同理心、衛生、疾病（disease）與不自在（dis-ease）有什麼感受，以及他們是不是覺得過去比較美好，未來很恐怖。

- 就像許多其他動物，我們有從眾、歸屬與服從的需求，渴望程度常幾近瘋狂。這種從眾可以非常不具適應性，我們可能會因為依憑著群眾的愚蠢而放棄了更好的解決方法。只要我們發現自己和大家步調不一致，杏仁核就會一陣焦慮，我們的記憶會遭到改編，感覺處理區域甚至被迫產生虛假的經驗。一切都是為了融入。

- 最後，從眾和服從的拉力，可以引領我們走到最黑暗而惡質的地方，比我們所願意相信的程度還要糟上許多。儘管如此，最壞的桶子也不會讓所有蘋果都爛掉，「**反抗**」和「**英雄主義**」經常比我們所以為的更平易近人，並沒有那麼稀有或偉大。當我們想到這樣不對、不對、不對，我們很少是孤單的。而那些比我們更早反擊的人，通常並不比我們來得更特別或突出多少。

13

道德與做正確的事——在你搞清楚那是什麼之後

前面兩章探討的是與其他物種在同一個連續向度上的行為，但在人類身上，這些行為有著獨一無二的脈絡。我們就像其他某些物種一樣，會自動化地區分異己，而且偏愛我群——雖然只有人類會用意識型態合理化這種傾向。我們像其他許多物種一樣有內隱的階層制度——但只有人類認為富人和窮人之間存在的鴻溝來自神的計畫。

本章要探討同樣富含人類獨特性的另一個領域，就是道德。對我們來說，道德不只是關於如何規範合宜行為的信念，也是應該透過文化分享和傳遞的信念。

這個領域的研究主要想問的是我們很熟悉的那類問題。當我們進行道德相關決策，主要依靠的是道德推理，還是道德直覺？我們用思考或感覺來分辨對錯？

一個相關問題隨之浮現出來。人類的道德是像我們在最近數千年孕育出來的文化制度一樣年輕，或者是，道德的雛形遠比文化更古老，是靈長類動物祖先遺留給我們的東西？

這又引發了更多問題。人類道德行為的一致性與普同性、人類道德行為的變異性及其與文化和生態因素之間的相關性，這兩者之中，哪一個比較可觀呢？

最後，還要理直氣壯地提出規範性（prescriptive）問題：什麼時候仰賴直覺進行道德決策「比較好」、什麼時候仰賴推理「比較好」？當我們抗拒誘惑，這個舉動主要出於意志或恩典？

早在學生穿著長袍上哲學入門課的那個古老年代，人們就已經面臨這些問題了。當然，科學可以針對這些問題提供一些訊息。

推理是道德決策的主角

有一個事實可以充分說明道德決策的基礎是認知和推理。你有沒有試過拿起一本法律教科書？一定厚重得不得了。

所有社會都訂定了道德行為與倫理行為的規則，這些規則經過推理，也需要邏輯來運作。應用這些規則時，需要解構情境、理解事件的遠因與近因、評估不同行動的後果之嚴重性與可能性。評估個人行為則需要觀點取替、心智理論、區分後果與意圖。此外，許多文化常把施行規則的工作交給受過長期訓練的人（譬如律師、神職人員）來執行。

回溯到第 7 章談過的，推理在道德決策中的重要角色立基於兒童發展。隨年齡日漸複雜的柯爾伯格道德發展階段，奠基於隨年齡日漸複雜的皮亞傑邏輯思維發展階段。在神經生物學層面，這兩種發展階段很相似。邏輯和道德推理分別和經濟或倫理決策的正確性有關，兩者都會活化（認知的）背外側前額葉。強迫症患者總是深陷在日常決策和道德決策中難以自拔，而他們的背外側前額葉也為了做出這兩種決策而活躍到失控的程度。

同樣地，顳頂交界區在進行運用心智理論的作業時也會活化，不管那項作業是知覺的（譬如，從另一個人的觀點看一個複雜景象會是什麼樣子）、非關道德（譬如搞清楚《仲夏夜之夢》中誰愛上了誰）、或道德／社會的（譬如推論某人行動背後的倫理動機）。此外，一個人的顳頂交界區活化越強，在進行道德判斷時越會把意圖考量在內，尤其是當別人有傷害意圖但沒有真的造成傷害的時候。最重要的是，如果用經顱磁刺激抑制顳頂交界區的活動，對意圖的考量程度就會降低。

我們運用在道德推理上的認知歷程並不完美，潛藏著脆弱、不平衡、不對稱的問題。譬如，傷害比允許傷害更糟——當後果相同，我們對於

「作為」（commission）的批評通常比「不作為」（omission）更嚴厲，而且，如果要把「作為」與「不作為」一視同仁，背外側前額葉必須活化得更強烈。這很合理——每當我們做一件事，就有其他數不清的事情沒有做；難怪「作為」在心理上占有更重的份量。另一個認知上的誤差已在第10章討論過，我們比較善於偵測有人違反社會契約並造成壞結果，勝過造成好結果的情形（譬如，對方給予的比原本所承諾的更少或更多）。我們也比較努力為壞事找理由（連帶造成許多錯誤歸因），而比較不會為好事找理由。

這呈現在一個研究中。第一種情境是，一名員工向老闆提案，他說：「如果我們這麼做，可以賺取龐大的利潤，同時也會在過程中對環境造成傷害。」老闆說：「我才不在乎環境。做就對了。」第二種情境則是同樣的人物設定，但這次的計畫除了龐大利潤之外，還**有益**環境。老闆說：「我才不在乎環境。做就對了。」85%的研究參與者描述第一個情境中的老闆為提高利潤而破壞了環境，但只有23%的參與者說第二個情境的老闆**為**提高利益而改善了環境。

好吧，我們不是完美的推理機器。但這是我們的目標，而且，眾多道德哲學家都強調推理的卓越性，假如情緒和直覺出現，都只會玷汙推理。這些哲學家從在道德中尋求數學原理的康德，到普林斯頓的哲學家彼得．辛格（Peter Singer）都是。辛格抱怨道，如果性和身體機能之類的東西都可以扯到哲學思維，就該是退休的時候了：「最好忘掉我們那獨特的道德判斷。」推理是道德的支柱。

對啦，當然囉——社會直覺主義

這麼下結論只有一個問題——人類經常不知道自己**為什麼**做出某個判斷，卻深信那是正確的。這完全呼應第11章談過的，我們針對我群和他群在短時間內就會形成內隱性的評估，還有我們總在內心深處的偏見出現之後用理性加以正當化。研究道德哲學的科學家越來越強調內隱、直覺、奠基於情緒的道德決策。

強納森・海德特是「社會直覺主義」學派之王，我們之前就已經遇過他了。海德特認為，道德決策主要奠基於直覺，並相信我們接著用推理來說服大家——包括我們自己——我們是有道理的。海德特講過一句很精準的話：「道德思考是為了社會性實踐（social doing）」，而社會性永遠都包含了情緒成分。

有很多證據支持社會直覺主義學派的觀點：

- 我們在思考一項道德決策時，大腦中活化的可不只有背外側前額葉這位理論家。我們熟悉的情緒班底也會活化——杏仁核、腹內側前額葉和相關的眼眶額葉皮質、腦島皮質、前扣帶迴。不同種類的背德行為會優先活化這些區域中不同的子集。譬如，引發憐憫的道德困境優先引發腦島活化；令人憤慨的道德困境則會活化眼眶額葉皮質；引發激烈衝突的道德困境首先活化前扣帶迴；針對背德程度相等、但與性無關的背德行為（譬如偷竊手足的東西）會活化杏仁核；最後，與性有關的（譬如和手足發生性關係）也活化腦島。[1]

- 此外，如果相關腦區活化夠強，交感神經系統也會活化，並使我們感到激動——而我們已經知道這些周邊效應會如何回饋與影響行為。當我們面臨一個道德抉擇，背外側前額葉絕對不是靠靜靜沉思來做出裁決。底下暗潮洶湧。

- 這些腦區的活化模式，比背外側前額葉的活動更能預測道德決策的結果。而且還與行為吻合——當有人的行為不符合倫理，人們

1 原注：這個研究中還囊括一個類別是令人厭惡但不違背道德的行動，又再次有一位手足牽涉其中——喝手足的尿、吃手足的瘡疤。

會根據自己感覺憤怒的程度進行懲罰。

- 人傾向立即對道德做出反應；此外，當研究參與者從判斷行為中的非道德成分，轉移到判斷行動中的道德成分，他們比較快做出評估——道德決策的相反是緩慢磨人的思考。最令人震驚的是，面對道德困境時，杏仁核、腹內側前額葉和腦島的活化，通常先於背外側前額葉的活化。

- 這些直覺腦區如果受損，道德判斷會變得比較務實甚至冷血。還記得第 10 章談到，（情緒的）腹內側前額葉受損的人，比較容易支持犧牲一位親戚以拯救五個陌生人，而控制組的參與者絕不會這麼做。

- 最有力的證據是當我們有很強的道德見解時，我們說不出為什麼，海德特稱之為「道德錯愕」（moral dumbfounding）——在那之後，我們才以笨拙的方式加以合理化。此外，在引起不同的情緒或發自肺腑的感受的情境中，這種道德決策可以有很大的差異，進而造成非常不一樣的合理化思維。上一章曾提到，聞到惡臭或坐在不乾淨的桌子前，人們的社會判斷會變得比較保守。另外那個非比尋常的研究發現——知道法官對柏拉圖、尼采、羅爾斯（Rawls）或任何我剛查到的哲學家有什麼看法，都比不上知道法官現在餓不餓更能有效預測判決結果。

有兩種個體具備有限的道德推理能力，在他們身上找到的證據，又進一步確立了道德具有社會直覺的根源。

又來了，嬰兒和動物

嬰兒會展現出階層概念與我群／他群思維的雛形，也擁有道德推理的基礎材料。首先，嬰兒偏重「作為」大於「不作為」。有個聰明的研究讓六個月大的嬰兒看著螢幕，上面有兩個相同的物體，一個藍色、一個紅色；螢幕反覆播放一個人撿起那個藍色的東西。然後，其中一次，紅色的物體被撿了起來。嬰兒對此感興趣，看得比較久，呼吸加快，顯示他好像看到了不同的景象。現在，螢幕上有兩個同樣的物體，一個藍色，一個是其他顏色。每次播放的畫面中，那個人都撿起不是藍色的那個東西（每一次顏色都不同）。突然間，藍色的東西被撿起來了。這時候嬰兒並不特別感興趣。「他老是撿起藍色的那個」比「他從來沒撿起藍色的那個」容易理解。「作為」比較有份量。

如同英屬哥倫比亞大學的凱莉・漢姆林（Kiley Hamlin）、耶魯大學的保羅・布倫（Paul Bloom）和凱倫・韋恩（Karen Wynn）的研究結果所顯示的，嬰幼兒也已經有一點正義感。六到十二個月的嬰兒看著一個圓圈滾上山丘。一個好心的三角形幫忙推它上去。一個壞心的方塊擋住它的路。接下來，嬰兒可以抓取三角形或方塊。他們選擇了三角形。[2]

原因是嬰兒偏愛好心的東西，還是為了要避開壞心的東西呢？兩者皆是。他們偏好好心的三角形勝過中性的形狀，又偏好中性的形狀勝過方形。

這些嬰兒主張對不好的行為予以懲罰。請一個小孩看玩偶戲，其中一個是好玩偶，另一個是壞玩偶（前者願意分享、後者不分享）。接著，這兩個玩偶在小孩面前坐在一堆糖果上。誰不該拿到糖果？壞玩偶。誰應該拿到糖果？好玩偶。

驚人的是，幼兒甚至能評定次級懲罰。當好玩偶與壞玩偶接著和另外兩個可能好也可能壞的玩偶互動。在第二層次的玩偶中，小孩會偏好怎樣的玩偶？對好玩偶好、懲罰壞玩偶的那些玩偶。

其他靈長類動物也展現出初階的道德判斷。一切就從法蘭斯・德瓦

---

2 原注：只有這些圖形加上了擬人化的眼睛才會出現這種效果，顯示這多麼仰賴這些小孩的社會腦。

爾與莎拉・布洛斯南（Sara hBrosnan）2003年一篇非常優秀的論文開始。研究人員訓練捲尾猴一項作業：有人給牠們一個中等有趣的小東西——鵝卵石。接著，這個人往前伸手，張開手心，這是捲尾猴乞求的姿勢。如果捲尾猴把鵝卵石放到他手中，就可以得到食物作為酬賞。換句話說，牠們學會了怎麼買食物。

現在，兩隻捲尾猴肩並肩。牠們分別得到一個鵝卵石，把它交給一個人，再拿到葡萄，好有收穫。

再做一點改變。兩隻猴子都付了鵝卵石。一號猴子拿到一顆葡萄，但二號卻拿到一些黃瓜，跟葡萄比起來爛透了——90%的時間捲尾猴都喜歡葡萄勝過黃瓜。二號猴子被坑了。

二號猴子的典型反應是把黃瓜扔向人類，或因為挫折而四處胡鬧。通常，牠們接下來就不願意再交出鵝卵石了。就像那篇刊登在《自然》期刊上的論文的標題〈猴子拒絕接受不平等報酬〉（'Monkeys reject unequal pay'）。

在那之後，許多種獼猴、烏鴉、渡鴉和狗（狗的「工作」是搖搖牠的腳爪）[3]也展現出相同的反應。

布洛斯南、德瓦爾和其他人的後續研究進一步為這個現象賦予血肉：

- 針對他們的原始研究，有一種批評是，也許捲尾猴拒絕為黃瓜工作是因為牠們看得到葡萄，不管其他猴子有沒有拿到葡萄都一樣。但其實不是這樣的——只有在雙方得到的報酬不平等時，才會出現這種現象。

3 原注：狗和靈長類動物在兩個有趣的面向上有所差異，都很符合這兩種動物的特質。如果酬賞的品質（葡萄和黃瓜）不一樣，靈長類動物會生氣並停止工作，但酬賞的品質對狗來說沒有差別（麵包和香腸），只在乎一方有酬賞但另一方沒有。第二，許多猴子拒絕接受最後那份酬賞，再也不肯合作；但當人拜託狗「搖搖」爪子，懇求夠久之後，牠們終究會回來。

- 如果雙方都先拿到葡萄，後來其中一方被換成黃瓜。另一個傢伙還是拿到葡萄，或者我不再拿到葡萄了——哪一個才是關鍵？答案是前者——如果實驗中只有一隻猴子，從葡萄換成黃瓜，牠並不會拒絕。如果兩隻猴子都拿到黃瓜也不會。

- 許多物種的雄性都比雌性更可能拒絕「較低的報酬」；占據支配地位的個體也比從屬者更可能拒絕。

- 猴子的付出是重點——給一隻猴子免費的葡萄、給另一隻免費的黃瓜，拿到黃瓜的那隻不會生氣。

- 兩隻動物越靠近，拿到黃瓜的那隻罷工的機率越高。

- 最後，在獨居動物（譬如紅毛猩猩）或社會合作程度極低的動物（譬如夜猴）身上，不會看到拒絕不公平報酬的現象。

好，真令人印象深刻——其他社會性物種也有些微的正義感，對不公平的酬賞反應很負面。但這和法官判決雇主傷害員工、必須支付賠償金完全不同。動物著眼於自利——「不公平，我被騙了。」

那有什麼可以證明動物覺得要公平對待其他個體呢？有兩個研究運用黑猩猩版最後通牒賽局來探討這個問題。回顧一下人類版的最後通牒賽局——整個賽局有好幾回合，兩位玩家中的一號玩家決定怎麼分錢，二號玩家沒有權力作主，但如果不滿意分配的方式，可以拒絕接受，那麼雙方都拿不到一毛錢。換句話說，二號玩家可以透過放棄立即的酬賞來懲罰自私的一號玩家。就像我們在第 10 章看到的，二號玩家傾向接受 60：40 的分配。

在黑猩猩版本中，一號黑猩猩（提議者）有兩枚代幣。其中一枚代表兩隻黑猩猩都可以得到兩顆葡萄。另一枚代表提議者可以拿到三顆葡萄，牠的搭檔只能拿到一顆。提議者選擇一枚代幣，再傳給二號黑猩猩，二號黑猩猩接著決定要不要把代幣繼續交給負責分配葡萄的人。也就是說，如果二號黑猩猩認為一號黑猩猩不公平，大家都沒葡萄吃。

德國馬克思・普朗克研究所的麥可・托瑪塞羅（Michael Tomasello，他經常批評德瓦爾——之後再談）所做的這種研究中，找不到支持黑猩猩在乎公平的證據。也就是說，提議者總是選擇不公平的分配，牠的搭檔也照單全收。德瓦爾與布洛斯南則在就動物行為學而言效度較高的條件下完成這個研究，並有了不一樣的發現：負責提議的猩猩傾向選擇比較公平的分配方式，但如果可以直接把代幣給人類（搶奪二號黑猩猩的否決權），就會偏好不公平的分配。所以黑猩猩優先選擇比較公平的分配——但只在不公平會帶來壞處時才會如此。

當處事公平對自己沒有壞處時，黑猩猩以外的靈長類動物有時會偏好公平。一號猴子可以選擇自己和搭檔都拿到棉花糖，或者自己拿到棉花糖、另一個傢伙拿到噁心的芹菜。猴子傾向讓另一個傢伙也吃到棉花糖。[4]

當狨猴自己什麼都沒有，只是要決定另一隻猴子能不能吃到蟋蟀時，也會出現類似的「涉他偏好」（other-regarding preference）（注意，有一些研究無法證明黑猩猩有涉他偏好）。

關於非人類的正義感，有一個真正有趣的證據，來自布洛斯南和德瓦爾所做的小小次要研究。回到前面談的研究，兩隻猴子用工作換黃瓜，其中一個傢伙的報酬忽然換成葡萄，就像我們已經看到的，還是拿黃瓜的那隻會拒絕工作。精彩的是，那個葡萄大亨常常也會拒絕繼續工作。

這是怎麼回事？猴子們團結一致嗎？「我才不是破壞罷工的那種人」？或者也是為了自己的利益，只是牠的眼光異常長遠，看到黃瓜受害

---

4 原注：但是，猴子偏好雙方都拿到棉花糖的選項，勝於棉花糖加芹菜的選項，會不會只是因為……嗯，在任何情況下，看到兩個棉花糖出現都特別精彩？這篇論文的作者設計了很好的控制組——另一個位置沒有猴子，這時候，猴子對於另外那個位置上要分配什麼食物的選擇就是隨機的。

者的怨氣可能帶來什麼後果？抓破一隻利他捲尾猴的皮，會看到偽善捲尾猴流的血？[5]換句話說，這些問題和人類利他行為所引起的疑問一模一樣。

儘管猴子的推理能力相對有限，這些研究發現還是證明了社會直覺主義的重要性。德瓦爾甚至看到了更深一層涵義——人類道德的根源比文化制度、比我們的法律和佈道更加歷史悠久。人類的道德並非在靈性上具有超越性（神明從舞台右側上場），而是超越了物種的界線。

史巴克先生與喬瑟夫·史達林（Joseph Stalin）

許多道德哲學家都相信，道德判斷不只本來就奠基於推理，也應該要如此。這對喜歡史巴克先生的人來說是顯而易見的，因為道德直覺主義之中的情緒成分，會把多愁善感、自利和狹隘的偏見帶入道德判斷。但有一個驚人的發現反駁了這種看法。

親屬是特別的。第 10 章已經證實了這點。任何社會性有機體都同意這點。對於帕夫利克·莫羅佐夫背叛父親，史達林就是這麼想的。還有在美國大部分的法庭，不管在法律上或實際上，都不能要求任何人提出不利於父母親或小孩的證詞。親屬是特別的。但對欠缺社會直覺的人而言並非如此。如前所述，腹內側前額葉受損的人，會做出極其實際又不帶情緒的道德決策。而且在過程中，他們會做出無論是誰（從無性繁殖的酵母菌到史達林叔叔，再到德州刑事證據法則〔Texas Rules of Criminal Evidence〕）都質疑其道德的事情：面對「可以犧牲一個人來救五個人嗎？」的情境，他們覺得傷害親屬就和傷害陌生人一樣容易。

情緒和社會直覺並不是什麼絆住人類道德推理專長的原始爛泥。事實上，這兩樣東西支撐了少數幾個大部分人類都同意的道德判斷。

---

5 譯注：此句典故來自麥可·季瑟林（Michael Ghiselin）：「抓破利他主義者的皮，會看到偽善者流的血。」（Scratch an altruist and watch a hypocrite bleed.）

脈絡

所以，社會直覺在道德決策中戲分又重又有用。我們該來辯論一下，到底推理和直覺哪一個比較重要嗎？這麼做很傻，尤其因為兩者之間有相當可觀的重疊。譬如，抗議貧富不均的民眾為了引起大家對這個議題的關注而癱瘓了首都。我們可以說這些人處在柯爾伯格所說的的成規後期推理階段，但也可以用海德特式的社會直覺主義來加以框架——有些人的道德直覺對公平較有共鳴，勝過了對權威的尊敬。

比起為「推理和直覺哪個比較重要」而拌嘴，更有趣的是另外兩個相關的問題：什麼情況會讓人偏向強調推理勝於直覺，或者相反？比較強調推理或直覺，會造成不同的決策嗎？

就像我們已經看到的，當時還是研究生的約書亞・格林及其同事藉由運用「可以為了目的不擇手段嗎？」這個哲學思考的招牌——電車難題，來探討這些問題，推動了「神經倫理學」（neuroethics）的發展。有一輛電車的剎車失靈了，在軌道上疾駛，即將撞死五個人。如果做某件事可以救這五個人，但過程中會殺死另外一個人，這是可以被接受的嗎？

自從亞里斯多德第一次搭電車，人類就開始思考這個問題；[6] 格林等人則加入了神經科學，在研究參與者思考電車難題時進行神經造影。這個研究的關鍵在於他們需要考慮兩種情境。第一種情境是電車來了，這五個人要完蛋了。你願意拉下控制桿，使電車轉向駛上另一條軌道，因而撞死另一個人嗎（這就是電車難題的原始情境）？第二種情境則是，你面臨上述狀況，這時候你願意把某個人**推到**軌道上以阻止電車嗎？

到了現在，我敢說讀者已經可以預測在兩個情境中，哪些腦區會分別活化了。思索要不要拉控制桿時，背外側前額葉的活動較顯著，這是不帶情感的道德推理運作中的大腦模式。想著要推一個人去送死，活化的則是腹內側前額葉（和杏仁核），也就是發自內心深處的道德直覺運作時的

6　原注：實際上，電車難題由英國哲學家菲利帕・富特（Philippa Foot）於 1967 年提出。

狀態。

你會拉控制桿嗎？各個研究結果一致，60％到70％的人在背外側前額葉的劇烈擾動之下，點頭同意採取這個效益主義式的解決方法——殺一個人來救五個人。你會親手推那個人嗎？只有30％的人願意；腹內側前額葉和／或杏仁核活化越強，拒絕的機率越高。[7] 這非常重要——這個相對小的變項決定了一個人著重道德推理或道德直覺，過程中涉及不同的大腦迴路，造成極為不同的決策。格林後來進一步探討了這個議題。

人們抗拒採取效益主義解答、不願在推人的情境中以殺害一個人換取五個人的性命，是因為得面對血淋淋的事實。必須真的碰到要送死的人嗎？格林的研究結果並不是這樣——如果不親手推對方，改用一根竿子來推，大家依然抗拒。「親自出力」這件事當中有某些東西使人抗拒。

那麼，較多人願意拉控制桿，是因為與受害者距離較遠，而非近在眼前嗎？八成也不是——就算控制桿的位置就在即將死亡的那個人旁邊，人們也同樣願意這麼做。

格林表示，關鍵是與「意圖」相關的直覺。在拉控制桿的情境中，那五個人獲得拯救是因為電車轉向駛上另一條軌道；害死一個人只是副作用，就算那個人沒有站在另一條軌道上，那五個人一樣可以得救。相對地，在推人的情境中，那五個人之所以能得救，是**因為**另一個人被殺，而這種意圖根據直覺來說是錯誤的。證據就是格林再提供了另一種情境：電車來了，你要狂奔過去切換開關，好停住車子。如果你知道在衝過去的途中，你必須推開路上的一個人，而他會跌到地上而死，這是可以接受的嗎？大約80％的人說可以。同樣都要推人、與對方的距離相當，但是並非故意去推，而是另一個行為的副作用。那個人被殺並不是作為拯救另外

7 原注：如同先前暗示的，腹內側前額葉受損的人願意拉控制桿也願意推人，而且意願強度相當。如果給人服用苯二氮平類（benzodiazepine，類似煩寧〔Valium〕的鎮靜劑）也是一樣。當腹內側前額葉和杏仁核冷靜下來時（來自藥物的直接作用及抑制交感神經系統的次要作用），人們會願意推人。

五個人的**手段**。這麼一來，可以接受的程度似乎大為提高。

現在，又更複雜一點了。在「迴圈」情境中，你拉下控制桿可以讓電車轉向另一條軌道。但是——喔，不！——那條軌道只是一個迴圈，最後又會合併到原本的軌道上。電車還是會撞死五個人——除非撞死那段迴圈軌道上的一個人，使電車停下來。這和親手推人一樣都是有意的——轉向另一條軌道還不夠，那個人還必須被殺死。按照邏輯應該只有 30% 會同意，結果卻是 60% 到 70%。

格林的結論（根據這個情境及另一個類似迴圈的情境）是，直覺主義者的世界非常具有局部性。把故意殺死某人當成拯救五個人的手段，這在直覺上感覺不對，尤其殺人這件事就在此時此地發生，這種直覺最強烈；但只要意圖的序列比較複雜，這麼做感覺就不會那麼糟。這背後的原因並非認知上的限制——參與者並非不明白迴圈情境中殺人的必要性，而是**感覺**就是不一樣。換句話說，經過空間和時間的轉換，直覺就大打折扣。完全不難預期，一個必須快速並自動化運作的腦部系統目光短淺，無法看清楚因果關係。人會感覺「作為」比「不作為」罪加一等，也是同一種目光短淺的狀態。

所以，這些研究意味著，如果要犧牲一個人必須採取主動、故意、局部性的行動，直覺的腦部迴路就會涉入較多，並且目的無法將手段正當化。只要傷害不是故意造成的，或者與意圖之間可以保持一段心理距離，那麼就換成其他神經迴路主導，對於目的與手段的道德判斷便會製造出相反的結論。

這些電車學研究指出一個比較大的重點，就是道德決策非常依賴脈絡。就像杜克大學的丹．艾瑞利（Dan Ariely）在他精彩的著作《誰說人是理性的！》（*Predictably Irrational*）所摘要的，脈絡改變造成的一個關鍵作用，就是改變直覺主義道德的局部性。把錢放在辦公室的公共區域，沒有人把錢拿走，因為偷錢是不對的。但隨意放置幾罐可樂，結果被人拿光；這和偷錢只有一步之隔，但這段距離就減弱了偷竊不正確的直覺，讓人比較容易開始合理化（譬如，一定有人把可樂放在這裡供大家自由拿取）。

在彼得・辛格的一個思想實驗中，可以看到接近性對道德直覺主義的影響。你走在家鄉的河邊，看到一個小孩掉入河裡。大多數人都在道德上感覺自己有義務跳下去救那個小孩，就算河水會毀掉身上五百美金的西裝也在所不惜。換個情況，假如有個身在索馬利亞的朋友打給你，跟你說有一個可憐的小孩命在旦夕，需要五百美金的醫療費。你會匯錢過去嗎？通常不會。局部性的影響及道德隨距離打折的效應都很明顯——在你家鄉面臨危急情況的小孩，遠比遠處的命危小孩更接近我群。而這件事的核心是直覺而非認知——如果你走在索馬利亞的河邊，看到一個小孩掉入河裡，你犧牲西裝跳進去救他的機率，會大於匯五百美金給打電話給你的朋友。某個人就在這裡、活生生地站在眼前，這是一個很強的線索，可以在潛意識中促發他們就是我群的感受。

就像第 3 章提過的，道德上視脈絡而定的效應也圍繞著語言。譬如，回想一下，稱呼同一個賽局為「華爾街遊戲」或「社區遊戲」，大家對於合作的道德就會採取不同的規則。用「5%死亡率」或「95%存活率」來框架一種實驗藥物，能影響使用這種藥物的倫理決策。

框架效應也和另一個主題有關，就是人有多重身分，同時屬於多重的我群與階層。蘇黎世大學的阿蘭・柯恩（Alain Cohn）等人有一項非常有趣的研究於 2014 年刊登在《自然》期刊，就說明了這件事。任職於（未提及名稱的）國際銀行的研究參與者加入一場擲硬幣遊戲，只要猜對結果就有金錢獎勵。遊戲設計的重點在於參與者在過程中有很多作弊的機會（也有很多機會讓調查員偵測到作弊的情況）。

在其中一個版本的研究中，參與者要先填寫一份問卷，裡面都是關於日常生活的普通問題（譬如，「你每週看幾個小時的電視？」）。這些參與者的作弊機率不高，以此作為作弊機率的基線。接著，在實驗組中，問卷內容關於他們在銀行的工作。這些問題促發參與者在潛意識中想更多銀行業的事情（譬如，在一個字詞作業中，請他們為「_ _ oker」填空，他們填「broker」〔經紀人〕的機率比「smoker」〔抽菸者〕更高）。

所以，當研究參與者想著他們在銀行業的身分時，作弊機率提高了

20%。促發其他職業的人（譬如製造業）想著自己的工作，或想著銀行業的世界，則不會提升作弊機率。這些銀行家的腦中有兩套關於作弊的倫理規則（銀行業和非銀行業的），潛意識線索可以將其中一套或另外一套推上前線。[8]認識你自己（Know Thyself），尤其是在不同脈絡之下的你。

「但這次情況不同」

道德視脈絡而定的特性在另一個領域也很重要。殘酷無情的反社會者認為人可以偷竊、殺害、強暴和掠奪，這當然是噩夢一場。但人類最糟的行為有更多來自於另一種人，也就是在我們這些其餘的人之中的大多數，會說做某件事當然是不對的……但現在因為種種特殊的情況，所以必須破例。

思索自己與別人的道德過失時，我們會用不同大腦迴路（前者是腹內側前額葉強烈活化，後者則為腦島和背外側前額葉活化較多）。而且我們一貫做出不同的判斷，比較容易認為自己比別人更可以豁免於道德譴責。為什麼？部分原因純粹是自私自利；有時候，偽善者在流血，因為你抓破了偽善者的皮。這其中的差異可能也反映出，我們分析自己的行動與別人的行動時，有不同的情緒涉入其中。別人的道德過失可能令人憤慨，但他們的道德成就引人效法並帶來啟發。相對地，想著自己的道德過失會引起羞恥感和罪惡感，想到自己的道德成則會感到驕傲。

在壓力之下，這種傾向更加強烈，這證明了「我們容易放過自己」這個現象之中的情緒層面。在實驗情境中承受壓力時，研究參與者在情緒道德兩難困境上的判斷更自我中心，經過更多的合理化，也比較不會做出效益主義的判斷——但只有在涉及個人道德議題時，效益主義的成分才比較少。此外，糖皮質素對壓力源的反應越大，這個情形就越顯著。

「我們容易放過自己」也反映出一個認知層面的關鍵事實：我們用

8 原注：我有點希望研究者在論文中提及銀行的名稱，以防我哪一天想存錢到瑞士的銀行，就可以從候選銀行名單上馬上刪除一間。

內在動機評價自己，但根據外在行動評價別人。因此，考量自己的惡行時，我們有更多機會取得可以減輕罪行的、關於情境的訊息。這直接與區分異己相連——他群做錯事，是因為他們很爛；我群做錯事，是情有可原。而「我」是我群的中心，又最能洞察到內在狀態。所以，在認知層面並不存在不一致或偽善，而且我們可能很容易就因為任何人的內在動機，而認為這個錯誤可以從輕發落。只不過，當我們自己就是犯人時，比較容易得知內在動機。

這造成了又多又嚴重的惡果。此外，讓你對自己不如對別人那麼嚴厲的這股拉力，使你很容易抗拒嚇阻的力量。就像艾瑞利在他書中所寫的：「整體而言，限制作弊行為的不是這個行為的風險；限制作弊的是我們對自己作弊行為合理化的能力。」

文化脈絡

所以，人類根據主角是自己或別人、被促發了哪些身分、使用怎樣的語言、意圖被挪到與自己距離多遠的地方，甚至是壓力荷爾蒙的濃度、肚子飽不飽、周圍有多臭，來對相同的情況做出不同的道德判斷。讀完第 9 章之後，你應該不會驚訝，道德決策也隨文化有很大的差異。在這個文化中神聖的牛，在另一個文化裡上了餐桌，這之間的差別可以非常折磨人。

探討道德的跨文化差異時，關鍵問題是有哪些普世的道德判斷存在、以及道德上的普同性或差異，何者比較有趣又重要？

第 9 章提到了一些不管在法律上或實際上都普世皆然的道德立場。包括對至少某些形式的謀殺和竊盜表示譴責。噢，還有某些形式的性行為。更廣泛而言，還有將近普世皆然的黃金律（the Golden Rule）（至於是「推己及人」還是「己所不欲，勿施於人」，則視文化而定）。雖然黃金律簡潔有力，卻無法說明人們對於希望或不希望別人加諸在自己身上的事情有所差異；若能搞懂以下這種對話，就能明白我們面對的是個很複雜的局勢——當被虐待狂說「打我」時，虐待狂很虐待地說「不要」。

運用一種涵蓋範圍更廣、更普遍的互惠規範，可以避免上述的這種批評——如果在相同的情況下，我們希望別人關切及允許我們的需求和欲望，我們就應該這麼對待別人。

從不同文化之中共享的規則和道德行為類別，可以看到道德的跨文化普同性。人類學家理查．史威德曾提出，所有文化都認可與自主性（autonomy）、社群性（community）和神性（divinity）相關的道德規則。就像我們在上一章看到的，強納森．海德特打破此連續向度，將之劃分為幾種道德基礎，而人類對這些道德基礎有很強的直覺。這些議題關於傷害、公平及互惠（史威德稱以上兩者為自主性）、內團體忠誠與尊敬權威（史威德稱之為社群性）、還有純潔與聖潔（也就是史威德所說的神性範疇）。[9]

道德普同性的存在衍伸出另一個議題——這是不是代表普世皆然的道德應該打敗限定在特定區域又偏狹的道德規則呢？在道德絕對主義者及相反的道德相對主義者之間，有歷史學家麥可．薛莫（Michael Shermer）之類的人主張暫時性的道德（provisional morality）——如果某種道德立場散布在各個文化中，可以假設它是重要的道德規範，但還是要保持警覺，不要馬上就完全信服。

舉例來說，所有文化都認定某些東西是神聖的，這絕對很有趣；但遠比這還要更有趣的，是去看看那些神聖的東西有多麼不一樣、當有人觸犯神聖的規定時眾人會多生氣、[10]還有各個文化如何避免這種違規事件再次發生。我將透過三個主題來談這個重大議題——關於合作與競爭、冒犯榮譽、以及仰賴羞恥感或罪惡感這三方面的道德，以及其中的跨文化差異。

9 原注：上一章提到海德特證明自由派比保守派更重視傷害與公平議題，而保守派則大大著重於忠誠、尊敬和純潔。海德特開玩笑地稱他的研究為「跨文化」研究，想像一下他戴著白色遮陽帽、帶著蚊帳，追查柏克萊和普若佛市（Provo）之類的地方。

10 原注：忽然想到一個例子，如果我在某個宗教儀式中間忽然嚴重脹氣，發出震耳欲聾的聲音，我肯定希望那時候周遭是貴格會教徒，而不是……譬如，在週五禱告日和一群塔利班哥們在一起。

合作與競爭

關於道德判斷的文化差異之中，某些最大的差異出現在合作與競爭方面。2008 年，由英國和瑞士經濟學家團隊所做的研究刊登在《科學》期刊上，就將這點展現到了極致。

研究參與者投入一場「公共財」賽局，玩家在開始時持有一定數量的代幣，接著要在一連好幾個回合中，決定貢獻多少到公家的財庫；財庫當中的金額會翻倍並平均分配給所有玩家。另一種選項則是參與者自己保留代幣。所以，每一個玩家可能面臨的最慘結果就是他們捐出所有代幣到財庫中，但其他玩家都不願意貢獻一毛錢；最好的結果則是自己沒有捐任何錢，而其他人都付出了全部的代幣。這個設計的特色是，參與者如果對其他玩家的捐獻金額不滿，可以「花錢」懲罰對方。參與者來自世界各地。

第一個研究發現，跨越各個文化，人類的利社會性比純粹經濟理性預測的結果更高。如果所有人都採取最不合群、現實政治的殘酷風格，沒有人會捐錢到財庫。然而，來自各種文化的參與者都不斷貢獻自己的代幣。其中一種解釋是，也許來自各個文化的人都會對捐獻太少的人進行懲罰，而且程度差不多。

令人驚訝的差異在於一個我在任何行為經濟學文獻中都沒有看過的行為，稱為「反社會懲罰」（antisocial punishment）。如果你懲罰捐獻得比你少的玩家（亦即對方自私自利），這稱為搭便車懲罰（free-riding punishment）；至於反社會懲罰則是懲罰捐獻得比你**更多**的人（也就是慷慨大方）。

這是什麼意思呢？詮釋如下：對於過分慷慨的人產生敵意，是因為他們的行為會使我必須符合更高的要求，不久之後，所有人（就是我）都被期待要表現得慷慨大方。他們會毀了我們大家，所以要除掉他們。這種現象就是你因為別人當個好人而懲罰他，擔心假如這種偏離常態的瘋狂行為變成常規，而且你因為承受回報對方的壓力，也必須當個好人，那該怎麼辦？

某些國家（美國和澳洲）的參與者特別極端，幾乎沒有這種奇怪的反社

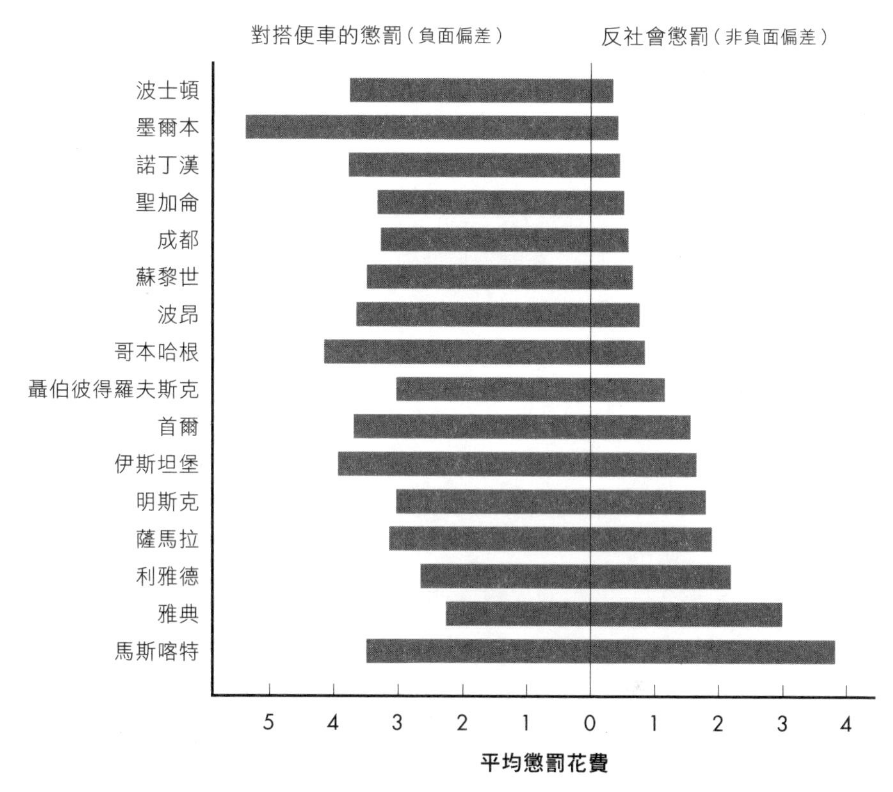

B. Herrmann等人，〈跨越各社會的反社會懲罰〉(*Antisocial Punishment Across Societies*)，Sci 319(2008):1362。

會懲罰行為。另一個極端則是來自阿曼（馬斯喀特）和希臘（雅典）的參與者，他們令人難以置信地竟然願意花較多錢在懲罰慷慨大方的人，而非懲罰自私自利的人。而且這可不是拿波士頓的神學家和阿曼的海盜相比較。參與者全都是都市裡的大學生（見上圖）。

所以，這些城市之間有什麼差別？研究者發現了一個關鍵的統計相關——一個國家中的社會資本越低，反社會懲罰的機率越高。換句話說，人們什麼時候會將「慷慨的人該受懲罰」的想法納入道德系統中？當他們生活在彼此不信任的社會，而且缺乏自我效能感的時候。

也有特別針對非西方文化的有趣研究，譬如英屬哥倫比亞大學的喬瑟夫・亨利希（Joseph Henrich）及其同事發表的兩項研究。研究參與者一共數千人，來自世界各地、一共二十五個不同的「小規模」文化——遊牧民族、狩獵採集者、定居的搜食／粗耕者，以及自給自足的農民／雇傭勞動者。研究中有兩個控制組，是來自密蘇里和迦納的阿克拉（Accra）的都市人。這個研究在某方面設計得特別周全，參與者要玩三種賽局：（a）獨裁者賽局（the Dictator Game）：參與者只決定怎麼分錢給自己和另一位玩家，用來測量純粹的公平感（senseof fairness），與結果無關。（b）最後通牒賽局：你可以付錢懲罰待你不公的人（對自私的第二方進行懲罰）。（c）第三方懲罰的情境，你可以付錢懲罰對第三方不公的人（也就是利他懲罰〔altruistic punishment〕）。

研究者找出三個有趣的變項，可以預測玩家的模式：

市場整合（market integration）：一個文化中有多少人會進行經濟上的互動、互相交易？研究者對此的操作型定義是攝取熱量中有多少百分比來自購買市場中的東西，範圍從狩獵採集者哈扎人的零，到坦尚尼亞定居漁業文化將近90%的比例。在各個文化中，市場整合程度越高，可以有效預測該文化的人在三種賽局中都提出比較公平的方案，而且願意付錢懲罰自利的第二方或對討厭鬼進行利他的第三方懲罰。譬如，市場整合比例低得極端的哈扎人，於獨裁者賽局中保持平均73%優待自己的比率，而哥倫比亞以定居漁業為主的桑基安加（Sanquianga），還有美國和阿克拉的人則接近五五分帳。市場整合程度可以預測人們較想懲罰自私的人，還有，不意外地，比較不自私自利。

社區的大小：社區越大，懲罰第二方和第三方小氣鬼的機率越高。譬如，哈扎人小小的遊群在五十人以下，在獨裁者賽局中，只要可以拿到的金錢數目大於零，就幾乎都會接受——而且不會有人懲罰。相對地，在五千人以上的社區（以定居農業或養殖漁業為主的區域，加上迦納和美國都市的人），如果提出的數字不是將近五五分帳，通常都會遭到拒絕與／或懲罰。

宗教：有多少比例的人口信仰已分布到世界各地的宗教（基督教或伊斯

蘭教）？這個數字的範圍從哈扎人的 0%，到其他群體的 60% 至百分之百。信仰西方宗教的比率越高，第三方懲罰越常見（也就是願意為 B 遭到不公待遇而付錢懲罰 A）。

該怎麼看待這些研究發現呢？

首先從宗教的角度。這個研究的發現無法代表所有宗教，而是關於遍及全球的宗教；而且也無關慷慨或公平的行為，只能說明利他的第三方懲罰這部分。遍及全球的宗教有什麼特點？如同我們在第 9 章看到的，只有群體夠大、人們固定與陌生人互動，這樣的文化才會發明道德化的神。神才不會圍坐在宴會桌旁，事不關己地嘲笑人類在底下做的傻事，或為人類糟糕的自我犧牲提案而懲罰他們。這些神懲罰人類的原因是有人對其他人不好——換句話說，規模比較大的宗教所創造出來的神會進行第三方懲罰。難怪這些信徒自己也會進行第三方懲罰。

再來談那兩個像雙胞胎一樣的研究發現——市場整合程度較高、社區較大，可以連結到比較公平的提案（與市場整合相關）並比較願意懲罰行為不公的玩家（與兩者都相關）。我覺得這兩個發現特別具有挑戰性，尤其是經過研究者深思熟慮予以框架之後。

研究者在論文中提問，人類特別強烈的公平感從何而來——尤其是在陌生人經常互動的大規模社會中？他們提供了兩種傳統的解釋，和我們熟悉的「直覺 vs. 推理」以及「動物根源 vs. 文化創造」這兩種二分法緊密相連：

- 在大規模社會中，以公平為支柱的道德，是我們身為狩獵採集者和（還不是人類的）靈長類動物過去所殘留下來和延伸出來的東西。我們過去生活在小小的遊群中，公平主要受親屬選擇和需互惠利他的簡單情境所驅動。隨著社區日漸擴大，我們現在和沒有親緣關係的陌生人通常只有一次互動機會，我們的利社會性是小遊群思維模式的擴張版本，就好像我們用各種不同的綠鬍鬚記號作為指標，以此分辨親疏遠近。我很樂意為兩位兄弟、八位同輩表親或一個包裝工球迷同胞犧牲性命。

- 公平感在道德方面的基礎是文化制度，以及我們在群體越來越大、也越來越精密時所創造出來的思維模式（反映在市場、現金經濟等等的出現）。

已經談了這麼多頁，應該很容易可以猜到我認為前面的那種解釋挺強而有力的——聽著，我們看到公平感和正義感深植在四處移居的狩獵採集者的平等主義本性、在其他靈長類動物身上、在嬰兒身上、在卓越超群的邊緣系統而非皮質的參與中。但是，我必須找那種觀點的麻煩，講一件和這些研究發現完全相反的事情——在二十五個文化之中，與我們祖先最相像的採集狩獵者住在最小的群體中，他們彼此關係最親近、對市場互動的依賴程度最低。他們最不傾向提出公平分配、懲罰不公平行為的機率也最低，不管是懲罰自己或他人的不公行為。這之中沒有任何利社會性，和我們在第 9 章看到的圖像相反。

我認為一種解釋是，這些賽局挖掘的是特定且人為的一種利社會性。我們傾向認為市場互動可以濃縮複雜性——找一種共同貨幣，以名為金錢的抽象形式來代表人類的眾多需求與欲望。但在核心之處，市場互動代表了人類的互惠行為是貧瘠的。人類互惠行為的自然形式是自在又符合直覺地算出關於蘋果和橘子的最佳解——那邊的傢伙是個超級獵人；另一個傢伙沒有那個超級獵人那麼強，但如果有隻獅子在附近，他可以做你的靠山；另外，有一個人很會採集曼杰提樹堅果（Mongongo nuts），[11] 那位老婦人認識所有的藥草，還有那個怪胎，他記得每一個最棒的故事。我們都知道對方的住處，互相有借有還，如果有誰嚴重破壞這個系統，我們設法一起對付他。

---

11 譯注：Mongongo 無中譯，這種植物又名 manketti tree，故採用此中譯。

反之，現今經濟市場互動的核心，只剩下「我現在給你這個，所以你也要給我那個」——短視近利的現在式，一定要馬上打平互惠關係中雙方的義務。小規模社會中的人這樣運作的時間比較短。事情並不是小規模文化日漸壯大並仰賴市場，才剛開始學習該如何彼此公平對待；而是他們才剛開始學習如何在這種用最後通牒賽局之類模擬的人為情境中彼此公平對待。

榮譽與復仇

另一個道德層面跨文化差異的範疇，關注的是體制如何恰當回應個人榮辱。這可以回溯到第 9 章從馬賽部落到美國傳統南方人，談論的榮譽文化。如同我們已經看到的，這類文化在歷史上與一神論、戰士年齡層和畜牧有所連結。

複習一下，這類文化通常在自己的榮譽遇到難以應付的挑戰時，將之視為悲慘滑坡的開端，而這種現象的根源是畜牧業本質的脆弱性——沒有人會突襲農民並竊取所有作物，但有人會在半夜偷走一群牲口——如果這個混蛋在冒犯了我家人之後還能全身而退，下次他就會再來搶走我的牛。這些文化在道德上很強調復仇，至少要以同樣的手段回擊——畢竟以眼還眼八成是猶太畜牧者的發明。結果，類似哈特菲爾德和麥考伊家族的嚴重世仇隨處可見。這有助於解釋為什麼美國南方的謀殺率上升，不是因為都市暴力或搶劫之類的事件，而是互相認識的人冒犯到彼此所致。這也可以解釋為什麼南方的檢察官和陪審團比較容易原諒這類因名譽受損而起的犯罪。還可以解釋為什麼南方的女性長輩常在兒子要加入邦聯軍作戰時，告誡他們：要是不能凱旋歸來，就要被裝在棺材裡運回來。絕對不能屈辱投降。

充滿羞恥感的集體主義者和滿懷罪惡感的個人主義者

回到集體主義和個人主義這兩種相對的文化（提醒一下，在這類研究中，「集體主義」通常指東亞社會，「個人主義」則代表西歐和北美）。隱藏在這對比之中，是這兩種文化在「手段與目的」的道德取向上有著顯著的差異。很明顯地，比起個人主義文化，集體主義文化更能自在地利用人當作手段來達到效益主義的目的。此外，集體主義文化中的道德命令著重於社會角色和對群體的責任，個人主義文化則強調個人權利。

在強制成員執行道德行為方面，集體主義和個人主義文化也有所差異。1946 年，人類學家露絲・班乃迪克（Ruth Benedict）率先強調，集體主義文化利用羞恥感來施行道德，而個人主義文化利用罪惡感。有兩本很出色的書探索了這個重大差異——史丹福的精神科醫師賀蘭特・凱查杜里安（Herant Katchadourian）的《罪惡感：良心的負面影響》（*Guilt: The Bite of Conscience*）和紐約大學的環境科學家珍妮佛・賈奎特（Jennifer Jacquet）的《羞恥感是必要的嗎？》（*Is Shame Necessary?*）。

包括這兩本書的作者在內，這個領域通常將羞恥感定義為來自群體的外在評價，而罪惡感則是你自己的內在評價。羞恥感需要觀眾，與榮譽有關。罪惡感則屬於重視隱私的文化，重點在於良心。羞恥感是對整個個體的負面評估。罪惡感則針對行為，所以人可以痛恨一個人的罪惡，但依然愛這個罪人。有效的羞辱需要從眾、同質性高的群眾；有效的罪惡感則仰賴對律法的尊重才能產生。感覺羞恥，你會想要躲起來。感覺罪惡，則讓人想要改進。羞恥感發生在所有人都說：「你不能再和我們生活在一起了」時；罪惡感的出現，則是在當你說出：「我以後該怎麼心安理得地活下去？」時。[12]

自從班乃迪克開始闡述這種對比，西方人產生了一種沾沾自喜的觀點，認為羞恥感比罪惡感更原始，西方人早已不給犯錯的人戴上顯眼的高帽、公開鞭打或配戴紅字。羞恥感代表背後有一群暴民，罪惡感則是內化之後的規則、律法、法令、政令與規章。然而，賈奎特很有說服力地論證，

---

12 原注：再混入另一個詞彙，這個領域似乎常把難為情（embarrassment）歸類於一種比較短暫、輕微的羞恥感。馬來半島的閃邁人（Semai）展現了難為情對人的管制力量，他們說：「這裡沒有權威，只要有難為情就夠了。」

西方若繼續使用羞恥感會很幫助，呼喚羞恥感以後現代的形式重生。她認為，在有權有勢的人沒有罪惡感、因而迴避懲罰時，羞恥感特別有用。這種迴避懲罰的情況在美國法律體系中並不少見，只要有錢和權力，就可以聘請最好的辯護律師並從中得利；羞恥感可以填補這個漏洞。1999 年在加州大學洛杉磯分校發生了一起醜聞，有人發現高大魁梧的美式足球員利用關係、編造名目並偽造醫生的簽名，以取得身心障礙的停車許可。由於球員的特權地位，不管法庭和校方都只判處看來起不了嚇阻作用的輕罰。然而，羞辱的元素可以起很大的補償作用——當他們在媒體面前離開法院，一大群坐輪椅的身障者對著他們大肆嘲弄。

人類學家從狩獵採集者研究到都市居民，發現大約有三分之二的日常對話都是八卦，而且多數是壞話。如前所述，八卦（帶有羞辱的目的）是弱者對抗有權有勢者的武器。講八卦又快、成本又低，而且在網路時代，速度更是比紅字的年代快上無數倍。

羞辱也能有效對付大企業的不道德行為。美國的法律體系很奇特，在很多方面把企業當成個體，一個沒有良心、只關注利潤的心理病態者。當公司做了不法行為，經營公司的人偶爾需要負上刑責；然而，如果企業做的事情不道德卻合法，他們就不必負責——這不在「罪」的範圍內。賈奎特強調，利用羞辱的運動有著潛在的力量，譬如強迫耐吉（Nike）改善海外血汗工廠恐怖的工作環境，以及逼迫紙製品巨人金百利克拉克公司（Kimberly-Clark）解決砍伐原始森林的問題。

除了這種羞辱的潛在好處，賈奎特也強調羞辱在當代的危險，包括羞辱可能以殘暴行徑展現，因而使人在網路上遭到攻擊，以及這種劇毒可以穿越很遠的距離——在當今的世界，透過匿名表達對罪人的恨意，似乎比關注罪惡本身重要多了。

傻瓜不會三思而後行：應用關於道德的科學發現

我們如何運用目前已經掌握的洞見來促進我們最好的行為，並減少我們最糟的行為呢？

哪一位已逝的白人才是對的？

我們先從一個問題開始，大家已經為這個問題忙了幾千年——怎樣才是最佳的道德哲學？

對這個問題進行思索的人將不同的取向歸為三大類。假設路邊有一筆錢，雖然不屬於你，但現在沒有人在看你，你為何不隨手拿走呢？

德行倫理學（virtueethics）聚焦在行動者身上，從德行倫理學的角度回答，會說：因為你不是那麼糟糕的人，因為你之後必須面對自己的良心等等。

義務論（deontology）強調行動；因為偷竊不對。

結果論（consequentialism）則強調後果：如果所有人都這麼做會怎麼樣？考慮一下這對錢被偷的人會有什麼影響？等等。

近年來，德行倫理學地位大體上不如另外兩者，被當作奇怪的骨董，一種整天擔心不當行動會如何玷汙靈魂的觀點。我們將看到，我認為德行倫理學已經悄悄回歸，重要性不容小覷。

當我們聚焦在義務論和結果論，就又回到那熟悉的話題：可以為了目的不擇手段嗎？義務論者的答案是：「不行，絕對不能把人當成手段。」對結果論者來說，答案則是：「只要為了達到對的結果就可以。」結果論有好幾條支線，受到認真看待的程度高低不等，這些支線根據不同的特徵——譬如，是的，只要目的是最大化享樂（享樂主義〔hedonism〕）、可以創造出總量最多的財富、[13]可以強化當權者的權力（國家後果主義〔state consequentialism〕），就可以不擇手段。不過，結果論大致上符合古典效益

13 原注：要強調一件我們都很清楚卻常常記不住的事情：擁有最多財富不等於最幸福。已經有很多關於幸福的研究，包括長期追蹤相同對象的研究，到針對來自數十個國家、高達數萬個研究對象的大型跨文化研究，全都顯示出相同的結果——出身非常貧困的人，後來絕對會比較快樂。但只要收入超出需要省吃儉用、為生存掙扎的程度，收入和幸福之間的相關性就低到驚人的程度。

主義——為了增進所有人的幸福，把人當作手段是可以接受的。

運用義務論和結果論來思考電車難題時，義務論者運用源於腹內側前額葉、杏仁核和腦島的道德直覺，結果論則屬於背外側前額葉和道德推理的範疇。為什麼自動化、運用直覺的道德判斷通常不是效益主義式的？就像格林在他的書中所寫的，因為「我們的道德腦演化出來，是為了要散播基因，而非為了增進所有人的幸福。」

從電車難題的研究可以看出，人們在道德上的異質性有多高。各研究一致顯示，有大約30%的參與者是義務論者，他們在研究中不願意拉控制桿或推人，就算必須付出五條人命作為代價也一樣。另外始終有30%的效益主義者，願意拉控制桿或推人。其他人的道德哲學則視脈絡而定。有許多人可以歸入最後這一類，因而啟發了格林所說的「雙重歷程」（dual process）模式，意思是我們通常同時重視手段和目的。你的道德哲學是什麼？如果我不小心把人當成手段並傷害了他，或者雖然是有意的，但其中的意圖非常曲折間接，我就是效益主義的結果論者；如果意圖一目了然，我就是義務論者。

透過不同的電車難題情境，可以看出在哪些情況下，我們會被推向直覺的義務論，又是哪些情況使我們偏向效益主義的推理。哪一種結果比較好呢？

會讀本書的人（會閱讀與思考，一件你可以名正言順感到驕傲的事）在隔著一段距離冷靜思考這個議題時，效益主義似乎是個起點——最大化集體的幸福。效益主義強調公平——不是平等的對待，而是平等考量所有人的幸福。效益主義也非常重視公正性：如果某人認為一個提議在道德上是公平的，照理來說，他會願意與該情境中的任何人互換角色。

效益主義有可能因為一些實際的理由而受到批評——每個人眼中的幸福都不同，很難找到一種共通貨幣作為代表，而且，如果要強調目的勝過手段，你就必須善於精準預測實際的目的到底是什麼，還有，對於我們很容易就區分異己的心靈來說，要達到真正的公正可是難得不得了。但理論上，至少效益主義具有吸引力，這是肯定而合理的。

但是，有一個問題——除非有人失去了他的腹內側前額葉，否則效益主義的吸引力一定會在某個時間點驟然停止。就大部分的人而言，這個時間點就在動手去推電車前那個人的那一刻。或者必須悶死一個哭泣的嬰兒，才能拯救一群正在躲避納粹的人。或者殺掉一個健康的人，以移植他的器官來拯救五條性命。格林強調，幾乎每一個人都可以馬上掌握效益主義的邏輯和吸引力，但最終在某一點上領悟，這並不適合用來引導日常生活中的道德決策。

格林和加州理工學院的神經科學家約翰·奧爾曼、匹茲堡大學的科學史學家詹姆斯·伍德沃德（James Woodward）分別探討了一個關鍵點背後的神經生物學——這裡所談的效益主義是單向度且人工的；因此，我們的道德哲學和道德推理的精密程度受到限制。效益主義結果論可以很有說服力，但是你必須先想一下立即的後果，再想一下長期後果，然後想一下更長期的後果，接著，把以上重頭考慮幾遍。

人們會在效益主義上踢到鐵板，是因為理論上在短期內，取捨之間可以達到平衡（有意地殺一個人來救五個人——當然可以提高集體幸福），結果長期卻不是這樣。「沒錯， 那個健康的人在非自願下捐出器官，救了五個人，但難道其他人也將被那樣解剖嗎？如果他們找上我呢？我其實還挺喜歡我的肝臟。他們接下來還會做出什麼事？」滑坡謬誤、減敏作用（desensitization）、無意造成的結果、故意造成的結果。當目光短淺的效益主義（伍德沃德和奧爾曼稱之為「參數性」〔parametric〕結果論）被眼光長遠的效益主義（他們稱為「策略性」〔strategic〕結果論，格林稱為「實用效益主義」〔pragmatic utilitarianism〕）取代之後，最後的結果會比較好。

本章針對道德直覺和道德推理的概述造成一種二分，就好像男人的血無法同時流到胯部和大腦；必須從中擇一。你在做道德決策時，也必須從杏仁核和背外側前額葉之中選一個。但這個二分法是虛假的，因為在我們同時運用推理和直覺時，我們可以達到長期、策略性、結果論的最佳決策。「沒錯，為了達成 X 而做 Y，在短期似乎是個好的權衡之計。但如果我們經常這麼做，久而久之做 Z 這件事也似乎可以接受，但如果有人對我做 Z，我會感覺很糟，而且 W 也很可能會發生，這就真的會讓人感覺很差，最後造成⋯⋯。」史巴克先生在決策時沒有「感覺」那部分，他只會邏輯清晰又冷靜沉著地記得人類是多麼不理性又反覆無常的生物，然後把這一點整合進入他的理性思考中。但事實上，在這個過程中，我們是在感覺那個感覺可能會是什麼感覺。這完全呼應第 2 章談到達馬西奧的軀體標記假說：當我們做決定時，我們不只在腦中進行思想實驗，身體也在進行感覺的實驗——如果這件事發生，**感覺**會怎麼樣？道德決策的目標就是結合以上兩者。

所以，「我才不會把人推到電車軌道上，這是不對的」，這和杏仁核、腦島和腹內側前額葉相關。「犧牲一個人來救五條命，沒問題」，則和背外側前額葉相關。但是，用長期的策略性結果論來進行決策，上述腦區就全都加入。而這比過分自信、反射性的直覺主義——「我說不出為什麼，但這就是不對」——更有力量。當這些腦部的系統通通投入，針對長期會發展出什麼後果做了夠多的思想實驗和感覺實驗，而且你還為輸入訊號排了優先順序——要認真看待直覺，但直覺當然沒有絕對的否決權——你就會確切知道為什麼某件事情看起來對或不對。

推理和直覺結合之後互相促進，彰顯出一個重點。如果你支持道德直覺，你就會將道德直覺描述為基本而原初的。如果你不喜歡道德直覺，你則會把道德直覺視為簡單、反射性而原始的。但就像伍德沃德和奧爾曼所強調的，我們的道德直覺不是原初或原始的反射反應，而比較偏向是學習的結果；我們經常接觸某些東西，頻率高到這些認知結論變得自動化，像騎腳踏車一樣或依序唸出一週七天的名稱（倒著唸就比較困難）那樣內隱。在西方，對於奴隸、童工或虐待動物，我們幾乎都有強烈的道德直覺，認為這些事情是錯誤的。但過去絕非如此。認為這些事情是錯誤的，已經變成關於道德真理的內隱道德直覺，只因為在一般人的道德直覺和現在相較起來天差地遠時，就有某些人具備犀利的道德推理（和行動主義）。我們的內心向他們的直覺學習。

慢與快：「我 vs. 我群」和「我群 vs. 他群」的不同問題

快速而自動化的道德直覺主義和有意識而刻意的道德推理之間的對比，上演在另一個領域中，也是格林 2014 年的傑出著作《道德部落：道德爭議無處不在，該如何建立對話、凝聚共識？》（*Moral Tribes : Emotion, Reason, and the Gap between Us and Them*）的主題。

格林從經典的公地悲劇（tragedy of the commons）開始談起。牧羊人帶著羊群來到牧草地。因為有太多隻羊了，除非大家願意減少牧群中的羊隻數量，否則有破壞公地的危險。悲劇在於，如果這塊地真的是公地，大家其實沒有合作的誘因——如果其他人都不合作，你選擇合作就是個傻瓜，如果其他人都選擇合作，你不合作就可以成功占別人的便宜。

如何在一大群不願合作的人當中開始推動合作，這個議題貫穿第 10 章。許多互相合作的社會性物種已經證明，確實有解決的方法（最後一章還會談更多）。在道德的脈絡之中，若要避免公地悲劇，需要把大家結為群體，才不會自私自利；這是關於我和我群的議題。

但格林又勾勒出第二種悲劇。現在有兩群牧羊人，而且出現了挑戰，這兩群人放牧的方式不同。譬如，其中一群認為牧場是公地，但另一群相信應該把牧場分割為一塊一塊，讓每個牧羊人擁有一塊自己的地，中間用又高又堅固的籬笆隔開。換句話說，他們對於如何使用牧場的看法互相衝突。

使這個情況變得更危險、更可能演變成悲劇的是：這兩個群體的腦中對於自己的方式才正確、有足夠的道德重量、應該被視為「權利」，都各自有縝密的理由。格林用很高明的方式剖析了「權利」這個詞。無論對哪一邊而言，認為自己有「權利」用自己的方式做事的意思，主要是他們在形體模糊、自私而偏狹的道德直覺上，塗抹了厚厚一層海德特式的事後合理化。一堆白髮蒼蒼的哲學天才牧羊人宣稱，他們的立場在道德上站得住腳，他們極其確切而痛苦地感覺到自己重視的東西，還有能夠代表自己是誰的核心要素危在旦夕，這個世界的道德基礎搖搖欲

墜；這一切都如此強烈，使得他們無法認清「權利」到底是什麼，亦即「我沒辦法告訴你為什麼，但就是該這樣做事」。引用奧斯卡・王爾德（Oscar Wilde）的話：「道德只不過是我們面對自己不喜歡的人時所採取的態度。」

這是用道德來看我群和他群，而格林所謂的「常識型道德的悲劇」（the Tragedy of Commonsense Morality），其重要性可以透過一個事實來佐證——這個世界上大多群體間的衝突，終歸都是對於誰的「權利」比較正當，而在文化之間產生了歧異。

用這種方式來看這個議題非常理智而溫和。換一個方式。

假設我認定在這裡放一張可以展現出文化相對主義（cultural relativism）的照片會很不錯，可以呈現出某個在一個文化中合情合理、但會令另一個文化中的人深感不悅的行為。「我知道了，」我想，「我要找一些南亞狗肉市場的照片；大多讀者像我一樣，對狗很有共鳴。」很棒的計畫。結果是我花了好幾個小時動彈不得、停不下來，用一張又一張照片折磨自己，在那些影像中，狗被帶往市場，遭到宰殺、烹煮和販賣，還有人在市場裡進行例行工作，冷漠地對著一籠塞得滿滿的受苦的狗（見上圖）。

我想像著那些狗感受到的恐懼，牠們多熱、多冷、多痛苦。我想著：「如果這些狗本來是信任人類的，會有什麼感覺？」我想到牠們會有多害怕與困惑。我想著：「假如是我的愛狗必須經歷這種事呢？假如是我小孩的愛狗發生這種事呢？」我的心臟猛烈跳動，我發現我恨這些人，**恨**他們每一個人，也蔑視他們的文化。

我得費盡九牛二虎之力，才能承認我無法為我的恨意與鄙視找到正當理由，這些只是一股道德直覺，我做的某些事也會引起遠方某個注重人道與道德程度不亞於我的人產生相同的反應，如果我剛好出生在他的文化，我也很容易抱持那種觀點。

常識型道德悲劇的悲慘之處，在於常識型道德如此強烈，讓你覺得自己就是知道他群大錯特錯。

大體上來說，我們的文化制度沾染上道德色彩——宗教、民族主義、族裔自豪感、團隊精神——讓我們在自己是孤獨牧羊人而面臨可能的公地悲劇時，傾向展現最好的行為，在面對我對上我群的情境時不那麼自私。但在遇上他群和他們不同的道德時，文化制度卻會使我們飛快做出最糟的行為。

道德決策本質上為雙重歷程，這件事可以提供一些洞見，幫助我們瞭解如何避免上述兩種非常不同的悲劇。

在「我與我群」的脈絡中，大家共享相同的道德直覺，強調此共通之處，可以和我們對我群的利社會性共振。格林和耶魯大學的大衛．蘭德（David Rand）等人的一個研究證明了這點，在這個研究中，參與者一起玩一場模擬公地悲劇的單一回合公共財賽局。參與者有長短不一的時間，決定他們願意捐出多少錢到共有的財庫（也就是不把錢占為己有，造成其他人的損失）。做決定的時間越短，大家就越願意合作。如果先促發參與者重視直覺（讓他們聯想到：某個直覺幫助他們做出好決定，或小心推理卻造成反效果的時刻）——合作程度也更高。反之，引導參與者「小心考慮」他們的決策，或促發他們看重反思勝於直覺，他們就變得比較自私。有越多時間思考，就有越多時間去想：「沒錯，我們都同意合作很好……只是這次我可以不必合作，因為……」研究者稱之為「算計過的貪婪」（calculated greed）。

如果參與者在賽局中的對手和他天差地遠——不管參與者對於能令他感到安心或熟悉的人抱持什麼標準，要是你找來的都是你所能找到，離他的標準最遠的人，那會發生什麼事？雖然還沒有人做這項研究（而且這顯然是很難做的研究），可以預見快速的直覺決策會朝向簡單、毫無衝突的自私方向發展，同時伴隨著「他群！他群！」的仇外警鈴，「別相信他群！」的自動化信念即刻遭到觸發。

面臨我對上我群的道德兩難情境時，我們要抗拒自私自利的心態，這時候，快速的直覺是好的，這種直覺因為演化選擇而變得鋒利，試圖在一片綠鬍鬚記號的海洋中尋求合作的機會。在這種情境下，調控與穩固利社會性（也就是使利社會性從直覺的範疇朝深思熟慮移動）甚至可能適得其反，而這正是山謬爾．鮑爾斯所強調的。[14]

相對地，在我群對上他群的情境中進行道德決策時，離直覺越遠越好。你該做的是思考、推理與質疑，當一個非常務實且講求策略的效益主義者，去站在對方的角度，試著去想對方在想什麼，感受對方的感受。深呼吸，然後再來一次。[15]

誠實與謊言

那個問題清晰而堅決地被提了出來，一個無法忽略或迴避的問題。克里斯吞了吞口水，試著用冷靜而平穩的聲音回答：「不，絕對沒有。」這是個赤裸裸的謊言。

14 原注：鮑爾斯引用了一個很好的例子，顯示出強硬的處罰措施如何降低內團體利社會性：有些家長習慣較晚才去接幼兒園的孩子。「請準時來接您的小孩。」學校寄電子郵件給家長，「否則我們認真的教職員沒辦法準時下班。」之後情況有些改善，但某些家長依然習慣遲到。所以學校開始執行懲罰——每遲到一次就要罰錢。結果家長遲到的情形變得**更嚴重了**。為什麼呢？因為違規行為從內團體社會直覺的範疇（「嘿，我不該對我的學校社群表現得自私自利」），轉移到可以算計的範疇（「好吧，我願意為了方便多付出一點代價」）。這或許也可以形成一種對之前那個小規模社會跨文化研究的解釋，就是為什麼市場整合程度最高的社會在賽局中利社會性最高——市場和現金經濟在做的事情，就是把互惠利他的世界從社會直覺轉移為社會性的算計。

15 原注：這個主題和諾貝爾經濟獎得主丹尼爾．康納曼在他的暢銷著作《快思慢想》（*Thinking, Fast and Slow*）當中所談的內容有很高的相似性——他所談的內容不在道德領域，而是在經濟範疇中分析快速的直覺性思考和緩慢的分析性思考不同的優缺點。

說謊是好事還是壞事呢？嗯，這要看那個問題是以下哪一個：（a）「執行長給你摘要報告時，你有注意到他為了隱瞞第三季的虧損而變造了數字嗎？」檢察官問。（b）「你已經有這個玩具了嗎？」祖母試探性地問道。（c）「醫生說了什麼？會致命嗎？」（d）「我這樣穿看起來像__嗎？」（e）「你吃了為今晚準備的布朗尼嗎？」（f）「哈里森，你是不是藏匿了名叫傑克的逃跑奴隸？」（g）「這裡有些事情說不通。你說昨天晚上在加班，你是不是說謊？」（h）「我的天啊，你剛才放屁嗎？」

沒有什麼比這更能說明我們的行為視脈絡而定的意義。你一樣說出不符合事實的答案，同樣專注於控制臉部表情，試著維持恰到好處的眼神接觸。但隨著情境的不同，相同的謊言可能是我們最好的行為，也可能是最糟的行為。反過來說，有時候保持誠實是比較困難的——跟另一個人講一件令人不快的事實，會活化內側前額葉（以及腦島）。[16]

因為這些複雜的因素，不難想見關於誠實與欺騙的生物學領域可說是一片泥濘。

如同我們在第10章看到的，競爭性演化遊戲的本質是同時選擇欺騙，也對欺騙保持警覺。我們甚至看到這在具有社會性的酵母菌身上所展現的初始版本。狗試圖互相欺騙，雖然只能取得微小的成功——如果一隻狗感到很害怕，牠的肛門臭腺會分泌恐懼費洛蒙，但是，被敵人知道你很害怕可不是好事。狗無法有意識地選擇不要合成和分泌費洛蒙，可是牠可以把尾巴夾在兩腿間，掩蓋住那些腺體，以阻絕氣味散播——「不，我一點都不害怕。」史帕基尖聲大叫。

毋須意外，人類以外的靈長類動物在欺騙方面又更上一層樓。當好吃的食物和位階較高者在附近，捲尾猴會發出捕食者在附近的警報，以分散對方的注意力；如果對方的位階較低，就沒必要這麼做，直接取走食

16 原注：儘管神經科學家山姆．哈里斯（Sam Harris）在他的著作《說謊》（*Lying*）中論述所有謊言——甚至是善意的謊言，為了不傷害別人的感受或實現常言所說的英雄行徑，比如藏匿逃跑的奴隸——都是不對的。

物就好。同樣地，如果一隻低位階的捲尾猴知道有食物被藏起來了，而且有一隻支配者在附近，牠會遠離藏食物的地點；假如在食物附近的是個從屬者，就沒有問題。在蜘蛛猴和獼猴身上也可以看到相同的現象。另外一種靈長類動物不只在食物方面執行「策略性藏匿」。公狒狒和母狒狒交配時會有「交歡聲」，但如果母狒狒正躲開與牠具有配對關係的公狒狒、偷偷與這隻公狒狒交配，這隻公狒狒就不會發出聲音。當然，跟黑猩猩政客比起來，這些例子全都相形失色。對欺騙進行思索需要很強的專門社會技能，在靈長類動物之中，新皮質越大，展現出欺騙的機率就越高，無論群體大小為何皆然。[17]

真令人驚艷。但這些靈長類動物有意識地運用欺騙作為策略的機率很低。牠們也不太可能因為欺騙而有罪惡感，或感覺玷汙了自己的道德，或其實相信自己所說的謊言。只有人類才能做到這些事。

人類具有無比強大的欺騙能力。我們臉部肌肉的神經分布是最複雜的，還用最多的運動神經元來控制它們——沒有任何其他物種可以擺出撲克臉。而且我們還有語言這種非凡的手段，可以用來操弄訊息及其與實際意義之間的距離。

人類之所以善於說謊，也因為我們的認知技能使我們的行為可以超越任何一隻背信棄義的獅尾狒所能做出的事——我們可以美化事實。

有一個很酷的研究顯示出我們在這方面的傾向。簡單來說：一位研究參與者擲骰子，擲出不同點數就可以獲得不同數目的金錢獎勵。擲骰子時沒有人看得到，擲完才回報擲出的結果——所以有作弊的機會。

根據機率和擲骰子的次數，如果每個人都保持誠實，每一種點數出現的機率大約是六分之一。如果每個人都為了得到最高的獎勵而說謊，則

17　原注：只是重複說明一下，從具有社會性的酵母菌開始，就可以看到不只靈長類動物有欺騙行為。已經有人發現聰明的鴉科動物也有類似捲尾猴的欺騙行為；此外，鴴（plover）等鳥類會假裝受傷以誘導捕食者遠離牠的巢，這種行為也已被詮釋為一種策略性的欺騙（「別吃掉我的寶寶。看啊，來追我吧！我身上的肉比較多，而且我受傷了，無法逃跑。」）。科學家也在其他鳥類、某些有蹄類動物和烏賊身上發現類似的欺騙行為。

每次擲完骰子都會得出報酬最高的數字。

結果有不少人說謊。研究參與者是來自二十三個國家、總共超過 2500 位的大學生，來自貪腐程度越高、逃稅和政治騙局越常發生的國家，說謊機率越高。第 9 章已經說明過，社區中常常有人違規會降低社會資本，進而激起個人的反社會行為，所以這應該不令人意外。

最有趣的是，跨越各個國家，大家都說特定的一種謊言。事實上，研究參與者需要擲兩次骰子，只有第一次才算數（他們被告知第二次用來測試骰子「是否正常」）。他們的謊言顯示出同一種模式，按照先前的研究，只有一種可能的解釋——人們往往會謊報可以得到高報酬的點數，他們只回報兩次之中比較大的那個數目。

你幾乎可以聽到他們在內心進行合理化的聲音：「可惡，我第一次擲出一點（壞結果），我第二次擲出四點（比較好）。欸，擲骰子是隨機的；擲出四點和一點的機率相等，所以……就說我擲出四點好了。這樣不算真的作弊。」

換句話說，說謊的過程中經常包含了合理化，使得謊言沒那麼不誠實——你沒有為了得到髒錢而全力做到底，所以這個行為感覺只是沒有說出事實，稍微沒那麼乾淨而已。

在我們說謊時，尤其是在需要運用策略的社交欺騙情境中，很自然地與心智理論相關的腦區會涉入其中。此外，背外側前額葉及相關的額葉區域是一個欺騙神經迴路的中心。這裡啟動之後，你的洞察力就停頓了下來。

回到第 2 章曾說明的主題，關於額葉皮質、特別是背外側前額葉，會讓你做出比較困難的事，只要那是正確的事。當我們對於「正確」保持價值中立，可以預期背外側前額葉會在你掙扎於以下兩者時活化：（a）道德上正確的事，也就是抗拒說謊的誘惑；還有（b）策略上正確的事，也就是一旦決定說謊，就要說有效的謊。要說有效的謊可能很**困難**，必須很有策略地思考，記清楚你到底說了什麼，並偽裝出某種情緒（陛下，我有一個可怕又悲傷的消息要告訴您，關於你的兒子——也就是王位繼承者〔耶，我們埋伏擊倒了他——擊掌！〕）[18] 所以背外側前額葉的活化，同時反映了努力抗拒誘惑及努力且有效地縱情於這個誘惑之中。「別這麼做」 + 「既然要做，就做到最好」。

但關於強迫性說謊者的神經造影研究，卻出現了令人困惑的結果。[19] 你猜結果是以下哪一種？這些人總是無法抗拒說謊的誘惑；我敢說他們的前額葉裡一定有某些東西萎縮了。這些人慣性說謊而且非常擅長說謊（通常語文智商很高）；我敢說他們前額葉裡的某些區域一定比較大。結果研究證明兩者皆是——強迫性說謊者腦中的白質（連接神經元的軸突纜線）增大，灰質（神經元的細胞體）縮減。我們不可能得知這些神經造影與行為之間的關聯是否具有因果關係。唯一可以得出的結論是，背外側前額葉之類的前額葉腦區有各種不同的跡象，顯示出它在「做比較困難的事」。

只要把道德從上述的數學算式中拿掉，就可以使「抗拒誘惑」的額葉作業脫離「有效說謊」的額葉作業。有些研究中**請**參與者說謊，就達到了這種效果（譬如，給參與者一系列圖片；接著，再給他們看一批圖片，裡面有些和他們手中的圖片一樣，再詢問：「你手中有這張圖片嗎？」這時候電腦上出現訊號，指示參與者誠實回答或說謊）。在這類情境中，說謊和背外側前額葉的關聯最一致（還有附近相關的腹外側前額葉）。這幅圖像代表背外側前額葉正在進行有效說謊這項困難的作業，但不必擔心出賣神經元靈魂。

這些研究也常顯示出前扣帶迴皮質有所活化。就像第 2 章所介紹的，前扣帶迴皮質對於相衝突的選項有所回應。不管衝突發生在情緒層面或是認知層面都會如此（譬如，要在兩個看起來都可行的答案中做出選擇）。在上述

---

18 原注：在此提示兩句引語，其中一句大家通常認為來自政治家山姆．雷伯恩（Sam Rayburn）：「孩子，一定要保持誠實。那麼，你就永遠不必記得上次說了什麼。」另一句則出自 18 世紀的瑞士哲學家約翰．拉瓦特（Johann Lavater）：「熱情而率性的人通常是誠實的；你該小心的是冷淡虛假的偽君子。」

19 原注：這個研究用一份心理病態問卷中的一部分來測量病理性說謊，或根據這些人長期詐騙成功來判定。重點是這個研究中不只有一群正常人作為控制組，還有另一個控制組，成員是非強迫性說謊者的心理病態。

說謊研究中，前扣帶迴皮質並不會因為說謊造成的道德衝突而活化，因為是研究人員指引參與者說謊的。事實上，這時候前扣帶迴皮質監控的是實際情況及受到指示回報的內容之間的落差，這會稍微減緩作業；所以在需要說謊的試驗中，反應時間比誠實回答時長了一點。

這種延遲反應可以在測謊時派上用場。典型的測謊器偵測交感神經系統是否興奮，以顯示這個人有沒有因為說謊並因為害怕被抓到而焦慮。問題在於，如果你說了事實卻同樣焦慮，而那台容易出錯的機器說你在撒謊，那你就完蛋了。此外，測謊器無法偵測出反社會者是否在說謊，因為他們在說謊時不會因為焦慮而有神經興奮的反應。再加上受測者有可能運用一些對策來操弄交感神經系統。因此，法院後來不再採納測謊器的結果。於是當代的測謊技術就專注在那短暫的延遲、表示扣帶迴皮質衝突的生理指數——因為這個罪犯可能根本沒有道德上的顧慮，所以這並非道德上的衝突，而是認知上的衝突——「對啦，我搶了那間店，但不對，等一下，我必須要說我沒做。」除非你全然相信自己撒的謊，否則還是很可能出現那短暫的延遲，反映出在實際情況和你所聲稱的情況之間，存在扣帶迴皮質相關的認知衝突。

所以，前扣帶迴皮質、背外側前額葉和附近額葉腦區的活化，與受令說謊有關。這時候，我們又碰到之前那個因果關係的問題了——舉例而言，到底背外側前額葉活化是說謊的原因、結果，或兩者僅只是相關？為了回答這個問題，有人在指引說謊作業中運用經顱直流電刺激（transcranial direct-current stimulation）來抑制背外側前額葉的活動。結果如何呢？研究參與者說謊的速度較慢且成功率較低——這暗示了背外側前額葉扮演著原因的角色。再提醒一下這個議題有多複雜——在賽局中，當選擇誠實會違背自己的利益，背外側前額葉受損的人比較不會把誠實納入考量。所以，前額葉皮質中這個最像書呆子、認知比重最高的部分，在「抗拒說謊」以及「一旦決定說謊，就要說得成功」兩件事情上都占據核心地位。

本書的焦點不完全是某人多麼擅長說謊，而是我們會不會說謊，會不會選擇做比較困難的事、抗拒欺騙別人的誘惑。為了更瞭解這個問題，我們要轉到另外兩個非常酷的神經造影研究，其中的研究參與者不是因為受到指示而說謊，而是因為他們是骯髒的騙徒。

第一個研究由瑞士科學家湯馬斯．鮑加特納（Thomas Baumgartner）、恩斯特．費爾（之前已經提過他的研究）等人執行。研究參與者一起玩一場賽局，其中每一輪都可以選擇要合作或表現自私。在開始玩之前，參與者可以告訴對手他們會採用什麼策略（一直合作／有時候合作／絕不合作）。換句話說，他們向對方許下諾言。

保證一直合作的人之中，有一些人至少違背了一次承諾。在違反諾言時，他們的背外側前額葉、前扣帶迴皮質活化，當然，杏仁核也活化了。[20]

在每一輪做出決定之前的腦部活化模式，可以**預測**參與者是否違背承諾。迷人之處在於，除了前扣帶迴皮質如預期中活化，腦島也活化了。這個壞蛋是不是想著：「我真厭惡自己，但我還是要違反我的承諾。」或是「基於X原因，我不喜歡這個傢伙，我覺得他簡直有點噁心；我又不欠他；不如就打破承諾吧？」因為我們有合理化違規行為的傾向，不可能分辨實情到底是以上哪一種，但我敢打賭是後者。

第二個研究出自格林及其同事喬瑟夫．帕克斯頓（Joseph Paxton）。研究參與者在腦部掃描儀中必須預測擲硬幣的結果，猜對就能得到獎金。研究設計加入了一層令人分心的無意義內容。參與者被告知這個研究關於超自然的心智能力，基於這個虛構的理由，在某些擲硬幣回合中，他們不要先說出自己的預測，而是要先想著自己的猜測，如果擲完硬幣後預測正確才說出來。也就是說，金錢誘因使他們想要盡量猜對，而這個過程中偶爾會有作弊的機會。重點是，研究人員可以偵測到他們是否說謊——當參與者被迫如實回答，成功率平均為50%。如果有機會作弊時，準確

20 原注：杏仁核在此處的角色八成和一個案例有關，一群法國神經科醫生的病人每次只要在商務談判中說謊，就會癲癇發作。後來發現他的腦中有個腫瘤壓迫到杏仁核；移除腫瘤之後，他再也不曾癲癇發作（不過沒有人提到他後來在工作時還會不會說謊）。研究者稱之為「皮諾丘症候群」（Pinocchio syndrome）。

率忽然大幅提升，八成就是因為他們作弊了。

結果很令人沮喪。根據這種統計來進行偵測，大約三分之一的參與者明顯是大騙子，另有六分之一的人則在統計顯著邊緣。正如我們所預料的，這些騙子在作弊時，他們的背外側前額葉活化。他們是否為道德加上認知上的衝突而掙扎呢？沒什麼特別的衝突——前扣帶迴皮質沒有活化，反應時間也沒有出現短暫的延遲。騙子通常不會每次都作弊，那當他們抗拒作弊時，會出現什麼現象呢？在他們掙扎時你會看到——背外側前額葉竟然活化得更強（還有腹外側前額葉），前扣帶迴皮質邊放聲吼叫邊大肆活動，反應時間顯著延遲。換句話說，對於能夠作弊的人來說，似乎得經歷神經生物方面激烈的狂飆突進運動（Sturm und Drang）之後才能抗拒說謊。

接下來要談的，大概是本章中最重要的研究發現。那些從不作弊的參與者又是怎麼回事？格林和帕克斯頓架構出兩種可能性：他們之所以能在每一個轉角都選擇抗拒誘惑，這是「意志」（will）決定的結果，即活躍的背外側前額葉給撒旦的手臂上銬，使之不得不屈服？還是出於「恩典」（grace）的行動，根本毋須掙扎，因為這很簡單，你就是不會作弊？

答案是恩典。始終保持誠實的人，其背外側前額葉、腹外側前額葉和前扣帶迴皮質在有機會作弊時徹底昏迷。完全沒有衝突。完全不需要為了做對的事而努力。他們就只是不作弊。

抗拒誘惑就像上樓梯、或在聽到「週一、週二」之後想到「週三」、或回到很久之前我們接受如廁訓練時，第一次成功建立自律習慣那樣，完全不需要意識的運作。就像我們在第 7 章看到的，這並不是因為你處在某個柯爾伯格發展階段而具有特定功能；而是道德命令直接嵌進你的腦袋，如此急迫又堅定，於是做正確的事幾乎成了脊髓反射。

這並不是在說誠實——無懈可擊、可以抗拒所有誘惑的誠實——只能出自內隱的自動化反應。透過思考、掙扎、運用認知控制，我們也可以締造類似的完美無瑕紀錄，就像後續一些研究所證明的結果那樣。但在格林和帕克斯頓的研究中的那類情境，在一連串快速回合中有多次作弊機會，就不太可能是一次又一次與惡魔比腕力然後獲勝，而是需要自動化反應的參與。

我們看到了可與那英勇之舉相比擬的作為——在癱瘓麻木的群眾之中，有個人衝進失火的房屋中救出受困的小孩。「你決定衝進房子的時刻在想些什麼？」（你是不是想到與合作、互惠利他行為、賽局和名聲相關的演化呢？）答案永遠都是「我什麼都沒有想。在我意識到之前，我就已經衝進去了」。卡內基獎章（Carnegie Medal）得主接受訪問時談到那一刻，恰恰反映出這點——先是直覺到有人需要幫忙，然後完全沒有多想，就縱身投入可能犧牲掉自己生命的行動。引用愛默生的話：「英雄氣概一向憑感覺，絕不靠理性。」

這裡也是一樣：「你為什麼從來不作弊？是因為你知道如果作弊變成普遍的行為，長期下來會造成很糟的結果，還是你遵循黃金律，或者……？」答案永遠是：「我不知道〔聳肩〕。我就是不作弊。」這不是義務論和結果論的對決，而是德行倫理學在此時悄悄從後門溜進來——「我不作弊；我不是那種人。」做正確的事**是**比較簡單的事。

14

感受別人的痛苦、理解別人的痛苦、減緩別人的痛苦

有一個人正陷入痛苦、驚嚇，或被強大的悲傷碾碎。另一個人知道他所處的狀態，很可能產生非常不可思議的經驗——一種差不多可以用「同理心」一詞來描述的嫌惡狀態。我們將在這一章看到，同理心是在連續體上的一種狀態，出現在嬰兒和人類以外的靈長類動物身上。這種狀態有許多不同的形式，背後有不同的生物機制，反映出它由感覺運動、情緒與認知的零件所組成。各種思維的影響加強或減弱了這個狀態。以上全都會導向本章要問的兩個關鍵問題：同理心在什麼時候真的引導我們做出有幫助的事情？當我們確實這麼做，受益的又是誰？

「為別人感到同情」vs.「彷彿自己就是別人」及其他的區別

同理心（empathy）、同情心（sympathy）、慈悲心（compassion）、模仿（mimicry）、情緒感染、感覺運動感染（sensorimotor contagion）、觀點取替、關心（concern）、憐憫（pity）。許多術語和爭論都衍生自如何定義我們與其他人的不幸產生共鳴的方式（以及這種共鳴的相反是幸災樂禍還是漠不關心）。

我們從（因為沒有更好的字詞可以描述）與他人痛苦共鳴的原始版本開始談起。包括感覺運動感染——你看到一隻手被針戳到了，於是你的感覺皮質中對應手部的區域活化了，使你產生想像中的感覺。也許你的運動皮質也會活化，使你的手部收縮。或是你看著走鋼索的人，不由自主地伸出雙

臂保持平衡。或當有人一陣猛咳，你也跟著感到喉嚨一緊。

更外顯的是肌肉運動，人們會出現簡單的模仿，和別人做出相同的動作。還有情緒感染，也就是強烈的情緒狀態自動化傳遞，譬如，嬰兒因為其他嬰兒在哭而跟著哭了，或因為身在即將開始暴動的群眾之中而情緒激昂。

對別人困境產生的共鳴之中，也可能隱含著權力分化。你憐憫某個受苦的人——還記得第 11 章談到費斯克對他群的分類，這種含有貶低意味的憐憫，代表你認為對方的溫暖度高、能力低又力量小。我們都知道「同情心」在日常生活中的意思（「聽著，我很同情你的處境，但是……」）；你能夠減輕別人的苦難，但選擇不這麼做。

再來，有些語詞反映出你的共鳴之中有多少情緒與認知的成分。「同情心」代表你為別人的痛苦**感到**遺憾，但沒有理解對方的痛苦。相對地，「同理心」則包含了認知成分——你理解別人痛苦的原因、從他的觀點看事情、設身處地。

接著是第 6 章曾介紹過的區別，可以用來描述你自己和你的感受投入於與他人苦難共振的程度 。一種是在情緒上保持距離的同情心，**為**別人**感到同情**（feeling for）。另外一種則是比較直接、感同身受的狀態，感受到別人的痛苦，**彷彿**（as if）那就發生在自己身上。還有一種是觀點取替，比較具有認知上的距離，也就是想像這件事發生在**他**身上會是什麼情況，而不是發生在自己身上。我們將會看到，「彷彿」的狀態暗藏危險，你可能會經驗到強烈的痛苦，結果你最優先的考量變成減緩自己的苦痛。

這又衍伸出另一個不同的詞——慈悲心，代表你對他人苦難的共鳴使你真的伸出援手。

或許最重要的是，這些詞語大致上都在描述內在的動機狀態——你不能強迫別人產生真正的同理心、無法用增添罪惡感或義務感的方式來引發別人的同理心。你可以用這些方法製造出冒牌同理心，但不是真實的同理心。近期也有些研究顯示，當你出於同理心幫助別人，腦部活化的樣態與你認為有義務回報對方而這麼做時有所不同。

就像之前一樣，我們可以藉由看看這些狀態在其他物種身上的雛形、在兒童時期的發展、以及其趨於病態時的表現，來對這些狀態的本質及背後的生物學有所洞察。

具有情緒感染與慈悲心的動物

許多動物都展現出可以構成同理狀態的組件（我在本章中用「同理狀態」統稱同情心、同理心、慈悲心等等）。動物會模仿，這是許多物種社會學習的基石——年幼的黑猩猩看著媽媽來學習怎麼使用工具。諷刺的是，人類強烈的模仿傾向卻可能有不利的一面。有一個研究讓黑猩猩和小孩都觀察一名成年人類反覆取出謎題箱中的獎賞物品；那個人在打開箱子的過程中，故意加入各種無關的動作。之後，黑猩猩和小孩自己摸索謎題箱，黑猩猩只模仿打開箱子所需的步驟，小孩子卻「過度模仿」，連那些多餘的手勢也都重複。[1]

社會性動物也不斷遭受情緒感染的襲擊——進行邊境巡邏的一群狗或公黑猩猩會處在相同的警覺狀態。這些不算超級精確的狀態常波及其他行為。譬如，假設幾隻狒狒一起追捕獵物——好比說，一隻年輕的羚羊。羚羊拔腿狂奔，狒狒緊追在後。然後，領頭的公狒狒似乎想到了什麼，腦中的台詞類似：「嗯，我現在正在狂奔——搞什麼？我最痛恨的死對頭就跑在我後面！為什麼那個混蛋追在我後面？」牠猛一轉頭，一頭撞上後頭那隻公狒狒，然後雙方打了起來，忘記了羚羊的存在。

模仿和情緒感染只是剛起步而已。別的動物也會感受到其他個體的痛苦嗎？在某種程度上可以。老鼠可以透過觀察其他老鼠經歷的恐懼制約，而感同身受地學習到特定的恐懼連結。而且這是一種社會歷程——如果牠和另外那隻老鼠有血緣關係或雙方曾經交配，學習效果更強。

在另一個研究中，一隻具有攻擊性的入侵者被放進老鼠所在的籠子裡。如同先前指出的，這會造成持續性的負面結果——一個月後，老鼠的

1　原注：或者用另一種說法，黑猩猩沒有人類那麼容易受迷信行為影響。

糖皮質素居高不下，比較焦慮也比較容易陷入老鼠的憂鬱狀態。[2] 重點在於，僅只是從旁觀察到另一隻老鼠經驗到壓力（在這種入侵者研究模式中），就足以在一隻老鼠身上造成同樣持續性的影響。

麥基爾大學的傑佛瑞・莫吉爾於 2006 年發表在《科學》期刊上的論文展現了其他物種更驚人的「你的痛就是我的痛」現象。一隻老鼠看到另一隻老鼠正感到痛苦（兩隻老鼠之間以樹脂玻璃隔開），結果，牠自己對痛覺的敏感度提升了。[3] 這個研究還在老鼠的腳掌注射刺激物，通常老鼠會因此而舔自己的腳掌，舔拭腳掌的次數顯示牠感到不適的程度。而 X 量的刺激物會造成 Z 次舔腳掌的行為。但若這隻老鼠目睹另一隻老鼠接觸超過 X 量的刺激物，導致舔腳掌超過 Z 次，這隻老鼠舔腳掌的次數就會更多。反之，如果受試的老鼠看到另一隻老鼠舔腳掌的次數較少（接觸了少於 X 量的刺激物），牠舔腳掌的次數也會減少。所以，老鼠感受到的疼痛程度，受牠附近的老鼠承受的疼痛所調節。重要的是，這是一個社會現象——只有當這些老鼠是籠友時，才會出現這種共享痛苦的現象。[4]

我們顯然無法得知這些動物的內在狀態。牠們因為其他老鼠的疼痛而感覺很糟、「感到同情」或「彷彿」自己就是對方、從對方的觀點來思考嗎？不太可能，所以在這些文獻中使用「同理心」一詞是有爭議的。

不過，我們可以觀察外顯行為。其他物種是否主動減輕別的個體的苦痛呢？是的。

就像我們將在最後一章看到的，無數物種都有「和解」行為，也就是兩個個體在負向的互動過後，彼此之間表現出比平常更多的親和行為

---

2 原注：這些老鼠比較容易在進行困難作業時放棄，也較難享受愉悅——對糖水的偏好沒有那麼強烈。

3 原注：研究者用「加熱板痛覺測試」（hot-plate test）來測定痛覺敏感度。老鼠被放在加熱板上，一開始加熱板的溫度與室溫相當，之後漸漸上升。當溫度高到令老鼠不適，你馬上就看得出來——此時，老鼠會抬起腳掌（研究人員就會把老鼠從加熱板上移走）。這時候的加熱板溫度代表什麼？就是老鼠的痛覺閾值。

4 原注：閱讀這些動物的經驗時，想必也會引發內在的同理狀態。

（理毛、坐著靠在一起），而且這也降低牠們後續關係緊張的機率。德瓦爾及其同事證明了黑猩猩也有第三方的「安慰」（consolation）行為。這種行為不是發生在兩隻黑猩猩打架過後，某隻心腸特別軟的黑猩猩跳出來對雙方表示同等的友善。事實上，跳出來安慰的黑猩猩對受害者比較友好，對挑起打鬥的那一方則沒有那麼友善。這點反映出安慰行為之中既有認知成分，要追蹤誰先引起緊張局勢，也有想要安慰同伴的情感欲望。與此類似、關注打鬥中受害者的安慰行為也出現在狼、狗、大象和鴉科動物（用喙整理受害者的羽毛）身上。狒狒也是——牠們以倭黑猩猩式的性活動對待受害者，再加上柏拉圖式的理毛行為。猴子則沒有這種安慰行為。

埃默里大學的賴瑞．楊於2016年刊登在《自然》期刊上的論文指出，具有配偶連結、溫暖的草原田鼠也有安慰行為（賴瑞．楊率先提出田鼠／單一配偶制／抗利尿素之間的關聯，德瓦爾也是這方面的先驅）。研究中把一對田鼠配偶放在不同的房間裡。其中一隻承受壓力（遭到輕微電擊），另一隻則未受任何干擾，之後牠們再次團聚。比起無壓力的田鼠，有壓力的田鼠較常被對方舔拭與理毛。無壓力的田鼠也會出現焦慮行為及較高的糖皮質素，與承受壓力的配偶一致。但牠們對承受壓力的陌生動物就沒有這種反應，多偶制的草甸田鼠（meadow vole）也沒有這種現象。我們將會看到，這種效應背後的神經生物學全都關乎催產素和前扣帶迴皮質。

動物甚至還會更主動地介入。在一個研究中，老鼠會努力工作（壓桿）使被綁著懸在空中難受的老鼠降落下來，但如果吊在空中的是一塊積木，牠就不會工作得那麼努力。另一個研究中的老鼠則積極工作，好釋放被關住的籠友。提供巧克力（老鼠至高無上的快樂）也可以提高老鼠工作的動機。當老鼠可以釋放籠友並同時得到巧克力，有超過一半的機率牠會和籠友共享那塊巧克力。

這種利社會性有區分我群／他群的成分在內。同研究者的後續研究顯示，老鼠甚至願意為了釋放陌生老鼠而工作——只要對方和自己出自同一品系、雙方基因近乎相等。牠們自動化的異己區分，是不是根據遺傳了共有的費洛蒙標誌而運作呢？（第10章談過的內容）不是——如果一隻老鼠和其他品系的老鼠養在同一個籠子裡，牠也會幫助來自其他品系的老鼠。如果老鼠在出生時遭到替換而由其他品系的母鼠養大，牠會幫助養母所屬品系的成員、而非與自己在遺傳上屬於相同品系的老鼠。「我群」可以透過經驗塑造，甚至在齧齒類動物身上都是如此。

為什麼這些動物要為了安慰另一個受苦的個體而辛勤勞動，甚至出手幫忙對方？牠們八成不是有意識地實行黃金律，也不必然透過這麼做而獲得社交上的好處——就算籠友獲釋後，雙方不再有機會互動，老鼠一樣會努力釋放對方。也許原因是類似慈悲心的東西。從另一方面來看，也許牠們是為了自利——「那隻懸空的老鼠叫個不停，一直發出警報聲令我心煩。我要努力工作把牠降下來，好讓牠閉嘴。」抓破利他主義老鼠的皮，會看到偽善老鼠流的血。

具有情緒感染與慈悲心的小孩

簡單複習一下第 6 章和第 7 章的內容：

我們已經知道，發展過程中的一個里程碑是獲得心智理論的能力，這是同理心的必要但非充分條件，為日漸提升的抽象思考能力鋪路。簡單的感覺運動感染能力在成熟後，可以因為別人的身體疼痛而產生同理狀態，之後更能同理別人的情緒痛苦。發展過程中，也從同情個人（譬如某個無家可歸的人），進展到同情一個類別的人（譬如遊民）。認知能力隨著發展日漸變得精細，譬如小孩開始可以區辨破壞物體和傷害人的差別。小孩也會開始區分有意與無意的傷害，前者比較容易引發義憤（moral indignation）。隨之而來的是表達同理心的能力，以及一種必須據此行動、主動展現慈悲的責任感。觀點取替的能力也會漸漸成熟，小孩從只能「為別人感到同情」，轉而可以感覺「彷彿」自己就是對方。

我們已經看到，這條發展曲線背後有合理的神經生物學原理。當小孩還只能因為別人的身體疼痛而產生同理狀態，大腦活化的中心位在導水管周圍灰質，這個區域在腦部的疼痛迴路中算是比較低階的中途小站。一旦情緒痛苦可以引發同理狀態，腦部活化就以（情緒的）腹內側前額葉和邊緣系統構造的搭配活動為主。隨著感到義憤的能力逐漸成熟，開始出現腹內側前額葉、腦島和杏仁核的搭配活動。觀點取替加入之後，腹內側前額葉與心智理論相關腦區（比如顳頂交界區）的搭配更加緊密。

以上描述的小孩同理狀態，奠基於心智理論與觀點取替所構成的認知基礎。但我們也看到了，還有一種同理狀態出現得更早——嬰兒有情緒感染的現象，幼兒會把自己的絨毛玩偶給哭泣的大人來安慰他，這些都遠比心智理論出現的時間點早多了。還有，與探討其他動物的同理狀態時一樣，我們也一定要問，小孩會有慈悲心，主要原因是為了結束對方的痛苦，還是自己的痛苦？

情緒以及／或者認知？

又是這個問題。經過前面三章，我們已經可以料到這裡的重點了：健康的同理狀態包含了認知和情緒成分，爭辯哪一個比較重要，是很傻的事情；真正有趣的是去看看，在什麼時候，其中之一的影響力會大過另一者。更有趣的是去看看這些不同成分互動背後的神經生物學。

情緒的那一面

與同理心相關的所有神經生理路徑都會經過前扣帶迴皮質。第 2 章曾經提過，自從有人於腦部掃描儀中感受到別人的痛苦，這個額葉皮質構造就在神經科學之中的同理心領域閃亮登場了。科學家原本已經知道前扣帶迴皮質在大腦功能中扮演某些角色，所以發現前扣帶迴皮質還與同理心有所連結時，感到十分意外。大體上來說，前扣帶迴皮質的固有角色包括：

- **處理內感受性訊息**。如同第 3 章介紹的，我們的大腦不只監控來自外界的感覺訊息，也監控著我們的內在世界——肌肉痠痛、嘴唇乾、腸胃激躁等內感受性訊息。如果你在無意識中感覺到心跳加速，使你更強烈地經驗到某種情緒，這是前扣帶迴皮質的功勞。前扣帶迴皮質將體內的感覺轉成會影響額葉功能的直覺。痛苦就是一種極重要的內感受性訊息，很容易引起前扣帶迴皮質的注意。

- **監控衝突**。前扣帶迴皮質對「衝突」有所回應，而此處的衝突指的是實際狀況與預期之間的落差。如果你把某個行為和特定後果連結在一起，當那個後果沒有出現，前扣帶迴皮質就會注意到。這個監控事情不如預期的機制並不是對等的——假設完成某個作業本來可以換得兩個獎勵點數，而今天你竟然得到三個點數，前扣帶迴皮質精神一振，注意了一下；但是，假如你完成了作業卻沒有得到兩個點數，只得到一個點數，那前扣帶迴皮質就會發狂活化。根據哥倫比亞大學凱文．奧克斯納（Kevin Ochsner）等人的說法，前扣帶迴皮質是個「多功能警報器，負責在進行中的行為碰釘子時發出訊號。」

預期之外的痛苦，恰好結合了前扣帶迴皮質的這兩種角色，這是個十分確切的跡象，說明有些事情不太對勁，不符合你對這個世界所形成的基模。就算是意料之內的痛苦，你也會監控這份痛苦的質與量是否符合預期。如前所述，前扣帶迴皮質關心的不是疼痛的無聊面向（現在感到疼痛的是我的手指還是腳趾？）；這屬於沒那麼精細的古老大腦迴路所掌管的範疇。前扣帶迴皮質關切的是痛苦的**意義**。現在的痛苦代表發生了好事還是壞事，是哪一種性質的痛苦？所以，前扣帶迴皮質對痛苦的知覺可以受到操弄。用針戳你的手指，前扣帶迴皮質與告訴你哪隻手指感到疼痛、疼痛範圍為何的腦區都會活化。如果你讓某人在手指上塗上惰性乳霜，並說服他那是強效的止痛劑，當針戳到他的手指，「手指在痛，不是腳趾在痛」的迴路依舊活化。但前額葉皮質則被安慰劑效應所騙而保持靜默。

前扣帶迴皮質同時接受來自內感受性與外感受性前哨站的訊息輸入，也送出很多投射到感覺運動皮質，使你高度覺察並專注在疼痛的身體部位，這都不難理解。

但我們要談到另外一種痛苦，才能明白前扣帶迴皮質如此精密且坐落在額葉皮質之內的理由。回到第 6 章談過的網路投球遊戲，研究參與者在腦部掃描儀中，透過電腦螢幕、來回玩虛擬的投接球，然後另外兩位玩家忽然不再把球丟給你。你被冷落了，於是前扣帶迴皮質活化。由於前扣帶迴皮質關切痛苦的**意義**，它不僅關注身體疼痛，也關心抽象的社會和情緒痛苦——社會排斥、焦慮、厭惡、難為情。有趣的是，重鬱症也和各種前扣帶迴皮質的異常情況相連結。[5] 而且，前扣帶迴皮質也會涉入正向的情緒共鳴——因為別人快樂而感到快樂。

以上皆使前扣帶迴皮質聽起來很自我導向，極盡所能關切你的幸福。乍看之下，它的同理心角色很令人驚喜。然而，無數研究都持續顯示，如果別人的痛苦引發你心中的同理狀態——看到別人的手指被針戳、悲傷的臉孔、聽到不幸的故事，前扣帶迴皮質也會活化。此外，那個人的處境看來越痛苦，前扣帶迴皮質活化得越厲害。前扣帶迴皮質在減緩他人痛苦的行為中十分關鍵。

再把催產素這種神經胜肽／荷爾蒙攪和進來。還記得第 4 章提到催產素可以促進連結和親和行為、信任與慷慨大方。[6] 回想一下那個關於草原田鼠會安慰壓力沉重的伴侶的研究。我們很容易預期，這個效果需要仰賴催產素的作用。驚人之處在於，催產素出現的位置在前扣帶迴皮質中——只要選擇性地阻斷催產素在前扣帶迴皮質中的作用，田鼠就不再安慰伴侶了。

那麼，我們該怎麼把前扣帶迴皮質從做為自利基地、負責監控你的痛苦，以及是否得到你認為自己應得的，連結到那個能讓你感受到地球上不幸之人痛苦的前扣帶迴皮質呢？我認為這之中的連結就是本章的關鍵

---

5 原注：「相連結」這種說法無法提供太多訊息。簡單來說，我在此忽略了前扣帶迴皮質包含許多分區；憂鬱症患者的某些前扣帶迴皮質分區活化程度提高，另外一些分區則較少活化。整體而言，前扣帶迴皮質的功能失調在憂鬱症令人喘不過氣、無所不在的悲傷中扮演著核心角色。

6 原注：有個非常重要的但書——這只適用於群體內的互動。我們已經看到，在對付他群時，催產素讓人變得更有敵意也更加仇外。

議題——同理狀態中有多高的比例其實是為了自己？「唉唷，好痛」可以讓你有效學會不再重複剛才做過的事。但更有效的方法往往是留意發生在別人身上的不幸——「那看起來一定傷到了他，我也要避免那麼做。」前扣帶迴皮質對於只透過觀察達成的恐懼學習和迴避制約很重要。在「他看起來很慘」和「所以我也要避免那麼做」之間，還需要一個中間步驟，就是共享的自我表徵：「我和他一樣，不會喜歡那種感覺。」**感受**到別人的痛苦，比只是**知道**別人正處在痛苦之中，更能有效幫助學習。前扣帶迴皮質的核心是自利，**關心**那個處在痛苦中的人只是附帶而來的東西。

還有其他腦區也與此相關。我們已經看到，同理心迴路發展成熟過程中，不只前扣帶迴皮質開始加入，腦島也一起參與進來。到了成年，在經驗同理心時，腦島交織在其中的程度已幾乎與前扣帶迴皮質不相上下（杏仁核涉入程度則較低一些）。這三個區域緊緊相連，杏仁核傳訊息到額葉皮質的路徑中，有一大部分要通過前扣帶迴皮質。很多情境都可以引發同理的感受，尤其是身體疼痛，可以活化腦島和前扣帶迴皮質，反應強度則和當事人產生同理心的基本傾向相關，或在那個情境中主觀的同理感受。

根據腦島和杏仁核的工作來看，這確實有道理。我們已經看到，在這兩個腦區逐漸涉入同理狀態的發展歷程中，小孩首次將同理心嵌入脈絡與因果關係——**為什麼**這個人感到痛苦，這是誰的**錯**？這兩個腦區涉入的理由很明顯，如果痛苦源於不正義，如果我們知道這樣的痛苦其實可以避免，但有人卻從別人的痛苦中獲益，厭惡、憤慨、憤怒感就會席捲而來。但是，就算我們不清楚這份痛苦是否來自不正義，我們也試圖歸因——前扣帶迴皮質、腦島和杏仁核交織在一起，尋找代罪羔羊。即便有些痛苦是隨機出現的，背後沒有什麼人為原因或惡行，這個模式依然時常出現——（真實或隱喻上的）板塊移動，地球裂開，吞噬了無辜的人；我們譴責加害者，他們剝奪了受害者在悲劇發生前幸福美滿的生活，我們譴責上帝躲在自己的作為之後，譴責宇宙的鐵石心腸。我們將會看到，同理心越是被怪罪他人所引發的憤怒、厭惡或憤慨感所掩蓋，變得不那麼純粹，我們就越難產生真正的幫助。

認知的那一面

在什麼時候，同理狀態中比較偏向認知的成分——前額葉（尤其是背外側前額葉），還有心智理論網絡，譬如顳頂交界區和上段中央溝（superior central sulcus）——會跑到前線呢？答案顯而易見，也非常有趣，就是連要搞清楚發生什麼事都很困難的時候——「咦，到底誰贏了這場比賽？」「我希望我的棋子包圍其他人的，還是被其他人的棋子包圍？」

更有趣的事情發生在認知大腦迴路牽連進因果關係和意圖的議題中時：「咦，他嚴重頭痛的原因是農場中的外籍勞工噴了農藥，還是因為他和兄弟會的朋友剛剛大喝了一場？」「這位愛滋病人因為輸血或用藥而感染了 HIV 病毒？」（如果是前者，人們的前扣帶迴皮質活化程度較高）。黑猩猩安慰遭受攻擊的無辜受害者（但不安慰始作俑者）時，腦中想到的正是這些事情。我們已經在第 7 章看到，當小孩開始區分痛苦是自己造成或別人造成的，腦部活化的狀態會顯現出更多認知的成分。根據進行這類研究的尚．德賽迪，這顯示出「同理心的激發發生在早期訊息處理階段，並會因對他人的先驗態度而減弱。」換句話說，認知歷程就像一個守門人，決定哪些不幸才值得同理心的對待。

與比較不外顯的痛苦產生共鳴也是一種認知作業——譬如，在觀察到別人處在情緒痛苦時，背內側前額葉的投入比看到別人承受身體疼痛時更高。當痛苦以比較抽象的方式呈現時也是如此——不直接看實際動作，而是用螢幕上的訊號代表某人的手被針刺。當別人的痛苦是你曾經驗過的，與之共鳴也屬於認知作業。「嗯，我應該可以理解那個民兵將領未受任命執行種族清洗時有多失望——有點像是我在幼稚園時，沒有選上『隨手行善』社團社長的感覺。」這時候，就需要認知的工作。在一項研究中，參與者要想像別人罹患了一種神經疾病，病症包含一種新的疼痛；比起普通的疼痛，同理未曾經驗過的疼痛時，額葉皮質的活化程度較高。

我們已經看到，齧齒類動物身上粗淺的「同理心」是否出現，要依對方是籠友還是陌生人而定。人類要克服這點、對於和自己不同或沒有吸引力的人都產生同理狀態，得花費很大的力氣進行認知運作。一位醫院牧師曾跟我說，他必須特別確認自己沒有優先探訪具有「YAVIS」特質的病人——年輕（young）、有魅力（attractive）、語言能力佳（verbal）、聰慧（intelligent）、善於社交（social）。這可以直接呼應我群和他群的主題——還記得蘇珊．費斯克的研究顯示，額葉皮質在處理極端的外團體成員（譬如遊民或癮君子）時的運作歷程，與面對其他人有多大的差異。這也可以直接連到約書亞．格林所談的公地悲劇與常識型道德的悲劇，也就是有道德地對待我群是自動化歷程，但要以同樣方式對待他群就需要花點力氣了。

同理和我們一樣的人比較輕鬆，這奠基於自主神經系統的反應層次——有一個研究針對西班牙傳統儀式中的蹈火者，發現觀眾的心跳會與他同步——但只有在他們是親戚時才會如此。類似的區別也出現在當你愛的人正在受苦，想像自己在他的位置，會活化前扣帶迴皮質。若對方是陌生人，則會活化顳頂交界區，也就是心智理論的核心區域。

這又延伸到更廣泛的我群與他群議題。就像第 3 章曾談到的，如果我們看到與自己同種族的人被針戳，我們的手會出現比較強的感覺運動反應；一個人內隱的內團體偏誤越強，這個效應就越強。同時，其他研究指出，看到內團體和外團體的人受苦時神經活化模式的差異越大，幫助外團體成員的機率越低。在面對他群時，想要感受到面對我群時的同理心，或是達到同等的觀點取替，需要額葉皮質較強的活化，這不令人意外。在這種時候，你必須壓制自動化而內隱的衝動，才能不表現得冷漠，或甚至感覺被擊敗，並以比較有創意又積極的方式行動，尋求雙方在情感上的共通點。[7]

同理心擴張範圍的類別界線也沿著社經地位進行劃分，但方式並不對等。這是什麼意思呢？講到同理心和慈悲心，有錢人通常表現得很糟。

7 原注：「你比較容易感受到誰的痛苦？」（譬如一個胎兒或一位遊民），可以變成提供有效資訊的政治石蕊試紙。「身為自由派或保守派的意義，變成圍繞著〔對特定種類的〕痛苦〔產生同理心〕而鞏固的意識型態。」一位政治學家寫道。

加州大學柏克萊分校的達契爾・克特納（Dacher Keltner）以一系列研究充分探討了這個主題。平均而言，在社經地位光譜上越富有的人，自述對受苦的人越沒同理心，行動上也越少展現慈悲心。此外，富人比較不善於辨認別人的情緒，在實驗情境中比較貪心，比其他人更有可能作弊或偷竊。其中兩個研究發現魅力無窮、特別獲得媒體的青睞：（a）富人（根據他們開的車有多貴來判定）比窮人更少在斑馬線前停車讓路給行人；（b）假設實驗室裡有個裝了糖果的碗；在試驗對象結束某個作業、準備出去之前，請他們拿一些糖果，並告訴他們剩下的糖果會送給一些小孩——結果，富人拿走的糖果比較多。

所以，到底是悲慘、貪婪、沒有同理心的人變得有錢，還是富有提高了成為那種人的機率？克特納用一種很有趣的方式進行操弄，在研究中促發參與者關注在社會經濟層面的成功（請他們拿自己和不如他們那麼富有的人相比）或失敗。當他們感覺自己很富有，就從小孩手中拿走更多糖果。

該怎麼解釋這種模式呢？有很多互相關聯的因素，圍繞著第 12 章所描述的制度正當化——富人比較可能認為貪婪是好的、階級制度既公平又唯才是用，並覺得自己的成功取決於個人努力——這些都是很有效的方式，讓人合理化自己為何不去注意或關心別人的苦難。

如果有人要求我們在面對自己不喜歡的人、在道德上反對的人時，還要同理對方的痛苦，這特別艱難——還記得嗎？那種人的不幸不僅無法活化前扣帶迴皮質，還會活化中腦—邊緣多巴胺酬賞路徑。所以，從他們的觀點看事情並感受到他們的痛苦（不是為了幸災樂禍），對認知運作而言非常具有挑戰性，絕非自動化的歷程。

在同理與自己不親近的人時會增加認知負荷（強迫額葉皮質拒絕平常習慣的行為，所以額葉皮質得更賣力工作），藉此可以證明這項作業的認知「成本」——這些人變得比較不願意幫助陌生人，但對家族成員不會如此。所以，我們可以將「同理心疲勞」（empathy fatigue）視為反覆接觸他群的痛苦之後（對他群設身處地著想是非常費力的），認知負荷過大而使額葉皮質精疲力竭的狀態。認知工作與認知負荷的概念，也有助於解釋為什麼想到某個人的需要、而非某個群體的需要時，人們比較樂善好施。引用一句德蕾莎修女（Mother Teresa）的話：「如果我只看到群眾，我永遠不會行動。如果我只看到其中的一個人，我將有所行動。」或者，再引用另一句話，說出這句話的人似乎從來沒有足夠的同理心，絕對不用擔心同理心疲勞的問題——喬瑟夫．史達林說：「一個人的死亡是悲劇；百萬人之死則是個統計數字。」

當我們從關注「如果那件事發生在自己身上會是什麼感覺」，轉移到「那對他們來說是什麼感覺」，那些心智路徑就會活化，這或許是最可靠的同理心。所以，當研究參與者**得到指示**，要從第一人稱的觀點轉移到第三人稱，活化的不只是顳頂交界區，額葉也由上而下調控著：「別只想到你自己。」

所以，我們在此談到的主題，和前兩章的內容非常相似。想在同理狀態中將「情緒」和「認知」二分化，完全是個錯誤；「情緒」與「認知」兩者都不可或缺，只是需要在由這兩極構成的連續體上保持平衡。而且，當你和正在受苦的那個人之間的差異乍看之下遠多於相似性時，認知那一端得努力完成最粗重困難的工作。

現在，輪到與同理心相關的科學研究中，最精彩的一個插曲。

神話般的躍進

1990年代早期，以吉亞科摩．里佐拉蒂（Giacomo Rizzolatti）和維托里奧．迦列賽（Vittorio Gallese）為首，一群義大利帕爾馬大學（University of Parma）的科學家提出了一項發現，根據你的品味，你對這項發現的評價從「真的很有趣」到「革命性的成就」都有可能。他們本來在恆河猴身上研究一個名為前運動皮質的腦區，看看怎樣的刺激會導致那個腦區中的某些神經元活化。回頭來談第2章提過的前運動皮質。前額葉皮質裡的「執行」神經元決定要做某件事，於是將這個消息傳送到位在前額葉後端的區域。這個區域再送出投射到位在它正後方的前運動皮質。前運動皮質再往後一步，送出投射到運動皮質，運動皮質接著發送命令給肌肉。所以，前運動皮質橫跨了思考與執行動作兩方。

這個研究團隊在前運動皮質發現了一些非常古怪的神經元。假定猴子執行了一個行為——抓取食物，然後往嘴巴送，很自然地，前運動皮質有些神經元會活化。如果牠做了另一個動作——抓住一個物體並放入容器，則會由另外一群前運動皮質神經元（部分與上一個動作重疊）參與活動。他們提出的發現是，有些「拿食物往嘴巴送」神經元，在**觀察**到其他個體（猴子或人類）做出同一個動作時也會活化。有些「把東西放進容器」神經元也是一樣。一些細微動作（譬如臉部表情）也會如此。投入於 X 動作的前運動皮質神經元之中，始終有大約 10%在觀察到其他個體做出 X 動作時也會活化——對於距離命令肌肉動作只有幾步之遙的神經元而言，這非常怪異。這些神經元如鏡子一般倒映出其他個體的動作。「鏡像神經元」（mirror neurons）一詞就這麼公諸於世。

可想而知，所有人都開始尋找人類的鏡像神經元，不久之後，一些腦部造影研究推論，它就在腦中差不多同樣的位置[8]（會說「推論」，是因為這種研究方法只能告訴你大量神經元同時活動的訊息，無法提供個別神經元活動資訊）。接著，（在必須透過神經外科手術來控制一種罕見癲癇的病人身上，）科學家又證明人類的某些神經元類似鏡像神經元。

鏡像神經元的鏡映可以非常抽象。這種鏡映可能跨越感官——看到有人做出 A 動作，某些鏡像神經元活化；聽到某人進行 A 動作所產生的聲音，這些神經元同樣活化。如果觀察到部分模糊的動作，鏡像神經元也可以還原一個場景、使之完形。

最有趣的是，鏡像神經元不是只追蹤動作而已。如果你找到某個會對拿起杯子喝茶的畫面有所反應的鏡像神經元，它在某人拿起茶杯是為了清理桌面時則不會活化。也就是說，鏡像神經元可以將意圖整合進它的反應中。

8　原注：寫給在意這點的讀者：位置就在前運動皮質，還有運動輔助區（supplementary motor area）和初級體感覺皮質（primary somatosensory cortex）。

所以，鏡像神經元的活動和其模仿的情境互相關聯，不管是有意識或無意識的模仿，而且模仿的對象包括那個行動的概念及其背後的意圖。然而，從來沒有人真的證實有因果關係存在，也就是自動化或有意識的模仿需要鏡像神經元的活化。此外，因為科學家先在恆河猴身上發現鏡像神經元，然而這個物種不會模仿行為，所以鏡像神經元與模仿之間的關聯變得很複雜。

不過，假設鏡像神經元確實參與模仿行為，問題就變成模仿的目的到底是什麼？目前科學家已經提出許多可能性，也為此產生不少爭論。

爭議最小也似乎最可信的大概是鏡像神經元透過觀察，在動作學習中扮演中介角色。不過，這個理論的弱點在於：（a）鏡像神經元在極少透過模仿進行學習的物種身上活動；（b）鏡像神經元的活動量與觀察動作的學習效能沒有關聯；（c）雖然有些種類的觀察學習需要鏡像神經元參與，但這對人類的貢獻頗低——畢竟，雖然我們確實透過觀察來學習執行特定的肌肉運動，但遠比這更有趣的是，我們透過觀察學習到脈絡——**什麼時候**做出那個行為（譬如，位居從屬的靈長類動物，可能透過觀察學到卑躬屈膝的肌肉運動特徵，但遠比這更有用也更重要的是學習該對誰卑躬屈膝）。

有一個概念與此相關，就是鏡像神經元有助於透過別人的經驗學習。當你看到別人咬了一口食物，然後因為食物的味道不佳而露出痛苦的表情時，鏡像神經元會幫你從觀察表情連接到自己的體驗，這鐵定使你的理解更加鮮明，明白你最好不要吃那種食物。加州大學爾灣分校的格雷戈里·希科克（Gregory Hickok）就支持這個想法，我們將看到，他一直強力批判鏡像神經元的虛幻神話。

這又帶我們回到第 2 章，安東尼奧·達馬西奧深具影響力的軀體標記假說，也就是當我們要在不同選項之中做出困難的抉擇時，額葉皮質會進行「彷彿置身其中」的實驗，徵詢你的身心，如果選擇 X 或 Y，會有什麼反應——一場思想實驗與感覺（直覺）實驗的結合。鏡像神經元一定積極參與了這個過程，因為鏡像神經元可能觀察別人如何完成事情並參與其中。

所以，在學習一個動作的意義、如何有效執行這個動作、以及其他人做了這件事的後果上，鏡像神經元可能有用。不過，這種神經活動對觀察學習既非必要、也非充分條件，對最有趣也最抽象的人類來說尤其如此。

再來，是下一個比較具有爭議的範疇：有些人認為鏡像神經元幫助你理解別人在想什麼，範圍可以從理解別人的行為，到理解別人為什麼要做那個行為以掌握他們的動機，用你的鏡像神經元看穿他們的靈魂。你應該能明白，為什麼這會引起爭論。

根據這種看法，鏡像神經元可以輔助心智理論、解讀心智和觀點取替，暗示我們理解其他人的世界的方式中，有一部分是模擬他們的行動（在我們的心裡、前運動皮質、鏡像神經元之中模擬）。這把鏡像神經元導向與上一節十分不同的方向，在上一節所談的內容中，鏡像神經元的鏡映是為了增進你自己的動作表現，與前運動皮質裡的鏡像神經元最相關的神經解剖學，就是鏡像神經元會跟對肌肉發送命令的運動神經元交談。相比之下，當鏡像神經元牽涉到理解別人的行動，這些神經元就應該會和心智理論相關的腦區對話，目前確實有證據支持這點。

也有人提出，透過鏡像神經元中介的觀點取替，與社會互動關係特別密切。譬如，里佐拉蒂證實，觀察對象與自己比較親近時，鏡像神經元的活動比較強烈。但重點是，這裡的距離並非實際的距離，而是類似「社會」距離的東西；證據就是如果在觀察者和被觀察者之間隔著一道透明屏障，鏡像神經元的活動就會降低。根據迦列賽的說法，「這顯示出大腦在描繪行動者與觀察者之間是否存在競爭或合作的潛力時，鏡像神經元具有關聯性。」

「鏡像神經元幫助我們理解他人的行動，使我們得以理解他人」這個概念因為兩個理由遭到猛烈批評，引起最多注意的批評者是希科克。首先是因果關係的問題——儘管有些研究顯示鏡像神經元的活動和試圖理解別人的觀點具有**相關性**，卻極少有證據可以證明這樣的活動**造成了**我們對他人的理解。第二個批評針對一件很明顯的事情：就算我們完全缺乏表現出某種行動的能力，我們依然可以理解別人在那種行動背後的意圖。從觀察別人完成十八英呎撐竿跳到解釋狹義相對論，都適用這個論點。

支持「鏡像神經元扮演了理解別人的角色」的人承認以上批評，但表示鏡像神經元提供了另一個層次的理解。迦列賽寫道：「我主張，唯有透過鏡像神經元的活化，我們才能夠**從內部**掌握別人行為的意義」（我加上了強調字體）。這不是我的研究領域，我不是要冷嘲熱諷，但他似乎在說除了一般的理解之外，還有一種超級棒的理解，後面這種需要鏡像神經元的參與。

科學家將關於鏡像神經元的推測進一步延伸到自閉症領域，自閉症患者在理解別人的行動與意圖方面有嚴重障礙。根據加州大學洛杉磯分校的鏡像神經元先驅馬可·亞科波尼（Marco Iacoboni）所提出的「破鏡」（broken mirror）假說，上述自閉症現象背後的原因是鏡像神經元功能失調。已經有很多研究者對這點進行探討，隨著研究模式的不同，結果各異；多數後設分析的結論是，在自閉症患者身上，鏡像神經元功能的形式特徵並沒有明顯重大的缺陷。

因此，儘管鏡像神經元的活動與企圖理解別人的行動相關，這些神經元的參與似乎既非必要、也非充分條件，而且與之關係最密切的是這種理解之中較低階而具體的層面。至於鏡像神經元是不是我們看穿別人靈魂的入場券，或者能讓我們從內部達到對別人超級棒的理解，我認為希科克在 2014 年出版、廣受好評的書——《鏡像神經元迷思》（*The Myth of Mirror Neurons*）中做了最好的摘要。

關於鏡像神經元的迷思，使大家開始開拓「鏡像神經元學」的蠻荒西部，猜測鏡像神經元對語言、美學、意識都是不可或缺的。最誇張的是，大家在聽第一次聽到鏡像神經元的兩秒之後就開始寫文章評論，最後一段一定會說些類似「哇，鏡像神經元！太酷了吧？這為我們開啟了無限的可能性。也許鏡像神經元甚至可以解釋……同理心！」

有何不可呢？感受別人的痛苦就像是鏡映對方的經驗，感覺自己彷彿就是對方。這真是為同理心量身訂作的想法，令人難以抗拒。發現鏡像神經元之後數十年，「也許鏡像神經元甚至可以解釋同理心」的說法還繼續出現。譬如，迦列賽在鏡像神經元時代開始將近二十年後推測：「我認為鏡映可能是大腦功能運作的基本原則之一，而且我們同理他人的能力，透過內嵌的模擬機制（也就是鏡映）進行中介。」同一時間，亞科波尼寫道：「鏡像神經元可能是同理心核心層次的細胞成員」。有些線索可以提供支持——譬如，自述同理心特別高的人，與別人動作相稱的鏡像神經元反應也較強。但除此之外，對懷疑論者而言，一切都只是臆測。

真令人失望。但更糟的是大家跳過了「也許」，直接下結論說目前已**證實**鏡像神經元對同理心進行調節。譬如，亞科波尼錯把相關當成因果關係：「然而，其他研究顯示，即便參與者看著抓取東西的動作，其中不含外顯的情緒內涵，（前運動皮質的）活動仍與同理心具有相關性。因此，鏡像神經元的活動是經驗同理心的**先決條件**（我加上了強調字體）」。

其中一個惡名昭彰的例子是加州大學聖地牙哥分校的神經科學家維萊亞努爾．拉馬錢德蘭（Vilayanur Ramachandran），他是這個領域中最異想天開的人之一，做過關於幻肢、聯覺（synesthesia）和靈魂出竅經驗的有趣研究。他很有才氣，但在鏡像神經元這個主題上有點昏了頭。一個例子是：「我們知道我的鏡像神經元真的可以感受到你的痛苦。」他稱呼鏡像神經元為「大躍進背後的動力」，大躍進指的是人類在六萬年前出現的行為現代性，還有一句名言：「鏡像神經元對心理學的貢獻，就像 DNA 對生物學的貢獻。」我不是故意一直提拉馬錢德蘭，但當有個聰明人不停放送一些妙語，像是稱呼鏡像神經元為「甘地神經元」，你怎麼可能忍住不提？而且，不只是在鏡像神經元剛掀起旋風的 1990 年代早期。他在二十年後說：「我不認為（鏡像神經元對同理心的重要性）被誇大了。事實上，我認為大家小看了鏡像神經元的重要性。」

拉馬錢德蘭絕對不孤單。英國哲學家安東尼．葛瑞林（Anthony Grayling）強力支持鏡像神經元與同理心的連結，他寫道：「我們有一個很棒的禮物要獻給同理心。這是一種生理上演化而來的能力，『鏡像神經元』的功能已經提供了證據。」2007 年，一篇《紐約時報》的文章描述一個男人英勇救人的行動，文內再次強調了這些細胞：「人類有『鏡像神經元』，**使人**感覺到別人正在經驗的事情」（我加上了強調字體）。我女兒 6 歲的同學當然也是個例子，當老師在世界地球日的杯子蛋糕慶祝活動之後，稱讚全班都有關懷地球和完成打掃工作，他大喊：「這是因為我們的神經元有鏡子。」

我不介意自己看起來特立獨行、在重要思想上領先群眾，不過，近年來，已經有許多指控針對鏡像神經元領域，認為他們言過其實。紐約大學的心理學家蓋瑞．馬庫斯（Gary Marcus）說鏡像神經元是「心理學中吹噓得最過頭的概念」，加州大學聖地牙哥分校的哲學家兼神經科學家派翠西亞．邱吉蘭（Patricia Churchland）則稱鏡像神經元「『別研究得太仔細』工作小組的心肝寶貝」，哈佛大學的史蒂芬．平克總結：「事實上，鏡像神經元無法解釋語言、同理心、社會與世界和平。」目前還沒有人能證明鏡像神經元和本章關心的主題有太大的關聯。

核心議題：實際的作為

上一章討論了冠冕堂皇的道德推理，與人在關鍵時刻是否真的能做出對的事，這兩者之間的差異。我們已經看到，在後面這種人身上，有些特徵始終如一：「你跳進河裡救那個小孩時在想些什麼？」「什麼也沒想；在我意識到之前，我就跳進去了。」純粹出於內隱自動化反應的行動，這是童年的產物，做正確的事是自動化的道德命令，從小就根深蒂固，這和額葉皮質對於成本與效益的計算相差十萬八千里遠。

我們在這裡也面臨類似的情況，而這正是本章的核心。同情心對比於同理心、「為別人感到同情」對比「感覺自己彷彿就是對方」、情緒與認知、我們怎麼做和其他物種怎麼做——以上這些，有沒有什麼東西真的能預測誰會出於慈悲心而**做出**善行，以減輕別人的痛苦？還有，這其中有沒有什麼能夠預測某人的慈悲之舉**有效**，而他的行動之中又有多少比例出於自利？我們將看到，「處在同理狀態」與「以真正無私的方式有效行動」之間，有一道巨大的鴻溝。

有所作為

同理狀態完全無法保證一個人會產生慈悲之舉。散文家萊斯利・賈米森（Leslie Jamison）非常高明地捕捉到其中一個理由：

> 〔同理心〕也可以提供一種危險的完成感：某件事情已經完成，因為你已經感覺到了。「感受別人的痛苦本身就代表道德高尚」這種想法很誘人。同理心的危險不只是它可以讓我們感覺不好，而是它可能使我們自我感覺良好，結果鼓勵我們將同理心本身當成目的，而非把同理心視為過程中的一部分、一種催化劑。

在這種情境中，說「我能感覺到你的痛苦」變成沒用的官僚說法「聽著，我很同情你的處境，但是……」的新時代版本。前面那種說法如此脫離行動層面，甚至不需要加上「但是」來連接「我幫不上什麼忙／我不會為你做什麼」。痛苦能受到認可很好，但更好的是痛苦可以得到緩解。

還有一個更廣泛的理由，可以說明為什麼同理狀態無法帶來行動，本書已在第 6 章提過，當時在談的是一種奇怪的生物——青少年。在那段討論中，我強調許多青少年都有一種美好的特徵，就是對世上的苦痛有著狂烈感受，但要注意的是，這種感受太過強烈，往往導致他們變得只顧自己，嚴重程度就和那感受的狂烈程度相當。如果不去想像別人的感覺怎麼樣（一種他人導向的觀點），你就會想像如果事情發生在你身上，會有什麼感覺（一種自我導向的觀點），「你自己」衝到了最前線，重點變成「感受別人的痛苦很痛苦」。

這底下的生物學基礎很明確。當被指示帶著自我導向的觀點看著一個受苦的人，杏仁核、前扣帶迴皮質和腦島皮質活化，當事人也自述感到煩亂又焦慮。做一樣的事情，但換成他人導向的觀點，以上反應的機率都下降了。前者的狀況越極端，當事人越可能把焦點轉移到減輕自己的痛苦，而對別人的苦難視而不見。

透過簡單到令人驚訝的方式，就可以預測到這種反應。讓研究參與者接觸別人正在受苦的證據。如果他們的心跳加快很多（用來表示焦慮和杏仁核興奮的周邊指標），在那個情境中展現利社會行為的機率就比較低。表現出利社會行為的人心跳降低；他們可以聽見別人的需要，而非只聽到自己胸口憂慮的心跳聲。[9]

所以，如果感受到你的痛苦會讓我感覺很糟，我很可能會先顧好自己，而非幫助你。如果你本來就已經自顧不暇也是一樣。我們在稍早之前就已經看到這點，知道如果提高認知負荷，對陌生人的利社會性就會降低。同樣地，人在飢餓的時候，也變得不那麼仁慈——嘿，別再滿腹牢騷，我的肚子才疼呢。讓人感覺自己受社會排斥，他們也就不那麼慷慨大方和富同理心。壓力也會透過糖皮質素造成相同的效果；莫吉爾的研究團隊（我也參與其中）最近證明，使用一種藥物阻斷糖皮質素的分泌之後，不管是老鼠或人類，都對陌生人更有同理心。所以，如果你非常憂慮，無論原因是對別人的問題起了共鳴，或是因為你自己的問題，照顧自己的需求很容易就變成第一優先。

也就是說，當我們保持一段超然的距離，同理狀態最有可能引發慈悲之舉。這又令人想到我在好幾章之前提過的趣事，關於我遇到一位佛教僧侶說，沒錯，他有時候會因為膝蓋痛而提早結束盤腿靜坐，但不是因為他覺得痛——「我這麼做，是一種對膝蓋的仁慈之舉。」這絕對和佛教對慈悲心的態度有關，佛教將之視為簡單、超然、不證自明的義務，不需要間接體驗別人的苦難。以慈悲對待他人，只是出於一種普同的感覺，祈願世界太平。[10]

---

9 原注：回到克特納的研究——猜猜看，富人與窮人，誰在被迫注意別人受苦時心跳加速？

10 原注：寫到佛教思想的這段內容時，我感覺如履薄冰，因此我們要趕快轉向另一片威斯康辛大學的理查・戴維森（Richard Davidson）和德國馬克思・普朗克研究所的塔尼亞・辛格（Tania Singer）都完成了一些關於佛教僧侶的精彩研究。雖然有科學與宗教之間的文化戰爭，但令人驚訝的是，這類研究受達賴喇嘛所推進和，嗯，保佑，他對神經科學的著迷十分有名，曾說如果他沒有機會當達賴喇嘛的話，想成為科學家或工程師。這類研究中最廣為人知的一個，是關於一位法國出生的佛僧馬修・李卡德（Matthieu Ricard）的神經造影（他是達賴喇嘛的法文翻譯，還剛好有巴斯德研究院〔Pasteur Institute〕的分子生物學博士學位——真是個有趣的傢伙）。

李卡德面對有人受苦的案例，並受指引以同理心感受那些人的痛苦時，腦部活化的迴路和多數人相同。此時的感覺非常令人受不了——「我很快就難以忍受這種同理狀態，感到情緒耗竭。」他解釋。但當他開始用佛教的方式，聚焦在慈悲的意念，腦部活化的圖像完全變了一個樣——杏仁核安靜了下來，中腦—邊緣多巴胺系統強烈活化。他描述那是「一種溫暖的正向狀態，連結著強烈的利社會動機。」

在其他研究中，研究參與者接受同理心訓練（聚焦在感受他人的痛苦）或慈悲心訓練（聚焦在對受苦之人產生溫暖與關懷的感受）。前者的神經影像很典型，杏仁核強烈活化、產生負面的焦慮狀態。接受慈悲心訓練的人則不是這樣，強烈活化發生在（認知的）背外側前額葉，背外側前額葉與多巴胺腦區搭配活動，正向情緒較多，利社會傾向也較高。

好，現在要提出警告。（除了李卡德的研究之外，）目前這方面的文獻很少。而且明星佛僧一定每天冥想八小時，這可不是什麼簡便的方法。這裡要強調的是保持超然。這又帶我們來到下一個議題——同理心所促進的慈悲之舉是否必然有用？

有效的作為

在 2014 年一篇標題帶有挑釁意味的文章《失控的同理心》（*Against*

天地，討論神經科學對佛教徒有什麼發現。

Empathy）中，保羅．布倫探討了同理心如何導致慈悲之舉，結果卻遠遠稱不上理想。

有一個名為「病理性利他」的領域，與共依附連結在一起。有些人內心充滿所愛的人承受的痛苦，他們不斷忍耐，這不但沒有使他的愛更加強韌，還助長了失能的狀況。而且這其中還有風險，因為同理的痛苦過於強烈，你只能想到對自己有效的解決方法，而非對實際受苦者有幫助的辦法。同理心還會阻礙你做必要的事——如果家長因為小孩的痛苦而痛苦，於是放棄讓小孩接種疫苗，這可不是什麼好事。醫療專業人員所接受的訓練中，有一大部分是在教導如何和同理心保持距離。[11] 譬如，針灸師看到有人被針戳時，不會出現一般的行為或神經生理反應。正如賈米森所描述的，因為擔憂某些事情而焦慮地來到醫生面前時，「我需要在他身上看到我恐懼的反面，而非恐懼的回音。」

布倫也強調，帶著強烈情緒的同理心，會把我們推向簡單、可以將認知負荷降到最低的心理運作。這種時候，比起遙遠、涉及群體、陌生的痛苦，我們比較容易對於近距離、比較有魅力的受苦者所遭遇的且我們比較熟悉的痛苦產生同理心。[12] 激動的同理心製造出目光狹隘的慈悲心，結果可能並不合適。如同哲學家傑西．普林茲（Jesse Prinz）強調的，重點不是誰的痛苦讓我們最痛，而是誰最需要我們的幫助。

真的有活生生的利他主義者嗎？

插播一則頭條新聞，科學家證明了做好事的感覺很好，中腦—邊緣多巴胺系統也會活化。這甚至不需要腦部掃描儀就可以證明。在一項 2008 年刊登於《科學》期刊上的研究中，研究人員給參與者五元或二十元，其

11 原注：期待他們心中有些疏離的意念，內容類似「我這是在做好事」，而不是……好比說，「我今天中午要吃雞肉沙拉三明治」。

12 原注：我有一位同事曾諷刺地跟我說，他希望某些參議員的配偶得到他在研究的神經疾病——那麼，就會有個握有權力的人突顯出那種疾病造成的苦難，讓更多經費流向相關研究。

中半數人得到指示，必須當天自己把錢花掉，另一半則必須把錢花在別人身上（範圍從朋友到慈善機構都包括在內）。研究者比較那一天開始與結束的自評快樂程度，結果得到比較多錢或有機會花錢在自己身上都不會令人更快樂；只有把錢花在別人身上才可以。特別有趣的是，研究者告訴另外一些參與者這個研究設計，結果他們的預測和實際結果相反——他們認為花錢在自己身上最能增進快樂，還有二十元可以買到比五元更多的快樂。

當然，我們要問的就是為什麼做好事令人感覺很好，而這又會引發那個經典的問題：世界上有沒有真正無私的行為，其中不包含任何一點自利的成分？做好事讓你感覺很好，是不是因為你從中得到什麼好處？我肯定不會從哲學角度來處理這個問題。對生物學家來說，最常見的立場基於第 10 章對合作與利他行為的演化觀點，這個觀點永遠包含了一些自利的成分。

驚訝嗎？如果腦中與同理狀態最相關的部分——前扣帶迴皮質——演化出來的目的是為了自己的利益，觀察別人的痛苦並從中學習，那麼想達到純粹的無私顯然會是場艱難的戰鬥。表現慈悲可以帶來無限多的自我導向酬賞，還有人際之間的酬賞——讓別人欠你，純粹的利他行為就變成了互惠關係。你還可以得到聲望和讚譽等來自公眾的利益——名人闖進難民營，讓媒體有機會捕捉到飢餓的孩子因為他閃耀現身而面露開心的畫面。還有一種奇怪的聲譽存在於創造出道德化的神的少數文化中，這種神會監控人類行為，據此給予獎賞或懲罰；如同我們在第 9 章看到的，只有在文化規模夠大時，才會出現陌生人之間的匿名互動，而這些文化容易創造出道德化的神。近期有一個研究顯示，橫跨世界各地，一個宗教的信徒越覺得自己的神明會監控和懲罰人，他們在匿名互動中的利社會性越高。讓宇宙的天秤傾向自己，能夠促進自己的利益。還有，可能最難懂的是，利他行為可以帶來純粹的內在酬賞——做好事的那股溫暖感受、罪惡感不再那麼刺痛、感覺與別人更有連結、在自我定義中加入了善良這一點。

科學一直都能在行為中捕捉到同理心的自利成分。如前所述，有些自利也反映出對自我定義的考量——性格研究顯示，一個人越是樂善好施，就越容易根據他們的慈善心來定義自己。這兩者孰先孰後？我們不可能知道，但是性格非常樂善好施的人，通常也有樂善好施的家長，而且他們十分重視行善，視之為一種道德命令（在宗教脈絡中尤其如此）。

那麼，因為互惠行為而得來對自己有好處的聲譽作為酬賞——獲得樂善好施而非需索無度的名聲，這又該怎麼說呢？就像第10章所強調的，當行為可以決定名聲，人的利社會性就比較高。性格研究也顯示，樂善好施的人特別依賴外在認可。上述兩個研究都顯示，「人在行善時多巴胺活化」這件事沒那麼簡單。研究人員給參與者一些錢，讓他們在腦部掃描儀中決定要自己保留或捐出來。當個樂善好施的人活化了多巴胺「酬賞」系統——但只有其他觀察者在場時才會如此。如果沒有其他人在場，多巴胺在把錢留給自己時流量最大。

12世紀的哲學家摩西．邁蒙尼德（Moses Maimonides）強調，最純粹、最徹底剝除自利的慈善，就是施與受雙方皆匿名的形式。[13] 就像那些腦部掃描儀所顯示的，這大概也是最罕見的形式。

根據直覺，如果善行只能透過自利、名聲、想要在慈善拍賣會上成為花最多錢的捐贈者來引起動機，似乎非常諷刺。反之，希望自己是個好人則是個挺無害的動機。畢竟，我們都在追尋一種自我感，而且最好找到特定的那種自我感，而非證實自己強硬、嚇人、不好惹。

---

13 原注：我曾經在一個類似邁蒙尼德所述的情境中受惠，當時我坐在星巴克的廁所裡，太晚才發現廁所沒有衛生紙。不久，有另一個人進來；我聽到他在尿斗附近翻找東西，試探性地求他做做好事——「呃，嘿，你上完廁所之後，可以告訴櫃檯這裡沒有衛生紙嗎？」「沒問題。」那個無名的聲音回應，沒多久，店員的手出現在廁所門下方的空隙，不是施捨救濟金給窮人，而是提供廁所衛生紙給受困的客人。問題是該怎麼在腦部掃描儀中為研究參與者重現這個情境。事實上，這也未必是最理想的匿名情境。雖然那位幫我傳話的好撒馬利亞人和我互不相識，但他對咖啡店店員來說並非匿名。據我所知，店員可以馬上送他一杯免費拿鐵、唱一首歌讚美他或提議要和他做愛。所以，我們需要知道，那個傢伙同意幫忙我的時候，有沒有預期任何或上述各種事情發生。我們還需要更多研究。

自利的元素真的可能徹底消失嗎？一篇 2007 年刊登在《科學》期刊上的研究檢視了這個主題。研究參與者（當然，他們在腦部掃描儀中）突然拿到數目不等的一筆錢。接著，其中一些人遭「課稅」，研究人員告知他們，這筆錢當中有特定比例必須捐給一間食物銀行，另外一些人則有機會自己捐錢。換句話說，在這兩種情境中，最終的公共「益處」完全相等，只是前者來自強制履行公民義務，後者則是純粹的慈善之舉。所以，如果有人做出利他行為完全是他人導向，沒有任何一丁點自利的成分，對他而言，這兩種情境在心理上是一模一樣的——有需要的人得到了幫助，這是唯一重要的事。越是覺得兩種情境差異很大，就代表有越多自利的成分在內。

研究結果複雜又有趣：

a. 突然拿到錢時，多巴胺酬賞系統活化程度越高，在遭到課稅或被要求捐錢的時候多巴胺系統越不會活化。也就是說，越愛錢的人，要捨棄錢財就越痛苦。這並不令人意外。

b. 被課稅時，多巴胺活化程度越高的人越主動捐錢。自私自利的人絕對不喜歡課稅——錢被拿走了。在那種情況下多巴胺系統卻強烈活化的參與者，任何損失金錢的自利考量，都能因為知道有需要的人將受到幫助而受到至少對等程度的補償。這稍微碰觸到上一章探討的不公平厭惡（inequity aversion），而且也和一些研究結果一致，就是在有些情境下，當兩個陌生人公然拿到不平等的酬賞，之後又再把其中一方拿到的酬賞轉給另一方，使得分配比較平均，通常本來拿到較多酬賞的那個人多巴胺會活化。所以，這個研究中，因為不平等程度降低而感到快樂的的參與者最樂善好施，就不太令人驚訝了。研究者適當地詮釋，這反映出慈悲之舉可以不含自利的成分。

c. 自願捐錢比被迫課稅帶來更強的多巴胺活化（以及自述較強的滿足感）。換句話說，慈善心的其中一種成分就是自利——在幫助有需要的人時，自願付出比被迫給予更愉快。

這證明了什麼？我們受到各種不同的東西增強，程度高低不一——做一件好事，有可能得到錢、知道有需要的人受到了照顧、感受到一股暖流。而且，如果沒有上述三種之中的第三項為基礎，通常很難得到第二項的愉悅感——抓破利他主義者的皮，似乎真的很少會看到利他主義者流的血。

結論

總的來說，當別的個體處在痛苦中，我們（人類、靈長類動物、哺乳類動物）經常也被引發進入痛苦的狀態，這頗為驚人。這個東西的演化經過了非常有趣的轉折。

但到頭來，最重要的議題是同理狀態是否真能導致慈悲之舉，避免落入一個陷阱——同理心本身變成了目的。同理狀態與慈悲之舉之間的鴻溝可能很大，尤其是當慈悲之舉的目標不只是行動有效，還要動機純粹。

對於這本書的讀者來說，要填補這道鴻溝的第一個挑戰是，我們對於這個世界上遠方大眾正經驗的許多苦難一無所知——我們不會碰到某些疾病、窮到連乾淨水源、住所和下一餐都沒有、隨時受到政治體制的壓迫（而我們卻能倖免於難）、受壓制性的文化規範所束縛（對我們來說也像來自另一個世界的東西）。而我們的一切特質使得我們很難對那些狀況表現實際行動——人類這個物種的歷史把我們磨練成一次只對一張臉孔反應，只對來自同一個地方且熟悉的臉孔有反應、對我們自己也曾承受過的苦痛才有所反應。是的，如果我們的慈悲心可以受到最有需要的人、而非最容易共享的痛苦所驅動，那是最好的。然而，我們沒有任何理由預期，在企圖療癒這個幅員遼闊、高異質性的世界時，我們的直覺會特別靈驗。我們大概需要在這方面對自己寬容一點。

同樣地，我們或許也應該在「抓破利他主義者的皮」問題上放鬆一點。每次必須做出結論，說流血的是偽善者，我都覺得自己有點卑劣。抓破利他主義者的皮之後，大多時候，這個流血的人動機並不單純， 但他也只是「利他主義」和「互惠行為」在演化過程中糾纏在一起所留下的產物。我們帶著自己的目的或為了擴張自我而做好事，總好過都不做好事。我們建構出自己溫柔而樂於給予的神話並大肆宣揚，總好過我們傾向恐懼而非被愛、要以自己過得好作為最有力的復仇。

最後，還有一個挑戰是當同理狀態逼真到一定的程度、令人感到可怕，我們可能放棄慈悲的作為。我並不是在提倡大家都要信佛教，才能讓世界更美好（我也不是要大家別信佛教——這個無神論者搖擺不定，到底在說些什麼？）。對我們大多數人而言，必須先與對方共同經驗相同的椎心之痛，

才能注意到我們身邊有需要幫助的人。我們的直覺使我們只能這樣—畢竟，人類最糟的一面之中最嚇人的是「冷血」殺戮，而人類最好的一面之中，最令人困惑、甚至可能引人不快的一種表現，是「冷血」的仁慈。不過，我們已經看到，如果我們想要實際行動，就需要一定程度的超然。如果我們與別人的苦難共振，在痛苦中心跳加速，但這心血管的活動只促發我們在一切變得難以 忍受時逃跑，那保持超然還比較好。

這又連到了最後一個重點。是的，你不行動，只是因為別人的痛苦很痛——在這種情況下，你不得不逃跑。但以保持超然為目標，不代表在做好事時必須偏重「認知」勝過「情緒」。那份超然並非緩慢、費力地思考要怎樣才能表現出慈悲的作為，達成理想的效益主義式解法——因為保持超然的危險是你很容易就下簡單的結論，認為這不是你該煩惱的問題。關鍵不是要有一顆好心（邊緣系統）或額葉皮質，幫助你一直推理，直到採取行動，而是那些長期下來變得內隱與自動化的東西——如廁訓練、騎腳踏車、說實話、幫助有需要的人。

15

我們賴以殺戮的隱喻

第一個例子

至少從西奈山（Mt. Sinai）上的金牛犢（golden calf）禁令以來，亞伯拉罕諸教的各種分支都對偶像抱持很負面的態度。這帶來了無偶像論（aniconism）、對偶像的禁止與偶像破壞者（iconoclast），他們基於宗教理由毀壞對他們造成冒犯的圖像。正統猶太教不時投入反對偶像，喀爾文教徒也是，尤其批判天主教的偶像崇拜傾向。近期則是伊斯蘭教遜尼派的分支真的動用偶像警察，而且認為創造出阿拉和穆罕默德的圖像是最嚴重的冒犯。

2005 年 9 月，丹麥的《日德蘭郵報》（*Jyllands-Posten*）在社論版刊登了穆罕默德漫畫。這些漫畫針對丹麥對這個主題的審查制度與自我審查提出抗議，反對伊斯蘭教在西方民主社會中成為神聖不可侵犯的宗教，但其他宗教卻可以隨意受到諷刺。這些卡通沒有尊敬或尊重之意。其中很多十分露骨地將穆罕默德和恐怖主義連結在一起（他戴著炸彈做的頭巾）。很多內容在諷刺這道禁令——穆罕默德被畫成戴著頭巾的火柴人、（拿著劍的）穆罕默德的眼睛被長方形黑框遮住、穆罕默德和其他留著鬍子、戴頭巾的男人一起站在指認嫌犯的隊伍中。

因為這些漫畫，在黎巴嫩、敘利亞、伊拉克和利比亞，西方國家的大使館和領事館遭到攻擊，甚至縱火。奈及利亞北部的教堂被火燒。阿富汗、埃及、加薩、伊朗、伊拉克、黎巴嫩、利比亞、奈及利亞、巴基斯坦、索馬利亞和土耳其，抗議者遭到殺害（通常是被奔逃的群眾踩踏或被包含暴徒的警察殺害）。非穆斯林則在奈及利亞、義大利、土耳其和埃及遭到殺害，作為對那些漫畫的復仇。

2007 年 7 月，一位瑞典藝術家畫了穆罕默德的頭接著狗的身體，也引發了類似的事件。除了致命的抗議，伊拉克伊斯蘭國（Islamic State of Iraq）懸賞十萬美金以取那位藝術家的人命，蓋達組織把他（和《日德蘭郵報》職員）當做攻擊目標，西方當局阻止了他們的暗殺計畫，其中一次暗殺行動殺掉了兩位旁觀者。

2015 年 5 月，有兩個人持槍襲擊德州一場反無偶像活動，那場活動提供一萬元獎金給「最佳」穆罕默德圖象。有一個人在警察殺害那兩名持槍者前受傷。當然，還有 2015 年 1 月 7 日，兩個在法國出生的阿爾及利亞移民之子，同時也是一對兄弟，屠殺《查理週刊》（*Charlie Hebdo*）職員，共十二人遇害。

第二個例子

在蓋茨堡之役中，聯邦軍的明尼蘇達州第一志願步兵團與邦聯軍的維吉尼亞州第二十八志願步兵團展開激戰。邦聯軍人約翰．埃金（John Eakin）扛著維吉尼亞州第二十八志願步兵團的旗幟，被射中了三槍（這是扛旗軍人的典型命運，他們是優先攻擊的目標）。身負重傷的埃金把旗子交給一位同袍，結果對方立即被殺。羅伯．艾倫（Robert Allen）上校接手舉旗，也馬上遭殺害，接著換約翰．李（John Lee）中尉，他也旋即受傷。一名試圖奪走旗幟的聯邦軍人被邦聯軍所殺。最後，明尼蘇達州第一志願步兵團的二等兵馬歇爾．薛曼（Marshall Sherman）拿到了旗子，也逮到了李中尉。

第三、四、五個例子

2015 年中，一位 19 歲的心智障礙者塔文．普里斯（Tavin Price）在洛杉磯被一群幫派殺害，原因是他穿了紅色鞋子，而紅色是他們敵對幫派的代表色。他臨死前在母親面前說的話是：「媽咪，拜託，我不想死。媽咪，拜託。」

1980 年 10 月，被關在北愛爾蘭梅茲監獄的愛爾蘭共和軍開始一場絕食抗議，訴求之一是抗議他們必須穿著囚服，政治犯地位未受到認可。在抗議進行到五十三天、第一位囚犯陷入昏迷之後，英國政府應允了他們的要求。一年之後，梅茲監獄又發生了類似的抗議，十位愛爾蘭政治犯在絕食四十六至七十三天後相繼過世。

2010 年，菲律賓各地的卡拉 OK 俱樂部都從歌單中刪除了法蘭克·辛納屈（Frank Sinatra）的歌曲〈我的路〉（My Way），因為唱這首歌造成了暴力效應，包括十二起殺人事件。有些「〈我的路〉殺人事件」肇因於對歌詞的誤解（誤解歌詞顯然常常導致殺戮），但人們認為主要原因是大男人式的歌詞：「我走我的路——這真是狂妄自大。唱這首歌時會引發自豪和傲慢的感覺，覺得自己是個大人物，但其實誰也不是。它掩蓋了你的失敗。所以這首歌造成打鬥。」一所位在馬尼拉的歌唱學校的所有者向《紐約時報》這麼解釋。

換句話說，人們願意為了一幅漫畫、一面旗幟、一件衣服、一首歌而殺人或被殺。我們必須有所解釋。

從頭到尾，我們在本書中一直透過檢視其他物種來深入理解人類。有時候，重要的是人類和其他物種的相似之處——不管在人類或老鼠身上，多巴胺都是多巴胺。有時候，有趣之處在於人類以獨特方式利用相同的基質——多巴胺促進老鼠為了得到食物而壓桿的行為，以及人類希望進入天堂而祈禱的行為。

但有些人類行為沒有先例，完全獨立於其他物種。人類獨一無二之處的其中一塊，可以歸結為一個簡單的事實——這不是一匹馬：

解剖學意義上的現代人大約在二十萬年前出現。但行為現代性還要再多等上十五萬年才出現，證據是相關的考古紀錄，包括複合工具、裝飾物、儀式性埋葬的出現，還有令人驚歎的——把顏料塗在洞穴的牆壁上。[1]這不是一匹馬，是一幅很棒的、描繪馬的**圖畫**（見下圖）。

雷內．馬格利特（René Magritte）在他1928年的畫作《形象的叛逆》（*The Treachery of Images*）中，把「Ceci n'est pas une pipe」（這不是一支菸斗）這些文字放在一支菸斗的圖片下面，他想強調的是形象不穩定的本質（見下圖）。藝術史學家羅伯．休斯（RobertHughes）寫道，這幅畫是個由思想所架設的「視覺上的陷阱」，以及「在形象與物體之間游移的感覺，正是現代主義不安的來源之一」。

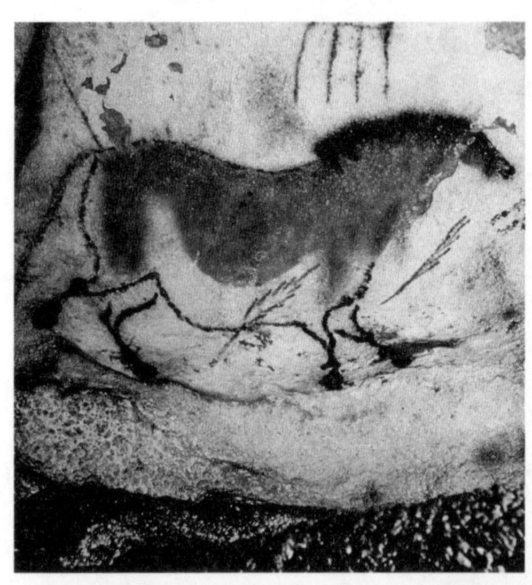

馬格利特的目標是放大與玩弄物體及其表徵之間的距離，這正是因應那股現代主義不安的機制。但對於一萬七千年前在拉斯科洞穴（Lascaux Cave）牆壁上塗上顏料的人來說，重點剛好相反：最小化兩者之間的距離，讓圖畫盡可能接近真正的馬，彷彿擁有那隻馬一樣。就像那個說法——**捕捉**形貌（capture its likeness）。將牠

1　原注：為了避免我們興奮過度，必須說明一下，已經出現一些有力證據，說明最令人印象深刻的洞穴壁畫之中，有些出自尼安德塔人（Neanderthals）而非人類。但現在誰還在乎哪個物種這種傻氣的問題，反正有證據顯示人類和尼安德塔人曾經交配？

化為一個符號，藉此獲得牠的力量。

最能清晰展現人類精通象徵手法的例子，就是我們使用語言。假設你因為受到威脅而放聲尖叫。某人聽到了，但他無法分辨令人毛骨悚然的「啊——」代表彗星就要撞上地球、你遇到了自殺炸彈客，還是科摩多巨蜥（Komodo dragon）。那聲尖叫只能表示事情非常不對勁，訊息本身就是它的意義。動物的溝通大多都是這種情緒性的現在式。

象徵性語言帶來了無比強大的演化優勢。我們甚至從其他物種的初步象徵手法就能看到這點。舉例來說，長尾猴發現捕食者不會尖叫，牠們發出獨特的叫聲，不一樣的「雛形語彙」（protowords），一種代表「捕食者在地上，快爬到樹上！」另一種則表示「捕食者在空中，快離開樹上！」演化出可以區別這兩種的認知能力十分有用，因為這種能力使你逃離（而非衝向）企圖吃掉你的東西。

語言把訊息及其意義分開，隨著我們的祖先越來越善於分開這兩者，好處也越來越多。我們變得有能力表徵過去和未來的情緒，還有與情緒無關的訊息。我們演化出很強的特殊能力，得以分開訊息與現實，而我們已經看到，這個過程需要額葉皮質來調控臉部、身體與聲音的細微變化——也就是說謊。說謊這項能力創造出無比的複雜性，沒有任何其他物種——從黏菌到黑猩猩——會處理生命中的「囚犯的兩難」情境。

語言之象徵性特徵展現到極致，就是我們對隱喻的運用。而且這裡說的不只是修辭華麗的那種隱喻，譬如說生命就像一盤櫻桃。隱喻在語言中無所不在——當我們說自己「在」一間房間裡（“in” a room），不管字面上或是實際上，都確實是「在」的意思，但當我們說自己「處在」好心情（“in” a good mood）、和某人「同流合汙」（“in” cahoots with someone）、「走」運（“in” luck）、「陷入」消沉（“in” a funk）、「處於」最佳狀態（“in” a g roove）[2]或「墜入」愛河（“in” love），這裡的「in」都只是隱喻。我們用站在某個東西之下（stand

2　原注：更別提有超級多 groove 在你體內時，你狀態好得不得了（be grooved yourself），感覺妙不可言（groovy）。

under）來隱喻「理解」（understand）某件事。[3]

知名認知語言學家——加州大學柏克萊分校的喬治・拉考夫（George Lakoff）在其著作中探討了語言中無所不在的隱喻，譬如《我們賴以生存的譬喻》（*Metaphors We Live By*，與哲學家馬克・強森〔Mark Johnson〕合著）和《道德政治學：自由派與保守派如何思考》（*Moral Politics : How Libe rals and Conservatives Think*，他在本書中闡述了政治力如何控制隱喻——你偏好「選擇」或「生命」？你對犯罪的態度「強硬」，還是你很容易「心軟」？你效忠於「祖國」還是「母國」？你是否從敵人那裡奪取了「家庭價值」的旗？）等書。對拉考夫而言，語言永遠都是隱喻，藉由把思想放入文字，在個體之間傳遞訊息，文字就像購物袋一樣。

象徵、隱喻、類比、寓言、提喻（synecdoche）、修辭手法。我們明白當船長命令全員到甲板集合時，要的不只是船員的雙手、[4]卡夫卡的《變形記》（*Metamorphosis*）不是真的在談蟑螂、還有6月不會真的突然爆發（June doesn't really bust out all over）。[5]如果我們遵從特定的一種神學，會認為「麵包與紅酒」和「肉與血」交織在一起。我們知道《一八一二序曲》（*1812 Overture*）中的管弦樂代表拿破崙在莫斯科撤退時被打得落花流水。還有「拿破崙被打得落花流水」代表數千名軍人在離家很遠的地方、飢寒交迫之中死去。

本章要探討象徵性與隱喻性思維之中最有趣的一些領域背後的神經生物學，藉此提出一個關鍵的論點：這些能力非常晚近才演化出來，甚至

---

3 原注：只要想想世界上多少語言的文法都有區分性別，某些名詞被分到陽性，其他則是陰性。認知科學家萊拉・博洛迪斯基（Lera Boroditsky）已證明，文法中的性別如何影響思考。她的一個研究顯示，講德文的人傾向將「橋」（在德文中為陰性）和「美麗」、「優雅」或「纖細」等屬性相連結，講西班牙的人（對他們而言「橋」是陽性）則傾向將之連結為「巨大」、「強壯」、「高聳」和「牢固」。

4 譯注：此處指英文說法「all hands on deck」，字面上為「所有手到甲板上」，實際意思是呼叫船員全體集合，可延伸為在緊急狀況召集大家一起協助。

5 譯注：〈June Is Bustin' Out All Over〉是一首歌，內容描述六月來臨的景象和氣氛，此處為雙關語，因 bust out 也有逃獄、突然開始某事之意。

可以說，我們的腦袋在處理隱喻時是以飛快的速度即興發揮。結果，我們其實很不擅長區辨隱喻和實際的意思，經常忘記「那只是修辭手法」——結果在我們最好和最糟的行為上造成重大的後果。

我們先從腦袋用多麼怪異的方式來處理隱喻談起，還有這些怪異之處展現在哪些行為上；有些是前面已經談過的內容。

感受別人的痛苦

想像一下：你撞傷了腳趾。腳趾的痛覺受體把訊息傳到脊椎，然後再往上送到大腦，腦中各區開始行動。有些區域告訴你疼痛的位置、強度與特性。現在在痛的是你的左腳趾還是右耳呢？你的腳趾被撞到了，還是被牽引式拖車輾過？每一種哺乳類動物身上都能找到這些不同的疼痛測量器。

就像我們在第 2 章中首次學到的， 額葉皮質中的前扣帶迴皮質也在其中扮演一個角色， 負責評估痛苦的意義。也許此刻的疼痛代表壞消息：這是你罹患了某種罕見疾病的初步徵兆。也可能好消息：你可以正式成為蹈火者了——熱燙的煤炭只會讓你的腳趾抽痛而已。我們在上一章看到，前扣帶迴皮質在「偵測錯誤」中份量吃重，它會注意預期與實際狀況之間的差距。那麼，天外飛來的疼痛當然就代表了你對於「當下情境不會造成疼痛」的預期與痛苦的現實之間並不一致。

但前扣帶迴皮質所做的，不只是告訴你腳趾疼痛的意義而已。我們在第 6 章看到，請身處腦部掃描儀中的研究參與者和另外兩名玩家一起玩網路投球遊戲，彼此投接球，並讓他感覺自己被排除在外——另外兩個人不再投球給他。「欸，他們怎麼都不想跟我玩了？」於是前扣帶迴皮質活化。

換句話說，拒絕會傷人。「嗯，對啦，」你可能會說，「但那和撞傷腳趾又不一樣。」但對前扣帶迴皮質的這些神經元來說，社會性的痛和實際疼痛是一樣的。有一個證據可以支持前者根源於社會性，如果參與者相信其他人不丟球給他是因為另外兩台電腦的連線故障，前扣帶迴皮質就不會活化。

然後，如同我們在第 14 章看到的，扣帶迴皮質還可以使這更進一步發展。遭到輕微電擊時，前扣帶迴皮質（和比較平凡的疼痛測量器區域）活化。現在，改成看著你愛的人遭受同樣的電擊。疼痛測量器腦區一片靜默，但前扣帶迴皮質活化了。對那些神經元而言，對他人之痛的感受並非只是修辭手法而已。

而且，大腦還會把實際和精神上的痛混在一起。疼痛訊號從皮膚、肌肉和關節的痛覺受體向上傳到大腦的過程中，神經傳導物質 P 物質（substance P）扮演了核心角色。它根本就是一種疼痛測量器。而且驚人的是，經臨床診斷為憂鬱症的人 P 物質濃度較高，而阻斷 P 物質活動的藥物具有顯著的抗憂鬱特性。撞傷腳趾的痛，等於精神上的痛。此外，當我們感到懼怕時，大腦皮質中的疼痛網絡也會活化——預期將會受到電擊。

另外，當我們處在同理心的相反狀態，大腦會真的感到疼痛。看著自己痛恨的競爭對手成功很痛苦，這個時候，我們的前扣帶皮質活化。反之，如果他失敗，我們幸災樂禍、從他的痛苦中得到快樂，活化了多巴胺酬賞路徑。別再說什麼「你的痛苦就是我的痛苦」，其實你的痛苦是我的收穫。

噁心與潔淨

現在來談我們熟悉的腦島皮質。當你吃了一口餿掉的食物，腦島活化，就像其他哺乳類動物一樣。你皺了皺鼻子，抬起上唇，瞇起眼睛，這些臉部動作都是為了保護嘴巴、眼睛和鼻腔。你的心跳減慢。你反射性地吐出那口食物，一陣想吐，甚至真的吐了出來。這則是為了避免中毒和病菌感染。

我們人類還會一些更酷炫的事情：想到餿掉的食物，腦島活化。看著表現出厭惡的臉孔、或自己主觀上覺得沒有吸引力的臉孔，腦島同樣活化。最重要的是，如果你想著某個非常不道德的行為，腦島也會活化。腦島調節我們對違反規範發自肺腑的反應，活化程度越高，越會譴責那個行為。而且，所謂的「發自肺腑」不只是隱喻而已——譬如，當我聽到桑迪・胡克小學（SandyHook Elementary School）校園大屠殺時「感到反胃」，這不僅是修辭手法而已。當我想像有二十位一年級學生遇害、還有保護他們的那六位大人，我**感到**噁心想吐。腦島不只讓胃部清除有毒的食物，還要它清除噩夢一般的現實。象徵性訊息及其意義之間的距離消失了。

發自肺腑的噁心和道德上的厭惡之間的連結是雙向的。不少研究已經證明，想著道德上令人厭惡的行為真的會在嘴裡留下怪味[6]——在那之後，研究參與者馬上吃得比較少，喝到無特殊味道的飲料時，評價較為負面（反之，聽聞道德高尚的行為，飲料則變得更好喝了）。

在第 12 和 13 章，我們看到了大腦混合發自肺腑和道德上的厭惡，這在政治上意味著什麼——社會層面的保守派對於發自肺腑的厭惡感閾值比進步派更低；「憎惡的智慧」學派斷定，發自肺腑的厭惡是很好的指標，代表那個東西在道德上是錯誤的；在無意識中引發我們發自肺腑的厭惡（坐在聞得到臭味的地方），會讓我們在社會層面變得更保守。這不只是因為發自肺腑的厭惡是一種令人嫌惡的狀態——如果引發的不是厭惡，而是難過的感覺，則沒有相同的效果；此外，容易感覺厭惡的人也傾向將純潔道德化，但容易感到恐懼或憤怒則沒有這樣的關聯。[7]

在生理層面，味覺上的噁心追根究柢是要保護你遠離病菌。發自肺腑和道德上的厭惡會混合在一起，其中的關鍵也是一種威脅感。舉例來說，社會層面的保守派對於同性婚姻的立場，不僅包含這在某種抽象層面上就是錯誤的，或甚至「令人厭惡」，還包括同性婚姻構成了威脅——威脅到婚姻的聖潔和家庭價值。有一個優秀研究證明了這個威脅元素，在其中，某些研究參與者閱讀了一篇文章，關於空氣中細菌帶來的健康風

6 譯注：此處原文為「bad taste in your mouth」，在英文中用以表示留下不好的感受或不愉快的記憶。

7 原注：有趣的是，回溯到先前關於階層和地位的那一章，研究者也發現社經地位較低的人將純潔道德化的程度較高，但他們將正義或避免傷害道德化的程度則不會偏高。

險，其他參與者則沒有讀。接著，所有人都讀一篇歷史文章，文中賦予美國有機體的意象，裡面的語句類似「南北戰爭之後，美國經歷了一段快速成長的時期」。在把美國想成有機體以前先讀了恐怖細菌的參與者，比較可能表達對移民的負面觀點（但對經濟議題的態度沒有改變）。我的猜測是，對移民抱持刻板印象的保守派排斥立場的人很少感知到，他們對於世界上其他地方的人想到美國來過上更好的生活感到厭惡，只覺得一群暴民、烏合之眾威脅到他們也說不清是什麼的「美國生活方式」。

將道德上和發自肺腑的厭惡交織在一起，和大腦的關聯性有多高？是不是只有當這具有連結肉身的特定性質時才會如此——血腥暴力、食糞、涉及身體部位？保羅．布倫肯定這個答案。強納森．海德特則持相反觀點，他覺得就算是最依靠認知的道德厭惡（「他已經貴為棋藝大師，還為了炫耀自己，在三步之內打敗 8 歲小孩，害他難過得哭了——真令人反感」），都和發自肺腑的厭惡深深糾結在一起。另一個證據是，遇到賽局中的對手提出糟糕提案這麼與肉身無關的事情，也能活化腦島（前提是糟糕提案來自另一位人類而非一台電腦）；腦島活化程度越高，這個提案越可能遭到拒絕。在各種論述之中，至少有一件可以確知的事：當道德上的厭惡可以挖掘出核心的厭惡，發自肺腑和道德上的厭惡交織在一起的程度最高。讓我重提第 11 章中曾出現的那句妙語，保羅．羅津所說：「厭惡感可以作為族裔或外團體的標記。」你先厭惡他群的氣味，接著就開始對他群的想法也感到厭惡。

當然，只要你認為隱喻上的「骯髒混亂＝壞」；就可以得出：隱喻上的「整潔有秩序＝好」。[8] 只要想想上一段中怎麼使用妙語的「妙」（neat）[9] 就知道了。斯瓦希里語（Swahili）中也有 safi 這個字，意思是「乾淨的」（來

8　原注：這又回到令人困惑的「美即是善」議題（造成的結果包括長相比較對稱的人被判的刑期較短等等）。如同最早在第 3 章中所說明的，思考某個行為是否符合道德和判斷一張臉美不美的時候，我們用的是類似的大腦迴路——內側眼眶額葉皮質。

9　譯注：neat 同時有整潔有條理，以及形容靈巧、聰明、很好等意思。

自 kusafisha 一字，意思是「清潔」），其俚俗的隱喻用法就和英文中的「neat」一樣。有一次，我在肯亞從某個窮鄉僻壤搭便車到奈洛比（Nairobi），所以有機會跟一個對我很好奇的當地青少年聊天。「你要去哪裡？」他問。奈洛比。「奈洛比 ni（是）safi。」他談起這個遠方的都會時帶著嚮往的語氣。一旦他們見過了奈洛比的好，你怎麼可能繼續把他們留在農田裡呢？

實際的乾淨整潔可以讓我們從認知與情緒上的抽象煩憂中解放——想一想，每當你的生活好像快要失控，只要整理一下衣服、打掃客廳、洗洗車，就能使你感到平靜。還有，受典型的一種焦慮症強迫症之苦的人有一種替代性需求，迫使他們維持生活的清潔與秩序，卻也因而毀了生活。有一項研究證明了清潔可以改變認知。研究參與者瀏覽一系列的 CD，從中選出他們喜歡的十張，並依照喜愛程度排名；接著，他們可以得到一張排名位於中段的免費 CD（大約第五或第六名）。接著，研究人員請參與者進行另一項作業以使他們分心，然後再請他們重新排名那十張 CD。結果出現一種常見的心理現象——這時候，他們會高估拿到的那張 CD，把它排在比之前更高的名次。但如果他們先洗手（藉口要請他們試用一個新品牌的肥皂），排名就沒有異動。洗過雙手，重新開始。

但早在進入 20 世紀時發生的「社會衛生」（social hygiene）運動開始之前許久， 維持隱喻意義上的整潔、純潔和衛生，就同時屬於一種道德狀態——保持乾淨不只可以避免不受控制的腹瀉、脫水和電解質失衡，也是一種可以討好神明的理想狀態。

有一個研究關於發自肺腑的厭惡讓人在進行道德判斷時變得更加嚴厲的現象。研究者首先複製了上述效應——參與者在看過令人在身體上感到噁心的短片之後，更容易在道德上對別人品頭論足——但只要看完影片後先洗個手，就不會如此。另一個研究則顯示，人在洗手之後會瞳孔縮小，暗示洗手降低了情緒激發的程度。

在行為層面，我們會混合實質與道德上的潔淨。有史以來我最愛的心理學研究——多倫多大學的鍾謙波（Chen-Bo Zhong）和西北大學的凱蒂．李簡魁斯特（Katie Liljenquist）所做的研究顯示，大腦難以區分「自己是個壞蛋」還是「自己需要洗澡」這兩件事。研究人員請參與者細數過去符合道德或不道德的行為。之後，研究者提供一枝鉛筆或一包消毒棉片做為謝禮，參與者可以從兩者中擇一。不久前沉溺於過去的道德過失的人比較可能選擇消毒棉片。另一項研究也顯示出同樣的效果，研究者指示參與者說謊，當參與者看到說謊造成的結果越負面，就越努力洗手。想試著靠洗手來免除罪行的人不只馬克白夫人（Lady Macbeth）和本丟・彼拉多（Pontius Pilate），這個體現認知（embodied cognition）的現象稱為「馬克白效應」（Macbeth effect）。

這個效應具體到驚人的程度。在另外一項研究中，研究人員指示參與者對某事說謊——說謊方式可能用嘴巴（也就是說話）或用手（寫下一個謊言）。在那之後出現驚人的結果，說謊者比傳達了事實的控制組成員更可能挑選相搭配的清潔產品：嘴巴不道德的人比較會選漱口水樣品、不道德的抄寫員則偏好洗手乳。此外，神經造影顯示，在選擇漱口水和洗手乳時，剛講出謊話的人腦中與嘴巴相關的運動皮質區活化（意思是參與者在那個時刻比較覺察到嘴巴）；剛寫下謊言的人，腦中活化的區塊則是反映手部的皮質區。體現認知可以具體針對特定的身體部位。

還有一個精彩研究呈現出文化對馬克白效應的影響。前面引用的研究，研究對象來自歐洲或美國。當研究對象改成東亞人，他們在說謊之後產生的衝動是想要洗臉，而不是洗手。想要保住面子的話，當然要是乾淨的面子。

最後也最重要的，道德意義上和真正的衛生混合在一起，影響了我們實際的**行為**方式。那個想著道德過失然後產生洗手欲望的原始研究還包含了第二個實驗。和前一個實驗一樣，參與者要回想自己曾做過的不道德行為。接著，他們可能有機會、或者沒機會洗手。可以洗手的人在後續（實驗的下一個階段）有人需要幫助時比較沒有反應。另一個研究中，參與者只看著別人在這種情境下洗手（控制組則看著別人打字），也會減少之後的助人行為（但沒有實際洗手的人下降得那麼多）。

我們展現出來的利社會性、好撒馬利亞人主義，很多時候是補償行為，試圖對抗我們反社會的一面。這些研究證明，如果這些在隱喻上弄髒了的雙手，先經過了非隱喻的清洗，人就比較不會為了維持這種平衡而對別人伸出雙手。

真實的與隱喻的感覺

再來，我們還會搞混實際的和隱喻上的感覺。

耶魯大學的約翰·巴吉（John Bargh）完成了關於觸覺（haptic sensation，我得查查字典——haptic：與觸覺相關的）的高明研究。在研究中，研究參與者要評估虛構求職者的履歷，這些履歷夾在兩種輕重不一的書寫板上。當參與者拿到比較重的書寫板，就傾向評價這位應徵者比較「認真」（但書寫板的重量不會影響參與者對其他特質的知覺）。下次應徵工作時，希望你的履歷被夾在一個比較重的書寫板上。不然，幫你打分數的人要怎麼知道你能不能搞清楚某個情況的嚴重性（gravity）、處理重要的（weighty）事情、是不是一個沒有實力的人（lightweight）呢？[10]

下一個研究中，參與者要先拼拼圖，拼圖可能由平滑的表面、或砂紙一般粗糙的材質構成，接著，研究人員再請他們觀察一個意義模糊的社會互動。剛拼完粗糙的拼圖之後，對互動情境的評價是比較不協調、不順利或不成功（不過，我們並不清楚，這些人是不是那天晚上回家之後，也用比較粗魯的話來形容這不平順的一天）。

再來，參與者坐在偏硬或偏軟的椅子上（引述作者的話：「我們用參與者褲子的座位來給予暗示」）。坐在比較硬的椅子中，他們感覺其他人比較穩定、不情緒化、在賽局中比較沒有彈性。這真是驚人——**臀部**的觸覺影響了你覺得別人是不是個硬漢，或他是不是個鐵石心腸而非心腸軟的人。類似的情況（混合真實與隱喻）也出現在對溫度的感覺上。巴吉的研究團隊所做的另一個研究中，研究人員手中拿滿了東西，請參與者暫時幫他拿著

---

10 譯注：此處為雙關語，「gravity」有重力的意思，「weighty」和「lightweight」則可表示「重」與「輕」。

一杯咖啡。一半的參與者拿熱咖啡，另一半拿冰咖啡。接著，參與者要閱讀一段關於某人的文字並回答相關問題。之前拿著熱咖啡的人評價文內的人性格較溫暖（但其他特徵的評價沒有改變）。在這個研究的下一個部分中，參與者拿著的東西的溫度，改變了他們慷慨大方的程度與信任感——外冷內也冷。還有，在後續研究中，拿著冰冷物體的人腦島活化程度比較高。

我們的腦也混淆了隱喻和實際的內感受性訊息。回想一下那個驚人的研究，在現實世界中，囚犯是否能夠獲得假釋，可以由法官多久之前吃飯來做出很高程度的預測。空肚子的人比較嚴厲。其他研究也顯示人在飢餓時對錢比較小氣，呈現較強的未來折價（future discounting，寧可現在拿到X的酬賞，也不要等要未來拿2X的酬賞）。「渴望」名利雙收是種隱喻——但我們的大腦把真正的飢餓相關迴路拉進來。此外，我們在想到距離比較遙遠的事件時，會使用比較抽象的認知。請別人列出露營時要帶的東西，設定在明天或一個月內出發；如果明天就出發，這份清單裡面會包含比較具體的分類。

另一項研究給參與者看某個辦公室在一段時間內使用紙張的平均數量圖。紙張使用數量本來一直穩定上升，直到最近一段時間。接著，請研究參與者預測接下來一段時間會怎麼變化。研究人員告訴其中一半的參與者，這間辦公室就在附近。研究結果：這一半的人採微觀分析，他們優先注意最後一個朝下發展的X，認為這有意義，代表某種模式的開端：

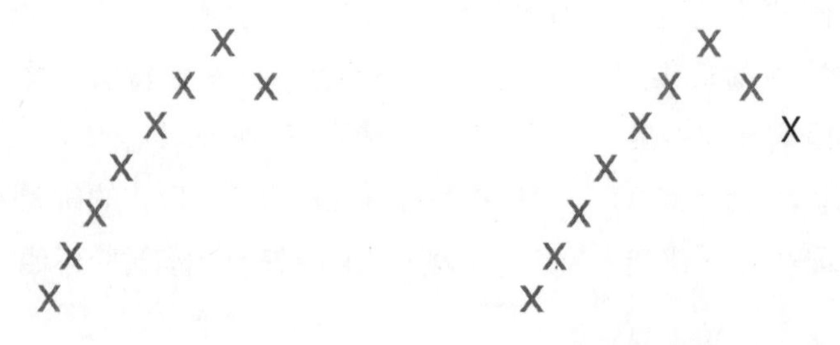

但如果告訴研究參與者，那間辦公室在地球的另一端，他們就傾向在巨觀層次分析這些數據，關注整體的發展模式，認為最近數量下降只是短暫脫軌：

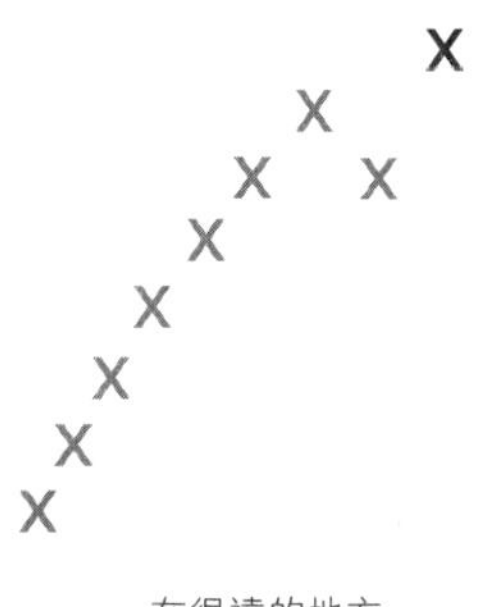

在很遠的地方

這些研究中發生了什麼事？關於重量、密度、質感、溫度、內感受、時間和距離的隱喻都只是修辭手法。但是大腦卻在處理它們時，混入了用來處理物理性質的迴路。

牛皮膠帶

象徵之所以是象徵，就在於它有代表真實事物的能力，能指獨立於其所表示的東西，並且本身就擁有力量。而且驚人的是，我們不是唯一會這麼做的物種。就像第 2 章所討論的，如果你制約一隻老鼠，使牠把鈴聲和酬賞連結在一起，大約有一半的老鼠最後會覺得鈴聲本身就是酬賞。

所以，我們已經探討了冰冷與溫熱的性格、謊言穿過你的牙齒然後你非常渴望漱口、我們因別人的痛苦而心痛。我們的隱喻象徵可以獨立獲得力量。但儘管我們象徵性思維的最高點是使用隱喻，我們頂尖的大腦卻不怎麼能把事情搞清楚、記不得那些隱喻不是真的，這真是非常怪異。為什麼會這樣呢？

答案要回到一個在第 10 章首次登場概念——演化是個小工匠、一位即席發揮者。所以人類演化出的抽象能力，譬如道德和嚴重違反道德、以前所未有的強度經驗同理心、以及有意識地評估某人氣質中的友好本質——道德厭惡感、感受別人的痛苦、溫暖與冷漠的性格。有鑒於到目前為止人類的行為現代性存在的時間還非常短，這些抽象能力才剛出現一瞬間而已。目前還沒有足夠的時間，演化出全新的腦區和神經迴路來處理這些新奇的東西。小工匠反而跳出來了：「嗯……違反共通的行為規範引發極端的負面情緒。我看看……誰有什麼相關經驗嗎？我知道了，是腦島！腦島處理極端負面的感官刺激——而且這幾乎就是它所有的工作。那就擴大它的職責，納入這個道德厭惡感的業務好了。這行得通。給我一支鞋拔和一些牛皮膠帶。」

關於演化是個即席發揮者而非發明家這件事，關鍵在於第 10 章談過的「擴展適應」概念——有些特質本來為了某個目的而演化出來，結果卻在另一方面發揮了用處。很快地，羽毛除了調節體溫之外，多了輔助飛翔的功能。腦島除了清除腸道中的毒素，也可以幫助我們上天堂。腦島的例子就是所謂的「神經再利用」（neural reuse）。

我並不是在說這是個簡單的歷程，好像一切都很神奇，那些神經元某天還在協助你嘔吐，突然就開始參與總統的生物倫理委員會。對我來說，有趣得不得了的是我們腦中最獨特的神經元——近期才演化出來且正緩慢發展、主要位於前扣帶迴皮質和腦島的紡錘體神經元。神經退化性疾病（neurodegenerative disease），額顳葉型失智症的最終結果是毀壞整個高級的新皮質，這種失智症最先除掉的就是紡錘體神經元——這些細胞有著特別高級的內涵（也因此特別珍貴又脆弱）。小工匠和即席發揮者因此充滿靈感。

最有趣的是，我們可以在其他物種身上看到「我知道了，我們來說服前扣帶迴皮質和腦島加入這些新工作」的開端。就像我們在第 14 章看到的，讓齧齒類動物感受到其他個體痛苦的情緒感染和原始同理心，就是以前扣帶迴皮質為中心。成熟的紡錘體神經元出現在其他猿類、大象和鯨類動物——門薩高智商俱樂部（Mensa club）成員——的相同腦區，並以比較原始的形式出現在猴子身上。目前還沒有明確證據說明，好比說，一隻藍鯨在違反社會規範之後會想要清洗牠的鰭肢，但似乎有少數的其他物種和我們一樣，初步踏入了這個新領域。

隱喻的黑暗面

我們大腦會混淆隱喻與實際的狀況，這真的很重要。回到第 10 章，還有關於演化著重親屬選擇的內容。我們已經看到各種不同的物種用一連串機制來辨認親屬及關係上的親疏遠近——譬如，由基因所塑造的費洛蒙標誌、和你還在一顆蛋裡時常常聽到某隻母鳥唱的歌形成的銘印。

我們也已經看到，人類以外的靈長類動物也具有認知的部分（還記得公狒狒越有可能是小孩的父親，就越會展現出父性行為）。到了人類，這個歷程中的認知成分最高——我們可以透過思考決定誰是親屬、誰屬於我群。因此，就像我們已經看到的，我們可能受到操弄，認為某些人與自己更親近、其他人則沒那麼親近，但事實卻不是如此——這就是偽親屬和偽種族差異。有無數方法可以讓人認為他群成員和自己的差異之大，根本稱不上是人。但宣傳家和意識型態擁護者一向深知，如果想讓人**感覺**他群不是人，只有一個方法可以成功——與腦島聯手。而最有效的方式就是運用隱喻。

1994 年，許多西方人首次注意到盧安達這個國家的存在。這個多山的中非小國是世界上人口最密集的國家之一。很久以前，這裡住滿了狩獵採集者，然後，又是老故事，他們在千年前被農民和畜牧者取代，這兩類人分別形成胡圖和圖西部落。目前大家還在爭論這兩個部落是否在同一個世紀抵達，以及他們是否真的屬於不同族裔，不過這兩個部落嚴重區分你我。傳統上，人數較少的圖西人比胡圖人強勢，反映出牧民與農民之間的權力動態，而這在非洲十分常見；德國和比利時殖民者以典型的方式征服和瓜分他們的土地，進一步利用並煽動這兩個部族之間的敵意。

1962 年盧安達獨立時，胡圖人轉弱為強，開始主導政府。歧視與暴力逼迫許多圖西人離開家園；後來數年，許多棲居鄰國的圖西難民組成叛軍，試圖入侵盧安達，並在那裡構築圖西人的安居之地。不難預料，這又使得胡圖人反圖西的行動變得更為激進，造成更嚴重的歧視與屠殺。接著發生的事情很諷刺，反映出胡圖人和圖西人在歷史上甚至可能不屬於兩個族群——他們需要靠身分證上注明的族裔才能區辨彼此，意思是根本無法從外表分辨兩者。

盧安達總統、獨裁者朱韋納爾・哈比亞利馬納（Juvénal Habyarimana）是一位胡圖軍人， 他自 1973 年掌權。到了 1994 年，因為來自圖西族叛軍的壓力高漲，他簽下了與叛軍分享權力的和平協議。在成長中的「胡圖力量」（Hutu Power）極端陣營看來，這是一種背叛。1994 年 4 月 6 日，哈比亞利馬納的飛機在靠近首都吉佳利（Kigali）時被一枚導彈擊中，機上全員喪生。直到現在還不清楚，這起暗殺究竟由圖西族叛軍所執行，還是軍中的胡圖力量份子意圖除掉哈比亞利馬納，再怪罪到圖西人身上。不管真相為何，在一天之內，胡圖極端份子殺了政府中所有的溫和派胡圖人，奪權後正式把暗殺怪罪到圖西人身上，並慫恿所有胡圖人展開復仇。多數胡圖人順從了。因而開始了後來稱為盧安達大屠殺（Rwandan genocide）的事件。[11]

這場屠殺事件持續了大約一百天（直到圖西族叛軍取得掌控才終於停止）。在那段期間，他們不只執行「最終解決方案」式的殺戮，試圖殺掉所有盧安達的圖西人，還殺害與圖西人結婚的胡圖人、意圖保護圖西人或拒絕參與屠殺的人。大屠殺結束時，大約75%的圖西人——共八十萬到一百萬人——及大約十萬個胡圖人被殺。差不多每七個盧安達人，就有一人遭到殺害。這是納粹大屠殺之殺人率的五倍。西方世界基本上忽略了這起事件。

五倍。我們這些在教育過程中只知道現代西方世界暴行的人，需要經過翻譯才能理解。盧安達大屠殺的過程中沒有出現坦克、沒有飛機投擲炸彈或轟炸平民。沒有集中營、運輸火車或齊克隆B（Zyklon B）。[12] 沒有官僚的邪惡平庸性。甚至沒有很多槍。事實上，胡圖人——從農民到都市中的專業人士——用棍棒打他們的圖西鄰居、朋友、配偶、生意夥伴、病人、老師、學生。圖西人被棍棒毆打致死、在集體強暴及遭性暴力殘害後被用刀砍死、被關在避難所中燒死。平均每天大約有一萬人死亡。在這之中，有一項暴行也許是最令人驚愕的，就是在盧安達的尼揚蓋（Nyange）村莊，當地的天主教神父——一個名叫阿薩納希·塞隆巴（Athanase Seromba）的胡圖人，提供一千五百到兩千位圖西人避難處，這些人當中，很多是他教區

11 原注：哈比亞利馬納的飛機上還載著鄰國蒲隆地（Burundi）的胡圖人總統西普里安·恩塔雅米拉（Cyprien Ntaryamira），蒲隆地同樣是個小國，也有胡圖人與圖西人衝突的歷史。在那之後不久，這個國家爆發了內戰。

12 譯注：納粹德國用以毒殺的毒物。

的教徒，然後他帶胡圖民兵前來，最終殺掉了躲在他教堂中的所有人。血流成河——不只是隱喻。[13]

這種事情怎麼會發生？答案包括許多部分。當地民眾在傳統上長期服從權威，絕不質疑，這個特質有助於發展出殘暴的獨裁國家。在事件爆發之前數個月，胡圖人一直發送大砍刀給胡圖族民眾。由政府所控制的廣播電台（在這個識字率不高的國家，廣播是主要的大眾媒體）宣稱圖西族叛軍為了殺掉所有胡圖人而入侵，每個人周遭的圖西鄰居都是準備加入敵方的間諜。還有另一個有意義的因素。反圖西人的宣傳內容不斷將他們去人性化，指圖西人只是「蟑螂」，這成了惡名昭彰的偽種族差異案例。**消滅那些蟑螂。那些蟑螂計畫要殺掉你的孩子。那些蟑螂（那些耍心機勾引別人的圖西族女人）會偷走你的丈夫。那些蟑螂（圖西族男人）會強暴你的妻女。消滅那些蟑螂，救救你自己，殺掉那些蟑螂。**腦島皮質激

後果

13 原注：而且還繼續下去。主要由圖西人所組成的盧安達愛國陣線（Rwandan Patriotic Front）叛軍勝利之後，將近兩百萬個盧安達胡圖人逃出國，害怕遭到報復（但在叛軍領導保羅．卡加梅〔Paul Kagame〕的統治之下，報復行動少得出奇）。逃離盧安達的胡圖人在剛果東部建立大規模的難民營，被打敗的胡圖民兵很快地控制了難民營，且此處培養出針對盧安達的攻擊行動及後來兩次剛果戰爭，又再造成數百萬人喪命。

動不已，一手拿著大砍刀，另一手拿著電晶體收音機，多數胡圖人都下手了。[14]

去人性化、偽種族差異。宣傳仇恨的工具。他群令人厭惡。他群就像齧齒類動物（見左圖）、像癌症、像人類還沒演化成人類之前的物種、像難聞的惡臭、住在沒有任何正常人願意住的混亂蜂窩。他群就像糞便。讓你的追隨者的腦島混淆真實與隱喻，你就已經成功了 99%。

一線微光

一個可能的目標是用雙面刃之中好的那一面，劃開滿天烏雲，在黑暗中透出一絲曙光，解救這個雨天。宣傳加有效利用憎惡的符號，可以達到煽動仇恨的目的。但當我們大腦以奇怪的方式把隱喻變真實，也可以成為愛好和平者的有效工具。

2007 年，有一篇非常動人又重要的論文刊登在《科學》期刊上，美國兼法國人類學家史考特・艾特朗（Scott Atran），以及羅伯・艾瑟羅（因第 10 章的「囚犯的兩難」而聞名）和理查・戴維斯（Richard Davis）——亞利桑那州立大學的衝突專家，一起探討在排解衝突時，他們所謂「神聖價值」（sacred values）的力量。這些內容直接連到格林所談的，來自兩種文化的牧羊人爭

14 原注：我一直對盧安達大屠殺非常感興趣。我在盧安達大屠殺發生前幾年，曾在那裡待過一段時間，觀察盧安達和剛果邊界的山地大猩猩。可以預期，也很可悲、愚蠢、令人心痛等等，我在離開時留下那裡的人都仁慈而慷慨的印象。我認為我曾遇過的人之中，大部分不是過世了，就是殺人者或／同時也是難民，每當我在想自己何必寫這麼一本書，就這麼想來嘲諷自己：「天啊，如果我聯合牙仙子和復活節兔，給盧安達人上一堂關於偽種族差異生物學的課，這一切都可以不必發生。」

奪一塊公地，他們帶著不同的道德觀點，對於什麼是正確的有不同看法，雙方都激情地關注於「權利」，但心目中的權利有不同的意義與力量，且都不為對方所理解。神聖價值之實質性或工具性的重要性或說成功的機率，受到不成比例的強烈捍衛，因為對任何群體來說，這些價值都定義了「我們是誰」。因此，想要利用實質誘因在這些議題上達成妥協，不只很難成功，還可能適得其反。你不能收買我們去侮辱我們視為神聖的東西。

艾特朗及其同事研究了神聖價值在中東衝突中的角色。如果有個純粹理性的世界，大腦不會混淆現實和象徵，那麼，以色列和巴勒斯坦通往和平的路上只需要考量具體、實際、明確的議題——邊界的設置、償還巴勒斯坦在 1948 年喪失的土地、水權、巴勒斯坦警察軍事化的程度等等。解決這些具體細項也許是一種**結束**戰爭的方式，但和平不只是沒有戰爭而已，想要**達到**真正的和平，必須認可與尊重他群的神聖價值。艾特朗等人發現，從普通路人到掌權的高官，都覺得神聖價值非同小可。他們訪問了哈瑪斯（Hamas）的資深領袖加齊．哈麥德（Ghazi Hamad），詢問他認為真正的和平需要什麼。答案當然包括償還巴勒斯坦的家園和他們在將近七十

年前喪失的土地。這是必要的，但還不足夠。「以色列必須為我們發生在1948年的悲劇道歉。」他加上這一點。以色列現任總理班傑明・尼坦雅胡（Benjamin Netanyahu）和他們討論到真正和平需要些什麼時，不只提到安全等工具性議題，還包括巴勒斯坦必須「修改他們的教科書及反猶太的描述」。研究者說明：「在理性選擇（rational-choice）的決策模式中，道歉這種無形的東西，或把《錫安長老會紀要》（*Protocols of the Elders of Zion*）之類的內容從教科書中刪除，是無法阻撓和平的。」但事實上這些東西可以阻撓和平，因為一旦認可敵人的神聖象徵，事實上就等於認可了他們的人性，以及驕傲、團結、連結過去的能力，還有，影響最重大的可能是他們經驗痛苦的能力。[15]

「解決棘手的衝突時，關鍵的一步或許是在沒有明確實質利益之下展現象徵性的妥協。」作者寫道。1994年，約旦王國成為第二個和以色列簽署和平條約的阿拉伯國家。於是戰爭結束，數十年的敵對終止。而且這為兩國共存提供了很好的藍圖，圍繞著實質性和工具性議題——水權（以色列每年提供約旦五千萬立方公尺的水）、共同打擊恐怖主義、一起促進兩國之間的觀光旅遊。直到一年之後，發生了一件事，才證明類似真正和平的東西正在成形——以色列總理伊扎克・拉賓（Yitzhak Rabin，《奧斯陸協議》〔*Oslo Peace Accord*〕的功臣）遭以色列右翼極端份子暗殺之後，成了和平殉難者。特別的是，胡笙國王（King Hussein）前去參加拉賓的葬禮，在致悼詞時提及位在前排的遺孀：

> 我的姐妹、利亞・拉賓（Leah Rabin）夫人、我的朋友，我從來沒想過會有這麼一刻，我必須如此哀悼我失去了一位兄弟、同事與朋友。

---

15 原注：有一個關於神聖價值的議題，根據你的政治立場，可能看來諷刺也可能不會——研究者描述了1948年誕生的以色列，儘管經濟狀況不佳，卻拒絕德國為納粹所殺的猶太人支付的賠償金——直到德國公開表示懺悔。

胡笙的現身及他所說的話顯然無關任何妨礙和平的理性因素，卻無比重要。

類似的變化也發生在北愛爾蘭，愛爾蘭共和軍在 1994 年停火，終結了北愛爾蘭問題的暴力，並催化了 1998 年的《耶穌受難節協議》（*Good Friday Agreement*），這提供了共和軍與聯合派和平共處的基礎、使前聯合派成員與前共和軍可以一起為同一個政府效力。協議中很多內容都關於實質性或工具性議題，但也包含神聖價值的元素——譬如，成立遊行委員會（Parades Commission）以確保在貝爾法斯特（Belfast），雙方都不會在對方的街區舉辦煽動性、充滿象徵符號的遊行。但在許多方面，最明顯的和平持續的跡象卻出現在令人意外的角落。簽訂協議以後組成的聯合政府由彼得．羅賓遜（Peter Robinson）擔任首席部長、馬丁．麥吉尼斯（Martin McGuinness）擔任副首席部長。前者是聯合派的煽動者，後者則是共和軍政治支翼的領袖；兩人代表了北愛爾蘭問題中的仇恨。他們形成了功能性的合作關係，但沒有更進一步，而且還因曾經拒絕握手而聞名（甚至連拉賓和亞西爾．阿拉法特〔Yasir Arafat〕都握手了）。最後是怎麼破冰的呢？ 2010 年，羅賓遜受到一樁涉及他的政治家妻子的重大醜聞打擊——他的妻子涉入財務不當行為，背後原因是另一個不當行為——調動資金給她 19 歲的情人。當麥吉尼斯伸出同情的手，而羅賓遜接受，兩人握手，寫下新的歷史。這一刻屬於男人才知道的神聖價值。[16]

16　原注：北愛爾蘭和平的到來還靠著其他神聖價值及象徵手法。譬如，伊恩．皮斯禮牧師（Reverend Ian Paisley）曾經是雙手染血的聯合派， 後來成為北愛爾蘭的首席部長，愛爾蘭共和國的天主教總統伯蒂． 埃亨（Ber tieAhern）送皮斯禮及其妻結婚五十週年的禮物——一個木碗。這個禮物充滿意義，因為其木材取自博因河戰役（Battle of the Boyne）發生地的樹木，也就是新教國王威廉三世（William of Orange）於 1690 年打敗天主教國王詹姆斯二世（James II）之地。這場勝戰是新教徒後來數世紀統治愛爾蘭的關鍵，是愛爾蘭天主教永無休止的痛、新教的驕傲（他們每年都在 7 月 12 日舉辦勝利紀念遊行，挑釁地行經天主教所在的區域，往往演變為暴力場面）。埃亨承認那個戰場對聯合派具有神聖的歷史意義，這十分重大。皮斯禮在不久後和埃亨重遊那個地方作為回報，並送他 1685 年的滑膛槍當禮物，談論這個地點對所有愛爾蘭人的重要性。

類似的事情也發生在南非，其中很大一部分由尼爾森・曼德拉所宣揚——他在領會神聖價值方面是個天才。曼德拉在羅本島時自學阿非利卡語（Afrikaans language）和研讀阿非利卡文化——不只是在監獄中可以理解拘捕他的人互相在說些什麼，更是瞭解這些人和他們的思維模式。就在自由南非誕生之前，曼德拉與南非將領康斯坦德・維爾容（Constand Viljoen）進行秘密協商。維爾容是種族隔離時期的南非防衛軍（South African Defence Force）首領，並創立反對廢除種族隔離的阿非利卡人民陣線（Afrikaner Volksfront），統率一個由五到六萬人組成的阿非利卡民兵組織。因此，他有辦法毀掉南非即將到來的首次自由選舉，而且可能因此觸發內戰，造成數千人死傷。

他們在曼德拉的家會面，那位將領顯然預期將在會議桌上進行氣氛緊張的談判。但面帶微笑又誠摯友好的曼德拉帶他進到溫暖、像家一般的客廳，在舒適的（專為軟化硬漢設計的）沙發上與他並肩而坐，用阿非利卡語和他談話，包括關於運動的閒談，並不時跳起來給他們倆倒茶、拿點心。雖然這位將軍最後不能說變成曼德拉的靈魂伴侶，我們也不可能評估曼德拉說的每一句話或做的每一件事有多重要，但維爾容對於曼德拉使用阿非利卡語、對阿非利卡文化如數家珍十分驚豔。這樣的作為真正展現了對神聖價值的尊重。「曼德拉與任何人會面，都能贏得對方的歡心。」他後來說。在對話過程中，曼德拉說服維爾容放棄武裝起義，轉而以反對黨領袖的姿態參與選舉。曼德拉於 1999 年從總統職位退休時，維爾容在議會發表了一段簡短而結巴的演說來讚揚曼德拉……用的是曼德拉的母語科薩語（Xhosa）。[17]

---

17 原注：維爾容和曼德拉怎麼能夠成功在那張沙發上密會？這是一位領導反種族隔離的神學家……維爾容的雙胞胎兄弟亞伯拉罕（Abraham）催化的結果。這兩兄弟原本長期疏遠，雖然維爾容將軍不只一次保護他的兄弟免於右翼敢死隊的暗殺。這兩兄弟可以做為第 8 章的教材一帶著同樣的基因，卻有極端不同的政治立場與世界觀。帶著同樣的基因，而且都是有魅力的領袖，為他們眼中的神聖原則不畏風險、投入生命。

南非成功新生的背後，充滿了對神聖價值展現尊重的做為。最有名的或許是曼德拉公開擁抱橄欖球——這種運動是阿非利卡文化的重要象徵，而且在歷史上為南非黑人所蔑視。許多書籍和電影都描繪他這麼做的著名結果——包含許多阿非利卡球員的國家橄欖球隊演唱了非洲民族議會（ANC）的頌歌「Nkosi Sikelel' iAfrika」，接著，一個黑人合唱團演唱阿非利卡的頌歌「Die Stem van Suid-Afrika」——一首描述南非高低起伏的山脈、聲調高低起伏的歌曲。[18] 就在那之後，1995 年的約翰尼斯堡世界盃球賽中，南非主場隊從原本不被看好，傳奇地贏得了冠軍。

我可以看那場世界盃球賽中演唱這兩首頌歌的 YouTube 影片，看上一整天，尤其是在寫完盧安達的章節之後。胡笙、麥吉尼斯、羅賓遜、維爾容與曼德拉證明了什麼？我們混淆實際與隱喻、我們可以為象徵賦予足以威脅生命的神聖價值，這些能力可以用來引出我們最好的行為。這有助於我們預備進入馬上就會開始的最後一章。

18 原注：透過影片 https://www.youtube.com/watch?v=Ncwee9IAu8I，可以觀賞這個真實事件。現在的南非國歌混合了這兩首歌，再另外加入一些祖魯語、塞索托語（Sesotho）和英語。雖然這首歌的存在很感人，但要唱對整首歌一定讓人抓狂，走音走個不停。

16

生物學、刑事司法系統與（喔，有何不可？）自由意志[1]

別忘了檢查他們的淚管

幾年前，一家基金會寄信給許多人，徵求有創意的新計畫，他們將為此籌措經費。那封信裡寫了類似這樣的句子：「給我們一個大膽的點子，最好是你從來不敢對其他基金會提議的點子，因為怕他們覺得你瘋了！」

聽起來很好玩。於是我寄了一份提案，標題是「我們該廢除刑事司法系統嗎？」我論證答案應該是肯定的，因為神經科學顯示刑事司法系統沒有道理，而他們應該籌措經費來完成這件事。

「哈哈，」他們說，「嗯，這是我們自找的。這確實引起了我們的注意。聚焦在神經科學和法律之間的互動是好點子。我們來開個研討會吧。」

所以我和幾位神經科學家及法律人士——法律系教授、法官與犯罪學家——一起參加了一場研討會。我們互相學習彼此的專業術語，譬如，觀察神經科學家和法律人士如何以不同的方式使用「可能的」（possible）、「或然的」（probable）和「必然」（certainty）。我們發現多數神經科學家，包括我在內，對於法律世界如何運作一無所知，同時，多數法律人士自從在九年級的生物學課受創之後，就盡可能避開科學。儘管有文化差異的問

1　原注：非常感謝約書亞・格林與歐文・瓊斯（Owen Jones）仔細審閱本章內容。

題，這兩種人還是從那時候起，開啟了各種合作，最終發展成一群研讀「神經法學」（neurolaw）的人。

這股跨學科的混種力量真是好玩又有啟發性。但我覺得有點挫折，因為我在寫那份提案的標題時有點是認真的。我們需要廢除現在的刑事司法系統，並以新的系統取代，雖然這個新系統和目前的系統在某些特徵上具有共通點，[2] 但基礎完全不同。我將會說服你同意這一點，這還只是本章第一部分的內容而已。

聲稱「刑事司法體系需要改革，在法庭中加入更多科學、減少偽科學」是毫無爭議的。別的不說，想一想：根據「無辜計畫」（Innocence Project）的資料，在三百五十個透過 DNA 指紋分析證明無罪的人（平均已入獄十四年）當中，令人目瞪口呆的，有二十個人曾被判處死刑。

儘管如此，我基本上會忽略以科學進行刑事司法改革這個主題。以下列舉一些這個領域中的爭議話題，而我將完全略過不談：

- 我們該拿無所不在的自動化、內隱偏誤怎麼辦（舉例來說，會導致陪審團給予皮膚較黑的非裔美國人被告比較嚴厲的判定）？內隱聯結測驗該用來篩選陪審團成員，刪去在相關議題上有強烈偏見的人嗎？

- 被告的神經造影相關資訊在法庭中是可容許的嗎？隨著神經造影從革命性的發明，逐漸轉變為科學研究的標準方法之一，這個問題越來越沒有爭議。不過還是有個議題，關於該不該呈現實際的神經影像給陪審團看——擔心這些人不是專家，很容易就被這些增強了色彩而令人興奮的大腦拼圖過度影響（目前已發現這個問題沒有想像中那麼嚴重）。

2　原注：也就是讓危險的人遠離大眾——只是在本章開頭先澄清這點。

- 關於一個人是否誠實的神經造影資料，是否該在法庭中占有一席之地（或在需要通過身家調查才能從事的工作）。基本上，我知道沒有專家認為目前這種技術已經達到足夠的準確程度。不過，現在卻有企業家在販售這種方法（我不是在開玩笑——包括一家名叫「杜絕謊言磁振造影」的公司）。「那個腦在說謊嗎？」的議題，可以延伸到技術層次較低但同樣不可靠的技術，包括目前受印度法庭所容許的腦電波圖。

- 多高的智商才足夠聰明，可以被判處死刑？現在的標準是智商七十以上，爭議在於應該要設定各個智商測驗平均七十，還是只要你在任何一次測驗達到那個神奇數字，就有被處死的資格。這個議題關係到大約20%的死刑犯。

- 科學研究的發現可以在陪審團成員身上引發新型的認知偏見，這又該怎麼辦？譬如，相信「思覺失調症是生理疾病」，使得陪審團成員比較不會判定思覺失調症病人有罪，但更可能視他們為無可救藥的危險人物。

- 法律體系區分想法和行動之間的不同；當神經科學揭露出越來越多關於想法的事實，該如何應對？我們是否正在朝向犯罪前偵查（precrime detection）發展，也就是預測誰將會犯罪？一位專家說：「我們很快就必須決定，頭顱裡面的東西是否屬於隱私的範疇。」

- 當然，還有法官在肚子咕嚕叫時比較嚴厲的問題。[3]

3　原注：還有一個我完全沒有要靠近的是這個新時代風格的概念：「我們當然擁有自由意志。你不能說我們的行為受機械化的宇宙所決定，因為有量子力學，這個宇宙是不確定的。」呃。任何曾經思考過這個問題的明智之人都會指出：（a）量子力學以上這些議題都很重要，我想，改革必須結合進步主義政治（progressive politics）、公民自由、以及對新科學訂定嚴格標準。也就是標準的自由派主張。多數時候，我是個標準的自由派；我甚至知道很多國家公共廣播電台（NPR）的節目主題曲。不過，本章對於刑事司法系統改革的看法，不含任何類似自由派路線的東西。原因就濃縮在以下這個例子裡，關於自由派對法律議題的典型取向。

時間回到1500年代中期。或許因為當時社會標準寬鬆，人們道德匱乏且／或道德淪喪，歐洲到處都是女巫。這是個嚴重的問題——大家害怕在晚上外出；民調顯示一般農民認為「女巫」比「瘟疫」或「鄂圖曼人」（the Ottomans）更具威脅性；企圖成為專制者的君主，可以藉由誓言嚴懲女巫來得到更多的支持者。

還好法律上有三項標準，用來判定巫術是否有罪：

- 漂浮測試：既然女巫拒絕受洗聖禮，水應該會排斥她們的身體。將被控為女巫的人捆綁起來、投入水中。如果浮起來就是女巫，如果沉下去則是無辜的。趕快把無辜的人救起來啊！

- 魔鬼入侵點測試：有些人的身體遭到惡魔入侵並被變成女巫，魔鬼入侵之處對疼痛沒有感覺。所以，對被控為女巫的人折磨全身上下每一處。如果身上某些地方對疼痛的敏感度比其他部位低上許多，就代表找到了魔鬼入侵點、抓到了一個女巫。

的次原子不確定性（subatomic indeterminacy，我對此什麼都不懂）造成的結果無法往上影響到行為；還有（b）就算可以，結果也不會是使你決意產生行為的自由，而是完全隨機的行為。根據哲學家兼神經科學家、自由意志論批評者山姆．哈里斯的說法，如果量子力學真的在這其中扮演任何角色，「所有思想和行動似乎都將符合這句陳述：『我不知道我怎麼了。』」但你其實根本沒辦法做出這個聲明，你只能因為舌頭肌肉的隨機運動而發出咕嚕咕嚕的聲音而已。

- 眼淚測試：告訴被指控為女巫的人關於我們主耶穌受難的故事，沒有感動落淚的就是女巫。

這一套完善的標準使得官方能有效對抗這股女巫浪潮，找出數千位女巫並祭以適當處罰。

1563 年，一位名叫約翰．威爾（Johann Weyer）的荷蘭醫師出版了一本書《論巫術》（*Depaest ig iis Daemonum*），提倡改革女巫司法系統。當然，他同意女巫的存在是邪惡的，必須嚴格懲罰她們，用類似上述三種測試來對抗女巫大致上是合宜的。

然而，威爾提出關於年長女巫的告誡。他指出，年長的人，特別是年長的女性，有時候因為淚腺萎縮，無法哭泣流淚。糟糕——這令人憂慮無辜者會被冤枉為女巫。憂心忡忡又富有同理心的威爾勸告大家：「請確保你沒有燒死某個可憐的長者，只因為她的淚管無法如常運作。」

對女巫司法系統進行自由派改革就是**那樣**，將明智的思維施加在非理性巨大體系中的某個小角落。這很像在我們目前的體系中加入以科學為基礎的改革，這就是為什麼我們需要更極端的變革。[4]

三種觀點

讓我們開始進入正題。針對生物學在解釋我們的行為（犯罪行為及其他行為）上占據什麼地位，有三種觀點：

1. 我們對行為有完全的自由意志。
2. 我們對行為完全沒有自由意志。
3. 介於兩者之間。

4　原注：威爾的書同時被天主教會和改革派神職人員的領袖所禁止——足見大家覺得他的心腸有多軟。

如果所有人必須從自己的觀點進行邏輯推論，大概只有不到千分之一的人會支持第一種命題。假如有人因為癲癇大發作（grand mal epileptic seizure）而抽搐並揮舞雙手，因此打到了某人。如果你真的相信我們可以完全自由控制自己的行為，就會判定對方犯了傷害罪。

幾乎所有人都會認為這很荒唐。但在五百年前的歐洲，很多地方的法律都會做出這樣的判決。這似乎很荒唐，因為在過去幾世紀，西方世界已經跨過了一條線，把過去的想法拋在腦後，在這條線另一端的那個世界令人難以想像。我們擁抱一個概念，定義了我們的進步——「不是他的錯，是他的疾病。」換句話說，生物學有時候可以打敗任何類似自由意志的東西。那個女人撞到你不是因為惡意，而是她眼睛看不到。隊伍中的那個軍人昏了過去，不是因為他體力不好，而是他有糖尿病，需要注射胰島素。那個女人沒有幫忙跌倒的老人，不是她冷酷無情，她因為脊椎受傷而癱瘓了。在其他領域，可以看到類似這種對於刑事責任的知覺變化。譬如，在兩百到七百年前，起訴動物、物體或屍體故意傷人是稀鬆平常的事情。有些審判的案例很怪異地帶有淡淡的現代色彩——1457年有一場審判的被告是一隻豬和牠的小豬，罪名是吃了一個小孩，那隻豬被判有罪並遭處死，小豬則年紀太小，還不能為牠們的行為負責。但我們不知道法官是否要求援引小豬的額葉皮質成熟狀態做為證據。

所以，幾乎沒有任何人相信我們的行為全然在意識的掌控之下、生物層面對我們沒有任何限制。從現在起，我們將忽略這種立場。

在沙地上劃線

幾乎所有人都相信第三種命題，認為我們介於完全的自由意志和沒有自由意志之間，這種對於自由意志的看法，可以與認為「宇宙的決定論定律也體現在生物機制中」並存。在這類觀點中，有一部分的看法符合狹隘的哲學立場「相容論」（compatibilism）。除此之外，這種觀點的廣義版本是我們具有類似精神、靈魂的東西、體現了自由意志的本質，從中顯現出行為的意圖；這個精神的部分和生物機制並存，而生物機制有時候對精神加以限制。這是一種自由意志主義二元論（libertarian dualism，此處的「自由意志主義」是哲學而非政治的涵義），格林稱為「緩和的自由意志」（mitigated freewill）。這可以壓縮在一個概念中，就是立意良善的靈魂雖然願意做好事，卻可能受虛弱的肉身阻撓而遭遇挫敗。

我們先從緩和的自由意志的法律定義開始。

1842年，一位名叫丹尼爾．姆納頓（Daniel M'Naghten）的蘇格蘭人試圖暗殺英國首相羅伯特．皮爾（Robert Peel），他把皮爾的私人秘書愛德華．德魯蒙（Edward Drummond）誤認為首相本人，近距離開槍將他殺害。姆納頓在接受傳訊時表示：「我老家城市的保守黨員逼我這麼做。他們跟蹤我，到處糾纏著我，完全破壞了我內心的平靜。他們跟著我到法國、蘇格蘭……我去哪裡就跟到哪裡。不管白天或晚上，我都沒辦法脫離他們喘口氣。我晚上無法睡覺……我相信他們讓我得了肺癆。我確定我和以前的我不再是同一個人了……他們想要殺了我。有證據可以證明……我被迫害到陷入絕望。」

用今天的術語來講，姆納頓有某種妄想性精神病。可能不是思覺失調症——他的妄想症狀開始的時間比思覺失調症典型的發病年齡晚很多年。撇開診斷不談，姆納頓拋下他的生意，在事發前兩年於歐洲四處遊蕩，產生幻聽，並深信他被暗中監視，受到有權力的人迫害。在那些人當中，邪惡的皮爾帶給他最大的折磨。一位醫師為他的精神失常作證，他說：「他的妄想非常嚴重，除非有身體上的阻礙，否則沒有什麼能夠阻止他做出那件事（指謀殺）。」姆納頓精神受損的狀況如此明顯，因此檢察官撤回了對他的刑事指控，贊成辯護律師對於他精神失常的主張。陪審團同意了，姆納頓在精神病院度過餘生，受到以那個時代的標準而言算是相當良好的對待。

陪審團做出決定之後，從一般人到維多利亞女王（Queen Victoria）都提出嚴正抗議——姆納頓僥倖逃過了謀殺罪。審判長在議會盤問時堅持支持這個判決。議會也要求最高法院評估這個案子， 最高法院同樣對審判長表達支持。因為這個判決，形成現在普遍使用的標準「姆納頓規則」（M'Naghten rule），用來判定某人是否因為精神失常而無罪：條件是在犯罪發生當下，這個人「因為心靈生病的緣故而受心智缺損之苦」，到了無法分辨對錯的地步。[5]

約翰・欣克利（John Hinckley Jr.）在 1981 年試圖刺殺雷根（Reagan），當他因為精神失常被判無罪、被送入醫院而非關入監牢，關鍵就在姆納頓規則。這在後來掀起「他僥倖逃過刑罰！」的漫天怒火；有些州禁止了姆納頓準則，然後國會在聯邦案件中因為 1984 年精神障礙辯護改革法案（Insanity Defense Reform Act）實際禁止了姆納頓規則。[6]不過，姆納頓規則背後的邏輯大致上通過了時間的考驗。

這正是「緩和的自由意志」立場的本質——人要為自己的行為負責，但身為一個嚴重精神病患緩和了責任。這背後的概念就是我們對行為的責任可能「減輕」，有時候，做出一件事可能是半自願的。

我總是這樣描繪緩和的自由意志：

我們的大腦——包括神經元、突觸、神經傳導物質、受體、大腦獨有的轉錄因子、表觀遺傳作用、基因轉位現象都在神經發育過程中發生——大腦功能的不同面向可以受到一個人的胎內環境、基因和荷爾蒙、父母是否採用威信型教養或他是否身在平等文化中、是否在童年目睹暴力、什麼時候吃早餐所影響。這是一整件事情，本書的所有內容。

然後，在那些東西之外，腦中藏了個混凝土碉堡，裡面坐著一個小小的男人（或女人，或無性別的人），一個掌管控制面板的小矮人。這個小矮人的組成成分混合了奈米晶片、老舊真空管、皺巴巴的舊羊皮紙、你母親諄諄告誡聲形成的鐘乳石、一條條硫磺、用機智製成的鉚釘。換句話說，不是生物學裡黏糊糊的噁心大腦。

5　原注：謝謝優秀的大學部學生湯姆・麥法登（Tom McFadden，他現在是我小孩學校超棒的生物老師！）對姆納頓進行背景研究。

6　原注：我真喜愛他們在這個脈絡中使用「改革」一詞。

這個小矮人坐在那兒控制行為。有些事情在他的權責範圍之外——癲癇讓小矮人的保險絲斷了，他必須重啟系統並檢查檔案是否受損。酒精、阿茲海默症、脊椎斷裂、低血糖性休克等情況也是一樣。

在某些領域，這個小矮人和大腦的生物機制可以發展出緩和關係——譬如，生物機制通常自動調節你的呼吸，除非你必須在演唱一首詠嘆調之前深吸一口氣，那麼小矮人就會跳出來，自動駕駛暫時改為手控。

但除此之外，都是由小矮人做決定。當然，他需要小心注意所有來自大腦的輸入和資訊，確認荷爾蒙濃度，瀏覽神經生物學期刊，經過周全考量、深思熟慮之後，再決定你要怎麼做。在你腦中但不屬於大腦的小矮人，獨立於這個宇宙中（構成現代科學）的物質規則運作著。

緩和的自由意志就是這樣。我看過一些極度聰明的人強烈反對這種想法，不認為這具有基本的效度，試圖反駁其中最枝微末節處：「你紮了一個稻草小矮人，說我認為除了癲癇和腦傷之類的東西，我們可以自由決定所有事情。不，不，我的自由意志比這弱多了，而且它潛伏在生物機制的邊緣，就像我決定要穿哪一雙襪子時那樣。」但自由意志行使影響力的頻率和重要性並不重要。就算你的行動有99.99%由生物機制（指本書所採用的最廣義的生物學範圍）所決定，每十年只有一次，你宣稱自己出於「自由意志」選擇在用牙線時從左到右而非採相反方向，都默默讓小矮人在科學規則之外進行了運作。

多數人就是用這種方式調節「自由意志」與「生物機制對行為的影響」之間理應並存的關係。[7] 對他們來說，幾乎所有討論最終都是在搞清楚我們應該和不應該預期這個假定存在的小矮人可以做什麼。為了感受一下這點，我們來看一些這種辯論。

7 原注：我的意思是真的這麼想，而不是因為另一種觀點需要全盤改變目前社會的運作，而躲到這個想法中。

年齡、群體的成熟度、個體的成熟度

在 2005 年的羅珀訴西蒙斯案中，最高法院判決，不能因為 18 歲以前犯下的罪行處死罪犯。這背後有恰當的推理，正好呼應第 6 章和第 7 章的內容：未成年的腦——尤其是額葉皮質——在情緒調節和衝動控制方面還不到成人的水準。也就是說，青少年和他們青春期的腦，該受罰的程度不如成人。這就和豬被處死、但小豬沒被處死的邏輯相同。

在那之後幾年，又有一些相關的判決。在 2010 年的葛蘭姆訴佛羅里達州案（Graham v. Florida）和 2012 年的米勒訴阿拉巴馬州案，法院強調，少年犯洗心革面的潛力是最高的（因為他們的腦還在發展），因此禁止對少年犯判處終身監禁不得假釋。

這些判決引起一些辯論：

- 不能因為青少年平均而言在神經生物與行為層面不如成人成熟，就排除某些青少年可能和成人一樣成熟，因此採取成人標準來罪責是合宜的。另一件事情與此相關，就是暗示在 18 歲生日那天，神經生物方面就會產生神奇的變化，賦予他們成人水準的自我控制能力，這顯然十分荒謬。對於這些論點，常見回應是：沒錯，以上都是事實，但是法律經常使用一些沒有根據的年齡界線（譬如可以投票、喝酒、開車的年齡）。大家願意這麼做，是因為你不可能每年、每個月、每小時對青少年進行測試，好決定他們是不是成熟得可以（譬如）投票了。但當針對青少年謀殺犯，就值得這麼做。

- 另一個反對觀點認為這個議題不只是 17 歲的人是不是和成人一樣成熟，而是他們**夠不夠**成熟。珊卓拉・戴・歐康納（Sandra Day O'Connor）在對羅珀一案的判決提出反對意見時寫道：「比起成人，青少年的不法行為一般而言罪責**較輕**，但這個事實不必然代表一個17歲的謀殺犯不**足以**負責、因此不應受死刑懲罰」（強調字體由她所加上）。另一位反對者——已故的安東寧·史卡利亞（Antonin Scalia）則寫道：「認為一個人一定要成熟到可以小心開車、飲酒適量或在投票時做出明智的選擇，才能成熟到理解謀殺別人是重大的罪過，這真是荒謬。」

在這些不同的意見中，所有人（包括歐康納和史卡利亞）都同意自由意志的年齡界線確實存在——每個人的小矮人都曾經太年輕而還沒得到成人的力量。也許他還不夠高，搆不到控制面板上的所有旋鈕；也許他因為煩惱額頭上噁心的青春痘而無法專心工作。在進行法律判決時應該要考量這點。就像小豬和大豬，這只是個小矮人何時年紀夠大的問題。

腦傷的本質與嚴重程度

基本上，所有運用緩和的自由意志模型的人都會接受，如果一個人受了夠嚴重的腦傷，他對犯罪行為的責任就徹底消除。就連賓州大學的史蒂芬·摩斯（Stephen Morse，他強硬批判在法庭中使用神經科學，之後還會再談更多）都不情願地承認：「假定我們可以證明，在那些腦傷案例中，腦中負責審慎思考的中心區域失靈了。如果這些人無法控制各種非理性的想法，那麼，我們對於法律責任歸屬的問題就多了一份瞭解。」從這種觀點出發，如果推理能力嚴重受損，這個生物因素有減輕法律責任的意義。

因此，如果有人的額葉皮質整個被毀了，你大概不會要求他們為自己的行為負責，因為他在決定做出一連串行動時，理性已嚴重受損。但如此一來，問題就變成該在這個連續向度上的哪個地方劃下那條線——如果額葉皮質中的99%受損呢？如果是98%呢？這有很實際的重要性，因為死刑犯中很高比例的人曾有額葉皮質受損的病史，尤其是破壞力最高的那種——發生在生命早期。

換句話說，關於那條線該劃在哪裡有各種意見，其中，緩和的自由意志的信徒同意，儘管我們期待小矮人至少可以對付一些腦傷造成的傷害，但嚴重的腦傷足以壓垮小矮人。

大腦層次與社會層次的責任

知名神經科學家麥可・葛詹尼加（Michael Gazzaniga，這個領域的重要資深人物）在寫出以下這句話時採取了一條極其怪異的路徑：「自由意志是個幻象，但你還是要為自己的行為負責。」在他的高難度著作《我們真的有自由意志嗎：意識、抉擇與背後的大腦科學》（*Who's in Charge?: Free Will and the Science of the Brain*）中，他花了很長的篇幅闡述這點。葛詹尼加完全接受大腦徹底的物質性本質，但仍看到了容納責任的空間。「責任存在於另一個組織層次：社會層次，而非我們被決定的腦。」我想他實際要說的可能是：「自由意志是個幻象，但為了一些實際的理由，我們還是要你為自己的行為負責」，不然就是假設有某種只存在於社會層次的小矮人。作為對後者這種想法的回應，這本書說明了我們的社會世界終究是被決定的、由物質構成的大腦的產物，也是我們簡單的肌肉動作的產物。[8]

決策的時程

關於緩和的自由意志立場，另一個公認的潛在問題在於，當我們要進行緩慢而審慎的決策時，有能力讓自由意志跑到最前線，但在必須瞬間做出決定的情境中，生物因素可能把自由意志推到一旁。意思就是小矮人並非隨時都坐在碉堡裡掌舵，偶爾會閒晃出去吃個點心，如果忽然發生什麼刺激的事情，神經元可能馬上向肌肉發送命令，在小矮人衝回來按下控制面板上那大大的紅色按鈕之前，就產生了一個行為。

及時趕回來按下紅色按鈕的議題，與青春期大腦的議題交會在一起。

8　原注：我顯然被葛詹尼加的立場弄糊塗了，我懷疑他的結論反映出他試圖調和自己既身為神經科學家、又具有宗教信仰，因而產生的兩種世界觀。他在回憶錄《切開左右腦：葛詹尼加的腦科學人生》（*Tales from Both Sides of the Brain: A Life in Neuroscience*）中也提及此事。

針對羅珀訴西蒙斯案的批評，從歐康納的反對意見開始，就指出這其中似乎有一個矛盾。美國心理學會針對此案（American Psychological Association，簡稱 APA）發表了一份法庭之友意見書（amicus curiae brief），強調青少年（也就是他們的腦）如此**不成熟**，不能用與成人罪犯相同的量刑標準來對待他們。後來發現（同一個）美國心理學會在幾年前針對另一個案子發表了一份意見書，強調青少年已經足夠**成熟**，可以自己選擇是否墮胎，不需要經過家長同意。

嗯，真是有點尷尬，而且歐康納指控，美國心理學會和類似組織一定是基於意識型態的理由而立場反覆。本書第 7 章中引用了許多勞倫斯・史坦堡對青春期腦部發展的研究（他的研究也對羅珀訴西蒙斯案的判決具有影響性），他提供了一個符合邏輯的解決方法。決定是否墮胎涉及關於道德、社會和人際議題的邏輯推理，需要花上數天到數週的時間。相對地，決定要不要……比如說，對別人開槍，則涉及幾秒之間的衝動控制議題。青少年額葉的不成熟與瞬間衝動控制的關聯性，高於緩慢而審慎的推理過程。或者，在緩和的自由意志的框架中，急速而衝動的行為可能發生在小矮人去上廁所的時候。

因果（causation）與強迫（compulsion）

有些緩和的自由意志的支持者會區分「因果」與「強迫」兩個概念。他們使用的方式感覺有點模糊，前者指所有行為都肇因於某個東西，這是當然的，但後者反映出只有某一部分的行為**真的、真的**由某個東西所導致，這個東西阻礙了理性而審慎的思考。從這種觀點看來，某些行為比其他行為更受到生物因素所決定。

這和思覺失調症的妄想有關。假設某位思覺失調症患者有幻聽，包括一個聲音叫他去犯罪，而他照做了。

部分法庭認為這無法減輕他的責任。如果你的朋友叫你去搶劫，法律預期你應該拒絕，就算是你腦中想像出來的朋友也一樣。

但其他人看到了幻聽有不同性質的區別。根據他們的觀點，如果一位思覺失調症患者犯罪是因為他腦中聲音所下的命令，那麼是的，他的行動**肇因於**那個聲音，但那不代表這個罪行可以獲得原諒。相對地，假想一位思覺失調症患者會犯罪是因為他腦中的眾多聲音以震耳欲聾的音量嘲笑、威脅、勸誘他，再加上惡魔的吼叫和許多長號同時以高分貝演奏沒有曲調的雜音，在他清醒的每一刻命令他犯罪。當他終於屈服而犯了罪，這個罪行比較可以被原諒，因為那些聲音強迫他這麼做。[9] 所以，根據這種看法，小矮人可能失去理智、答應做任何事情，只為了停止那惡魔的吼叫和長號的聲音。

開始一個行為 vs. 停止一個行為

任何關於意志與生物學的討論，最後幾乎都不得不談到「利貝特實驗」（Libet experiment）。1980 年代，加州大學舊金山分校的班傑明・利貝特（Benjamin Libet）提出一項非常有趣的發現。一位研究參與者頭戴腦波帽，腦電波儀監控著腦部神經元的電流變化情形。他安安靜靜地坐著，注視著時鐘。研究人員指示他在想舉手的時候就舉手，並在決定這麼做時注意時間，要精細到秒鐘。

利貝特在腦電波圖資料中發現了被稱為「準備電位」（readiness potential）的東西——從運動皮質和前運動輔助區發出的訊號，表示一個動作很快就會開始。準備電位始終在參與者自述有意識出現動作意圖之前半秒鐘出現。對這個現象的詮釋如下：你的大腦竟然在你意識到之前就「決定」要動了。所以，如果在你有意識地選擇之前，神經訊號就已經開始造成運動，你怎麼能聲稱是你自己選擇何時要動呢（而可以選擇是自由意志的證據）？自由意志是個幻象。

9　原注：我在好幾章之前提過「山姆之子」殺人事件及對大衛・伯克維茲的逮捕。伯克維茲辯稱他被惡魔附身，而且受到命令才去殺人——命令他的不是撒旦、希特勒、艾爾・卡彭（Al Capone）或成吉思汗，而是……他鄰居的狗。他遭到定罪並被判六個連續無期徒刑。

當然，這個發現引來各種猜測、爭議、重複性研究、闡述、反駁，其中的細節超出了我的理解範圍。其中一種批評是這種研究方法有一個必然的限制。這種觀點認為自由意志存在，你可以自由決定何時要舉手，而準備電位是你的決定所帶來的結果。那麼，在研究中，那 500 毫秒的延遲代表了什麼呢？這段時間間隔介於以下幾者之間：決定要動的念頭出現的那一瞬間與（a）注意力接著專注在時鐘上；以及（b）辨認出秒針的位置。換句話說，所謂的半秒間隔其實是實驗設計造成的人為結果，不是真正的時間延遲。其他批評則針對感受動作意圖的模糊性，還有其他神秘到我無法理解的批評。

很有趣的，利貝特自己對這個研究結果提供了一個非常不同的詮釋。是的，也許在意識覺察到那個決定之前，你的腦就準備要開始一個行為了，意思是你「相信自己有意識地選擇要動」是錯誤的。但在那段間隔時間裡，你可能有意識地選擇**否決**那個行動。拉馬錢德蘭（對第 14 章的鏡像神經元提出推測的人）言簡意賅地說，我們可能沒有自由意志，但我們有「自由非意志」（free won't）。

可以想見，這個奇妙的反詮釋激起了更多討論、實驗與反反詮釋。我們現在正全面考察關於緩和的自由意志的各種爭論，這整場辯論的重點在於小矮人的控制面板的本質。面板上那些可以開到最大的按鈕、開關和旋鈕中，有多少和開始一個行為有關、又有多少和停止一個行為有關？

所以，緩和的自由意志的觀點為行為的生物因果與自由意志都留下了空間，所有相關討論都只關於該在沙地上的哪個地方劃線，以及這些界線有多麼不可侵犯。這幫助我們做好準備，可以開始討論我認為所有關於如何劃線的辯論之中最重要的一個。

「你一定很聰明」vs.「你一定很努力」

史丹福大學的心理學家卡蘿・杜維克（Carol Dweck）在動機心理學方面完成了開創性的成果。她在 1990 年代晚期提出了重要發現。當小孩完成一項任務、考完試等等，而且做得很好，你可能用兩種方式稱讚他——

「好棒的成績，你一定很聰明」或「好棒的成績，你一定很努力」。如果你稱讚小孩努力，小孩傾向在下一次更加努力、展現出更強的韌性、更享受過程、也變得更珍視成就本身（而非為了成績）。稱讚小孩聰明，結果恰好相反。如果一切都是因為聰明，努力的價值令人懷疑，使人覺得何必努力——畢竟，如果你真的很聰明，你不該需要努力；你做起事來毫不費力，一滴汗都不流，也沒有一句牢騷。

這美妙的研究在許多擁有天賦異稟孩子、用心良苦的父母心中達到了類似邪典的地位，這些家長希望瞭解在哪些時候不該牽扯到小孩的聰明才智。

為什麼「你真聰明」和「你真努力」的效果如此不同？因為這兩句話落在緩和的自由意志信徒劃下最深的一條線的兩邊。這種看法相信天資與衝動屬於生物層面，努力及抗拒衝動則屬於自由意志。

看到天生能力實際展現的樣子，很令人驚歎。比如優秀的全能運動員過去從未見過撐竿跳的過程，但在看過一回以後，只嘗試了一次，就像職業選手一樣在天空翱翔。或者有的歌手擁有天生的嗓音，那音色總能挖掘出你未曾經驗的情緒。或者在你任教的班級上，有個學生在你解釋完某個深奧的道理之後兩秒，明顯表現出他懂了。

以上這些情況令人印象深刻。但另外一些情況則能激勵人心。我小時候反覆閱讀一本關於威瑪・魯道夫（Wilma Rudolph）的書。她在 1960 年是世界上最快的女性跑者，這位奧運選手後來成了民權運動先鋒。這絕對令人印象深刻。但你要想一下，她是個體重不足的早產兒，出生在田納西州的貧窮家庭裡，有另外二十一個手足，而且——聽好了——她在 4 歲時得了小兒麻痺症，結果一隻腳扭曲變形，需要使用腿部支架。小兒麻痺症，她因為小兒麻痺症而**跛腳**。但她跌破了專家的眼鏡，不斷努力、努力、努力撐過疼痛，變成跑得最快的人。這個故事才激勵人心。

在很多領域中，我們可以在某種程度上掌握先天能力當中的物質性要素。某人擁有最佳的慢縮肌纖維（slow-twitch muscle fibers）與快縮肌纖維（fast-twitch muscle fibers）比例，所以天生就是撐竿跳好手。或者聲帶上有完美的水蜜桃天鵝絨毛（我在即興瞎掰），所以可以發出悅耳動聽的歌聲。或者他的神經傳導物質、受體和轉錄因子等等的組合是最理想的，所以他的大腦可以透過直覺快速明白抽象概念。我們也可以透過以上這些，明白普通或差勁的資質由哪些要素所構成。

但是魯道夫這類人的成就似乎有所不同。雖然筋疲力盡、心灰意冷、痛得要命，還是繼續前進；雖然想要休息一晚，跟朋友看場電影，卻選擇繼續讀書；雖然受到誘惑，而且沒有別人會知道，大家也都在做一樣的事，但你就是知道那麼做不對。當你想到意志力所創造出來的功績，好像真的很難相信那來自相同的神經傳導物質、受體和轉錄因子。有個答案似乎比較簡單——具有喀爾文主義工作倫理的小矮人灑下仙塵，施展魔法。

以下這個例子很適合用來說明這種二元論。賓州州立大學美式足球教練傑瑞．桑達斯基（Jerry Sandusky）是個極為可怕的兒童性侵犯。在他被判有罪之後，CNN 上出現了一篇投書。多倫多大學的詹姆斯．康特（James Cantor）在聳動的標題「戀童癖值得同情嗎？」（Do pedophiles deserve sympathy?）下回顧了戀童癖的神經生物學研究。譬如，戀童癖在某些家族中出現的方式，暗示基因在其中扮演某種角色。戀童癖者在童年時受過腦傷的比例高得不尋常。有證據指出戀童癖者在胎兒期出現內分泌異常。這是否代表神經生物機制已決定了大局，有些人注定如此？正是如此。康特下了結論：「人無法自己選擇不要成為戀童癖者。」

既勇敢又正確。接著，康特驚人地進行了一項緩和的自由意志跳躍。這些生物機制之中，是否有任何成分可以減輕桑達斯基應受到的譴責或懲

生物層面的東西	小矮人的毅力
破壞性的性衝動	抗拒據此行動
聽到妄想的聲音	抗拒那些聲音破壞性的命令
酗酒傾向	拒絕喝酒
可能癲癇發作	沒有帶藥在身上就不開車
沒那麼聰明	遇到困難就要努力一點
不是世界上長得最好看的人	不要戴巨大又難看的鼻環

罰？不。「人無法自己選擇不要成為戀童癖者，但可以選擇不要變成兒童性侵害犯。」

這可以形成一種對於東西應該是由什麼構成的二分法（見上頁表）。我們在本書中已經看到一些可以影響右欄的東西，以下只是其中幾種：血糖濃度、原生家庭的社經地位、腦震盪、睡眠品質與睡眠時間、胎內環境、壓力與糖皮質素濃度、你是不是正感到疼痛、你有沒有罹患帕金森氏症，以及得到哪種藥物的處方、週產期缺氧（perinatal hypoxia）、D4 多巴胺受體的基因變異、額葉皮質有沒有發生過中風、童年是否受虐、過去幾分鐘內的認知負荷有多重、你的單胺氧化酶 A 基因變異、你有沒有感染某種寄生蟲、你有沒有亨丁頓舞蹈症的基因、你小時候自來水中的鉛濃度、你生活在個人主義或集體主義文化中、你是不是異性戀男性，週遭有沒有一個很有魅力的女性、你是否聞了某個害怕的人的汗味……等等、等等。在所有緩和的自由意志的立場中，把天資歸到生物層面、努力歸到自由意志，或將衝動歸到生物層面、抗拒衝動歸到自由意志的看法，是最無所不在也最有害的。「你一定很努力」與「你一定很聰明」的涵義之中，同樣都有來自物理世界與生物層面的成分。然後，沒錯，兒童性侵害犯和戀童癖一樣也是生物層面的產物。如果不這麼想，那並不比通俗心理學好到哪裡去。

但這之中有任何真正有用的東西嗎？

如前所述，對於神經科學與法律體系之關聯最強力懷疑的是史蒂芬·摩斯，他對於這個議題已有眾多有力的書寫。他是「自由意志可與決定論的世界相容」最強力的倡議者。他對姆納頓規則沒有意見，而且認同如果腦傷夠嚴重，在責任的概念上可以有所讓步——「很多原因就可以構成真正值得原諒的條件，譬如缺乏理性或控制能力。」不過除了那些罕見的例子，他相信，神經科學不能為責任的概念帶來太多改變。就像他說的妙語：「大腦不會殺人。人才會殺人。」

摩斯是對於把神經科學帶入法庭抱持懷疑論的典型人物。一方面，他發自內心對於「神經法學」和「神經犯罪學」（neurocriminology）掀起一陣熱潮感到尷尬。他非常善於用嘲諷的口吻寫作，[10] 宣布發現了「過分誇大大腦症候群」（brain overclaim syndrome），其患者因為「被大腦知識的驚人進展所感染而發炎」，為神經科學的重要性興奮得暈頭轉向，導致他們「做出了新的神經科學都未包含且無法支持的道德和法律聲明」。

其中一個他所提出、絕對令人信服的批評，其針對範圍很小但十分實際，就是（稍早已提過）擔心陪審團只因為神經造影的圖像太吸睛，就賦予過高的價值。就這一點，摩斯稱神經科學「一時流行的決定論，奪走了原本屬於心理決定論（psychological determinism）或基因決定論（genetic determinism）的關注……神經科學唯一的不同之處就是有比較漂亮的圖片，看來好像比較科學。」另一個令人信服的批評在於，神經科學的研究發現通常只是描述性（譬如，「A 腦區投射到 Q 腦區」）或相關性的（譬如，「X 神經傳導物質濃度上升的同時，容易發生 Z 行為」）。這類資料無法反駁自由意志的存在。根據哲學家希拉蕊・包克（Hilary Bok）的說法，「宣稱一個人選擇了自己的行動，與宣稱某些神經歷程或狀態造成這個行動，兩者之間並不衝突；只是重新描述一次而已。」

這是我在整本書中始終強調的論點，描述和相關很好，但真正呈現因果關係的資料才是黃金標準（譬如，「當你提高 X 神經傳導物質的濃度，Z 行為更常發生」）。本書已呈現較複雜行為的物質性基礎之最有力證據中，有一些就來自於這種研究——譬如，經顱磁刺激技術在短時間內活化皮質的一部分、或抑制其活化，如此一來，可以改變某人的道德決策、關於懲罰的決策、慷慨大方的程度或同理心高低。這才是因果關係。

當摩斯區分因果與強迫兩者的差異時，我們進入了因果關係的議題。他寫道：「因果本身既不能當作原諒的理由，也不等於強迫，強迫的情

10 原注：他也是個很好的人。我有一次和史丹福大學的同事、法律系教授兼生物倫理學家漢克・格里利（Hank Greely）一同與摩斯及一位法學院同事辯論。結果很好玩，摩斯聰明得不得了，也很可怕，因為他聰明得不得了。

況可以獲得原諒。」摩斯形容自己是「徹底的唯物主義者」，並表示「我們活在一個因果關係的世界，包括人類行為在內」。儘管我想嘗試，但我實在看不出來有任何方法可以做出這種區分，且不需要一個在因果關係世界之外的小矮人，一個會被「強迫」壓垮但可以、也應該對付「因果」的小矮人。哲學家尚恩．尼科爾斯（Shaun Nichols）說：「我們似乎必須在某個方面讓步，不是我們對自由意志的忠誠度，就是對『所有事情都完全肇因於先前事件』這個想法的忠誠度。」

儘管有這些針對他的批評所提出的批評，我的立場還是有個大問題，使得摩斯下結論說神經科學對法律體系的貢獻「最好不要太多，而且神經科學對於人格性（personhood）、責任和能力等概念沒有提出任何真正的、激進的挑戰。」這個問題可以摘要在以下這段假設性的交談中：

檢察官：所以，教授，你已經告訴我們被告在童年時額葉皮質曾受到大範圍的損傷。是否所有曾遭受這類腦傷的人之後都變成多次謀殺犯，就像被告一樣？

為被告作證的神經科學家：不是。

檢察官：是否所有這類人都至少曾有某種連續的犯罪行為？

神經科學家：不是。

檢察官：腦科學可以解釋為什麼同樣的腦傷在被告身上會造成謀殺行為嗎？

神經科學家：不能。

問題就在於，儘管這些生物學的洞見讓我們可以挖苦那些傻氣的小矮人，我們還是不太能預測行為。也許在統計層次、針對群體可以，但無法預測個體的行為。

解釋很多，預測很少

如果有人的腿部骨折了，對於「他將會難以行走」這個問題，我們可以預測到什麼程度？我想，推測這個數字將近百分之百是安全的。如果他得了嚴重的肺炎，對於「他有時會呼吸費力而且容易疲倦」我們又可以預測到什麼程度？又是將近百分之百。如果問到腿部血流嚴重阻塞或大面積肝硬化的影響，也會是一樣的結果。

讓我們跳到腦部和神經功能失調。如果某人曾經受到腦傷，疤痕組織周圍的神經元重新連結，所以它們既刺激自己也互相刺激——對於「這個人會不會得到癲癇」，我們可以預測到什麼程度？或是他腦中的血管壁有先天缺陷——他在某個時間點發生顱內動脈瘤（cerebral aneurysm）的機率有多高？又如果他的基因中有個會造成亨丁頓舞蹈症的突變——他在 60 歲前罹患某一種神經肌肉疾病（neuromuscular disorder）的機率有多高？以上機率都非常高，大概接近百分之百。

再把行為整合進來，如果某人的額葉皮質受到大範圍損傷，對於「你和他交談五分鐘之後，會注意到他在行為上有某些怪異之處」，我們可以預測到什麼程度？大約是 75%之類的。

現在，再來考慮範圍比較廣的行為。對於「這個額葉受傷的人，會在某一刻做出極其暴力的事情」，我們可以預測到什麼程度？或者童年反覆受虐的人也在成年後也對別人施虐的機率？曾經上戰場的軍人（他的一些同袍在那場戰爭中死去）發展出創傷後壓力症候群的機率？如果一個人的抗利尿素受體基因啟動子是像「山田鼠」（montane vole）的多偶制版本，他經歷好幾段失敗婚姻的機率有多高？皮質和海馬迴中有特定子類型麩胺酸受體的人，智商超過一百四十的機率又有多高？成長過程經歷多次童年逆境與失落的人，得到重鬱症的機率有多少？以上這些全都低於 50%，而且常常是遠遠低於 50%。

所以，骨折的腿必然損害運動能力、但前一段提到的情況卻不必然發生，這兩者之間有什麼差異呢？是不是後者涉及的生物機制「比較少」？是不是大腦有一個非生物性的小矮人，但腿骨則沒有？

經過了這麼多頁，希望初步的答案已經出現。原因並不是上述與社會行為相關的情況中生物機制「比較少」，而是那些生物機制在質的方面有所不同。

從骨頭破碎到發炎疼痛、影響步態（如果他在一小時後嘗試行走）之間的步驟相對直接。這直線型的生物機制，不會因為基因體中的常規變異、他在胎兒期接觸的荷爾蒙、成長在什麼文化或何時吃午餐而改變。但我們已經看到，以上這些變項都可以影響到（塑造了我們最好與最糟時刻的）社會行為。

我們所感興趣的行為背後的生物學，在所有情況下，都是**多因素**的——這就是本書的主旨。

讓我們來看看「多因素」實際上代表什麼意思。假想有個經常憂鬱的人今天去拜訪朋友，傾訴心中所有的煩惱。透過瞭解他的生物機制，你可以預測他整體憂鬱程度及今日行為的程度有多高？

假定「瞭解他的生物機制」只包含瞭解他有什麼版本的血清素轉運子基因（serotonin transportergene），能帶來多強的預測力？我們已經在第 8 章看到，預測力不是很強——譬如說，10 %。假如「瞭解他的生物機制」包含了瞭解那個基因的狀態，加上他的雙親之一是否在他小時候過世呢？預測力提高了一些，也許 25%。如果是「血清素轉運子基因」＋「童年逆境」＋「是否獨居且貧窮」呢？也許提高到 40%。再加上今天血液中的糖皮質素平均濃度。可能又再高一點。再丟進他生活在個人主義或集體主義文化之中。可預測性更高了一些。[11]

瞭解她是否正處在月經期間（在嚴重憂鬱的女性身上，月經通常加重憂鬱，她們比較容易在社交上退縮，而非主動與別人交流）。可預測性再高一些，也許甚至超過了 50%。再加入夠多的因素，其中很多、可能其中的大部分是至今尚未發現的因素，最終，多重生物因素可以帶來與骨折情境相當的預測力。並非不同**數量**的生物學因果關係，而是不同**種類**的生物學因果關係。

11 原注：因為跨文化精神病學研究指出，在個人主義文化中，憂鬱的人在向朋友傾訴時，喜歡談論自己的問題，而集體主義文化中的人則比較可能探詢對方面臨的問題。

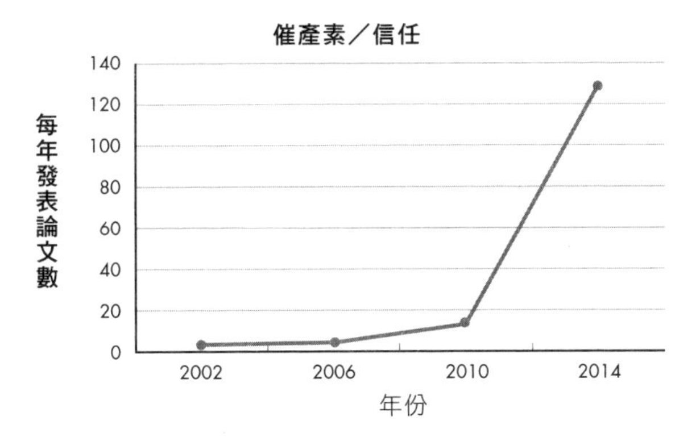
催產素／信任
每年發表論文數
140
120
100
80
60
40
20
0
2002
2006
2010
2014
年份

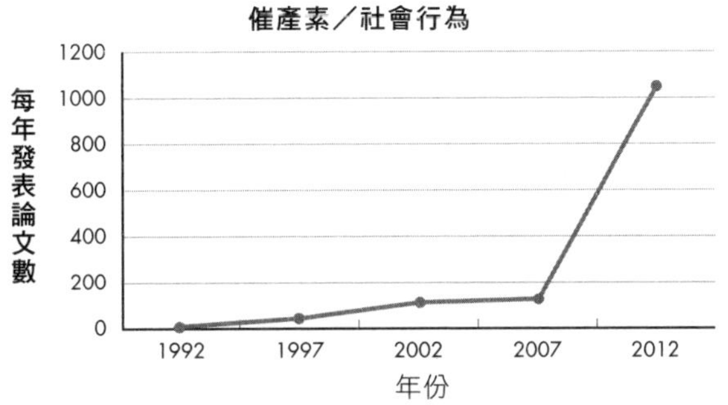
催產素／社會行為
每年發表論文數
1200
1000
800
600
400
200
0
1992
1997
2002
2007
2012
年份

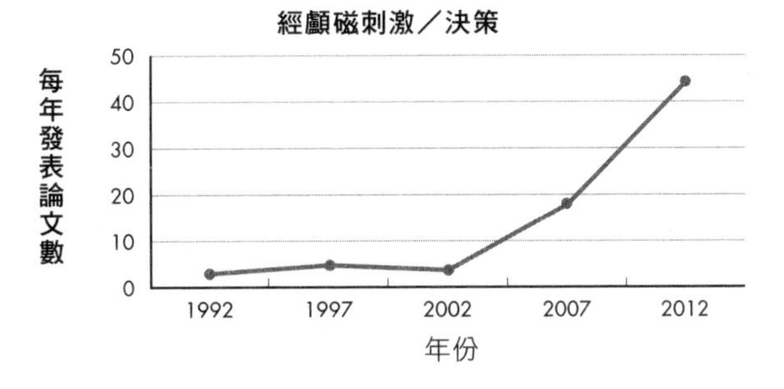
經顱磁刺激／決策
每年發表論文數
50
40
30
20
10
0
1992
1997
2002
2007
2012
年份

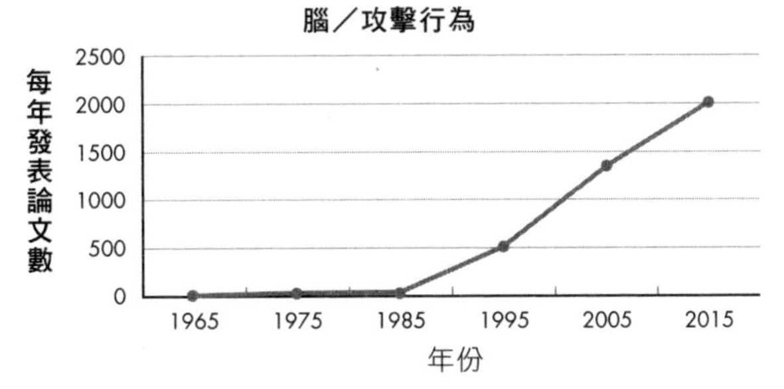
腦／攻擊行為
每年發表論文數
2500
2000
1500
1000
500
0
1965
1975
1985
1995
2005
2015
年份

人工智慧先驅馬文・明斯基（Marvin Minsky）曾將自由意志定義為「我不理解的內在力量」。人們在直覺上相信自由意志，不只因為我們人類對於能動性（agency）有強烈的需求，也因為多數人對於這內在力量幾乎一無所知。就連證人席上的神經科學家也無法準確預測哪個額葉大範圍受損的人會變成連續謀殺犯，因為整體而言，科學對這股內在力量的瞭解依然很少。「骨頭破碎→發炎→行動受限」很簡單。「神經傳導物質＋荷爾蒙＋童年＋____＋____＋」則不簡單。[12]

另一個因素也上場了。當我連上 Web of Science（一個搜尋引擎，可以掃描資料庫中發表在科學和醫學期刊上的論文），在搜尋欄位鍵入「催產素／信任」——只是在我們已談過的眾多生物學與社會行為的連結中，選一個出來當例子。然後，出現一百九十三篇已發表的論文，都和這個主題有關。細看上頁第一張圖，結果顯示其中大部分都是在過去幾年發表的。

上頁其他幾張圖也是一樣，搜尋「催產素／社會行為」，或之後輸入「經顱磁刺激／決策」，接著是「腦／攻擊行為」。

再提供一些例子，讓你比較有概念：

我們的行為持續由一系列暗中的力量所形塑。以右頁圖表所顯示的是：這些力量多數與生物機制相關，而在不久之前，我們根本還不知道有這些生物機制存在。

所以，我們該拿明斯基對自由意志的定義（需要修改為「我**還**不理解的內在力量」。）怎麼辦呢？

他們將怎麼看我們

如果你還是認為緩和的自由意志存在，在這個時候有三條可能的路

12 原注：讓你可以感受一下我們現在才走了多短一段距離：目前已發現可預測憂鬱症的變項總共是「血清素轉運子基因」＋「童年逆境」＋「成年社會支持」。就這樣，所有文獻差不多就到這裡。關於額葉腦傷與反社會暴力，則是「額葉皮質的神經狀態」＋「D4 多巴胺受體子類型」＋「是否患有注意力不足過動症」。

生物詞彙搜尋數					
	基因／行為	睪固酮／攻擊行為	杏仁核／攻擊行為	單胺氧化酶／攻擊行為 MAO	表觀遺傳學／行為
1920-30	1	0	0	0	0
1930-40	3	0	0	0	0
1940-50	3	0	0	0	0
1950-60	10	2	0	0	0
1960-70	22	3	2	0	0
1970-80	39	24	4	1	0
1980-90	128	53	5	2	0
1990-2000	9,288	401	97	40	9
2000-2010	27,754	757	321	119	197
2010-20	52,487	1,070	560	184	1,012

（注意：2010–20的數據依照2010–2015數據的比例換算）

可以走。

為了理解第一條路，先短暫討論一下癲癇。科學家對於癲癇發作的神經基礎、以及其涉及異常頻繁而同步的放電活動所知甚多。但不太久之前，好比說，一世紀之前，癲癇還被視為一種精神疾病。再更早之前，許多人認為它是傳染病。在其他時空，人們更認為得到癲癇的原因是自慰、性活動過多或自慰過多。但兩位德國學者在 1487 年發現了一個癲癇的病因，似乎真的正中目標。

這兩位道明會修士海因里希・克雷默（Heinrich Kramer）和雅各布・斯普倫格（Jacob Sprenger）出版了《女巫之槌》（拉丁文：*Malleus Maleficarum*，英文：*Hammer of the Witches*），是關於為什麼某人會變成女巫、怎麼辨認女巫、以及該拿女巫怎麼辦的權威性專著。最能有效辨認女巫的方法是什麼？看她們是不是被撒旦附身了、因為體內惡魔的邪惡力量而抽搐。

他們的指導方針是馬可福音第 9 章 12 到 29 節。一個男人帶著他的兒子到耶穌面前，說他的兒子有些不對勁，請求耶穌治癒他——他被鬼魂附身了，鬼讓他變成啞巴，然後將他摔到地上。他口吐白沫、磨牙、身體變得僵硬。那個男人讓耶穌看他的兒子，突然之間他被鬼附身並倒到地上，身體抽搐、口吐白沫。耶穌感知到他受到不乾淨的鬼魂所侵擾，命令那邪惡的鬼魂出來並消失。附身停止了。

所以癲癇發作是惡魔附身的徵兆、是女巫的確切標記。《女巫之槌》正好趕上印刷機剛發明的時期，享受到大量印刷的好處。根據歷史學家傑佛瑞·羅素（Jeffrey Russell）的說法，「女巫的歇斯底里透過媒體快速宣傳，可以證明古騰堡並沒有把人從原罪中解放出來。」這本書廣為流傳，而且在下一個世紀出版了超過三十個版本。根據估計，結果共有十萬到百萬人因為被認為是女巫而遭到迫害、虐待或殺害。[13]

我對克雷默和斯普倫格評價不高，認定他們是殘忍的野獸，但那可能反映出我太受《玫瑰的名字》（*The Name of the Rose*）或《達文西密碼》（*The Da Vinci Code*）之類的作品影響。也許他們是投機份子，認為出版那本書有助於發展事業。也許他們完全真心誠意地那麼想。

我想像15世紀晚期的一個夜晚，教堂的審訊者疲累而沉重地回到家。他的妻子哄他聊天——「今天和平常一樣給女巫判刑，但有一個案子讓我感到困擾。有個女人倒在地上、磨牙又抽搐，所有測試都顯示她毫無疑問是個女巫。我不同情她——沒有人要她對撒旦敞開大門。但她有兩個可愛的小孩——你看到他們就知道了，想到他們的母親怎麼會被帶走，這真的令人感到迷惑。還有，她的丈夫心急如焚。要看著他們受苦，那部分很不容易。但事情就是這樣——當然，我們還是放火燒了她。」放火、殺戮，幾世紀就這樣過去，直到西方世界的人學到夠多教訓，懂得說：「不是她的錯，是她的疾病。」[14]

對於這一切的任何一部分，我們都才剛理解一點點而已，因為理解程度少之又少，留下了巨大的鴻溝、尚未解釋的部分，絕頂聰明的人就用

13 原注：感謝優秀的學生卡崔娜·許使我注意到《女巫之槌》。

14 原注：我特別指出「西方世界」，因為即便在今天，這也不是普世皆然的詮釋。

小矮人填補這道鴻溝。然而，就算是堅定相信自由意志的人也不得不承認，這道鴻溝已經比過去窄了。我們在不到兩世紀前透過科學得知額葉皮質和合宜的行為有些關聯。不到七十年前得知思覺失調症是一種生物化學的疾患。大概五十年前知道有一種我們現在稱為閱讀障礙（dyslexia）的閱讀困難不是因為懶惰，而是與細微的額葉病變有關。我們在二十五年前得知表觀遺傳學可以改變行為。深具影響力的哲學家丹尼爾・丹尼特（Daniel Dennett）曾寫道，自由意志是「值得追求的」。但如果真有自由意志存在，也漸漸限縮到不值得努力追求的世俗瑣事領域——我今天想穿三角褲還是四角褲？

回想一下先前那些呈現出這些科學發現有多晚近的圖表。如果你從今晚午夜開始相信，接下來由於某種緣故，科學將停止發展，再也不會出現與本書內容相關的新論文、發現或知識，我們已經知道所有事情了，那麼這是什麼樣的立場就十分明顯——在少數領域中，某些極端的生理失調導致行為出現非自主性的改變，我們無法準確預測這種變化背後發生了什麼事。換句話說，小矮人還活得好好的。

但如果你相信知識還會繼續累積增長，你要不是忠於這種觀點——任何自由意志的證據終將被排除，就是認為小矮人至少會被擠到比較狹小的位置。不管持哪一種觀點，都代表你也同意另一件幾乎可以保證的事：未來的人回頭看我們，會覺得我們就像是水蛭醫療、放血和頭部穿孔（trepanation）的倡導者，就好像我們回頭看 15 世紀那些每天為女巫判刑的專家一樣，未來的人會想：「天啊，他們那時候還不知道那麼多事情，他們造成了多大的傷害。」

考古學家有一種做法令人印象深刻，反映出這個學科的謙遜之處。當考古學家發掘出一處遺址，因為明白未來的考古學家會為過去的考古技術多麼原始並造成破壞而感到震驚，因此他們經常讓遺址保持原封不動，等待技術更好的同行後輩前來。譬如，當中國著名的秦朝兵馬俑開始挖掘之後，經過超過四十年，只有不到 1%的兵馬俑出土，十分驚人。

我們無法奢望法庭審判休庭一世紀，等我們完全瞭解行為背後的生物學再繼續。但至少整個體系都需要考古學的謙遜，把「不要造成無可挽回的改變」置於優先位置。

但在此同時，我們實際上該怎麼做？簡單來說（我站在實驗室，離法律世界有一段具有緩和作用的距離，要這麼說很容易）：大概有三件事。一個很簡單，一個非常難以貫徹，第三個近乎不可能。首先是簡單的那個。如果你拒絕了自由意志，討論轉向法律體系，每次都會出現一個令人抓狂的無意義挑戰，就是人們就不再處置罪犯，他們可以自由地走在大街上，大肆進行破壞。我們馬上駁倒這一個做法——沒有任何一個拒絕自由意志的理性之人真的相信這點，並論證我們不該做任何事情，只因為畢竟那個人額葉受損了，畢竟演化所選擇的有害特質在過去具有適應性，畢竟……人們必須受到保護，免於危險人士的傷害。如果剎車有毛病的車不能開上街，危險的人也不能走在街上。如果可以，就幫助這些人改過向善，如果做不到，而他們一直都將這麼危險，就讓他們永遠待在錯位玩具島（Island of Misfit Toys）。約書亞．格林和普林斯頓大學的強納森．柯恩針對這點寫了思路清晰的文章：〈神經科學對法律沒有造成任何改變，也改變了一切〉（'For the Law, Neuroscience Changes Nothing and Everything'）。神經科學及其他生物學什麼都沒有改變的部分，就是繼續保護處境危險的人不受危險人士傷害。

再來是那個近乎不可能的議題，關於「改變了一切」——懲罰的議題。也許，只是也許，在行為主義的框架中，罪犯在某一刻必須接受懲罰，以此做為改造犯人的一環，藉由擴張額葉能力、降低再犯的機率。這隱含在透過否定他們的自由而將危險人士移除到社會之外的過程中。但排除自由意志的同時，也就排除了把懲罰本身當作目的，以及將懲罰當作想像中可以「平衡」正義天秤的東西。該全盤改變的是懲罰者的心態。法官兼法學者莫里斯．霍夫曼（Morris Hoffman）的傑出著作《懲罰者的腦：法官與陪審團的演化》（*The Punisher's Brain: The Evolution of Judge and Jury*）探討了這其中的困難。他回顧了懲罰的理由：就像我們在賽局研究中所看到的，因為懲罰促進了合作；因為這就在社會性演化的結構中。最重要的是，因為懲罰讓人感覺很好，可以在公開絞刑的過程中，站在既正直又自以為是的群眾之中，知道正義正被伸張。

這是一種深沉又原始的愉悅感。當研究人員請參與者進入腦部掃描儀，並提供違反規範的情境，對於這項違規應受懲罰的程度之決策，與認知的背外側前額葉活動具有相關性。但決定怎樣是合宜的懲罰，則會活化情緒的腹內側前額葉，還有杏仁核和腦島；活化程度越強，給予的懲罰就越重。做出懲罰決定背後強烈的動機，都是種情緒強烈的邊緣系統狀態。懲罰的結果也是一樣——當參與者因為其他玩家在賽局中的糟糕提案而懲罰對方，多巴胺酬賞系統產生活化。懲罰就是讓人感覺很好。

我們演化成以邊緣系統的強烈情緒為懲罰的基礎，伴隨令人愉悅的多巴胺酬賞急遽上升，這很合理。懲罰費力又代價高昂，從在最後通牒賽局中拒絕不公平的提案同時也放棄了自己的酬賞，到我們繳稅來為操作致命注射儀器的監獄警衛支付牙醫健康保險。那一陣自以為正義的愉悅感驅動我們去承受這份代價。一個神經造影賽局研究證明了這點：參與者可以不必付出代價就懲罰提出糟糕提案的人，或者需要付出他們之前賺到的點數來懲罰糟糕提案者。當某人在不需要付出代價就能懲罰的情境中多巴胺活化程度越高，他在另一種情境中就越願意為了懲罰付出代價。

所以，那項近乎不可能的任務就是要克服這點。當然，就像我所說的，還是要根據工具性的目的運用懲罰，藉此精準塑造行為，但絕不為「懲罰是一種美德」這種想法保留任何空間。我們的多巴胺路徑必須另尋刺激。我確實不知道有什麼最好的方法可以達到那種心態。但重要的是，我確實知道我們**做得到**——因為我們在過去已經做到了：過去，癲癇患者因為與惡魔之間的聯繫而受罰，懲罰他們是崇高道德的表現。如今，我們要求癲癇病情未受控制者不可開車。關鍵在於沒有人把禁止開車視為彰顯道德且令人愉快的懲罰，也沒有人相信一個人患有難以治療的癲癇而被禁止開車是他「活該」。甲狀腺腫大的看熱鬧群眾不會興奮地聚在一起看癲癇患者的駕照被公開燒掉。我們已經成功消滅那種懲罰了。這也許要花上幾世紀，但針對現存的懲罰方式，全都可以執行同樣的事情。

這讓我們面臨到那個巨大又實際的挑戰。傳統上，監禁罪犯的根本原因是要保護大眾、改造犯人、懲罰犯人，最後用懲罰威懾群眾，使其他人不敢犯罪。最後一個挑戰是實際的，因為懲罰確實可以嚇阻犯罪。那該怎樣才能辦到呢？其中一種最廣泛的解決方法與開放社會並不相容——讓大眾**相信**監禁包含恐怖的懲罰，但實際上沒有。或許，當一個危險份子被移除到社會之外，他所失去的自由已足以威嚇群眾。或許，我們還是需要一些傳統的懲罰方式，如果那足以遏止犯罪。但必須徹底終止的，是認為「有些人活該被懲罰」與「懲罰別人可能是一種道德崇高的行為」的看法。這都將不容易。每當想到這麼做是多大的挑戰，要記得一件重要的事：15 世紀迫害癲癇患者的那些人之中、很多人、甚至可能是大多數人都和我們沒有差異——真誠、謹慎、謹守倫理、關心威脅到社會的嚴重問題、希望留下一個更安全的世界給子孫。他們只是懷著一種我們無法瞭解的心態而已。他們和我們之間的心理距離很大，做為分隔的是那老套的發現——「不是她的錯，是她的疾病」。跨過了那道分隔線，我們現在還需要拉近的距離就小多了。而我們要做的也只是採納同樣的洞見，願意看看科學的發展將引領我們走向什麼方向。

這麼做是希望當人們要處理人類最糟而最具傷害性的行為時，不再涉及「邪惡」或「靈魂」之類的字眼，在法庭中談到這些字眼的次數，應該像在修車廠討論剎車有毛病的汽車一樣少。而且很重要的是，使用這個類比時有一個關鍵，即便額葉皮質、基因等等沒有明顯問題的危險人士，也適用於此。當一輛車功能失常、變得危險，我們便會去找技師檢查，這可不是一個二分法的情境——（a）如果技師發現某個零件壞掉造成那個問題，就得到了機械上的解釋；（b）如果技師找不出問題所在，這就是一台邪惡的車；當然，技師可以隨意猜測問題來源為何——也許是那輛車的設計圖，也許是組裝過程，也許環境中有些汙染物損害了它的功能，也許有一天修車廠將擁有夠強的技術，會發現引擎中的某個關鍵的部分壞了——但同時我們認為這輛車是邪惡的。車子的自由意志也等於「我們還不理解的內在力量」。[15]

很多人應該會發自內心反對這種觀點，認為把受傷的人類和壞掉的機器相比，相當於去除了人性。但最後一個重點是，這麼做比把他們妖魔化或藉由傳道化為罪人要來得人道多了。

後記：困難的部分來了

嗯，關於刑事司法系統談得差不多了。現在轉到真正困難的部分，當有人稱讚你的顴骨弓時，該怎麼辦？

如果我們在談到人類最糟的行為時否認自由意志的存在，就一定也要在人類最好的行為上否定自由意志——甚至也包括我們的才華、意志力與專注力的展現、迸發出創造力、人道行為與慈悲心的時刻。依照邏輯，因為自己擁有上述這些特質而邀功是很荒謬的，就好像當有人稱讚你的顴骨很美，你的回應是謝謝對方讚美了你的自由意志，而不是去解釋機械力如何作用在你頭骨裡的顴骨弓上。

要我那麼做會很困難。我願意承認我在這方面表現得很不理想。當我太太和我一起與一位朋友共進早午餐，他端上水果沙拉。我們說：「哇，那上面的鳳梨看起來好好吃。」「現在不是鳳梨的季節，」招待我們的主人得意地說，「但我很走運，找到了一顆很漂亮的鳳梨。」我太太和我對他肅然起敬，表現出我們的崇拜——「你真的很會挑水果。你是比我們更好的人。」我們在讚美的是他（假定有自由意志的話）所展現的自由意志、在人生的三岔路口上做出的選擇（也就是挑鳳梨）。但我們錯了。實際上，招待我們的主人的嗅覺受體幫助他辨別鳳梨的熟度，而嗅覺受體和基因有關。也許他出身的地方有深刻而古老的文化傳統，包括知道怎麼感覺哪一

15 原注：車子可能很快就會在道德決策的討論中登場——如果一定要二擇一，一輛自動駕駛汽車該不該撞上一道牆、害死車上的乘客，以拯救五位行人的性命？多數人認為應該這樣設計汽車的程式，但是，不難預料，大家也希望自己搭乘的車會做出不要撞牆的選擇。或許可以設定比較昂貴的模式這麼運作，然後一般民眾使用的車則偏向採取效益主義。又或許將來汽車會根據你多常洗車和換機油，自己做出決定。

顆是好鳳梨。他因為運氣好而走在高社經地位的軌道上，使他擁有足夠的資源，能夠在價格高昂、背景播放祕魯民謠的有機市場中閒逛。但我們還是讚美他。

我無法真的想像沒有自由意志要怎麼過活。我們可能永遠無法真的把自己看成生物機制的總和。或許我們將必須小心確認我們的小矮人神話是無害的，以便把真正理性思考的力氣，省下來用在思考我們是否應該嚴厲評判他人這樣的重要時刻。

17

戰爭與和平

我們先來回顧一下。杏仁核通常在看到其他種族的臉孔時活化。如果你很貧窮，在你 5 歲的時候，額葉皮質的發展八成落後平均水準。催產素讓我們用差勁的方式對待陌生人。同理心不一定會轉為仁慈之舉，道德發展程度比較高的人也未必就會做出比較困難的正確的事。有些基因變異在特定情況下讓你容易做出反社會行為。倭黑猩猩並非全然和平的動物——如果不是偶爾發生需要和解的衝突，牠們也不會是和解大師。

這一切都令人感到悲觀。但本書的基本方針就是，儘管如此，我們還是有樂觀的理由。

所以，最後一章的目標就是：（a）證明情況有所進步，我們很多最糟的行為已經減少，最好的行為則增加了；（b）檢視怎樣可以進步更多；（c）為這大膽之舉提供情緒支持，看看即便在最艱難的情況下，還是可以出現人類最好的行為；（d）最後，看看本章是不是真的可以稱為「戰爭與和平」。

良善一點的天使

說到我們最好與最糟的行為，在不久之前的過去，人類與現在就有天壤之別。19 世紀剛開始的時候，世界各地都存在奴隸制度，包括正沐浴在啟蒙運動中的歐洲。童工隨處可見，而且很快就隨工業革命而達到剝削童工的黃金時代。而且當時沒有任何一個國家懲罰虐待動物的行為。現在，所有國家都禁止奴隸制度，而且多數國家執行此規定；大部分國家立了童工法，童工比例已經下降，而且童工之中有越來越高的比例在家中與父母一起工作；大部分國家也想辦法管制對待動物的方式。

世界變得更安全了。在 15 世紀的歐洲，每年每十萬人中平均有 41 起殺人案。目前這個數字只有在薩爾瓦多、委內瑞拉和宏都拉斯比較高，分別是 62、64 和 85；世界平均為 6.9，歐洲平均為 1.4，冰島、日本和新加坡則為 0.3。

以下這些事情在近幾世紀也更少見了：強迫婚姻、童養媳、殘割女性生殖器、毆打妻子、多偶制、焚燒寡婦。對同性戀者、癲癇患者、白化症患者的迫害。毆打學童與役畜。由占領軍隊、殖民霸主或未經選舉的獨裁者統治一個地方。以及文盲、嬰兒期死亡、死於分娩、死於可預防的疾病。死刑。

以下是上個世紀創造出來的東西：禁止使用特定種類的武器。世界法院（World Court）和危害人類罪的概念。聯合國、調動多國部隊維護和平。簽訂國際協定來阻止對血鑽石、象牙、犀牛角、豹皮和人類進行非法交易。有些機構籌集資金來幫助世界各地災民、促進跨洲領養孤兒、對抗大規模傳染病並派醫療人員到衝突地區。

是的，我知道，如果我以為全世界都執行法治，那我實在太天真了。譬如，1981 年，茅利塔尼亞成為最後一個禁止奴隸制度的國家；然而，今日有大約 20%的人是奴隸，而政府總共只起訴了一個蓄奴者。我發現很多地方沒有改變多少；我曾住在非洲數十年，周遭的人相信癲癇患者被惡魔附身、被謀殺的白化症患者的器官有療癒力量，毆打妻子、小孩和動物稀鬆平常，5 歲的牛群在運載木柴，少女的陰蒂遭切除且被送給年長男人做第三個妻子。然而，就整個世界而言，狀況已經有所進步。

關於這點，決定性的報告就在平克不朽的著作《人性中的良善天使：暴力如何從我們的世界中逐漸消失》中。這本學術著作記載了過去的狀況有多糟，讀來極為痛苦。平克清晰地描述了人類史上駭人聽聞的不人道行為。大約五十萬人死在羅馬競技場上，為了提供數萬名觀眾觀看囚犯被強暴、肢解、折磨和被動物吃掉的愉悅感。整個中世紀，軍隊橫掃歐亞大陸，殺人毀村，把所有女人和小孩送去當奴隸。有很大一部分的暴力來自貴族階級，他們殘暴地對待農民，不會因此受到任何懲罰。從歐洲人到波斯人、中國人、印度人、玻里尼西亞人（Polynesians）、阿茲特克人（Aztecs）、非洲和美洲原住民，宗教權威或執政者都發明了虐待的方式。一個無聊的 16 世紀波斯人的娛樂活動可能包括焚燒貓咪、處決「犯罪」的動物、或鬥熊（bearbaiting），也就是把熊栓在一根桿子上，再讓狗把牠四分五裂。那是個與現今不同到令人難受的世界；平克引用作家哈特利（L.P.Hartley）的話：「過去是一個陌生的國家：他們有不同的做事方式。」

《良善天使》一書引起了三項爭議：

為什麼人類當時那麼糟？

對平克來說，答案很明顯。因為人類一直都這麼糟。這就是第 9 章談過的辯論——戰爭在什麼時候發明的？我們祖先的狩獵採集生活符合霍布斯還是盧梭的說法？我們已經看到，平克所在的陣營認為，在文明出現之前，人類就已產生有組織的暴力，從我們和黑猩猩最後的共同祖先就開始了。如同先前回顧的，多數專家堅決反對，認為那種論點只挑選了對自己有利的證據，把狩獵粗耕者錯誤標籤為狩獵採集者，並將新奇的定居狩獵採集者不恰當地和傳統上四處遷移的狩獵採集者劃為同一群。

為什麼人類變得沒那麼糟了？

平克的答案反映了兩個因素。他借用社會學家諾伯特・愛里亞斯（Norbert Elias）的「文明化過程」（civilizing process）概念，認為當國家壟斷了武力，暴力便隨之減少。這還伴隨著商業和貿易的散播，促進了現實政治的自制——明白留下活口與自己交易比較好。別人的幸福開始變得重要，造成平克所說的「理性電扶梯」（escalator of reason）——同理心與形成我群概念的能力擴大。這是「權利革命」的基礎——民權、女權、兒童權利、同志權利、動物權。這個觀點是認知的勝利。平克將此與「弗林效應」（Flynn effect）結合，亦即有充分證據顯示平均智商在上世紀提升了；他援引一種道德的弗林效應，智商提升且人們開始敬重理性，加強了心智推理和觀點取替，也更有能力理解和平的長期益處。在一篇評論文章中，作者說平克「臉不紅氣不喘地說自己的文化已經文明化」。

一如預期，這引起了各方戰火。左派指控這種對已逝白人男性啟蒙運動過度興奮的高估，會強化西方的新帝國主義。我個人的政治直覺也朝向這個方向。不過，還是必須承認最少暴力、社會安全網最密集、童養媳最少、最多女性立法委員、還有神聖不可侵犯的公民自由的國家，大多直接繼承於啟蒙運動。

同時，右派則聲稱平克忽略了宗教，假裝得體的行為在啟蒙時期才發明出來。他對此雄辯滔滔、毫不認錯——對他來說，已進步的部分之中，有很多反映了「人們從重視靈魂轉向重視生命」。對其他人來說，這個理性電扶梯盲目崇拜認知勝過情緒——畢竟，反社會者有很好的心智理論能力，（因受傷而導致的）純粹理性心靈會做出可惡的道德判斷，而且推動正義感的是杏仁核和腦島，不是背外側前額葉。本書已經談了這麼多頁，應該可以明顯看出我認為推理和感覺之間的互動就是關鍵。

人類真的變得沒那麼糟了嗎？

這一直很有爭議。平克講了這句金句：「我們可能活在人類存在以來最和平的時代。」讓他這麼樂觀的原因是，除了巴爾幹戰爭，歐洲自1945年以來皆處在和平中，這是史上最長的一段時間。對平克而言，這段「長期和平」（Long Peace）代表西方在經過二次世界大戰的破壞之後醒悟過來，看到維持共同市場的好處大過於整個大陸爭戰不休，再加上已經增長的同理心作為小菜。

批評者形容這是歐洲中心主義。或許西方國家彼此歡聚一堂，但他們繼續在其他地方打仗——法國在中南半島和阿爾及利亞、英國在馬來半島和肯亞、葡萄牙在安哥拉和莫三比克、蘇聯在阿富汗、美國在越南、韓國和拉丁美洲打仗。此外，開發中國家已持續處在戰爭狀態數十年——想一想東剛果的情況就知道了。最重要的是，這些戰爭比以往更加血腥，因為西方創造出一種概念，讓附庸國幫他們打代理人戰爭。畢竟，美國和蘇聯曾在 20 世紀晚期販賣武器給互相交戰的索馬利亞和衣索比亞，結果幾年內雙方交換，賣武器給另一方曾經支持的國家。只有西方人才享有長期和平。

宣稱暴力行為在過去千年逐步減少的說法，也必須納入整個血腥的 20 世紀。二次世界大戰殺了五千五百萬人，比史上任何衝突都多。再加上一次世界大戰、史達林、毛澤東和俄國與中國內戰，這個數字就達到一億三千萬人。

平克做了一件很明智的事，反映出他真是一位科學家。他用總人口數校正了這個數字。所以，雖然在西元 8 世紀，中國唐朝的安史之亂與內戰「只」殺了三千六百萬人，代表全世界六分之一的人口——但那等於 20 世紀中期的四億二千九百萬人。用死亡人數占總人口比例來表示，二次世界大戰是 20 世紀唯一可以擠進前十名的事件，排在安史之亂、蒙古征戰、中東奴隸貿易、明朝殞落、羅馬殞落、帖木兒造成的死亡、歐洲人殲滅的美洲原住民、以及大西洋奴隸貿易之後。

批評者對此提出質疑——「喂，別再用敷衍因子來讓二次世界大戰的五千五百萬人死亡看起來比羅馬殞落時的八百萬人少了。」畢竟，就算美國總共有六億人而非實際的三億人，九一一兇手引發的恐懼並不會因此就減少一半。但平克的分析是恰當的，而且人們就是藉由分析事件的**比例**，發現今日的倫敦比狄更斯的年代安全多了，或某些狩獵採集群體的殺人率和底特律相當。

但平克沒有在邏輯上更進一步——也校正那些事件的時間長度。所以他把二次世界大戰的六年和……好比說，中東奴隸貿易的**十二個世紀**和美洲原住民種族滅絕的四個世紀相比。校正了時間長度和世界總人口數之後，現在，前十名包括二次世界大戰（第一名）、一次世界大戰（第三名）、俄國內戰（第八名）、毛澤東（第十名），和一個不在平克原始列表上的盧安達大屠殺（第七名）——七十萬人在一百天內遭到殺害。[1]

1　原注：完整列表如下（數字為每一年大約的死亡人數）：（1）二次世界大戰，一千一百萬人；

這同時代表好消息和壞消息。在擴展權利及產生同理心的對象、以及對抗全球的問題上，我們已經和過去有很大的不同。暴力的人比較少、社會也試圖包容他們，這方面是有進步的。但壞消息是，那少數暴力的人力量卻越來越強。現在，他們可不只對另一個大陸上發生的事感到憤怒——他們可以抵達當地，大肆破壞。有魅力的暴力人士不再只鼓動一個村莊的暴民，而是聊天室裡的數千人。心態相似的孤狼更容易相遇和擴散。過去，動亂由棍棒或彎刀開始，如今則用自動武器或炸彈，結果遠比以前恐怖。有些事情進步了，但不代表就是好的。

所以，現在我們要透過本書提供的洞見，來看看怎樣可能有所幫助。

幾條傳統路徑

首先，回溯到數萬年前，有一種策略可以減少暴力行為——遷移。如果一個狩獵採集遊群中的兩個人關係緊張，其中一人經常會搬到隔壁的遊群，有時候是自願的，有時候則非自願。同樣地，遊群之間若關係緊張，當其中一個遊群遷移到別的地方，緊繃情勢也得到緩解，這是四處遷徙的好處。近期有一個針對坦尚尼亞哈扎人（狩獵採集者）的研究，顯示這種流動性還有一種好處，可以直接連到第 10 章的內容。具體來說，它促進了有高度合作性的個體互相連結。

再來，就像人類學家和平克所強調的，貿易也帶來益處。從村落市集的交易到簽訂國際貿易協定，貨物沒有到達的邊境地帶，軍隊就會進駐。這符合湯馬斯・佛里曼（Thomas Friedman）半開玩笑的「和平金拱門理論」——有麥當勞的國家不會互相攻打。儘管有例外存在（譬如，美國入侵巴拿馬、以色列入侵黎巴嫩），佛里曼的論點大致成立——穩定到被整合進

（2）安史之亂，四百五十萬人；（3）一次世界大戰，三百萬人；（4）和（5）太平天國與帖木兒，各兩百八十萬人；（6）明朝殞落，兩百五十萬人；（7）和（8）蒙古征戰和盧安達大屠殺，各兩百四十萬人；（9）俄國內戰，一百八十萬人；（10）俄羅斯十六、十七世紀的混亂時期（Time of Troubles），一百五十萬人；（11）毛澤東引起的中國大饑荒，一百四十萬人。

全球市場、擁有麥當勞之類企業的國家，以及繁榮到當地人的消費可以支撐那些企業營運的國家，比較容易認為和平所帶來的貿易優勢，超過了想像中打贏勝仗能得到的好處。[23]

但情況不一定如此。譬如，雖然德國和英國是主要的貿易夥伴，卻在一次世界大戰中敵對，而且，就算要付出干擾貿易和貨物短缺的代價，願意上戰場的人也從來沒有不足過。此外，「貿易」是把雙面刃。雨林中本地獵人之間的交易肯定很美妙；對世界貿易組織抗議時，貿易則很邪惡。只要相距遙遠的國家之間可以發動戰爭，卻因為遠距貿易而彼此相依，貿易就會是遏止戰爭的一種好的因素。

一般的文化擴散（cultural diffusion，包括貿易）也可以促進和平。這可以染上一抹現代的色彩——跨越一百八十九個國家，都可以藉由數位近用（digital access）來預測公民自由和媒體自由。此外，隔壁國家的公民自由越高，這個效應便越強，彷彿觀念隨著貨物一起流動。

宗教

嗯，我很想跳過這一節，但沒辦法。因為宗教大概是最有代表性的文化發明，在催化我們最好與最糟的行為上，具有不可思議的強大力量。

在寫第 4 章時，我不覺得自己必須先揭露我對腦下垂體的感覺，才能開始介紹腦下垂體。但對於宗教，感覺就必須這麼做才合適。所以：我在嚴守教規的正統派猶太教環境中長大，原本信仰虔誠。但在 13 歲左右，我的信仰崩塌，從那之後我就無法再信仰宗教或感受靈性，而且關注宗教破壞性的一面多於有益的一面。但我喜歡和有宗教信仰的人在一起，也因他們而感動——同時無法理解他們為什麼能相信那樣的東西。我熱切

2　原注：這是一直以來大家對佛里曼想法的典型詮釋。不過，大家在那種情況下不打仗，很有可能是因為他們得了成人型糖尿病而忙著就醫。

3　原注：有一個例外是第 9 章的勞倫斯・基利，他主張貿易過程必然包含衝突，最終結果是提高（而非降低）群體間的緊張。

盼望我也能夠相信。說明到此結束。

如同第 9 章所強調的，我們創造出來的宗教種類多得驚人。但若只討論觸及全球的宗教，可以看到一些重要的共通性：

a. 這些宗教都包含了非常私人、孤獨、個人化的面向，也有著重社群的面向；我們將會看到，談及宗教如何促進我們最好與最糟的行為時，這兩方面屬於非常不同的範疇。

b. 這些宗教都包含個人和集體的儀式行為，在令人焦慮的時刻帶來慰藉；然而，許多焦慮時常是宗教本身創造出來的。
不難理解信仰具有減低焦慮的作用，因為心理壓力與缺乏控制和可預測性，以及缺乏情緒宣洩的出口及社會支持有關。各個宗教信仰以自己的方式解釋事情為什麼發生，堅信事情背後有個目的，感受到有個造物主關心我們，這個造物主是仁慈的、對人類的乞求有所回應、而且優先回應像你這樣的人。難怪篤信宗教有益健康（此效果獨立於宗教帶來的社群支持及減低物質濫用）。回想一下，前扣帶迴皮質有個角色，是在你以為事情會怎樣發展和實際情況之間存有落差時發出警報。在控制性格和認知能力之後，信仰越虔誠的人在得知期望和現實之間存在負面的落差時，前扣帶迴皮質的活化程度越低。其他研究則顯示，重複的宗教儀式具有減輕焦慮的效果。

c. 最後，所有世界性宗教都區分我群和他群，儘管各個宗教在要具備什麼才算是我群之相關特性是否永恆不變上有所不同。

已經有非常多關於虔誠信仰的神經生物學研究，甚至還有一本期刊叫作《宗教、腦與行為》（*Religion, Brain and Behavior*）。吟誦一段熟悉的禱詞可以活化中腦—邊緣多巴胺系統。即興唸出一段禱詞則與心智理論有關，因為你試著理解神的觀點（「上帝希望我除了感恩，還要謙遜；我最好記得提到這點」）。此外，「心智理論網絡的活化程度較高」與「將神明人格化的程度較強」具有相關性。相信某人可以運用信仰療法（faith healing）來抑制（認知的）背外側前額葉，中止懷疑。進行熟悉的宗教儀式時，則是與習慣及反思性評估的皮質區會活化。

所以，有宗教信仰的人會比沒有的人更友好嗎？這要看是跟內團體還是外團體成員互動。好吧，有宗教信仰的人對內團體成員比較友好嗎？許多研究的答案都是肯定的——他們較常從事志願服務（無論在宗教或非宗教的脈絡下皆如此）、較常進行慈善捐贈、自發的利社會性較高、在賽局中較慷慨大方、信任他人、誠實、寬容大量。然而，也有很多研究顯示沒有差異。

為什麼會有這樣的落差？首先，研究資料是不是來自參與者自述很重要——有宗教信仰的人在報告自己的利社會行為時，比沒有宗教信仰的人更傾向誇大。另一個因素為利社會性的展現是否公開——對於亟需社會認可而有宗教信仰的人來說，用引人注目的方式展現利社會性很重要。從一個研究更能看出這視脈絡而定，在這個研究中，信仰宗教的人比沒有宗教信仰的人更樂善好施——但只在安息日才如此。

另一個重要議題：哪一種宗教？如第 9 章所介紹的，英屬哥倫比亞大學的阿蘭．諾倫薩揚、阿齊姆．沙里夫（Azim Shariff）與喬瑟夫．亨利希已經發現不同宗教的特點與利社會性不同面向間的連結。我們已經看到，小遊群文化（譬如狩獵採集者）很少創造出道德化的神。直到文化夠大，人們經常與陌生人進行匿名互動，此時，才普遍出現會評判人的神——猶太—基督教和穆斯林的神。

在這類文化中，外顯和隱性的宗教線索都可以提高利社會性。在一項研究中，信仰虔誠的參與者將打散的字詞還原為句子，其中有些包含宗教性詞語（譬如靈〔spirit〕、神性的〔divine〕、神聖的〔sacred〕），有些則不包含；若句子中包含了宗教性詞語，參與者在那之後會變得比較慷慨大方。這令人想起第 3 章的研究發現，光是牆上貼著一雙眼睛，就足以提高人們的利社會性。而且，如果重組的句子中包括「陪審團」、「警察」或「契約」，效果也相同，顯示這與受到監視有關。

所以，提醒別人有神在評判人，會激發利社會性。神會怎麼對待犯下罪過的人也很重要。在同一個文化之中或不同文化之間，神越會對人進行懲罰，人們就對信奉同一宗教的匿名對象越慷慨。會懲罰的神是否也使人比較會懲罰別人呢（至少在賽局中）？在一個研究中，答案為「否」——省下你的力氣，上帝都處理好了。另一個研究則說「是」——會懲罰的神也讓我比較想進行懲罰。英屬哥倫比亞大學研究團隊則得出諷刺的結果。促發參與者想到上帝會懲罰人，可以減少作弊；想到上帝是寬宏大量的，則**提高**了作弊的機率。他們接著研究來自六十七個國家的人，納入各地相信有天堂與地獄的普遍程度。越偏向相信地獄（而非相信天堂），那個國家的犯罪率越低。講到永生對人的影響，棍棒顯然比紅蘿蔔有用多了。

在面對他群方面，宗教又如何助長了我們最糟的行為呢？嗯，其中一個證據是，呃，像是⋯⋯人類歷史。世界上每個主要宗教都有雙手染血的歷史——緬甸的佛教僧侶主導了對羅興亞穆斯林（Rohingya Muslims）的迫害、一個貴格會信徒於聖誕節在白宮監看對北越的地毯式轟炸。[4] 這種行為的範圍從宗教戰爭（引用一句話，一般都說出自拿破崙：「人們為了誰想像出來的朋友比較好而互相殘殺。」），到雖然是非宗教性的戰爭，卻聲稱以全知之神的名義開戰並受其支持。宗教是特別頑強的暴力催化劑。歐洲的天主教徒和新教徒互相殘殺將近五百年、什葉派和遜尼派則是一千三百年。因為經濟或政治上的歧異而引發的暴力衝突從來不會持續這麼久——否則就會好像⋯⋯比如說，東羅馬帝國的希拉克略（Heraclius）在西元 610 年決定把官方語言從拉丁文改為希臘文之後，人們持續打打殺殺直到今日。有人針對六百個恐怖份子團體進行為期四十年的研究，結果顯示，以宗教為基礎的恐怖主義持續最久，而且最不可能因為戰士參與政治而逐漸消失。

4　原注：不過，應該澄清一下，理查．尼克森在福音派貴格會長大；他們不是和平主義者。

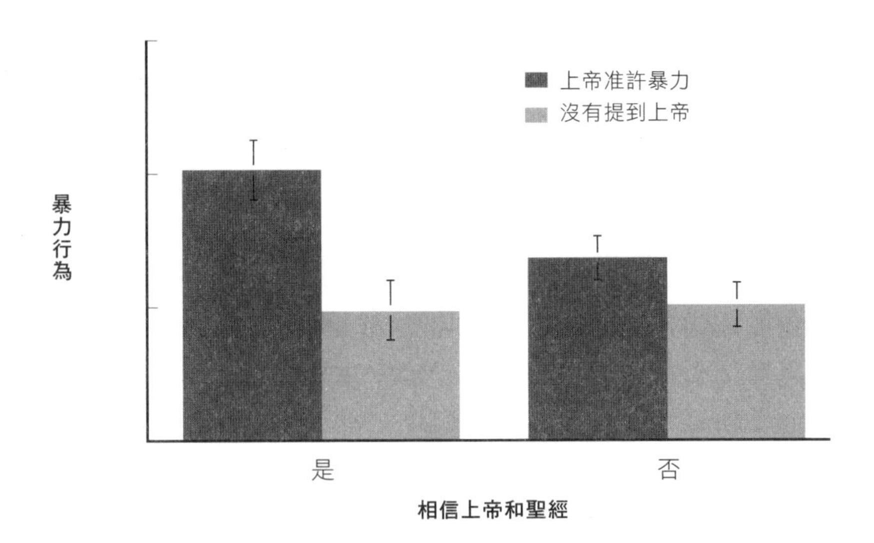

以宗教線索進行促發會助長對外團體的敵意。一份「田野研究」針對在歐洲大都會中的不同地點進行調查，結果發現只是經過教堂，就讓基督徒對非基督徒表現出比較保守與負面的態度。另一項研究檢視暴力的神所帶來的促發效應。研究參與者閱讀一段《聖經》，內容是一位女性遭一群來自另一族的暴民謀殺。她的丈夫和自己的族人商討後，組成軍隊，攻擊對方作為報復（用《聖經》的方式，毀掉對方的城市，殺掉每一個人和每一隻動物）。半數參與者聽到的是這個故事。另一半的人聽到的是，考慮復仇時，這支軍隊也徵詢上帝的建議，上帝准許他們好好教訓對方（見上圖）。

參與者接著玩一場競爭性的遊戲，每一回合的輸家必須聽一陣猛然的噪音，音量由另一位玩家決定。當玩家先閱讀了上帝准許暴力欲望的情景，教訓敵人的音量就會比較高。

不意外——這個效果在男性身上比女性更強。令人驚訝的是，這個研究的參與者不是來自楊百翰大學（Brigham Young University）的虔誠摩門教徒，就是一所荷蘭大學的學生，他們隸屬於信仰比較開放的教派，但結果這個效果在兩個群體中強度相當。最令人大感驚訝的是——就算是不相信《聖經》的參與者（楊百翰大學的學生中令人訝異地有 1%，荷蘭學生中則占 73%），上帝的准許也提高了他們的攻擊性（儘管程度沒那麼高）。所以，神所許可的暴力可以增加攻擊行為，就算自己的宗教信仰應該不包含渴望復仇的神也一樣，還有，就算不相信任何與神相關的東西也一樣。

當然，並非所有宗教都有相同的現象。諾倫薩揚在調查巴勒斯坦人對自殺炸彈客的支持時，區分了個人的（private）宗教信仰與共同的（communal）宗教信仰。結果，個人宗教信仰（用祈禱的頻率來評估）無法預測對恐怖主義的支持，這可以用來反駁「伊斯蘭＝恐怖主義」這種愚蠢的想法。然而，是否頻繁參加清真寺的禮拜儀式卻可以預測。研究者接著針對印度的印度教徒、俄羅斯東正教徒、以色列猶太教徒、印尼穆斯林、英國新教徒、墨西哥天主教徒進行調查，詢問他們是否願意為自己的宗教信仰而死，以及其他宗教的人是否造成這個世界的問題。無論屬於哪一種宗教，經常出席宗教儀式但不常祈禱，其觀點都可以預測。激起群體間敵意的不是宗教信仰，而是身邊被同一宗教的信徒圍繞，他們肯定了自己狹隘的身分認同、忠誠、以及共享的愛與恨。這極其重要。

從這些不同的研究發現可以得出什麼結論？目前看來，宗教不會消失。[5] 儘管如此，提高內團體社會性的最佳方式似乎是道德化且具懲罰性的神。有一種對無神論者的標準批判令人厭煩：沒有神的存在，會造成沒有道德的虛無主義；而對此批評的標準回應則是：如果你只因為害怕遭天譴才表現得仁慈，那真是不怎麼令人欣賞。不管是否令人欣賞，這顯然很有用。主要的挑戰在於宗教信仰的共同面向會激起對外團體的敵意。呼籲宗教拓展我群的範圍是沒有用的。宗教對於誰是我群有獨特的界定方式，從「外表、行動、談話和祈禱方式都和我們教派一樣的人」到「所有生命」

5 原注：儘管非常有趣的是，在上個世紀，北歐國家發展出開明又觸及廣泛範圍的政府系統，支持民眾的社會需求，但那裡信仰宗教的人已大幅減少；如今只有一小部分的北歐人有虔誠的宗教信仰。所以宗教信仰的風氣在未來也許不如想像中蓬勃，就像我們在第 9 章看到的，當非宗教機構比較能夠照顧民眾的需求，信仰宗教的風氣就下降了。或許更重要的是，這能夠說明宗教絕對不是促進包容的內團體利社會性的唯一路徑。

都有可能。想要讓前者變成後者是天大的難事。

接觸

如同第 11 章談過的，許多人都推測群體間的緊張關係可以透過接觸得到緩解——當人們有機會彼此瞭解，就可以好好相處。雖然跨群體的接觸可能有益，但也很容易升高敵意。

如我們在第 9 章看到的，當兩個群體遭遇不對等的對待，或人數不等、較小的群體被另一個群體包圍、群體間的界線模糊、不同群體搶著展現神聖價值的象徵（譬如北愛爾蘭新教徒帶著奧蘭治〔Orangemen〕的旗幟遊行經過屬於天主教徒的街區）。群體間摩肩接踵反而使情況惡化。

顯然，相反的做法才能將威脅與焦慮降到最低——群體在人數與待遇相等的情況下、在不受政治宣傳干擾的中性情境下、並且不受體制監督下相遇。最重要的是當雙方有共同目標，特別是這個目標成功時，雙方的互動最為順利。這又帶我們重返第 11 章——共同目標可以鬆動我群／他群的二分，突顯出重新組合而成的我群。

在上述情況下，維持跨群體接觸通常能夠減少偏見，而且效果經常很強、範圍廣、又能持續長時間。2006 年有一篇針對五百份研究（包括來自三十八個國家、共二十五萬個研究參與者）的後設分析，結論就是如此；不同種族、宗教、族裔或性傾向群體之間接觸的有益效果大致相等。舉例來說，一項 1957 年的研究關於商船廢止種族隔離後的影響，顯示白人水手與非裔美國人一起出航越多次，他們的種族態度越正向。白人警察和非裔美籍搭檔一起相處的時間也有同樣的功能。

一份比較近期的後設分析提供了更多的洞見：（a）接觸的有益效果通常包含對他群有更多的瞭解與同理心。（b）在工作場所接觸特別能夠發揮益處。在工作領域減少對他群的偏見之後，經常可以進一步類推到他群全體，甚至有時候擴大到其他種類的他群。（c）傳統上占支配地位的群體和位居從屬的少數群體接觸之後，通常前者對後者減少較多偏見，後者減少偏見的閾值較高。（d）新的互動途徑——譬如維持網路上關係——

也有一點效果。

全都是好消息。有一種實驗取向衍生自接觸理論，研究者把相衝突群體的成員（通常是青少年或年輕成人）聚在一起，從進行一小時的討論到共同參與夏令營都有可能。最常出現的群體是巴勒斯坦人和以色列人、北愛爾蘭的天主教徒和新教徒或來自巴爾幹半島、盧安達或斯里蘭卡相互反對的群體，期待這些參與者回到家鄉散播他們轉變後的態度。因為帶有萌芽的概念，這類方案取名為「和平的種子」（Seeds of Peace）。

在大合照中，穆斯林和猶太人、天主教徒和新教徒、圖西人和胡圖人、克羅埃西亞人和波士尼亞人手挽著手；這真是太棒了。這種方案有效嗎？這要看怎樣算是「有效」。根據夏威夷大學的專家——史蒂芬・沃切爾（Stephen Worchel）的說法，大體上，效果正面——對於他群的恐懼降低，看法比較正面、比較知覺到他群是具有異質性的群體、更能承認我群的錯誤、也更把自己視為非典型的我群。

這是立即的後果。令人失望的是這些效果通常為時短暫。來自不同群體的人很少保持聯繫；有一項針對巴勒斯坦和以色列青少年的調查，91%的人沒有保持聯繫。持續減少偏見需要例外論——「是的，他群**大多數人**很惡劣，但我和一個他群成員相處過一次，他人還不錯。」當有人經歷了重大轉變，這些改變信仰的和平散播者回到家鄉宣傳新的理念，卻會失去家鄉的人對他的尊敬。舉例而言，沒有什麼和平運動人士是中東「和平的種子」數千位參與者的一員。[6]

我們可以用以下方式思考群體間接觸：與其為了某個他群成員的祖先做了什麼而痛恨他們，不如等到某天你因為他做了某件事而被激怒，比如吃掉了最後一個 s'more 棉花糖夾心餅乾、辦公室空調溫度開太低、或從來不把本來是一把劍的犁頭放回穀倉原本的位置。現在，有進展了。這個

6 原注：這種方法的另一個限制在於，根據定義，參與者願意嘗試緩解與他群的關係，這本身就有自我選擇效應。此外，參與者的社經地位常為特權階級，因此，他們在那之後影響大眾的能力是有限的。

想法的核心為蘇珊·費斯克所呈現的：當參與者想到眼前那張來自其他種族的臉孔屬於一個人、而非他群，就能消除杏仁核的自動化反應。對一整群遭到去個人化的野獸進行個別化，這樣做的力量可以非常驚人。彭拉·戈柏多—瑪迪奇瑟拉（Pumla Gobodo-Madi kizela）在她的著作《一個人類死於那晚：關於寬恕的南非故事》（*A Human Being Died That Night: A South African Story of Forgiveness*）中講到一個感人的例子。戈柏多—瑪迪奇瑟拉在種族隔離時的南非黑人城鎮長大，一路努力讀到臨床心理學博士。南非開始變得自由之後，她在真相與和解委員會（Truth and Reconciliation Commission）工作，因此有機會讓其他人對自己的所做所為產生懷疑。這個故事關於尤金·德科克（Eugene de Kock），他手上沾染了最多種族隔離時期的鮮血。德科克曾經統帥南非警察的反暴動菁英單位，並親自監管對黑人運動者的綁架、虐待和謀殺行動。他已受到審判、定罪並判處無期徒刑。戈柏多—瑪迪奇瑟拉前去訪問他關於行刑隊的事情；身為一位臨床心理學家，與他進行超過四十個小時的對談之後，她的焦點轉移，開始理解這個人。

不難預料，他是個擁有多重面向、矛盾、真實的人類，而非典型的某種人。他在某些方面感到懊悔，某些方面毫無悔意；對於自己駭人聽聞的殘忍行徑毫不在意，同時又對他拼拼湊湊的「誰不能殺」原則表示自豪；他怪罪自己的長官（他們多半把他描繪為流氓警員而非執行種族隔離的公務員，藉此逃避正義的制裁），同時強調他如何指揮殺手。他試探性詢問自己是否殺了戈柏多—瑪迪奇瑟拉的重要他人（實際上沒有），這個問題讓她心碎。

戈柏多—瑪迪奇瑟拉發現自己對德科克的同理心日益壯大，因而深感困擾。

決定性的一刻出現在某一日，德科克正在重述某件令他非常沮喪的事情。戈柏多—瑪迪奇瑟拉反射性地伸出手——這是個禁忌的舉動——碰了他放在監獄欄杆間的手指。隔天早上她感覺手臂沉重，彷彿因為碰觸德科克而癱瘓了。她掙扎著想，同意這樣接觸是否象徵著他或她的權利（不知道他是不是以某種方式操弄她產生這個舉動）。當她再次見到他，他表達感謝，並承認她碰到的是他扣扳機的那隻手，這又使她的情緒風暴更加激烈。不，這並沒有開啟奇蹟般的友誼，沒有什麼小提琴樂曲在背景播放。但隱含在伸手這個舉動之中的自動化反應與同理心顯示，不知怎地，她和德科克共享了脆弱的我群元素，很驚人地在那一刻勝過了其他的東西。

斷與不斷的後路

許多衝突情境中都有一個現象，就是藉由斷絕文化連結來製造出新的、強而有力的我群類別。想一想 1950 年代在肯亞的茅茅叛亂（Mau Mau Rebellion）。英國殖民主義在肯亞首先針對基庫尤族（Kikuyu）進行，只因他們運氣不好，所在位置洽好就是殖民者侵占的富饒農田；基庫尤人的痛苦最終爆發為茅茅起義。[7]

務農的基庫尤人並非特別好戰（不像……比如說，附近從事畜牧的馬賽人，他們一直威嚇基庫尤人），想要灌輸思想給新的茅茅戰士需要強大的象徵。對基庫尤人來說，宣誓有重大的文化意義。茅茅宣誓因為內容嚴重違反了基庫尤人的規範與禁忌、充滿令基庫尤人退避三舍的行為而惡名昭彰。其中的訊息很清楚：「你已經沒有退路了，你唯一的我群就是我們。」

這經常被運用在當代暴力行為的一個可怕範疇中——反叛軍綁架小孩，並訓練為軍人（見右頁圖）。有時候新成員必須斷絕象徵性的文化連結。但是，有時候他們會使用更具體的方式，或許反映出小孩的抽象認知能力有限——這些小孩被迫殺害家族成員。現在，**我們**就是你的家人了。

當這些童兵被釋放時，若還能找到任何親戚且願意接納他們——如果連結還未完全斷絕——他們成年後健康且功能健全的機會可以大為提升。

7　原注：英國最終擊敗了叛亂者，代價是大約一百五十條英國人命和一萬到兩萬條基庫尤人命，接著把權力交給精心挑選、過度西化的肯亞人，而非茅茅游擊隊戰士；想知道換手之後的英國化有多成功嗎？超過五十年之後，肯亞黑人法官依然在出庭時戴著撲粉假髮。

我寫到這裡的時候，剛好傳來新聞，2014 年被恐怖組織博科聖地綁架的兩百多個奈及利亞女學生中，有一些人被救出。這些女孩的經歷令人難以想像——恐懼、痛苦、被迫勞動、無止盡的強暴、懷孕、愛滋病。當她們回到家鄉，很多人對她們避之唯恐不及——因為愛滋病、因為相信她們已被洗腦成為潛藏的恐怖份子、因為她們帶著被強暴後生下的小孩。她們的狀況很不樂觀，可能永遠不會好轉。

第 11 章強調過偽種族差異——把他群塑造得和我群非常不一樣，幾乎算不上是人類。第 15 章則討論了煽動偽種族差異的技巧，把痛恨的他群描述成昆蟲、齧齒類動物、細菌、惡性腫瘤和糞便。這提供了一個清楚的結論：小心那些煽動群眾的人，他們把他群塑造成可以粗暴對待、噴灑毒劑或沖下馬桶的東西。這很簡單。

但偽種族差異的宣傳還可以更加細微。1990 年秋天，伊拉克入侵科威特，在波斯灣戰爭的準備階段，美國人因為聽聞一個故事而感到震驚憤怒。1990 年 10 月 10 日，一個來自科威特的 15 歲難民出現在國會人權決策小組（Congressional Human Rights Caucus）前。

這個女孩——她只願意透漏自己的名字「娜伊拉」（Nayirah）——在科威特城的醫院裡擔任志工。她流著眼淚指證伊拉克軍人搶奪嬰兒保溫箱並運送回自己的國家，造成超過三百個早產兒死亡。

我們全都屏住呼吸——「那些人讓嬰兒死在冰冷的地板上，他們幾乎不是人」。大約有四千五百萬個美國人在新聞上看到這段證詞，這段證詞也被七位參議員引用，以正當化他們對戰爭的支持（這項決議在表決時只勝出五票），也被喬治・布希（George H. W. Bush）引述超過十次，用於論證美軍參戰的決定。當我們參戰時，有 92%的人認同總統的決定。根據主持委員會的眾議員約翰・波特（John Porter，共和黨／伊利諾州）的說法，在娜伊拉提出證詞之後，「我們在這整段時間、在任何情況下，都從未聽說任何不人道、殘暴、虐待的行為紀錄，像今日（從娜伊拉口中）得知的那樣。」

很久之後，才顯示這個保溫箱故事是製造偽種族差異的謊言。這位難民並不是難民。她是娜伊拉・薩巴赫（Nayirahal Sabah）——科威特駐美國大使的 15 歲女兒。保溫箱故事由科威特政府雇用的偉達公關公司（Hill + Knowlton）捏造，波特和副主席眾議員湯姆・藍托斯（Tom Lantos，民主黨／加州）也從中協助。偉達公關公司的研究顯示，人們特別容易對虐待嬰兒的故事有所反應（這不是理所當然的嗎？），所以他們虛構了保溫箱故事，訓練了證人。人權組織，包括國際特赦組織（Amnesty International）、人權觀察（Human Rights Watch）及媒體，指出這個故事並非事實，這段證詞從國會紀錄中撤除——在戰爭結束很久之後。

當敵人試圖讓我們想到蛆和癌症和糞便時，請小心。但也要留意，某些人在利用我們來實現他們自己的目標時，操弄的不是關於仇恨的直覺，而是我們直覺的同理心。

合作

如同第 10 章已探討過的，想要瞭解合作的演化，會面臨兩項挑戰。

第一是個基本問題：合作是怎麼開始的；「囚犯的兩難」中令人沮喪的邏輯顯示，先合作的人結果都會落後。

我們已經看到，一個可能的解決方法關於奠基者族群——當群體中的子集合遭到孤立時，他們的平均親緣度會較高，於是透過親屬選擇加強了合作。當這群奠基者再次加入原本的大群體，他們的合作傾向使他們特別成功，因而宣傳了合作的好處。另一個解決方法關於綠鬍鬚效應，也就是親屬選擇另一個比較弱版本，遺傳特質製造出某個明顯的標誌，擁有這個標誌的個體就傾向互相合作。在這種情況下，比較沒有綠鬍鬚的個體容易被其他個體擊敗，除非他們也演化出合作行為。我們已經看到，綠鬍鬚效應出現在許多不同的物種身上。

這就連到了第二個挑戰——搞清楚為什麼人類特別善於與非親屬合作。我們為陌生人按住電梯門，在四向停車標誌前轉彎，下公車時遵守秩序。我們建立起數百萬人共享相同規範的文化。這需要比奠基者效應和綠鬍鬚效應更強的東西；漢彌爾頓與艾瑟羅讓「以牙還牙」流行起來之後數年，無數研究都在探討人類獨有的、促進合作的機制。結果有很多種方法。

開放式賽局（open-ended play）：兩位「囚犯的兩難」玩家知道在一回合之後，他們再也不會相遇。於是，理性叫你叛逃；如果你在第一回合落後了，之後再也沒有機會追上。如果是兩回合呢？嗯，基於與單一回合賽局相同的理由，第二回合也不要合作。換句話說，在最後一回合合作永遠都不合理。所以，第二回合的行為是被決定的，整個賽局就等於單一回合的賽局——理性的策略就是叛逃。那三回合呢？也是一樣。也就是說，如果總回合數為已知，玩家就越不願意合作，玩家越理性，就越能預見這點。可以促進合作的是開放式賽局——不知道一共有幾回合，製造出未來的陰影（the shadow of the future），有可能遭到報應，而且隨著互動次數增加，維持互相合作的好處將持續累積。

多重賽局（multiple games）：兩位玩家同時玩兩種賽局（兩種賽局交錯進行），其中一種建立合作的難度低很多。一旦在比較溫和的那種賽局中建立起合作關係，合作的心理就會擴散到另一種賽局中。這就是為什麼在關係緊繃、競爭激烈的辦公室中，主管喜歡找能緩和氣氛的外人來帶領信任遊戲，希望在要求不高的情境中建立的信任可以滲透到工作之中。

一目瞭然賽局（open-book play）：在這種賽局中，另一位玩家可以看到你以前是不是個渾球。名聲能有效促進合作。道德化的神就是這樣——對祂來說，一切永遠一目瞭然。就像我們在第 9 章看到的，從狩獵採集者到都市人的八卦，都讓一個人的名聲變得更一目瞭然。

一目瞭然賽局調節一種特別精巧的人類合作行為，就是「間接互惠」（indirect reciprocity）。A 幫助 B，B 幫助 C，C 幫助 D……兩個關係親近的人之間的互惠就像以物易物，這種間接、不斷傳遞下去的互惠行為則像金錢，共通貨幣就是名聲。

懲罰

人類以外的動物沒有名聲，也不會思考牠們與其他個體的互動有沒有止境。然而，在很多物種身上，懲罰都可以促進合作——若一隻公狒狒殘暴攻擊母狒狒，會被受害者及其親屬逐出群體一段時間。懲罰可以有效促進合作，但在人類身上實行時，可能是把雙面刃。

所有文化都在某種程度上願意付出代價來懲罰違規者，意願越高，利社會性就越高。有一項研究針對衣索比亞鄉村的人，他們靠著販售木炭維持生計，木炭來源為當地森林的木柴——這是個典型的公地悲劇情境：沒有人願意為了維持森林的健全而主動限制砍伐樹木的數量。這個研究顯示，願意在賽局中執行高成本懲罰的村莊，最常巡邏森林以避免過度砍伐，森林的狀態也最健全。就像我們在第 9 章看到的，當文化中有懲罰違規者的神，這個文化中的人利社會性特別高。

「成本」是個使高成本懲罰情境變複雜的因素——其中隱含著一種危險，就是監控與懲罰違規者的成本高過了合作帶來的好處。一種解決方式是在長時間合作之後減少監控——換句話說，就是保持信任。舉例來說，應該沒有太多阿米什（Amish）人會購買昂貴的視網膜掃描家用保全系統吧。

另一個增加複雜度的因素在於由誰來執行處罰。在人類以外的物種身上，通常由受害者、也就是第二方來執行。在人類的雙人賽局中（譬如最後通牒賽局），根據定義，當然就由第二方進行懲罰。在雙人情境中，懲罰者放棄對方提議的那少得可憐的共享利益：（a）希望藉由不讓第一方得到較大的那一份利益，得到更深層的滿足感（如同在上一章看到的，這是促進懲罰的一大因素，由杏仁核和腦島所激起）；（b）努力使第一方在未來對第二方提出更公平的提案；或者（c）展現利他行為，希望無論第一方之後跟誰玩賽局，都能表現得更正派。這對第二方來說很複雜，要平衡成本與效益、心與靈、在手中的鳥與在林中的鳥。[8] 結果也可能因為拒絕第一方而得罪了對方，他甚至變得更不願意合作——某些賽局出現了這個結果。

人類十分獨特，透過客觀的局外人來執行第三方懲罰，能非常有效地增進合作。然而，這種懲罰對第三方代價高昂，意味著在演化的過程中，不只有開始合作這個挑戰，開始利他的第三方懲罰也是個挑戰。

解決的答案就是人類一再重複的方法——再加一層。發展出次級懲罰，懲罰未能執行第三方懲罰的人——這就是榮譽守則（honor codes），沒有舉報違規的人就要受罰。另一個選項是獎勵第三方懲罰——於是出現了警察和法官這類職業。此外，近期的理論和實徵研究都顯示，當一個顯眼的第三方懲罰者會讓其他人信任你。但誰來監督第三方懲罰者？這時候，

8 譯注：此句典故為俗語「A bird in the hand is worth two in the bush.」（一鳥在手，勝過二鳥在林），比較已在手中及還未得到的事物。

就要透過最大化社會性，讓大家一起分攤以降低成本——所有人一起承擔成本，懲罰搭便車的人（譬如，我們報稅，然後懲罰逃稅的人）。平衡了可動的部分，就能達成高度合作。

2010 年一篇刊登在《科學》期刊上的精彩研究檢視了這個可動的部分。研究對象為十一萬三千個線上參與者，他們分別在以下其中一種條件下買一個東西（一張紀念照）：

a. 可以用套裝組合的價格購買（這是控制組）。
b. 可以自行決定價格；銷量大增但大家普遍只付很低的價錢，讓「店家」虧錢。
c. 必須付原價，但知道廠商捐出利潤的 X% 給慈善機構；銷量增加，但沒有提高到 X%，店家虧錢。
d. 可以自行決定價格，付出的一半捐給慈善機構。這同時提高了銷量和自願付出的金額，結果店家賺到錢，也為慈善機構貢獻了一大筆捐款。

換句話說，雖然有證據顯示整合社會責任（情境 C）可以稍微提高銷量，但遠比這更有效的是個體和店家**共同分攤**社會責任，並由個體決定要捐多少錢。

選擇你的搭檔

如同我們已經看到的，假如合作者可以找到彼此，合作者可以打敗數量多出許多的不合作者。這就是綠鬍鬚有助於找到相似靈魂（如果不是親屬的話）背後的邏輯。所以，在賽局中加入這個元素時（同時有拒絕和某人一起玩一場賽局的能力），合作增加，而且代價沒有懲罰叛逃者那麼高。

這些研究發現揭露了許多促進合作的理論性路徑，而且在現實生活中也有同等的效用；此外，對於哪一種方法在何時最有效，我們已經有很多的瞭解。我們就是這樣演化成集體，為鄰居一起蓋穀倉、種植和收獲整個村莊的稻米、或安排樂隊隊員排成學校吉祥物的圖案。

還有，對了，重申一個先前已說過的概念，「合作」是價值中立的字眼。有時候合作也導致一個村莊去洗劫隔壁的村莊。

和解，還有其他不算同義詞的事情

「我抓到一隻疣猴（colobus monkey），正在大快朵頤，準備吃到最美味的部分，結果這個傢伙跑來，開始求我分牠一些。牠惹毛我了，我對牠咆哮。牠沒有領會我的意思，還撲過來抓住那隻猴子的手臂，開始猛拽——所以我咬了牠的肩膀一口。牠很快跑走，坐在森林裡空地的另一端背對著我。」

「等我冷靜下來，我想了想。老實說，我可能該分牠一點食物。雖然牠伸手過來抓絕對過分了點，但我大概應該輕咬一下就好，而不是真的咬牠一口。所以我現在有點罪惡感。而且，我們在巡邏時合作得很好——或許我們把這件事解決比較好。」

「所以我帶著那隻猴子坐在牠旁邊。我們都很尷尬——牠不看我，我假裝腳趾中間有一根蕁麻。但我終究給了牠一些肉，牠幫我理毛了一下。整件事很蠢，我們一開始就該這麼做。」

如果你是一隻黑猩猩，只要心跳回復正常，和解就很容易。有時候我們也是如此——碰碰朋友的肩膀、做個自嘲的鬼臉，說：「嘿，聽著，我剛才真是太——」然後他打斷你，說：「不、不，是我不對。我不該⋯⋯」然後就沒事了。

真簡單。那如果情況是在你這邊的人屠殺了他們四分之三的人口，或者他們殖民時竊取你們的土地、逼迫你們住在種族隔離的「家園」（homelands）貧民窟數十年，在那之後每個人都試圖彌補呢？這就比較棘手了。

我們是唯一會將和解制度化的物種，並設法處理「真相」、「道歉」、「寬恕」、「賠償」、「赦免」與「遺忘」。

和解制度化複雜到了極致，就是設立「真相與和解委員會」。它首次出現1980年代，雖然令人感到悲哀，但自從它出現之後，在許多地方都發揮了作用，譬如玻利維亞、加拿大、澳洲、尼泊爾、盧安達和波蘭。它有時候出現在穩定國家（加拿大和澳洲），以面對傷害原住民的漫長歷史。然而，多數的真相與和解委員會都出現在一個國家發生血腥而分裂的變革之後——推翻獨裁者、平定內戰、中止大屠殺。在許多人眼中，真相與和解委員會的目的是讓加害者告解、表達悔意、並乞求受害者的原諒，然後受害者接受，雙方在淚水中擁抱。

但實際上，真相與和解委員會通常貫徹實用主義，加害者基本上說的是：「我做了這些事，我發誓再也不傷害你們。」然後受害者基本上說的是：「好，我們發誓不在法律程序之外進行報復。」雖然比較不溫暖人心，但經常是很難能可貴的成就。

受到最透徹研究的，大概是南非在種族隔離制度失敗後成立的真相與和解委員會。這個委員會具有很高的道德正當性，受戴斯蒙·屠圖（Desmond Tutu）監督，更因為它除了壓倒性地聚焦在白人的行為之外，也審視了非洲解放鬥士的暴行，所以進一步提高了其正當性。聽證會皆公開，而且過程中包含受害者在內，都講述自己的故事。超過六千名加害者現身作證並尋求赦免；將近13%獲得接受。

當時是不是出現了在淚水中寬恕的場景？加害者至少表現出對所作所為的悔意吧？這並非必須，只有少數人這麼做。委員會的目標不是改變這些個體，而是提高這個破碎的國家再次運作的可能性。在南非暴力與和解研究中心（Centre for the Study of Violence and Reconciliation）的後續研究中，參與的受害者普遍感覺「真相與和解委員會在國家層次比地方層次更加成功」。許多人對於過程中沒有道歉、沒有賠償、很多加害者繼續待在原本的工作崗位感到憤怒。有趣的是，與第15章相呼應，很多人也對於沒有出現象徵性的改變感到同等憤怒——不只殺人者繼續當警察，還包括頌揚種族隔離制度的假日、紀念碑、街道名稱繼續存在。有很大一部分的南非黑人（而非白人）認為真相與和解委員會公平又成功，而且它伴隨南非像奇蹟一般變得自由，沒有陷入內戰。所以它在和解以及悔恨和寬恕之類的議題上顯現出差異。[9]

所有父母都知道，顯然不真誠的道歉沒什麼效果，而且可能使情況惡化。但深刻的悔意不一樣。《紐約客》寫了關於路・洛貝洛（Lu Lobello）的故事，他是參與過伊拉克戰爭的美國退伍軍人，曾意外殺害一個家庭中的三個成員，那是雙方交戰過程中連帶造成的傷害；這件事在他心上揮之不去，他為了道歉，花費九年的時間追蹤倖存者。或者想想在1957年那場民權運動的標誌性照片，當伊莉莎白・艾珂福特（Elizabeth Eckford）試圖融入小岩城中央中學（Little Rock Central High School）時，在照片中央咆哮的白人女孩海柔・布萊恩・梅西（Hazel Bryan Massery）。幾年之後，梅西聯繫艾珂福特，向她道歉。

道歉「有用」嗎？看情況。一個問題是當事人為了什麼道歉，可能從具體的理由（「抱歉，我弄壞了你的玩具」）到全面而本質論的（「抱歉，我沒有完全把你們視為人類」）。另一個問題是道歉者打算基於悔意採取什麼行動。而且，接受道歉者的特性也是一個因素。研究顯示：（a）當受害者著重集體系統的運作，對於強調系統失敗的道歉反應最強烈（「抱歉，我們警察應該要保護法律，而非破壞法律」）；（b）當受害者最著重人際關係，對於具有同理心的道歉反應最強烈（「抱歉造成你的痛苦、奪走了你的兒子」）；以及（c）自主性與獨立性最高的受害者對於提供賠償的道歉反應最強烈。還有一個問題在於道歉的是誰。比爾・柯林頓在1993年為日裔美國人在二次世界大戰期間遭到拘禁致歉，這代表什麼意義？雖然道歉的行為值得稱讚，而且還同時支付賠償金，但柯林頓可以代表羅斯福說話嗎？

賠償的問題極其複雜。在一種極端情況下，賠償可以是致歉者展現誠意最重要的證明。這就是奴隸賠償運動的核心——美國之所以能成長並得到經濟特權，有很大一部分都有賴奴隸，而且後續因為經濟成就而得

9 原注：謝謝非常優秀的大學生唐恩・麥錫（Dawn Maxey）協助研究真相與和解委員會並貢獻許多洞見。

來的利益，被系統性地從非裔美國人身上剝奪，奴隸的後代應得到補償。在另一種極端情況下，若賠償的意圖是購買被害者的原諒，就很容易令被害者不滿——這就是以色列國剛建立時拒絕德國賠償的原因，除非德國在賠償時充分表示悔改。

在這些步驟的最後，可能會出現人類最奇怪的一種行為——我們會原諒。首先，原諒不等於遺忘。主要原因是這在神經生物學上不太可能發生。老鼠學會連結鈴聲和電擊之後，在聽到鈴聲時僵住不動。隔天，鈴聲又再出現，沒有伴隨電擊，造成僵住不動的行為「消退」，但這份學習的記憶痕跡並未就此蒸發，而是被新的學習覆蓋——「今天鈴聲不代表壞事」。證據就是假如隔天鈴聲再次做為電擊的訊號，如果最初對「鈴聲—電擊」的學習已經抹除，老鼠這天要再次學習這個連結，應該要花費和第一次同樣的時間。但實際上，再次習得的速度比較快：「鈴聲—電擊**又來了**」。原諒某人不代表你遺忘他做了什麼事。

有些受害者聲稱原諒了加害者，放下了憤怒和懲罰的欲望。我用「聲稱」這個詞，並不是在暗示我對此感到懷疑，而是要顯示原諒是個自我陳述的狀態，可以聲稱，但無法證明。原諒有可能是個宗教命令。發生在2015年六6月的查爾斯頓（Char leston）教堂大屠殺，白人至上主義者迪倫·盧福（Dylann Roof）在以馬內利非裔衛理公會教堂（Emanuel African Methodist Episcopal Church）殺害了九位該教區的教徒。兩天之後，盧福接受傳訊，令人震驚地，死者的家人現身要原諒他，並為他的靈魂祈禱。

原諒有時候需要在認知上進行非常大量的重新評估。回想一下珍妮佛·湯普森—坎尼諾（Jennifer Thompson-Cannino）和羅納德·科頓（Ronald Cotton）的案子。1984年，湯普森—坎尼諾遭到一個陌生人強暴。在指認證人時，她認出科頓，非常確定他是犯人；雖然科頓宣稱自己是無辜的，但他遭到定罪並判處無期徒刑。在那之後數年，湯普森—坎尼諾的朋友試探性詢問她是否已經揮別那段夢魘。她的答案是「絕對不可能」。她被對科頓的恨意吞噬，想要傷害對方。然後，在科頓服刑超過十年之後，DNA證據免除了科頓的罪名。犯人是另一個人；他因為其他強暴案，和科頓關在同一座監獄，向其他人吹噓自己逃過了這個案子。湯普森—坎尼諾指認出錯誤的兇手，並說服了陪審團。這時候，兩人在仇恨與寬恕的立場上對調了。

科頓遭赦免與釋放後，他們兩人終於相見，湯普森—坎尼諾說：「如果我花費餘生每一天、每一小時、每一分鐘向你道歉，你能原諒我嗎？」科頓說：「珍妮佛，我幾年前就原諒妳了。」他之所以能這麼做，牽涉到深刻的重新評估：「我原諒珍妮佛在指認強暴她的犯人時挑出我的時間比大家想的短。我知道她是個受害者，而且遭受非常嚴重的傷害……我們都是同一個人的不正義行為下的受害者，這讓我們站在共同的基礎上。」徹底的重新評估，因為同為受害者，他們變成了同一個我群。他們兩人現在一起演講，主題針對司法改革的需要。

最終，寬恕通常關於一件事——「這是為了我，而不是為了你。」心懷仇恨非常累人；原諒，或甚至只是保持冷漠，能讓人解脫。引用一句布克・華盛頓（Booker T. Washington）的話：「我不允許任何人讓我恨他，以此貶低我的靈魂。」貶低、扭曲然後吞噬。寬恕似乎至少有益健康——自發原諒的受害者或經歷寬恕治療（forgiveness therapy，對比於「憤怒認可治療」〔anger validation therapy〕）的人整體來說更健康，心血管功能、憂鬱、焦慮及創傷後壓力症候群的症狀都有進步。第 14 章討論了慈悲心很容易、或許無可避免地包含了自利的元素。心懷慈悲地寬恕對方也是個典型的例子。

我們已經聚焦在寬恕、道歉、賠償、和解，還有真相與和解委員會著重在和解而非寬恕上。那麼，關於「真相」呢？真相可以大大促進療癒歷程。加害者在真相與和解委員會說出事實——詳細全面、毫不保留且公開——這對受害者來說是第一要務。關鍵在於需要知道發生什麼事、讓罪魁禍首說出那些話、展現給世界：「看看他們對我們做了什麼。」

認清我們的非理性

儘管某些經濟學家宣稱我們是全然理性的機器，但我們其實不是。

我們在賽局中慷慨的程度大於預期；我們會根據理性的推理決定別人是否有罪，但接著根據情緒決定他該受什麼懲罰；面臨是否要犧牲一個人去救五個人的問題時，有大約一半的人會根據犧牲方式的不同（推人或拉控制桿）而做出不同決策；我們毫不費力就在沒有別人知情的情境下拒絕作弊；我們不必解釋原因，就能做出極為符合道德的決策。所以，認清我們非理性的系統性特徵是個好主意。

有時候我們的目標是去除非理性。或許最基本的一個是，人們對一項簡單事實普遍呈現發自內心的抗拒——你不會和朋友簽訂條約。我們可以合理預期，當你將與某個人握手，儘管你非常痛恨對方，這也不會阻礙你握他的手。另一個領域是關於我們意識中的想法與內隱偏見讓我們做出什麼行為，以及這兩者之間的落差。我們已經看到，當內隱偏見變得外顯，可以減緩異己之分。我們不需要消除偏見就能做到這點——畢竟，如果你原本不是因為被理性說服而抱有某種信念，你也無法輕易用理性說服自己放棄這個信念。實際上，揭露內隱偏見可以讓你看到該把監控焦點放在哪裡，以降低偏見的影響。這個概念可以應用到所有受到內隱、閾下、內感受性、無意識、暗中因素所影響的行為——以及我們在那之後對自己立場進行的合理化。譬如，每一個法官都應該知道他們的判決會受到多久以前吃飯的影響。

另一個需要小心這點的例子是人類有非理性樂觀的潛力。譬如，雖然人類可能可以精準評估某個行為的風險，卻在評估對自己的風險時傾向保持樂觀而扭曲了事實——「不，那不可能發生在我身上。」非理性樂觀可能很棒；這就是為什麼只有大約 15%的人在臨床上被診斷為憂鬱，而不是 99%。但就像諾貝爾獎得主、心理學家丹尼爾．康納曼所強調的，戰爭中的非理性樂觀會帶來災難。這可以包括在神學上樂觀地堅信上帝站在自己這一邊，到軍事策略上傾向高估自己並低估敵方——「我們輕而易舉就能辦到，全速前進！」變成合理的結論。

最後一個必須認清的非理性領域是關於第 15 章的「神聖價值」，也就是人類可能重視純粹的象徵性行為，勝過實質上的協議。理性可能是建立和平的關鍵，但神聖價值的非理性重要性是建立長久和平的關鍵。

我們對殺戮的無能與反感

今日，攝影機已經普及到足以威脅「隱私」。其中一個結果就是科學家可以用新的方式偷窺，製造出一個有趣的研究發現。

這個研究關於足球場的暴動——「足球流氓」（football hooliganism），也就是來自不同族裔或國家的群體、球隊的信徒或經常是右翼的光頭在球場上衝突。從這類事件的短片可以看到，其實很少有人真的打起來。多數人都在邊線看著，或像焦躁的無頭蒼蠅一樣跑來跑去。在打鬥的人之中，大部分的人只揮出沒什麼實際作用的拳頭，然後發現揮拳打人之後手很痛。如一位研究者所述：「人類很不擅長（近距離、近身肉搏的）暴力，雖然文明讓暴力進階了一些。」

更有趣的是，有證據顯示我們強力抑制自己對鄰近的人造成嚴重傷害。

對這點進行最權威的探討的是戴夫．葛司曼（Dave Grossman）1995 年的著作《論殺戮：什麼是殺人行為的本質？》（*On Killing: The Psychological Cost of Learning to Kill in Warand Societ y*），戴夫．葛司曼是一位軍事科學教授及美軍退休上校。整本書的架構圍繞著蓋茨堡之役之後發現的一件事。從戰場上回收的將近兩萬七千把單發裝填的滑膛槍之中，有將近兩萬四千把子彈上膛但未發射，一萬兩千把上膛不只一次，六千把上膛三到十次。很多軍人站在那裡想著：「我很快就要開槍了，沒錯，嗯……也許我該先把我的步槍重新上膛子彈。」這些武器從最激烈的戰場、從冒著生命重新上膛子彈的人手上回收。蓋茨堡之役中，多數死亡由大砲造成，而非地上的步兵。在瘋狂而激烈的戰鬥中，多數人在裝填子彈、照顧傷者、呼喊口令、逃跑或在恍惚中行走。

同樣地，在二次世界大戰，也只有 15％到 20％的步槍兵曾經開槍。其他人呢？跑來跑去傳遞訊息、幫別人裝填彈藥、照料夥伴——而非拿著步槍對準附近的人，然後扣下扳機。

戰爭心理學家強調在激烈的戰鬥中，人不會因為仇恨或服從，或甚至因為知道這個敵人正嘗試殺掉**自己**，而射殺他人。反而是因為同連兄弟成了偽親屬——為了保護夥伴、不要讓你旁邊那個傢伙倒下而殺人。但除了這些動機，人類天生就對近距離殺戮有很強的反感，最抗拒的是拿著刀或刺刀近身肉搏。再來是在短距離內射擊手槍，然後是長距離開槍，一直到最容易的——炸彈和大砲。

這種抗拒心態可以從心理層面進行改變。當你不是瞄準確切目標時比較容易——投擲一顆手榴彈到一群人中，而非射擊某一個人。以個人身分殺人比團體身分困難——雖然二次世界大戰中只有一小部分的步槍兵開槍，但由團隊操作的武器（譬如機關槍）幾乎全部都有開火。責任分散了，就好像行刑隊之中有一個人拿到空包彈，所以每個射擊手都知道自己有可能不會真的殺人。

葛司曼的假設受到一個驚人的新發現支持。戰場創傷後壓力症候群是從「戰爭疲勞」（battle fatigue）或「炮彈休克」（shell shock）演變成正式的精神疾病，其一直被定位成純粹因遭受攻擊、有人試圖殺你和你周遭的人、於是感到驚恐而造成的結果。如同我們已經看到的，創傷後壓力症候群患者的恐懼制約過度籠統且變得病態，杏仁核增大、反應過度、而且堅信自己永遠不安全。但想想無人機飛行員——軍人坐在美國國內的控制室中，操控位在地球另一端的無人機。他們並未身處危險，但出現創傷後壓力症候群的機率和實際「身在」戰場的軍人**一樣高**。

為什麼？無人機飛行員做的事情既恐怖又令人著迷，運用高品質的影像科技進行史無前例的近距離、親密的殺戮。確認一個目標之後，無人機可能停駐在那個人的房子上空看不到的地方，持續幾週，無人機操作員一直看著、等待，譬如，等待目標聚集到那棟房子裡。你看著那個目標進去、離開，吃晚餐、在露天平台上小睡、和他的孩子玩。然後有人下達開火的命令，必須以超音速發射地獄火導彈。

一位無人機飛行員這樣描述他第一次「殺人」——他從位在內華達州的空軍基地瞄準三個阿富汗人。導彈擊中了目標，他透過紅外線攝影機

(傳遞熱能的影像)看著:

> 煙霧散去,那兩個人破碎的遺骸在彈坑周圍。然後另一個人還在那裡,他的右腿不見了,從膝蓋之上斷掉了。他還撐著,四處打滾,血從腿部噴湧而出,流到地上,而且血是熱的。他的血是熱的。但當血流到地上,就開始冷卻;冷卻得很快。他過了很久才死去。我就這樣看著他。我看著他逐漸和他躺著的地板變成同一種顏色。

但還不只如此。飛行員繼續等,看誰來取走遺體、誰來參加喪禮,或許準備發動另一波攻擊。或者在其他的情況下,飛行員可能在美軍車隊接近路邊一個簡易爆炸裝置陷阱時無法警告他們,或看著叛軍處決一個尖聲求饒的平民。

上述的那位飛行員第一次殺人時21歲;他最後透過無人機總共殺死了1626人。[10] 沒有人身危險,一隻天空中無所不在的眼睛。他可以結束輪班,在回家的路上買個甜甜圈。但他和許多無人機飛行員同袍一樣,依然受到創傷後壓力症候群毀滅性的折磨。

讀完葛司曼的書,得到的解釋很簡單。最深的創傷不是恐懼被殺害。而是近距離、以個人身分殺戮,看著某人數週,然後把他變成地面的顏色。葛司曼引用一個資料,二次世界大戰時,水手和隨軍救護人員很少精神崩潰——他們和步兵一樣身處在危險之中,但他們造成的殺傷無關個人,或者根本不殺人。

軍隊訓練軍人無視人對於殺戮的自制,而葛司曼注意到,這種訓練變得更有效了——受訓者不再瞄準標靶射擊,而是在步調很快的虛擬實境中,有人靠近你,射擊變成反射動作。韓戰期間,55%的美軍步槍兵曾發射武器;在越戰則超過90%。而且這還是在令人麻木的暴力電玩興起

10 原注:而且,應該要注意,關於被殺死的人中有多少是意外、連帶犧牲無辜的旁觀者,有很大的爭議;估計大約在2%到20%之間。

之前。

也許很快就會有完全不同型態的戰爭出現。或許無人機自己就會決定什麼時候開火。也許在戰爭中，自動武器互相戰鬥，或者對敵方的電腦進行最有效的網路攻擊就能打贏勝仗。但只要我們還是看得到被殺之人的臉，這種似乎是天生的自制就很重要。

可能性

人類可以一生都在研究，這真是不可思議。你可以當一個微塵學家（coniologist）或鳥巢學家（caliologist），分別研究灰塵或鳥巢。還有懸鉤子植物學家（batologist）與雷學家（brontologis），研究懸鉤子屬植物和打雷、旗幟學家（vexillologist）與接合工藝學家（zygologist），研究令人眼花撩亂的、關於旗幟或如何把東西黏在一起的知識。我可以一直講下去——齒科學（odontology）與蜻蛉目昆蟲學（odonatology）、物候學（phenology）與音韻學（phonology）、超心理學（parapsychology）與寄生蟲學（parasitology）。一個鼻科學家（rhinologist）和一個疾病分類學家（nosologist）墜入愛河，他們的小孩變成鼻科疾病分類學家，研究鼻腔疾病的分類。

前面數頁的內容暗示了「和平學」存在的可能，這種科學研究關於貿易、人口、宗教、群體接觸和和解等等因素對和平的影響，以及人類和平共處的能力。這個知識層面的創新發明有很高的潛力，可能為世界帶來幫助。

但每當我們又看到關於人類最糟行為的新案例，從小奸小惡到大屠殺，想實現這門新學科感覺就好像要推著巨石上山一樣。因此，我們要這樣做來總結這麼長的一本書：不是在理智上確知、而是鼓動情緒（錯誤地二分認知與情緒），相信我們還有希望，一切有可能改變，我們可以改變，我們個人就可以造成改變。

長了尾巴的盧梭

有超過三十年，我夏天都在東非的塞倫蓋提生態系統研究草原狒狒。

我愛狒狒，但我必須承認牠們經常很暴虐，所以弱者總被強者咬傷。好吧，稍微超然一點——牠們是高度雌雄異型的物種，有大量而強烈的攻擊行為，和在挫折時行替代性攻擊的強烈傾向——也就是牠們可能對彼此很糟（見下圖）。

1980 年代中期，我研究團隊附近的狒狒群中了頭獎。牠們的領地中有一部分是觀光旅舍；就像任何設置在野生生態中的觀光設施一般，想要避免野生動物吃下廚餘一向很困難。在離旅舍很遠的樹林中有一個很深的垃圾坑，四周圍著柵欄。但狒狒爬過柵欄，柵欄被推倒，門戶大開——附近的狒狒群就每天到垃圾場覓食。就像另一種分布範圍很廣的靈長類動物——人類，狒狒幾乎什麼都吃——水果、植物、塊莖、昆蟲、蛋、牠們獵殺的獵物、屍體的肉。

牠們變成了「垃圾場」狒狒群。狒狒通常在清晨破曉時分，從牠們睡覺的樹上爬下來，然後每天走十英哩去覓食。垃圾場狒狒睡在垃圾場的樹上，八點才搖搖晃晃下來與來自旅舍的曳引車相會，花十分鐘狂亂爭奪被丟棄的烤牛肉、雞腿和葡萄乾布丁，然後再搖搖晃晃地回去小睡片刻。我甚至曾經和同事一起對垃圾場狒狒注射麻醉槍，然後研究牠們——牠們的體重增加、皮下脂肪增厚、胰島素和三酸甘油酯的循環濃度提高，開始出現新陳代謝症候群。

被一群敵手攻擊的隔天早上，我的公狒狒中剩下來的其中一隻

不知道怎麼回事，「我的」狒狒群聽說了山丘另一邊的盛宴，不久，其中六隻每天早上都跑去加入（見下頁圖）。至於哪些狒狒過去並非隨機挑選，在垃圾場必須和五十或六十個他

群成員搶食物。試圖過去的都是身材高大且攻擊性高的公狒狒。而且早上是狒狒主要的社交時間——靠著彼此坐在一起、理毛、玩耍——所以跑去垃圾場代表放棄了社交。每天早上去垃圾場的公狒狒是群體中最有攻擊性且親和性最低的。

沒過多久，垃圾場狒狒爆發了結核病。人類的結核病是慢性疾病，「肺癆」（consumption）慢慢耗掉（consume）你的精力。在人類以外的靈長類動物身上，結核病就像野火燎原，能在數週內奪命。我和肯亞野生動物獸醫同事發現了疾病爆發的原因——旅舍的肉品稽查員收了賄賂，放行得了結核病的牛；他們宰殺牛隻以後，丟棄了受到損傷、外觀不佳內臟，結果被狒狒吃掉。大部分的垃圾場狒狒死亡，我那些跑去打劫垃圾場的公狒狒也全數死亡。

這讓我有點難過；我轉去熟悉公園另一端的一個新狒狒群，有六年的時間都不靠近那個遺跡一步。終於，我的未婚妻首次造訪肯亞，我鼓起勇氣回去原本的狒狒群，想讓她看看我年輕時研究的狒狒。

牠們變得不像任何紀錄中的狒狒群，想像一下，假如人類社會中少

早餐時間，垃圾車正在倒垃圾

了一半的成年男性，女性與男性的比例不再是典型的1：1、而是2：1，而且留下的男性都特別沒有攻擊性，親和性又特別高，會產生什麼變化，這些狒狒群就變成那樣。

牠們彼此親近，互相靠著坐在一起，理毛頻率高於平均值。攻擊行為減少了，而且結果很有趣。公狒狒之中依然存在支配階級；第三名還是會和第四名、第二名打架，捍衛自己的地位並試圖晉級。但很少出現針對無辜旁觀者的替代性攻擊——當第三名打架輸了，牠很少跑去嚇唬第十名或母狒狒。牠們的壓力荷爾蒙濃度較低；焦慮的神經化學機制與苯二氮平類在牠們身上以不同的方式運作。

這裡有一張照片可以作為指標，如果你是個狒狒學家，看到這張照片的驚訝程度會高於看到發明輪子的狒狒——兩隻成年公狒狒互相理毛（見上圖）。這幾乎從未發生過，除了在這個群體中。

再來，是最重要的部分。母狒狒留在牠們的原生群體，但公狒狒在青春期開始渴望旅行，於是離開去碰碰運氣，有可能前往隔壁或三十英哩之外的群體。當我回到這個狒狒群，多數躲過結核病的公狒狒已經過世；此時的雄性成員都是在結核病消失後才移入的。換句話說，這些公狒狒在典型的狒狒群中長大，到青春期才加入這個群體，並採納了低攻擊性與高親和性的風格。這個群體的社會文化開始對下一代傳播。

怎麼會這樣呢？加入這個狒狒群的青少年原本的攻擊性或替代性攻擊，並沒有比加入其他群體的狒狒低——這不是自我選擇的結果。沒有證據顯示有社會性的指引存在。最有可能的原因是定居在此的母狒狒。牠們大概是世界上最放鬆的母狒狒了，牠們不必像一般的母狒狒那樣承受公狒狒的替代性攻擊。處在這種比較放鬆的狀態，牠們更願意對新來的個體冒險表示友善——在典型的狒狒群體中，需要超過兩個月，母狒狒才開始為新遷入的公狒狒理毛或向牠們求愛；這群狒狒則只需要幾天到幾週。再加上定居於此的公狒狒較少替代性攻擊，造成新遷入的公狒狒也逐漸改變，在大約六個月內就融入了這個群體的文化。所以，青少年狒狒受到較少攻擊、較友好的對待時，自己也開始跟著這麼做。

1965 年，哈佛大學的靈長類動物學新星爾灣・德佛發表了關於這個主題的第一篇概述。他討論的是自己的專長——草原狒狒，他寫道，牠們「為了抵禦捕食者而性情好鬥，其攻擊性無法像水龍頭一樣隨意開關。這是整合進這種猴子性格中的一個部分，如此根深蒂固，以至於牠們在任何情境下都可能變成攻擊者。」於是草原狒狒在教科書上成了高攻擊性、層級分明、雄性支配的靈長類動物的範例。但如同我們在這裡看到的，那並非普世皆然與不可避免。

人類既組成小型遊群，也形成巨型國家，而且顯現出很高的彈性，小型遊群的後代可以從原本的型態中連根拔起，在巨型國家中維持良好功能。人類伴侶配對模式的彈性也特別高，我們的社會可能為單一配偶制、一夫多妻制或一妻多夫制。在我們創造出的某些宗教中，特定類型的暴力可以讓你上天堂，但在其他宗教中，同一種暴力則讓你下地獄。基本上，如果狒狒社會可以展現出令人意外的高可塑性，我們也辦得到。若有誰說人類無法避免那些最糟的行為，那他一定對靈長類動物瞭解太少，包括不夠瞭解人類。

一個人

「個體」介於兩者之間，一邊是神經元、荷爾蒙和基因，一邊則是文化、生態影響與演化。世界上有超過七十億人，我們很容易就覺得一個人不可能造成很大的改變。

但我們知道那不是事實。有一串人名，都是眾所皆知造成重大改變的人——曼德拉、甘地、馬丁·路德·金恩、羅莎·派克（Rosa Parks）、林肯、翁山蘇姬。沒錯，他們經常有很多幕僚，但他們是催化者，並付出了自由或性命做為代價。還有一些人揭露真相，冒著極大的風險引發改變——丹尼爾·艾爾斯伯格（Daniel Ellsberg）、凱倫·絲克伍（Karen Silkwood）、馬克·費爾特（W. Mark Felt，水門案的深喉嚨）、山繆·普羅凡斯（Samuel Provance，美軍軍人，揭發阿布格萊布監獄的施虐行為）、愛德華·史諾登（Edward Snowden）。[11]

但也有一些比較不知名的人，獨自或少數人一起行動，產生了非比尋常的影響。就拿穆罕默德·布瓦吉吉（Mohamed Bouazizi）來說，這位 26 歲的突尼西亞年輕人以賣水果為生，當時突尼西亞已處在獨裁者腐敗且壓制的統治下二十三年。布瓦吉吉在市場被警察找麻煩，要求他申請一個不存在的許可證，預期他會行賄。他拒絕了，不是因為原則問題——他經常行賄——而是因為他沒有錢。警察踢他又對他吐口水，弄翻他的水果推車。他在政府辦公室前抗議卻被忽視。2010 年 12 月 10 日，就在遭警方折磨後一個小時內，布瓦吉吉站在政府辦公室前，往自己身上潑汽油，大喊：「你們以為我還能怎麼維生？」然後點火自焚。

布瓦吉吉自焚而死，在突尼西亞引發針對領袖宰因·阿比丁·班·阿里（Zine El Abidine Ben Ali）及其執政黨，還有針對警察的抗議。抗議規模持續擴大，在一個月內推翻了政府和班阿里。布瓦吉吉的行動引發埃及的抗議，使胡斯尼·穆巴拉克（Hosni Mubarak）三十年的獨裁政權垮臺。葉門同樣結束了阿里·阿卜杜拉·沙雷（Ali Abdullah Saleh）三十四年的統治。還有，在利比亞導致穆阿邁爾·格達費（Muammar Gaddafi）在掌權四十三年後遭推翻與殺害。在敘利亞，抗議演變成內戰。在約旦、阿曼和科威特，造成首相辭職。在阿爾及利亞、伊拉克、巴林、摩洛哥和沙烏地阿拉伯，政府貌似開始改革。這就是阿拉伯之春（見下頁圖）。布瓦吉吉在點燃火

11 原注：是、是，我知道這未必符合所有人的名單，但重點不是他們的特定行為，重點在於他們是單一一人。

反政府抗議者高舉布瓦吉吉的照片

柴時，想的不是穆斯林世界的政治改革；而是無路可走，只能轉向自己的憤怒。阿拉伯之春帶來短暫希望，接著出現的是新的強人、暴力、難民和敘利亞及伊斯蘭國的災難，就看你怎麼解釋。也許歷史導致自焚的程度，就和自焚者創造歷史一樣——當地的不滿已醞釀很久了。儘管如此，布瓦吉吉一個人的行動還是催化了二十個國家中數百萬人的決定，認為他們可以造成改變。

還有其他由一個人完成的行動。1980 年代中期，珍珠港紀念館舉行珍珠港事件的週年紀念活動。一個男人靠近聚集在現場的一群倖存者。這已經是他第三次前去參加紀念活動，他試著鼓起勇氣。他靠近那群倖存者，用結結巴巴的英文致歉。

這個人——阿部善次（Zenji Abe）是二次世界大戰期間、1937 年日本入侵中國及整個太平洋時的戰鬥機飛行員——包括協助率軍攻擊珍珠港。

從阿部的早年生涯，很難預測他晚年會道歉。他很早就接受戰爭的灌輸，從他七年級加入軍校就開始了。他的戰爭經驗十分抽離——他從未近距離殺害美軍。攻擊珍珠港感覺就像訓練中的練習。本來他很可能感受不到責任感，因為他投下的炸彈沒有爆炸，而且他的國家戰敗了。但有些因素提高了他道歉的可能性。他曾被逮到並當了一年戰俘，受到美國人正當的對待。他對那場攻擊感到羞愧——飛行員接獲的訊息是日本那天早上已對美國宣戰，美國將準備好防禦。他很快就發現那其實是場偷襲。

還有一些更廣的因素也提高了他道歉的可能性。日本與美國的關係已有所轉變。美國不再像過去一樣是敵人了。種族、文化和地理上的差距或許增強了與美國之間的偽種族差異，但相較於痛恨鄰近的敵人數世紀，與美國的差距是新的偽種族差異——阿部從未到中國為南京大屠殺表示歉意。他群可以分為不同的類別。

所以這些提高與降低可能性的因素匯聚起來，阿部站在那兒，和那天參與攻擊的另外九位飛行員一起致歉。有些倖存者拒絕了這個冒昧之舉。多數人則接受了。阿部和其他飛行員後來又再去了珍珠港幾趟，與美國倖存者進行為期數天的會面，握手和解的畫面在珍珠港事件十五週年時透過《今日秀》（Today）播放。倖存者大多認為這些飛行員當時只是遵照命令行事，認為他們現在的舉動勇敢而令人欽佩。阿部和其中一位倖存者理查・費斯克（Richard Fiske，他在珍珠港紀念館擔任解說員）變得親近（見下圖）。攻擊發生時，費斯克在其中一艘船上，當時身亡的2350位美國人中，有很多是他的朋友，他曾參與硫磺島戰役，形容自己痛恨日本人到因潰瘍而出血。費斯克是第一個接受阿部致歉的人，原因他自己也不完全明白。

左圖：阿部善次，1941 年 12 月 6 日；右圖：阿部與理查 ・ 費斯克，1991 年 12 月 6 日

其他日本人和美國人也變得親近，互相拜訪對方的家，而且，後來探訪了前敵人的墓地。

整個歷程充滿了象徵，從一次致歉開始，就像我們看到的，什麼都沒有改變，也改變了一切。阿部給了費斯克一些錢，於是費斯克餘生的每一個月都可以在紀念館獻上鮮花。費斯克是個軍號手，在那之後，他在紀念館不只吹奏美國的曲子，也吹奏日本曲子。有些近似我群的東西浮現，其中容納了不名譽的那天在場的所有人。

或許最重要的是，阿部的行動不再是單獨一人的行動了。現在有旅行社專門服務曾參與越戰的美國退伍軍人重返越南，參加舉辦給他們和前越共的和解儀式。美國退伍軍人組成領頭組織如峴港之友（Friends of Danang），在越南提供服務計畫，蓋學校、開診所、建築真正的橋。

這幅圖像可以直接轉到另一個了不起的作為。越戰中最令人震驚的一個事件可能是美萊村屠殺，這樁暴行最終撼動了美國以善的力量自居的自我知覺。

1968 年 3 月 16 日，一連美國軍人在中尉威廉・凱利的命令下攻擊美萊村手無寸鐵的平民。這連軍人已經在越南三個月，還未與敵人直接接觸過。然而，他們因為詭雷和地雷造成二十八人死傷，整連人數減至一百人左右。對此事件的普遍詮釋（我們現在也很容易就可以看出來）是他們當時有一股強烈的復仇欲望，想把面貌模糊的敵人連上真正的臉孔。官方說法則是美萊村裡藏有越共士兵及平民支持者。有些參與屠殺的軍人表示，他們接到的指示是只殺越共士兵；其他人則說是要殺掉所有人、燒掉房子、殺死牲口並毀掉水井。

雖然有這些相衝突的報告，但就像那句話說的，後來那些痛苦的事人盡皆知。三百五十到五百個手無寸鐵的平民（包括嬰兒和老人）遭殺害。屍體遭毀並扔到井裡，屋子和農田燃起熊熊大火，許多女性遭輪姦後殺害。有人描述凱利親手射殺躲在母親身邊的小孩，而他們的母親已因保護他們而喪命。美軍沒有遇到任何敵軍、沒有找到任何從軍年齡的男人。他們造成的破壞堪比《聖經》提到的內容、或羅馬、或十字軍東征、或維京

這場夢魘的代表性照片。左圖：被殺前一刻的平民；後方那位抱著小孩的婦女才剛遭到強暴。右圖：死亡的村民

人、或……破壞的過程被拍了下來（見上圖）。更恐怖的是，美萊村的事件不是單一個案，美國政府正費力隱瞞這些事件，於是對凱利予以輕罰，判他在家中軟禁三年。

並非所有美國軍人都參與屠殺（最終有二十六個軍人遭刑事指控，凱利是其中唯一被定罪的；「只是服從命令」，是大家對那天的共同解釋）。[12] 每個人可以承受的程度不一。有一個軍人殺了一位母親和一個小孩，接著拒絕再殺更多人。另一個軍人協助把平民集中在一起，但拒絕放火。有些人完全拒絕遵從命令，甚至在面對軍事法庭或子彈的威脅時也堅持如此。有一位是一等兵麥可．本哈德特（Michael Bernhardt），他拒絕遵從命令並威脅要向上級報告；他的長官後來派他到比較危險的巡邏隊，可能希望他被殺害。

後來，三個人終止了這場殺戮。不難想見，他們是來自外部的人。促

12　原注：有兩個參與殺戮的軍人最後自殺了。一位是史蒂芬．布魯克斯（Stephen Brooks）中尉，他在越南時自殺，原因不詳。另一位是一等兵沃拿多．辛普森（Varnado Simpson），他在多年後自殺，死前發生了一件事是，他看著自己十歲的兒子被街坊青少年發射的流彈射中而身亡。他說：「他在我的懷中死去。當我看著他，他的臉龐和我曾經殺害的孩子一模一樣。我想，這就是對我殺人的懲罰。」他有嚴重的創傷後壓力症候群，把自己關在百葉窗緊閉的家裡多年，在第三次試圖自殺時身亡。

成這個轉折的是 25 歲的准尉小休伊・湯普森（Hugh Thompson Jr.），他正駕駛著直升機，和另外兩位機組成員葛蘭・安卓塔（Glenn Andreotta）與勞倫斯・科爾本（Lawrence Colburn）同行（見下圖）。後來發生的事情或許和以下有關：湯普森是美洲原住民後裔，他的祖先為「淚之路」（Trail of Tears）死亡大遷徙的倖存者；他信仰虔誠的父母在 1950 年代的喬治亞州鄉村把他養大，教育他反對種族隔離。科爾本和安卓塔則是虔誠的天主教徒。

湯普森和他的組員飛過美萊村上方，打算支援與越共對戰的步兵。他們沒有看到戰鬥的跡象，反而看到大批死亡的平民。起初，湯普森以為美萊村被攻擊了，美軍在保護村民，卻找不到攻擊的源頭。他降落在那團混亂中，看到一個軍人——中士大衛・米契爾（David Mitchell）正對著水溝中受了傷且正在大哭的許多平民開火，另一個軍人——歐尼斯特・梅迪納（Ernest Medina）上尉則近距離對一個婦女開槍；湯普森明白誰在攻擊了。他與凱利對質，凱利的軍階比他高，叫他別管閒事。

左圖：葛蘭・安卓塔；右圖：休伊・湯普森、勞倫斯・科爾本和 Do Hoa，也就是他們在溝中救回的小孩，照片攝於美萊村，時間是 1998 年。

湯普森看到一群女人和小孩擠在一個掩蔽處旁，美軍正靠近他們，準備攻擊。當他在超過二十年後談及後來發生了什麼事，他這樣描述他對那些軍人的感覺：「感覺——我想，在那個時刻，他們才是敵人。他們絕對是地面上那些人的敵人。」他做了一件事，展現出驚人的力量與勇氣，足以證明本書談到「我群／他群分類如何在一瞬間改變」的每一個字。他把直升機停在村民和軍人之間，用機關槍對著他的美國同胞，命令他的組員，只要美軍試圖再傷害村民，就把他們殺死。[13、14]

所以，20 世紀有一個人在衝動之下改變了歷史，另一個人克服數十年來的仇恨，促成了和解，還有其他人克服了訓練出來的反射反應，做了正確的事情。是時候來談最後一個人了，我從他身上受到很大的啟發。

這個人就是 1725 年出生的聖公會教士約翰・牛頓（John Newton）。嗯，聽起來不怎麼精彩。他最有名的事蹟是身為聖歌〈奇異恩典〉（'Amazing Grace'）的作曲者。噢，酷喔；那首歌和李歐納・柯恩（Leonard Cohen）的〈哈利路亞〉（'Hallelujah'）總是令我感動。牛頓也是個廢奴主義者，當威廉・威伯福斯（William Wilber force）在國會為了禁止大英帝國的奴隸制度而奮戰時，牛頓是他的顧問。好，開始比較有趣了。現在，聽好了——牛頓年輕的時候曾擔任一艘奴隸船的船長。沒錯，故事就此展開——一個曾經監管

13　原注：湯普森呼叫其他美軍直升機前來，將倖存者撤離到醫院；安卓塔走過滿是屍體的水溝，救出奇蹟般未受傷的 4 歲小孩。湯普森向他的指揮官報告他看到的事情，這位指揮官又再向上報告。結果，下達搜索與殲滅（search-and-destroy）任務命令的高級軍官取消了本來計畫後續幾天在附近村莊展開的行動，並開始掩蓋發生的事情。安卓塔在三週內死在戰場上。科爾本和更努力這麼做的湯普森試圖把這個事件的消息散播到他們可觸及的所有軍方、政府和媒體單位，是美萊村屠殺最後公諸於世的功臣。眾議院議員、軍事委員會主席曼德爾・瑞佛斯（Mendel Rivers）試圖阻止凱利被起訴，改成起訴湯普森為叛徒；湯普森在審判上提出不利於凱利的證詞之後，持續多年受到死亡威脅。過了三十年，湯普森和科爾本的行動才受到軍方表揚。湯普森在 2006 年過世，離世時科爾本在他的床邊。

14　原注：謝謝兩位優秀的大學生愛蓮娜・布里吉（Elena Bridgers）和偉特・洪（Wyatt Hong）協助研究這整節的內容。

並從奴隸制度中獲益的人，因為宗教信仰與道德的靈光一閃，戲劇性地將我群和他群重新分類，戲劇性地拓展了人道精神，戲劇性地承諾要修正他曾做出的殘忍暴行。你幾乎可以看到第 5 章提到的神經可塑性在牛頓的腦中火力全開。

事實上，沒有任何類似上述情況的事情發生。

牛頓（見左下圖）的父親是一位船長，他在 11 歲就和父親一起出航。18 歲時，他被迫加入海軍，試圖逃跑結果遭到鞭笞。後來，牛頓成功逃跑並在一艘西非奴隸船上工作。所以他能在之後看到囚禁這些人與他自身經驗之間的相似性，從中找到關聯。

這也沒有發生。

他在一艘奴隸船上工作，大家都很討厭他，把他丟在現在的獅子山共和國，一個奴隸販子把他送給自己的妻子做為奴隸。他被人救出，搭上一艘船返回英國，途中遇到可怕的暴風雨，船開始下沉。牛頓呼喚上帝，結果沒有沉船，於是他改信福音派基督教。他應徵了另一艘奴隸船的工作。聽好了——他已經找到上帝，而且自己不久前也是奴隸，因此可以突然發覺奴隸貿易有多麼恐怖。

不是這樣。

他聲稱對奴隸感到同情，這份同情心又因為他改信福音派而更加深刻。他最終成為一艘奴隸船的船長，又工作了六年才停下來。最後他終於認清了自己的作為。

也不是這樣。

原因是經過艱辛的航行，他的健康逐漸惡化。他轉行當收稅員，同時研究神學，於是成為聖公會牧師。他還**投資**奴隸貿易。

用我的家鄉布魯克林區的用語（以前還沒有這麼流行），這該死的傢伙真讓人不可置信。

他變成很受歡迎的牧師，因佈道和對教區的關懷而聞名；他創作聖歌，為窮人和受壓迫者發聲。根據推測，他可能在某個時間點停止投資奴隸制度；或許因為他的良心，或許因為有更好的投資機會。不過，他還是沒對奴隸制度發表任何意見。終於，在停止販賣奴隸**三十四年**後，他發表了譴責奴隸制度的小冊子。他真是當了盲目的壞蛋很長一段時間。在廢奴主義者的聲音中，像牛頓這樣曾親眼見證奴隸制度之可怕的人很少，更別說他還曾造成奴隸的苦難。他變成英國主要的廢奴主義者，並活著看到英國在 1807 年禁止奴隸貿易（見下圖）。

我不可能成為湯普森、安卓塔或科爾本。我不勇敢，我逃到與世隔絕的非洲做田野工作，而非面對困難的事情。或許，我最多只能像那些軍人一樣，站在一團混亂中，因為葛司曼所談的對殺人的自制而反覆檢查我的步槍子彈是否已經上膛，而非真正開槍。我沒有看到什麼跡象，顯示我在年老時能擁有阿部善次和理查・費斯克的風度，或達到那樣的道德高度。我難以理解布瓦吉吉的行動。

但是，牛頓，牛頓不一樣；牛頓對我來說很熟悉。他利用《聖經》

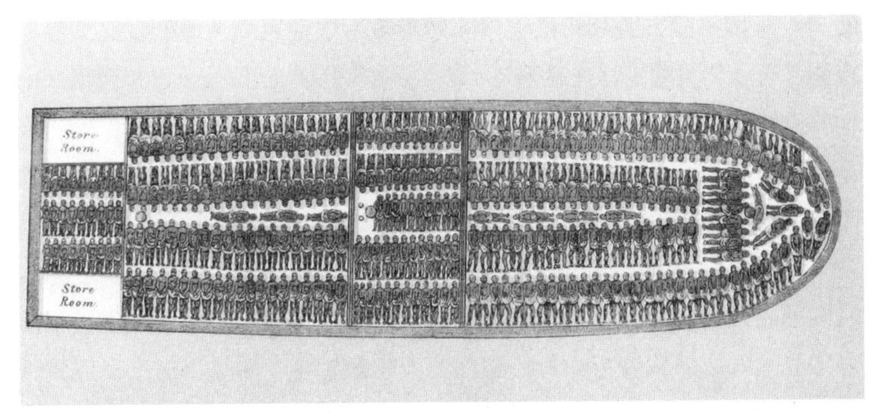

廢奴主義者於 1788 年繪製的圖畫，表示一艘英國奴隸船在跨越大西洋的航行中依法可以運載多少奴隸（487 人）。事實上，船隻運載的人數遠超過這個數字。

對奴隸制度的許可尋求安慰，花費數十年抗拒個人道德發展的可能性。他表現出高度同理心，卻選擇性地付出同理心。他擴大了我群的範圍，但僅止於此。我們已經看到，從群眾中衝進燃燒著熊熊大火的建築物中救火的人，通常在思考之前就行動了，顯示出做比較困難也比較好的事，是根深蒂固的自動化反應。牛頓的作為不是自動化反應。我們幾乎可以看到他的背外側前額葉費力進行合理化——「我無能為力」、「一個人要挑戰這一切太難了」、「只要關心家鄉有需要的人就好了」、「我可以用投資奴隸貿易的利潤來做好事」、「那些人真的從根本上和我們不一樣」、「我累了」。是的，旅程從踏出一步開始，但牛頓是在踏出十步之後，又因為自私而倒退九步。對我來說，湯普森在道德上臻於至善的境地感覺難以企及，就像我想要成為一隻羚羊、一道瀑布或燦爛的夕陽一樣困難。儘管我們渾身都是小毛病、不一致又脆弱，當我們看到牛頓一路跌跌撞撞，慢慢成為道德巨人，就知道我們還是有希望。

最後——集體力量的潛力

1807 年到 1814 年的半島戰爭（Peninsular War）發生了一則軼事，由當時擔任少尉的少將喬治・貝爾（George Bell）講述：在敵對的英國和法國之間有一座橋，雙方各有一位哨兵，如果敵軍快速過橋，他們就必須發出警報。有一位英國軍官在巡邏時，發現英國哨兵的狀況令人難以置信——他的兩個肩膀上分別揹著英軍和法軍的滑膛槍，似乎同時幫敵對的雙方守衛那座橋，法軍的哨兵則不見人影。那個英國哨兵怎麼解釋呢？他對面的哨兵溜去買酒給他們倆共飲，他當然要看著對方的槍。

在戰爭中，敵對雙方的軍人相處融洽的情況頻繁得驚人。當雙方屬於同種族且信仰一致、都是應募兵而入伍的軍人而非軍官時，這種現象最常見。如果敵我雙方一對一碰面而非集體相遇，而且日復一日遇到同一個人（譬如橋對面的守衛），當對方可以對你開槍卻沒有開，又更容易出現這種現象。敵對的雙方融洽相處時很少談到生死或地緣政治，而是進行以物易物、交換食物（因為對方的配給不可能和你這邊一樣差）、香菸、酒，或者抱怨天氣多糟糕、長官多糟糕。

在西班牙內戰期間，共和軍和法西斯部隊經常在晚上碰面喝酒、以物易物、交換報紙，大家都會把風，看有沒有軍官過來。在克里米亞戰爭（Crimean War）中，軍人經常跨越戰線，用俄羅斯伏特加換法國長棍麵包。一位曾參與半島戰爭的英國軍人描述當時英軍和法軍在晚上圍著營火玩牌的情景。還有，美國南北戰爭期間，洋基（Yankee）和叛軍（Rebel）[15]也相處融洽，以物易物、交換報紙，還有，這令人感受到椎心之痛——他們在一定會血流成河的戰鬥之前那晚舉行聯合洗禮。

所以，敵對的軍人之間經常可以找到共通之處。在一百年多一點之前，發生了兩個規模驚人的類似事件。

我們必須承認，一次世界大戰帶來一些好事——因為那三個帝國在戰後瓦解，波羅的海、巴爾幹半島和東歐的人民得以獨立。但從其他任何人眼中看來，都會認為沒有理由屠殺一千五百萬人。一場結束所有戰爭的戰爭，戰後的和平卻災難性地結束了所有和平，結果只是重複歐洲數世紀不斷打仗的歷史，用毫無意義的衝突吞噬了當地的年輕人。但在一次世界大戰的泥淖中，有兩個充滿希望的例子，難以形容，只能說幾乎是個奇蹟。

第一個例子是 1914 年的聖誕節休戰，軍官奔走在壕溝各處，用另一種語言試探性地大喊：「停火！」然後在無主之地和敵方軍官會面。休戰的開始，是雙方協議在聖誕晚餐期間停戰並取回屍體。

事情一發不可收拾。有大量資料記載，雙方互相借對方鏟子來挖掘墳墓。然後互相幫忙。然後舉行聯合葬禮。這造成雙方開始交換食物、酒、菸草。最後，未攜帶武器的軍人蜂擁而至無主之地，一起禱告和唱聖誕歌、共進晚餐、交換禮物。敵對的戰士一起拍團體照，交換鈕扣和頭盔做為紀念品，計畫戰爭結束後再次相見（見下頁圖）。最有名的是他們用臨

15 譯注：分別指北方軍與南方軍。

時製作的足球舉行球賽，比賽中很少記分。

歷史也記載了一則令人心寒的軼事，一位德國軍人寫信回家時談起休戰，提到並非所有人都參與其中——有一個軍人譴責其他人是叛徒，罵他們的是一個默默無名的人，就叫做……希特勒。不過在長達五百英哩的壕溝上，多數區域整個聖誕節期間都維持休戰，很多地方甚至持續到新年。軍官必須威脅要送大家到軍事法庭，才讓眾人回去打仗，雙方互相祝福打仗平安。真是令人震驚、感動、心碎。後來除了零星的例外，同樣的事再也沒有發生，即便短暫於聖誕節期間休戰以取回屍體，後來都必須上軍事法庭。

為什麼 1914 年的休戰會成功？壕溝戰特殊的靜止性質，代表軍人日復一日面對面。在聖誕節前的那段時間，戰線兩端的軍人（通常是友善地）互相嘲弄，營造出一種模糊的連結。此外，雙方反覆互動，製造出「未來的陰影」——預期如果背叛休戰，會導致永無休止的復仇。

所有人共享相同的猶太——基督教傳統和西歐文化，也有助於休戰成功；很多人都會對方的語言、曾造訪對方的國家。他們屬於同一個種族，帶著貶義稱呼敵人為「弗里茲」（Fritz），和越戰中稱敵軍為「gooks」、

德國與英國軍人合照

「slants」、「dinks」[16]等所呈現出的偽種族差異完全不同。

還有一些其他因素可以解釋為什麼休戰主要發生在英軍和德軍部隊。相較於法國在自己的土地上奮戰，英國人對於德國人沒有特別強的敵意，大多認為他們打仗是為了救法國一命，而法國在歷史上常常與英國為敵。諷刺的是，在休戰期間，英軍告訴德軍他們應該一起攻打法國。而且，當時那些德國軍人剛好多數為撒克遜人，他們對英國的盎格魯──撒克遜人表現出一股表親般的親近之情，提議他們應該一起攻打普魯士人，也就是在德國受到憎惡的支配群體。

或許最重要的是，休戰受到從上而下的許可。大多軍官協議通過休戰；教宗等人物呼籲休戰；這是個代表和平與對所有人心存善意的節日。

所以，有聖誕節休戰這個例子。驚人的是，在同一場戰爭發生了更像奇蹟的事情。這個現象被稱為「互留活路」（Live and Let Live），壕溝中的士兵在沒有任何交談、沒有共同的宗教節日、沒有軍官或領袖批准之下，發展出反覆的休戰。

這是怎麼發生的？根據歷史學家東尼·艾許華斯（Tony Ashworth）在《壕溝戰：一九一四到一九一八年》（*Trench War fare: 1914–1918*）書中的記載，它的開始是被動的。雙方部隊都在差不多的時間用餐，吃飯時間槍聲全無──誰想為了殺人或被殺而打斷晚餐？當天氣不好，所有人都優先處理淹水的壕溝或避免冷死，也會發生同樣的事情。

在未來的陰影籠罩時，大家也會互相約束。運送食物的車隊是大砲很容易擊中的目標，卻能保持毫無損傷，這是為了避免對方回以砲擊。廁所同樣因此而保留了下來。

當這些軍人選擇不要做某些事時，發生了休戰。但休戰也透過外顯的行為才能成功。怎麼做呢？讓你手下最強的狙擊手對準靠近敵方戰線的空房子，往牆上射擊一發子彈。然後一發又一發，反覆射擊同一個地方。你在傳達的是什麼？「看看我們的弟兄多麼厲害。他明明可以瞄準你，卻

16 譯注：美軍稱呼越南人的方式，帶有貶抑的意味，其中「slant」指「斜眼」。

選擇不要這麼做。好好想清楚該怎麼做。」另一邊也派出他們最強的狙擊手予以回報。雙方達成了共識，放對方一馬。

關鍵在於儀式化——反覆射擊同一個無關緊要的目標，每天都在同一個時間重申彼此對和平的承諾。

「互留活路」休戰可以承受擾動。士兵向另一方示意，現在必須認真射擊一陣子——長官來了。這個系統也可以撐過有人違反承諾的狀況。如果某個過分熱心的新手對另一方的壕溝發射砲彈，最常見的慣例是回以兩顆砲彈，經常瞄準重要的目標。接著又會回復和平（艾許華斯描寫了一次這種違反承諾的情況，當時德軍突然發射砲彈到英軍的壕溝。沒過多久，一個德國士兵大喊：「我們很抱歉，希望沒有人受傷。這不是我們的錯，是該死的普魯士砲兵。」然後飛回兩顆英軍砲彈）。

「互留活路」休戰一再發生。而且後方的長官一再干預、輪調部隊、用軍事法庭加以威脅、下令進行需要直接交手的兇暴襲擊，這些都可能粉碎雙方對共同利益的維繫。

我們可以看到這之中的演進——一開始的冒險成本不高，但效益立即可見，譬如不要在晚餐時間射擊，接著逐漸轉變，彼此的約束與信號越來越精細。我們也可以認出他們在處理違反休戰的狀況時，用的是改編版的「以牙還牙」，包括雙方傾向合作、對違規者進行懲罰、有原諒的機制和清楚的規則。

所以，萬歲，我們就像有社會性的細菌一樣，可以演化出合作關係。但互相合作的細菌缺少一個東西，就是人類的心智。艾許華斯深入探討了參與「互留活路」休戰的軍人如何看待敵人。

他描述了一系列步驟。首先，一旦雙方開始互相約束，就確定他們是理性的，有誘因保持停火。這在與對方互動時激發了他們的責任感，起初這完全是為了自己——不要違反協議，否則他們也這麼做。隨著時間過去，這份責任染上了道德的色彩，觸及多數人都有的心態，就是抗拒背叛可信賴的對象。具體的休戰動機引發洞察——「嘿，他們和我們一樣不想在晚餐時間被打擾；他們也不想在雨中打仗；他們也不想應付一直搞砸事情的長官。」他們之間慢慢發展出友誼。

這造成了驚人的結果。戰爭機器照常在軍人的祖國宣傳偽種族差異（見下圖）。但艾許華斯在研究軍人的日記和信件時，發現壕溝中的士兵對敵人表現出極低的敵意；離前線越遠，敵意越高。艾許華斯引用一段前線軍人的話：「在家鄉，我們辱罵敵方，用諷刺漫畫侮辱他們。我多麼厭倦諷刺畫裡的荒誕帝王。但在這裡，我們可以因為敵人英勇、武力高超且足智多謀而尊敬他們。他們也有所愛的人在家鄉，也必須忍受泥土、雨水和鋼鐵。」

我群和他群不斷變動。如果某人對著你或你的弟兄開槍，他絕對屬於他群。但除此之外，他群感覺更像老鼠和蝨子，像食物上的黴菌，像寒冷的天氣。就像舒舒服服坐在總部的長官——另一位壕溝裡的士兵說：「是個抽象的戰略家，從遙遠的地方拋棄我們的生命。」

這類休戰無法持續很久；當戰爭進入最後階段，英國的最高指揮官下令採取噩夢般的消耗戰，休戰的景象遭到徹底抹滅。

美國和德國的宣傳海報

每當想到聖誕節休戰和「互留活路」系統，我總是出現同樣的幻想，和本書開頭的那個非常不一樣。如果在一次世界大戰時已經出現兩種發明會怎麼樣？第一種是當代的大眾傳播工具——簡訊、推特、臉書。第二種是只有在一次世界大戰中歷經滄桑倖存下來的人才會有的心態——對現代性憤世嫉俗的犬儒主義。在數百英哩的壕溝四處奔走的人，一再重新建立「互留活路」的關係，絲毫沒有發現他們並不孤單。想像一下同陣線和敵對的士兵們互相傳訊息，百萬個鬼門關前的軍人說著：「這真是荒唐。我們沒有人想繼續打仗，而且我們已經找到停戰的方法了。」但他們無法終止戰爭，拋下手中的槍，忽略或嘲弄或殺害反對休戰、對上帝和國家出聲咒罵的長官，回家親吻他們的愛人，然後面對真正的敵人，也就是那些為了自己的權力而犧牲他們的富有貴族。

這樣想像一次世界大戰很容易，因為整場戰爭已經是博物館裡的遺跡，佐以捲曲的鬍鬚和軍官頭上那鑲著羽毛的傻氣頭盔。我們應該從粗糙的黑白照片後退幾步，進行一場極為困難的思想實驗。我們當代的敵人綁架女孩、把她們賣為奴隸，犯下暴行，而且不但沒有掩藏這些惡行，還在網路上散播證據。當我讀到他們所做的事情，我的心中產生強烈的恨意。我無法想像大家停下手邊的工作一起放鬆一下，邊合唱〈我看見媽咪親吻聖誕老人〉（'I Saw Mommy Kissing Santa Claus'）邊和蓋達組織的士兵交換聖誕小飾品。

但時間造成有趣的效果。美國和日本曾在二次世界大戰期間結下深仇大恨。美國的募兵海報上寫著「日本人狩獵執照」；一位曾上太平洋戰場的退伍軍人曾描述一個普遍的事件，刊登在 1946 年的《大西洋》（*the Atlantic*）雜誌上：〔美軍〕「煮沸敵人的頭顱，以清除上面的肉，製作成甜心的桌面擺飾，或砍下敵人的骨頭作為拆信刀。」（見右頁圖）日本人也對美國戰俘施以野蠻的暴行。如果理查・費斯克結果變成戰俘，阿部善次可能會參與他的死亡行軍；如果費斯克在戰場上殺了阿部善次，費斯克可能會用阿部的頭顱做紀念品。但在五十年之後，其中一人會在另一人過世時，寫下一封弔唁信給他的孫輩。

上一章的重點內容之一是當未來的人回頭看我們，會對我們因為科學上的無知而產生的作為感到震驚。本章的關鍵挑戰則是認清我們很有可能最終回頭看現在的仇恨，然後覺得神祕難解。

丹尼爾·丹尼特曾深思一種情境，如果某人在沒有麻醉之下接受手術，但確知手術後會服藥消除所有手術的記憶。如果你知道痛苦將被遺忘，會比較不痛嗎？假如你知道仇恨會隨時間褪去，我群和他群之間的相似性將勝過差異，可以減輕仇恨嗎？在一百年前的人間煉獄，人們有很多原因足以使他們心懷仇很，但其實很多時候根本不需要經過時間流逝，當時就可以不必發生那些事情？

哲學家喬治·桑塔亞那（George Santayana）曾講過一句格言，因為太有智慧了，注定要變成陳腔濫調——「無法記住過去的人，注定重蹈覆轍。」（Those who cannot remember the past are condemned torepeat it.）在最後這章的脈絡下，我們必須翻轉桑塔亞那的這句話——記不住一次世界大戰在壕溝中了不起的休戰，或無法學習湯普森、科爾本和安卓塔、或長途跋涉進行和解的阿部與費斯克、曼德拉與維爾容、胡笙與拉賓，或牛頓跌跌撞撞地克服我們所熟悉的那些道德弱點，或者無法認清科學可以教導我們如何提高這些事情發生的機率——無法記住以上這些的人，注定比較不可能重現這些讓我們心存希望的理由。

結語

我們已經討論了很多議題，其中有些主題一再重複出現。在討論最後兩點之前，這些主題值得我們再次回顧。

最重要的一點，幾乎本書所呈現的所有科學事實都關係到測量的**平均值**。任何一項事實都有變異存在，而且經常是其中最有趣的部分。並非每個人在看到他群臉孔時杏仁核都會活化；並不是每個酵母菌都會黏上另一個帶有相同表面蛋白記號的酵母。但**平均而言**，上述兩項都是事實。我發現本書中有各種版本的「平均」、「通常」、「經常」、「傾向」和「一般而言」，總共超過五百次，恰好反映了這點。而且我可能應該加入更多這些詞彙做為提醒。無論在科學的哪個範疇，都有個別差異和有趣的例外。

再來，以下沒有特定順序：

- 如果你的額葉皮質讓你抗拒誘惑，使你得以做出比較困難也比較好的事，那很棒。但如果做比較好的事已經自動化，變得不那麼困難，通常會更有效。而且，比起意志力，藉由分心和重新評估來抗拒誘惑經常是最容易的。

- 雖然大腦有如此高的可塑性很酷，但你其實毋須驚訝——這是理所當然的。

- 童年逆境造成的傷疤無所不在，從我們的DNA到文化，而且其影響可以持續一輩子，甚至跨越世代。然而，童年逆境造成的負面結果可以反轉的程度比以前所想的高。只是越晚介入就越困難。

- 腦與文化會共同演化。

- 現在可以明顯透過直覺看出是否道德的事情，在過去未必如此；很多時候是靠不從眾地進行推理才開始改變。

- 我們一再看到，生物因素（譬如荷爾蒙）造成一個行為的程度沒那麼高，比較常是調節行為或提高敏感度，降低個體受環境刺激（這些刺激可以造成行為）影響之閾值。

- 認知與情緒一直互動。當認知或情緒其中之一占主導地位的時候最為有趣。

- 基因在不同的環境中有不同的作用；根據你的價值觀，荷爾蒙可以讓你變得比較好或比較糟；我們沒有演化成「自私的」或「利他的」或任何其他東西——我們演化成在特定情境下有特定的狀態。脈絡、脈絡、脈絡。

- 在生物層面，強烈的愛與強烈的恨並非相反。這兩者的相反是冷漠。

- 青春期讓我們看到大腦最有趣的部分極少由基因塑造，最多來自經驗的塑造；這就是我們學習的方式——脈絡、脈絡、脈絡。

- 在連續的向度上隨意設下界線可能很有幫助。但永遠別忘了那是隨意設下的。

- 比起經驗愉悅感，我們更常把重點放在預期與追求愉悅感。

- 你不可能在尚未理解恐懼（還有杏仁核和恐懼及攻擊都有關）時，就理解攻擊行為。

- 基因的重點不是無可避免的命運；基因的重點是潛力和易受影響的程度。而且基因無法單獨決定任何事情。基因與環境的交互作用無所不在。比起改變基因本身，當演化改變對基因的調控作用，更能產生重大的影響。

- 我們在潛意識中把世界分成我群和他群，並偏好我群。我們很容易被操弄，甚至在線索低於閾值時、或在幾秒之內，就能決定誰是我群、誰是他群。

- 我們不是黑猩猩，也不是倭黑猩猩。我們不是典型的有配偶連結的物種，也不是比武式物種。我們演化成介於這兩者以及其他類別之間，而這些類別在別的動物身上劃分得一清二楚。這讓我們更具可塑性與韌性，也讓我們的社交生活比其他物種混亂又撲朔迷離許多，充滿不完美，經常走錯路。

- 那個小矮人沒有穿衣服。

- 雖然持續數十萬年、四處遷徙的傳統狩獵採集生活可能有點無聊，但一定不會血腥不斷。自從多數人類放棄了狩獵採集的生活型態，之後這些年，我們顯然創造了很多新東西。其中最有趣也最具挑戰性的就是被陌生人包圍、可以進行匿名互動的社會系統。

- 說生物系統運作得「很好」是價值中立的評估；完成美好或惡劣的事情都需要紀律、努力與意志力。「做正確的事」永遠都視脈絡而定。

- 人類展現出最美好的道德與慈悲心的時刻，其根源比純粹人類文明的產物要來得更深、歷史更悠久。

- 每當有人說某個其他種類的人像爬行的小蟲或傳染病，記得保持懷疑。

- 當人類發明了社經地位，就等於創造出其他具有階層的靈長類動物前所未見的從屬形式。

- 「我」與「我們」之間的選擇（在你自己的群體中展現利社會性），比「我們」與「他們」之間的選擇（群體間的利社會性）來得容易。

- 如果有人相信大家做出恐怖又造成傷害的事也沒關係，這不是好事。但這世界的痛苦有更大一部分來自有些人……當然，他們反對恐怖的行為……卻提到一些特殊情況，好讓自己成為例外。通往地獄的道路由合理化鋪成。

- 我們對於自己現在的作為如此肯定，可能不只在未來世代的眼中看來很可怕，未來的我們就會覺得可怕。

- 不管是高深莫測的道德推理能力，或者能感受到強烈的同理心，都不代表能夠真正做出困難、勇敢又富有慈悲心的事情。

- 人類願意為了象徵性的神聖價值而殺戮或被殺。透過協商，可以維持與他群的和平；理解和尊重他們神聖價值的強度有助於維持長久的和平。

- 我們持續被看似毫無關聯的刺激、閾下資訊及我們對其一無所知的內在力量所塑造。

- 我們最糟的行為、我們譴責與懲罰的行為，是生物機制的產物。但別忘了，同樣的道理也適用於我們最好的行為。

- 有些人的作為提供了驚人的、展現最佳人性的例子，而那些人和我們其他人其實沒有多大的差異。

最後兩個想法

- 如果必須用一句話濃縮這本書，答案就是「很複雜」。沒有哪一個原因導致什麼事情，實際上，每個東西都只是調節了其他東西。科學一直說：「我們以前以為是X，但現在我們發現……」解決一個問題，經常又製造出另外十個問題，彷彿始料不及後果定律（the law of unintended consequences）主宰了一切。在任何重大議題上，似乎都有51%支持一種結論，另外49%支持相反的結論。等等之類的。最後你似乎看不到任何希望，覺得不可能解決任何問題、改善任何事情。但我們別無選擇，只能繼續嘗試。如果你正在讀這段文字，你大概很適合做這件事。你已經充分證明你具有智識上的韌性。你應該也有自來水可用、有家、可以攝取足夠的熱量，因為嚴重的寄生蟲疾病而化膿的機率很低。你大概不必擔心伊波拉病毒、軍閥或消失在你的世界。而且你受了教育。換句話說，你是個幸運的人。所以，試試看吧。

- 最後，科學和慈悲心可以並存，不必二擇一。

致謝

博物學家愛德華・威爾森是我們這個時代最有影響力的思想家，當他發現自己身處關於人類社會行為演化的火爆爭議中心（第 10 章曾討論到這個爭議），身為一個優雅而有風度的人，他寫下關於這些紛爭及強烈反對他的人的文字——「我非常幸運，能與這些出色的人為敵，我這麼說絕對沒有諷刺的意思。我欠他們很多，因為他們提高了我的能量，並驅動我朝新的方向前進。」

就這本書來說，我覺得自己比威爾森還要好運，因為我很幸運擁有出色的朋友，他們給我很大的幫助，非常慷慨地貢獻時間為我審閱書中的章節。他們指出我在「作為」或「不作為」上所犯的錯誤，以及我詮釋不足、過度詮釋、詮釋錯誤的部分，並用很圓滑的方式讓我知道，關於某些領域，我的知識已經落後二十年了，或者純粹就是錯得離譜。這本書因為他們好心的協力而獲益良多，我深深感謝他們（如果還有任何錯誤，都是我的責任）。這些人包括：

加拿大英屬哥倫比亞大學阿蘭・諾倫薩揚

荷蘭萊頓大學／阿姆斯特丹大學的卡斯登・迪德魯

約翰霍普金斯大學的丹尼爾・韋柏格（Daniel Weinberger）

華盛頓大學的大衛・巴拉許

匹澤學院與克萊蒙研究大學的大衛・摩爾

阿拉巴馬大學伯明翰分校的道格拉斯・弗萊

德國德勒斯登工業大學的葛德・坎帕曼（Gerd Kempermann）

史丹福大學的詹姆斯・葛洛斯

埃默里大學的詹姆斯・瑞林（James Rilling）

史丹福大學的珍妮・蔡

奧勒岡健康與科學大學的約翰・克萊柏（John Crabbe）

紐約大學的約翰・喬斯特

加州大學戴維斯分校的約翰・溫菲爾德

哈佛大學的約書亞・格林

維吉尼亞聯邦大學的肯尼斯・肯德勒

天普大學的勞倫斯・史坦柏格（Lawrence Steinberg）

范德堡大學的歐文・瓊斯

達特茅斯學院的保羅・華倫（Paul Whalen）

俄亥俄州立大學的藍迪・尼爾森（Randy Nelson）

賓州大學的羅伯・賽法斯

加州大學戴維斯分校的莎拉・赫迪

匹茲堡大學的史蒂芬・馬納克

加州大學洛杉磯分校的史蒂芬・寇爾（Steven Cole）

普林斯頓大學的蘇珊・費斯克加州大學戴維斯分校的莎拉・赫迪

匹茲堡大學的史蒂芬・馬納克

加州大學洛杉磯分校的史蒂芬・寇爾（Steven Cole）

普林斯頓大學的蘇珊・費斯克

我也很幸運可以和史丹福大學非常優秀的學生互動，其中有不少學生對本書有直接的貢獻。他們投入的方式包括擔任文獻助理，針對特定主題進行協助，或者參與我已授課數次、聚焦於本書內容的專題研討。和他們合作很愉快，我也從他們身上學到了很多。這些學生包括：

Adam Widman、Alexander Morgan、阿里・馬金卡爾達、Alice Spurgin、Allison Waters、Anna Chan、Arielle Lasky、Ben Wyler、Bethany Michel、Bilal Mahmood、Carl Cummings、Catherine Le、Christopher Schulze、Davie Yoon、唐恩・麥錫、狄倫・阿萊格里亞、

愛蓮娜・布里吉、Elizabeth Levey、Ellen Edenberg、Ellora Karmarkar、Erik Lehnert、Ethan Lipka、Felicity Grisham、Gabe Ben-Dor、Gene Lowry、George Capps、Helen McLendon、Helen Shen、Jeffrey Woods、Jonathan Lu、Kaitlin Greene、Katharine Tomalty、卡崔娜・許、Kian Eftekhari、Kirsten Hornbeak、Lara Rangel、Lauren Finzer、Lindsay Louie、Lisa Diver、Maisy Samuelson、Morgan Freret、Nick Hollon、Patrick Wong、Pilar Abascal、Robert Schafer、Sam Bremmer、Sandy Kory、Scott Huckaby、Sean Bruich、Sonia Singh、Stacie Nishimoto、Tom McFadden、Vineet Singhal、Will Peterson、偉特・洪、Yun Chu。

我也要感謝史丹福大學的 Lisa Pereira、企鵝出版集團（Penguin Books）的 Christopher Richards、《紐約客》的 Thea Traff 和努艾瓦學校（the Nueva School）的 Ethan Lipka，提供了極大的幫助，使本書在最後階段成形。謝謝 Kevin Berger 想到第 6 章的標題。熱烈、衷心地感謝我的出版與演說經紀人、為我檢驗新點子的智囊團兼好友 Katinka Matson 與 Steven Barclay——你們都知道這本書醞釀了多久又多麼困難，謝謝你們從頭到尾為我堅持了下來。深深感激企鵝出版集團的 Scott Moyers——你是我夢寐以求的編輯。謝謝 John Linderman、Ellis Kirschenbaum、Craig Stephen、Paul Rosenbaum、Dragos Rotaru、Michael Uhl 和 Robert Moore 幫我檢查稿子中的錯誤。如果我遺漏了任何人對我的支持，在此道歉，因為我要趕在期限前完成這本書，實在太匆忙了⋯⋯

最後也最重要的，我要感謝也表達最深的愛意給最支持我、在我寫這本書時忍受桌遊不停中斷的人——我的家人。

附錄 1

神經科學入門課程

請想像以下兩種不同的情境。第一種：

回想你進入青春期的那一天。在那之前，已經有某位家長或老師向你預告過會發生什麼事了。你醒來時有種奇怪的感覺，然後發現自己的睡衣髒了，覺得很驚訝。你興奮地叫醒爸媽，他們喜極而泣，拍下讓你難為情的照片，宰了一隻羊來紀念這榮耀的時刻，在鄰居吟誦的古老詩歌聲中，你搭著轎車進城。真是件大事。

但說句老實話——如果荷爾蒙（hormone）晚二十四小時才開始變化，你的人生會有什麼不同嗎？

第二種：

出人意料地，一隻獅子從店裡出現，追著你跑。你的大腦讓心跳加快、血壓升高、腿部肌肉的血管擴張，現在，壓力反應全面啟動，你的感覺處理也變得敏銳，視線專注集中。

假如你的大腦得花二十四小時來發送這些命令，結果會如何？你就成了俎上肉。

這就是大腦的特別之處。不要在今天進入青春期，明天再開始吧？那不會怎麼樣。不必急著現在製造抗體，晚上再製造吧？通常不會致命。晚點再存放鈣質到骨骼裡也一樣沒有大礙。但神經系統的內涵有很大一部分就濃縮在本書第 2 章的架構中——一秒之前發生了什麼事？這速度真是快到不可思議。

神經系統的工作就落在「說些什麼」和「什麼都不說」這兩個完全

相反、一翻兩瞪眼的極端之間，將訊噪比（signal-to-noise ratio）提升到最高點。這需要大量投入，代價高昂。[1]

先看一個神經元（neuron）

神經系統的基本細胞型態是神經元——我們通常稱之為「腦細胞」。我們的腦中大約有數千億個神經元互相通訊，構成複雜的迴路。另外還有神經膠細胞（gliacell），[2] 負責很多跑腿打雜的工作——為神經元提供具有支持和絕緣功能的構造、替神經元儲存能量、幫忙清掃神經元損傷後留下的殘骸。

當然，將神經元和神經膠細胞這麼對比是完全錯誤的。只要有一個神經元，大概就有十個神經膠細胞，其中還有很多不同的次類別。神經膠細胞對於神經元之間如何對話具有很大影響力，也會另外形成神經膠細胞的網絡，其中的溝通方式和神經元完全不一樣。所以，神經膠細胞很重要。不過，為了讓讀者比較容易掌握這篇導論的內容，我會聚焦在神經元上。

紅血球

神經系統之所以如此特殊，有部分原因在於神經元是很特殊的細胞。一般的細胞通常很小，而且自給自足——想一想又小又圓的紅血球（見左圖）。

與之相反，神經元是外型極不對稱的細長怪物，通常有許多突起（process）往四面八方伸展出去（見右頁圖，上）。這些突起可以複雜到瘋狂的程度。我們先看這一個神經元——

---

1 原注：這就是神經系統非常脆弱、易受損傷的原因之一。如果有人心臟驟停（cardiacarrest），心跳停止了幾分鐘才接受電擊、恢復了心跳，在那幾分鐘之內，身體缺乏血液、氧氣和葡萄糖的供給。在那「缺氧缺血」（hypoxia-ischemia）的幾分鐘的最後，全身細胞都慘兮兮。但在所有的細胞之中，腦細胞（和相關的細胞群）在數天後死亡的機率最高。

2 譯注：較常見拼法為 glial cell（作者後面也用這個拼法）

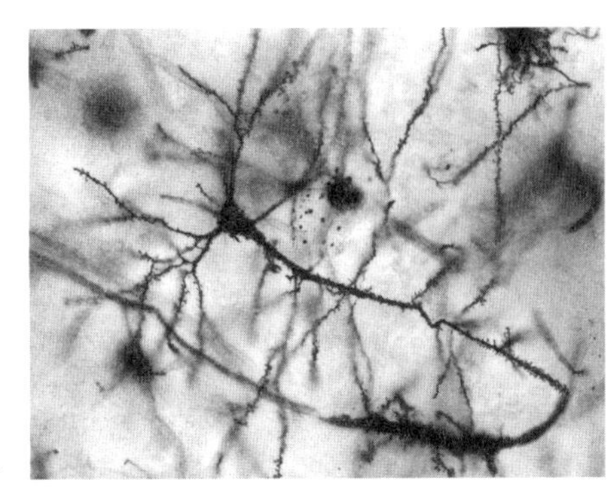

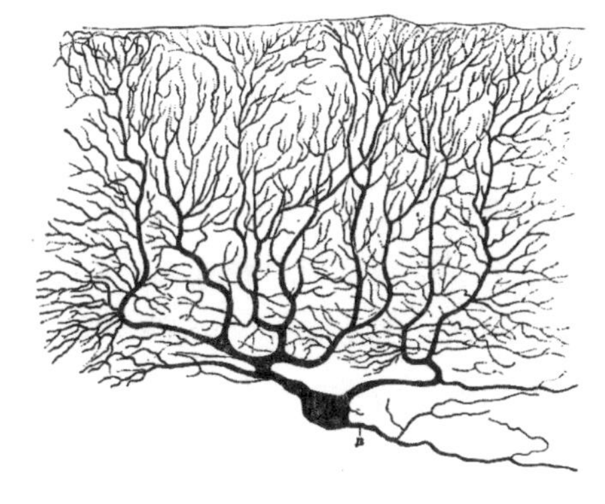

20世紀早期由拉蒙·卡哈爾（RamónyCajal，神經科學領域的聖人）所繪（見右圖，下）。

這個神經元就像一棵狂躁之樹的枝幹，可以解釋為什麼神經科學界會形容一個神經元呈現高度「樹枝狀」（arborized）。

而且，很多神經元大得古怪。如果要用紅血球填滿這個句子結尾的句號，需要無限多個紅血球才辦得到。脊髓裡有些神經元卻可以送出好幾英呎長的投射纜線。在藍鯨的脊髓中，有的神經元長達半個籃球場的長度。

現在，來看看神經元的各個部分，這是理解神經元功能的關鍵（見下頁圖）。

神經元的工作是彼此對話，互相刺激。神經元的一端是它的「耳朵」，特製的突起讓它可以從其他神經元接受訊號。另一端則是它的「嘴巴」，負責和神經元隊伍中的下一個神經元溝通。

接收訊息輸入的耳朵稱為樹突（dendrites）。輸出端由一條稱為軸突（axon）的長纜線開始，接著在末端分岔——這些軸突末梢（axonterminal）就是嘴巴（我們先暫且忽略髓鞘〔myelinsheath〕的存在）。[3] 軸突末梢連接著隊伍中下一個神經元的樹突。當樹突耳朵接收到後面那個神經元的訊息，就會呈現興奮狀態。於是，訊息之流從樹突蔓延到細胞本體，再到軸突，

3　譯注：axonterminal也譯作軸突末端、軸突終末。

直至軸突末梢，然後傳給下一個神經元。

讓我們把「訊息之流」翻譯成化學的語言。從樹突傳到軸突末梢的到底是什麼東西？答案是：一股電興奮的浪潮。神經元裡有許多不同的正離子和負離子。神經元細胞膜外則有其他正離子和負離子。當一個神經元經由一條樹突纖維的末端接收到來自前一個神經元的興奮訊號，那個樹突上的細胞膜就會開啟通道，開放一些離子流進來、另一些流出去，最終導致樹突末端內的正電位上升。正電擴散到軸突末梢，傳給下一個神經元。化學的部分到此為止。

再提兩個重要至極的細節：

靜止電位（resting potential）：當一個神經元從前一個神經元得到強烈的興奮訊息，它內部的正電升高，高於細胞外的電位。回到我們之前用的比喻——現在這個神經元有些話要說，正放聲大喊。那麼，當神經元還未受到刺激，沒有話要說時，看起來會是什麼樣子？也許處在平衡狀態，細胞內外是均等的電中性狀態？[4] 不，絕對不是這樣！對於你的脾臟或腳拇趾裡的某些細胞來說，這樣可能夠好了。但想想剛才所說的關鍵點，神經元的所有活動都關於對比。當一個神經元沒有什麼要說，那並不是一切歸零的消極狀態，而是一種動態的歷程。動態、刻意、有力、需要健壯體格，還得汗流浹背才能完成的過程。「我沒什麼好說」的神經元內部並非電中性，實際上，細胞內的**負**電荷比細胞外更高。

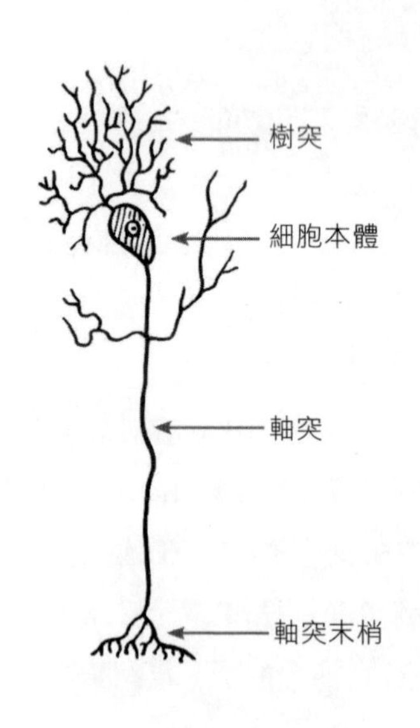

沒有什麼比這個對比更戲劇性了：「我沒什麼好說＝神經元內部帶負電」。「我有話要說＝內部帶正電」。沒有一個神經

4　原注：化學家會換句話說：細胞內和細胞外帶電離子的分配達到平衡。

元會搞錯這兩個等式。內部負電的狀態稱為「靜止電位」。興奮狀態則稱為「動作電位」（action potential）。那麼，為什麼產生出這個戲劇化的靜止電位，會是個動態的歷程呢？因為神經元必須瘋狂工作，用盡細胞膜上的各種幫浦，將正離子推出去，保留負離子在裡頭，一切都是為了製造內部為負電的靜止狀態。一旦出現了興奮訊號，幫浦就會暫停運作，通道開啟，於是離子衝了進來，製造出興奮的內部正電狀態。當這一波興奮過去，通道關閉，幫浦再次活動，重新製造靜止電位。驚人的是，神經元花費將近一半的能量讓製造出靜止電位的幫浦運作。要製造出「我無話可說」與「我有個令人興奮的消息」之間的強烈對比，代價可不低。

我們已經瞭解了靜止電位和動作電位，現在繼續來看另一個非常重要的細節：

其實，真正的動作電位並不是那樣運作的。我剛才描述的是一條樹突的纖絲從前一個神經元（也就是上一個發生動作電位的神經元）接收到興奮訊號；這造成樹突上的動作電位，然後傳向細胞體，越過細胞體，再到軸突，直到軸突末梢，然後訊號傳給隊伍上的下一個神經元。這不是真的。實際情況如下：

沒話可說的神經元坐在那兒，這個神經元處在靜止電位；內部全是負電。這時，在一條樹突纖絲上出現了由隊伍中前一個神經元發出的興奮訊號。結果，通道開啟，離子在那條樹突內外流動。但流動的離子很少，還不足以讓整個神經元都充滿正電，只能稍微減少樹突內的負電（附上一些一點也不重要的數字：靜止電位從大約負七十毫伏特〔milivolts，縮寫為 mV〕，變成約負六十毫伏特）。然後通道就關閉了。負電稍微上升，就像打了個小嗝，[5]然後繼續傳送到樹突的骨幹。幫浦開始運作了，把離子推回原本所在之處。所以在那條樹突纖絲的末端，電位從負七時毫伏特上升到負六十毫伏特。但稍微靠近纖絲骨幹的地方，會由負七十毫伏特變成負六十五毫伏特。再更遠一點的枝幹則從負七十到負六十九。換句話說，興奮訊號逐漸

5　原注：用行話來說是：稍微「去極化」（depolarization）。

減弱。你面對一座平靜無波的湖，向靜止的湖面投入一顆小小的鵝卵石，造成一陣漣漪，往外擴散時變得越來越小，直到消失在石頭落下的不遠處。然後，幾英哩外，在這座湖的軸突那端，這陣興奮的漣漪根本沒有造成任何影響。

也就是說，如果只有一條樹突纖絲受到興奮，還不足以將這股興奮傳到軸突那端，再傳到下一個神經元。訊息是怎麼傳遞下去的？翻回去前頁，看看卡哈爾為神經元畫的美好圖像。

分叉的樹突枝幹尾端是許多纖絲的末端（是時候介紹一般使用的專有名詞了：尾端是許多樹突小刺〔dendritic spine〕）。為了讓這股興奮能夠從神經元的樹突這端蔓延到軸突那端，必須要累積——同一樹突小刺必須一再受到刺激，而且／或者更常發生的是，脊椎裡的一大堆神經元同時受到刺激。你必須投入很多鵝卵石，才能製造波浪，而不會只掀起一陣漣漪。

在軸突底部，也就是軸突從細胞體延伸出來的地方，是個具有特殊功能的部位（稱為軸「丘」〔axon hillock〕）。如果樹突接收的輸入訊號累積起來，產生夠大的漣漪，軸丘附近的靜止電位從負七十毫伏特上升到負四十毫伏特，就超過了閾值（threshold）。這件事一發生，馬上天下大亂。軸丘的細胞膜上，另一個階層的通道開啟，大量離子移動，終於，產生了正電（大約三十毫伏特），也就是動作電位。動作電位接著讓軸突細胞膜上少量的同一種通道開啟，在那裡再次產生動作電位，然後下一波，然後再下一波，一路直抵軸突末梢。

從資訊科學的觀點來說，神經元有兩種通訊系統。從樹突小刺到軸丘的開端是類比訊號，會隨時空變化漸漸消失。從軸丘到軸突末梢則有個數位系統，這裡的訊號是全有全無的，在軸突上全程反覆製造訊號。

讓我們加點虛構的數字進來。假定一個普通的神經元有大約一百個樹突小刺和大約一百個軸突末梢。在剛才所說的：神經元具有類比訊號／數位訊號的脈絡之下，這意味著什麼？

或許也沒什麼有趣的。想像 A 神經元，如同剛才介紹的，有一百個軸突末梢。每個軸突末梢都連接到隊伍中下一個神經元（B 神經元）的一個樹突小刺。A 神經元產生一次動作電位，傳到一百個軸突末梢上，引起 B 神經元上的一百個樹突小刺興奮。B 神經元上，軸丘需要至少五十個樹突同時興奮，才能達到閾值，產生動作電位；因此，一百個樹突全都興奮不已時，B 神經元鐵定可以產生動作電位。

現在，出現了另一種情況，A 神經元投射（project）一半的軸突末梢到 B 神經元，另一半連向 C 神經元。A 神經元產生動作電位時，是否保證 B 和 C 也會產生動作電位？沒錯。因為這兩個軸丘若要產生動作電位，必須要有五十個樹突的鵝卵石同時擲入，以達到閾值。現在再換一種情況，A 神經元平均分配所有軸突末梢給十個目標神經元，從神經元 B 到神經元 K。A 神經元的動作電位可以在這十個目標神經元上都製造出動作電位嗎？想都別想——延續剛才的例子，十個樹突小刺的鵝卵石，份量遠遠低於這些目標神經元的閾值——五十個鵝卵石。

那麼，譬如說，在神經元 K 身上，只有十個樹突小刺從神經元 A 那邊得到興奮訊號，是什麼讓它產生動作電位？嗯，其他九十個樹突小刺發生了什麼事？它們接收了其他神經元的輸入——另外九個神經元分別提供了十個輸入來源。那麼，B 神經元什麼時候會產生動作電位？當向它投射的神經元中，至少一半都有動作電位的時候。換句話說，任何一個神經元都會整合向它投射的神經元輸入的訊號。由此衍伸出一項規則：**神經元 A 投射到越多神經元上，想當然爾，就可以影響越多個神經元；然而，A 向越多神經元投射，對每一個目標神經元的影響力就越低**。有捨有得。

在脊椎裡面，這不成問題，因為脊椎中每個神經元的所有投射通常都集中在隊伍中的下一個神經元。但在大腦中，一個神經元會向一大堆神經元投射，也會接收一大堆神經元輸入的訊號，由各個神經元的軸丘來決定是否達到閾值、可以產生動作電位。大腦中遍布著密密麻麻的網路，不斷發散訊號與匯聚訊號。

現在，再換成令人目瞪口呆的真實數字——你的神經元平均有大約**一萬個**樹突小刺，和差不多相等數量的軸突末梢。再乘以一千億個神經

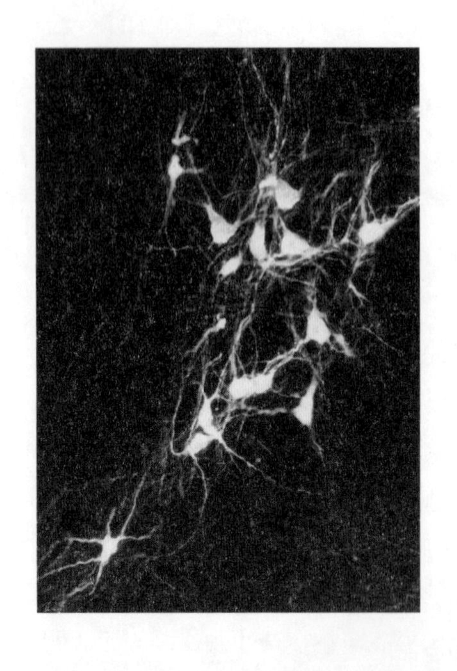

元，你就知道為什麼只有大腦會寫詩，腎臟不會。

為了講得更完整一點，最後再補充幾點。神經元還有一些把戲，能在動作電位的尾聲進一步強化「無話可說」和「有話要說」之間的對比，這兩種方式又快又戲劇化，發生在動作電位結束時：一個叫作「延遲整流」（delayed rectification），另一個叫作「過極化不反應期」（hyperpolarized refractory period）。另一個比較小的細節請見左圖——有一種神經膠細胞包裹著軸突，形成一層絕緣體，稱為髓鞘；髓鞘化（myelination）使動作電位在軸突上衝刺得更快。

最後一點對於之後要講的內容很重要：軸丘的閾值可隨時間改變，因而改變了神經元容易興奮的程度。那麼，是什麼改變了閾值？荷爾蒙、營養、經驗，以及其他占據了本書頁面的相關因素。

現在，我們已經學完神經元的一端如何連接到另一個神經元了。再來，帶有動作電位的神經元，到底如何將它的興奮傳遞給隊伍中的下一個神經元？

一次看兩個神經元：突觸溝通神經元

A 的軸丘上，啟動了一次動作電位，蔓延到一萬個軸突末梢上。這股興奮如何傳到下一個（多個）神經元？

合胞體（Synctitium）擁護者的敗仗

對於 19 世紀多數的神經科學家來說，答案很簡單。他們會解釋說，胎兒的腦部由無數個分離的神經元組成，慢慢長出樹突和軸突等突起。最終，一個神經元的軸突末梢會觸及下一個神經元的樹突小刺，兩者融合在一起，在兩個細胞之間形成連續的細胞膜。這些分離的胚胎神經元發展為成熟的大腦時，形成複雜相連的網絡，構成了一個超級神經元，稱為「合胞體」。因此，一股興奮可以從一個神經元順利地流到下一個神經元，因為兩個神經元之間並未真的分開。

19 世紀晚期出現了另一種觀點，認為每個神經元依然是獨立的單位，一個神經元的軸突末梢並沒有真的碰到下一個神經元的樹突小刺。兩個神經元之間有一道小小的縫隙。這個看法稱為「神經元學說」（neuron doctrine）。

合胞體學派的擁護者覺得神經元學說很愚蠢。「給我看看軸突末梢和樹突小刺之間的縫隙，」他們向這些異端份子提出要求，「告訴我一股興奮要怎麼從一個神經元跳到另一個神經元。」

然後，義大利神經科學家卡米洛．高基（Camillo Golgi）在 1873 年解決了所有問題，他發明了一種為大腦組織染色的創新技術。接著，之前提過的卡哈爾用這種「高基氏染色法」（Golgi stain）」將一個神經元的樹突和軸突末梢上的所有突起、大大小小的枝條都染色。關鍵在於，染上的顏色並未從一個神經元擴散到下一個神經元。由相連網絡融合而成的超級細胞並不存在。每個神經元都是分離而獨立的。神經元假說的支持者打敗了合胞體的擁護者。[6]

呀呼，結案！軸突末梢和樹突小刺之間確實有小得不得了的縫隙，稱為「突觸」（synapse）（當時還不能直接看到突觸，直到 1950 年代電子顯微鏡發明，才給了合胞體致命的一擊）。但一股興奮怎麼跳過突觸，從一個神經元傳

6 原注：這是個諷刺的注腳：卡哈爾是神經元學說的頭號鼓吹者。那支持合胞體的主要聲浪來自誰呢？高基；結果高基發明的技術證明了自己的錯誤。據說他勉強拖著腳步到斯德哥爾摩去領和卡哈爾共享的諾貝爾獎。他們倆互相討厭，甚至沒有跟對方說話。卡哈爾在諾貝爾演說中好聲好氣地讚美高基。高基則在自己演說時攻擊卡哈爾和神經元學說。混帳。

到下一個神經元，依然是個問題。

追求這個問題的答案是 20 世紀中期神經科學領域的重心，結果，答案是電興奮並未跳過突觸，而是被轉譯為另一種訊號了。

神經傳導物質（Neurotransmitter）

每一個軸突末梢裡，都有名叫囊泡（vesicle）的小小氣球綁在細胞膜上，裡面充滿許多同種類的化學信使（chemical messenger）。在神經元裡，遠在數英哩外的軸丘上，動作電位啟動，橫掃軸突末梢，觸發這些化學信使被釋放到突觸中。化學信使傳訊者漂浮著越過突觸，抵達另一端的樹突小刺，引起另一個神經元興奮。這些化學信使稱為「神經傳導物質」。

神經傳導物質是如何從「突觸前」的那端釋放，導致「突觸後」的樹突小刺興奮呢（見右頁圖）？樹突小刺的膜上有神經傳導物質的受體（receptor）。老套生物課的時間到了。神經傳導物質的分子具有獨特的形狀（每一個同種類的分子形狀相同）。受體上附有一個獨特的袋子，恰好和神經傳導物質的形狀互補。因此，神經傳導物質——老套的說法來了——和受體相吻合，就像鎖和鑰匙一樣。其他任何分子都不能服服貼貼地被受體容納；神經傳導物質也不能剛好吻合其他種類的受體。神經傳導物質和受體的結合使通道開啟，於是樹突小刺裡面開始出現興奮的離子之流。

以上描述了神經傳導物質如何進行「跨突觸」（transsynaptic）的溝通。只漏了一個細節：神經傳導物質的分子和受體結合之後，會發生什麼事？神經傳導物質和受體並不會永遠綁在一起——回想一下，動作電位只發生在毫秒間。需要清理神經傳導物質時，它會漂離受體。可能的方式有兩種。使用第一種方式的突觸十分注重環保，它在軸突末梢的細胞膜裡設有「回收幫浦」（reuptakepump）。這些幫浦吸收神經傳導物質，放回原本分泌的囊泡，之後再重新利用。[7] 第二個選項是酵素在突觸中分解掉神經傳

7 原注：再多說兩句，也是關於鎖和鑰匙一回收幫浦的形狀和神經傳導物質的形狀互補，所以帶回軸突末梢的東西只可能是神經傳導物質。

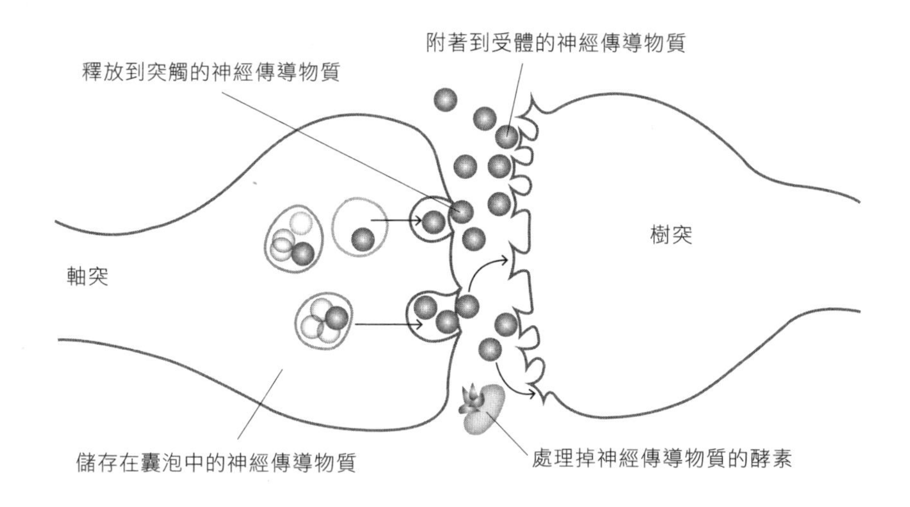

導物質，把碎屑沖到海裡（也就是細胞外的環境，從那裡可以通往腦脊髓液和血液，最後抵達膀胱）。

這個打掃的步驟至關重要。假設你想要提高神經傳導物質越過突觸的訊號量……我們把這句話翻譯成前一段裡的「興奮語言」——如果你想讓神經傳導物質在越過突觸之後能夠輕易引起興奮，使突觸前神經元的動作電位對突觸後的神經元發揮更大的力量（也就是更可能在第二個神經元上產生動作電位），你可以試著釋放更多神經傳導物質——也就是突觸前的神經元喊得更大聲。或者，你也可以增加樹突小刺上的受體——突觸後的神經元聽得更仔細。

還有一個可能，你可以減少回收幫浦的活動。那麼，從突觸移走的神經傳導物質就會減少。如此一來，神經傳導物質就會待得比較久，反覆與受體連結，放大訊號。又或者，運用同樣的概念，你可以降低分解酵素的活動；越少神經傳導物質被分解得支離破碎，就有越多神經傳導物質會長時間待在突觸裡，增進效果。就像我們已經看到的，當我們試圖解釋本書所關切的行為為什麼會存在個別差異，其中一些最有趣的研究發現，就關係到神經傳導物質製造和釋放的數量、受體的數量和功能、回收幫浦及分解酵素。

神經傳導物質的種類

那麼，上千億個神經元的軸突末梢藉由動作電位釋放出來，這神話般的神經傳導物質到底是什麼？從這裡開始，事情變得比較複雜了，因為神經傳導物質不只一種。

為什麼不只一種？明明每個突觸裡的運作方式都一樣，神經傳導物質和受體像鑰匙與鎖那樣結合，觸發各種通道開啟，於是離子流動，讓樹突小刺內的負電稍微減少。

其中一個理由是，各種神經傳導物質去極化的程度不同——換句話說，有些神經傳導物質的興奮效果比較強——興奮的時間長度也不同。這使得神經元之間訊息傳遞的複雜程度提高了許多。

現在，我們擴大討論的範圍，有些神經傳導物質不會去極化，不會提高下一個神經元產生動作電位的機率。這些神經傳導物質做的事情恰恰相反——它們讓樹突小刺「過極化」，打開的通道讓靜止電位的負電更多（譬如從負七十毫伏特變成負八十毫伏特）。換句話說，有種東西叫作「**抑制性**神經傳導物質」（inhibitory neurotransmitters）。你應該有發現，這一切又更複雜了——一個有著一萬個樹突小刺的神經元從一些神經元接收強度不一的興奮輸入、從另外一些神經元接收抑制的輸入，然後在軸丘整合所有訊號。

所以，神經傳導物質有很多不同的種類，分別和形狀互補的獨特受體相結合。是不是每個軸突末梢裡都有一堆不同的神經傳導物質，動作電位一次引發所有訊號，就像管弦樂團的演奏那樣？講到這裡，我們必須借助「戴爾原則」（Dale's Principle）——這個原則根據亨利・戴爾（Henry Dale）命名，他是這個領域的大人物，在 1930 年代提出了一項規則（其準確度是所有神經科學家幸福感的核心基礎）：一個神經元的所有軸突末梢在一次動作電位下釋放的是同一種神經傳導物質。因此，特定的一個神經元就會有一份獨一無二的神經化學檔案——「噢，那個神經元是『A 神經傳導物質型』的。同時也代表那個神經元溝通對象的樹突小刺上具有神經傳導物質 A 的受體。」[8]

目前已知的神經傳導物質有數十種。最有名的包括：血清素（serotonin）、去甲腎上腺素（norepinephrine）、多巴胺（dopamine）、乙醯膽鹼（acetylcholine）、麩胺酸（glutamate，腦部最易引起興奮的神經傳導物質）和 GABA（抑制功能最強）。醫學院的學生讀到這裡，總為神經傳導物質合成過程的細節及其中包含的多音節單字而飽受折磨——包括神經傳導物質有哪些前驅物（precursor）、前驅物先轉變成哪些其他形式，才終於成為真正的神經傳導物質、還有負責催化合成、名字長得令人痛苦的各種酵素。儘管如此，其中還是有幾項規則頗為簡單，圍繞著以下三點：

a. 你永遠不希望自己正在死命逃離一隻獅子的時候發現：糟糕，因為神經傳導物質用光了，應該要叫肌肉跑快一點的神經元進入離線狀態。然後才開始動用庫存前驅物，形成神經傳導物質。這些前驅物通常是一些簡單的膳食成分。譬如，血清素和多巴胺分別由來自飲食的胺基酸——色胺酸（tryptophan）和酪胺酸（tyrosine）製成。乙醯膽鹼則由存在於食物中的膽鹼（choline）和卵磷脂（lecithin）製成。

b. 一個神經元具有在一秒之內產生數十次動作電位的潛力。每次都需要重新儲存神經傳導物質到囊泡裡，釋放出來，再清理乾淨。既然這樣，你不會希望你的神經傳導物質是又大又複雜、外形繁複的分子，需要花費九牛二虎之力才能打造出來。從前驅物到神經傳導物質，只需要少數幾個步驟，省力又經濟實惠。譬如，酪胺酸轉為多巴胺的過程，只須經過兩個簡單的合成步驟。

8 原注：這也意味著，如果一個神經元的五千個樹突小刺從一個釋放 A 神經傳導物質的神經元接受軸突投射，另外五千個樹突小刺連向釋放 B 的神經元，它的樹突小刺上就會同時存在這兩種神經傳導物質的不同受體。

c. 最後，同一種前驅物可以形成多種不同的神經傳導物質，神經傳導物質的合成過程才能如此省力又經濟實惠。譬如，運用多巴胺作為神經傳導物質的神經元中，有兩種酵素可以完成那兩個合成步驟。在釋放去甲腎上腺素的神經元裡，有一種酵素可以將多巴胺轉為去甲腎上腺素。

經濟實惠、經濟實惠、經濟實惠。沒什麼東西比完成任務的神經傳導物質更快成為廢棄物了。昨天的報紙如果留到今天，它的用處就只剩放在屋外訓練狗狗上廁所了。

神經藥理學

有了對於神經傳導物質的洞見之後，科學家開始可以理解各種「神經作用」（neuroactive）和「精神作用」（psychoactive）藥物如何運作。

這類藥物可大略分為兩種：一種增加跨越特定類型突觸的訊號，另一種則減少訊號。我們已經知道一些增加訊號的策略了：（a）刺激更多神經傳導物質合成（譬如，提供前驅物、或以藥物使合成神經傳導物質的酵素更有活動力）。舉例來說，帕金森氏症（Parkinson's disease）患者的腦部有一個區域缺乏多巴胺，其中一種療法是施以藥物 L-DOPA，這是多巴胺的直接前驅物，所以可以提高多巴胺的含量。（b）提供合成的神經傳導物質，或結構上近似神經傳導物質的藥物來矇騙受體。譬如，裸蓋菇素（Psilocybin）的結構很類似血清素，可以活化一種血清素受體。（c）刺激突觸後的神經元，讓它製造更多的受體。理論上可行，但實際上很困難。（d）抑制分解酵素的活動，那麼就會有比較多神經傳導物質停留在突觸。（e）抑制神經傳導物質的回收，延長它在突觸內發揮效果的時間。當代抗憂鬱劑首選「百憂解」（Prozac）的作用正是如此，就發生在血清素突觸中。因此，百憂解常被稱呼為「選擇性血清素回收抑制劑」（selective serotonin reuptake inhibitor，簡稱 SSRI）。

還有另外一個類型的藥物，能減少跨越突觸的訊號，相信你猜得到背後的機制可能有哪些—阻斷神經傳導物質的合成、阻斷神經傳導物質的釋放、阻斷神經傳導物質連接受體的途徑等等。一個有趣的例子是乙醯膽鹼會刺激橫膈膜收縮。亞馬遜部落使用的箭毒可以阻斷乙醯膽鹼的受體，呼吸隨之終止。

最後一點至關重要——就如同軸丘為了回應經驗，可以隨著時間而改變閾值，在神經傳導物質學中，幾乎所有細小環節的每一個面向都可以因經驗而改變。

一次看三個以上的神經元

我們成功來到這裡了，現在要開始一次看三個神經元。然後，不用太多頁，我們就可以放膽考慮超過三個神經元的情況。這一段的目的，是在我們開始檢視整個腦區和「人類最好與最糟的行為」之間的關聯以前，先看看神經元組成的迴路如何運作。因此，我在這部分挑選出來的例子，只是為了呈現這個層級的神經系統如何運作。

神經調節（Neuromodulation）

請看下圖：

B 神經元的軸突末梢和突觸後神經元（讓我們稱它為 C 神經元）的樹

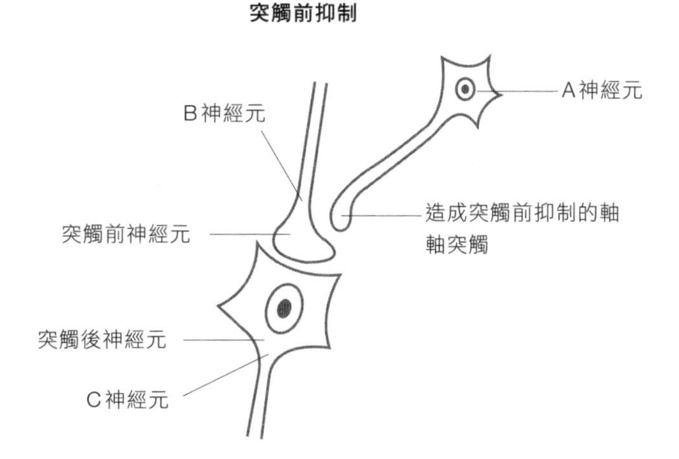

突小刺構成一個突觸，一如往常，釋放出引起興奮的神經傳導物質。同時，A 神經元送出一個軸突末梢的投射到 B 神經元，但不是送到正常的位置——樹突小刺，而是和 B 神經元的軸突末梢形成突觸。

這是怎麼回事？A 神經元釋放出抑制性神經傳導物質 GABA，漂浮著跨越那個「軸軸」突觸（axoaxonic synapse），並在另一端，B 神經元的軸突末梢上，與受體結合。透過這樣的抑制作用（也就是讓負七十毫伏特靜止電位的負電再增加），只要有任何動作電位的火光沿著軸突枝幹奔馳而下，就會遭到撲滅，於是能避免動作電位抵達最末端並釋放神經傳導物質；用神經科學的術語來說，A神經元正在對B神經元進行神經調節的作用（見下圖）。

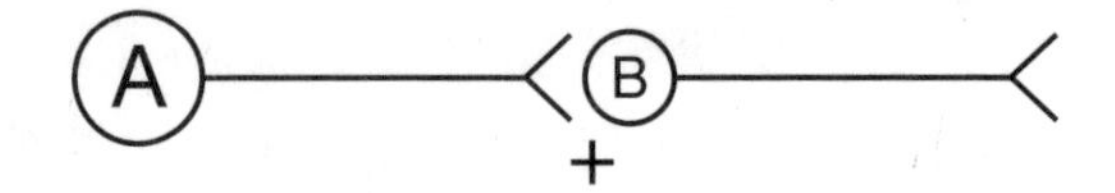

經過時間和空間，改善了訊號

現在來談另一種新的迴路。為求方便，我用比較簡單的方式表現神經元。如下圖所示，A 神經元送出所有軸突投射到 B 神經元，並釋放引起興奮的神經傳導物質，在圖中以加號表示。神經元 B 的圓圈代表了細胞體加上所有樹突。

再看下一種迴路。和之前一樣，A 神經元刺激 B 神經元。不過，除此之外，A 神經元也刺激 C 神經元。A 神經元進行它的例行公事，將軸突投射分散到兩個標的細胞上，同時引起兩者興奮。那 C 神經元在做什麼呢？它往回送出抑制性投射到 A 神經元上，形成一個負向回饋環路。回到大腦最愛的那個對比，有話要說就用力放聲喊叫，不然就用力保持安靜。這裡也是一樣，只是比較巨觀。A 神經元送出一連串的動作電位。運用這個回饋環路，就可以積極表示靜默，清楚傳達動作電位已經全部結束——再沒有什麼方法比這更好了。這個方法讓訊號經過時間而得到改善。[9] 注意，神經元A可以根據一萬個軸突末梢裡有多少個分到C那邊（而不是B），

「決定」這個負向回饋訊號有多強（見下圖）。

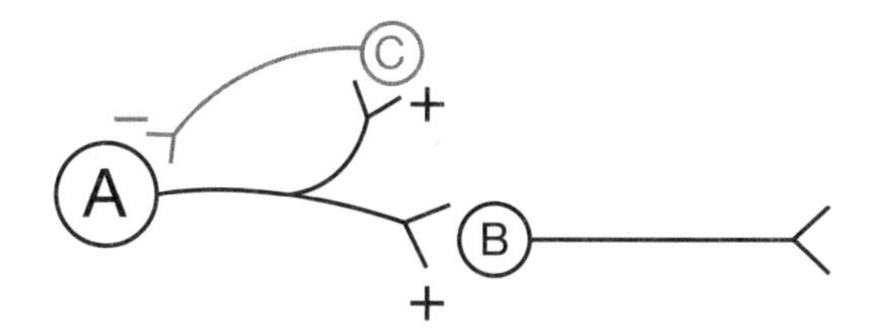

還有另一種方式也能隨時間改善訊號（見下圖）：

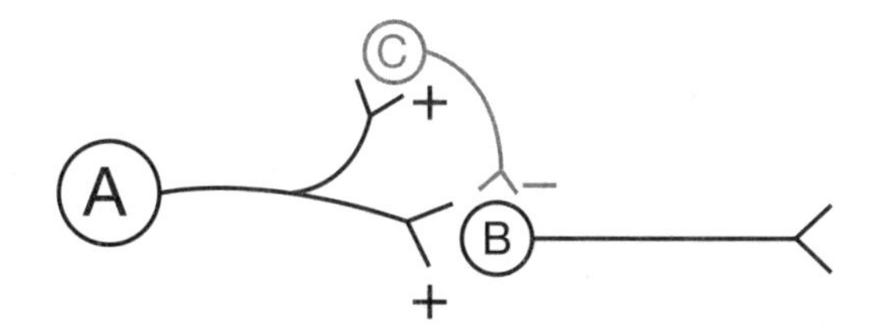

A 神經元刺激 B 和 C。C 神經元送出抑制訊號到 B 神經元，在 B 開始受到刺激一段時間之後抵達（因為 A／B 環路只經過一個突觸，A／C／B 環路經過兩個突觸）。結果是什麼呢？「前饋抑制」（feed-forward inhibition）強化了訊號。

現在，再看另一種改善訊號的方式——提高訊噪比。請看這六個神經元構成的迴路，A 刺激 B、C 刺激 D，然後 E 刺激 F（見下頁圖）。

9　原注：我必須附帶說明另一件事，這才能成立。由於離子通道不時會打個隨機的小嗝，神經元偶爾會有天外飛來隨機而不由自主的動作電位。假設 A 神經元刻意發射動作電位，不久之後馬上接著出現兩個隨機的動作電位，可能很難分辨 A 神經元是不是故意大吼十、十一或十二次。當這個迴路調整到只要第十個動作電位出現，就啟動抑制回饋，那麼，就可以避免後來的那兩個隨機動作電位出現，比較容易分辨 A 神經元要說什麼。噪音受到抑止，訊號品質因而提升。

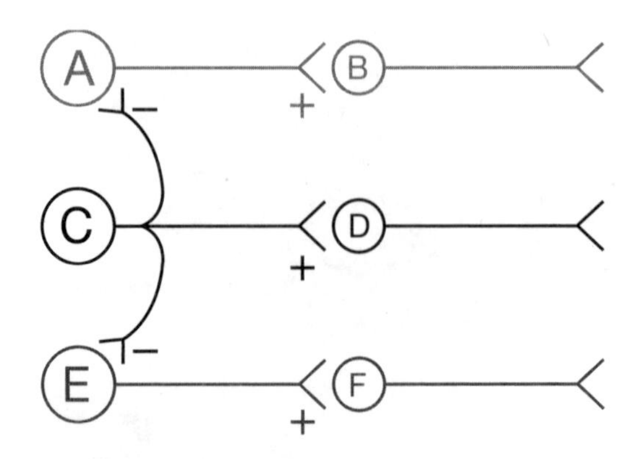

C 神經元送出引起興奮的投射到 D 神經元。但 C 神經元的軸突也投射到 A 和 E，由側邊進行抑制。[10] 因此，如果 C 神經元受到刺激，就會同時刺激 D，並讓 A 和 E 安靜下來。藉由這種「側抑制」（lateral inhibition），C 在 A 和 E 變得特別沉默時大聲狂叫。這個方式經由空間改善訊號（注意，這張圖經過了簡化，我省略了一個顯而易見的部分——在這個想像的網絡中，A、E 也投射到 C 和它們另一邊的神經元上，由側邊進行抑制）。

在感覺系統中，側抑制無所不在。對著一隻眼睛照射一個光點。等等，是感光神經元 A、C 還是 E 受到了刺激？多虧有側抑制，現在比較清楚了，是 C 受到刺激。在觸覺系統中，側抑制也能讓你分辨到底哪一小塊皮膚被碰到了，分毫不差。或者，讓你的耳朵可以分辨這個音高是 La，而非升 La 或降 La。[11]

到了這裡，我們又看到神經系統增強對比的另一個例子。當神經元處於沉默狀態，它帶有負電，而不是中性的零毫伏特，這有什麼意義呢？這是在神經元內改善信號的方式。那回饋、前饋和側抑制的意義又是什麼

10 原注：因為有戴爾的智慧，我們知道 C 神經元的每個軸突末梢都釋放出相同的神經傳導物質。換句話說，同一種神經傳導物質可能在某些突觸引起興奮，卻在其他突觸造成抑制，取決於樹突小刺的受體上有哪些離子通道。

11 原注：嗅覺系統中也可以看到類似的迴路，但我一直對此感到困惑。有什麼味道剛好和柳橙只差一點？是橘子的味道嗎？

呢？這些則是在迴路中改善信號的方式。

兩種不同的疼痛

我要介紹的下一個迴路包含了先前已經提過的元素，而且可以解釋為什麼疼痛可以大略分為兩種。我很喜歡這種迴路，它是如此地優雅（見下圖）。

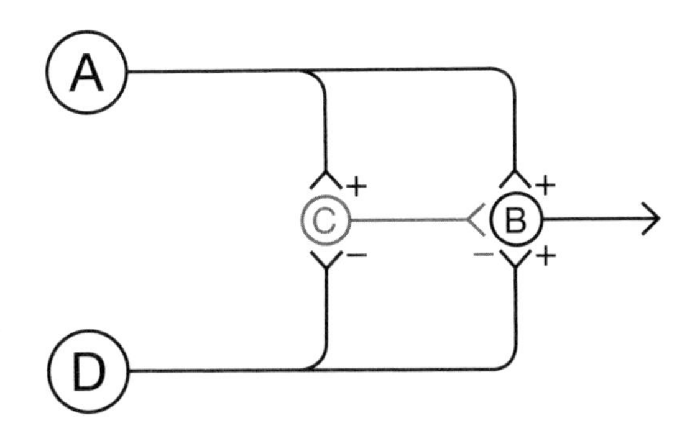

A 神經元的樹突位在皮膚表面的正下方，為了回應一個疼痛刺激，它產生了動作電位。接著，A 神經元刺激了投射到脊髓的 B 神經元，這讓你知道，某件事發生，因而造成了疼痛。不過，A 神經元也刺激了對 B 進行抑制的 C 神經元。這是前饋抑制迴路的一種。結果是什麼呢？ B 神經元激動了一陣子，然後平息下來，你感覺到尖銳的疼痛——你被針刺了一下。

同時，還有 D 神經元在那兒，它的樹突也差不多在皮膚上的同一塊區域，回應另一種疼痛刺激。就像前面說的一樣，D 神經元引起 B 興奮，訊息往上送到大腦。但 D 也投射到 C 神經元進行**抑制**。結果又是什麼呢？當 D 神經元因疼痛訊號而活化，它抑制了 C 神經元抑制 B 的能力。於是你感覺陣陣作痛，像是燙傷或擦傷。很重要的一點是，由於動作電位輸送到 D 神經元軸突的速度，要比在 A 神經元來得慢了許多，又更加強化了這點（這與我提過的髓鞘相關，不過細節不重要）。所以，在 A 神經元的世界，疼痛轉瞬即逝，而且傳遞迅速。D 神經元分支上的疼痛不但持續較久，還出現得比較遲緩。

這兩種神經纖維可以彼此互動，而且我們通常刻意強迫它們互動。假定你持續感到陣陣作痛——譬如，被蟲螫了一下。該如何停止疼痛？短暫刺激速度較快的那些神經纖維。在短時間內，疼痛會更加劇烈，但藉由刺激 C 神經元，你暫時關閉了整個系統。這正是我們處在這種情況時經常使用的方法。被蟲螫咬的疼痛難忍，我們用力搔抓傷口周圍的皮膚以減緩痛楚，於是這條緩慢、長時間的疼痛途徑暫時關閉，時間可以長達數分鐘。

這種疼痛運作的方式在臨床上有重大的涵義。其一，科學家得以設計出一些療法來幫助因強烈慢性疼痛而受苦的病人（譬如，嚴重的背痛）。植入一根細小的電極到快速疼痛的途徑上，並將電極連結到病人臀部的刺激裝置，病人就可以不時刺激那條途徑，以切斷慢性疼痛；許多案例顯示這個方法成效良好。

所以，我們已經談了可以經時間改善訊號的迴路，介紹了神經元之間可以抑制再抑制，形成雙重否定，這些真的很酷。我這麼喜歡這個迴路的主要原因，就在於它最初是由偉大的神經科學家羅納德· 梅爾札克（Ronald Melzack）和派翠克·瓦爾（Patrick Wall）於 1965 年提出， 幾乎等於提出了一個理論模型——「從來沒有人看過這種線路，但根據疼痛的運作，我們主張疼痛的路徑一定長這個樣子。」後續研究顯示，他們的說法確實符合神經系統中的部分線路。

這是哪個傢伙？

最後談一個完全假設性的迴路。

假定有個迴路由兩層神經元構成（見右頁圖，上）。

A神經元投射到1、2、3號神經元；B神經元投射到2、3、4，以此類推。現在，我們來看看具備虛構功能的 A、B、C 神經元所構成的迴路如何運作。A 神經元對圖左的那個傢伙產生回應，B 回應中間那個人，C 回應右邊那個人（見右頁圖，下）。

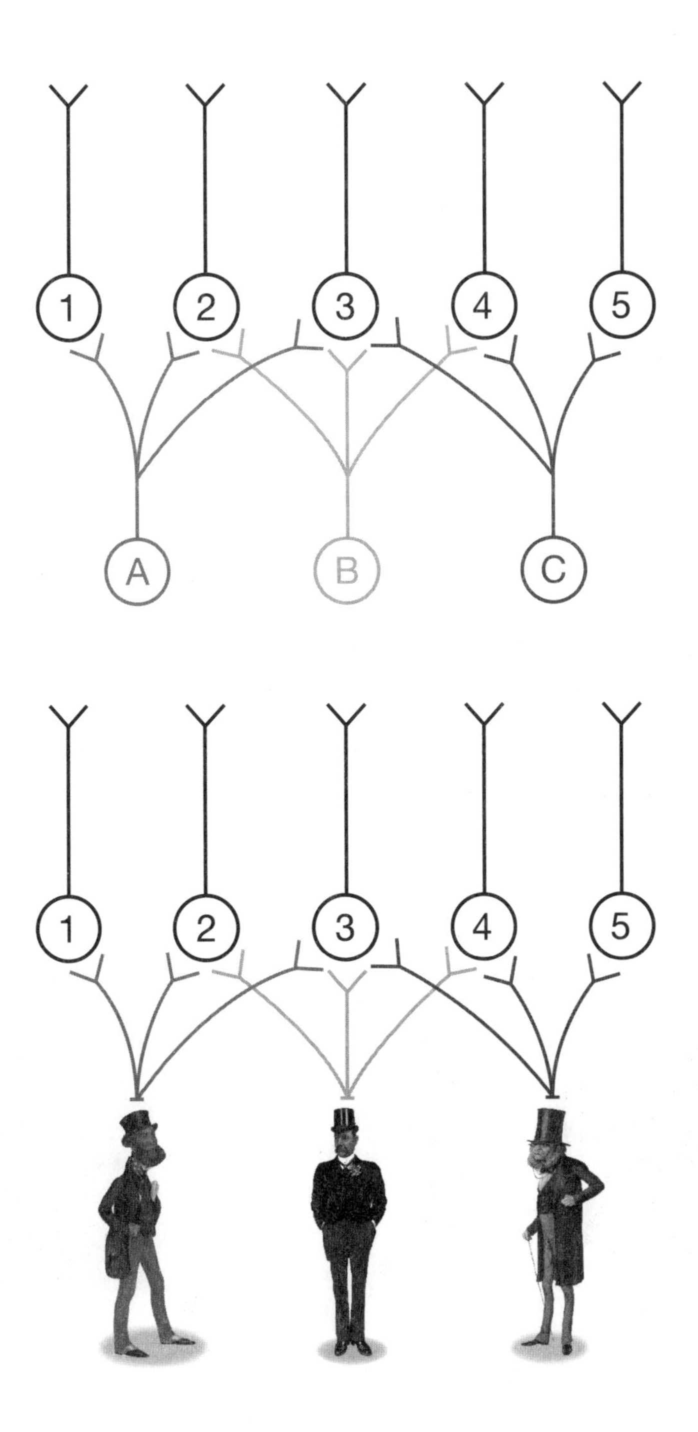
1
2
3
4
5
A
B
C
1
2
3
4
5

1 號神經元可以學到什麼呢？怎麼辨別某個特定的傢伙。5 號神經元也會學到同一種特殊技能。但 3 號神經元學到什麼呢？維多利亞時代的紳士怎麼打扮。3號可以幫你認出以下四張圖中，哪一位來自維多利亞時代。

3 號神經元具備的知識較為廣泛，這來自第一層投射之間重疊的部分。2 號和 4 號神經元也是通才神經元，但因為只有兩個例子可參考，辨別能力沒有那麼精確。

於是，3 號神經元成了網絡匯聚的中心。大腦最炫的地方，就在於我們腦中的線路和這個虛構迴路十分相似，而且還是放大版——與此同時，有其他迴路投射到 3 號神經元上，3 號神經元在其中扮演比較邊緣的角色（好比說，如果把另一個迴路畫出來，在這一頁上會是垂直的），而在第四度空間裡，1 號神經元則為另一個網絡的核心……等等。所有神經元都同時鑲嵌在數個不同的網絡中。

這樣會創造出什麼呢？聯想、隱喻、類比，還有運用寓言、象徵的能力。讓人可以把兩個完全不相干、甚至來自不同感官的東西連結在一起。能運用荷馬般的精神連結紅酒和海洋的顏色，在一首歌裡用兩種不同的方式發「tomato」（番茄）和「potato」（馬鈴薯）的音，鮮紅色舌頭伸出來的景象讓你想起「滾石合唱團」的音樂。這就是我總是把史特拉汶斯基（Stravinsky）[12] 和畢卡索聯想在一塊的原因，因為史特拉汶斯基的黑膠唱片

12 譯注：史特拉汶斯基（1882-1971），為俄國作曲家。

（還記得嗎？）似乎總是以畢卡索的畫當作封面。這也是為什麼一塊有著特殊色彩圖樣的矩形布料，可以代表一整個國家、人民或意識型態。

最後一點。我們的聯想網絡在本質上或分布的方式上存在著個別差異。其中的極端值有時候會造成非常有趣的現象。舉例來說，我們多數人在很小的時候就會將左圖和「臉」的概念連結起來。

但是，後來出現了某個人，他的神經元投射形成的網絡，比任何人都更廣也更特別。這些網絡讓世界知道，這也可以讓人想到臉（見下圖）。

對於這種由非典型、具有豐富聯想的神經網絡所造成的結果，我們可以怎麼稱呼呢？答案就是創造力。

再上升一級

一個神經元、兩個神經元、一個神經迴路。現在，我們準備好了，最後一步要一次升級，同時看數千個神經元。

看看顯微鏡下的這兩個組織切面（見下頁圖）：

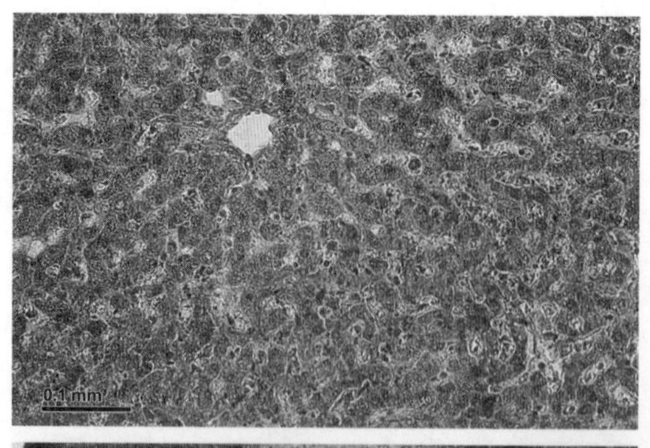

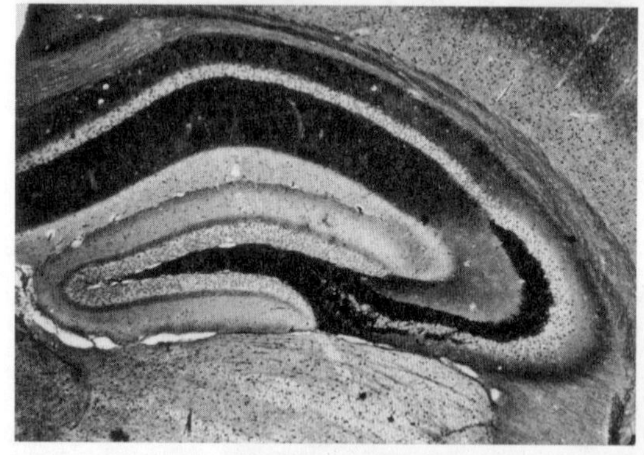

這是由細胞組成的同質區域，大致上以相同的方式組織而成。左上方和左下方的角落看起來一模一樣。

這是肝臟的橫切面；只要看到一部分，就等於看到了全貌。無聊（見左圖，上）。

如果大腦的同質性也這麼高又這麼無聊，裡頭就會是大量一模一樣的組織，神經元的細胞體平均鋪滿各處，向四面八方送出突起。但腦不是如此，腦的內部有相當龐雜的組織（見上圖，下）。

換句話說，功能類似的神經元細胞體在腦內的特定區域聚在一起，它們的軸突組成投射纜線，送到腦中其他部位。這一切的意義非常重要，就是**腦中各個部位的功能並不相同**。所有腦區都有名字（通常是來自希臘文或拉丁文的多音節單字），一個腦區中的分區也有名字，分區的分區也有名字。此外，每個區域會對著其他區域中特定的一群神經元說話（也就是送出軸突到那裡），其他區域中特定的一群群神經元也會對著這裡說話（也就是這裡會接收來自那裡的軸突投射）。

要學完全部，你會瘋掉，就好像我看過為數不少的神經解剖學家沉醉在這些細節之中，真是悲哀。針對我們的目標，需要瞭解的是以下幾個關鍵：

- 每個特定腦區裡都有數百萬個神經元。在我們討論的這個層級，比較常出現的腦區名稱包括：下視丘（hypothalamus）、小腦（cerebellum）、皮質（cortex）、海馬迴（hippocampus）。

- 有些腦區包含了一些小巧的腦區，彼此截然不同，稱為「腦核」（nucleus）（這很容易造成混淆，因為細胞裡含有 DNA 的那部分也叫作「細胞核」〔nucleus〕。但你能怎麼辦？）有些名稱你八成從來沒聽過，隨意舉幾個例子：梅納德氏基底核（basalnucleusofMeynert）、下視丘（hypothalamus）的視上核（supraopticnucleus）、下橄欖核（inferiorolivenucleus，這個名稱充滿魅力）。

- 如前所述，具有相關功能的神經元細胞體會在特定的腦區或腦核聚集，將軸突投射送往同一個方向，並集合在一起成為一條纜線（稱為「纖維束」〔fibertract〕）。這裡有個例子，來自海馬迴（見右下圖）。

- 回到包裹著軸突、有助於加快動作電位傳送速度的髓鞘。髓鞘顏色偏白，白到讓腦中的纖維束看起來也是白色的。因此，一般稱之為「白質」（whitematter）。

- 從右頁圖中可以看到，腦中很多區域都被纖維束占據——各個不同的腦區都在互相對話，經常相隔甚遠。[13]

13　原注：題外話——有一些極為有趣的研究聚焦在大腦的突現性質（emergentproperties），

- 假定某人腦中有個部位（神秘的X點）受傷了。我們就有機會透過這個人身上哪些功能不再運作來瞭解大腦。神經科學領域真正開始發展，得歸功於研究身受槍傷的軍人。冷血地說，19世紀的血洗歐洲是上帝送給神經解剖學的禮物。現在，這名傷患行為有些不正常。你可以就此論斷X點就是負責維持那個行為正常運作的部位嗎？除非X點是一團神經元細胞體，否則不能。如果X點是纖維束，你瞭解到的其實是另一個腦區，那裡以纖維束送出軸突投射到X點，而那個腦區的實際位置可能在X點的另一端。因此，區辨「神經元細胞核」和「纖維管道」很重要。

- 最後，回到剛才談到的，關於「某個腦區是不是特定行為的中樞」。本章稍早提到的例子顯示出，想要不管神經元所處的網絡，就搞清楚單一神經元的功能，真是非常困難。在這裡道理相同，但範圍更大。既然每個腦區都從無數個不同的地方接收投射，也投射到無數個地方，很少有單一腦區是任何功能的中樞。所有腦區都連結成網絡的可能性，遠高於一個特定腦區在某個行為上「扮演關鍵角色」、「有助於調節」或「影響」某個行為。特定腦區的功能深深鑲嵌在與其他區域連結形成的背景脈絡中。

我們的大腦入門課到此結束。

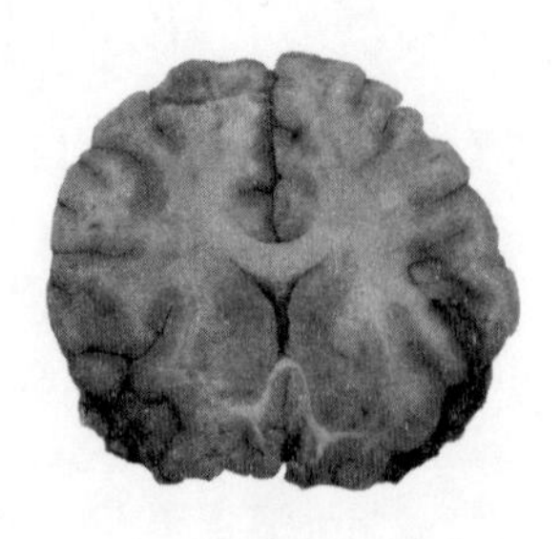

有助於解釋大腦發展過程中，不同的腦區之間如何用最少的軸突投射（所以是「成本」）以最佳的方式連結。如果你對此很感興趣——大腦發展的方式和解決「旅行推銷員問題」（Traveling Salesman Problem）的方法有些相似。

附錄 2

內分泌學基礎

內分泌學就是研究荷爾蒙的學問，荷爾蒙也是一種傳訊者，但和第 2 章提到的神經傳導物質非常不一樣。簡單複習一下，神經傳導物質從神經元的軸突末梢釋放，以回應動作電位。一旦釋放出來，就會經過一段短短的距離，越過突觸，再和下一個神經元（突觸後神經元）的樹突上的受體結合，改變了那個突觸易興奮的程度。

荷爾蒙則是由各種腺體中的分泌細胞（secretory cell，神經元也是分泌細胞的一種）所釋放出來的化學信使。荷爾蒙一經分泌就進入血液，只要其他細胞具有那種荷爾蒙的受體，荷爾蒙就可以對其產生影響。[1] 從這裡可以馬上看出荷爾蒙和神經傳導物質之間的關鍵差異。首先，神經傳導物質只會直接影響突觸另一端的神經元，但荷爾蒙具有影響全身億萬細胞的潛力。第二個差別是時間長度；神經傳導物質在毫秒間就經由突觸完成訊息傳遞。相反地，許多荷爾蒙的作用需要經過數小時到數天，效果可以永久維持（譬如說，青春期帶來的改變有多大的機率會在日後消失？）。

神經傳導物質和荷爾蒙的作用範圍也有所差異。當一個神經傳導物質和突觸後的受體結合，會在原處造成改變——離子流過樹突小刺的細胞膜。但根據荷爾蒙及其影響之標的細胞的種類，荷爾蒙能發揮的作用包括改變特定蛋白質的活動、開啟或關閉某種基因的功能、影響細胞的新陳代

1　原注：這裡的定義也意味著，同一種分子可能在細胞體的某處是神經傳導物質，在另一處是荷爾蒙。還有（警告：這是小細節），荷爾蒙有時候有「旁分泌」（paracrine）作用，會影響來源腺體中的細胞。

謝、使細胞成長或萎縮、分裂或凋零死去。譬如，睪固酮（testosterone）可以增加肌肉，黃體素（progesterone）則促進子宮細胞的增殖，使子宮在黃體期（luteal phase）增厚。相反地，甲狀腺素會在蝌蚪變態成青蛙時，會殺掉蝌蚪尾巴的細胞，還有一種壓力荷爾蒙可以殺死免疫系統的細胞（這有助於解釋為什麼壓力大時容易感冒）。荷爾蒙非常多功能。

大多數荷爾蒙都屬於「神經內分泌軸」（neuroendocrine axis）的一環。回想一下，第 2 章曾說到，邊緣系統的所有路線都通往下視丘，而下視丘的核心功能是調節自主神經系統（autonomic nervous system）和內分泌系統。從這裡開始，我們進入這篇附錄的第二個部分。下視丘的神經元分泌一種特定的荷爾蒙，這種荷爾蒙會通過小小的循環系統，此系統連向位在大腦底部的腦下垂體。荷爾蒙到了那裡，刺激腦下垂體分泌另一種特定的荷爾蒙，第二種荷爾蒙再進入大範圍的循環系統，刺激某種週邊腺體分泌第三種荷爾蒙。接下來舉一個例子，裡面有我最愛的三種荷爾蒙：面臨壓力時，下視丘神經元會分泌腎皮釋素（corticotropin-releasing hormone，簡稱 CRH），腎皮釋素刺激腦下垂體細胞分泌促腎上腺皮質素（adrenocorticotropic hormone，簡稱 ACTH），促腎上腺皮質素進入較大範圍的循環，抵達腎上腺，在那裡刺激名為糖皮質素（glucocorticoid）的固醇類壓力荷爾蒙（在人類身上是皮質醇〔cortisol〕，也就是氫羥腎上腺皮質素〔hydrocortisone〕）的分泌。其他荷爾蒙（譬如雌性素〔estrogen〕、黃體素、睪固酮和甲狀腺素）從週邊腺體分泌出來，完成所屬「下視丘—腦下垂體—週邊腺體軸」（hypothalamic/pituitary/peripheral gland axis）的最後一個步驟。[2] 有一點會讓情況變得更複雜，非常精彩：某種腦下垂體荷爾蒙的釋放，通常不只受一種下視丘釋放的荷爾蒙所控制。許多不同種類的荷爾蒙都有這個功能，有的下視丘荷爾蒙還可以抑

---

2 原注：為了確保我們可以徹底搞清楚，再提供第二個例子，也就是下視丘—腦下垂體—卵巢軸：下視丘釋放性腺激素釋放素（gonadotropin-releasing hormone，簡稱 GnRH），引發腦下垂體釋放黃體化激素（luteinizing hormone，簡稱 LH），黃體化激素再讓卵巢釋放雌性素。

制特定腦下垂體荷爾蒙的釋放。譬如，除了腎皮釋素，還有一系列下視丘荷爾蒙能夠調節促腎上腺皮質素的釋放，至於何時會出現什麼排列組合的下視丘荷爾蒙，則取決於壓力源的種類。

並不是所有荷爾蒙都透過「下視丘—腦下垂體—週邊腺體軸」來進行調節。有時候只有「腦—腦下垂體」兩步驟，分泌出來的腦下垂體荷爾蒙發揮的作用可擴及全身；生長激素（growth hormone）就大致符合這個模式。在其他系統中，大腦往下投射到脊椎和特定腺體，以輔助該腺體調節荷爾蒙的釋放；胰臟和胰島素即為一例（在這裡，血糖濃度是主要的調節器）。還有些怪胎荷爾蒙從不像會分泌荷爾蒙的地方出來，譬如心臟或腸道，那麼大腦就只進行間接性的調控。荷爾蒙和神經傳導物質一樣，也以經濟實惠的方式製成。只需透過幾個簡單的生物合成步驟，就可以將種類豐富的前驅物（簡單的蛋白質或膽固醇）打造為荷爾蒙。[3] 此外，同樣的前驅物可以製造出多種不同荷爾蒙。譬如，許多類固醇激素都由膽固醇製成。

我們到目前為止都冷落了荷爾蒙受體。荷爾蒙受體的工作和神經傳導物質的受體大致相同；每種荷爾蒙都與一種獨特的受體分子相對應，[4] 受體上凹陷的連結區域和荷爾蒙的形狀互補。老調重彈——如同神經傳導物質，荷爾蒙與受體的形狀相符，就像鑰匙和鎖一樣。也和神經傳導物質相同的是，對荷爾蒙受體而言，天下沒有白吃的午餐。各種類固醇激素的結構都很相似。如果你在製造端節省成本，就需要有精巧細緻的受體，才能分辨這些長得很像的荷爾蒙——你絕對**不會**希望受體把雌性素和睪固酮搞混。

繼續談談荷爾蒙和神經傳導物質有哪些相似的地方。就像神經傳導物質的受體，荷爾蒙受體對於相對應荷爾蒙的「親和性」（avidity）可能會

---

3 原注：為了避免造成誤解，在此解釋一下，你體內的膽固醇中，用來合成荷爾蒙的只占極少數，所以調整飲食中的膽固醇含量不會影響這類類固醇生成——身體為了製造類固醇，自己會合成足夠的膽固醇。

4 原注：事實上不只一種，但我們別談那麼多。

改變。意思是接合處的形狀稍微改變一點，那麼兩者吻合的程度就或多或少有些變動，因而提高或降低荷爾蒙作用的時間長度。在一個細胞裡，特定荷爾蒙的受體數量也可能改變，因而影響這個細胞對荷爾蒙作用的敏感度。標的細胞受體數目的重要性可以相當於荷爾蒙的濃度，有些內分泌疾病起因於荷爾蒙受體的變異，即便荷爾蒙分泌正常，受體也無法接受訊號。荷爾蒙濃度就類似講話有多大聲。受體密度則像耳朵偵測聲音的敏銳度。

最後，一種荷爾蒙的受體通常只出現在身體裡的某些組織和細胞中，表示只有這些受體才會回應那些荷爾蒙。譬如，在蝌蚪的身上，只有尾巴才具有變成青蛙時分泌的那種甲狀腺素的受體。類似的情況還有在某些種類的乳癌中，腫瘤細胞的「雌性素受體呈現陽性」（ER positive）——也就是說，這些細胞有雌性素的受體，才會受到雌性素促進生長的作用影響。

以上概要說明了荷爾蒙如何在幾小時到幾天之間改變標的細胞的功能。荷爾蒙和第 7 章密切相關，因為那章談到了荷爾蒙對胎兒及兒童的作用。特別是荷爾蒙能夠在成長期間產生永久的「組織性」效應（organizational effect），形塑大腦的構造。相對地，「引發性」效應（activational effect）只會持續幾小時到幾天。這兩種荷爾蒙相互影響，胎兒時期發生在大腦的荷爾蒙組織性效應，會影響到成年後荷爾蒙將對大腦產生哪些引發性效應。

現在，回到正文，我們接著談談幾種荷爾蒙。

附錄 3

關於蛋白質的基礎知識

蛋白質是一種有機化合物，也是生命系統中數量最多的分子。蛋白質至關重要，因為無數的荷爾蒙、神經傳導物質和免疫系統中的傳訊者都由蛋白質組成；回應這些傳訊者的受體、負責打造或分解傳訊者的酵素、[1] 形塑細胞的鷹架（scaffolding）等等，同樣來自蛋白質。

形狀是蛋白質的其中一個關鍵特徵，因為形狀決定了蛋白質的功能。形成細胞鷹架的蛋白質，（在某種程度上）外形就像工地鷹架的橫梁那樣。蛋白質類荷爾蒙具有獨一無二的形狀，而且和其他荷爾蒙截然不同。[2] 至於蛋白質受體，其形狀則一定與相對應的荷爾蒙或神經傳導物質互補（回到附錄一那歷史悠久的老套說法，荷爾蒙之類的傳訊者與受體形狀相合，就像鑰匙和鎖一樣）。

有些蛋白質會改變形狀，游移在兩種形態之間（通常是兩種）。假設現在這裡有種酵素（又是一種蛋白質）會將葡萄糖分子和果糖分子合成為蔗糖分子。這種酵素的其中一種形態一定類似字母 V 的形狀，能讓葡萄糖分子和 V 的其中一撇以某種角度結合，果糖分子則附著在另一撇上。當兩者都和酵素結合，酵素便轉變為另一種形態，V 字形的兩撇靠近，好讓葡萄糖和果糖可以連結在一起。蔗糖分子形成之後漂離酵素，酵素又回到原

1　原注：當然，事情的全貌比這更複雜許多，這篇入門導論談到的一切幾乎都是如此。並不是所有酵素都由蛋白質組成。

2　原注：在此澄清，特定的一種荷爾蒙（譬如胰島素）隨時都有數百萬個荷爾蒙分子在體內循環著，每個分子的外形皆相同。

本的形態。

蛋白質的形狀和功能由什麼來決定？任何一個蛋白質都由一串胺基酸組成。胺基酸的種類大約有二十種——包括眾所熟悉的色胺酸和麩胺酸。組成每一種蛋白質的那一串胺基酸組合都是獨特的——就好像每個單字都由不同的字母排列而成。典型的蛋白質大約有三百個胺基酸那麼長，裡頭的胺基酸有二十種，排列組合有將近十的四百次方種可能（這是十後面加上四百個零），這個數字比宇宙中所有原子的總數量還大。[3] 在一個蛋白質裡面，胺基酸的排序影響了整個蛋白質的獨特外形。以前大家相信胺基酸的順序**決定**了蛋白質的外形，不過後來發現蛋白質的形狀也稍微受到溫度和酸度等因素影響而改變。換句話說，會受到環境的影響。

那麼，又是什麼決定了胺基酸怎麼串在一起形成某種蛋白質？答案是：特定的基因。

DNA 是建造蛋白質的藍圖

DNA 是另一種有機化合物，就如同胺基酸的種類大約有二十種，DNA 由四種不同的「字母」（稱為核苷酸〔nucleotide〕）組成。三個核苷酸（稱為密碼子〔codon〕）連在一起，編碼形成一個胺基酸。如果核苷酸共有四種，每個密碼子又是三個核苷酸那麼長，那麼一共就有六十四種不同的密碼子（第一個核苷酸的種類有 4 種可能 × 第二個的 4 種可能 × 第三個的 4 種可能＝64）。在這六十四種之中，有些保留作為「終止密碼子」（stopcodon），用來表示基因的尾端，除去終止密碼子，還有六十一種不同的密碼子，可編碼為二十種胺基酸。因此，就會出現「冗餘」（redundancy）——幾乎所有胺基酸都可能來自不只一種密碼子（平均大約是三種，也就是 61 除以 20）。編碼為同一種胺基酸的不同密碼子，通常只有一個核苷酸不同。譬如，丙胺酸（alanine）的密碼子編碼有四種：GCA、GCC、GCG 和 GCT（A、C、

3 原注：其實，我對於宇宙裡有多少原子一點頭緒也沒有，但還是得講些這類的話。

G 和 T 是四種核苷酸的簡稱）。[4] 若要瞭解基因的演化，冗餘是很重要的一點。

編碼成為某種蛋白質的整段核苷酸稱為基因。所有 DNA 的集合稱為基因體（genome），為有機體內上萬個基因編碼；為基因體「定序」（sequencing）的意思是，判定那個生物的基因體中，數十億個核苷酸如何排列出獨一無二的順序。所有 DNA 集合起來長得不得了（在人類身上，裡頭包含大約兩萬個基因），所以必須要切割成不同的單位，就稱為染色體（chromosome）。

這導致一個空間問題。DNA 圖書館位在細胞中央，也就是細胞核裡面。然而，蛋白質出現在細胞各處，構成細胞的各個部分（只要想一想，藍鯨的脊椎神經元的軸突末梢有蛋白質，那裡和細胞核相隔十萬八千里）。要怎麼才能取出 DNA 中的訊息，送去製造蛋白質呢？透過一種中介物，就可以解決這個問題。在 DNA 裡面編碼為基因的核苷酸序列，被複製為另一串核苷酸字母，存放在一種名為 RNA 的化合物中。任何一個染色體都包含了長得驚人的 DNA，裡面是一個又一個的基因密碼；相比之下，一段 RNA 只等於特定基因的長度。換句話說，RNA 的長度比較容易處理。因此，可以把 RNA 送到細胞裡任何它該出現的地方，在那裡指揮胺基酸以特定序列串成蛋白質（細胞裡有些胺基酸漂來漂去，預備好一被抓住就投入打造蛋白質的計畫）。你可以把 RNA 想成一份影本，將兩萬頁那麼長、龐大的 DNA 百科全書複印在一頁上面（而且，同一頁 RNA 影本可以指引數種同源蛋白的製造。這對以下這種情況會有所幫助：有時候，神經元中上千個軸突末梢上都必須要有同一種蛋白質）。

這造成了生命的「中心法則」（central dogma），這個概念於 1960 年代初期由法蘭西斯．克里克（FrancisCrick）首次提出，他是發現 DNA「雙螺旋」構造那著名的華生（Watson）[5] 與克里克組合的一人（他們從羅莎琳．富蘭克林

4 原注：我省略全名，以免訊息太多，淹沒了剛剛入門的讀者。

5 譯注：詹姆斯．華生（Jame D. Watson，1928-）為美國著名分子生物學家。華生與克里克因發現 DNA 雙螺旋結構而在 1962 年獲得諾貝爾獎。

〔Rosalind Franklin〕處竊取了不少功勞，[6]不過，那又是另一個故事了）。克里克的中心法則認為，DNA 裡構成基因的核苷酸序列，決定了一段獨特的 RNA 如何組成……這又決定了一段獨特的胺基酸如何組成……這又決定了蛋白質最後的形狀……這又決定了蛋白質的功能。DNA 決定了 RNA 決定了蛋白質。[7]中心法則的內容隱含了另一個重點：一種基因只對應到一種蛋白質。

為了不讓大家抓狂，接下來多半的時間，我都會忽略 RNA。就我們的目標而言，有趣的部分在於基因這個起始點和基因的最終產物——蛋白質及其功能——之間有何關聯。

突變和多型性（polymorphism）

你的基因從父母那邊遺傳而來（雙方各提供一半的基因〔這不全然是事實，就和正文裡說的一樣〕）。假定某人的卵子或精子中包含了他的 DNA 基因體複本，但複本中的一個核苷酸出了錯；核苷酸有數十億個，想必偶爾會發生這種事。結果，除非錯誤得到修正，否則現在這個基因上的錯誤順序核苷酸，就會這樣傳給後代。這就是突變。

古典遺傳學認為突變有三種。第一種稱為「點突變」（point mutation）。單一核苷酸在複製時出現錯誤。這會改變用來編碼為蛋白質的胺基酸序列嗎？看情況。回到幾段之前談過的——DNA 編碼的冗餘。假設一個基因中包含了序列為 GCT 的密碼子，但發生了突變，所以它變成 GCA。沒問題——還是可以編碼為丙胺酸。這個突變是「中性」的，無

6　譯注：羅莎琳・富蘭克林（1920-1958）為英國物理化學家與晶體學家。

7　原注：「訊息從 DNA 流向 RNA，再流向蛋白質」這項中心法則可能是錯的。在有些情況下，RNA 可以決定 DNA 的序列。這和病毒的運作方式密切相關，不過現在和我們無關。再提供一點修正訊息（這個研究發現在 2006 年獲得了兩座諾貝爾獎）：有很高比例的 RNA 並沒有明確指向特定蛋白質的構造，而是可以針對其他 RNA，破壞別的 RNA 序列，這個現象稱為「RNA 干擾」（RNA interference）。還有一些 RNA 被創造出來，只為了讓某些 DNA 的片段「無法讀取」。

關緊要。但假如突變為 GAT，這就會編碼為「天門冬醯胺」（asparagine）這種截然不同的胺基酸。糟糕。

不過，如果新的胺基酸看起來和原先那種差不多，可能就沒什麼大不了。假設你的核苷酸序列編碼為以下這串胺基酸序列：

"I/am/now/going/to/do/the/following"（我現在要做以下這件事）。

由於出現輕微突變，其中一個胺基酸改變了，但後果不會太嚴重：

"I/am/now/going/ta/do/the/following"

大多數人還是懂這句話；只是會覺得「那個蛋白質來自紐約」。[8] 翻譯成蛋白質的語言，意思是這個蛋白質的形狀會變得稍微不同，執行起任務也會稍稍不同（也許慢一點或快一點）。這不是世界末日。

但如果突變後編碼的胺基酸製造出形狀極為不同的蛋白質，後果就可能十分嚴重（甚至致命）。

讓我們回到

"I/am/now/going/to/do/the/following"

假如幫忙編碼第一個 w 的核苷酸出現突變，後果重大，會是什麼情形？

"I/am/not/going/to/do/the/following"（我不要做以下這件事。）

麻煩大了。

8 譯注：由於 to 變成 ta，聽起來接近紐約口音。

下一種經典的突變稱為「缺失突變」（deletionmutation）。在這種情形中，複製的錯誤發生在基因遺傳時。但核苷酸並不是被複製成錯誤的版本，而是被刪除了。譬如，當第七個核苷酸被刪除，

"I/am/now/going/to/do/the/following"

就變成了

"I/am/now/oingt/od/ot/hef/ollowing"

這可以讓整個編碼經過移碼（frameshift），產生一串胡言亂語，甚至變成不同的訊息（譬如，「我甜點想吃慕斯〔mousse〕」突變成「我甜點想吃老鼠〔mouse〕」）。

缺失突變發生時，可能有不只一個核苷酸會消失。情況極端時，可能刪除整個基因，或甚至刪掉某個染色體上的一段，其中包含了數個基因。這絕對不是什麼好事。

最後還有「插入突變」（insertion mutation）。

DNA 在複製傳給下一代時，可能不小心複製了兩次，變成兩倍。因此，

"I/am/now/going/to/do/the/following"

就變成了

"I/am/now/ggoin/gt/od/oth/efollowin"

胡言亂語，或者，像以下這個例子，當 e 被插入一串字母接近結束的地方，就變成一則不同的訊息：「瑪麗拒絕跟約翰約會，因為她不喜歡開

膛剖肚（boweling）[9]。」有時候，插入突變發生時，插入的核苷酸不只一個。在極端的情況下，甚至把整個基因複製為雙倍。

談完點突變、缺失突變和插入突變，差不多就談完突變了。[10] 缺失突變和插入突變常造成重大的後果，通常有害，但有時候也會創造出有趣的新蛋白質。

回頭來看點突變。想像一下，有一項突變發生，使得蛋白質裡的一個胺基酸被替換掉，另一項突變則讓胺基酸的運作變得有些不一樣。如同先前提到的，到頭來，蛋白質還是會完成原本該做的工作，只是可能變得稍微快一點或慢一點。這對演化也許是有利的——如果新版本有缺點，具有這種突變基因者比較不容易繁衍成功，就會逐漸受到篩選，從群體中去除。如果新版本的好處比較多，就會在群體中逐漸取代舊版本。或者，如果新版本在某些情況下運作得比舊版本更好，但在其他情況下比較差，在這個群體中，新舊版本的數量可能會取得平衡，於是一定比例的人帶有原始版本的基因，其他人則有新版本的基因。那麼，這個基因就有了兩種形式或變異，出現兩種不同的「對偶基因」（allele）。大多數的基因都有數個對偶基因。於是我們的基因功能就有了個別差異（第 8 章會涵蓋這部份，內容比這裡所講的複雜許多）。最後，有兩個關於基因、常見卻互相衝突的概念，很容易造成混淆，我在此澄清一下。第一是親手足（除了同卵雙胞胎之外）平均有一半的基因相同。[11] 另一個則是我們和黑猩猩的基因有98%相同。所以，我們和黑猩猩血緣相近的程度，更勝於我們的手足嗎？不是這樣的。比較人類和黑猩猩時，用的是特質的**種類**——譬如，我們都

---

9 譯注：正確版本是保齡球（bowling），但因插入突變多了一個 e，所以成了另一個字。

10 原注：還有其他較少見的突變種類。譬如，用來編碼麩醯胺酸（glutamine）這種胺基酸的密碼子在基因裡不斷地重複，甚至重複數十次，製造出所謂的「多麩醯胺酸擴增疾病」（polyglutamine expansion diseases），最有名的一種是亨丁頓舞蹈症（Huntington's disease）。但這是極為罕見的突變。

11 原注：親子之間也是如此，不過同父異母或同母異父的手足只共享 25%的基因，祖孫之間也是，以此類推。

有關於眼睛、肌纖維、多巴胺受體的基因密碼，也都缺乏……譬如，和鰓、觸鬚或花瓣相關的基因。所以，在這個層次上做比較，有 98％的重疊。但比較兩個人時，針對的是那些特徵的**版本**——好比說，兩人都有負責為眼睛顏色編碼的基因，但他們是否共享同一種顏色的編碼呢？這可以類推到血型、多巴胺的受體種類等等。在這個層次上比較手足的基因，則會得到 50％的重疊。

參考資料和圖片出處

本書參考資料眾多。考慮到紙本書的厚度與重量，繁體中文版的注釋將以電子檔形式收錄。歡迎讀者視需要掃描下方 QR Code，或在瀏覽器上輸入連結網址 http://qrcode.bookrep.com.tw/eagleeye_22 下載注釋電子檔。

如遇任何問題，請來信鷹出版客服信箱 gusa0601@gmail.com。

鷹之眼 22

行為：人類最好和最糟行為背後的生物學
Behave: The Biology of Humans at Our Best and Worst

作　　者　羅伯・薩波斯基 Robert M. Sapolsky
譯　　者　吳芠

總 編 輯　成怡夏
責任編輯　陳宜蓁
行銷總監　蔡慧華
封面設計　莊謹銘
內頁排版　宸遠彩藝

出　　版　遠足文化事業股份有限公司 鷹出版
發　　行　遠足文化事業股份有限公司（讀書共和國出版集團）
231 新北市新店區民權路 108 之 2 號 9 樓
客服信箱　gusa0601@gmail.com
電　　話　02-22181417
傳　　真　02-86611891
客服專線　0800-221029

法律顧問　華洋法律事務所 蘇文生律師
印　　刷　成陽印刷股份有限公司

初版一刷　2024 年 11 月
初版三刷　2025 年 03 月
定　　價　990 元
I S B N　978-626-7255-59-9（紙本）
978-626-7255-55-1（EPUB）
978-626-7255-54-4（PDF）

國家圖書館出版品預行編目 (CIP) 資料

行為 : 人類最好和最糟行為背後的生物學 / 羅伯 . 薩波斯基 (Robert M. Sapolsky) 作 ; 吳芠譯 . -- 初版 . -- 新北市 : 鷹出版 : 遠足文化事業股份有限公司發行 , 2024.11

面 ; 16×22.5 公分 . -- (鷹之眼 ; 22)

譯自 : Behave : the biology of humans at our best and worst

ISBN 978-626-7255-59-9(平裝)

1. 神經生理學　2. 動物行為

398.2　　113015595